冶金原理习题解

张美夫　李运刚　编著

北　京
冶　金　工　业　出　版　社
2008

内容提要

本书精选了277道较典型的习题解，主要内容侧重于钢铁冶金，涵盖了冶金热力学、冶金动力学、金属熔体、炉渣熔体、合金相图及炉渣相图等知识领域。

全书共分8章，第1章冶金热力学基础习题解，有52道习题解；第2章冶金动力学基础习题解，有51道习题解；第3章金属熔体习题解，有30道习题解；第4章冶金炉渣习题解，有34道习题解；第5章生成-分解反应及燃料燃烧反应习题解，有32道习题解；第6章还原熔炼反应习题解，有28道习题解；第7章氧化熔炼反应习题解，有37道习题解；第8章钢液的二次精炼反应习题解，有13道习题解。

本书还列出了2个符号表、5个数据表（附表1~5）和15幅图（附图1~15）。

本书不仅可供冶金工程专业及冶金物理化学专业的大专生、本科生和研究生在做冶金原理习题时参考，还可供从事冶金与材料专业的科技人员参考。

图书在版编目(CIP)数据

冶金原理习题解/张鉴夫，李运刚编著．—北京：冶金工业出版社，2008.5

ISBN 978-7-5024-4492-1

Ⅰ．冶…　Ⅱ．①张…　②李…　Ⅲ．冶金—习题　Ⅳ．TF01-44

中国版本图书馆CIP数据核字（2008）第055621号

出版人　曹胜利

地　址　北京北河沿大街嵩祝院北巷39号，邮编100009

电　话　(010)64027926　电子信箱　postmaster@cnmip.com.cn

责任编辑　王之光　杨秋奎　美术编辑　张媛媛　版式设计　张　青

责任校对　王永欣　责任印制　牛晓波

ISBN 978-7-5024-4492-1

北京百善印刷厂印刷；冶金工业出版社发行；各地新华书店经销

2008年5月第1版，2008年5月第1次印刷

787mm×1092mm　1/16；20.5印张；493千字；318页；1-3000册

40.00元

冶金工业出版社发行部　电话：(010)64044283　传真：(010)64027893

冶金书店　地址：北京东四西大街46号(100711)　电话：(010)65289081

（本书如有印装质量问题，本社发行部负责退换）

序　言

一段艰深难懂的理论，往往在通过对合适例题（或习题）的演算后而使人豁然领悟。一本好的教材也会由于编入了某些恰当的例题或习题而增添光彩。在学习过程中，做习题所起到的积极作用是不可低估的，这已成为人们的共识。

本书作者张美夫老师和李运刚老师，在20世纪80年代分别来到东北工学院（现东北大学）进修冶金物理化学和毕业于东北工学院有色冶金系。两位作者在东北工学院进修和就读期间，我们常在一起相互切磋。他们在河北理工大学从事冶金原理教学和科研工作20余年，孜孜以求，积累了丰富经验和大量资料。他们编著的《冶金原理习题解》一书汇集了270多道习题，解题方法多样，步骤详细，便于自学。其中不乏精彩之处。例如1.23题，要求计算氧化反应$[Si]+O_2 = SiO_{2(s)}$的吉布斯自由能$\Delta_r G_m$。在解此题时，对钢液中溶解的Si，分别选取了三种不同的活度标准态，计算出的标准吉布斯自由能$\Delta_r G_m^\ominus$各不相同，但用化学反应等温方程式求出的吉布斯自由能$\Delta_r G_m$却是相同的。通过此题的演算，让读者既熟悉了三种活度标准态及其应用，又具体地理解了选取不同的活度标准态不影响吉布斯自由能$\Delta_r G_m$的计算值这一基本原理，可谓一举两得！令人感到做这样的习题不是负担，而是一种乐趣。

我相信，本书的出版对冶金原理（或冶金物理化学）的教学工作和有志于研读这门学科的读者都是大有裨益的。

解题，不仅要得到正确的答案，更重要的是要学会怎样去求解，学会如何运用理论知识去分析和解决实际问题。建议读者在阅读此书时，先仔细审题，自己独立地思考，计算得到结果后，再去看题解，互相对照。这样，您的收获会更大。

李荫昌

2008年1月18日于东北大学

前　言

做冶金原理习题，和做冶金原理实验一样，不仅是学好“冶金原理”课程的基本保证，还是培养分析解决实际问题能力的一个很重要的实践性环节。学生通过解答冶金原理习题，可加深和加强对“冶金原理”课程中出现的基本概念、基本理论和基本计算方法的理解、掌握和运用。

多年来，在“冶金原理”课程的教学中，普遍存在着课程内容多、授课学时少、教师课上例题讲得少、学生课下不会做习题的矛盾。为解决这一矛盾，作者力图编著一本有利于学生自学的教学参考书《冶金原理习题解》，以使学生通过课下自学，学会如何解答冶金原理习题和计算解决实际问题，弥补课上例题演示少的不足。

在几十年的“冶金原理”课程的教学过程中，曾几易教材。每换一次教材，作者都要在备课时把教材中的习题统统解答一遍，并形成包括解答步骤和计算过程在内的“标准答案”，以备批改作业和辅导答疑时参考。此外，在考研命题及考研辅导过程中还自拟和搜集了大量考研试题，也都统统做了解答，并积累多册笔记。如今，在以往“集腋成裘”的基础上，将多年所聚习题解答手稿有选择地汇编成册，整理成书，则是“水到渠成”的事。

作为范例，本书精选了277道较典型的习题解，主要内容侧重于钢铁冶金，涵盖了冶金热力学、冶金动力学、金属熔体、炉渣熔体、合金相图及炉渣相图等知识领域。

本书解题的思路清晰，原理明确，方法多样，逻辑性强，过程详细，步骤连贯，计算精准，答案正确。本书对于每一道习题，不仅重视解题的结果，更重视解题的过程，所以非常适合自学。

本书所使用的量和单位，基本符合国家标准GB 3100～3102—1993《量和单位》和ISO国际标准的相关规定。在采用质量分数 w_B 的同时，考虑以假想质量1%溶液为标准态的组元活度或活度系数的计算的特殊性，还保留了旧的

质量百分数 $w_{B\%}$，二者的关系为 $w_{B\%}=100w_B$。

本书在编著过程中，曾得到东北大学车荫昌教授和天津大学王正烈教授的热心指导，书稿完成后，又请车荫昌教授撰写了序言，在此一并致谢。

本书参考了相关文献，并将其列于书后，在此对其作者表示衷心感谢。有些参考文献可能被遗漏而未能列出，深表歉意。

本书不仅可供冶金工程专业及冶金物理化学专业的大专生、本科生和研究生在做冶金原理习题时参考，还可供从事冶金与材料专业的科技人员参考。

由于作者水平所限，书中不妥之处，恳请读者批评指正。

作　者

2007年12月8日

目　录

1 冶金热力学基础习题解

1.1 氧化镁在不同温度范围的生成反应及其热容差为

$$Mg_{(s)} + 0.5O_2 = MgO_{(s)} \qquad \Delta C_{p,m(1)} \qquad (298 \sim 947K) \qquad (i)$$

$$Mg_{(l)} + 0.5O_2 = MgO_{(s)} \qquad \Delta C_{p,m(2)} \qquad (947 \sim 1388K) \qquad (ii)$$

试计算 $MgO_{(s)}$ 在 298～1388K 温度范围内的标准生成吉布斯自由能的温度函数式。已知 $Mg_{(s)}$ 的熔点 $T_{fus}=947K$，$Mg_{(s)}$ 的标准熔化焓 $\Delta_{fus}H^{\ominus}_{m,Mg(s)}=8950J \cdot mol^{-1}$，$MgO_{(s)}$ 在 298K 时的标准生成焓和标准生成熵分别为 $\Delta_f H^{\ominus}_{m,MgO(s),298K}=-601.2kJ \cdot mol^{-1}$、$\Delta_f S^{\ominus}_{m,MgO(s),298K}=-107.3 J \cdot (mol \cdot K)^{-1}$，$MgO_{(s)}$ 生成反应（i）的热容差 $\Delta C_{p,m(1)} = (5.31 - 5.06 \times 10^{-3}T - 4.925 \times 10^5 T^{-2}) J \cdot (mol \cdot K)^{-1}$（298～947K），$MgO_{(s)}$ 生成反应（ii）的热容差为 $\Delta C_{p,m(2)}$（947～1388K），$Mg_{(s)}$ 熔化前后 $MgO_{(s)}$ 生成反应的热容差 $\Delta C_{p,m} = \Delta C_{p,m(2)} - \Delta C_{p,m(1)} = (10.33 - 10.25 \times 10^{-3}T + 0.431 \times 10^5 T^{-2}) J \cdot (mol \cdot K)^{-1}$。

解：$Mg_{(s)}$ 熔化前后 $MgO_{(s)}$ 生成反应的热容差分别为

298 ～ 947K：

$$\Delta C_{p,m(1)} = (5.31 - 5.06 \times 10^{-3}T - 4.925 \times 10^5 T^{-2}) J \cdot (mol \cdot K)^{-1}$$

947 ～ 1388K：

$$\Delta C_{p,m(2)} = \Delta C_{p,m(1)} + \Delta C_{p,m}$$

$$= (15.64 - 15.31 \times 10^{-3}T - 4.494 \times 10^5 T^{-2}) J \cdot (mol \cdot K)^{-1}$$

分别计算 298K、947K 和 1388K 的 M_0、M_1 和 M_{-2}，并将其列入表 1-1 中。

表 1-1 不同温度的简化积分值

T/K	$M_0 = \ln\frac{T}{298} + \frac{298}{T} - 1$	$M_1 = \frac{(T-298)^2}{2T} \times 10^{-3}$	$M_{-2} = \frac{1}{2}\left(\frac{1}{298} - \frac{1}{T}\right)^2 \times 10^5$
298	0	0	0
947	0.4709	0.2224	0.2644
1388	0.7532	0.4280	0.3472

$$\Delta M_0 = M_{0(1388K)} - M_{0(947K)} = 0.7532 - 0.4709 = 0.2823$$

$$\Delta M_1 = M_{1(1388K)} - M_{1(947K)} = 0.4280 - 0.2224 = 0.2056$$

$$\Delta M_{-2} = M_{-2(1388K)} - M_{-2(947K)} = 0.3472 - 0.2644 = 0.0828$$

在 298～947K 温度范围内，计算 $MgO_{(s)}$ 在温度 T 时的标准生成吉布斯自由能为

$$\Delta_f G^{\ominus}_{m,MgO(s)} = \Delta_f H^{\ominus}_{m,MgO(s),298K} - T\Delta_f S^{\ominus}_{m,MgO(s),298K} - T(\Delta a_0 M_0 + \Delta a_1 M_1 + \Delta a_{-2} M_{-2}) \qquad (iii)$$

式（iii）中，$\Delta a_0 = 5.31\text{J}\cdot(\text{mol}\cdot\text{K})^{-1}$，$\Delta a_1 = -5.06\text{J}\cdot(\text{mol}\cdot\text{K}^2)^{-1}$，$\Delta a_{-2} = -4.925\text{J}\cdot\text{mol}^{-1}\cdot\text{K}$。

用式（iii）计算 $MgO_{(s)}$ 在 298K 和 947K 时的标准生成吉布斯自由能分别为

$$\Delta_f G^{\ominus}_{m,MgO(s),298K} = -601200 + 298\times 107.3 = -569225\text{J}\cdot\text{mol}^{-1}$$

$$\Delta_f G^{\ominus}_{m,MgO(s),947K} = -601200 + 947\times 107.3 - 947\times(5.31\times 0.4709 - 5.06\times 0.2224 - 4.925\times 0.2644) = -499656\text{J}\cdot\text{mol}^{-1}$$

在 298～1388K 温度范围内，含有一个相变温度 T_{fus}=947K，计算 $MgO_{(s)}$ 在大于 T_{fus} 的温度 T 时的标准生成吉布斯自由能为

$$\Delta_f G^{\ominus}_{m,MgO(s)} = \Delta_f H^{\ominus}_{m,MgO(s),298K} - \Delta_{fus}H^{\ominus}_{m,Mg(s)} - T\left[\Delta_f S^{\ominus}_{m,MgO(s),298K} - \frac{\Delta_{fus}H^{\ominus}_{m,Mg(s)}}{T_{fus}}\right] - T(\Delta a_0 M_0 + \Delta a_1 M_1 + \Delta a_{-2}M_{-2} + \Delta b_0\Delta M_0 + \Delta b_1\Delta M_1 + \Delta b_{-2}\Delta M_{-2}) \quad \text{(iv)}$$

式（iv）中，$\Delta a_0 = 5.31\text{J}\cdot(\text{mol}\cdot\text{K})^{-1}$，$\Delta a_1 = -5.06\text{J}\cdot(\text{mol}\cdot\text{K}^2)^{-1}$，$\Delta a_{-2} = -4.925\text{J}\cdot\text{mol}^{-1}\cdot\text{K}$；$\Delta b_0 = 15.64\text{J}\cdot(\text{mol}\cdot\text{K})^{-1}$，$\Delta b_1 = -15.31\text{J}\cdot(\text{mol}\cdot\text{K}^2)^{-1}$，$\Delta b_{-2} = -4.494\text{J}\cdot\text{mol}^{-1}\cdot\text{K}$。

用式（iv）计算 $MgO_{(s)}$ 在 1388K 时的标准生成吉布斯自由能为

$$\begin{aligned}\Delta_f G^{\ominus}_{m,MgO(s),1388K} &= -601200 - 8950 - 1388\times(-107.3 - 8950/947) - 1388\times \\ &\quad (5.31\times 0.4709 - 5.06\times 0.2224 - 4.925\times 0.2644 + 15.64\times \\ &\quad 0.2823 - 15.31\times 0.2056 - 4.494\times 0.0828) \\ &= -449444\text{J}\cdot\text{mol}^{-1}\end{aligned}$$

下面，利用线性回归的方法求 3 个点（298K，$-569225\text{J}\cdot\text{mol}^{-1}$）、（947K，$-499656\text{J}\cdot\text{mol}^{-1}$）和（1388K，$-449444\text{J}\cdot\text{mol}^{-1}$）的回归直线方程。

设 $x = T$，$y = \Delta_f G^{\ominus}_{m,MgO(s)}$，$y = A + Bx$。线性回归数据见表 1-2。

表 1-2　线性回归数据

i	$\frac{x_i}{\text{K}}$	$\frac{y_i}{\text{J}\cdot\text{mol}^{-1}}$	$\frac{x_i-\bar{x}}{\text{K}}$	$\frac{y_i-\bar{y}}{\text{J}\cdot\text{mol}^{-1}}$	$\frac{(x_i-\bar{x})(y_i-\bar{y})}{\text{K}\cdot\text{J}\cdot\text{mol}^{-1}}$	$\frac{(x_i-\bar{x})^2}{\text{K}^2}$	$\frac{(y_i-\bar{y})^2}{\text{J}^2\cdot\text{mol}^{-2}}$
1	298	-569225	-580	-63117	36607860	336400	3983755689
2	947	-499656	69	6452	445188	4761	41628304
3	1388	-449444	510	56664	28898640	260100	3210808896
Σ	2633	-1518325			65951688	601261	7236192889
Σ/3	878	-506108					

$$\text{线性相关系数 } r = \frac{\Sigma(x_i-\bar{x})(y_i-\bar{y})}{\sqrt{\Sigma(x_i-\bar{x})^2\Sigma(y_i-\bar{y})^2}} = \frac{65951688}{\sqrt{601261\times 7236192889}} = 0.99986$$

$$\text{回归直线方程的斜率 } B = \frac{\Sigma(x_i-\bar{x})(y_i-\bar{y})}{\Sigma(x_i-\bar{x})^2} = \frac{65951688}{601261} = 109.69\text{J}\cdot(\text{mol}\cdot\text{K})^{-1}$$

回归直线方程的截距 $A = \overline{y} - B\overline{x} = -506108 - 109.69 \times 878 = -602416 \mathrm{J \cdot mol^{-1}}$

回归直线方程为 $y = A + Bx = (-602416 + 109.69x) \mathrm{J \cdot mol^{-1}}$，即

$$\Delta_f G^{\ominus}_{m,MgO(s)} = (-602416 + 109.69T) \mathrm{J \cdot mol^{-1}}$$

此式即为 $MgO_{(s)}$ 在 298 ~ 1388K 温度范围内的标准生成吉布斯自由能的温度函数式。

1.2 试利用化合物的标准生成吉布斯自由能 $\Delta_f G^{\ominus}_B$ 计算下列两反应的标准吉布斯自由能和标准平衡常数。

$$Mn_{(s)} + FeO_{(l)} = MnO_{(s)} + Fe_{(l)}$$

$$2Cr_2O_{3(s)} + 3Si_{(l)} = 4Cr_{(s)} + 3SiO_{2(s)}$$

解：由化合物的标准生成吉布斯自由能与温度的函数关系表，查相关各氧化物的标准生成吉布斯自由能与温度的函数关系式 $\Delta_f G^{\ominus}_{m,B} = A + BT$，然后做线性组合。

（1）查表，得 $MnO_{(s)}$ 和 $FeO_{(l)}$ 的标准生成吉布斯自由能与温度的函数关系式分别为

$$Mn_{(s)} + 0.5O_2 = MnO_{(s)}$$

$$\Delta_f G^{\ominus}_{m,MnO(s)} = (-385360 + 73.75T) \mathrm{J \cdot mol^{-1}} \quad (\mathrm{i})$$

$$Fe_{(l)} + 0.5O_2 = FeO_{(l)}$$

$$\Delta_f G^{\ominus}_{m,FeO(l)} = (-256060 + 53.68T) \mathrm{J \cdot mol^{-1}} \quad (\mathrm{ii})$$

线性组合：式（i）－式（ii），得

$$Mn_{(s)} + FeO_{(l)} = MnO_{(s)} + Fe_{(l)} \qquad \Delta_r G^{\ominus}_{m(3)} \qquad \lg K^{\ominus}_3 \quad (\mathrm{iii})$$

$$\Delta_r G^{\ominus}_{m(3)} = \Delta_f G^{\ominus}_{m,MnO(s)} - \Delta_f G^{\ominus}_{m,FeO(l)} = (-129300 + 20.07T) \mathrm{J \cdot mol^{-1}}$$

$$\lg K^{\ominus}_3 = -\frac{\Delta_r G^{\ominus}_{m(3)}}{19.147T} = \frac{129300 - 20.07T}{19.147T} = \frac{6753}{T} - 1.05$$

（2）查表，得 $SiO_{2(s)}$ 和 $Cr_2O_{3(s)}$ 的标准生成吉布斯自由能与温度的函数关系式分别为

$$Si_{(s)} + O_2 = SiO_{2(s)}$$

$$\Delta_f G^{\ominus}_{m,SiO_2(s)} = (-946350 + 197.64T) \mathrm{J \cdot mol^{-1}} \quad (\mathrm{iv})$$

$$2Cr_{(s)} + 1.5O_2 = Cr_2O_{3(s)}$$

$$\Delta_f G^{\ominus}_{m,Cr_2O_3(s)} = (-1110140 + 247.32T) \mathrm{J \cdot mol^{-1}} \quad (\mathrm{v})$$

线性组合：式（iv）×3－式（v）×2，得

$$2Cr_2O_{3(s)} + 3Si_{(l)} = 4Cr_{(s)} + 3SiO_{2(s)} \qquad \Delta_r G^{\ominus}_{m(6)} \qquad \lg K^{\ominus}_6 \quad (\mathrm{vi})$$

$$\Delta_r G^{\ominus}_{m(6)} = 3\Delta_f G^{\ominus}_{m,SiO_2(s)} - 2\Delta_f G^{\ominus}_{m,Cr_2O_3(s)} = (-618770 + 98.28T) \mathrm{J \cdot mol^{-1}}$$

$$\lg K^{\ominus}_6 = -\frac{\Delta_r G^{\ominus}_{m(6)}}{19.147T} = \frac{618770 - 98.28T}{19.147T} = \frac{32317}{T} - 5.133$$

1.3 反应 $FeO_{(s)} + CO = Fe_{(s)} + CO_2$ 在不同温度时的标准平衡常数见表 1-3。试用线性回归法计算该反应的标准平衡常数及标准吉布斯自由能的温度关系式。

表 1-3　不同温度下的标准平衡常数

t/℃	600	700	800	900	1000	1100
$K^{\ominus}$	0.818	0.667	0.515	0.429	0.351	0.333

解：将表 1-3 中的摄氏温度换算成热力学温度，并取热力学温度 T 的倒数和标准平衡常数 $K^{\ominus}$ 的常用对数，列入表 1-4 中。

表 1-4　计算数据

t/℃	600	700	800	900	1000	1100
T/K	873	973	1073	1173	1273	1373
$(1/T)/\mathrm{K}^{-1}$	1.145×10^{-3}	1.028×10^{-3}	0.932×10^{-3}	0.853×10^{-3}	0.786×10^{-3}	0.728×10^{-3}
$\lg K^{\ominus}$	-8.725×10^{-2}	-17.587×10^{-2}	-28.819×10^{-2}	-36.754×10^{-2}	-45.469×10^{-2}	-47.756×10^{-2}

以下，利用线性回归的方法求表 1-4 中的 6 个离散点的回归直线方程。

设 $x=\dfrac{1}{T}$，$y=\lg K^{\ominus}$，$y=a+bx$。仿题 1.1 中的表 1-2 列回归数据表（此略）。根据表 1-4 中的数据可得 $\Sigma x_i=5.472\times10^{-3}\mathrm{K}^{-1}$；$\bar{x}=\dfrac{\Sigma x_i}{6}=0.912\times10^{-3}\mathrm{K}^{-1}$；$\Sigma y_i=-1.8511$；$\bar{y}=\dfrac{\Sigma y_i}{6}=-0.30852$；$\Sigma(x_i-\bar{x})(y_i-\bar{y})=1.20352\times10^{-4}\mathrm{K}^{-1}$；$\Sigma(x_i-\bar{x})^2=12.1358\times10^{-8}\mathrm{K}^{-2}$；$\Sigma(y_i-\bar{y})^2=12.03933\times10^{-2}$。

$$\text{线性相关系数}\ r=\frac{\Sigma(x_i-\bar{x})(y_i-\bar{y})}{\sqrt{\Sigma(x_i-\bar{x})^2\Sigma(y_i-\bar{y})^2}}=\frac{1.20352\times10^{-4}}{\sqrt{12.1358\times10^{-8}\times12.03933\times10^{-2}}}=0.996$$

$$\text{回归直线方程的斜率}\ b=\frac{\Sigma(x_i-\bar{x})(y_i-\bar{y})}{\Sigma(x_i-\bar{x})^2}=\frac{1.20352\times10^{-4}}{12.1358\times10^{-8}}=991.71\mathrm{K}$$

回归直线方程的截距 $a=\bar{y}-b\bar{x}=-0.30852-991.71\times0.912\times10^{-3}=-1.213$

回归直线方程为 $y=a+bx=-1.213+991.71x$，即

$$\lg K^{\ominus}=\frac{991.71}{T}-1.213$$

进而用上式得化学反应 $FeO_{(s)}+CO=Fe_{(s)}+CO_2$ 的标准吉布斯自由能 $\Delta_r G_m^{\ominus}$ 的温度关系式为

$$\Delta_r G_m^{\ominus}=-19.147T\lg K^{\ominus}=-19.147T\left(\frac{991.71}{T}-1.213\right)=(-18988+23.225T)\mathrm{J\cdot mol^{-1}}$$

1.4　在 800℃，测得电池　$Mo,MoO_2|ZrO_2+(CaO)|Fe,FeO$

$Mo,MoO_2|ZrO_2+(CaO)|Ni,NiO$

电动势分别为 173mV 和 284mV，试计算化学反应 $FeO_{(s)}+Ni_{(s)}=NiO_{(s)}+Fe_{(s)}$ 的标准吉布斯自由能 $\Delta_r G_m^{\ominus}$。

解：根据给出的电池图解，写出两个电池反应及其标准吉布斯自由能分别为

$$0.5Mo_{(s)} + FeO_{(s)} =\!=\!= Fe_{(s)} + 0.5MoO_{2(s)} \qquad \Delta_r G^{\ominus}_{m(1)} = -2FE^{\ominus}_1 \qquad (\text{i})$$

$$0.5Mo_{(s)} + NiO_{(s)} =\!=\!= Ni_{(s)} + 0.5MoO_{2(s)} \qquad \Delta_r G^{\ominus}_{m(2)} = -2FE^{\ominus}_2 \qquad (\text{ii})$$

线性组合：式(ⅰ)－式(ⅱ)，得化学反应

$$FeO_{(s)} + Ni_{(s)} =\!=\!= NiO_{(s)} + Fe_{(s)} \qquad (\text{iii})$$

在1023K时的标准吉布斯自由能为

$$\Delta_r G^{\ominus}_{m(3)} = \Delta_r G^{\ominus}_{m(1)} - \Delta_r G^{\ominus}_{m(2)} = -2F(E^{\ominus}_1 - E^{\ominus}_2)$$

$$= -2 \times 96500 \times (0.173 - 0.284) = 21423 \text{J} \cdot \text{mol}^{-1}$$

1.5 用线性组合法求化学反应 $Fe_2SiO_{4(s)} + 2C_{(gr)} = 2Fe_{(s)} + SiO_{2(s)} + 2CO$ 的标准吉布斯自由能 $\Delta_r G^{\ominus}_m$ 与温度 T 的关系式。已知相关化学反应及其标准吉布斯自由能与温度的关系式为

$$FeO_{(s)} + C_{(gr)} =\!=\!= Fe_{(s)} + CO \qquad \Delta_r G^{\ominus}_{m(1)} = (158970 - 160.25T) \text{J} \cdot \text{mol}^{-1} \quad (\text{i})$$

$$2FeO_{(s)} + SiO_{2(s)} =\!=\!= Fe_2SiO_{4(s)} \qquad \Delta_r G^{\ominus}_{m(2)} = (-36200 + 21.09T) \text{J} \cdot \text{mol}^{-1} \quad (\text{ii})$$

解：线性组合：式(ⅰ)×2－式(ⅱ)，得化学反应

$$Fe_2SiO_{4(s)} + 2C_{(gr)} =\!=\!= 2Fe_{(s)} + SiO_{2(s)} + 2CO$$

的标准吉布斯自由能与温度的关系式为

$$\Delta_r G^{\ominus}_m = 2\Delta_r G^{\ominus}_{m(1)} - \Delta_r G^{\ominus}_{m(2)} = (354140 - 341.59T) \text{J} \cdot \text{mol}^{-1}$$

1.6 在1800K，测得Fe-Ni二元溶液中镍的摩尔分数 $x_{[Ni]}$ 及以纯液态镍为标准态的活度系数 γ_{Ni}，见表1-5。试求镍在稀溶液中的 γ^0_{Ni}、与各摩尔分数 $x_{[Ni]}$ 对应的质量百分数 $w_{[Ni]\%}$ 和质量分数 $w_{[Ni]}$、以假想质量1%溶液为标准态的活度 $a_{[Ni],\%}$ 和活度系数 $f_{Ni,\%}$。已知Fe和Ni的摩尔质量分别为 $M_{Fe} = 55.85 \times 10^{-3} \text{kg} \cdot \text{mol}^{-1}$，$M_{Ni} = 58.69 \times 10^{-3} \text{kg} \cdot \text{mol}^{-1}$。

表1-5 以纯液态镍为标准态的Ni的活度系数

$x_{[Ni]}$	0.1	0.2	0.3	0.4	0.5
γ_{Ni}	0.668	0.677	0.690	0.710	0.750

解：对于稀溶液，因为 $\lim\limits_{x_{[Ni]}\to 0}\gamma_{Ni} = \gamma^0_{Ni}$，所以，以 γ_{Ni} 对 $x_{[Ni]}$ 作图，得图1-1所示曲线，再将图中曲线外推至 $x_{[Ni]}=0$，得 $\gamma^0_{Ni}=0.66$。

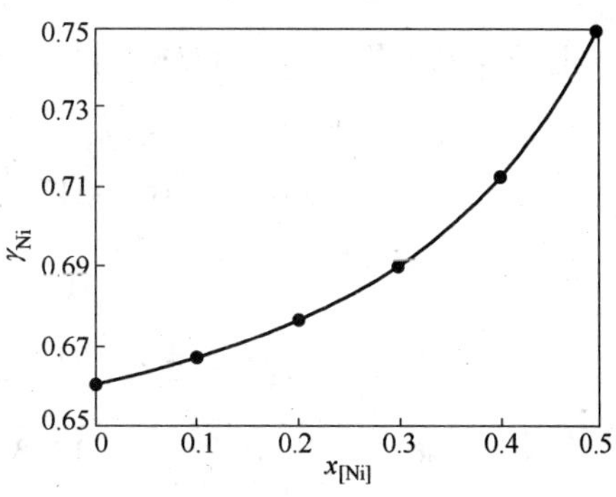

图1-1 Fe-Ni系 γ_{Ni} 与 $x_{[Ni]}$ 的关系

分别以下列式（ⅰ）、式（ⅱ）、式（ⅲ）和式（ⅳ）计算所给Fe-Ni二元溶液中Ni的 $w_{[Ni]\%}$、$w_{[Ni]}$、$a_{[Ni],\%}$ 和 $f_{Ni,\%}$，并将计算结果列入表1-6中。

$$w_{[Ni]\%} = \frac{100}{\frac{M_{Fe}}{M_{Ni}} \times \frac{1}{x_{[Ni]}} - \frac{M_{Fe}}{M_{Ni}} + 1} \qquad (\text{i})$$

$$w_{[Ni]} = \frac{w_{[Ni]\%}}{100} \tag{ii}$$

$$a_{[Ni],\%} = \frac{100 M_{Ni} \gamma_{Ni} x_{[Ni]}}{M_{Fe} \gamma_{Ni}^0} \tag{iii}$$

$$f_{Ni,\%} = \frac{a_{[Ni],\%}}{w_{[Ni]\%}} \tag{iv}$$

表 1-6 计算结果

$x_{[Ni]}$	0.1	0.2	0.3	0.4	0.5
γ_{Ni}	0.668	0.677	0.690	0.710	0.750
$w_{[Ni]\%}$	10.46	20.80	31.05	41.20	51.24
$w_{[Ni]}$	0.1046	0.2080	0.3105	0.4120	0.5124
$a_{[Ni],\%}$	10.64	21.56	32.96	45.22	59.71
$f_{Ni,\%}$	1.0172	1.0365	1.0615	1.0976	1.1653

1.7 将质量 $m_{Si}=0.54g$ 硅试样溶于 300g 铁液形成合金熔体，测得溶解焓 $\Delta_{sol}H=-809J$，硅试样温度为 298K，熔体温度为 1873K，纯硅在 1873K 时的摩尔焓 $H_{m,Si}^{*}=91.1kJ \cdot mol^{-1}$。试求熔体中组元硅的偏摩尔焓 H_{Si} 和偏摩尔溶解焓 $\Delta_{sol}H_{m,Si}$。已知 Si 的摩尔质量为 $M_{Si}=28g \cdot mol^{-1}$。

解：

$$n_{Si} = m_{Si}/M_{Si} = 0.54/28 = 0.0193mol$$

$$H_{Si} = \frac{\Delta_{sol}H}{n_{Si}} = \frac{-809}{0.0193} = -41917J \cdot mol^{-1}$$

$$\Delta_{sol}H_{m,Si} = H_{Si} - H_{m,Si}^{*} = -41917 - 91100 = -133017J \cdot mol^{-1}$$

1.8 在 Fe-Si 二元合金熔体中，$\gamma_{Si,1873K}^0=0.0013$，$\gamma_{Si,1693K}^0=0.00047$。试求在 1873K 硅溶于铁液中形成稀溶液的偏摩尔溶解焓 $\Delta_{sol}H_{m,Si}$。

解：

$$\ln \frac{\gamma_{Si,T_2}^0}{\gamma_{Si,T_1}^0} = \frac{\Delta_{sol}H_{m,Si}}{R}\left(\frac{1}{T_2} - \frac{1}{T_1}\right) \tag{i}$$

把 $T_1=1693K$、$T_2=1873K$、$\gamma_{Si,1693K}^0=0.00047$、$\gamma_{Si,1873K}^0=0.0013$ 代入式（i）中，得

$$\ln \frac{0.0013}{0.00047} = \frac{\Delta_{sol}H_{m,Si}}{8.314}\left(\frac{1}{1873} - \frac{1}{1693}\right) \tag{ii}$$

由式（ii），得

$$\Delta_{sol}H_{m,Si} = \frac{8.314 \times (\ln 0.0013 - \ln 0.00047)}{\frac{1}{1873} - \frac{1}{1693}} = -149011J \cdot mol^{-1}$$

1.9 在 1600℃ 的 Fe-Ni 二元系溶液内，$x_{[Ni]}=0.6$，$\gamma_{Ni}=0.82$，$x_{[Fe]}=0.4$，$\gamma_{Fe}=$

0.88，组元 Ni 和 Fe 的偏摩尔溶解焓分别为 $\Delta_{sol}H_{m,Ni} = -4704J \cdot mol^{-1}$，$\Delta_{sol}H_{m,Fe} = -4462 J \cdot mol^{-1}$，试求溶液的超额热力学函数值。

解：溶液中组元 B 的超额偏摩尔热力学函数分别为

$$H_B^E = H_B - H_B^{id} = H_B - H_{m,B}^* - (H_B^{id} - H_{m,B}^*)$$

$$= \Delta_{sol}H_{m,B} - \Delta_{sol}H_{m,B}^{id} = \Delta_{sol}H_{m,B} - 0 = \Delta_{sol}H_{m,B} \qquad (\text{i})$$

$$G_B^E = G_B - G_B^{id} = G_B - G_{m,B}^* - (G_B^{id} - G_{m,B}^*)$$

$$= \Delta_{sol}G_{m,B} - \Delta_{sol}G_{m,B}^{id} = RT\ln a_{B,R} - RT\ln x_B = RT\ln\gamma_B \qquad (\text{ii})$$

$$S_B^E = (H_B^E - G_B^E)/T = (\Delta_{sol}H_{m,B} - RT\ln\gamma_B)/T \qquad (\text{iii})$$

对于 A-B 二元系溶液，其超额摩尔热力学函数分别为

$$H_m^E = x_A H_A^E + x_B H_B^E = x_A \Delta_{sol}H_{m,A} + x_B \Delta_{sol}H_{m,B} \qquad (\text{iv})$$

$$G_m^E = x_A G_A^E + x_B G_B^E = RTx_A\ln\gamma_A + RTx_B\ln\gamma_B \qquad (\text{v})$$

$$S_m^E = x_A S_A^E + x_B S_B^E \qquad (\text{vi})$$

根据式（i）~式（vi），计算在 1600℃ Fe-Ni 二元系溶液的各超额热力学函数分别为

组元 Ni 的超额偏摩尔热力学函数为

$$H_{Ni}^E = \Delta_{sol}H_{m,Ni} = -4704J \cdot mol^{-1}$$

$$G_{Ni}^E = RT\ln\gamma_{Ni} = 8.314 \times 1873\ln 0.82 = -3090J \cdot mol^{-1}$$

$$S_{Ni}^E = (H_{Ni}^E - G_{Ni}^E)/T = (-4704 + 3090)/1873 = -0.8617J \cdot (mol \cdot K)^{-1}$$

组元 Fe 的超额偏摩尔热力学函数为

$$H_{Fe}^E = \Delta_{sol}H_{m,Fe} = -4462J \cdot mol^{-1}$$

$$G_{Fe}^E = RT\ln\gamma_{Fe} = 8.314 \times 1873\ln 0.88 = -1991J \cdot mol^{-1}$$

$$S_{Fe}^E = (H_{Fe}^E - G_{Fe}^E)/T = (-4462 + 1991)/1873 = -1.3193J \cdot (mol \cdot K)^{-1}$$

溶液（Fe-Ni 二元系）的超额摩尔热力学函数为

$$H_m^E = x_{[Fe]}H_{Fe}^E + x_{[Ni]}H_{Ni}^E = -0.4 \times 4462 - 0.6 \times 4704 = -4607J \cdot mol^{-1}$$

$$G_m^E = x_{[Fe]}G_{Fe}^E + x_{[Ni]}G_{Ni}^E = -0.4 \times 1991 - 0.6 \times 3090 = -2650J \cdot mol^{-1}$$

$$S_m^E = x_{[Fe]}S_{Fe}^E + x_{[Ni]}S_{Ni}^E = -0.4 \times 1.3193 - 0.6 \times 0.8617 = -1.045J \cdot (mol \cdot K)^{-1}$$

1.10 在 1550℃，Fe-Cu 二元系溶液内铜以纯铜为标准态的活度系数 γ_{Cu} 与铁的摩尔分数 $x_{[Fe]}$ 的关系式为

$$\lg\gamma_{Cu} = 1.45x_{[Fe]}^2 - 1.86x_{[Fe]}^3 + 1.41x_{[Fe]}^4$$

已知 $\gamma_{Cu}^0 = 10.1$，Fe 和 Cu 的摩尔质量分别为 $M_{Fe} = 55.85g \cdot mol^{-1}$，$M_{Cu} = 63.546 g \cdot mol^{-1}$。试计算铜的质量分数 $w_{[Cu]}$ 分别为 0.5%、1.0%、1.5%、2.0% 和 2.5% 时的以假想质量 1% 溶液为标准态的铜的活度 $a_{[Cu],\%}$。

解：取 100g Fe-Cu 二元系溶液为计算基准。

$$x_{[\mathrm{Cu}]} = \frac{w_{[\mathrm{Cu}]}/M_{\mathrm{Cu}}}{w_{[\mathrm{Cu}]}/M_{\mathrm{Cu}} + (1 - w_{\mathrm{Cu}})/M_{\mathrm{Fe}}} \tag{i}$$

$$x_{[\mathrm{Fe}]} = 1 - x_{[\mathrm{Cu}]} \tag{ii}$$

$$\lg\gamma_{\mathrm{Cu}} = 1.45x_{[\mathrm{Fe}]}^2 - 1.86x_{[\mathrm{Fe}]}^3 + 1.41x_{[\mathrm{Fe}]}^4 \tag{iii}$$

$$a_{[\mathrm{Cu}],\mathrm{R}} = \gamma_{\mathrm{Cu}}x_{[\mathrm{Cu}]} \tag{iv}$$

$$a_{[\mathrm{Cu}],\%} = \frac{100M_{\mathrm{Cu}}}{\gamma_{\mathrm{Cu}}^0 M_{\mathrm{Fe}}}a_{[\mathrm{Cu}],\mathrm{R}} \tag{v}$$

由式（i）计算 $x_{[\mathrm{Cu}]}$，由式（ii）计算 $x_{[\mathrm{Fe}]}$，再把计算得到的 $x_{[\mathrm{Fe}]}$ 代入式（iii）中计算 γ_{Cu}，然后由式（iv）计算 $a_{[\mathrm{Cu}],\mathrm{R}}$，最后由活度换算式（v）计算 $a_{[\mathrm{Cu}],\%}$。将一系列计算结果列入表1-7中。

表 1-7　计算结果

$w_{[\mathrm{Cu}]}/\%$	0.5	1.0	1.5	2.0	2.5
$x_{[\mathrm{Cu}]}$	0.0044	0.0088	0.0132	0.0176	0.0220
$x_{[\mathrm{Fe}]}$	0.9956	0.9912	0.9868	0.9824	0.9780
γ_{Cu}	9.7064	9.4251	9.1553	8.8966	8.6484
$a_{[\mathrm{Cu}],\mathrm{R}}$	0.0427	0.0829	0.1208	0.1566	0.1903
$a_{[\mathrm{Cu}],\%}$	0.4810	0.9339	1.3608	1.7641	2.1438

1.11　在1600℃，测定Fe-Cu二元系溶液中铜的蒸气压值见表1-8。已知Fe和Cu的摩尔质量分别为 $M_{\mathrm{Fe}} = 55.85\mathrm{g \cdot mol^{-1}}$，$M_{\mathrm{Cu}} = 63.546\mathrm{g \cdot mol^{-1}}$，纯铜的蒸气压的温度关系式为

$$\lg(p_{\mathrm{Cu}}^*/\mathrm{Pa}) = \frac{15919}{T} - 6.63$$

要求：（1）试绘出溶液中铜在全部浓度区间（$x_{[\mathrm{Cu}]} = 0 \sim 1$）内的蒸气压曲线，并绘出亨利定律直线和拉乌尔定律直线；（2）试分别计算溶液中铜以纯铜、假想纯铜及假想质量1%溶液为标准态的活度及活度系数。

表 1-8　测定的 Fe-Cu 二元溶液中铜的蒸气压值

$x_{[\mathrm{Cu}]}$	0.015	0.023	0.061	0.217	0.467	0.626	0.792	0.883
$p_{\mathrm{Cu}}/\mathrm{Pa}$	8.7	13.3	30.9	53.2	59.8	63.4	64.7	67.2

解： 将 $T = 1873\mathrm{K}$ 代入纯铜的蒸气压的温度关系式中，计算纯铜的蒸气压为

$$\lg(p_{\mathrm{Cu}}^*/\mathrm{Pa}) = \frac{15919}{1873} - 6.63 = 1.8632 \qquad p_{\mathrm{Cu}}^* = 72.98\mathrm{Pa}$$

将 $p_{\mathrm{Cu}}^* = 72.98\mathrm{Pa}$ 代入式（i）中计算 $a_{[\mathrm{Cu}],\mathrm{R}}$，再将 $a_{[\mathrm{Cu}],\mathrm{R}}$ 和 $x_{[\mathrm{Cu}]}$ 代入式（ii）中计算 γ_{Cu}，然后由式（iii）将 $x_{[\mathrm{Cu}]}$ 换算成质量百分数 $w_{[\mathrm{Cu}]\%}$，最后将计算结果列入表1-9中。

$$a_{[\mathrm{Cu}],\mathrm{R}} = p_{\mathrm{Cu}}/p_{\mathrm{Cu}}^* \tag{i}$$

$$\gamma_{\mathrm{Cu}} = a_{[\mathrm{Cu}],\mathrm{R}}/x_{[\mathrm{Cu}]} \tag{ii}$$

$$w_{[Cu]\%} = \frac{100}{\frac{M_{Fe}}{M_{Cu}} \times \frac{1}{x_{[Cu]}} - \frac{M_{Fe}}{M_{Cu}} + 1} \tag{iii}$$

表 1-9 计算结果

$x_{[Cu]}$	0.015	0.023	0.061	0.217	0.467	0.626	0.792	0.883	1.000
p_{Cu}/Pa	8.7	13.3	30.9	53.2	59.8	63.4	64.7	67.2	72.98
$a_{[Cu],R}$	0.1192	0.1822	0.4234	0.7290	0.8194	0.8687	0.8865	0.9208	1.0000
γ_{Cu}	7.947	7.924	6.941	3.360	1.755	1.388	1.119	1.043	1.000
$a_{[Cu],H}$	0.0142	0.0216	0.0502	0.0865	0.0972	0.1031	0.1052	0.1093	0.1187
$f_{Cu,H}$	0.947	0.939	0.823	0.399	0.208	0.165	0.133	0.124	0.1187
$w_{[Cu]\%}$	1.703	2.609	6.883	23.973	49.923	65.570	81.247	89.569	100.000
$a_{[Cu],\%}$	1.6075	2.4575	5.7095	9.8300	11.0495	11.7147	11.9549	12.4169	13.4848
$f_{Cu,\%}$	0.944	0.942	0.830	0.410	0.221	0.179	0.147	0.139	0.1348

以 p_{Cu} 对 $x_{[Cu]}$ 作图，得图 1-2。在图 1-2 中，连接原点（0，0）和点（1，p_{Cu}^*），得拉乌尔（Raoult）定律直线；过坐标原点（0，0）作曲线的切线，即为亨利（Henry）定律直线。

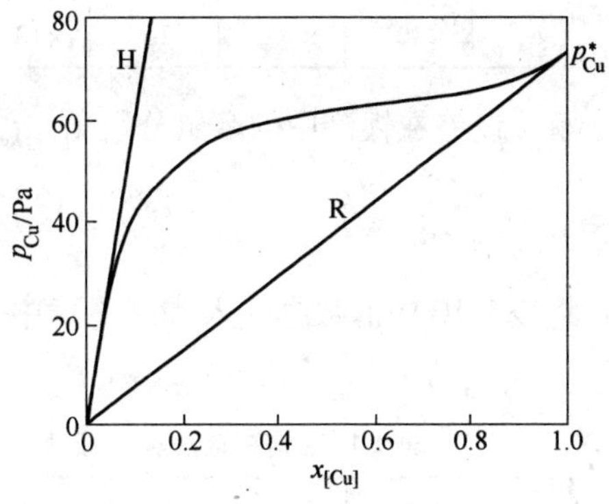

图 1-2 Fe-Cu 系中 Cu 的蒸气压曲线

在亨利定律直线上找一点（0.1，61.5Pa），由此可得亨利定律直线的斜率，即亨利定律常数为

$$K_{H(x)} = 61.5/0.1 = 615\text{Pa}$$

根据摩尔分数与质量分数的换算式

$$x_{[Cu]} = \frac{w_{[Cu]}/M_{Cu}}{w_{[Cu]}/M_{Cu} + (1 - w_{[Cu]})/M_{Fe}}$$

将 $w_{[Cu]} = 1\%$ 换算成摩尔分数为

$$x_{[Cu]1\%} = \frac{0.01/63.546}{0.01/63.546 + (1 - 0.01)/55.85} = 0.0088$$

由活度标准态的转换式

$$K_{H(\%)}/K_{H(x)} = x_{[Cu]1\%}$$

得假想质量 1% 溶液的蒸气压为

$$K_{H(\%)} = x_{[Cu]1\%} K_{H(x)} = 0.0088 \times 615 = 5.412\text{Pa}$$

再分别由以下二式

$$a_{[Cu],H} = p_{Cu}/K_{H(x)}$$

$$a_{[Cu],\%} = p_{Cu}/K_{H(\%)}$$

计算 $a_{[Cu],H}$ 和 $a_{[Cu],\%}$，并将计算结果列入表 1-9 中。

最后，以表 1-9 中的 γ_{Cu} 对 $x_{[Cu]}$ 作图，得如图 1-3 所示曲线，并将曲线外推至 $x_{[Cu]}=0$，得

$$\gamma_{Cu}^{0} = \lim_{x_{[Cu]}\to 0}\gamma_{Cu} = 8.4$$

1.12 实验测得 1600℃时铬在银液及铁液两相中的平衡分配浓度见表 1-10，试求铁液中铬的活度。已知 Ag-Cr 二元系在所测铬浓度范围内为稀溶液。

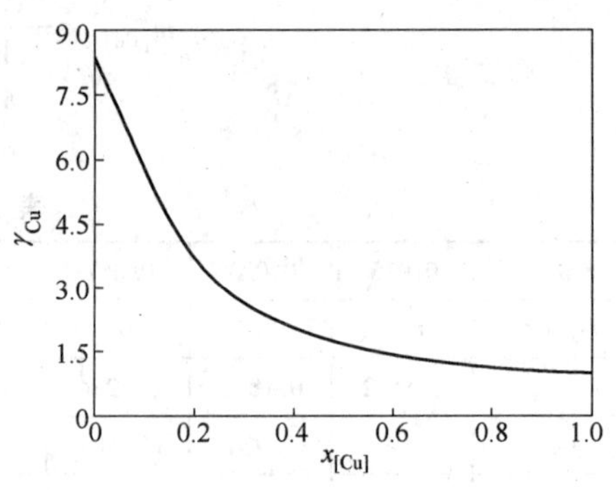

图 1-3 Fe-Cu 系中 γ_{Cu} 与 $x_{[Cu]}$ 的关系

表 1-10 铬在铁液及银液两相中的平衡分配浓度（摩尔分数）

$x_{[Cr]Ag}$	1.400×10^{-4}	2.943×10^{-4}	5.964×10^{-4}	7.868×10^{-4}	14.432×10^{-4}	17.000×10^{-4}	27.413×10^{-4}	37.000×10^{-4}	44.416×10^{-4}	51.001×10^{-4}
$x_{[Cr]Fe}$	1.870×10^{-2}	3.930×10^{-2}	7.760×10^{-2}	9.820×10^{-2}	14.790×10^{-2}	15.970×10^{-2}	19.560×10^{-2}	24.180×10^{-2}	30.250×10^{-2}	49.300×10^{-2}

解：设铬在银液中的摩尔分数 $x_{[Cr]Ag}$ 与铬在铁液中的摩尔分数 $x_{[Cr]Fe}$ 之比为

$$L'_{Cr} = \frac{x_{[Cr]Ag}}{x_{[Cr]Fe}} \tag{i}$$

将表 1-10 中的数据代入式（i）中计算各摩尔分数比 L'_{Cr}，并将计算结果列入表 1-11 中。

表 1-11 铬在银液和铁液两相中的平衡分配浓度（摩尔分数）及其比值

$x_{[Cr]Ag}$	1.400×10^{-4}	2.943×10^{-4}	5.964×10^{-4}	7.868×10^{-4}	14.432×10^{-4}	17.000×10^{-4}	27.413×10^{-4}	37.000×10^{-4}	44.416×10^{-4}	51.001×10^{-4}
$x_{[Cr]Fe}$	1.870×10^{-2}	3.930×10^{-2}	7.760×10^{-2}	9.820×10^{-2}	14.790×10^{-2}	15.970×10^{-2}	19.560×10^{-2}	24.180×10^{-2}	30.250×10^{-2}	49.300×10^{-2}
L'_{Cr}	7.487×10^{-3}	7.489×10^{-3}	7.686×10^{-3}	8.012×10^{-3}	9.758×10^{-3}	10.645×10^{-3}	14.015×10^{-3}	15.302×10^{-3}	14.683×10^{-3}	10.345×10^{-3}

铬在银液和铁液两相间的分配比 L_{Cr} 在一定温度下是一常数，其值可以用该温度下两相中的平衡铬活度计算，计算式为

$$L_{Cr} = \frac{a_{[Cr]Ag}}{a_{[Cr]Fe}} \tag{ii}$$

因为稀溶液中组元的活度等于摩尔分数，即

$$\lim_{x_{[Cr]Ag}\to 0} a_{[Cr]Ag} = x_{[Cr]Ag}$$

$$\lim_{x_{[Cr]Fe}\to 0} a_{[Cr]Fe} = x_{[Cr]Fe}$$

所以可以用稀溶液中铬的摩尔分数代替式（ⅱ）中的活度计算分配比（分配常数）L_{Cr}，亦即

$$L_{Cr} = \lim_{x_{[Cr]Fe}\to 0} (x_{[Cr]Ag}/x_{[Cr]Fe})$$

另由根据表 1-11 中的数据绘出的图 1-4 可见，当$x_{[Cr]Fe}$趋于0时，L'_{Cr}趋于常数，此常数即为分配比（分配常数）L_{Cr}，其值为

$$L_{Cr} = \lim_{x_{[Cr]Fe}\to 0} L'_{Cr} = \frac{1.4\times10^{-4}}{1.87\times10^{-2}} = 7.487\times10^{-3}$$

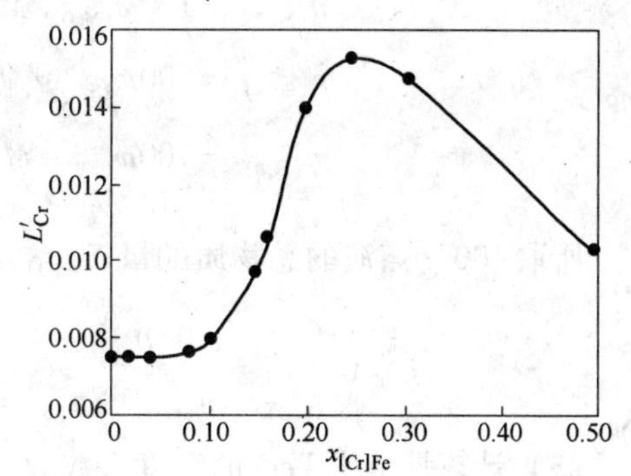

图 1-4　L'_{Cr}与$x_{[Cr]Fe}$的关系

因为在给定银中铬的摩尔分数$x_{[Cr]Ag}$的范围内，Ag-Cr 二元系为稀溶液，银中铬的活度$a_{[Cr]Ag}$等于银中铬的摩尔分数$x_{[Cr]Ag}$，因此

$$L_{Cr} = \frac{a_{[Cr]Ag}}{a_{[Cr]Fe}} = \frac{x_{[Cr]Ag}}{a_{[Cr]Fe}}$$

$$a_{[Cr]Fe} = \frac{x_{[Cr]Ag}}{L_{Cr}} \qquad (ⅲ)$$

将表 1-10 中的相关数据和分配比（分配常数）$L_{Cr}=7.487\times10^{-3}$代入式（ⅲ）中，计算铁液中铬的活度$a_{[Cr]Fe}$，并将其列入表 1-12 中。

表 1-12　铁液中铬活度$a_{[Cr]Fe}$的计算结果

$x_{[Cr]Ag}$	1.400×10^{-4}	2.943×10^{-4}	5.964×10^{-4}	7.868×10^{-4}	14.432×10^{-4}	17.000×10^{-4}	27.413×10^{-4}	37.000×10^{-4}	44.416×10^{-4}	51.001×10^{-4}
$x_{[Cr]Fe}$	1.870×10^{-2}	3.930×10^{-2}	7.760×10^{-2}	9.820×10^{-2}	14.790×10^{-2}	15.970×10^{-2}	19.560×10^{-2}	24.180×10^{-2}	30.250×10^{-2}	49.300×10^{-2}
$a_{[Cr]Fe}$	0.0187	0.0393	0.0797	0.1051	0.1928	0.2271	0.3661	0.4942	0.5932	0.6812

1.13　在1600℃，与纯氧化铁渣平衡的铁液中饱和氧的质量分数$w_{[O]sat}=0.229\%$，与组成为$w_{(CaO)}=39.18\%$、$w_{(MgO)}=2.56\%$、$w_{(SiO_2)}=39.76\%$、$w_{(FeO)}=18.57\%$的熔渣平衡的铁液中氧的质量分数$w_{[O]}=0.048\%$。试计算熔渣中 FeO 的活度及活度系数。已知 CaO、MgO、SiO_2和 FeO 的摩尔质量分别为$M_{CaO}=56g\cdot mol^{-1}$、$M_{MgO}=40g\cdot mol^{-1}$、$M_{SiO_2}=60\ g\cdot mol^{-1}$、$M_{FeO}=72g\cdot mol^{-1}$。

解：（1）计算熔渣中 FeO 的活度$a_{(FeO),R}$。与熔渣平衡的铁液中氧的质量分数为

$$w_{[O]} = w_{[O]sat}a_{(FeO),R}$$

由上式可计算熔渣中 FeO 的活度为

$$a_{(FeO),R} = w_{[O]}/w_{[O]sat} = 0.048\%/0.229\% = 0.2096$$

（2）计算熔渣中 FeO 的摩尔分数$x_{(FeO)}$。取100g 熔渣，计算其中各组元的物质的量分别为

$$n_{(CaO)} = 100w_{(CaO)}/M_{CaO} = 39.18/56 = 0.700\text{mol}$$

$$n_{(MgO)} = 100w_{(MgO)}/M_{MgO} = 2.56/40 = 0.064\text{mol}$$

$$n_{(SiO_2)} = 100w_{(SiO_2)}/M_{SiO_2} = 39.76/60 = 0.663\text{mol}$$

$$n_{(FeO)} = 100w_{(FeO)}/M_{FeO} = 18.57/72 = 0.258\text{mol}$$

所取 100 g 熔渣的总物质的量 $\Sigma n_{(B)}$ 及 FeO 的摩尔分数 $x_{(FeO)}$ 分别为

$$\Sigma n_{(B)} = n_{(CaO)} + n_{(MgO)} + n_{(SiO_2)} + n_{(FeO)} = 1.685\text{mol}$$

$$x_{(FeO)} = n_{(FeO)}/\Sigma n_{(B)} = 0.258/1.685 = 0.153$$

（3）计算熔渣中 FeO 的活度系数为

$$\gamma_{FeO} = a_{(FeO),R}/x_{(FeO)} = 0.2096/0.153 = 1.370$$

1.14 化学反应 $H_2 + [S] = H_2S$ 在 1600℃的平衡分压比 p_{H_2S}/p_{H_2} 及平衡硫的质量分数 $w_{[S]}$ 见表 1-13。试计算铁液中硫以假想质量 1% 溶液为标准态的活度 $a_{[S],\%}$ 及活度系数 $f_{S,\%}$。

表 1-13　反应 $H_2 + [S] = H_2S$ 在 1600℃的平衡分压比及平衡硫的质量分数

$w_{[S]}/\%$	0.455	0.681	0.995	1.357	1.797
p_{H_2S}/p_{H_2}	1.180×10^{-3}	1.748×10^{-3}	2.520×10^{-3}	3.373×10^{-3}	4.400×10^{-3}

解： 设反应 $H_2 + [S] = H_2S$ 在 1600℃的标准平衡常数为 $K^\ominus$，设 $(p_{H_2S}/p_{H_2})/w_{[S]\%} = K'$。

根据表 1-13 中的数据，计算各平衡硫的质量分数下的平衡常数 K'，并将计算值列入表 1-14 中。

表 1-14　计算各平衡硫的质量分数下的 K' 值

$w_{[S]\%}$	0.455	0.681	0.995	1.357	1.797
K'	2.5934×10^{-3}	2.5668×10^{-3}	2.5327×10^{-3}	2.4856×10^{-3}	2.4485×10^{-3}

因为 $\lim\limits_{w_{[S]\%} \to 0} a_{[S],\%} = w_{[S]\%}$，所以

$$\lim_{w_{[S]\%} \to 0} [(p_{H_2S}/p_{H_2})/a_{[S],\%}] = \lim_{w_{[S]\%} \to 0} [(p_{H_2S}/p_{H_2})/w_{[S]\%}] = \lim_{w_{[S]\%} \to 0} K' = K^\ominus$$

以表 1-14 中的 K' 对 $w_{[S]\%}$ 作图，得图 1-5 中的 5 个离散点。对图 1-5 中的 5 个离散点作线性回归（线性回归过程略），得图 1-5 所示的回归直线及如下所示的回归直线方程式为

$$K' = 2.6415 \times 10^{-3} - 0.1098 \times 10^{-3} w_{[S]\%}$$

将 $w_{[S]\%} = 0$ 代入以上回归直线方程式，或将图 1-5 中的回归直线外推至 $w_{[S]\%} = 0$，得标准平衡常数为

$$K^\ominus = 2.6415 \times 10^{-3}$$

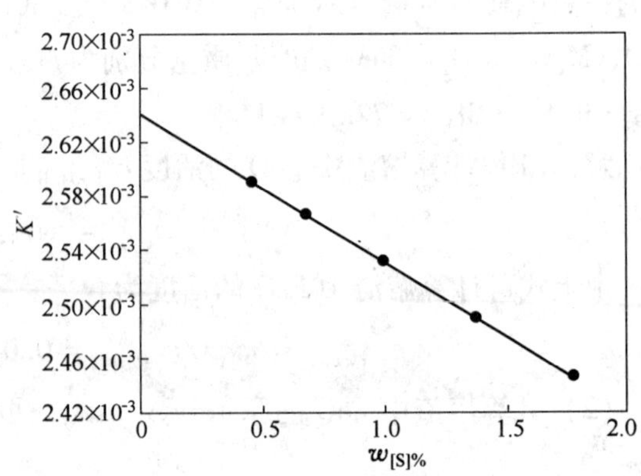

图 1-5　K' 与 $w_{[S]\%}$ 的关系

再由下列二式

$$a_{[S],\%} = (p_{H_2S}/p_{H_2})/K^{\ominus}$$

$$f_{S,\%} = a_{[S],\%}/w_{[S]\%}$$

分别计算活度 $a_{[S],\%}$ 及活度系数 $f_{S,\%}$，并将计算结果列入表 1-15 中。

表 1-15 反应 $H_2+[S]═H_2S$ 平衡时铁液中硫的活度及活度系数计算结果

$w_{[S]\%}$	0.455	0.681	0.995	1.357	1.797
$a_{[S],\%}$	0.447	0.662	0.954	1.277	1.666
$f_{S,\%}$	0.982	0.972	0.959	0.941	0.927

1.15 在1600℃和气相总压 $p=100kPa$ 条件下，CO-CO_2混合气体与铁液中碳反应达平衡时，测得不同碳的质量分数与平衡气相的体积分数见表 1-16。试计算铁液中碳以纯石墨为标准态的活度 $a_{[C],R}$及活度系数 γ_C。已知碳和铁的摩尔质量分别为 $M_C=12g\cdot mol^{-1}$，$M_{Fe}=55.85g\cdot mol^{-1}$，布杜阿尔（Boudouard）反应及其标准吉布斯自由能与温度的函数关系式为

$$C_{(gr)}+CO_2 ═══ 2CO \qquad \Delta_r G_m^{\ominus}=(166550-171.00T)J\cdot mol^{-1}$$

表 1-16 反应[C] + CO_2═2CO 的平衡碳的质量分数与平衡气相的体积分数

$w_{[C]}/\%$	0.2	0.5	1.0	1.5	2.0
$\varphi_{CO}/\%$	99.050	99.740	99.890	99.940	99.963
$\varphi_{CO_2}/\%$	0.950	0.260	0.110	0.060	0.037

解：

$$C_{(gr)}+CO_2 ═══ 2CO \qquad \Delta_r G_{m(1)}^{\ominus}=(166550-171.00T)J\cdot mol^{-1} \qquad (i)$$

$$C_{(gr)} ═══ [C] \qquad \Delta_{sol} G_{m,C,R}^{\ominus}=0(\text{以纯石墨碳为标准态}) \qquad (ii)$$

线性组合：式(i)－式(ii)，得

$$[C]+CO_2 ═══ 2CO \qquad \Delta_r G_{m(3)}^{\ominus}=(166550-171.00T)J\cdot mol^{-1} \qquad (iii)$$

当 $T=1873K$ 时，化学反应（iii）的标准平衡常数为

$$\lg K_3^{\ominus}=\frac{-166550}{19.147\times 1873}+\frac{171.00}{19.147}=4.287 \qquad K_3^{\ominus}=19364$$

根据道尔顿（Dalton）分压定律，得

$$p_{CO}/p^{\ominus}=p\varphi_{CO}/p^{\ominus}=10^5\varphi_{CO}/10^5=\varphi_{CO}$$

$$p_{CO_2}/p^{\ominus}=p\varphi_{CO_2}/p^{\ominus}=10^5\varphi_{CO_2}/10^5=\varphi_{CO_2}$$

化学反应（iii）的标准平衡常数方程式为

$$K_3^{\ominus}=\frac{(p_{CO}/p^{\ominus})^2}{(p_{CO_2}/p^{\ominus})a_{[C],R}}=\frac{\varphi_{CO}^2}{\varphi_{CO_2}a_{[C],R}}$$

由上式导出铁液中碳的拉乌尔（Raoult）活度为

$$a_{[C],R} = \frac{\varphi_{CO}^2}{\varphi_{CO_2} K_3^{\ominus}} \tag{iv}$$

将 $w_{[C]}=0.2\%$ 时的 $\varphi_{CO}=99.05\%$ 和 $\varphi_{CO_2}=0.95\%$ 代入式（iv）中，得铁液中碳的拉乌尔（Raoult）活度为

$$a_{[C],R} = \frac{\varphi_{CO}^2}{\varphi_{CO_2} K_3^{\ominus}} = \frac{0.9905^2}{0.0095 \times 19364} = 0.0053$$

仿此可计算其他各质量分数下碳的拉乌尔（Raoult）活度 $a_{[C],R}$。

然后分别由下列两式计算 $x_{[C]}$ 和 γ_C，并连同计算得到的 $a_{[C],R}$ 一并列入表 1-17 中。

$$x_{[C]} = \frac{w_{[C]}/M_C}{w_{[C]}/M_C + (1 - w_{[C]})/M_{Fe}} \qquad \gamma_C = a_{[C],R}/x_{[C]}$$

表 1-17　反应[C]+CO$_2$═2CO 平衡时 $a_{[C],R}$ 和 γ_C 的计算结果

$w_{[C]}/\%$	0.2	0.5	1.0	1.5	2.0
$x_{[C]}$	0.924×10^{-2}	2.285×10^{-2}	4.490×10^{-2}	6.618×10^{-2}	8.674×10^{-2}
$a_{[C],R}$	0.53×10^{-2}	1.98×10^{-2}	4.70×10^{-2}	8.62×10^{-2}	13.98×10^{-2}
γ_C	0.5736	0.8665	1.0468	1.3025	1.6117

1.16　利用结构为

$$Mo\,|\,[O]_{Fe}\,|\,ZrO_2 + (CaO)\,|\,Mo,\ MoO_2\,|\,Mo$$

固体电解质电池测定 08 沸腾钢的氧含量，各温度下测得的电动势见表 1-18。试求钢液所含氧的质量分数与温度的关系式。已知下列化学反应及其标准吉布斯自由能与温度的关系式为

$$MoO_{2(s)} = Mo_{(s)} + 2[O] \qquad \Delta_r G_m^{\ominus} = (343980 - 172.28T)\ \mathrm{J\cdot mol^{-1}}$$

解：根据已知条件给出的电池图解可得

正极反应　$$MoO_{2(s)} + 4e = Mo_{(s)} + 2O^{2-}$$

负极反应　$$2O^{2-} = 2[O] + 4e$$

电池反应　$$MoO_{2(s)} = 2[O] + Mo_{(s)}$$

$$\Delta_r G_m^{\ominus} = (343980 - 172.28T)\ \mathrm{J\cdot mol^{-1}}$$

$$\Delta_r G_m = \Delta_r G_m^{\ominus} + RT\ln a_{[O],\%}^2 = -4FE \tag{i}$$

表 1-18　各温度下测得的电动势

T/K	1823	1833	1863
E/mV	18.5	20.2	25.2

因为氧在铁液中溶解形成稀溶液，$a_{[O],\%}=w_{[O]\%}$，所以式（i）可改写为

$$\Delta_r G_m = \Delta_r G_m^{\ominus} + RT\ln w_{[O]\%}^2 = -4FE \tag{ii}$$

进而由式（ⅱ）可得

$$2RT\ln w_{[O]\%} = \Delta_r G_m - \Delta_r G_m^\ominus$$

$$\lg w_{[O]\%} = \frac{\Delta_r G_m - \Delta_r G_m^\ominus}{2\times 2.303RT} = \frac{-4\times 96500E - 343980}{2\times 19.147T} + \frac{172.28}{2\times 19.147} \quad (\text{iii})$$

将表 1-18 中的各温度及各温度下的电动势数据代入式（ⅲ）中计算 $\lg w_{[O]\%}$，并把计算结果列入表 1-19 中。

表 1-19　计算结果

T/K	1823	1833	1863
$\lg w_{[O]\%}$	-0.5308	-0.5127	-0.4591

设 $y=\lg w_{[O]\%}$，$x=1/T$，$y=A+Bx$。仿 1.1 题中的表 1-2 列线性回归数据表（此略），然后依据线性回归数据表计算下列各参数并得出回归直线方程。

线性相关系数 $r = \dfrac{\Sigma(x_i-\bar{x})(y_i-\bar{y})}{\sqrt{\Sigma(x_i-\bar{x})^2\Sigma(y_i-\bar{y})^2}} = \dfrac{-0.004568\times 10^{-4}}{\sqrt{0.0075\times 10^{-8}\times 0.2783\times 10^{-2}}} = -0.99986$

回归直线的斜率 $B = \dfrac{\Sigma(x_i-\bar{x})(y_i-\bar{y})}{\Sigma(x_i-\bar{x})^2} = \dfrac{-0.004568\times 10^{-4}}{0.0075\times 10^{-8}} = -6091\text{K}$

回归直线的截距 $A = \bar{y} - B\bar{x} = -0.50085 + 6091\times 5.4362\times 10^{-4} = 2.81$

回归直线方程为 $y=A+Bx=2.81-6091x$，即

$$\lg w_{[O]\%} = 2.81 - \frac{6091}{T}$$

1.17　奥氏体铁内碳以假想纯物质为标准态的活度与其摩尔分数的关系式为

$$\ln a_{[C],H} = \ln\frac{x_{[C]}}{x_{[Fe]}} + 6.6\frac{x_{[C]}}{x_{[Fe]}}$$

已知奥氏体铁内碳的摩尔分数 $x_{[C]}$ 的变化范围为 $0\leqslant x_{[C]}\leqslant x_{[C]sat}$，试导出铁的拉乌尔活度 $a_{[Fe],R}$ 与其摩尔分数 $x_{[Fe]}$ 的关系式。

解：为书写简便计，设 $x_1=x_{[Fe]}$，$x_2=x_{[C]}$，$a_1=a_{[Fe],R}$，$a_2=a_{[C],H}$。

根据吉布斯（Gibbs）-杜亥姆（Duhem）方程推导如下：

$$\mathrm{d}\ln a_1 = -\frac{x_2}{x_1}\mathrm{d}\ln a_2 = -\frac{x_2}{x_1}\mathrm{d}\left(\ln\frac{x_2}{x_1} + 6.6\frac{x_2}{x_1}\right) = -\frac{1-x_1}{x_1}\mathrm{d}\left(\ln\frac{1-x_1}{x_1} + 6.6\frac{1-x_1}{x_1}\right)$$

$$= -\frac{1-x_1}{x_1}\left(\frac{-1}{1-x_1}\times\frac{1}{x_1} - 6.6\frac{1}{x_1^2}\right)\mathrm{d}x_1 = \left(6.6\frac{1}{x_1^3} - 5.6\frac{1}{x_1^2}\right)\mathrm{d}x_1$$

$$\int_{a_1=1}^{a_1}\mathrm{d}\ln a_1 = \int_{x_1=1}^{x_1}\left(6.6\frac{1}{x_1^3} - 5.6\frac{1}{x_1^2}\right)\mathrm{d}x_1$$

$$\ln a_1 = \frac{5.6}{x_1} - \frac{3.3}{x_1^2} - 2.3$$

所以铁的拉乌尔活度与其摩尔分数的关系式为

$$\ln a_{[Fe],R} = \frac{5.6}{x_{[Fe]}} - \frac{3.3}{x_{[Fe]}^2} - 2.3$$

1.18 试用吉布斯-杜亥姆方程证明，当 A-B 二元系稀溶液中的溶质 B 服从亨利(Henry)定律（$a_B = \gamma_B^0 x_B$）时，溶剂 A 则服从拉乌尔定律（$a_A = x_A$）。

证：对吉布斯-杜亥姆方程式

$$x_A \mathrm{d}\ln a_A + x_B \mathrm{d}\ln a_B = 0$$

分离变量积分，得

$$\mathrm{d}\ln a_A = -\frac{x_B}{x_A}\mathrm{d}\ln a_B = -\frac{x_B}{x_A}\mathrm{d}\ln(\gamma_B^0 x_B)$$

$$= -\frac{x_B}{x_A}\mathrm{d}(\ln\gamma_B^0 + \ln x_B) = -\frac{x_B}{x_A}\cdot\frac{1}{x_B}\mathrm{d}x_B = -\frac{1}{x_A}\mathrm{d}(1 - x_A) = \frac{1}{x_A}\mathrm{d}x_A$$

$$\int_{a_A=1}^{a_A} \mathrm{d}\ln a_A = \int_{x_A=1}^{x_A} \frac{1}{x_A}\mathrm{d}x_A \qquad \ln a_A = \ln x_A \qquad a_A = x_A$$

因为 $a_A = x_A$，所以溶剂 A 服从拉乌尔定律。

1.19 试计算锰及铜溶解于铁液中形成质量1%溶液的标准溶解吉布斯自由能。已知锰、铜和铁的摩尔质量分别为 $M_{Mn} = 54.94\mathrm{g\cdot mol^{-1}}$、$M_{Cu} = 63.55\mathrm{g\cdot mol^{-1}}$、$M_{Fe} = 55.85\mathrm{g\cdot mol^{-1}}$；1600℃时，$\gamma_{Mn}^0 = 1$，$\gamma_{Cu}^0 = 8.6$。

解：液态锰在铁液中的溶解反应及其以假想质量1%溶液为标准态的标准溶解吉布斯自由能与温度的关系式为

$$Mn_{(l)} = [Mn]$$

$$\Delta_{sol}G^{\ominus}_{m,Mn(l),\%} = RT\ln\left(\gamma_{Mn}^0 \frac{M_{Fe}}{100M_{Mn}}\right)$$

$$= 8.314 \times 1873\ln 1 + 8.314T\ln\frac{55.85}{5494}$$

$$= -38.15T\ \mathrm{J\cdot mol^{-1}}$$

液态铜在铁液中的溶解反应及其以假想质量1%溶液为标准态的标准溶解吉布斯自由能为

$$Cu_{(l)} = [Cu]$$

$$\Delta_{sol}G^{\ominus}_{m,Cu(l),\%} = RT\ln\left(\gamma_{Cu}^0 \frac{M_{Fe}}{100M_{Cu}}\right)$$

$$= 8.314 \times 1873\ln 8.6 + 8.314T\ln\frac{55.85}{6355}$$

$$= (33508 - 39.36T)\ \mathrm{J\cdot mol^{-1}}$$

1.20 固体钒在铁液中的溶解反应及其以假想质量 1% 溶液为标准态的标准溶解吉布斯自由能为

$$V_{(s)} = [V] \qquad \Delta_{sol}G^{\ominus}_{m,V(s),\%} = (-20710 - 45.6T)\,J \cdot mol^{-1}$$

钒和铁的摩尔质量分别为 $M_V = 50.94g \cdot mol^{-1}$、$M_{Fe} = 55.85g \cdot mol^{-1}$。试求 1600℃ 的 $\gamma^0_{V,s}$。

解：溶于铁液中的钒以假想质量 1% 溶液为标准态的标准溶解吉布斯自由能为

$$\Delta_{sol}G^{\ominus}_{m,V(s),\%} = RT\ln\left(\gamma^0_{V,s}\frac{M_{Fe}}{100M_V}\right) = (-20710 - 45.6T)\,J \cdot mol^{-1}$$

将已知数据代入上式中，并解出 1600℃ 的 $\gamma^0_{V,s}$ 为

$$8.314 \times 1873\ln\gamma^0_{V,s} = -20710 - 45.6 \times 1873 - 8.314 \times 1873\ln\frac{55.85}{100 \times 50.94}$$

$$\ln\gamma^0_{V,s} = -2.3015 \qquad \gamma^0_{V,s} = 0.1$$

1.21 在不同温度下测得 CO-CO_2混合气体与铁液中的碳反应平衡时的 $(p_{CO}/p^{\ominus})^2$ 与 $(p_{CO_2}/p^{\ominus})$ 之比值见表 1-20。试计算碳在铁液中的标准溶解吉布斯自由能 $\Delta_{sol}G^{\ominus}_{m,C,\%}$ 的温度关系式。已知布杜阿尔反应及其标准吉布斯自由能为

$$C_{(gr)} + CO_2 = 2CO \qquad \Delta_r G^{\ominus}_m = (166550 - 171.00T)\,J \cdot mol^{-1}$$

表 1-20 在不同温度下与铁液中碳平衡的 $(p_{CO}/p^{\ominus})^2$ 与 $(p_{CO_2}/p^{\ominus})$ 之比值

$w_{[C]}/\%$	0.2	0.4	0.6	0.8	1.0
1833K	107.4	241.2	396.6	566.4	726.0
1933K	170.2	373.2	600.0	876.8	1202.0
2033K	267.6	565.2	929.4	—	—

解：设反应$[C] + CO_2 = 2CO$ 的标准吉布斯自由能为 $\Delta_r G^{\ominus}_m = A + BT$，标准平衡常数为 $K^{\ominus}$，平衡常数为

$$K' = \frac{(p_{CO}/p^{\ominus})^2}{(p_{CO_2}/p^{\ominus})w_{[C]\%}}$$

计算各温度及不同碳的质量分数的 K'_T 及 $\lg K'_T$，并将其值列入表 1-21 中。

表 1-21 反应平衡常数的计算结果

$w_{[C]}/\%$	0.2	0.4	0.6	0.8	1.0
K'_{1833K}	537	603	661	708	726
$\lg K'_{1833K}$	2.730	2.780	2.820	2.850	2.861
K'_{1933K}	851	933	1000	1096	1202
$\lg K'_{1933K}$	2.930	2.997	3.000	3.040	3.080
K'_{2033K}	1338	1413	1549	—	—
$\lg K'_{2033K}$	3.126	3.150	3.190	—	—

因为 $\dfrac{(p_{CO}/p^{\ominus})^2}{(p_{CO_2}/p^{\ominus})a_{[C],\%}} = K^{\ominus}$

$$\lim_{w_{[C]\%}\to 0} a_{[C],\%} = w_{[C]\%}$$

所以

$$\lim_{w_{[C]\%}\to 0} K' = \lim_{w_{[C]\%}\to 0} \frac{(p_{CO}/p^{\ominus})^2}{(p_{CO_2}/p^{\ominus})w_{[C]\%}} = K^{\ominus}$$

以不同温度的 $\lg K'_T$ 对 $w_{[C]\%}$ 作图，并对离散点作线性回归（回归过程略），得图 1-6。然后将回归直线外推至 $w_{[C]\%}=0$，由纵坐标轴上的截距便可得各温度的 $\lg K_T^{\ominus}$ 及标准平衡常数 $K_T^{\ominus}$，并分别列入表 1-22 中。

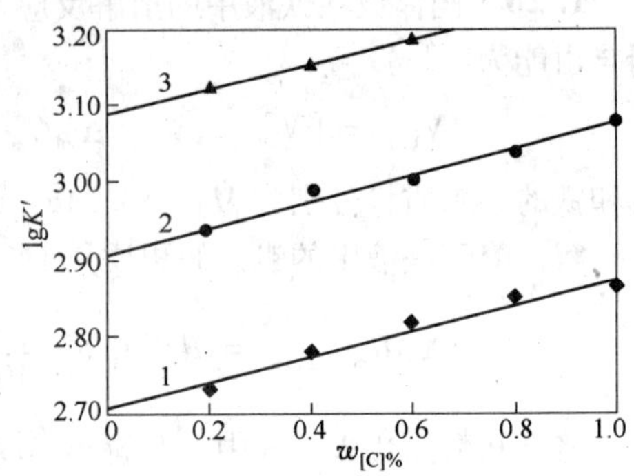

图 1-6 $\lg K'$ 与 $w_{[C]\%}$ 的关系

1—1833K；2—1933K；3—2033K

表 1-22 计算结果

T/K	1833	1933	2033	$K_T^{\ominus}$	513	813	1230
$\lg K_T^{\ominus}$	2.17	2.91	3.09	$\Delta_r G_{m,T}^{\ominus}$/J·mol^{-1}	−95111	−107702	−120281

根据 $\Delta_r G_{m,T}^{\ominus} = -19.147T\lg K_T^{\ominus}$ 分别计算反应在各温度的标准吉布斯自由能，并列入表 1-22中。

设 $y = \Delta_r G_m^{\ominus}$，$x = T$，$y = A + Bx$。仿 1.1 题中表 1-2 列线性回归数据表（此略），然后由线性回归数据表中的数据计算下列各参数，并得出回归直线方程。

线性相关系数 $r = \dfrac{\Sigma(x_i-\bar{x})(y_i-\bar{y})}{\sqrt{\Sigma(x_i-\bar{x})^2\Sigma(y_i-\bar{y})^2}} = \dfrac{-2517000}{\sqrt{20000\times 316764476}} = -0.9999999$

回归直线方程的斜率 $B = \dfrac{\Sigma(x_i-\bar{x})(y_i-\bar{y})}{\Sigma(x_i-\bar{x})^2} = \dfrac{-2517000}{20000} = -125.85\text{J}\cdot(\text{mol}\cdot\text{K})^{-1}$

回归直线方程的截距 $A = \bar{y} - B\bar{x} = -107698 + 125.85\times 1933 = 135570\text{J}\cdot\text{mol}^{-1}$

回归直线方程为 $y = A + Bx = (135570 - 125.85x)\text{J}\cdot\text{mol}^{-1}$

此回归直线方程即为反应 $[C] + CO_2 = 2CO$ 的标准吉布斯自由能与温度的关系式为

$$\Delta_r G_m^{\ominus} = (135570 - 125.85T)\text{J}\cdot\text{mol}^{-1}$$

列如下两个化学反应及其标准吉布斯自由能与温度的关系式为

$$C_{(gr)} + CO_2 = 2CO \qquad \Delta_r G_{m(1)}^{\ominus} = (166550 - 171.00T)\text{J}\cdot\text{mol}^{-1} \qquad (\text{i})$$

$$[C] + CO_2 = 2CO \qquad \Delta_r G_{m(2)}^{\ominus} = (135570 - 125.85T)\text{J}\cdot\text{mol}^{-1} \qquad (\text{ii})$$

线性组合：式（i）－式（ii），得碳在铁液中溶解反应及其标准溶解吉布斯自由能与温度的关系式为

$$C_{(gr)} = [C] \qquad \Delta_{sol} G_{m,C,\%}^{\ominus} = \Delta_r G_{m(1)}^{\ominus} - \Delta_r G_{m(2)}^{\ominus} = (30980 - 45.15T)\text{J}\cdot\text{mol}^{-1}$$

1.22 试推导下列各化学反应的 $\Delta_r G_m^{\ominus}$ 及 $\lg K^{\ominus}$ 的温度关系式。

$$CO_2 + [C] \xlongequal{} 2CO \qquad (FeO) \xlongequal{} [Fe] + [O] \qquad [Ti] + [C] \xlongequal{} TiC_{(s)}$$

解：(1) 推导化学反应 $CO_2 + [C] = 2CO$ 的 $\Delta_r G_m^\ominus$ 及 $\lg K^\ominus$ 的温度关系式。查得如下反应及其热力学数据为

$$C_{(gr)} + 0.5O_2 \xlongequal{} CO \qquad \Delta_f G_{m,CO}^\ominus = (-114400 - 85.77T)\ J \cdot mol^{-1} \qquad (i)$$

$$C_{(gr)} + O_2 \xlongequal{} CO_2 \qquad \Delta_f G_{m,CO_2}^\ominus = (-395350 - 0.54T)\ J \cdot mol^{-1} \qquad (ii)$$

$$C_{(gr)} \xlongequal{} [C] \qquad \Delta_{sol} G_{m,C,\%}^\ominus = (22590 - 42.26T)\ J \cdot mol^{-1} \qquad (iii)$$

线性组合：式(i)×2－式(ii)－式(iii)，得化学反应

$$CO_2 + [C] \xlongequal{} 2CO \qquad (iv)$$

的标准吉布斯自由能及标准平衡常数的温度关系式分别为

$$\begin{aligned}\Delta_r G_m^\ominus &= 2\Delta_f G_{m,CO}^\ominus - \Delta_f G_{m,CO_2}^\ominus - \Delta_{sol} G_{m,C,\%}^\ominus \\ &= 2 \times (-114400 - 85.77T) - (-395350 - 0.54T) - (22590 - 42.26T) \\ &= (143960 - 128.74T)\ J \cdot mol^{-1}\end{aligned}$$

$$\lg K^\ominus = \frac{-\Delta_r G_m^\ominus}{2.303RT} = \frac{-143960 + 128.74T}{19.147T} = -\frac{7519}{T} + 6.72$$

(2) 推导化学反应 $(FeO) = [Fe] + [O]$ 的 $\Delta_r G_m^\ominus$ 及 $\lg K^\ominus$ 的温度关系式。查得如下化学反应及其热力学数据为

$$FeO_{(l)} \xlongequal{} Fe_{(l)} + 0.5O_2 \qquad \Delta_r G_{m(5)}^\ominus = (256060 - 53.68T)\ J \cdot mol^{-1} \qquad (v)$$

$$FeO_{(l)} \xlongequal{} (FeO) \qquad \Delta_{sol} G_{m,FeO(l),R}^\ominus = 0 \text{（纯液态 FeO 标准态）} \qquad (vi)$$

$$0.5O_2 \xlongequal{} [O] \qquad \Delta_{sol} G_{m,O,\%}^\ominus = (-117150 - 2.89T)\ J \cdot mol^{-1} \qquad (vii)$$

$$Fe_{(l)} \xlongequal{} [Fe] \qquad \Delta_{sol} G_{m,Fe(l),R}^\ominus = 0 \text{（纯液态 Fe 标准态）} \qquad (viii)$$

线性组合：式(v)－式(vi)＋式(vii)＋式(viii)，得化学反应

$$(FeO) \xlongequal{} [Fe] + [O]$$

的标准吉布斯自由能及标准平衡常数的温度关系式分别为

$$\begin{aligned}\Delta_r G_m^\ominus &= \Delta_r G_{m(5)}^\ominus - \Delta_{sol} G_{m,FeO(l),R}^\ominus + \Delta_{sol} G_{m,O,\%}^\ominus + \Delta_{sol} G_{m,Fe(l),R}^\ominus \\ &= (256060 - 53.68T) - 0 + (-117150 - 2.89T) + 0 \\ &= (138910 - 56.57T)\ J \cdot mol^{-1}\end{aligned}$$

$$\lg K^\ominus = \frac{-\Delta_r G_m^\ominus}{2.303RT} = \frac{-138910 + 56.57T}{19.147T} = -\frac{7255}{T} + 2.95$$

(3) 推导反应 $[Ti] + [C] = TiC_{(s)}$ 的 $\Delta_r G_m^\ominus$ 及 $\lg K^\ominus$ 的温度关系式。

查得如下反应及其热力学数据为

$$Ti_{(s)} + C_{(gr)} \xlongequal{} TiC_{(s)} \qquad \Delta_f G_{m,TiC(s)}^\ominus = (-184800 + 12.55T)\ J \cdot mol^{-1} \qquad (ix)$$

$$Ti_{(s)} \xlongequal{} [Ti] \qquad \Delta_{sol} G_{m,Ti(s),\%}^\ominus = (-25100 - 44.98T)\ J \cdot mol^{-1} \qquad (x)$$

$$C_{(gr)} = [C] \qquad \Delta_{sol}G^{\ominus}_{m,C,\%} = (22590 - 42.26T)\,J \cdot mol^{-1} \qquad (xi)$$

线性组合：式(ix)－式(x)－式(xi)，得化学反应

$$[Ti] + [C] = TiC_{(s)}$$

的标准吉布斯自由能及标准平衡常数的温度关系式分别为

$$\Delta_r G^{\ominus}_m = \Delta_f G^{\ominus}_{m,TiC(s)} - \Delta_{sol}G^{\ominus}_{m,Ti(s),\%} - \Delta_{sol}G^{\ominus}_{m,C,\%}$$

$$= (-184800 + 12.55T) - (-25100 - 44.98T) - (22590 - 42.26T)$$

$$= (-182290 + 99.79T)\,J \cdot mol^{-1}$$

$$\lg K^{\ominus} = \frac{-\Delta_r G^{\ominus}_m}{2.303RT} = \frac{182290 - 99.79T}{19.147T} = \frac{9521}{T} - 5.21$$

1.23 在1600℃，铁液中硅被氧气氧化的反应为

$$[Si] + O_2 = SiO_{2(s)}$$

已知$\gamma^0_{Si} = 0.0013$、$p_{O_2} = 100kPa$、$M_{Fe} = 55.85g \cdot mol^{-1}$、$M_{Si} = 28.09g \cdot mol^{-1}$、$Si_{(l)}$氧化生成$SiO_{2(s)}$的化学反应及其标准吉布斯自由能的温度关系式为

$$Si_{(l)} + O_2 = SiO_{2(s)} \qquad \Delta_f G^{\ominus}_{m,SiO_2(s)} = (-946350 + 197.64T)\,J \cdot mol^{-1}$$

试计算铁液中硅的摩尔分数和活度系数分别为$x_{[Si]} = 0.2$和$\gamma_{Si} = 0.03$时化学反应

$$[Si] + O_2 = SiO_{2(s)}$$

在1600℃时的吉布斯自由能$\Delta_r G_m$。铁液中硅的标准态分别为：(1) 纯硅；(2) 假想纯硅；(3) 假想质量1%溶液。

解：(1) 以纯硅为标准态。

$$Si_{(l)} + O_2 = SiO_{2(s)} \qquad \Delta_f G^{\ominus}_{m,SiO_2(s)} = (-946350 + 197.64T)\,J \cdot mol^{-1} \qquad (i)$$

$$Si_{(l)} = [Si] \qquad \Delta_{sol}G^{\ominus}_{m,Si(l),R} = 0\text{(纯液态硅标准态)} \qquad (ii)$$

线性组合：式(i)－式(ii)，得化学反应

$$[Si] + O_2 = SiO_{2(s)} \qquad (iii)$$

的标准吉布斯自由能与温度的关系式为

$$\Delta_r G^{\ominus}_m = \Delta_f G^{\ominus}_{m,SiO_2(s)} - \Delta_{sol}G^{\ominus}_{m,Si(l),R} = (-946350 + 197.64T)\,J \cdot mol^{-1}$$

以纯液态硅为标准态，铁液中硅的拉乌尔活度为

$$a_{[Si],R} = \gamma_{Si}x_{[Si]} = 0.03 \times 0.2 = 0.006$$

化学反应(iii)在给定条件下的吉布斯自由能为

$$\Delta_r G_m = \Delta_r G^{\ominus}_m + RT\ln\frac{a_{SiO_2,R}}{a_{[Si],R}\,p_{O_2}/p^{\ominus}} = \Delta_r G^{\ominus}_m + RT\ln\frac{a_{SiO_2,R}}{\gamma_{Si}x_{[Si]}\,p_{O_2}/p^{\ominus}}$$

$$= -946350 + 197.64 \times 1873 + 8.314 \times 1873 \times \ln\frac{1}{0.03 \times 0.2 \times 10^5/10^5}$$

$$= -496503\,J \cdot mol^{-1}$$

（2）以假想纯硅为标准态。

$$Si_{(l)} + O_2 === SiO_{2(s)} \qquad \Delta_f G^{\ominus}_{m,SiO_2(s)} = (-946350 + 197.64T)\,J \cdot mol^{-1} \qquad (iv)$$

$$Si_{(l)} === [Si] \qquad \Delta_{sol} G^{\ominus}_{m,Si(l),H} = RT\ln\gamma^0_{Si}\text{（假想纯硅标准态）} \qquad (v)$$

线性组合：式（iv）－式（v），得化学反应

$$[Si] + O_2 === SiO_{2(s)} \qquad (vi)$$

的标准吉布斯自由能与温度的关系式为

$$\begin{aligned}\Delta_r G^{\ominus}_m &= \Delta_f G^{\ominus}_{m,SiO_2(s)} - \Delta_{sol} G^{\ominus}_{m,Si(l),H}\\ &= -946350 + 197.64T - RT\ln\gamma^0_{Si}\\ &= -946350 + 197.64T - 8.314 \times 1873\ln 0.0013\\ &= (-842867 + 197.64T)\,J \cdot mol^{-1}\end{aligned}$$

将纯物质标准态活度转换为假想纯物质标准态活度为

$$a_{[Si],H} = \frac{a_{[Si],R}}{\gamma^0_{Si}} = \frac{\gamma_{Si}x_{[Si]}}{\gamma^0_{Si}} = \frac{0.03 \times 0.2}{0.0013} = 4.6154$$

化学反应（iii）在给定条件下的吉布斯自由能为

$$\begin{aligned}\Delta_r G_m &= \Delta_r G^{\ominus}_m + RT\ln\frac{a_{SiO_2,R}}{a_{[Si],H}\,p_{O_2}/p^{\ominus}}\\ &= -842867 + 197.64 \times 1873 + 8.314 \times 1873 \times \ln\frac{1}{4.6154 \times 10^5/10^5}\\ &= -496503\,J \cdot mol^{-1}\end{aligned}$$

（3）以假想质量1%溶液为标准态。

$$Si_{(l)} + O_2 === SiO_{2(s)} \qquad \Delta_f G^{\ominus}_{m,SiO_2(s)} = (-946350 + 197.64T)\,J \cdot mol^{-1} \qquad (vii)$$

$$Si_{(l)} === [Si] \qquad \Delta_{sol} G^{\ominus}_{m,Si(l),\%} = RT\ln\gamma^0_{Si}\frac{M_{Fe}}{100M_{Si}}\text{（质量1\% 溶液标准态）} \qquad (viii)$$

线性组合：式（vii）－式（viii），得化学反应

$$[Si] + O_2 === SiO_{2(s)} \qquad (ix)$$

的标准吉布斯自由能与温度的关系式为

$$\begin{aligned}\Delta_r G^{\ominus}_m &= \Delta_f G^{\ominus}_{m,SiO_2(s)} - \Delta_{sol} G^{\ominus}_{m,Si(l),\%}\\ &= -946350 + 197.64T - RT\ln\gamma^0_{Si}\frac{M_{Fe}}{100M_{Si}}\\ &= -946350 + 197.64T - 8.314 \times 1873 \times \ln 0.0013 - 8.314T\ln\frac{55.85}{100 \times 28.09}\\ &= (-842867 + 230.2135T)\,J \cdot mol^{-1}\end{aligned}$$

将纯物质标准态活度转换为假想质量1%溶液标准态活度为

$$a_{[\mathrm{Si}],\%} = \frac{100M_{\mathrm{Si}}}{\gamma_{\mathrm{Si}}^{0}M_{\mathrm{Fe}}}a_{[\mathrm{Si}],\mathrm{R}} = \frac{100M_{\mathrm{Si}}}{\gamma_{\mathrm{Si}}^{0}M_{\mathrm{Fe}}}\gamma_{\mathrm{Si}}x_{[\mathrm{Si}]} = \frac{100\times 28.09}{0.0013\times 55.85}\times 0.03\times 0.2 = 232.1328$$

化学反应（ⅸ）在给定条件下的吉布斯自由能为

$$\Delta_r G_m = \Delta_r G_m^{\ominus} + RT\ln\frac{a_{\mathrm{SiO_2},\mathrm{R}}}{a_{[\mathrm{Si}],\%}p_{\mathrm{O_2}}/p^{\ominus}}$$

$$= -842867 + 230.2135T + RT\ln\frac{1}{232.1328\times 10^5/10^5}$$

$$= -842867 + 230.2135\times 1873 + 8.314\times 1873\times\ln\frac{1}{232.1328}$$

$$= -496503\mathrm{J\cdot mol^{-1}}$$

由以上计算可见，铁液中硅的活度 $a_{[\mathrm{Si}]}$ 和各化学反应的标准吉布斯自由能 $\Delta_r G_m^{\ominus}$ 两者均与活度的标准态有关，而各化学反应的吉布斯自由能 $\Delta_r G_m$ 与活度的标准态无关。

1.24 试证明下列吉布斯-杜亥姆方程式

$$x_A \mathrm{d}\ln a_A + x_B \mathrm{d}\ln a_B = 0$$

中两个组元活度的标准态是可以独立任意改变的。

证： 设下列吉布斯-杜亥姆方程式（ⅰ）中两个组元的活度都是纯物质标准态。

$$x_A \mathrm{d}\ln a_{A,R} + x_B \mathrm{d}\ln a_{B,R} = 0 \tag{ⅰ}$$

将 $a_{B,R} = \gamma_B^0 a_{B,H}$ 代入式（ⅰ）中，改组元 B 活度的标准态为假想纯物质标准态，得

$$x_A \mathrm{d}\ln a_{A,R} + x_B \mathrm{d}\ln\gamma_B^0 a_{B,H} = 0 \tag{ⅱ}$$

因为式（ⅱ）中的第二项 $x_B\mathrm{d}\ln\gamma_B^0 a_{B,H} = x_B\mathrm{d}\ln\gamma_B^0 + x_B\mathrm{d}\ln a_{B,H}$，且 $\mathrm{d}\ln\gamma_B^0 = 0$，所以可得

$$x_A \mathrm{d}\ln a_{A,R} + x_B \mathrm{d}\ln a_{B,H} = 0 \tag{ⅲ}$$

在吉布斯-杜亥姆方程式（ⅲ）中，组元 A 的活度以纯物质为标准态，而组元 B 的活度以假想纯物质为标准态。

将 $a_{B,R} = \gamma_B^0\frac{M_A}{100M_B}a_{B,\%}$ 代入式（ⅰ）中，改组元 B 活度的标准态为假想质量 1% 溶液标准态，得

$$x_A \mathrm{d}\ln a_{A,R} + x_B \mathrm{d}\ln\gamma_B^0\frac{M_A}{100M_B}a_{B,\%} = 0 \tag{ⅳ}$$

因为式（ⅳ）中的第二项

$$x_B\mathrm{d}\ln\gamma_B^0\frac{M_A}{100M_B}a_{B,\%} = x_B\mathrm{d}\ln\gamma_B^0\frac{M_A}{100M_B} + x_B\mathrm{d}\ln a_{B,\%}$$

而且 $\mathrm{d}\ln\gamma_B^0\frac{M_A}{100M_B} = 0$，所以可得吉布斯-杜亥姆方程式为

$$x_A \mathrm{d}\ln a_{A,R} + x_B \mathrm{d}\ln a_{B,\%} = 0 \tag{ⅴ}$$

仿此，也可以使组元 A 的活度标准态独立任意改变，而吉布斯-杜亥姆方程依然成立。由以上证明可见，吉布斯-杜亥姆方程与组元活度的标准态无关，或者说吉布斯-杜亥姆方程式中两个组元活度的标准态是可以独立任意改变的。

1.25 利用固体电解质电池

$$(\text{Pt-Rh})\mid \text{Fe},\ \text{FeO}\cdot\text{Al}_2\text{O}_3,\ \text{Al}_2\text{O}_3 \mid \text{ZrO}_2+(\text{CaO})\mid \text{MoO}_2,\ \text{Mo}\mid(\text{Pt-Rh})$$

测得化学反应（ⅰ）在温度范围 1373 ~ 1800K 内的平衡氧分压与温度的关系式为

$$\text{Fe}_{(s)} + 0.5\text{O}_2 + \text{Al}_2\text{O}_{3(s)} = \text{FeAl}_2\text{O}_{4(s)}$$

$$\lg(p_{\text{O}_2}/\text{Pa}) = -\frac{3.128\times10^4}{T} + 12.895 \qquad (\text{i})$$

已知氧化物 $MoO_{2(s)}$ 和 $Al_2O_{3(s)}$ 的生成反应及其标准生成吉布斯自由能与温度的关系式分别为

$$\text{Mo}_{(s)} + \text{O}_2 = \text{MoO}_{2(s)} \qquad \Delta_f G^{\ominus}_{m,\text{MoO}_2(s)} = (-578200 + 166.5T)\ \text{J}\cdot\text{mol}^{-1} \qquad (\text{ii})$$

$$2\text{Al}_{(l)} + 1.5\text{O}_2 = \text{Al}_2\text{O}_{3(s)} \qquad \Delta_f G^{\ominus}_{m,\text{Al}_2\text{O}_3(s)} = (-1687200 + 326.8T)\ \text{J}\cdot\text{mol}^{-1} \qquad (\text{iii})$$

试求：（1）$FeAl_2O_{4(s)}$ 的标准生成吉布斯自由能 $\Delta_f G^{\ominus}_{m,FeAl_2O_4(s)}$ 与温度 T 的关系式；（2）上述电池在 1700K 时的标准电动势 $E^{\ominus}$。

解：（1）求 $\Delta_f G^{\ominus}_{m,FeAl_2O_4(s)}$ 与温度 T 的关系式。

设化学反应（ⅰ）的标准吉布斯自由能为 $\Delta_r G^{\ominus}_{m(1)}$，则

$$\Delta_r G^{\ominus}_{m(1)} = -RT\ln\frac{1}{(p_{\text{O}_2}/p^{\ominus})^{1/2}} = \frac{1}{2}\times19.147T\left(\lg\frac{p_{\text{O}_2}}{\text{Pa}} - \lg\frac{p^{\ominus}}{\text{Pa}}\right)$$

$$= \frac{1}{2}\times19.147T\left(-\frac{3.128\times10^4}{T} + 12.895 - 5\right)$$

$$= (-299459 + 75.58T)\ \text{J}\cdot\text{mol}^{-1}$$

线性组合：式（ⅰ）+ 式（ⅲ），得 $FeAl_2O_{4(s)}$ 生成反应

$$\text{Fe}_{(s)} + 2\text{Al}_{(l)} + 2\text{O}_2 = \text{FeAl}_2\text{O}_{4(s)} \qquad (\text{iv})$$

的标准吉布斯自由能与温度 T 的关系式为

$$\Delta_f G^{\ominus}_{m,\text{FeAl}_2\text{O}_4(s)} = \Delta_r G^{\ominus}_{m(1)} + \Delta_f G^{\ominus}_{m,\text{Al}_2\text{O}_3(s)}$$

$$= -299459 + 75.58T - 1687200 + 326.8T$$

$$= (-1986659 + 402.38T)\ \text{J}\cdot\text{mol}^{-1}$$

（2）求 $E^{\ominus}$。

正极反应 $$\text{MoO}_{2(s)} + 4\text{e} = \text{Mo}_{(s)} + 2\text{O}^{2-}$$

负极反应 $$2\text{Fe}_{(s)} + 2\text{O}^{2-} + 2\text{Al}_2\text{O}_{3(s)} = 2\text{FeAl}_2\text{O}_{4(s)} + 4\text{e}$$

电池反应 $$2\text{Fe}_{(s)} + 2\text{Al}_2\text{O}_{3(s)} + \text{MoO}_{2(s)} = 2\text{FeAl}_2\text{O}_{4(s)} + \text{Mo}_{(s)} \qquad (\text{v})$$

线性组合：式(ⅰ) ×2 – 式(ⅱ)，得电池反应(ⅴ)的标准吉布斯自由能与温度的关系式为

$$\begin{aligned}\Delta_r G^{\ominus}_{m(5)} &= 2\Delta_r G^{\ominus}_{m(1)} - \Delta_f G^{\ominus}_{m,MoO_2(s)} \\ &= 2\times(-299459 + 75.58T) - (-578200 + 166.5T) \\ &= (-20718 - 15.34T)\,J\cdot mol^{-1}\end{aligned} \qquad (\text{vi})$$

将 $\Delta_r G^{\ominus}_{m(5)} = -4FE^{\ominus}$ 代入式（vi）中求解，得标准电动势与温度的关系式为

$$E^{\ominus} = \frac{-\Delta_r G^{\ominus}_{m(5)}}{4F} = \left(\frac{20718 + 15.34T}{4\times 96500}\right)V \qquad (\text{vii})$$

将 $T = 1700K$ 代入式（vii）中，得该温度时的标准电动势为

$$E^{\ominus} = \frac{20718 + 15.34\times 1700}{4\times 96500} = 0.1212V$$

1.26 在950℃测得固体电解质电池

$$Pt\,|\,Mo, MoO_2\,|\,ZrO_2 + (CaO)\,|\,Fe, FeO\,|\,Pt$$

的电动势 $E^{\ominus} = 3.8mV$，又已知 $FeO_{(s)}$ 在950℃的标准生成吉布斯自由能 $\Delta_f G^{\ominus}_{m,FeO(s)} = -185006J\cdot mol^{-1}$。求：(1) 化学反应 $2FeO_{(s)} + Mo_{(s)} = MoO_{2(s)} + 2Fe_{(s)}$ 在950℃时的标准吉布斯自由能 $\Delta_r G^{\ominus}_m$；(2) $MoO_{2(s)}$ 在950℃的标准生成吉布斯自由能 $\Delta_f G^{\ominus}_{m,MoO_2(s)}$。

解：(1) 求化学反应 $2FeO_{(s)} + Mo_{(s)} = MoO_{2(s)} + 2Fe_{(s)}$ 在950℃的标准吉布斯自由能。

正极反应 $2FeO_{(s)} + 4e = 2Fe_{(s)} + 2O^{2-}$

负极反应 $Mo_{(s)} + 2O^{2-} = MoO_{2(s)} + 4e$

电池反应 $2FeO_{(s)} + Mo_{(s)} = MoO_{2(s)} + 2Fe_{(s)}$

根据已知条件，得所求化学反应 $2FeO_{(s)} + Mo_{(s)} = MoO_{2(s)} + 2Fe_{(s)}$ 在950℃的标准吉布斯自由能为

$$\Delta_r G^{\ominus}_m = -4FE^{\ominus} = -4\times 96500\times 3.8\times 10^{-3} = -1467J\cdot mol^{-1}$$

(2) 求 $MoO_{2(s)}$ 在950℃的标准生成吉布斯自由能。由解（1）和已知条件可知，下列两化学反应在950℃的标准吉布斯自由能分别为

$$2FeO_{(s)} + Mo_{(s)} = MoO_{2(s)} + 2Fe_{(s)} \qquad \Delta_r G^{\ominus}_m = -1467J\cdot mol^{-1} \qquad (\text{i})$$

$$Fe_{(s)} + 0.5O_2 = FeO_{(s)} \qquad \Delta_f G^{\ominus}_{m,FeO(s)} = -185006J\cdot mol^{-1} \qquad (\text{ii})$$

线性组合：式(i)+式(ii)×2，得 $MoO_{2(s)}$ 的生成反应及其标准生成吉布斯自由能分别为

$$Mo_{(s)} + O_2 = MoO_{2(s)}$$

$$\begin{aligned}\Delta_f G^{\ominus}_{m,MoO_2(s)} &= \Delta_r G^{\ominus}_m + 2\Delta_f G^{\ominus}_{m,FeO(s)} \\ &= -1467 - 2\times 185006 \\ &= -371479J\cdot mol^{-1}\end{aligned}$$

1.27 在 $T = 1473K$ 及总压 $p = p^{\ominus} = 10^5Pa$ 条件下，H_2 流经 $MgCl_{2(l)}$ 上方，发生化学反应

$$MgCl_{2(l)} + H_2 = Mg_{(g)} + 2HCl_{(g)}$$

试计算 H_2、$Mg_{(g)}$ 和 $HCl_{(g)}$ 的平衡分压，并求在不使 $Mg_{(g)}$ 氧化的情况下，H_2-$H_2O_{(g)}$ 系中允许的最大水蒸气压力 $p_{H_2O,max}$。已知如下 3 个化学反应及其标准吉布斯自由能与温度的关系式为

$$Cl_2 + H_2 = 2HCl_{(g)}$$

$$\Delta_r G^{\ominus}_{m(1)} = (-182200 + 3.6T\ln T - 43.68T)\ J \cdot mol^{-1} \tag{i}$$

$$Cl_2 + Mg_{(g)} = MgCl_{2(l)}$$

$$\Delta_r G^{\ominus}_{m(2)} = (-770300 - 37.63T\ln T + 508.4T)\ J \cdot mol^{-1} \tag{ii}$$

$$Mg_{(g)} + H_2O_{(g)} = MgO_{(s)} + H_2$$

$$\Delta_r G^{\ominus}_{m(3)} = (-481570 + 154.28T)\ J \cdot mol^{-1} \tag{iii}$$

解：（1）求平衡分压 p_{Mg}、p_{HCl} 和 p_{H_2}。因为所求未知数为 3 个，所以需要列 3 个方程式。由下列化学反应方程式

$$MgCl_{2(l)} + H_2 = Mg_{(g)} + 2HCl_{(g)} \tag{iv}$$

可知，生成物 $Mg_{(g)}$ 与 $HCl_{(g)}$ 的化学计量数之比为 1 : 2，所以可列出分压比方程式（v）；设化学反应（iv）的标准平衡常数为 $K_4^{\ominus}$，又可列出平衡常数方程式（vi）；再列出平衡分压总和方程式（vii）。

$$p_{HCl} = 2p_{Mg} \tag{v}$$

$$\frac{(p_{HCl}/p^{\ominus})^2 \times (p_{Mg}/p^{\ominus})}{p_{H_2}/p^{\ominus}} = K_4^{\ominus} \tag{vi}$$

$$p_{Mg} + p_{HCl} + p_{H_2} = p \tag{vii}$$

线性组合：式(i) - 式(ii)，得化学反应(iv)的标准吉布斯自由能与温度的关系式为

$$\Delta_r G^{\ominus}_{m(4)} = -RT\ln K_4^{\ominus} = \Delta_r G^{\ominus}_{m(1)} - \Delta_r G^{\ominus}_{m(2)}$$

$$= (588100 + 41.23T\ln T - 552.08T)\ J \cdot mol^{-1} \tag{viii}$$

将 $T = 1473K$ 代入式（viii）中，得化学反应（iv）的标准平衡常数为

$$\lg K_4^{\ominus} = -\frac{588100}{19.147 \times 1473} - \frac{41.23\ln 1473}{19.147} + \frac{552.08}{19.147} = -7.727 \qquad K_4^{\ominus} = 1.875 \times 10^{-8}$$

将式（v）和 $p = p^{\ominus}$ 代入式（vii）中并整理，得

$$p_{H_2} = p^{\ominus} - 3p_{Mg} \tag{ix}$$

将式（v）、式（ix）和 $K_4^{\ominus} = 1.875 \times 10^{-8}$ 代入式（vi）中，得

$$\frac{(2p_{Mg}/p^{\ominus})^2 \times (p_{Mg}/p^{\ominus})}{(p^{\ominus} - 3p_{Mg})/p^{\ominus}} = \frac{4p_{Mg}^3}{(p^{\ominus} - 3p_{Mg})(p^{\ominus})^2} = 1.875 \times 10^{-8} \tag{x}$$

将 $p^{\ominus} = 10^5 Pa$ 代入式（x）中，化简并整理，得

$$\frac{p_{Mg}^3}{10^5 - 3p_{Mg}} = 1.875 \times 10^{-8} \times 10^{10} \times \frac{1}{4} = 46.875$$

$$p_{Mg}^3 + 3 \times 46.875 p_{Mg} - 46.875 \times 10^5 = 0 \quad \text{(xi)}$$

用迭代法解一元三次方程式（xi）。根据式（xi）建立迭代程序为

$$p_{Mg} = [46.875 \times (10^5 - 3p_{Mg})]^{1/3} \quad \text{(xii)}$$

证明迭代程序（xii）收敛：

设 $x = p_{Mg}$，$p_{Mg}^3 = x^3 = \xi(x)$，$46.875 \times (10^5 - 3p_{Mg}) = 46.875 \times (10^5 - 3x) = \varphi(x)$，则

$$\frac{d\xi(x)}{dx} = 3x^2 \qquad \frac{d\varphi(x)}{dx} = -46.875 \times 3 = -140.625$$

设 $x = 166$ 为一元三次方程式（xi）的解 x 的一个估计值，则

$$\left|\frac{d\varphi(x)/dx}{d\xi(x)/dx}\right|_{x=166} = \left|\frac{-140.625}{3x^2}\right|_{x=166} = \left|\frac{-140.625}{3 \times 166^2}\right| = 0.0017$$

因为 $\left|\frac{d\varphi(x)/dx}{d\xi(x)/dx}\right|_{x=166} < 1$，所以迭代程序（xii）收敛。

迭代求解：将估计值（初始值）$p_{Mg,0} = 166\text{Pa}$ 代入迭代程序（xii），计算得 $p_{Mg,1} = 167.08\text{Pa}$；再将 $p_{Mg,1} = 167.08\text{Pa}$ 代入迭代程序（xii），计算得 $p_{Mg,2} = 167.08\text{Pa}$。两次迭代计算值相等，终止迭代，确定其准确解为

$$p_{Mg} = 167.08\text{Pa}$$

将 $p_{Mg} = 167.08\text{Pa}$ 代入式（v）中，再将 $p_{Mg} = 167.08\text{Pa}$ 和 $p^\ominus = 10^5\text{Pa}$ 代入式（ix）中，分别得

$$p_{HCl} = 2 \times 167.08 = 334.16\text{Pa}$$

$$p_{H_2} = 10^5 - 3 \times 167.08 = 99498.76\text{Pa}$$

（2）求允许的最大水蒸气压力 $p_{H_2O,max}$。

$$Mg_{(g)} + H_2O_{(g)} =\!=\!= MgO_{(s)} + H_2$$

$$\Delta_r G_{m(3)}^\ominus = (-481570 + 154.28T)\text{J} \cdot \text{mol}^{-1} \quad \text{(iii)}$$

计算反应（iii）在 $T = 1473\text{K}$ 时的标准平衡常数为

$$\lg K_3^\ominus = -\frac{\Delta_r G_{m(3)}^\ominus}{2.303RT} = \frac{481570 - 154.28 \times 1473}{2.303 \times 8.314 \times 1473} = 9.017153207 \qquad K_3^\ominus = 1040287085$$

根据化学反应方程式（iii）写出的标准平衡常数方程式为

$$K_3^\ominus = \frac{p_{H_2}/p^\ominus}{(p_{Mg}/p^\ominus)(p_{H_2O}/p^\ominus)} = 1040287085 \quad \text{(xiii)}$$

将 $p^\ominus = 10^5\text{Pa}$、$p_{Mg} = 167.08\text{Pa}$、$p_{H_2} = 99498.76\text{Pa}$ 代入式（xiii）中，得平衡水蒸气压力，即允许的最大水蒸气压力为

$$p_{H_2O,max} = 0.057\text{Pa}$$

1.28 在恒温恒压下，对 A-B 二元系溶液，化学势的集合公式和吉布斯-杜亥姆方程式分别为

$$G_m = x_A \mu_A + x_B \mu_B \quad (\text{i})$$

$$x_A \mathrm{d}\mu_A + x_B \mathrm{d}\mu_B = 0 \quad (\text{ii})$$

式中，G_m 为溶液的摩尔吉布斯自由能，μ_A 和 μ_B 分别为组元 A 和 B 的化学势，x_A 和 x_B 分别为组元 A 和 B 的摩尔分数。试证明对 A-B 二元系溶液有下列二式成立。

$$\mu_A = G_m + (1 - x_A)\frac{\mathrm{d}G_m}{\mathrm{d}x_A}$$

$$\mu_B = G_m + (1 - x_B)\frac{\mathrm{d}G_m}{\mathrm{d}x_B}$$

证：对式（i）微分，得

$$\mathrm{d}G_m = x_A \mathrm{d}\mu_A + \mu_A \mathrm{d}x_A + x_B \mathrm{d}\mu_B + \mu_B \mathrm{d}x_B \quad (\text{iii})$$

将 $x_A \mathrm{d}\mu_A + x_B \mathrm{d}\mu_B = 0$ 和 $x_B = 1 - x_A$ 代入式（iii）中，得

$$\mathrm{d}G_m = \mu_A \mathrm{d}x_A + \mu_B \mathrm{d}x_B = \mu_A \mathrm{d}x_A + \mu_B \mathrm{d}(1 - x_A) = \mu_A \mathrm{d}x_A - \mu_B \mathrm{d}x_A \quad (\text{iv})$$

将式（iv）等号两边同除以 $\mathrm{d}x_A$，得

$$\frac{\mathrm{d}G_m}{\mathrm{d}x_A} = \mu_A - \mu_B \quad (\text{v})$$

将式（v）等号两边同乘以 x_B，得

$$x_B \frac{\mathrm{d}G_m}{\mathrm{d}x_A} = x_B \mu_A - x_B \mu_B \quad (\text{vi})$$

线性组合：式(i)+式(vi)，得

$$G_m + x_B \frac{\mathrm{d}G_m}{\mathrm{d}x_A} = (x_A + x_B)\mu_A = \mu_A \quad (\text{vii})$$

将 $x_B = 1 - x_A$ 代入式（vii）中并整理，得

$$\mu_A = G_m + (1 - x_A)\frac{\mathrm{d}G_m}{\mathrm{d}x_A}$$

同理，也可证明式 $\mu_B = G_m + (1 - x_B)\frac{\mathrm{d}G_m}{\mathrm{d}x_B}$ 成立。

1.29 图 1-7 为下列还原反应体系的平衡图。

$$MO_{(s)} + CO = M_{(s)} + CO_2$$

$$\Delta_r G_m^{\ominus} = \Delta_r H_m^{\ominus} - T\Delta_r S_m^{\ominus}$$

试根据此图和范特霍夫等压方程式证明 $\Delta_r H_m^{\ominus} < 0$。

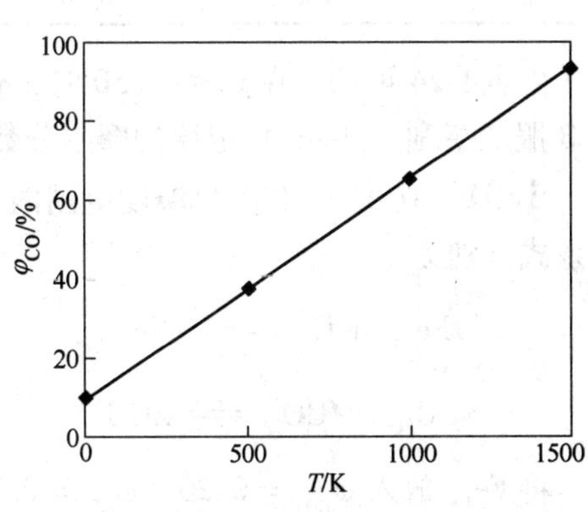

图 1-7 CO 还原 $MO_{(s)}$ 反应平衡图

证：还原反应 $MO_{(s)} + CO = M_{(s)} + CO_2$ 的平衡气相中 CO 的体积分数与标准平衡常数的关系式为

$$K^{\ominus}=\frac{p\varphi_{CO_2}}{p\varphi_{CO}}=\frac{\varphi_{CO_2}}{\varphi_{CO}}=\frac{1-\varphi_{CO}}{\varphi_{CO}}$$

$$\varphi_{CO}=\frac{1}{1+K^{\ominus}} \tag{i}$$

将式（i）对 T 求一阶导数，得

$$\frac{d\varphi_{CO}}{dT}=\frac{-1}{(1+K^{\ominus})^2}\times\frac{dK^{\ominus}}{dT} \tag{ii}$$

因为由图 1-7 可知式（ii）中的 $\frac{d\varphi_{CO}}{dT}>0$，所以由式（ii）可推知 $\frac{dK^{\ominus}}{dT}<0$。

由范特霍夫等压方程式 $\frac{d\ln K^{\ominus}}{dT}=\frac{\Delta_r H_m^{\ominus}}{RT^2}$ 可得

$$\frac{dK^{\ominus}}{K^{\ominus}dT}=\frac{\Delta_r H_m^{\ominus}}{RT^2} \tag{iii}$$

在式（iii）中，因为 $K^{\ominus}>0$，$\frac{dK^{\ominus}}{dT}<0$，$RT^2>0$，所以

$$\Delta_r H_m^{\ominus}<0$$

1.30 在恒温恒压下，A-B 二元系溶液中组元 B 的拉乌尔活度 $a_{B,R}$ 与摩尔分数 x_B 的对应关系见表 1-23。求 γ_B^0 及组元 B 服从亨利定律的摩尔分数范围。

表 1-23 组元 B 的拉乌尔活度 $a_{B,R}$ 与其摩尔分数 x_B 的对应关系

x_B	0.025	0.050	0.075	0.100	0.125
$a_{B,R}$	0.0050	0.0100	0.0165	0.0250	0.0370

解： 用式 $\gamma_B=a_{B,R}/x_B$ 计算表 1-23 中组元 B 的各摩尔分数的拉乌尔活度系数，并将计算值列入表 1-24 中。

表 1-24 组元 B 的拉乌尔活度系数计算值

x_B	0.025	0.050	0.075	0.100	0.125
γ_B	0.200	0.200	0.220	0.250	0.296

由表 1-24 可见，在 $x_B\leqslant 0.050$ 时，$\gamma_B=0.200$，且守常，所以 $\gamma_B^0=0.200$。同时可知组元 B 服从亨利（Henry）定律的摩尔分数 x_B 的范围为 0 ~ 0.050。

1.31 在 460 ~ 1200K 温度范围内，下列两个化学反应的标准吉布斯自由能与温度的关系式分别为

$$3Fe_{(s)}+C_{(gr)}=\!=\!=Fe_3C_{(s)} \qquad \Delta_r G_{m(1)}^{\ominus}=(26670-24.33T)\,J\cdot mol^{-1} \tag{i}$$

$$C_{(gr)}+CO_2=\!=\!=2CO \qquad \Delta_r G_{m(2)}^{\ominus}=(162600-167.62T)\,J\cdot mol^{-1} \tag{ii}$$

将 $Fe_{(s)}$ 放入 $\varphi_{CO_2}=0.20$，$\varphi_{CO}=0.75$，其余为 N_2 的混合气体中，试问在总压 $p=200kPa$，温度为 900℃的条件下，反应体系中有无 $Fe_3C_{(s)}$ 生成？若要使 $Fe_3C_{(s)}$ 生成，总压

至少要多大？

解：线性组合：式（ⅰ）－式（ⅱ），得下列化学反应及其标准吉布斯自由能与温度的关系式为

$$3Fe_{(s)} + 2CO = Fe_3C_{(s)} + CO_2 \quad (ⅲ)$$

$$\Delta_r G^{\ominus}_{m(3)} = \Delta_r G^{\ominus}_{m(1)} - \Delta_r G^{\ominus}_{m(2)} = (-135930 + 143.29T)\ J \cdot mol^{-1}$$

化学反应（ⅲ）的吉布斯自由能为

$$\Delta_r G_{m(3)} = \Delta_r G^{\ominus}_{m(3)} + RT\ln \frac{p_{CO_2}/p^{\ominus}}{(p_{CO}/p^{\ominus})^2}$$

$$= \left[-135930 + 143.29T + 19.147T\lg \frac{p_{CO_2}/p^{\ominus}}{(p_{CO}/p^{\ominus})^2}\right] J \cdot mol^{-1} \quad (ⅳ)$$

根据已知条件，计算 p_{CO_2} 和 p_{CO} 分别为

$$p_{CO_2} = p \cdot \varphi_{CO_2} = 2 \times 10^5 \times 0.20 = 0.4 \times 10^5 Pa$$

$$p_{CO} = p \cdot \varphi_{CO} = 2 \times 10^5 \times 0.75 = 1.5 \times 10^5 Pa$$

将 $p_{CO_2} = 0.4 \times 10^5 Pa$、$p_{CO} = 1.5 \times 10^5 Pa$、$p^{\ominus} = 10^5 Pa$ 和 $T = 1173K$ 代入式（ⅳ）中，得

$$\Delta_r G_{m(3)} = -135930 + 143.29 \times 1173 + 19.147 \times 1173 \times \lg \frac{0.4 \times 10^5/10^5}{(1.5 \times 10^5/10^5)^2}$$

$$= 15302 J \cdot mol^{-1}$$

因为 $\Delta_r G_{m(3)} > 0$，所以化学反应（ⅲ）不能向右进行，无 $Fe_3C_{(s)}$ 生成。

将 $p_{CO_2} = p \cdot \varphi_{CO_2} = 0.20p$、$p_{CO} = p \cdot \varphi_{CO} = 0.75p$、$p^{\ominus} = 10^5 Pa$ 和 $T = 1173K$ 代入式（ⅳ）中，并设 $\Delta_r G_{m(3)} = 0$，得

$$0 = -135930 + 143.29 \times 1173 + 19.147 \times 1173 \times \lg \frac{0.2p/10^5}{(0.75p/10^5)^2}$$

化简上式，得

$$\lg \frac{0.2p/10^5}{(0.75p/10^5)^2} = -1.4314$$

$$\frac{0.2p/10^5}{(0.75p/10^5)^2} = 0.037$$

$$0.037 \times 0.75^2 p^2 - 0.2 \times 10^5 p = 0 \quad (ⅴ)$$

解方程式（ⅴ），得该化学反应体系平衡时的总压为

$$p = 960961 Pa$$

此即在给定条件下生成 $Fe_3C_{(s)}$ 所需最小总压。

1.32 已知某液态金属 $B_{(l)}$ 在 $T = 2000K$ 的高温铁液中的溶解反应及其相关热力学数据为

$$B_{(l)} = [B] \qquad \Delta_{sol}G^{\ominus}_{m,B,\%} = -84314.37J \cdot mol^{-1} \qquad \gamma_B^0 = 0.66$$

试通过计算判断，在铁液中溶解的金属元素 B 最大可能是表 1-25 中的哪种金属元素？

表 1-25 几种金属元素的摩尔质量

元素 B	Fe	Cr	Ti	Ni	Cu
M_B/g · mol^{-1}	55.85	52.00	47.90	58.69	63.54

解：液态金属 $B_{(l)}$ 在铁液中溶解，当以假想质量 1% 溶液为标准态时，其标准溶解吉布斯自由能为

$$\Delta_{sol}G^{\ominus}_{m,B,\%} = RT\ln\left(\gamma_B^0 \frac{M_{Fe}}{100M_B}\right) \qquad (\text{i})$$

将 $\Delta_{sol}G^{\ominus}_{m,B,\%} = -84314.37J \cdot mol^{-1}$、$T = 2000K$、$\gamma_B^0 = 0.66$、$M_{Fe} = 55.85g \cdot mol^{-1}$ 代入式（i）中，得

$$-84314.37 = 8.3145 \times 2000 \times \ln\left(\frac{0.66 \times 55.85}{100M_B}\right) \qquad (\text{ii})$$

解方程式（ii），得元素 B 的摩尔质量为

$$M_B = 58.692g \cdot mol^{-1}$$

将 $M_B = 58.692g \cdot mol^{-1}$ 与表 1-25 中的数据比较，可判断金属元素 B 最大可能是金属 Ni。

1.33 表 1-26 给出几种物质 B 的摩尔质量 M_B 和恒压摩尔热容的温度系数 a、b、c、d 及其适用温度范围。试计算：（1）组成为 $\varphi_{CO} = 23.7\%$、$\varphi_{CO_2} = 16.7\%$、$\varphi_{H_2} = 1.6\%$、$\varphi_{N_2} = 58.0\%$，温度为 480K 的高炉煤气的恒压摩尔热容；（2）组成为 $w_{(SiO_2)} = 36.30\%$、$w_{(CaO)} = 39.70\%$、$w_{(FeO)} = 0.80\%$、$w_{(Al_2O_3)} = 11.50\%$、$w_{(MgO)} = 11.70\%$，温度为 1730K 的高炉渣的恒压比热容；（3）组成为 $w_{[Si]} = 75\%$、$w_{[Fe]} = 25\%$，温度为 300K 的 Fe-Si 合金的恒压比热容。

表 1-26 计算恒压摩尔热容和恒压比热容用数据

物质 B	M_B /g · mol^{-1}	a /J · (mol · K)$^{-1}$	b /J · (mol · K^2)$^{-1}$	c /J · mol^{-1} · K	d /J · (mol · K^3)$^{-1}$	温度范围/K
CO	28	28.409	4.100	−0.460		298 ~ 2500
CO_2	44	44.141	9.037	−8.535		298 ~ 2500
H_2	2	27.280	3.264	0.502		298 ~ 3000
N_2	28	27.865	4.268			298 ~ 2500
SiO_2	60	71.626	1.891	−39.058		543 ~ 1996
CaO	56	49.622	4.519	−6.945		298 ~ 2888
FeO	72	68.199				1650 ~ 3687
Al_2O_3	102	120.516	9.192	−48.367		800 ~ 2372
MgO	40	48.982	3.142	−11.439		298 ~ 3098
Si	28	22.824	3.858	−3.540		298 ~ 1685
Fe	56	28.175	−7.318	−2.895	25.041	298 ~ 800

解：物质B的恒压摩尔热容的温度关系式及恒压比热容的计算式分别为

$$C_{p,\mathrm{m,B}} = a + b \times 10^{-3}T + c \times 10^{5}T^{-2} + d \times 10^{-6}T^{2} \quad (\text{i})$$

$$c_{p,\mathrm{B}} = \frac{C_{p,\mathrm{m,B}}}{M_{\mathrm{B}}} \quad (\text{ii})$$

（1）组成该高炉煤气（gas）的各气体物质在480K时的恒压摩尔热容分别为

$$C_{p,\mathrm{m,CO}} = 28.409 + 4.100 \times 10^{-3} \times 480 - 0.460 \times 10^{5} \times 480^{-2} = 30.18\mathrm{J} \cdot (\mathrm{mol} \cdot \mathrm{K})^{-1}$$

$$C_{p,\mathrm{m,CO_2}} = 44.141 + 9.037 \times 10^{-3} \times 480 - 8.535 \times 10^{5} \times 480^{-2} = 44.77\mathrm{J} \cdot (\mathrm{mol} \cdot \mathrm{K})^{-1}$$

$$C_{p,\mathrm{m,H_2}} = 27.280 + 3.264 \times 10^{-3} \times 480 + 0.502 \times 10^{5} \times 480^{-2} = 29.06\mathrm{J} \cdot (\mathrm{mol} \cdot \mathrm{K})^{-1}$$

$$C_{p,\mathrm{m,N_2}} = 27.865 + 4.268 \times 10^{-3} \times 480 = 29.91\mathrm{J} \cdot (\mathrm{mol} \cdot \mathrm{K})^{-1}$$

高炉煤气（gas）是混合气体，其在480K时的恒压摩尔热容为

$$\begin{aligned} C_{p,\mathrm{m,gas}} &= \Sigma\varphi_{\mathrm{B}} C_{p,\mathrm{m,B}} \\ &= \varphi_{\mathrm{CO}} C_{p,\mathrm{m,CO}} + \varphi_{\mathrm{CO_2}} C_{p,\mathrm{m,CO_2}} + \varphi_{\mathrm{H_2}} C_{p,\mathrm{m,H_2}} + \varphi_{\mathrm{N_2}} C_{p,\mathrm{m,N_2}} \\ &= 0.237 \times 30.18 + 0.167 \times 44.77 + 0.016 \times 29.06 + 0.58 \times 29.91 \\ &= 32.44\mathrm{J} \cdot (\mathrm{mol} \cdot \mathrm{K})^{-1} \end{aligned}$$

（2）组成该高炉渣（sl）的各物质在1730K时的恒压摩尔热容分别为

$$C_{p,\mathrm{m,SiO_2(s)}} = 71.626 + 1.891 \times 10^{-3} \times 1730 - 39.058 \times 10^{5} \times 1730^{-2} = 73.59\mathrm{J} \cdot (\mathrm{mol} \cdot \mathrm{K})^{-1}$$

$$C_{p,\mathrm{m,CaO(s)}} = 49.622 + 4.519 \times 10^{-3} \times 1730 - 6.945 \times 10^{5} \times 1730^{-2} = 57.21\mathrm{J} \cdot (\mathrm{mol} \cdot \mathrm{K})^{-1}$$

$$C_{p,\mathrm{m,FeO(l)}} = 68.199 \approx 68.20\mathrm{J} \cdot (\mathrm{mol} \cdot \mathrm{K})^{-1}$$

$$C_{p,\mathrm{m,Al_2O_3(s)}} = 120.516 + 9.192 \times 10^{-3} \times 1730 - 48.367 \times 10^{5} \times 1730^{-2} = 134.80\mathrm{J} \cdot (\mathrm{mol} \cdot \mathrm{K})^{-1}$$

$$C_{p,\mathrm{m,MgO(s)}} = 48.982 + 3.142 \times 10^{-3} \times 1730 - 11.439 \times 10^{5} \times 1730^{-2} = 54.04\mathrm{J} \cdot (\mathrm{mol} \cdot \mathrm{K})^{-1}$$

组成该高炉渣（sl）的各物质在1730K时的恒压比热容分别为

$$c_{p,\mathrm{SiO_2(s)}} = C_{p,\mathrm{m,SiO_2(s)}}/M_{\mathrm{SiO_2}} = 73.59/60 = 1.23\mathrm{J} \cdot (\mathrm{g} \cdot \mathrm{K})^{-1}$$

$$c_{p,\mathrm{CaO(s)}} = C_{p,\mathrm{m,CaO(s)}}/M_{\mathrm{CaO}} = 57.21/56 = 1.02\mathrm{J} \cdot (\mathrm{g} \cdot \mathrm{K})^{-1}$$

$$c_{p,\mathrm{FeO(l)}} = C_{p,\mathrm{m,FeO(l)}}/M_{\mathrm{FeO}} = 68.20/72 = 0.95\mathrm{J} \cdot (\mathrm{g} \cdot \mathrm{K})^{-1}$$

$$c_{p,\mathrm{Al_2O_3(s)}} = C_{p,\mathrm{m,Al_2O_3(s)}}/M_{\mathrm{Al_2O_3}} = 134.80/102 = 1.32\mathrm{J} \cdot (\mathrm{g} \cdot \mathrm{K})^{-1}$$

$$c_{p,\mathrm{MgO(s)}} = C_{p,\mathrm{m,MgO(s)}}/M_{\mathrm{MgO}} = 54.04/40 = 1.35\mathrm{J} \cdot (\mathrm{g} \cdot \mathrm{K})^{-1}$$

由各物质混合成的高炉渣（sl）的恒压比热容为

$$\begin{aligned} c_{p,\mathrm{sl}} &= \Sigma w_{\mathrm{B}} c_{p,\mathrm{B}} \\ &= w_{(\mathrm{SiO_2})} c_{p,\mathrm{SiO_2(s)}} + w_{(\mathrm{CaO})} c_{p,\mathrm{CaO(s)}} + w_{(\mathrm{FeO})} c_{p,\mathrm{FeO(l)}} + w_{(\mathrm{Al_2O_3})} c_{p,\mathrm{Al_2O_3(s)}} + w_{(\mathrm{MgO})} c_{p,\mathrm{MgO(s)}} \\ &= 0.363 \times 1.23 + 0.397 \times 1.02 + 0.008 \times 0.95 + 0.115 \times 1.32 + 0.117 \times 1.35 \\ &= 1.17\mathrm{J} \cdot (\mathrm{g} \cdot \mathrm{K})^{-1} \end{aligned}$$

（3）组成该 Fe-Si 合金的硅和铁在 300K 时的恒压摩尔热容分别为

$$C_{p,\mathrm{m,Si(s)}} = 22.824 + 3.858 \times 10^{-3} \times 300 - 3.540 \times 10^{5} \times 300^{-2} = 20.05\mathrm{J \cdot (mol \cdot K)^{-1}}$$

$$C_{p,\mathrm{m,Fe(s)}} = 28.175 - 7.318 \times 10^{-3} \times 300 - 2.895 \times 10^{5} \times 300^{-2} + 25.041 \times 10^{-6} \times 300^{2}$$

$$= 25.02\mathrm{J \cdot (mol \cdot K)^{-1}}$$

硅和铁在 300K 时的恒压比热容分别为

$$c_{p,\mathrm{Si(s)}} = C_{p,\mathrm{m,Si(s)}}/M_{\mathrm{Si}} = 20.05/28 = 0.72\mathrm{J \cdot (g \cdot K)^{-1}}$$

$$c_{p,\mathrm{Fe(s)}} = C_{p,\mathrm{m,Fe(s)}}/M_{\mathrm{Fe}} = 25.02/56 = 0.45\mathrm{J \cdot (g \cdot K)^{-1}}$$

由硅和铁混合成的该 Fe-Si 合金在 300K 时的恒压比热容为

$$c_{p,\mathrm{Fe\text{-}Si}} = w_{[\mathrm{Si}]} c_{p,\mathrm{Si(s)}} + w_{[\mathrm{Fe}]} c_{p,\mathrm{Fe(s)}} = 0.75 \times 0.72 + 0.25 \times 0.45 = 0.65\mathrm{J \cdot (g \cdot K)^{-1}}$$

1.34 0.5mol CO 气体在 0.1MPa 下从 273K 恒压加热到 600K，假设该 CO 气体为理想气体，试计算该恒压升温过程焓 ΔH。已知 CO 气体的恒压摩尔热容为

$$C_{p,\mathrm{m,CO}} = (28.409 + 4.100 \times 10^{-3} T - 0.460 \times 10^{5} T^{-2})\mathrm{J \cdot (mol \cdot K)^{-1}}$$

解：该恒压变温过程焓为

$$\Delta H = \int_{273}^{600} n_{\mathrm{CO}} C_{p,\mathrm{m,CO}} \mathrm{d}T = \int_{273}^{600} 0.5 \times (28.409 + 4.100 \times 10^{-3} T - 0.460 \times 10^{5} T^{-2}) \mathrm{d}T$$

$$= 0.5 \times \left[28.409 \times (600 - 273) + \frac{4.100 \times 10^{-3}}{2} \times (600^{2} - 273^{2}) + 0.460 \times 10^{5} \times \left(\frac{1}{600} - \frac{1}{273}\right)\right] = 4.892\mathrm{kJ}$$

1.35 在常压下，1kg 铁由 25℃升温到 1600℃，试计算该恒压升温过程焓 ΔH。已知铁在温度为 769℃时发生磁性转变，磁性转变焓为 0；在 911℃和 1392℃分别发生晶型转变，晶型转变焓分别为 0.900kJ · mol⁻¹和 0.840kJ · mol⁻¹；在 1536℃发生熔化，熔化焓为 13.810kJ · mol⁻¹。Fe 的摩尔质量为 55.85g · mol⁻¹，Fe 在各温度范围内的恒压摩尔热容分别为

298 ~ 1042K：　$C_{p,\mathrm{m,Fe(\alpha-1)}} = (17.49 + 24.77 \times 10^{-3} T)\mathrm{J \cdot (mol \cdot K)^{-1}}$

1042 ~ 1184K：　$C_{p,\mathrm{m,Fe(\alpha-2)}} = 37.66\mathrm{J \cdot (mol \cdot K)^{-1}}$

1184 ~ 1665K：　$C_{p,\mathrm{m,Fe(\gamma)}} = (7.70 + 19.50 \times 10^{-3} T)\mathrm{J \cdot (mol \cdot K)^{-1}}$

1665 ~ 1809K：　$C_{p,\mathrm{m,Fe(\delta)}} = 43.93\mathrm{J \cdot (mol \cdot K)^{-1}}$

1809 ~ 3135K：　$C_{p,\mathrm{m,Fe(l)}} = 41.84\mathrm{J \cdot (mol \cdot K)^{-1}}$

解：先计算 1mol 铁恒压升温过程焓为

$$\Delta H_{\mathrm{m}} = \int_{298\mathrm{K}}^{1042\mathrm{K}} (17.49 + 24.77 \times 10^{-3} T) \mathrm{d}T + 0 + \int_{1042\mathrm{K}}^{1184\mathrm{K}} 37.66 \mathrm{d}T + 900 + \int_{1184\mathrm{K}}^{1665\mathrm{K}} (7.70 + 19.50 \times 10^{-3} T) \mathrm{d}T + 840 + \int_{1665\mathrm{K}}^{1809\mathrm{K}} 43.93 \mathrm{d}T + 13810 + \int_{1809\mathrm{K}}^{1873\mathrm{K}} 41.84 \mathrm{d}T$$

$$= 72.326\mathrm{kJ \cdot mol^{-1}}$$

再计算 1kg 铁升温过程的焓为

$$\Delta H = n_{Fe}\Delta H_m = \frac{m_{Fe}}{M_{Fe}}\Delta H_m = \frac{1000}{55.85} \times 72.326 = 1295.004 \mathrm{kJ \cdot kg^{-1}}$$

1.36 现将质量 $m_{st} = 100$kg、温度为 1700℃ 的钢液倒入质量 $m_{sl} = 10$kg、温度为 1500℃的熔渣中进行渣洗，如果反应热和损失热均忽略不计，求体系最后平均温度。已知钢液和熔渣的恒压比热容分别为 $c_{p,st} = 0.836 \mathrm{kJ \cdot (kg \cdot K)^{-1}}$，$c_{p,sl} = 1.229 \mathrm{kJ \cdot (kg \cdot K)^{-1}}$。

解：设倒入钢液（st）后体系最后平均温度为 T。

钢液（st）降温过程热为

$$Q_{p,st} = m_{st}\int_{1973\mathrm{K}}^{T} c_{p,st}\mathrm{d}T = 100\int_{1973\mathrm{K}}^{T} 0.836\mathrm{d}T = 100 \times 0.836 \times (T - 1973)\mathrm{kJ} \qquad (\mathrm{i})$$

熔渣（sl）升温过程热为

$$Q_{p,sl} = m_{sl}\int_{1773\mathrm{K}}^{T} c_{p,sl}\mathrm{d}T = 10\int_{1773\mathrm{K}}^{T} 1.229\mathrm{d}T = 10 \times 1.229 \times (T - 1773)\mathrm{kJ} \qquad (\mathrm{ii})$$

热平衡方程式为

$$-Q_{p,st} = Q_{p,sl} \qquad (\mathrm{iii})$$

将式（i）和式（ii）代入式（iii）中，得

$$-100 \times 0.836 \times (T - 1973) = 10 \times 1.229 \times (T - 1773) \qquad (\mathrm{iv})$$

解方程式（iv），得倒入钢液后体系最后平均温度为

$$T = 1947\mathrm{K}$$

1.37 某高炉煤气中各气体的体积分数分别为 $\varphi_{CO} = 30\%$、$\varphi_{CO_2} = 10\%$、$\varphi_{N_2} = 60\%$。若此煤气在空气中燃烧，通入空气量按理论需氧量增加一倍，求该高炉煤气的最高燃烧温度。已知数据见表 1-27。

表 1-27 相关物质 B 的恒压摩尔热容及 298K 时的标准生成焓

物质 B	CO	CO_2	O_2	N_2
$C_{p,m,B}/\mathrm{J \cdot (mol \cdot K)^{-1}}$	31.62	50.04	33.04	31.28
$\Delta_f H^{\ominus}_{m,B,298K}/\mathrm{kJ \cdot mol^{-1}}$	−110.54	−393.51	0	0

解：取 1mol 高炉煤气，则其组成为 0.3mol CO、0.1mol CO_2 和 0.6mol N_2。

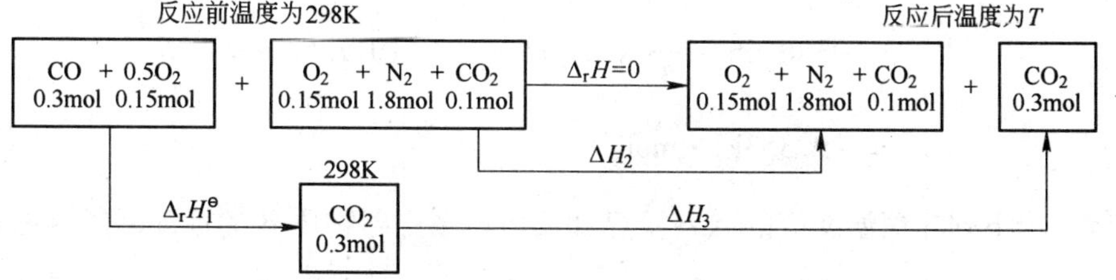

燃烧反应 $CO + 0.5O_2 = CO_2$ 若按理论量增加一倍供给氧气，空气中 $n_{O_2}/n_{N_2} = 1/4$ 时，则反应体系总组成为 0.3mol CO、0.3mol O_2、(0.6 + 1.2) mol N_2 和 0.1mol CO_2。

因为此化学反应过程为恒压绝热过程，所以

$$\Delta_r H = \Delta_r H_1^\ominus + \Delta H_2 + \Delta H_3 = 0 \quad (\text{i})$$

在式（i）中，$\Delta_r H_1^\ominus$ 和 $\Delta H_2 + \Delta H_3$ 分别为

$$\Delta_r H_1^\ominus = 0.3\Delta_r H_{m,298K}^\ominus = 0.3(\Delta_f H_{m,CO_2,298K}^\ominus - \Delta_f H_{m,CO,298K}^\ominus)$$

$$= 0.3 \times [-393.51 - (-110.54)] = -84.89\text{kJ} \quad (\text{ii})$$

$$\Delta H_2 + \Delta H_3 = \int_{298K}^{T} (n_{O_2} C_{p,m,O_2} + n_{CO_2} C_{p,m,CO_2} + n_{N_2} C_{p,m,N_2}) dT$$

$$= (0.15 \times 33.04 + 0.4 \times 50.04 + 1.8 \times 31.28) \times (T - 298)$$

$$= 81.276(T - 298)\text{J} \quad (\text{iii})$$

将式（ii）和式（iii）代入式（i）中，得

$$\Delta_r H = -84.89 \times 10^3 + 81.276(T - 298) = 0 \quad (\text{iv})$$

解方程式（iv），得最高燃烧温度为

$$T = 1343\text{K}$$

1.38 试求还原反应 $\frac{1}{4}Fe_3O_{4(s)} + CO = \frac{3}{4}Fe_{(s)} + CO_2$ 在 800K 时的标准焓 $\Delta_r H_m^\ominus$。已知反应体系中各物质 B 在 800K 时的标准生成焓 $\Delta_f H_{m,B}^\ominus$ 见表 1-28。

表 1-28 反应体系中各物质 B 在 800K 时的标准生成焓

物质 B	CO_2	$Fe_{(s)}$	$Fe_3O_{4(s)}$	CO
$\Delta_f H_{m,B}^\ominus/\text{kJ}\cdot\text{mol}^{-1}$	−370.66	15.57	−1017.52	−95.25

解：

$$\Delta_r H_m^\ominus = \Sigma \nu_B \Delta_f H_{m,B}^\ominus$$

$$= \Delta_f H_{m,CO_2}^\ominus + \frac{3}{4}\Delta_f H_{m,Fe(s)}^\ominus - \frac{1}{4}\Delta_f H_{m,Fe_3O_4(s)}^\ominus - \Delta_f H_{m,CO}^\ominus$$

$$= -370.66 + \frac{3}{4} \times 15.57 + \frac{1}{4} \times 1017.52 + 95.25$$

$$= -9.353\text{kJ}\cdot\text{mol}^{-1}$$

1.39 求下列非恒温反应的 $\Delta_r H_m^\ominus$。已知反应体系中各物质 B 的标准摩尔焓见表 1-29。

$$4H_{2(g),298K} + Fe_3O_{4(s),1400K} = 3Fe_{(s),1400K} + 4H_2O_{(g),1000K}$$

表 1-29　反应体系中各物质 B 在各自温度下的标准摩尔焓

物质 B	$H_2O_{(g)}$	$Fe_{(s)}$	$Fe_3O_{4(s)}$	$H_{2(g)}$
T/K	1000	1400	1400	298
$H^{\ominus}_{m,B,T}$/kJ · mol^{-1}	-215.80	42.50	-893.10	0.00

解：
$$\begin{aligned}\Delta_r H^{\ominus}_m &= \Sigma\nu_B H^{\ominus}_{m,B,T} = 3H^{\ominus}_{m,Fe(s),1400K} + 4H^{\ominus}_{m,H_2O(g),1000K} - 4H^{\ominus}_{m,H_2(g),298K} - H^{\ominus}_{m,Fe_3O_4(s),1400K}\\ &= 3\times 42.50 - 4\times 215.80 - 4\times 0 + 893.10\\ &= 157.40\text{kJ}\cdot\text{mol}^{-1}\end{aligned}$$

1.40　试求化学反应 $2H_2 + O_2 = 2H_2O_{(g)}$ 在 1000K 时的标准熵 $\Delta_r S^{\ominus}_{m,1000K}$。相关的热力学数据见表 1-30。表中，$T_{b,B}$ 和 $\Delta_{vap}H^{\ominus}_{m,B}$ 分别为物质 B 在标准压力下的沸腾温度和标准摩尔蒸发焓；$C_{p,m,B}$ 和 $S^{\ominus}_{m,B,298K}$ 分别为物质 B 的恒压摩尔热容和标准摩尔熵。

表 1-30　相关热力学数据

物质 B	$\Delta_{vap}H^{\ominus}_{m,B}$ /kJ · mol^{-1}	$T_{b,B}$/K	$S^{\ominus}_{m,B,298K}$ /J · (mol · K)$^{-1}$	$C_{p,m,B}$ /J · (mol · K)$^{-1}$	$C_{p,m,B}$ 的温度范围 T /K
O_2			205.04	31.38	298 ~ 1000
H_2			130.58	29.38	298 ~ 1000
$H_2O_{(l)}$	40.67	373	70.08	75.24	298 ~ 373
$H_2O_{(g)}$			188.72	36.52	373 ~ 1000

解： 因为 $H_2O_{(l)}$ 在计算温度区间［298K，1000K］内发生相变（汽化），所以要以相变温度（373K）为界，分成两个温度区间［298K，373K］和［373K，1000K］积分，得

$$\Delta_r S^{\ominus}_{m,1000K} = \Delta_r S^{\ominus}_{m,298K} + \int_{298K}^{373K}\frac{\Sigma\nu_B C_{p,m,B}}{T}dT + \nu_{H_2O}\frac{\Delta_{vap}H^{\ominus}_{m,H_2O(l)}}{T_{b,H_2O(l)}} + \int_{373K}^{1000K}\frac{\Sigma\nu_B C_{p,m,B}}{T}dT \qquad (\text{i})$$

对式（i）等号右边各项分别进行计算，得

$$\begin{aligned}\Delta_r S^{\ominus}_{m,298K} &= 2S^{\ominus}_{m,H_2O(l),298K} - 2S^{\ominus}_{m,H_2,298K} - S^{\ominus}_{m,O_2,298K}\\ &= 2\times 70.08 - 2\times 130.58 - 205.04\\ &= -326.04\text{J}\cdot(\text{mol}\cdot\text{K})^{-1} \qquad (\text{ii})\end{aligned}$$

$$\begin{aligned}\int_{298K}^{373K}\frac{\Sigma\nu_B C_{p,m,B}}{T}dT &= \int_{298K}^{373K}\frac{2C_{p,m,H_2O(l)} - 2C_{p,m,H_2} - C_{p,m,O_2}}{T}dT\\ &= \int_{298K}^{373K}\frac{2\times 75.24 - 2\times 29.38 - 31.38}{T}dT\\ &= \int_{298K}^{373K}\frac{60.34}{T}dT = 60.34\times\ln\frac{373}{298}\\ &= 13.55\text{J}\cdot(\text{mol}\cdot\text{K})^{-1} \qquad (\text{iii})\end{aligned}$$

$$\nu_{H_2O}\frac{\Delta_{vap}H^{\ominus}_{m,H_2O(l)}}{T_{b,H_2O(l)}}=2\times\frac{40670}{373}=218.07J\cdot(mol\cdot K)^{-1} \qquad (iv)$$

$$\int_{373K}^{1000K}\frac{\Sigma\nu_B C_{p,m,B}}{T}dT=\int_{373K}^{1000K}\frac{2C_{p,m,H_2O(g)}-2C_{p,m,H_2}-C_{p,m,O_2}}{T}dT$$

$$=\int_{373K}^{1000K}\frac{2\times 36.52-2\times 29.38-31.38}{T}dT$$

$$=-\int_{373K}^{1000K}\frac{17.10}{T}dT=-17.10\times\ln\frac{1000}{373}$$

$$=-16.86J\cdot(mol\cdot K)^{-1} \qquad (v)$$

将式（ⅱ）、式（ⅲ）、式（ⅳ）和式（ⅴ）代入式（ⅰ）中，得化学反应 $2H_2+O_2=2H_2O_{(g)}$ 在 1000K 时的标准熵为

$$\Delta_r S^{\ominus}_{m,1000K}=-326.04+13.55+218.07-16.86=-111.28J\cdot(mol\cdot K)^{-1}$$

1.41 试求 $Al_2O_{3(s)}$ 由 298K 到 600K 升温过程的 $\Delta G^{\ominus}_m$。已知 $Al_2O_{3(s)}$ 在 298K 和 600K 的标准摩尔焓、标准摩尔熵和标准摩尔吉布斯自由能见表 1-31。

表 1-31 $Al_2O_{3(s)}$ 的热力学数据

T/K	$H^{\ominus}_{m,Al_2O_3(s),T}$/kJ·mol^{-1}	$S^{\ominus}_{m,Al_2O_3(s),T}$/J·mol^{-1}·K^{-1}	$G^{\ominus}_{m,Al_2O_3(s),T}$/kJ·mol^{-1}
298	-1675.27	50.94	-1690.46
600	-1645.27	119.17	-1716.78

解： 利用表 1-31 中的数据，采用如下两种计算途径，得到相同的计算结果。

$$\Delta G^{\ominus}_m=G^{\ominus}_{m,Al_2O_3(s),600K}-G^{\ominus}_{m,Al_2O_3(s),298K}=-1716.78+1690.46=-26.32kJ\cdot mol^{-1}$$

$$\Delta G^{\ominus}_m=(H^{\ominus}_{m,Al_2O_3(s),600K}-600S^{\ominus}_{m,Al_2O_3(s),600K})-(H^{\ominus}_{m,Al_2O_3(s),298K}-298S^{\ominus}_{m,Al_2O_3(s),298K})$$

$$=(-1645270-600\times 119.17)-(-1675270-298\times 50.94)$$

$$=-26.32kJ\cdot mol^{-1}$$

1.42 试求还原反应 $SiO_{2(s)}+2C_{(gr)}=Si_{(l)}+2CO$ 在 1800K 时的 $\Delta_r G^{\ominus}_m$。已知该化学反应体系中各物质 B 在 1800K 时的标准摩尔吉布斯自由能见表 1-32。

表 1-32 反应体系中各物质 B 在 1800K 时的标准摩尔吉布斯自由能

物质 B	CO	$Si_{(l)}$	$C_{(gr)}$	$SiO_{2(s)}$
$G^{\ominus}_{m,B}$/kJ·mol^{-1}	-519.71	-78.74	-38.18	-1093.88

解： $\Delta_r G^{\ominus}_m=\Sigma\nu_B G^{\ominus}_{m,B}=G^{\ominus}_{m,Si(l)}+2G^{\ominus}_{m,CO}-G^{\ominus}_{m,SiO_2(s)}-2G^{\ominus}_{m,C}$

$$=-2\times 519.71-78.74+2\times 38.18+1093.88=52.08kJ\cdot mol^{-1}$$

1.43 试求熔化过程 $FeO \cdot SiO_{2(s)}$ ═ $FeO \cdot SiO_{2(l)}$ 的 $\Delta_{fus}G_m^{\ominus}$ 的温度二项式及 $FeO \cdot SiO_{2(s)}$ 在标准压力下的熔化温度 T_{fus}。已知相关化学反应及其标准吉布斯自由能与温度的关系式为

$$2FeO_{(s)} + SiO_{2(s)} \xlongequal{\quad} 2FeO \cdot SiO_{2(l)}$$

$$\Delta_r G_{m(1)}^{\ominus} = (55850 - 40.58T)\,J \cdot mol^{-1} \qquad (\mathrm{i})$$

$$2FeO_{(s)} + SiO_{2(s)} \xlongequal{\quad} 2FeO \cdot SiO_{2(s)}$$

$$\Delta_r G_{m(2)}^{\ominus} = (-36200 + 21.09T)\,J \cdot mol^{-1} \qquad (\mathrm{ii})$$

解：线性组合：[式(ⅰ)－式(ⅱ)]/2，得 $FeO \cdot SiO_{2(s)}$ 的熔化过程的标准吉布斯自由能的温度式为

$$FeO \cdot SiO_{2(s)} \xlongequal{\quad} FeO \cdot SiO_{2(l)}$$

$$\begin{aligned}\Delta_{fus}G_m^{\ominus} &= (\Delta_r G_{m(1)}^{\ominus} - \Delta_r G_{m(2)}^{\ominus})/2 \\ &= [55850 - 40.58T - (-36200 + 21.09T)]/2 \\ &= (46025 - 30.835T)\,J \cdot mol^{-1} \qquad (\mathrm{iii})\end{aligned}$$

令式（ⅲ）中的 $\Delta_{fus}G_m^{\ominus} = 0$，则

$$0 = 46025 - 30.835T_{fus} \qquad (\mathrm{iv})$$

解方程式（ⅳ），得 $FeO \cdot SiO_{2(s)}$ 的标准熔化温度为

$$T_{fus} = 1493K$$

1.44 氧气转炉用废钢作冷却剂。若30t钢水的出钢温度达1700℃，超过规定50℃，问应在出钢前加入多少废钢调整温度？已知渣量为钢水量的12%（质量分数），受热炉衬量为钢水量的10%（质量分数），熔渣和炉衬的比热容皆为1.229kJ·(kg·K)$^{-1}$，钢水的比热容为0.836kJ·(kg·K)$^{-1}$，废钢的平均比热容为0.698kJ·(kg·K)$^{-1}$，废钢的熔化温度为1500℃，废钢的熔化焓为271.700kJ·kg^{-1}。

解：设“scr”代表废钢，“st”代表钢水，“sl”代表熔渣，“fr”代表炉衬；废钢、钢水、熔渣和受热炉衬的质量分别为 m_{scr}、m_{st}、m_{sl} 和 m_{fr}。

质量为 m_{scr} 的废钢（scr）由25℃升温到规定出钢（st）温度1650℃的标准焓为

$$\begin{aligned}\Delta H_1^{\ominus} &= m_{scr}\left(\int_{298K}^{1773K} c_{p,scr}\,dT + \Delta_{fus}H_{scr}^{\ominus} + \int_{1773K}^{1923K} c_{p,st}\,dT\right) \\ &= m_{scr}\left(\int_{298K}^{1773K} 0.698\,dT + 271.700 + \int_{1773K}^{1923K} 0.836\,dT\right) \\ &= (1426.65m_{scr})\,kJ\end{aligned}$$

钢水（st）、熔渣（sl）和炉衬（fr）由1700℃降温到1650℃的标准焓之和为

$$\Delta H_2^{\ominus} = m_{st}\int_{1973K}^{1923K} c_{p,st}\mathrm{d}T + m_{sl}\int_{1973K}^{1923K} c_{p,sl}\mathrm{d}T + m_{fr}\int_{1973K}^{1923K} c_{p,fr}\mathrm{d}T$$

$$= m_{st}\int_{1973K}^{1923K} 0.836\mathrm{d}T + m_{sl}\int_{1973K}^{1923K} 1.229\mathrm{d}T + m_{fr}\int_{1973K}^{1923K} 1.229\mathrm{d}T$$

$$= 30000 \times 0.836 \times (1923 - 1973) + 30000 \times 0.12 \times 1.229 \times (1923 - 1973) + 30000 \times 0.10 \times 1.229 \times (1923 - 1973)$$

$$= -1659570\mathrm{kJ}$$

热平衡方程式为

$$\Delta H_1^{\ominus} = -\Delta H_2^{\ominus} \qquad 1426.65 m_{scr} = -(-1659570)$$

解如上所列热平衡方程式，得应加入废钢（scr）的质量为

$$m_{scr} = \frac{1659570}{1426.65} = 1163.264\mathrm{kg}$$

1.45 在氧气转炉熔池内，铁水中的碳在1400℃开始被25℃的O_2所氧化，假定氧化产物全部为CO，且CO的温度为1400℃，试计算氧化1kg碳的放热量。已知石墨碳在铁液中的标准溶解焓 $\Delta_{sol}H^{\ominus}_{m,C,\%} = 22.590\mathrm{kJ \cdot mol^{-1}}$，CO 在 298K 的标准摩尔生成焓 $\Delta_f H^{\ominus}_{m,CO,298K} = -110.540\mathrm{kJ \cdot mol^{-1}}$，碳的摩尔质量 $M_C = 12\mathrm{g \cdot mol^{-1}}$，$C_{(gr)}$和CO的恒压摩尔热容与温度的关系式分别为

$$C_{p,m,C} = (17.160 + 4.270 \times 10^{-3}T - 8.790 \times 10^5 T^{-2})\mathrm{J \cdot (mol \cdot K)^{-1}}$$

$$C_{p,m,CO} = (28.409 + 4.100 \times 10^{-3}T - 0.460 \times 10^5 T^{-2})\mathrm{J \cdot (mol \cdot K)^{-1}}$$

解：这属于非恒温条件下化学反应标准焓的计算。根据盖斯定律，设计途径为

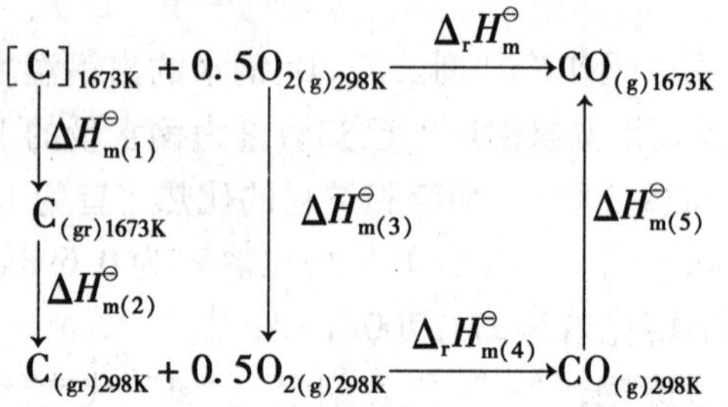

$$\begin{array}{ccccc}
[C]_{1673K} + 0.5O_{2(g)298K} & \xrightarrow{\Delta_r H^{\ominus}_m} & & & CO_{(g)1673K} \\
\downarrow \Delta H^{\ominus}_{m(1)} & & & & \\
C_{(gr)1673K} & & \downarrow \Delta H^{\ominus}_{m(3)} & & \uparrow \Delta H^{\ominus}_{m(5)} \\
\downarrow \Delta H^{\ominus}_{m(2)} & & & & \\
C_{(gr)298K} + 0.5O_{2(g)298K} & \xrightarrow{\Delta_r H^{\ominus}_{m(4)}} & & & CO_{(g)298K}
\end{array}$$

各途径的标准焓分别为

$$\Delta H^{\ominus}_{m(1)} = -\Delta_{sol}H^{\ominus}_{m,C,\%} = -22.590\mathrm{kJ \cdot mol^{-1}}$$

$$\Delta H^{\ominus}_{m(2)} = \int_{1673K}^{298K} C_{p,m,C}\mathrm{d}T$$

$$= \int_{1673K}^{298K} (17.160 + 4.270 \times 10^{-3}T - 8.790 \times 10^5 T^{-2})\mathrm{d}T$$

$$= -26.957\mathrm{kJ \cdot mol^{-1}}$$

$$\Delta H^{\ominus}_{m(3)} = 0$$

$$\Delta_r H^{\ominus}_{m(4)} = \Delta_f H^{\ominus}_{m,CO,298K} = -110.540\mathrm{kJ \cdot mol^{-1}}$$

$$\Delta H^{\ominus}_{m(5)} = \int_{298K}^{1673K} C_{p,m,CO} dT$$

$$= \int_{298K}^{1673K} (28.409 + 4.100 \times 10^{-3} T - 0.460 \times 10^{5} T^{-2}) dT$$

$$= 44.491 kJ \cdot mol^{-1}$$

氧化 1mol 碳的标准摩尔焓为

$$\Delta_r H^{\ominus}_m = \Delta H^{\ominus}_{m(1)} + \Delta H^{\ominus}_{m(2)} + \Delta H^{\ominus}_{m(3)} + \Delta_r H^{\ominus}_{m(4)} + \Delta H^{\ominus}_{m(5)}$$

$$= -22.590 - 26.957 + 0 - 110.540 + 44.491$$

$$= -115.596 kJ \cdot mol^{-1}$$

氧化 1kg 碳的热量为

$$Q_p = n_C \Delta_r H^{\ominus}_m = \frac{1000}{M_C} \Delta_r H^{\ominus}_m = \frac{1000}{12} \times (-115.596) = -9633.000 kJ$$

即氧化 1kg 碳放热 9633.000kJ。

1.46 已知 SO_2 氧化生成 SO_3 反应的方程式及标准平衡常数与温度的关系式为

$$SO_2 + 0.5O_2 = SO_3 \qquad \lg K^{\ominus} = \frac{96240}{19.147T} - 4.735$$

该化学反应的标准焓 $\Delta_r H^{\ominus}_m = -96240 J \cdot mol^{-1}$。试求在 1000K 和标准压力 $p = p^{\ominus} =$ 100kPa 条件下 1mol SO_2 与 0.5mol O_2 反应达平衡时所放的热。

解：设该化学反应达平衡时生成 SO_3 的物质的量为 x，于是

	SO_2	+	$0.5O_2$	$=$	SO_3
初始时各气体的物质的量	1		0.5		0
平衡时各气体的物质的量	$1-x$		$0.5-0.5x$		x

该化学反应平衡时，体系的物质的量为

$$\Sigma n_B = 1 - x + 0.5 - 0.5x + x = (1.5 - 0.5x) mol$$

平衡体系中各气体的摩尔分数分别为

$$x_{SO_3} = \frac{n_{SO_3}}{\Sigma n_B} = \frac{x}{1.5 - 0.5x}$$

$$x_{SO_2} = \frac{n_{SO_2}}{\Sigma n_B} = \frac{1 - x}{1.5 - 0.5x}$$

$$x_{O_2} = \frac{n_{O_2}}{\Sigma n_B} = \frac{0.5 - 0.5x}{1.5 - 0.5x}$$

平衡体系中各气体的分压分别为

$$p_{SO_3} = p x_{SO_3} = p \frac{x}{1.5 - 0.5x}$$

$$p_{SO_2} = px_{SO_2} = p\frac{1-x}{1.5-0.5x}$$

$$p_{O_2} = px_{O_2} = p\frac{0.5-0.5x}{1.5-0.5x}$$

该化学反应的标准平衡常数为

$$K^{\ominus} = \frac{p_{SO_3}/p^{\ominus}}{(p_{SO_2}/p^{\ominus})(p_{O_2}/p^{\ominus})^{1/2}} = \frac{\frac{x}{1.5-0.5x}\times\frac{p}{p^{\ominus}}}{\frac{1-x}{1.5-0.5x}\times\frac{p}{p^{\ominus}}\times\left(\frac{0.5-0.5x}{1.5-0.5x}\right)^{1/2}\times\left(\frac{p}{p^{\ominus}}\right)^{1/2}} \quad (\text{i})$$

将 $p = p^{\ominus} = 10^5\text{Pa}$ 代入式（i）中，得

$$K^{\ominus} = \frac{x(3-x)^{1/2}}{(1-x)^{3/2}}$$

$$[1-(K^{\ominus})^2]x^3 + 3[(K^{\ominus})^2 - 1]x^2 - 3(K^{\ominus})^2x + (K^{\ominus})^2 = 0 \quad (\text{ii})$$

由给出的关系式计算1000K时的标准平衡常数为

$$\lg K^{\ominus} = \frac{96240}{19.147\times1000} - 4.735 = 0.2914 \qquad K^{\ominus} = 1.956$$

将 $K^{\ominus} = 1.956$ 代入方程式（ii）中并整理，得

$$2.825936x^3 - 3\times2.825936x^2 + 3\times3.825936x - 3.825936 = 0 \quad (\text{iii})$$

用迭代法解一元三次方程式（iii）。为此，根据方程式（iii）建立迭代程序为

$$x = (1.353865 + 3x^2 - x^3)/4.061595 \quad (\text{iv})$$

判断迭代程序（iv）的收敛性：

设 $\xi(x) = x$，$\phi(x) = (1.353865 + 3x^2 - x^3)/4.061595$，则其一阶导数分别为

$$\xi'(x) = 1 \qquad \phi'(x) = (6x - 3x^2)/4.061595$$

计算比值 α 在一元三次方程式（iii）的解的估计值 $x = 0.5$ 处的一个近似值为

$$\alpha \approx \left.\frac{\phi'(x)}{\xi'(x)}\right|_{x=0.5} = \frac{2.25/4.061595}{1} = 0.554$$

因为 $|\alpha| \approx 0.554 < 1$，所以该迭代程序（iv）是收敛的。

选初始值 $x_0 = 0.5$ 代入迭代程序（iv），进行迭代计算，得 $x_1 = 0.487213767$，$x_2 = 0.480191476$，…，$x_{27} = 0.471994791$，$x_{28} = 0.471994790$，$x_{29} = 0.471994790$。可见，迭代29次 x 值开始守常，故一元三次方程（iii）的准确解是 $x = 0.471994790$，保留小数点后3位数的近似解为

$$x = 0.472\text{mol}$$

该化学反应平衡时生成0.472mol SO_3，反应热为

$$Q_p = 0.472\Delta_r H_m^{\ominus} = 0.472\times(-96240) = -45425\text{J}$$

所以，该化学反应平衡时放热45425J。

1.47 液体钒和液体钼在铁液中的溶解反应及其标准溶解吉布斯自由能与温度的关系

式为

$$V_{(1)} \Longrightarrow [V] \qquad \Delta_{sol}G^{\ominus}_{m,V,\%} = (-42260 - 35.98T)\ J \cdot mol^{-1} \qquad (\text{i})$$

$$Mo_{(1)} \Longrightarrow [Mo] \qquad \Delta_{sol}G^{\ominus}_{m,Mo,\%} = -42.80T\ J \cdot mol^{-1} \qquad (\text{ii})$$

试计算1600℃的 γ^0_V 和 γ^0_{Mo}，并判断哪种元素在铁液中形成近似理想溶液。

解：

$$\Delta_{sol}G^{\ominus}_{m,V,\%} = \left(19.147 \times 1873\lg\gamma^0_V + 19.147T\lg\frac{M_{Fe}}{100M_V}\right)\ J \cdot mol^{-1} \qquad (\text{iii})$$

$$\Delta_{sol}G^{\ominus}_{m,Mo,\%} = \left(19.147 \times 1873\lg\gamma^0_{Mo} + 19.147T\lg\frac{M_{Fe}}{100M_{Mo}}\right)\ J \cdot mol^{-1} \qquad (\text{iv})$$

将式（iii）与式（i）相比较，得

$$19.147 \times 1873\lg\gamma^0_V = -42260 \qquad (\text{v})$$

解方程式（v），得

$$\lg\gamma^0_V = \frac{-42260}{19.147 \times 1873} = -1.1784 \qquad \gamma^0_V = 0.066$$

将式（iv）与式（ii）相比较，得

$$19.147 \times 1873\lg\gamma^0_{Mo} = 0 \qquad (\text{vi})$$

解方程式（vi），得

$$\lg\gamma^0_{Mo} = 0 \qquad \gamma^0_{Mo} = 1$$

因为 $\gamma^0_{Mo}=1$，所以可以判断钼在铁液中溶解形成近似理想溶液。

1.48 在某高温下，测得Fe-B二元系液态合金中的组元B的蒸气压 p_B 见表1-33。试计算亨利常数 $K_{H(x)}$ 和以假想纯物质为标准态的活度 $a_{[B],H}$。

表1-33 组元B的蒸气压

$x_{[B]}$	6.0×10^{-3}	4.0×10^{-3}	3.0×10^{-3}	2.0×10^{-3}	1.0×10^{-3}
p_B/Pa	8.15×10^{-10}	5.68×10^{-10}	4.36×10^{-10}	2.90×10^{-10}	1.45×10^{-10}

解： 设 $p_B/x_{[B]} = K'_{H(x)}$。因为

$$\lim_{x_{[B]}\to0}\frac{p_B}{x_{[B]}} = \lim_{x_{[B]}\to0}K'_{H(x)} = K_{H(x)}$$

所以，可用外推法计算亨利常数 $K_{H(x)}$。按表1-33所示摩尔分数由高到低顺次计算 $K'_{H(x)}$，直至其守常止，此常数值即为 $K_{H(x)}$。计算结果列入表1-34中。

表1-34 计算结果

$x_{[B]}$	6.0×10^{-3}	4.0×10^{-3}	3.0×10^{-3}	2.0×10^{-3}	1.0×10^{-3}
p_B/Pa	8.15×10^{-10}	5.68×10^{-10}	4.36×10^{-10}	2.90×10^{-10}	1.45×10^{-10}
$K'_{H(x)}$/Pa	1.358×10^{-7}	1.420×10^{-7}	1.453×10^{-7}	1.450×10^{-7}	1.450×10^{-7}
$a_{[B],H}$	5.62×10^{-3}	3.92×10^{-3}	3.01×10^{-3}	2.00×10^{-3}	1.00×10^{-3}

由表1-34可见，从 $x_{[B]}=2.0\times10^{-3}$ 起，$K'_{H(x)}$ 变为常数值，即得 $K_{H(x)}=1.45\times10^{-7}$ Pa。再根据 $a_{[B],H}=p_B/K_{H(x)}$ 计算以假想纯物质为标准态的活度 $a_{[B],H}$，并将计算结果也列

入表1-34中。

1.49 碳酸镁分解反应 $MgCO_{3(s)}$══$MgO_{(s)}+CO_2$ 在 $T=641K$ 时的标准平衡常数 $K^{\ominus}_{641K}=1$，在 $T=298K$ 时的 $\Delta_r H^{\ominus}_{m,298K}=116520J\cdot mol^{-1}$。若 $\Delta C_{p,m}=-3.05J\cdot(mol\cdot K)^{-1}$，试求该反应的 $\lg K^{\ominus}_T$ 与温度 T 的关系式及300℃时 $MgCO_{3(s)}$ 的分解压。

解： 设 $MgCO_{3(s)}$ 分解反应的标准吉布斯自由能与温度的关系式为

$$\Delta_r G^{\ominus}_{m,T}=\Delta_r H^{\ominus}_{m,T}-T\Delta_r S^{\ominus}_{m,T} \tag{i}$$

在 $T=641K$ 时，$MgCO_{3(s)}$ 分解反应的标准焓和标准吉布斯自由能分别为

$$\Delta_r H^{\ominus}_{m,641K}=\Delta_r H^{\ominus}_{m,298K}+\int_{298K}^{641K}\Delta C_{p,m}dT=116520-\int_{298K}^{641K}3.05dT$$

$$=116520-3.05\times(641-298)=115474J\cdot mol^{-1}$$

$$\Delta_r G^{\ominus}_{m,641K}=-RT\ln K^{\ominus}_{641K}=-8.314\times641\times\ln1=0$$

将 $T=641K$、$\Delta_r G^{\ominus}_{m,641K}=0$、$\Delta_r H^{\ominus}_{m,641K}=115474J\cdot mol^{-1}$ 代入式（i）中，得

$$0=115474-641\Delta_r S^{\ominus}_{m,641K}$$

解上方程式，得

$$\Delta_r S^{\ominus}_{m,641K}=180.15J\cdot(mol\cdot K)^{-1}$$

将 $\Delta_r H^{\ominus}_{m,641K}=115474J\cdot mol^{-1}$ 和 $\Delta_r S^{\ominus}_{m,641K}=180.15J\cdot(mol\cdot K)^{-1}$ 代入式（i）中，得 $MgCO_{3(s)}$ 分解反应的标准吉布斯自由能与温度的关系式为

$$\Delta_r G^{\ominus}_{m,T}=(115474-180.15T)J\cdot mol^{-1} \tag{ii}$$

将 $\Delta_r G^{\ominus}_{m,T}=-19.147T\lg K^{\ominus}_T$ 代入式（ii）中并整理，得 $\lg K^{\ominus}_T$ 与温度 T 的关系式为

$$\lg K^{\ominus}_T=-\frac{6031}{T}+9.41 \tag{iii}$$

将 $T=573K$、$K^{\ominus}_{573K}=p_{CO_2}/p^{\ominus}$ 代入式（iii）中，得

$$\lg(p_{CO_2}/p^{\ominus})=-\frac{6031}{573}+9.41=-1.1153 \qquad p_{CO_2}/p^{\ominus}=0.0767$$

所以，$MgCO_{3(s)}$ 在300℃时的分解压为

$$p_{CO_2}=0.0767\times10^5=7.67kPa$$

1.50 在500℃，总压 $p=100kPa$ 时，将 N_2 与 H_2 以摩尔分数1：3的比例混合，反应达平衡时生成的 NH_3 在平衡体系中的摩尔分数 $x_{NH_3}=0.012$。若要使平衡体系中的 NH_3 的摩尔分数 $x_{NH_3}=0.104$，那么总压 p 应该多大？已知 NH_3 的生成反应及其标准生成吉布斯自由能与温度的关系式为

$$\frac{1}{2}N_2+\frac{3}{2}H_2 = NH_3 \qquad \Delta_f G^{\ominus}_m=(-53720+116.52T)J\cdot mol^{-1}$$

解： 设反应前 N_2 与 H_2 的物质的量分别为 $n_{N_2,0}$ 和 $n_{H_2,0}$，摩尔分数分别为 $x_{N_2,0}$ 和 $x_{H_2,0}$。

由已知条件得

$$\frac{x_{N_2,0}}{x_{H_2,0}}=\frac{n_{N_2,0}/(n_{N_2,0}+n_{H_2,0})}{n_{H_2,0}/(n_{N_2,0}+n_{H_2,0})}=\frac{n_{N_2,0}}{n_{H_2,0}}=\frac{1}{3}\qquad n_{H_2,0}=3n_{N_2,0}$$

反应平衡时各气体的物质的量 n_B 及摩尔分数 x_B 分别为

$$\frac{1}{2}N_2\qquad+\qquad\frac{3}{2}H_2\qquad=\qquad NH_3$$

$$n_B:\quad n_{N_2,0}-\frac{1}{2}n_{NH_3}\qquad 3n_{N_2,0}-\frac{3}{2}n_{NH_3}\qquad n_{NH_3}\qquad \sum n_B=4n_{N_2,0}-n_{NH_3}$$

$$x_B:\quad \frac{n_{N_2,0}-0.5n_{NH_3}}{4n_{N_2,0}-n_{NH_3}}\qquad \frac{3n_{N_2,0}-1.5n_{NH_3}}{4n_{N_2,0}-n_{NH_3}}\qquad x_{NH_3}$$

计算 x_{N_2} 与 x_{H_2} 之比及 x_{N_2} 与 x_{H_2} 之和分别为

$$\frac{x_{N_2}}{x_{H_2}}=\frac{(n_{N_2,0}-0.5n_{NH_3})/(4n_{N_2,0}-n_{NH_3})}{(3n_{N_2,0}-1.5n_{NH_3})/(4n_{N_2,0}-n_{NH_3})}=\frac{n_{N_2,0}-0.5n_{NH_3}}{3(n_{N_2,0}-0.5n_{NH_3})}=\frac{1}{3}$$

$$x_{N_2}+x_{H_2}=1-x_{NH_2}=1-0.012=0.988$$

$$\begin{cases}x_{N_2}/x_{H_2}=1/3\\ x_{N_2}+x_{H_2}=0.988\end{cases}\qquad\text{(i)}$$

解联立方程组（i），得已知条件下平衡体系中各气体的摩尔分数分别为

$$x_{N_2}=0.247\qquad x_{H_2}=0.741\qquad x_{NH_3}=0.012$$

计算在已知条件下平衡体系中各气体的平衡分压分别为

$$p_{NH_3}=p\cdot x_{NH_3}=10^5\times0.012=1.2\times10^3\text{Pa}$$

$$p_{N_2}=p\cdot x_{N_2}=10^5\times0.247=2.47\times10^4\text{Pa}$$

$$p_{H_2}=p\cdot x_{H_2}=10^5\times0.741=7.41\times10^4\text{Pa}$$

计算上述 NH_3 生成反应在500℃时的标准平衡常数为

$$K^\ominus=\frac{p_{NH_3}/p^\ominus}{(p_{N_2}/p^\ominus)^{1/2}\cdot(p_{H_2}/p^\ominus)^{3/2}}=\frac{1.2\times10^3/10^5}{\sqrt{2.47\times10^4/10^5}\times\sqrt{(7.41\times10^4/10^5)^3}}=0.038$$

仿前计算，可得在 $x_{NH_3}=0.104$ 时 x_{N_2} 与 x_{H_2} 之比及 x_{N_2} 与 x_{H_2} 之和分别为

$$\begin{cases}x_{N_2}/x_{H_2}=1/3\\ x_{N_2}+x_{H_2}=0.896\end{cases}\qquad\text{(ii)}$$

解联立方程组（ii），得已知条件下平衡体系中气体的摩尔分数分别为

$$x_{N_2}=0.224\qquad x_{H_2}=0.672\qquad x_{NH_3}=0.104$$

设在500℃平衡体系中 NH_3 的摩尔分数 $x_{NH_3}=0.104$ 时的总压为 p，则

$$p_{NH_3}=p\cdot x_{NH_3}=0.104p$$

$$p_{N_2} = p \cdot x_{N_2} = 0.224p$$

$$p_{H_2} = p \cdot x_{H_2} = 0.672p$$

$$K^{\ominus} = \frac{p_{NH_3}/p^{\ominus}}{(p_{N_2}/p^{\ominus})^{1/2}(p_{H_2}/p^{\ominus})^{3/2}} = \frac{0.104p/p^{\ominus}}{(0.224p/p^{\ominus})^{1/2}(0.672p/p^{\ominus})^{3/2}}$$

$$= \frac{0.104}{0.224^2 \times \sqrt{27}(p/p^{\ominus})} \qquad \text{(iii)}$$

将$K^{\ominus}=0.038$代入式（iii）中并整理，得平衡体系的总压为

$$p/p^{\ominus} = \frac{0.104}{0.038 \times 0.224^2 \times \sqrt{27}} = 10.49716 \qquad p = 1.049716\text{MPa}$$

1.51 设Fe-Al二元液态合金为正规溶液，合金中铝的超额（过剩）偏摩尔吉布斯自由能在1600℃时可表示为

$$G_{Al}^{E} = (-53974 + 93094x_{[Al]})\text{J} \cdot \text{mol}^{-1} \qquad \text{(i)}$$

纯液态铁的蒸气压与温度的关系可表示为

$$\lg \frac{p_{Fe}^{*}}{p^{\ominus}} = -\frac{20150}{T} - 1.27\lg T + 11.10 \qquad \text{(ii)}$$

试求1600℃时铁摩尔分数$x_{[Fe]}=0.6$的Fe-Al二元液态合金中铁的蒸气压。

解： 对于Fe-Al二元正规溶液，根据式（i）和已知条件$x_{[Fe]}=0.6$计算α函数为

$$\alpha = \frac{G_{Al}^{E}}{RTx_{[Fe]}^2} = \frac{-53974 + 93094x_{[Al]}}{RTx_{[Fe]}^2} = \frac{-53974 + 93094 \times (1 - 0.6)}{8.314 \times 1873 \times 0.6^2} = -2.9855$$

对于Fe-Al二元正规溶液，铁的超额（过剩）偏摩尔吉布斯自由能与铁活度系数的关系式为

$$G_{Fe}^{E} = RT\alpha(1 - x_{[Fe]})^2 = RT\ln\gamma_{Fe} \qquad \text{(iii)}$$

将$\alpha=-2.9855$和$x_{[Fe]}=0.6$代入式（iii）中，计算铁的活度系数为

$$\ln\gamma_{Fe} = -2.9855 \times (1 - 0.6)^2 = -0.47768 \qquad \gamma_{Fe} = 0.62$$

将$T=1873$K和$p^{\ominus}=10^5$Pa代入式（ii）中，计算1600℃时纯液态铁的蒸气压为

$$\lg \frac{p_{Fe}^{*}}{10^5} = -\frac{20150}{1873} - 1.27\lg 1873 + 11.10 = -3.8143 \qquad p_{Fe}^{*} = 15.3356\text{Pa}$$

计算1600℃时铁摩尔分数$x_{[Fe]}=0.6$的Fe-Al二元液态合金中铁的蒸气压为

$$p_{Fe} = p_{Fe}^{*}a_{[Fe],R} = p_{Fe}^{*}\gamma_{Fe}x_{[Fe]} = 15.3356 \times 0.62 \times 0.6 = 5.705\text{Pa}$$

1.52 已知Au-Cu二元固体合金为正规溶液，在500℃，$x_{[Cu]}=0.3$时，Cu与Au的偏摩尔溶解焓分别为$\Delta_{sol}H_{m,Cu}=-10880\text{J}\cdot\text{mol}^{-1}$及$\Delta_{sol}H_{m,Au}=-837\text{J}\cdot\text{mol}^{-1}$。试求：

（1）在500℃，$x_{[Cu]}=0.3$时，该合金的摩尔溶解熵$\Delta_{sol}S_m$及摩尔溶解吉布斯自由能$\Delta_{sol}G_m$；

（2）在500℃，$x_{[Cu]}=0.3$时，该合金中Cu和Au的拉乌尔活度及活度系数$a_{[Cu],R}$、

$a_{[Au],R}$、γ_{Cu}、γ_{Au}。

解： 对于 Au-Cu 二元正规溶液，相关热力学函数关系式为

$$G_{Cu}^{E} = \Delta_{sol}H_{m,Cu} = RT\ln\gamma_{Cu} \tag{i}$$

$$G_{Au}^{E} = \Delta_{sol}H_{m,Au} = RT\ln\gamma_{Au} \tag{ii}$$

$$G_{m}^{E} = \Delta_{sol}H_{m} = x_{[Cu]}\Delta_{sol}H_{m,Cu} + x_{[Au]}\Delta_{sol}H_{m,Au} \tag{iii}$$

$$\Delta_{sol}G_{m} = \Delta_{sol}H_{m} \tag{iv}$$

$$T\Delta_{sol}S_{m} = \Delta_{sol}H_{m} - \Delta_{sol}G_{m} \tag{v}$$

（1）将 $x_{[Cu]}=0.3$、$x_{[Au]}=0.7$、$\Delta_{sol}H_{m,Cu} = -10880\text{J}\cdot\text{mol}^{-1}$ 及 $\Delta_{sol}H_{m,Au} = -837\text{J}\cdot\text{mol}^{-1}$ 代入式（iii）中，计算该合金的摩尔溶解焓为

$$\Delta_{sol}H_{m} = -0.3\times10880 - 0.7\times837 = -3850\text{J}\cdot\text{mol}^{-1}$$

将 $\Delta_{sol}H_{m} = -3850\text{J}\cdot\text{mol}^{-1}$ 代入式（iv）中，得该合金的摩尔溶解吉布斯自由能为

$$\Delta_{sol}G_{m} = -3850\text{J}\cdot\text{mol}^{-1}$$

联立式（iv）和式（v）求解，可得该合金的摩尔溶解熵为

$$\Delta_{sol}S_{m} = 0$$

（2）将 $T=773\text{K}$ 和 $\Delta_{sol}H_{m,Cu} = -10880\text{J}\cdot\text{mol}^{-1}$ 代入式（i）中，计算该合金中铜的拉乌尔活度系数为

$$\ln\gamma_{Cu} = \frac{-10880}{8.314\times773} = -1.693 \qquad \gamma_{Cu} = 0.184$$

再计算该合金中铜的拉乌尔活度为

$$a_{[Cu],R} = \gamma_{Cu}x_{[Cu]} = 0.184\times0.3 = 0.0552$$

将 $T=773\text{K}$ 和 $\Delta_{sol}H_{m,Au} = -837\text{J}\cdot\text{mol}^{-1}$ 代入式（ii）中，计算该合金中金的拉乌尔活度系数为

$$\ln\gamma_{Au} = \frac{-837}{8.314\times773} = -0.130 \qquad \gamma_{Au} = 0.878$$

再计算该合金中金的拉乌尔活度为

$$a_{[Au],R} = \gamma_{Au}x_{[Au]} = 0.878\times0.7 = 0.6146$$

2　冶金动力学基础习题解

2.1　一个二级反应的反应物 A 的初始浓度 $c_{A,0}=0.4\times10^3\text{mol}\cdot\text{m}^{-3}$，在一定温度下，该反应在 80min 内完成了 30%。试求该反应的速率常数 k 和反应完成 80% 所需时间 $t_{0.8}$。

解：二级反应速率的微分方程式为

$$-\mathrm{d}c_A/\mathrm{d}t = kc_A^2 \tag{i}$$

对式（i）分离变量后，在 $t=0$ 时 $c_A=c_{A,0}$，$t=t$ 时 $c_A=c_A$ 条件下积分，得浓度 c_A 与反应时间 t 的函数式为

$$-\int_{c_{A,0}}^{c_A}\frac{\mathrm{d}c_A}{c_A^2} = k\int_0^t \mathrm{d}t$$

$$\frac{1}{c_A} = kt + \frac{1}{c_{A,0}} \tag{ii}$$

将 $t=80\text{min}$，$c_A=(1-0.3)c_{A,0}$代入式（ii）中，得

$$\frac{1}{(1-0.3)c_{A,0}} = 80k + \frac{1}{c_{A,0}} \tag{iii}$$

将 $c_{A,0}=0.4\times10^3\text{mol}\cdot\text{m}^{-3}$代入式（iii）中并整理，得该反应的速率常数为

$$k = \left(\frac{1}{0.4\times10^3} - \frac{1}{0.7\times0.4\times10^3}\right)\times\frac{1}{80} = 1.3392\times10^{-5}\text{m}^3\cdot(\text{mol}\cdot\text{min})^{-1}$$

将 $k=1.3392\times10^{-5}\text{m}^3\cdot(\text{mol}\cdot\text{min})^{-1}$、$c_A=(1-0.8)c_{A,0}$和 $t=t_{0.8}$代入式（ii）中，得

$$\frac{1}{(1-0.8)c_{A,0}} = 1.3392\times10^{-5}t_{0.8} + \frac{1}{c_{A,0}} \tag{iv}$$

再将 $c_{A,0} = 0.4\times10^3\text{mol}\cdot\text{m}^{-3}$ 代入式（iv）中，解得该反应完成 80% 所需时间为

$$t_{0.8} = \left(\frac{1}{0.2\times0.4\times10^3} - \frac{1}{0.4\times10^3}\right)\times\frac{1}{1.3392\times10^{-5}} = 746.7\text{min}$$

2.2　球团矿中硫的初始质量分数 $w_{(S),0}=0.460\%$，在不同温度下的氧化焙烧过程中，其硫的质量分数 $w_{(S)}$ 随时间的变化见表 2-1。试计算脱硫反应

$$2FeS_{(s)} + 3.5O_2 = Fe_2O_{3(s)} + 2SO_2$$

的级数 n、活化能 E_a及反应速率常数 k 的温度关系式。

表 2-1　不同焙烧温度、不同焙烧时间球团矿中硫的质量分数　　($w_{(S)}$/%)

T/K	12min	20min	30min	40min
1103	0.392	0.370	0.325	0.297
1208	0.296	0.224	0.159	0.125
1283	0.254	0.174	0.130	0.105

解：设含有反应物 A 的稀溶液的密度 ρ 为常数，分别用反应物 A 的浓度 c_A 和质量分数 w_A 表示的零级、一级和二级反应速率式及其特征见表 2-2。c_A 与 w_A 的关系式为

$$c_A = \frac{\rho w_A}{M_A} = b w_A \tag{i}$$

式中　$b = \rho / M_A$ ——常数，$mol \cdot m^{-3}$。

表 2-2　用浓度和质量分数表示的速率式及其特征

级数	初始浓度	微分式	积分式	速率常数	特　征
零	$c_{A,0}$	$-\frac{dc_A}{dt} = k_0$	$c_A = -k_0 t + c_{A,0}$	$k_0/mol \cdot m^{-3} \cdot s^{-1}$	c_A 与 t 呈直线关系
	$w_{A,0}$	$-\frac{dw_A}{dt} = \frac{k_0}{b} = k'_0$	$w_A = -k'_0 t + w_{A,0}$	k'_0/s^{-1}	$k'_0 = k_0/b$ w_A 与 t 呈直线关系
一	$c_{A,0}$	$-\frac{dc_A}{dt} = k_1 c_A$	$\ln c_A = -k_1 t + \ln c_{A,0}$	k_1/s^{-1}	$\ln c_A$ 与 t 呈直线关系
	$w_{A,0}$	$-\frac{dw_A}{dt} = k_1 w_A = k'_1 w_A$	$\ln w_A = -k'_1 t + \ln w_{A,0}$	k'_1/s^{-1}	$k'_1 = k_1$ $\ln w_A$ 与 t 呈直线关系
二	$c_{A,0}$	$-\frac{dc_A}{dt} = k_2 c_A^2$	$\frac{1}{c_A} = k_2 t + \frac{1}{c_{A,0}}$	$k_2/m^3 \cdot mol^{-1} \cdot s^{-1}$	$1/c_A$ 与 t 呈直线关系
	$w_{A,0}$	$-\frac{dw_A}{dt} = b k_2 w_A^2 = k'_2 w_A^2$	$\frac{1}{w_A} = k'_2 t + \frac{1}{w_{A,0}}$	k'_2/s^{-1}	$k'_2 = b k_2$ $1/w_A$ 与 t 呈直线关系

由表 2-2 可见，用 w_A 代替 c_A，同一级数的速率式的基本形式未变，直线关系依然存在，尤其对于一级反应，两种浓度表示的速率式中的速率常数还相同。所以，此题可以用含有质量分数 $w_{(S)}$ 的速率式来计算。计算过程如下：

(1) 确定反应级数 n。分别以 $w_{(S)}$、$\ln w_{(S)}$ 和 $\frac{1}{w_{(S)}}$ 对反应时间 t 作图，其中只有 $\frac{1}{w_{(S)}}$ 对 t 呈直线关系（图 2-1），因此可以确定反应级数 $n=2$，其速率的积分方程式为

$$\frac{1}{w_{(S)}} = kt + \frac{1}{w_{(S),0}} \tag{ii}$$

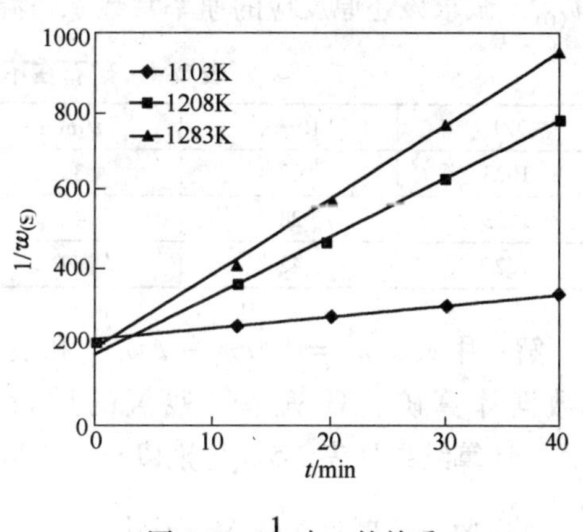

图 2-1　$\frac{1}{w_{(S)}}$ 与 t 的关系

(2) 确定速率常数 k 的温度关系式和计算活化能 E_a。用线性回归方法求（回归过程略）图 2-1 中三条直线的斜率，即 3 个温度的反应速率常数分别为

$$k_{(1103K)} = 0.0298 min^{-1}$$
$$k_{(1208K)} = 0.1481 min^{-1}$$
$$k_{(1283K)} = 0.1877 min^{-1}$$

取 k 的自然对数，取 T 的倒数，列于表 2-3。

表 2-3　作图用数据

T/K	1103	1208	1283
$(1/T)/K^{-1}$	9.066×10^{-4}	8.280×10^{-4}	7.794×10^{-4}
$-\ln(k/min^{-1})$	3.51325	1.90987	1.67291

以表 2-3 中的 $-\ln k$ 对 $\frac{1}{T}$ 作图，得图 2-2。用线性回归方法求（回归过程略）图 2-2 中直线的方程式为

$$\ln k = 10.23 - \frac{15034}{T} \qquad \text{(iii)}$$

此式（iii）即为所求反应速率常数 k 的温度关系式。

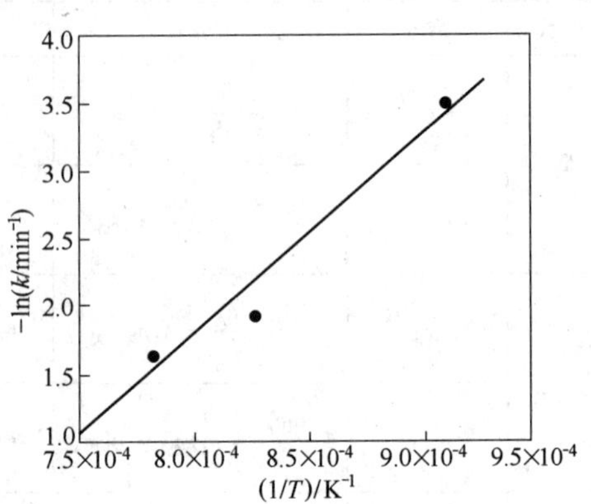

图 2-2　$-\ln k$ 与 $1/T$ 的关系

将式（iii）与阿累尼乌斯公式 $\ln k = \ln k_0 - \frac{E_a}{RT}$ 相比较，可得

$$-\frac{E_a}{R} = -15034\text{K}$$

进而计算反应的活化能为

$$E_a = 15034 \times 8.314 = 124993\text{J}\cdot\text{mol}^{-1}$$

2.3　用 H_2 还原粒度为 19 ~ 21mm 的钛铁精矿时，测得不同温度下不同时间的还原率见表 2-4。还原率是矿石还原失氧质量占矿石总氧质量的比例（质量分数），用 $\Delta w_{(O)}$ 表示。设矿石总氧量 $w_{(O),0} = 100\%$，故矿石残氧率（残氧的质量分数）为 $w_{(O)} = 100\% - \Delta w_{(O)}$。试求该还原反应的速率常数 k 与温度的关系式和化学反应活化能 E_a。

表 2-4　矿石在不同温度不同时间的还原率　（$\Delta w_{(O)}/\%$）

T/K	10min	20min	50min	70min	90min
1023	22	39	70	83	88
1123	28	48	81	90	95
1223	42	67	94	98	99

解： 用式 $w_{(O)} = 100\% - \Delta w_{(O)}$ 和表 2-4 中的数据计算矿石残氧率（残氧的质量分数）$w_{(O)}$，计算结果见表 2-5。分别以 $w_{(O)}$、$\ln w_{(O)}$ 和 $\frac{1}{w_{(O)}}$ 对还原反应时间 t 作图。其中 $w_{(O)}$-t 关系及 $\frac{1}{w_{(O)}}$-t 关系均为非线性关系（图略），而 $\ln w_{(O)}$-t 关系则呈线性关系，如图 2-3 所示。因此可以判断该还原反应的级数 $n = 1$，反应速率的积分方程式为

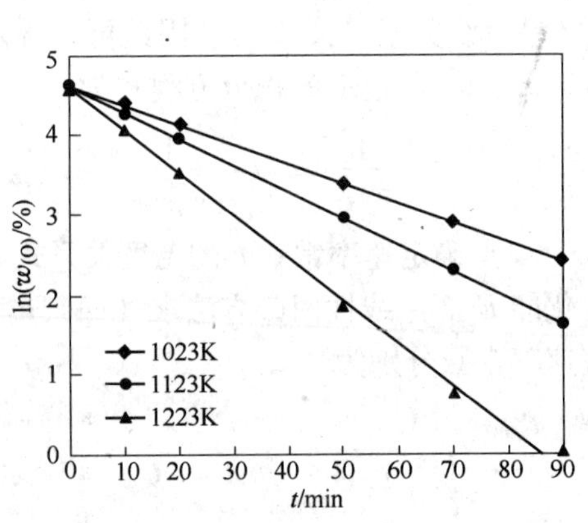

图 2-3　$\ln w_{(O)}$ 与 t 的关系

$$\ln w_{(O)} = -kt + \ln w_{(O),0}$$

表 2-5　矿石在不同温度不同时间的残氧率　　($w_{(O)}$/%)

T/K	0min	10min	20min	50min	70min	90min
1023	100	78	61	30	17	12
1123	100	72	52	19	10	5
1223	100	58	33	6	2	1

图2-3 中的3 条直线为用线性回归方法求（回归过程略）得的3 组离散点的线性回归直线，其斜率分别为 $-k_{(1023K)}$、$-k_{(1123K)}$ 和 $-k_{(1223K)}$。根据所得回归直线方程式（略）可得3 个温度下的反应速率常数分别为

$$k_{(1023K)} = 0.02396\text{min}^{-1}$$

$$k_{(1123K)} = 0.03320\text{min}^{-1}$$

$$k_{(1223K)} = 0.05277\text{min}^{-1}$$

取 k 的自然对数，取 T 的倒数，列于表2-6 中。

表 2-6　作图用数据

T/K	1023	1123	1223
$(1/T)/\text{K}^{-1}$	9.775×10^{-4}	8.905×10^{-4}	8.177×10^{-4}
$-\ln(k/\text{min}^{-1})$	3.7314	3.4052	2.9418

以表2-6 中的 $-\ln k$ 对 $\frac{1}{T}$ 作图，得图2-4。

用线性回归方法求（回归过程略）图2-4 中3 个离散点的回归直线方程，得 k 与温度的关系式为

$$\ln k = 1.0297 - \frac{4903}{T}$$

将上式与阿累尼乌斯公式 $\ln k = \ln k_0 - \frac{E_a}{RT}$ 相比较，可得化学反应活化能为

$$-\frac{E_a}{R} = -4903\text{K}$$

$$E_a = 4903 \times 8.314 = 40764\text{J}\cdot\text{mol}^{-1}$$

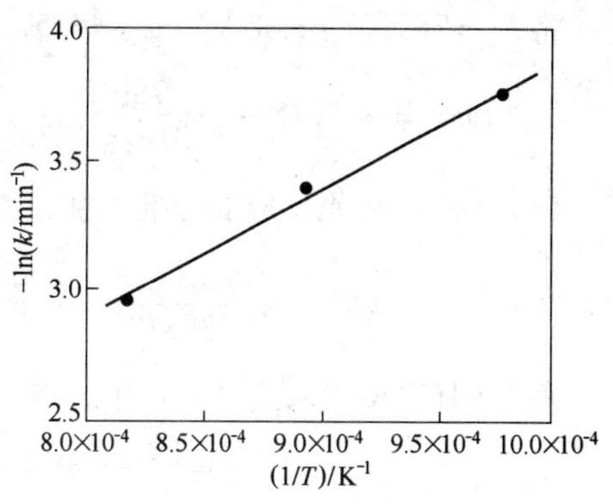

图 2-4　$-\ln k$ 与 $1/T$ 的关系

2.4　下列 CO 还原 $FeO_{(s)}$ 的反应在 $T_1 = 1173$K 和 $T_2 = 1273$K 时的反应速率常数分别为 $k_1 = 2.978\times10^{-2}\text{s}^{-1}$ 和 $k_2 = 5.623\times10^{-2}\text{s}^{-1}$。试求：(1) 该还原反应的活化能 E_a；(2) 在 $T_3 = 1673$K 时，该反应的速率常数 k_3；(3) 在 1673K 时，该可逆还原反应的速率常数 $k = k_+(1 + 1/K^{\ominus})$。

$$FeO_{(s)} + CO = Fe_{(s)} + CO_2 \qquad \Delta_r G_m^{\ominus} = (-22880 + 24.26T)\text{J}\cdot\text{mol}^{-1}$$

解：(1) 在不太大的温度范围内，化学反应速率常数与温度的关系式为

$$\ln\frac{k_1}{k_2} = -\frac{E_a}{R}\left(\frac{1}{T_1} - \frac{1}{T_2}\right) \qquad (\text{i})$$

将 $T_1 = 1173\text{K}$ 和 $k_1 = 2.978 \times 10^{-2}\text{s}^{-1}$、$T_2 = 1273\text{K}$ 和 $k_2 = 5.623 \times 10^{-2}\text{s}^{-1}$代入式（i）中，得

$$\ln\frac{2.978}{5.623} = -\frac{E_a}{8.314}\left(\frac{1}{1173} - \frac{1}{1273}\right) \qquad (\text{ii})$$

解方程式（ii），得化学反应活化能为

$$E_a = -\frac{8.314\ln(2.978/5.623)}{1/1173 - 1/1273} = 78910\text{J} \cdot \text{mol}^{-1}$$

（2）用对数形式表示的阿累尼乌斯公式为

$$\ln\frac{k}{k_0} = -\frac{E_a}{RT} \qquad \ln k = \ln k_0 - \frac{E_a}{RT} \qquad (\text{iii})$$

将 $E_a = 78910\text{J} \cdot \text{mol}^{-1}$、$T_2 = 1273\text{K}$ 和 $k_2 = 5.623 \times 10^{-2}\text{s}^{-1}$代入式（iii）中，得

$$\ln\frac{5.623 \times 10^{-2}}{k_0} = -\frac{78910}{8.314 \times 1273} \qquad (\text{iv})$$

解方程式（iv），得

$$\ln k_0 = \ln 0.05623 + \frac{78910}{8.314 \times 1273} = 4.5775$$

将 $E_a = 78910\text{J} \cdot \text{mol}^{-1}$、$\ln k_0 = 4.5775$、$T = T_3 = 1673\text{K}$ 和 $k = k_3$ 代入式（iii）中，得

$$\ln k_3 = 4.5775 - \frac{78910}{8.314 \times 1673} = -1.0957 \qquad k_3 = 33.43 \times 10^{-2}\text{s}^{-1}$$

（3）$FeO_{(s)}$还原反应的标准平衡常数与温度的关系式为

$$\lg K^{\ominus} = -\frac{\Delta_r G_m^{\ominus}}{2.303RT} = -\frac{-22880 + 24.26T}{19.147T} = \frac{1195}{T} - 1.26704 \qquad (\text{v})$$

将 $T = 1673\text{K}$ 代入式（v）中，得 1673K 时的标准平衡常数为

$$\lg K^{\ominus} = -0.552754 \qquad K^{\ominus} = 0.28$$

将 $k_+ = k_3 = 33.43 \times 10^{-2}\text{s}^{-1}$和 $K^{\ominus} = 0.28$ 代入式 $k = k_+(1 + 1/K^{\ominus})$ 中，得 1673K 时该可逆还原反应的速率常数为

$$k = k_+(1 + 1/K^{\ominus}) = 0.3343 \times (1 + 1/0.28) = 1.53\text{s}^{-1}$$

2.5 实验测得某高炉渣中硫的扩散系数 $D_{(S)}$ 见表 2-7。试求硫的扩散活化能 E_D 及扩散系数 $D_{(S)}$ 与温度 T 的关系式。

表 2-7 某高炉渣中硫在不同温度时的扩散系数

T/K	1623	1673	1723	1773	1823
$D_{(S)}/\text{m}^2 \cdot \text{s}^{-1}$	1.69×10^{-9}	2.42×10^{-9}	3.40×10^{-9}	4.69×10^{-9}	6.35×10^{-9}

解： 对表 2-7 中的 T 取倒数、$D_{(S)}$ 取自然对数，得计算数据表 2-8。

表 2-8　计算数据

$(1/T)/K^{-1}$	6.16×10^{-4}	5.98×10^{-4}	5.80×10^{-4}	5.64×10^{-4}	5.49×10^{-4}
$-\ln(D_{(S)}/m^2\cdot s^{-1})$	20.20	19.84	19.50	19.18	18.87

理论上，硫的扩散系数 $D_{(S)}$ 与温度 T 的关系式［类阿累尼乌斯（Arrhenius）公式］为

$$\ln D_{(S)} = \ln D_0 - \frac{E_D}{R}\times\frac{1}{T} \qquad (\text{i})$$

以表 2-8 中的 $-\ln D_{(S)}$ 对 $\frac{1}{T}$ 作图，得图 2-5。

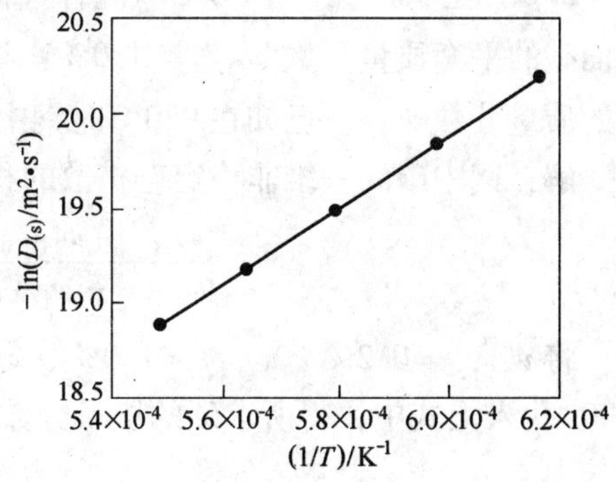

图 2-5　$-\ln D_{(S)}$ 与 $\frac{1}{T}$ 的关系

用线性回归方法求（回归过程略）图 2-5 中 5 个离散点的回归直线方程，即 $D_{(S)}$ 与温度 T 的关系式为

$$\ln D_{(S)} = -8.034 - 1.9752\times10^4\frac{1}{T} \qquad (\text{ii})$$

比较式（ii）与式（i），得

$$-\frac{E_D}{R} = -1.9752\times10^4\text{K} \qquad (\text{iii})$$

进而由式（iii）得硫的扩散活化能为

$$E_D = 1.9752\times10^4\times8.314 = 164218\text{J}\cdot\text{mol}^{-1}$$

2.6　试计算 1600℃ 的铁液中硅的扩散系数 $D_{[Si]}$。已知 1600℃ 的铁液的黏度 $\eta = 4.7\times10^{-3}\text{Pa}\cdot\text{s}$，硅原子半径 $r_{Si} = 1.54\times10^{-10}\text{m}$，玻耳兹曼常数 $k = 1.38\times10^{-23}\text{J}\cdot\text{K}^{-1}$。

解： $$D_{[Si]} = \frac{kT}{6\pi\eta r_{Si}} = \frac{1.38\times10^{-23}\times1873}{6\times3.14\times4.7\times10^{-3}\times1.54\times10^{-10}} = 1.8955\times10^{-9}\text{m}^2\cdot\text{s}^{-1}$$

2.7　试计算 H_2-$H_2O_{(g)}$ 混合气体在标准状态（273K，100kPa）下的互扩散系数 D_{AB}（A 代表H_2，B 代表 $H_2O_{(g)}$）。已知 H_2 和 $H_2O_{(g)}$ 的摩尔扩散体积分别为 $V_{H_2} = 7.07\times10^{-6}\text{m}^3\cdot\text{mol}^{-1}$、$V_{H_2O} = 12.7\times10^{-6}\text{m}^3\cdot\text{mol}^{-1}$，$H_2$ 和 $H_2O_{(g)}$ 的摩尔质量分别为 $M_{H_2} = 2\times10^{-3}\text{kg}\cdot\text{mol}^{-1}$、$M_{H_2O} = 18\times10^{-3}\text{kg}\cdot\text{mol}^{-1}$，总压 $p = p^{\ominus} = 10^5\text{Pa}$。

解： 为简便计，以下用“A”代表“H_2”，用“B”代表“H_2O”。根据气体分子动力学理论建立的气体分子互扩散系数的计算公式为

$$D_{AB} = \frac{0.31623\times10^{-7}T^{1.75}}{p(V_A^{\frac{1}{3}} + V_B^{\frac{1}{3}})^2}\sqrt{\frac{1}{M_A} + \frac{1}{M_B}}$$

将 $T = 273\text{K}$、$p = 10^5\text{Pa}$、$V_A = V_{H_2} = 7.07\times10^{-6}\text{m}^3\cdot\text{mol}^{-1}$、$V_B = V_{H_2O} = 12.7\times10^{-6}\text{m}^3\cdot\text{mol}^{-1}$、$M_A = M_{H_2} = 2\times10^{-3}\text{kg}\cdot\text{mol}^{-1}$、$M_B = M_{H_2O} = 18\times10^{-3}\text{kg}\cdot\text{mol}^{-1}$ 代入上式中，得 H_2-$H_2O_{(g)}$ 混合气体在标准状态（273K，100kPa）下的互扩散系数为

$$D_{AB}=\frac{0.31623\times10^{-7}\times273^{1.75}}{10^5[(7.07\times10^{-6})^{\frac{1}{3}}+(12.7\times10^{-6})^{\frac{1}{3}}]^2}\sqrt{\frac{1}{2\times10^{-3}}+\frac{1}{18\times10^{-3}}}$$
$$=7.56\times10^{-5}\text{m}^2\cdot\text{s}^{-1}$$

2.8 在980℃，用CO-CO_2混合气体对碳的质量分数 $w_{[C],0}=0.2\%$ 的20钢渗碳，钢表面碳的平衡质量分数 $w_{[C]*}=1.0\%$。试求渗碳5h后，钢表面下深度 $x=0.5\times10^{-2}$m处碳的质量分数 $w_{[C]}$。已知在980℃时钢中碳的扩散系数 $D_{[C]}=2\times10^{-10}\text{m}^2\cdot\text{s}^{-1}$。

解： 钢中碳的一维非稳定态扩散的积分解为

$$\frac{w_{[C]}-w_{[C],0}}{w_{[C]*}-w_{[C],0}}=1-\text{erf}\left(\frac{x}{2\sqrt{D_{[C]}t}}\right)$$

将 $w_{[C],0}=0.2\%$、$w_{[C]*}=1.0\%$、$x=0.5\times10^{-2}$m、$D_{[C]}=2\times10^{-10}\text{m}^2\cdot\text{s}^{-1}$和 $t=5\times3600$s 代入上式中，得所求碳的质量分数为

$$\frac{w_{[C]}-0.2\%}{1.0\%-0.2\%}=1-\text{erf}\left(\frac{0.5\times10^{-2}}{2\times\sqrt{2\times10^{-10}\times3600\times5}}\right)$$
$$=1-\text{erf}(1.317616)=1-0.9313=0.0687$$
$$w_{[C]}=0.0687\times(1.0\%-0.2\%)+0.2\%=0.255\%$$

2.9 矿球为CO还原反应的速率处于外扩散范围，舍伍德（Sherwood）数方程为 $Sh=2+0.16Re^{2/3}$，矿球直径 $d=2\times10^{-2}$m，气流速度 $u=0.5\text{m}\cdot\text{s}^{-1}$，运动黏度 $\nu=2\times10^{-4}\text{m}^2\cdot\text{s}^{-1}$，CO分子扩散系数 $D_{CO}=2.1\times10^{-4}\text{m}^2\cdot\text{s}^{-1}$。试求CO的传质系数 β_{CO} 及扩散边界层的厚度 δ。

解： 将 $Sh=\frac{\beta_{CO}d}{D_{CO}}$ 和 $Re=\frac{ud}{\nu}$ 代入舍伍德（Sherwood）数方程式中，得

$$\frac{\beta_{CO}d}{D_{CO}}=2+0.16\left(\frac{ud}{\nu}\right)^{2/3} \tag{i}$$

由式（i）得CO的传质系数为

$$\beta_{CO}=\frac{D_{CO}}{d}\left[2+0.16\left(\frac{ud}{\nu}\right)^{2/3}\right] \tag{ii}$$

扩散边界层厚度 δ 与扩散系数 D_{CO} 及传质系数 β_{CO} 的关系式为

$$\delta=\frac{D_{CO}}{\beta_{CO}} \tag{iii}$$

将 $d=2\times10^{-2}$m、$D_{CO}=2.1\times10^{-4}\text{m}^2\cdot\text{s}^{-1}$、$u=0.5\text{m}\cdot\text{s}^{-1}$、$\nu=2\times10^{-4}\text{m}^2\cdot\text{s}^{-1}$代入式（ii）中，得

$$\beta_{CO}=\frac{2.1\times10^{-4}}{2\times10^{-2}}\left[2+0.16\left(\frac{0.5\times2\times10^{-2}}{2\times10^{-4}}\right)^{2/3}\right]=0.044\text{m}\cdot\text{s}^{-1}$$

将 $\beta_{CO}=0.044\text{m}\cdot\text{s}^{-1}$和 $D_{CO}=2.1\times10^{-4}\text{m}^2\cdot\text{s}^{-1}$代入式（iii）中，得扩散边界层的厚度为

$$\delta=\frac{2.1\times10^{-4}}{0.044}=4.77\times10^{-3}\text{m}$$

2.10 在电炉炼钢的氧化期测得各时间钢液中锰氧化的质量分数 $\Delta w_{[Mn]}$ 见表 2-9。试求钢液中锰的传质系数 $\beta_{[Mn]}$ 及扩散边界层厚度 $\delta_{[Mn]}$。已知电炉内钢液的质量 $m=27\times10^3$kg，钢-渣界面积 $A=15\text{m}^2$，钢液中锰的扩散系数 $D_{[Mn]}=10^{-7}\text{m}^2\cdot\text{s}^{-1}$，钢液的密度 $\rho=7\times10^3\ \text{kg}\cdot\text{m}^{-3}$，锰在钢液中的传质为锰氧化反应的限制环节。

表 2-9　各时间钢液中锰氧化的质量分数

t/min	0	5	10	15	20	25	30
$\Delta w_{[Mn]}$/%	0	31.7	53.36	68.14	78.24	85.14	89.85

解： 设质量为 $m=27\times10^3$kg 的钢液的体积为 V，钢液中锰的初始质量分数 $w_{[Mn],0}=100\%$。因为锰氧化的质量分数为 $\Delta w_{[Mn]}$，故钢液中残余锰的质量分数为

$$w_{[Mn]}=w_{[Mn],0}-\Delta w_{[Mn]} \tag{i}$$

因为锰在钢液中的传质为锰氧化反应的限制环节，锰在钢-渣界面的氧化反应较快，所以可设钢-渣界面处锰的质量分数为平衡质量分数 $w_{[Mn],eq}=0$。

钢液中锰对流扩散的积分方程式为

$$\lg\frac{w_{[Mn],0}-w_{[Mn],eq}}{w_{[Mn]}-w_{[Mn],eq}}=\frac{AD_{[Mn]}}{2.3V\delta_{[Mn]}}t \tag{ii}$$

将 $w_{[Mn],0}=100\%$，$w_{[Mn],eq}=0$ 代入式（ii）中，得

$$\lg\frac{1}{w_{[Mn]}}=\frac{AD_{[Mn]}}{2.3V\delta_{[Mn]}}t \tag{iii}$$

将 $w_{[Mn],0}=100\%$ 和表 2-9 中的 $\Delta w_{[Mn]}$ 代入式（i）中，计算各时间的 $w_{[Mn]}$ 并列入表 2-10 中。然后以各时间的 $w_{[Mn]}$ 计算 $\lg\frac{1}{w_{[Mn]}}$，也列入表 2-10 中。

表 2-10　计算数据

t/min	0	5	10	15	20	25	30
$w_{[Mn]}$/%	100	68.3	46.64	31.86	21.76	14.86	10.15
$\lg\frac{1}{w_{[Mn]}}$	0	0.16558	0.33124	0.49675	0.66234	0.82798	0.99353

以表 2-10 中的 $\lg\frac{1}{w_{[Mn]}}$ 对时间 t 作图，得图 2-6。

利用线性回归方法，求出（线性回归过程略）图 2-6 中 7 个离散点的回归直线方程式为

$$\lg\frac{1}{w_{[Mn]}}=0.03316t \tag{iv}$$

将式（iv）与式（iii）相比较，得

$$\frac{AD_{[Mn]}}{2.3V\delta_{[Mn]}}=0.03316\text{min}^{-1}$$

$$=5.53\times10^{-4}\text{s}^{-1} \tag{v}$$

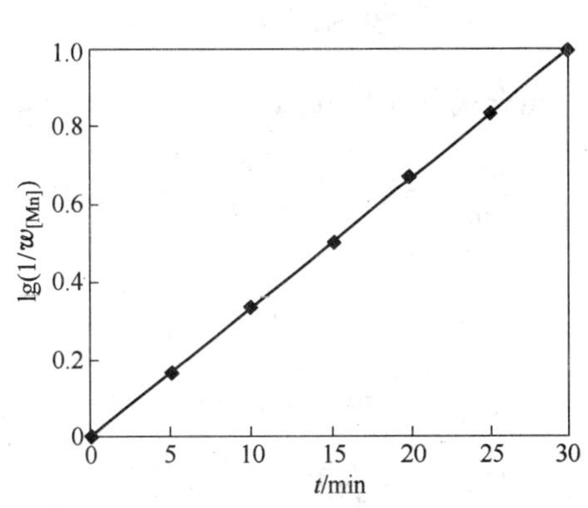

图 2-6　$\lg\frac{1}{w_{[Mn]}}$ 与 t 的关系

由式（v）得

$$\delta_{[Mn]} = \frac{AD_{[Mn]}}{2.3 \times (5.53 \times 10^{-4}) V} \tag{vi}$$

将 $V = m/\rho$ 和其他已知数据代入式（vi）中，计算钢液中锰的扩散边界层厚度为

$$\delta_{[Mn]} = \frac{15 \times 10^{-7}}{2.3 \times 5.53 \times 10^{-4} \times 27000/7000} = 3.06 \times 10^{-4} \mathrm{m}$$

进而计算钢液中锰的传质系数为

$$\beta_{[Mn]} = \frac{D_{[Mn]}}{\delta_{[Mn]}} = \frac{10^{-7}}{3.06 \times 10^{-4}} = 3.268 \times 10^{-4} \mathrm{m \cdot s^{-1}} = 1.961 \times 10^{-2} \mathrm{m \cdot min^{-1}}$$

2.11 近似球形的铁矿石为 CO 气体还原的反应为

$$FeO_{(s)} + CO = Fe_{(s)} + CO_2$$

试分别导出界面化学反应及固相产物层内 CO 扩散单独成为限制环节的速率方程式（微分方程式及积分方程式）。

解:（1）推导速率的微分方程式。

1）界面化学反应为限制环节的速率的微分方程式。对于一级可逆界面化学反应 $FeO_{(s)} + CO = Fe_{(s)} + CO_2$，其标准平衡常数方程式可表示为

$$K^{\ominus} = \frac{k_+}{k_-} = \frac{c_{CO_2,eq}}{c_{CO,eq}} \tag{i}$$

因为反应前后气体的物质的量不变，所以反应体系中 CO 和 CO_2 的浓度之和为一常数，即

$$c_{CO} + c_{CO_2} = c_{CO,eq} + c_{CO_2,eq} = c_{CO,0} + c_{CO_2,0} = \mathrm{const} \tag{ii}$$

式中 $c_{CO,0}$，c_{CO}，$c_{CO,eq}$——分别为 CO 的初始浓度、过程浓度和平衡浓度，$\mathrm{mol \cdot m^{-3}}$；

$c_{CO_2,0}$，c_{CO_2}，$c_{CO_2,eq}$——分别为 CO_2 的初始浓度、过程浓度和平衡浓度，$\mathrm{mol \cdot m^{-3}}$。

由式（ii）得 CO_2 的过程浓度为

$$c_{CO_2} = c_{CO,eq} + c_{CO_2,eq} - c_{CO} = c_{CO,eq}\left(1 + \frac{c_{CO_2,eq}}{c_{CO,eq}}\right) - c_{CO} = c_{CO,eq}(1 + K^{\ominus}) - c_{CO} \tag{iii}$$

结合式（i）和式（iii），得界面化学反应为限制环节的速率微分方程式为

$$\begin{aligned} -\frac{\mathrm{d}n_{(O)}}{\mathrm{d}t} &= 4\pi r^2 (k_+ c_{CO} - k_- c_{CO_2}) = 4\pi r^2 k_+ \left(c_{CO} - \frac{1}{K^{\ominus}} c_{CO_2}\right) \\ &= 4\pi r^2 k_+ \left\{c_{CO} - \frac{1}{K^{\ominus}}[c_{CO,eq}(1 + K^{\ominus}) - c_{CO}]\right\} = 4\pi r^2 k_+ \frac{1 + K^{\ominus}}{K^{\ominus}} (c_{CO} - c_{CO,eq}) \\ &= 4\pi r^2 k (c_{CO} - c_{CO,eq}) \end{aligned} \tag{iv}$$

式中 $k = k_+ \frac{1 + K^{\ominus}}{K^{\ominus}}$，$\mathrm{m \cdot s^{-1}}$；

$n_{(O)}$——矿石（FeO）中氧原子的物质的量，mol；

r——矿球的球形反应界面（球面）的半径，m。

因为界面化学反应是限制环节，所以 $c_{CO}=c_{CO,0}$，故式（ⅳ）变为

$$-\frac{dn_{(O)}}{dt}=4\pi r^2k(c_{CO,0}-c_{CO,eq}) \tag{v}$$

2）固相产物层内 CO 扩散成为限制环节的速率微分方程式

$$J_{CO}=D_eA\frac{dc_{CO}}{dr}=4\pi r^2D_e\frac{dc_{CO}}{dr} \tag{vi}$$

式中 J_{CO}——通过固相产物层的 CO 扩散流，$mol\cdot s^{-1}$；

D_e——固相产物层内 CO 的有效扩散系数，$m^2\cdot s^{-1}$；

A——反应界面（球面）的面积，m^2。

设 CO 在固相产物层内的扩散为稳定态扩散，则 J_{CO} 为常量。对式（ⅵ）分离变量积分，得

$$\int_{c_{CO,0}}^{c_{CO}}dc_{CO}=\frac{J_{CO}}{4\pi D_e}\int_{r_0}^{r}\frac{1}{r^2}dr$$

$$c_{CO}-c_{CO,0}=\frac{-J_{CO}}{4\pi D_e}\times\frac{r_0-r}{r_0r}$$

$$J_{CO}=4\pi D_e\left(\frac{r_0r}{r_0-r}\right)\times(c_{CO,0}-c_{CO}) \tag{vii}$$

（2）推导速率的积分方程式。由 FeO 的分子式和反应方程式 $FeO_{(s)}+CO═Fe_{(s)}+CO_2$ 可知，有式（ⅷ）存在

$$-\frac{dn_O}{dt}=-\frac{dn_{FeO}}{dt}=-\frac{dn_{CO}}{dt} \tag{viii}$$

在稳定态，式(ⅳ)=式(ⅶ)，即

$$4\pi r^2k(c_{CO}-c_{CO,eq})=4\pi D_e\left(\frac{r_0r}{r_0-r}\right)\times(c_{CO,0}-c_{CO})$$

化简上式，解出界面处的 CO 浓度为

$$c_{CO}=\frac{D_er_0c_{CO,0}+k(r_0r-r^2)c_{CO,eq}}{D_er_0+k(r_0r-r^2)} \tag{ix}$$

将式（ⅸ）代入式（ⅳ）中，并结合式（ⅷ），得

$$-\frac{dn_{FeO}}{dt}=4\pi r^2k\frac{D_er_0(c_{CO,0}-c_{CO,eq})}{D_er_0+k(r_0r-r^2)} \tag{x}$$

$$-\frac{dn_{FeO}}{dt}=-\frac{dn_{FeO}}{dr}\times\frac{dr}{dt}=-\frac{d}{dr}\left(\frac{4}{3}\pi r^3\rho\right)\frac{dr}{dt}=-4\pi r^2\rho\frac{dr}{dt} \tag{xi}$$

式中 ρ——矿石（FeO）的量密度，$mol\cdot m^{-3}$。

将式（ⅺ）代入式（ⅹ）中，得

$$-4\pi r^2\rho\frac{dr}{dt}=4\pi r^2k\frac{D_er_0(c_{CO,0}-c_{CO,eq})}{D_er_0+k(r_0r-r^2)} \tag{xii}$$

将式（xii）化简，分离变量，并在 $t=0$ 时 $r=r_0$，$t=t$ 时 $r=r$ 条件下积分，得

$$\frac{r_0(c_{CO,0}-c_{CO,eq})}{\rho}t=\frac{1}{6D_e}(r_0^3+2r^3-3r_0r^2)-\frac{1}{k}(r_0r-r_0^2) \tag{xiii}$$

当 $k \ll D_e$ 时，界面化学反应为限制环节，其速率的积分方程式为

$$r_0-r=\frac{k(c_{CO,0}-c_{CO,eq})}{\rho}t \tag{xiv}$$

当 $k \gg D_e$ 时，CO 在固相产物层内的扩散为限制环节，其速率的积分方程式为

$$r_0^3+2r^3-3r_0r^2=\frac{6D_er_0(c_{CO,0}-c_{CO,eq})}{\rho}t \tag{xv}$$

引入还原率 $R=\frac{m_0-m}{m_0}=1-\frac{r^3}{r_0^3}$，代换 r，则式（xiv）和式（xv）分别变为

$$\frac{k(c_{CO,0}-c_{CO,eq})}{r_0\rho}t=1-(1-R)^{\frac{1}{3}} \tag{xvi}$$

$$\frac{2D_e(c_{CO,0}-c_{CO,eq})}{r_0^2\rho}t=1-\frac{2}{3}R-(1-R)^{\frac{2}{3}} \tag{xvii}$$

式（xvi）为界面化学反应为限制环节时的速率积分方程式，式（xvii）为 CO 在固相产物层内的扩散为限制环节时的速率积分方程式。

2.12 羰基铁 $Fe(CO)_{5(s)}$ 在不同温度下的分解反应速率 v 见表 2-11。试确定此反应在不同温度范围的限制环节。

表 2-11 $Fe(CO)_{5(s)}$ 在不同温度下的分解反应速率

T/K	398	423	448	473	523
v/g·(cm²·h)⁻¹	1.07	1.25	1.76	12.59	590

解： 分解反应速率 v 与温度 T 的关系式为

$$v=Ae^{-Q/RT} \qquad \ln v=\ln A-\frac{Q}{R}\times\frac{1}{T}$$

根据表 2-11 中的数据，分别计算 $\ln v$ 和 $\frac{1}{T}$，并将计算结果列于表 2-12 中。

表 2-12 计算结果

$(1/T)/K^{-1}$	2.513×10^{-3}	2.364×10^{-3}	2.232×10^{-3}	2.114×10^{-3}	1.912×10^{-3}
$\ln(v/g\cdot cm^{-2}\cdot h^{-1})$	0.06766	0.22314	0.56531	2.53290	6.38012

以表 2-12 中的 $\ln v$ 对 $\frac{1}{T}$ 作图，得图 2-7。

用线性回归方法求（回归过程略）图 2-7 中的实线和虚线的回归直线方程式分别为

$$\ln v=4.45-\frac{1755}{T} \tag{i}$$

$$\ln v=42.80-\frac{19050}{T} \tag{ii}$$

联立式（ⅰ）和式（ⅱ）求解，可得图2-7中两条直线的交点的温度为

$$T = 451\text{K}$$

当 $T < 451\text{K}$ 时，化学反应为限制环节，$Fe(CO)_{5(s)}$ 分解反应的速率与温度关系式及活化能分别为

$$\ln v = 4.45 - \frac{1755}{T}$$

$$-\frac{E_a}{R} = -\frac{Q}{R} = -1755\text{K}$$

$$E_a = Q = 1755 \times 8.314 = 14591\text{J} \cdot \text{mol}^{-1}$$

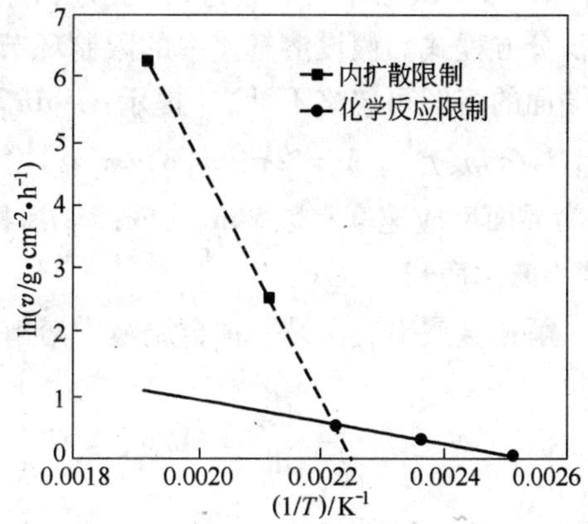

图 2-7　$\ln v$ 与 $\frac{1}{T}$ 的关系

当 $T > 451\text{K}$ 时，内扩散为限制环节，$Fe(CO)_{5(s)}$ 分解反应速率的温度关系式及扩散活化能分别为

$$\ln v = 42.80 - \frac{19050}{T} \qquad -\frac{E_D}{R} = -\frac{Q}{R} = -19050\text{K}$$

$$E_D = Q = 19050 \times 8.314 = 158382\text{J} \cdot \text{mol}^{-1}$$

2.13　在1600℃的钢液中，硅和氧的质量分数分别为 $w_{[Si]} = 0.3\%$、$w_{[O]} = 0.035\%$，试求钢液中硅与氧反应生成的 $SiO_{2(s)}$ 新相核的临界半径 $r^*_{SiO_2}$。已知钢液与 $SiO_{2(s)}$ 的界面能 $\sigma = 1.2\text{J} \cdot \text{m}^{-2}$，$SiO_{2(s)}$ 的摩尔体积 $V_{SiO_2} = 2.5 \times 10^{-5}\text{m}^3 \cdot \text{mol}^{-1}$，钢液中硅氧化反应及其标准吉布斯自由能与温度的关系式为

$$[Si] + 2[O] = SiO_{2(s)} \qquad \Delta_r G_m^{\ominus} = (-580550 + 221.03T)\text{J} \cdot \text{mol}^{-1}$$

解： 温度 $T = 1873\text{K}$ 时钢液中硅氧化反应的标准吉布斯自由能为

$$\Delta_r G_m^{\ominus} = -580550 + 221.03 \times 1873 = -166561\text{J} \cdot \text{mol}^{-1}$$

温度 $T = 1873\text{K}$ 时钢液中硅氧化反应的标准平衡常数为

$$\lg K^{\ominus} = -\frac{-166561}{19.147 \times 1873} = 4.64445 \qquad K^{\ominus} = 44101$$

钢液中硅与氧反应的过饱和度方程为

$$\alpha = \frac{K^{\ominus}}{J} = \frac{K^{\ominus}}{(a_{[Si],\%}\, a^2_{[O],\%})^{-1}}$$

此钢液中硅和氧的浓度均较低，近似为稀溶液，故 $a_{[Si],\%} \approx w_{[Si]\%}$，$a_{[O],\%} \approx w_{[O]\%}$，代入上式中可得钢液中硅与氧反应的过饱和度为

$$\alpha = \frac{K^{\ominus}}{(w_{[Si]\%}\, w^2_{[O]\%})^{-1}} = \frac{44101}{(0.3 \times 0.035^2)^{-1}} = 16.21$$

生成的 $SiO_{2(s)}$ 新相核的临界半径为

$$r^*_{SiO_2} = \frac{2\sigma V_{SiO_2}}{2.303RT\lg\alpha} = \frac{2 \times 1.2 \times 2.5 \times 10^{-5}}{19.147 \times 1873\lg 16.21} = 1.38 \times 10^{-9}\text{m}$$

2.14 试推导一半径为 r，长为 l 的细长圆柱体金属 $B_{(s)}$ 在另一种金属液中溶解速率的积分方程式。假设溶解速率的限制环节是界面反应，溶解过程中圆柱体的长不变，且其两端面的溶解可忽略不计。[提示：$-\mathrm{d}n_B/\mathrm{d}t = Ak_Bc_B$，$c_B = \rho_B/M_B$，$n_B = \pi r^2 l\rho_B/M_B$，$r = (n_BM_B/\pi l\rho_B)^{1/2}$，$A = 2\pi l(n_BM_B/\pi l\rho_B)^{1/2} = 2(\pi lM_Bn_B/\rho_B)^{1/2}$，式中 n_B 为物质的量，mol；k_B 为界面反应速率常数，$m \cdot s^{-1}$；c_B 为物质 B 的浓度，$mol \cdot m^{-3}$；ρ_B 为密度，$kg \cdot m^{-3}$；M_B 为摩尔质量，$kg \cdot mol^{-1}$]

解：金属 $B_{(s)}$ 在另一种金属液中溶解速率的微分方程式为

$$-\frac{\mathrm{d}n_B}{\mathrm{d}t} = Ak_Bc_B = 2\sqrt{\frac{\pi lM_Bn_B}{\rho_B}} \cdot \frac{k_B\rho_B}{M_B} = 2k_B\sqrt{\frac{\pi l\rho_Bn_B}{M_B}} \qquad (\mathrm{i})$$

对式（i）分离变量，并在 $t=0$ 时 $n_B = n_{B,0}$，$t=t$ 时 $n_B = n_B$ 条件下积分，得

$$\int_{n_{B,0}}^{n_B} -\frac{1}{\sqrt{n_B}}\mathrm{d}n_B = 2k_B\sqrt{\frac{\pi l\rho_B}{M_B}}\int_0^t \mathrm{d}t$$

$$\sqrt{n_{B,0}} - \sqrt{n_B} = k_B\sqrt{\frac{\pi l\rho_B}{M_B}}\,t \qquad (\mathrm{ii})$$

设 $k = k_B\sqrt{\frac{\pi l\rho_B}{M_B}}$，则金属 $B_{(s)}$ 在另一种金属液中溶解速率的积分方程式为

$$\sqrt{n_{B,0}} - \sqrt{n_B} = kt \qquad (\mathrm{iii})$$

2.15 试求铁液的过冷度分别为 $\Delta T_1 = 10K$ 和 $\Delta T_2 = 100K$ 时形成的铁临界晶核的半径 $r^*_{Fe,\Delta T_1}$ 和 $r^*_{Fe,\Delta T_2}$。已知铁晶核的密度 $\rho_{Fe} = 7300kg \cdot m^{-3}$，铁的熔点和熔化热分别为 $T_{fus} = 1811K$、$Q_{fus} = 13225J \cdot mol^{-1}$，铁晶核与铁液的界面能 $\sigma = 5.43 \times 10^{-2} J \cdot m^{-2}$，铁的摩尔质量 $M_{Fe} = 55.85 \times 10^{-3} kg \cdot mol^{-1}$。

解：铁临界晶核半径的计算公式为

$$r^*_{Fe,\Delta T} = -\frac{\sigma}{\Delta G_V} = \frac{2\sigma M_{Fe}T_{fus}}{Q_{fus}\rho_{Fe}\Delta T}$$

将过冷度 $\Delta T = \Delta T_1 = 10K$ 代入铁临界晶核半径的计算公式中，计算形成的铁临界晶核的半径为

$$r^*_{Fe,\Delta T_1} = \frac{2 \times 5.43 \times 10^{-2} \times 55.85 \times 10^{-3} \times 1811}{13225 \times 7300 \times 10} = 1.14 \times 10^{-8}m$$

将过冷度 $\Delta T = \Delta T_2 = 100K$ 代入铁临界晶核半径的计算公式中，计算形成的铁临界晶核的半径为

$$r^*_{Fe,\Delta T_2} = \frac{2 \times 5.43 \times 10^{-2} \times 55.85 \times 10^{-3} \times 1811}{13225 \times 7300 \times 100} = 1.14 \times 10^{-9}m$$

2.16 设在一定温度下纯金属棒的一端与具有一定碳势的气体相接触，并使该端表面保持一恒定的碳浓度 $c^*_{[C]} = 0.0064mol \cdot cm^{-3}$，使该金属渗碳。渗碳进行一定时间后，

测得自该端表面算起的一定厚度范围内沿 x 方向的浓度分布曲线如图 2-8 所示，碳浓度分布曲线方程式为

$$c_{[C]} = (x^2 - 0.16x + 0.0064)\text{mol} \cdot \text{cm}^{-3}$$

式中，x 为碳在该金属棒中的扩散距离。已知碳在该金属中的扩散系数 $D_{[C]} = 1.2 \times 10^{-4}\text{cm}^2 \cdot \text{s}^{-1}$。试求该扩散过程在碳浓度 $c_{[C]} = 0.0016\text{mol} \cdot \text{cm}^{-3}$ 的截面处的扩散通量 $J_{[C]}$。

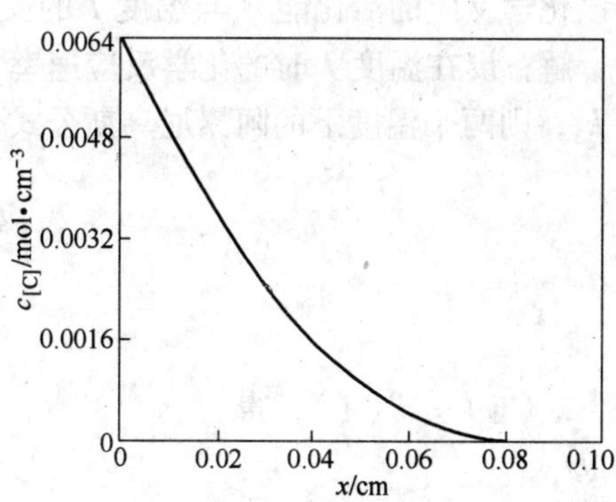

图 2-8　碳浓度分布曲线

解： 碳扩散通量及碳浓度梯度分别为

$$J_{[C]} = -D_{[C]}\frac{\partial c_{[C]}}{\partial x} \qquad (\text{i})$$

$$\frac{\partial c_{[C]}}{\partial x} = \frac{\partial}{\partial x}(x^2 - 0.16x + 0.0064) = (2x - 0.16)\text{mol} \cdot \text{cm}^{-4} \qquad (\text{ii})$$

将 $c_{[C]} = 0.0016\text{mol} \cdot \text{cm}^{-3}$ 代入已知碳浓度分布曲线方程式中，得一元二次方程式为

$$0.0016 = x^2 - 0.16x + 0.0064 \qquad (\text{iii})$$

解一元二次方程式（iii），得扩散距离为

$$x = 0.04\text{cm}$$

将 $x = 0.04\text{cm}$ 代入式（ii）中，得碳浓度梯度为

$$\frac{\partial c_{[C]}}{\partial x} = 2 \times 0.04 - 0.16 = -0.08\text{mol} \cdot \text{cm}^{-4}$$

将 $D_{[C]} = 1.2 \times 10^{-4}\text{cm}^2 \cdot \text{s}^{-1}$ 和 $\frac{\partial c_{[C]}}{\partial x} = -0.08\text{mol} \cdot \text{cm}^{-4}$ 代入式（i）中，得所求碳扩散通量为

$$J_{[C]} = 1.2 \times 10^{-4} \times 0.08 = 9.6 \times 10^{-6}\text{mol} \cdot (\text{cm}^2 \cdot \text{s})^{-1}$$

2.17　已知化学反应 $2A + 3B = A_2B_3$ 用反应物 A 的浓度表示的反应速率为 $\frac{-dc_A}{dt}$，用反应物 B 的浓度表示的反应速率为 $\frac{-dc_B}{dt}$。试求在恒容条件下 $\frac{-dc_B}{dt}$ 与 $\frac{-dc_A}{dt}$ 的关系式。

解： 在恒容条件下，根据反应物 A 和 B 的化学计量数可列方程式为

$$-\frac{dc_A}{dt}\Big/-\frac{dc_B}{dt} = -\frac{dn_A}{Vdt}\Big/-\frac{dn_B}{Vdt} = \frac{2}{3}$$

由上式可得 $\frac{-dc_B}{dt}$ 与 $\frac{-dc_A}{dt}$ 的关系式为

$$-\frac{dc_B}{dt} = -\frac{3}{2} \times \frac{dc_A}{dt}$$

2.18　已知温度增加 10K，某化学反应的速率常数增大一倍。试用阿累尼乌斯公式推

导该化学反应的活化能 E_a 与温度 T 的关系式。

解：设在温度 T 时的化学反应速率常数为 k_1，在温度 $T+10\text{K}$ 时的化学反应速率常数为 k_2，则两个温度下的阿累尼乌斯公式分别为

$$k_1 = A\mathrm{e}^{\frac{-E_a}{RT}} \tag{i}$$

$$k_2 = A\mathrm{e}^{\frac{-E_a}{R(T+10)}} \tag{ii}$$

式(ii)÷式(i)，得

$$\frac{k_2}{k_1} = \mathrm{e}^{\frac{E_a}{RT}-\frac{E_a}{R(T+10)}} = 2 \tag{iii}$$

对式（iii）取自然对数，得该化学反应的活化能 E_a 与温度 T 的关系式为

$$\ln 2 = \frac{E_a}{RT} - \frac{E_a}{R(T+10)} \qquad E_a = \frac{RT(T+10)\ln 2}{10}$$

2.19 已知在一定温度下某化学反应的反应物 A 的浓度 c_A 与反应时间 t 的关系如图 2-9所示，图中直线的斜率为 k_A。试求该化学反应的级数 n。

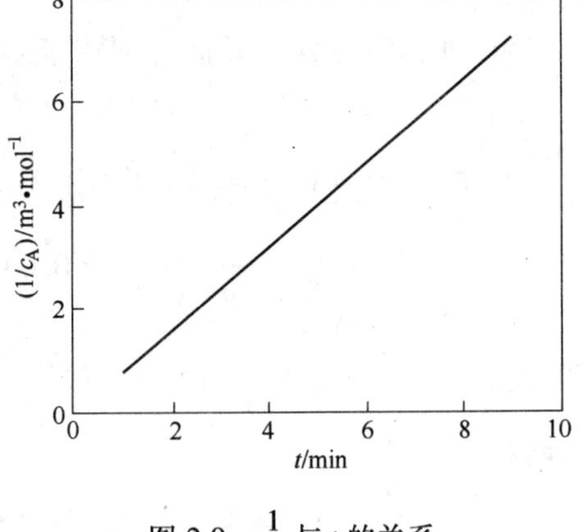

图 2-9 $\frac{1}{c_A}$ 与 t 的关系

解：设图 2-9 中直线的方程式为

$$\frac{1}{c_A} = k_A t + b \tag{i}$$

对式（i）微分，得

$$\mathrm{d}\left(\frac{1}{c_A}\right) = -\frac{\mathrm{d}c_A}{c_A^2} = k_A \mathrm{d}t \tag{ii}$$

由式（ii）可得

$$-\frac{\mathrm{d}c_A}{\mathrm{d}t} = k_A c_A^2 \tag{iii}$$

由式（iii）判断，该反应的级数为

$$n = 2$$

2.20 实验测得化学反应 2A + B = Y 为二级反应，其反应速率方程式为 $-\frac{\mathrm{d}c_A}{\mathrm{d}t} = k_A c_A c_B$，70℃时，反应速率常数 $k_B = 4\times10^{-4}\text{m}^3\cdot(\text{mol}\cdot\text{s})^{-1}$。若 $c_{A,0} = 2\times10^2\text{mol}\cdot\text{m}^{-3}$，$c_{B,0} = 10^2\text{mol}\cdot\text{m}^{-3}$，试求反应物 A 的转化率 $R_A = 90\%$ 时所需时间 $t_{0.9}$。

解：因为反应物 A 的化学计量数 $\nu_A = 2$，反应物 B 的化学计量数 $\nu_B = 1$，$\nu_A = 2\nu_B$，又 $c_{A,0} = 2c_{B,0}$，所以反应过程中始终有 $c_A = 2c_B$ 或 $c_B = 0.5c_A$。于是有反应速率方程式为

$$-\frac{\mathrm{d}c_A}{\mathrm{d}t} = k_A c_A c_B = k_A c_A \cdot 0.5c_A = 0.5k_A c_A^2 \tag{i}$$

对式（i）分离变量，并在 $t=0$ 时 $c_A = c_{A,0}$，$t=t$ 时 $c_A = c_A$ 的条件下积分，得

$$\int_{c_{A,0}}^{c_A} -\frac{dc_A}{c_A^2} = 0.5k_A\int_0^t dt$$

$$t = \frac{1}{0.5k_A}\left(\frac{1}{c_A} - \frac{1}{c_{A,0}}\right) = \frac{1}{0.5k_A c_{A,0}}\left(\frac{c_{A,0} - c_A}{c_A}\right) = \frac{R_A}{0.5k_A c_{A,0}(1 - R_A)} \quad (\text{ii})$$

式（ⅱ）中，$R_A = \dfrac{c_{A,0} - c_A}{c_{A,0}}$。

因为 $k_A = 2k_B$，所以 $0.5k_A = k_B = 4 \times 10^{-4} m^3 \cdot (mol \cdot s)^{-1}$。将 $0.5k_A = k_B = 4 \times 10^{-4} m^3 \cdot (mol \cdot s)^{-1}$、$c_{A,0} = 2 \times 10^2 mol \cdot m^{-3}$、$R_A = 0.90$ 代入式（ⅱ）中，计算转化率 $R_A = 90\%$ 时所需时间为

$$t_{0.9} = \frac{R_A}{k_B c_{A,0}(1 - R_A)} = \frac{0.90}{4 \times 10^{-4} \times 2 \times 10^2 (1 - 0.90)} = 112.5s$$

2.21 金属氧化反应的速率除用单位时间，单位面积上形成的氧化物的质量表示外，还可用单位时间氧化物层厚度的变化来表示。已知镍氧化反应 $Ni_{(s)} + 0.5O_2 = NiO_{(s)}$ 为一级不可逆反应，且 O^{2-} 在 $NiO_{(s)}$ 膜内的扩散为限制环节，故其速率方程式为 $\dfrac{dy}{dt} = ky^{-1}$，式中 y 为时间 t 时生成的 $NiO_{(s)}$ 膜的厚度，k 为界面化学反应速率常数。在 500℃ 时测得不同反应时间 t 的 $NiO_{(s)}$ 膜的厚度 y 见表 2-13。试求该氧化反应在 500℃ 时的速率常数 k。

表 2-13　与时间 t 相对应的 y 数据

t/h	2	5	7
y/m	5.6×10^{-4}	9.3×10^{-4}	10.6×10^{-4}

解：对式 $\dfrac{dy}{dt} = ky^{-1}$ 分离变量，并在 $t = 0$ 时 $y = 0$，$t = t$ 时 $y = y$ 条件下积分，得

$$\int_0^y y dy = \int_0^t k dt$$

$$y^2 = 2kt \quad (\text{i})$$

由以上积分方程式（ⅰ）可见，y^2 与 t 成正比，比例系数为 $2k$。根据表 2-13 中的数据计算 y^2，并将 t 和 y^2 之值列于表 2-14 中。再以表 2-14 中的 y^2 对 t 作图，得图 2-10 中的 3 个离散点。用线性回归方法求（回归过程略）得图 2-10 中 3 个离散点的回归直线方程式为

$$y^2 = 0.335 \times 10^{-8} + 16.4 \times 10^{-8} t$$

$$\approx 16.4 \times 10^{-8} t \ m^2 \quad (\text{ii})$$

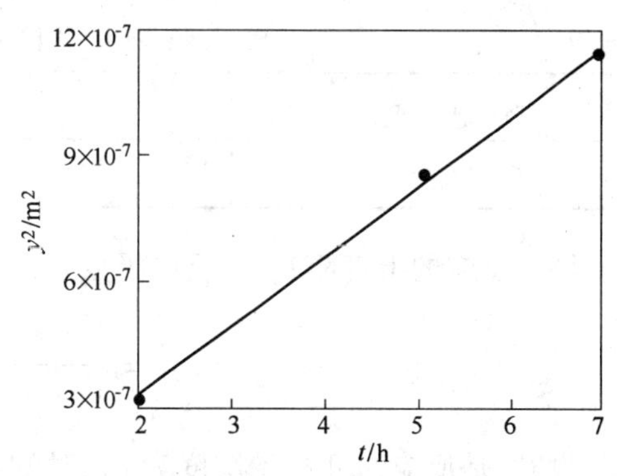

图 2-10　y^2 与 t 的关系

表 2-14　与时间 t 相对应的 y^2 数据

t/h	2	5	7
y^2/m^2	31.36×10^{-8}	86.49×10^{-8}	112.36×10^{-8}

将式（ⅱ）与式（ⅰ）相比较，得

$$2k = 16.4\times10^{-8}\mathrm{m}^2\cdot\mathrm{h}^{-1}$$

进而得500℃时镍氧化反应的速率常数为

$$k = \frac{16.4\times10^{-8}}{2} = 8.2\times10^{-8}\mathrm{m}^2\cdot\mathrm{h}^{-1}$$

2.22　对于某一恒温下的化学反应中的反应物 B，试导出反应级数为 $n(n\neq1)$ 的速率积分方程式，并求此反应的半衰期 $t_{1/2}$ 与反应物 B 初始浓度 $c_{B,0}$ 的关系式。

解： 设反应物 B 在时间 t 时的浓度为 c_B，反应速率常数为 k_B，则此反应的速率微分方程式为

$$-\frac{\mathrm{d}c_B}{\mathrm{d}t} = k_B c_B^n \quad (n\neq1) \tag{i}$$

对式（ⅰ）分离变量，并在 $t=0$ 时 $c_B=c_{B,0}$，$t=t$ 时 $c_B=c_B$ 条件下积分，得

$$\int_{c_{B,0}}^{c_B} -\frac{\mathrm{d}c_B}{c_B^n} = \int_0^t k_B\mathrm{d}t \quad (n\neq1)$$

$$\frac{1}{n-1}\left(\frac{1}{c_B^{n-1}} - \frac{1}{c_{B,0}^{n-1}}\right) = k_B t \quad (n\neq1) \tag{ii}$$

式（ⅱ）即为反应级数为 $n(n\neq1)$ 的反应速率积分方程式。

将 $c_B=c_{B,0}/2$ 代入式（ⅱ）中，得半衰期 $t_{1/2}$ 与反应物 B 的初始浓度 $c_{B,0}$ 的关系式为

$$t_{1/2} = \frac{2^{n-1}-1}{(n-1)k_B c_{B,0}^{n-1}} \quad (n\neq1) \tag{iii}$$

2.23　在一定温度的水溶液中，某反应在反应物 B 的不同初始浓度 $c_{B,0}$ 时的半衰期 $t_{1/2}$ 见表 2-15。试求该反应的级数 $n(n\neq1)$。

表 2-15　不同初始浓度时的半衰期

$c_{B,0}/\mathrm{mol\cdot m^{-3}}$	50	100	200
$t_{1/2}$/h	37.0	19.2	9.5

解： 反应的半衰期 $t_{1/2}$ 与反应级数 $n(n\neq1)$ 及反应物 B 的初始浓度 $c_{B,0}$ 的关系式为

$$t_{1/2} = \frac{2^{n-1}-1}{(n-1)k_B c_{B,0}^{n-1}} \quad (n\neq1) \tag{i}$$

设 $t'_{1/2}$ 是反应物 B 初始浓度为 $c'_{B,0}$ 时的半衰期，$t''_{1/2}$ 是反应物 B 初始浓度为 $c''_{B,0}$ 时的半衰期，则

$$\frac{t'_{1/2}}{t''_{1/2}}=\frac{c''^{(n-1)}_{B,0}}{c'^{(n-1)}_{B,0}}\quad (n\neq 1) \tag{ii}$$

对式（ⅱ）等号两边取对数，得

$$\lg t'_{1/2}-\lg t''_{1/2}=(n-1)(\lg c''_{B,0}-\lg c'_{B,0})\quad (n\neq 1) \tag{iii}$$

由式（ⅲ）得

$$n=\frac{\lg t'_{1/2}-\lg t''_{1/2}}{\lg c''_{B,0}-\lg c'_{B,0}}+1\quad (n\neq 1) \tag{iv}$$

当反应物 B 的初始浓度为 50mol · m^{-3}及 100mol · m^{-3}时，由式（ⅳ）可得反应级数为

$$n=\frac{\lg 37.0-\lg 19.2}{\lg 100-\lg 50}+1=1.95\approx 2$$

当反应物 B 的初始浓度为 100mol · m^{-3}及 200mol · m^{-3}时，由式（ⅳ）可得反应级数为

$$n=\frac{\lg 19.2-\lg 9.5}{\lg 200-\lg 100}+1=2.01\approx 2$$

所以，确定该反应的级数为

$$n=2$$

2.24 为使某一级反应进行到反应物 B 的转化率 $R_B=25\%$，在 50℃时需要 20min，在 100℃时需要 5min。试求该一级反应的活化能 E_a。

解：设反应物 B 的初始浓度为 $c_{B,0}$，在时间 t 时的浓度为 c_B，反应速率常数为 k_B，则此一级反应的速率积分方程式为

$$\ln\frac{c_{B,0}}{c_B}=k_B t \tag{i}$$

将 $c_B-(1-R_B)c_{B,0}$ 和不同温度时的反应时间代入式（ⅰ）中，得各温度时的反应速率常数分别为

$$k_{B,323K}=\frac{1}{20}\ln\frac{c_{B,0}}{(1-R_B)c_{B,0}}=\frac{1}{20}\ln\frac{1}{0.75}=1.44\times 10^{-2}\text{min}^{-1}$$

$$k_{B,373K}=\frac{1}{5}\ln\frac{c_{B,0}}{(1-R_B)c_{B,0}}=\frac{1}{5}\ln\frac{1}{0.75}=5.75\times 10^{-2}\text{min}^{-1}$$

以自然对数形式表示的阿累尼乌斯公式为

$$\ln k_B=\ln A-\frac{E_a}{RT} \tag{ii}$$

将 50℃的 $k_{B,323K}$和 100℃的 $k_{B,373K}$分别代入式（ⅱ）中，得

$$\ln(1.44\times 10^{-2})=\ln A-\frac{E_a}{323\times 8.314} \tag{iii}$$

$$\ln(5.75\times10^{-2}) = \ln A - \frac{E_a}{373\times8.314} \tag{iv}$$

式(ⅲ)-式(ⅳ)，得

$$\ln\frac{1.44}{5.75} = \left(\frac{1}{373}-\frac{1}{323}\right)\frac{E_a}{8.314} \tag{v}$$

解方程式（ⅴ），得该一级反应的活化能为

$$E_a = \frac{\ln(1.44/5.75)}{1/373-1/323}\times8.314 = 27737\mathrm{J\cdot mol^{-1}}$$

2.25 试导出对于某反应物 B 的 $n(n\neq1)$ 级反应速率常数的公式和半衰期的公式。

解：设反应物 B 的初始浓度为 $c_{B,0}$，在时间 t 时的浓度为 c_B，反应的速率常数为 k_B，则反应速率的微分方程式为

$$-\frac{dc_B}{dt} = k_Bc_B^n \quad (n\neq1) \tag{i}$$

对式（ⅰ）分离变量，并在 $t=0$ 时 $c_B=c_{B,0}$，$t=t$ 时 $c_B=c_B$ 条件下做定积分，得

$$-\int_{c_{B,0}}^{c_B}\frac{dc_B}{c_B^n} = k_B\int_0^t dt \quad (n\neq1)$$

$$k_Bt = \frac{1}{n-1}\left(\frac{1}{c_B^{n-1}}-\frac{1}{c_{B,0}^{n-1}}\right) \quad (n\neq1) \tag{ii}$$

$$k_B = \frac{1}{t(n-1)}\left(\frac{1}{c_B^{n-1}}-\frac{1}{c_{B,0}^{n-1}}\right) \quad (n\neq1) \tag{iii}$$

式（ⅲ）即为 $n(n\neq1)$ 级反应速率常数的公式。

设反应的半衰期为 $t_{1/2}$，将 $c_B=c_{B,0}/2$ 代入式（ⅱ）中，得半衰期公式为

$$t_{1/2} = \frac{2^{n-1}-1}{k_B(n-1)c_{B,0}^{n-1}} \quad (n\neq1) \tag{iv}$$

利用式（ⅳ）可确定反应级数 $n(n\neq1)$。设 $t'_{1/2}$ 是反应物初始浓度为 $c'_{B,0}$ 时的半衰期，$t''_{1/2}$ 是反应物初始浓度为 $c''_{B,0}$ 时的半衰期，则根据式（ⅳ）可得计算两个半衰期之比的方程式为

$$\frac{t'_{1/2}}{t''_{1/2}} = \frac{c''^{(n-1)}_{B,0}}{c'^{(n-1)}_{B,0}} \quad (n\neq1) \tag{v}$$

对式（ⅴ）等号两边取对数，得

$$\lg t'_{1/2} - \lg t''_{1/2} = (n-1)(\lg c''_{B,0} - \lg c'_{B,0}) \quad (n\neq1) \tag{vi}$$

由式（ⅵ）可确定计算反应级数的方程式为

$$n = \frac{\lg t'_{1/2} - \lg t''_{1/2}}{\lg c''_{B,0} - \lg c'_{B,0}} + 1 \quad (n\neq1)$$

2.26 不同温度下锌在铜中的扩散系数见表 2-16。求锌在铜中的扩散活化能 E_D。

表 2-16　锌在铜中的扩散系数

T/K	1322	1253	1176	1007	878
$D_{[Zn]}/m^2 \cdot s^{-1}$	1.0×10^{-12}	4.0×10^{-13}	1.1×10^{-13}	4.0×10^{-15}	1.6×10^{-16}

解： 扩散系数 $D_{[Zn]}$ 与温度 T 的关系式（类阿累尼乌斯公式）为

$$D_{[Zn]} = D_0 e^{-E_D/(RT)} \tag{i}$$

对式（i）等号两边取对数，得

$$\lg D_{[Zn]} = \lg D_0 - \frac{E_D}{2.303RT} \tag{ii}$$

为作图，先计算相关数据见表 2-17。

表 2-17　作图用数据

T/K	1322	1253	1176	1007	878
$(1/T)/K^{-1}$	7.56×10^{-4}	7.98×10^{-4}	8.50×10^{-4}	9.93×10^{-4}	11.39×10^{-4}
$D_{[Zn]}/m^2 \cdot s^{-1}$	1.0×10^{-12}	4.0×10^{-13}	1.1×10^{-13}	4.0×10^{-15}	1.6×10^{-16}
$\lg(D_{[Zn]}/m^2 \cdot s^{-1})$	−12.00	−12.40	−12.96	−14.40	−15.80

根据表 2-17 中的数据，以 $\lg D_{[Zn]}$ 对 $\frac{1}{T}$ 作图，得图 2-11 中的 5 个离散点。用线性回归方法，求（回归过程略）得图 2-11 中 5 个离散点的回归直线的斜率为 -9.966×10^3K，即直线方程式（ii）的斜率为

$$-\frac{E_D}{2.303R} = -9.966\times10^3 \text{K} \tag{iii}$$

由式（iii）得锌在铜中的扩散活化能为

$$E_D = 9.966\times10^3\times2.303\times8.314$$
$$= 190820 \text{J}\cdot\text{mol}^{-1}$$

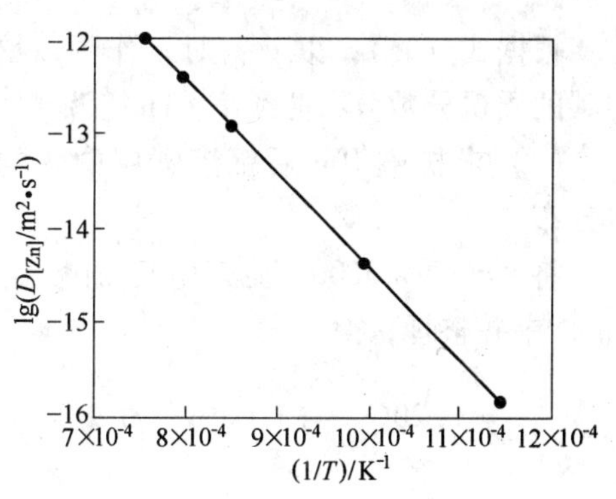

图 2-11　$\lg D_{[Zn]}$ 与 $\frac{1}{T}$ 的关系

2.27　在 980℃，把碳的质量分数 $w_{[C],0}=0.20\%$ 的钢置于能使钢表面碳的质量分数保持恒定为 $w_{[C]*}=1.00\%$ 的渗碳气氛中，试求经过时间 1h 和 10h 后钢的渗碳层内碳的质量分数分布。已知 980℃时碳在钢中的扩散系数 $D_{[C]}=2.0\times10^{-7}\text{cm}^2\cdot\text{s}^{-1}$。

解： 碳在钢中的扩散视为一维非稳定态扩散。一维非稳定态下的扩散积分方程式为

$$\frac{c_{[C]}-c_{[C],0}}{c_{[C]*}-c_{[C],0}} = 1-\text{erf}\left(\frac{x}{2\sqrt{D_{[C]}t}}\right) \tag{i}$$

式中　$c_{[C]}$——扩散时间为 t，扩散距离为 x 处的碳的浓度，mol · cm^{-3}；

$c_{[C],0}$——钢中碳的初始浓度，mol · cm^{-3}；

$c_{[C]*}$——钢表面碳的浓度，mol · cm^{-3}；

$\text{erf}\left(\frac{x}{2\sqrt{D_{[C]}t}}\right)$——误差函数，1；

x——自钢表面算起的碳在钢中的扩散距离，cm；

t——扩散时间，s；

$D_{[C]}$——钢中碳的扩散系数，$cm^2 \cdot s^{-1}$。

钢中碳的质量分数 $w_{[C]}$ 与浓度 $c_{[C]}$ 的换算式为

$$c_{[C]} = \frac{\rho_m w_{[C]}}{M_C} \tag{ii}$$

式中 ρ_m——钢的密度，$g \cdot cm^{-3}$；

M_C——碳的摩尔质量，$g \cdot mol^{-1}$。

根据式（ii），把式（i）中碳的浓度换算成质量分数，得

$$\frac{w_{[C]} - w_{[C],0}}{w_{[C]*} - w_{[C],0}} = 1 - \text{erf}\left(\frac{x}{2\sqrt{D_{[C]}t}}\right) \tag{iii}$$

（1）求扩散 1h 后钢渗碳层中碳的质量分数分布。

将 $t = 3600s$ 及其他已知数据代入式（iii）中并整理，得

$$w_{[C]} = 0.20\% + (1.00\% - 0.20\%)\left[1 - \text{erf}\left(\frac{x}{2\sqrt{2.0 \times 10^{-7} \times 3600}}\right)\right] \tag{iv}$$

根据式（iv），以 $w_{[C]}$ 对 x 作图，得图 2-12 中碳的质量分数分布曲线 1（1h）。

（2）求扩散 10h 后钢渗碳层中碳的质量分数分布。

将 $t = 10 \times 3600s$ 及其他已知数据代入式（iii）中并整理，得

$$w_{[C]} = 0.20\% + (1.00\% - 0.20\%) \times \left[1 - \text{erf}\left(\frac{x}{2\sqrt{2.0 \times 10^{-7} \times 10 \times 3600}}\right)\right] \tag{v}$$

根据式（v），以 $w_{[C]}$ 对 x 作图，得图 2-12 中碳的质量分数分布曲线 2（10h）。

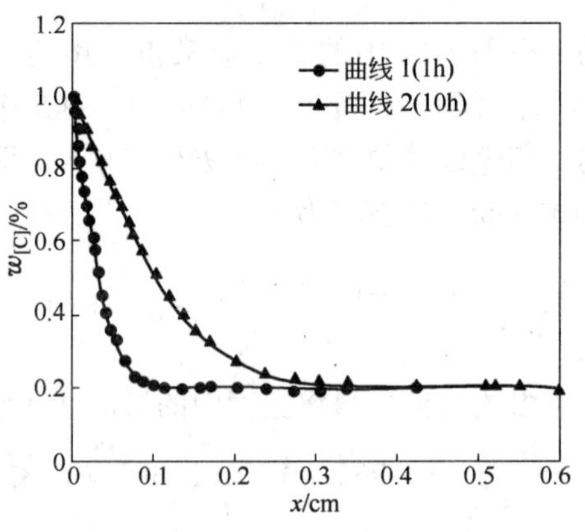

图 2-12 碳的质量分数分布曲线

2.28 在不同温度条件下，对反应(FeO) + [C]═[Fe] + CO 进行动力学研究，测定渣中 FeO 在不同温度和不同时间的还原率 ξ 见表 2-18。试求该反应的级数 n 和活化能 E_a。

表 2-18 渣中 FeO 在不同温度和不同时间的还原率

t/min		0	1.0	1.5	2.0	3.0	4.0
ξ/%	1430℃	0	33.93	47.52	56.35	69.80	80.00
	1457℃	0	42.46	53.23	64.32	78.12	—
	1488℃	0	56.35	71.16	80.95	91.68	—
	1580℃	0	78.00	88.52	94.50	—	—

解：用试算法确定反应级数 n。因为在冶金反应中，一级反应居多，所以先假设该反应为式（i）所示的一级反应，式中的 $w_{(FeO),0}$ 为时间 $t=0$ 时渣中 FeO 的初始质量分数。

$$\ln \frac{w_{(FeO)}}{w_{(FeO),0}} = -kt \tag{i}$$

$$w_{(FeO)} = w_{(FeO),0} - \Delta w_{(FeO)} \tag{ii}$$

将式（ii）代入式（i）中，然后再将 $\frac{\Delta w_{(FeO)}}{w_{(FeO),0}} = \xi$（还原率）代入其中，得

$$\ln\left(1 - \frac{\Delta w_{(FeO)}}{w_{(FeO),0}}\right) = \ln(1-\xi) = -kt \tag{iii}$$

由式（iii）可见，一级反应的 $\ln(1-\xi)$ 与时间 t 成正比。

根据表 2-18 中的数据计算 $(1-\xi)$ 和 $\ln(1-\xi)$，并将计算结果列入表 2-19 中。

表 2-19　计算 $(1-\xi)$ 和 $\ln(1-\xi)$ 的值

t/min		0	1.0	1.5	2.0	3.0	4.0
1430℃	$1-\xi$	1.0000	0.6607	0.5248	0.4365	0.3020	0.2000
	$\ln(1-\xi)$	0.0000	−0.4145	−0.6447	−0.8290	−1.1973	−1.6094
1457℃	$1-\xi$	1.0000	0.5754	0.4677	0.3568	0.2188	—
	$\ln(1-\xi)$	0.0000	−0.5527	−0.7599	−1.0306	−1.5196	—
1488℃	$1-\xi$	1.0000	0.4365	0.2884	0.1905	0.0832	—
	$\ln(1-\xi)$	0.0000	−0.8290	−1.2434	−1.6581	−2.4865	—
1580℃	$1-\xi$	1.0000	0.2200	0.1148	0.0550	—	—
	$\ln(1-\xi)$	0.0000	−1.5141	−2.1646	−2.9004	—	—

以表 2-19 中的 $\ln(1-\xi)$ 对时间 t 作图，得图 2-13。

由图 2-13 可见，同一温度下的各点呈很好的直线关系，并且通过坐标原点。这说明，原假设该反应为一级成立，即反应级数 $n=1$。

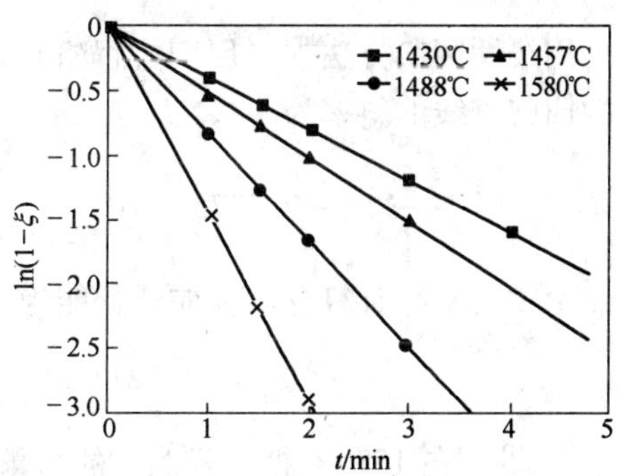

图 2-13　$\ln(1-\xi)$ 与 t 的关系

由式（iii）可知，图 2-13 中的直线的斜率为 $-k$。用线性回归方法求（回归过程略）得图 2-13 中各回归直线的斜率分别为

$$-k_{1430℃} = -0.3987\text{min}^{-1}$$

$$-k_{1457℃} = -0.5037\text{min}^{-1}$$

$$-k_{1488℃} = -0.8289\text{min}^{-1}$$

$$-k_{1580℃} = -1.4447\text{min}^{-1}$$

由此可得该一级反应在各温度下的反应速率常数分别为

$$k_{1430℃} = 0.3987\text{min}^{-1}$$

$$k_{1457℃} = 0.5037\text{min}^{-1}$$

$$k_{1488℃} = 0.8289\text{min}^{-1}$$

$$k_{1580℃} = 1.4447\text{min}^{-1}$$

取各温度 T 的倒数，取各温度下的反应速率常数 k 的自然对数，并将其与对应温度一起列入表 2-20 中。

表 2-20 计算数据

t/℃	1430	1457	1488	1580
T/K	1703	1730	1761	1853
$(1/T)/\text{K}^{-1}$	5.872×10^{-4}	5.780×10^{-4}	5.679×10^{-4}	5.397×10^{-4}
k/min^{-1}	0.3987	0.5037	0.8289	1.4447
$\ln(k/\text{min}^{-1})$	−0.9195	−0.6858	−0.1877	0.3679

反应速率常数 k 与温度 T 的关系式（阿累尼乌斯公式）为

$$\ln k = \ln k_0 - \frac{E_a}{RT} \tag{iv}$$

由式（iv）可见，$\ln k$ 与 $\frac{1}{T}$ 成直线关系，直线方程的斜率为 $-\frac{E_a}{R}$，只要求得斜率 $-\frac{E_a}{R}$，即可求得化学反应活化能 E_a。根据表 2-20 中的数据，以 $\ln k$ 对 $\frac{1}{T}$ 作图，得如图 2-14 所示的 4 个离散点。

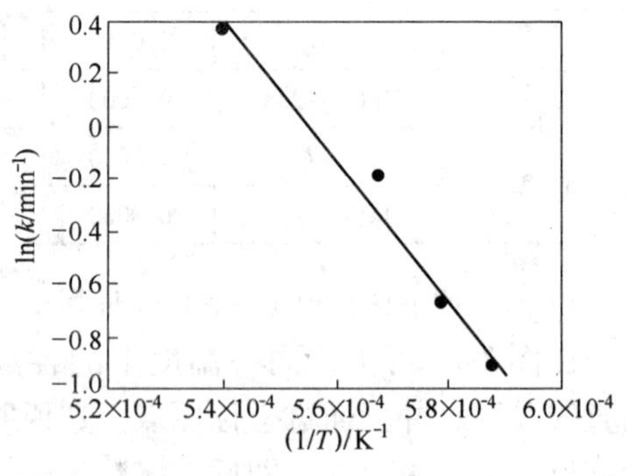

图 2-14 $\ln k$ 与 $\frac{1}{T}$ 的关系

用线性回归方法求（回归过程略）得图2-14 中的回归直线的斜率为

$$-\frac{E_a}{R} = -2.7273 \times 10^4\text{K} \tag{v}$$

进而由式（v）计算化学反应活化能为

$$E_a = 2.7273 \times 10^4 \times 8.314 = 226748\text{J} \cdot \text{mol}^{-1}$$

2.29 在 1550℃把半径为 r 的石墨棒插入电弧炉内的钢液中，钢液中碳的质量分数 $w_{[C],0} = 0.4\%$，测得石墨棒溶解的线速度 $v = -\text{d}r/\text{d}t = 3.5 \times 10^{-5}\text{m} \cdot \text{s}^{-1}$。求钢液中碳的传质系数 $\beta_{[C]}$。已知石墨棒的密度 $\rho_{gr} = 2.25 \times 10^3\text{kg} \cdot \text{m}^{-3}$，钢液的密度 $\rho_{st} = 7.0 \times 10^3 \text{kg} \cdot \text{m}^{-3}$，碳的摩尔质量 $M_C = 12 \times 10^{-3}\text{kg} \cdot \text{mol}^{-1}$，在石墨棒与钢液界面处钢液中碳的质量分数 $w_{[C]^*}$ 等于饱和质量分数 $w_{[C]\text{sat}}$，且饱和质量分数 $w_{[C]\text{sat}} = 5.277\%$。

解： 设石墨棒插入钢液深度为 l，且 $l \gg r$，忽略石墨棒下端面（圆柱底面）的溶解，只考虑插入钢液那段石墨棒侧面（圆柱侧面）的溶解。图 2-15 为石墨棒插入钢液中溶解的示意图。

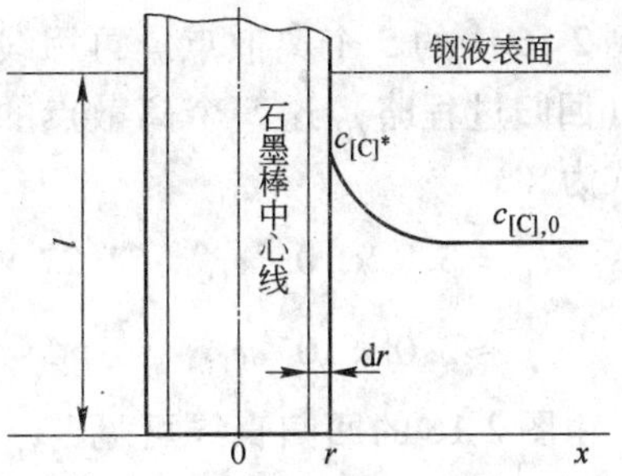

$$J_{[C]} = -\frac{dn_{[C]}}{Adt} = \beta_{[C]}(c_{[C]*} - c_{[C],0}) \quad (\text{i})$$

$$dn_{[C]} = \frac{\rho_{gr}dV}{M_C} = \frac{\rho_{gr}2\pi rldr}{M_C} \quad (\text{ii})$$

$$V = \pi r^2 l \quad (\text{iii})$$

$$A = 2\pi rl \quad (\text{iv})$$

图 2-15　石墨在钢液中溶解示意图

式中　V——石墨棒插入钢液段（圆柱）的体积，m^3；

A——石墨棒插入钢液段（圆柱）的侧面积，m^2。

$$c_{[C]*} = \frac{\rho_{st}w_{[C]*}}{M_C} = \frac{\rho_{st}w_{[C]sat}}{M_C} = \frac{7\times10^3\times5.277\%}{12\times10^{-3}} = 30782.5\text{mol}\cdot\text{m}^{-3}$$

$$c_{[C],0} = \frac{\rho_{st}w_{[C],0}}{M_C} = \frac{7\times10^3\times0.4\%}{12\times10^{-3}} = 2333.3\text{mol}\cdot\text{m}^{-3}$$

将式（ii）、式（iv）、$c_{[C]*} = 30782.5\text{mol}\cdot\text{m}^{-3}$ 和 $c_{[C],0} = 2333.3\text{mol}\cdot\text{m}^{-3}$ 代入式（i）中，得

$$-\frac{\rho_{gr}dr}{M_C dt} = \beta_{[C]}(30782.5 - 2333.3) = 28449.2\beta_{[C]} \quad (\text{v})$$

由式（v）得

$$\beta_{[C]} = -\frac{\rho_{gr}}{28449.2M_C}\times\frac{dr}{dt} \quad (\text{vi})$$

将 $\rho_{gr} = 2.25\times10^3\text{kg}\cdot\text{m}^{-3}$、$M_C = 12\times10^{-3}\text{kg}\cdot\text{mol}^{-1}$ 和 $dr/dt = -3.5\times10^{-5}\text{m}\cdot\text{s}^{-1}$ 代入式（vi）中，得钢液中碳的传质系数为

$$\beta_{[C]} = \frac{2.25\times10^3}{28449.2\times12\times10^{-3}}\times3.5\times10^{-5} = 2.3\times10^{-4}\text{m}\cdot\text{s}^{-1}$$

2.30　在炼钢温度下空气与含碳的铁液接触，发生脱碳反应 $[C]+[O]=CO$。实验测得与铁液中碳的质量分数 $w_{[C]}$ 对应的脱碳反应速率 $v_C = -dw_{[C]}/dt$ 见表 2-21。试求脱碳反应的级数 n、速率常数 k 及半衰期 $t_{1/2}$。再说明在碳的初始质量分数 $w_{[C],0}$ 较高和较低两种情况下，脱碳量（$\Delta w_{[C]} = 0.01\%$）相同时哪个需要更多的时间（可用具体数值说明）。

表 2-21　与碳质量分数对应的脱碳反应速率

$w_{[C]}/\%$	0.8	0.6	0.35	0.20	0.05
$v_C/\%\cdot s^{-1}$	2.40×10^{-2}	1.80×10^{-2}	1.00×10^{-2}	0.60×10^{-2}	0.15×10^{-2}

解： 用试算法求脱碳反应的级数 n。因为冶金反应多为一级反应，所以先假设该脱碳反应的级数 $n=1$，则该脱碳反应速率的微分方程式为

$$v_C = -\frac{dw_{[C]}}{dt} = kw_{[C]} \quad (\text{i})$$

根据表 2-21 中的数据，以 v_C 对 $w_{[C]}$ 作图，得图 2-16 中的 5 个离散点。再用线性回归方法求（回归过程略）这 5 个离散点的回归直线方程式为

$$v_C = 3.0 \times 10^{-2} w_{[C]} - 1.27 \times 10^{-4}$$

$$\approx 3.0 \times 10^{-2} w_{[C]} \qquad \text{(ii)}$$

由图 2-16 的回归直线可见，v_C 与 $w_{[C]}$ 呈直线关系，且直线通过坐标原点，这说明 v_C 与 $w_{[C]}$ 服从式（i）所示的正比例关系，故假设该反应的级数 $n = 1$ 是正确的。

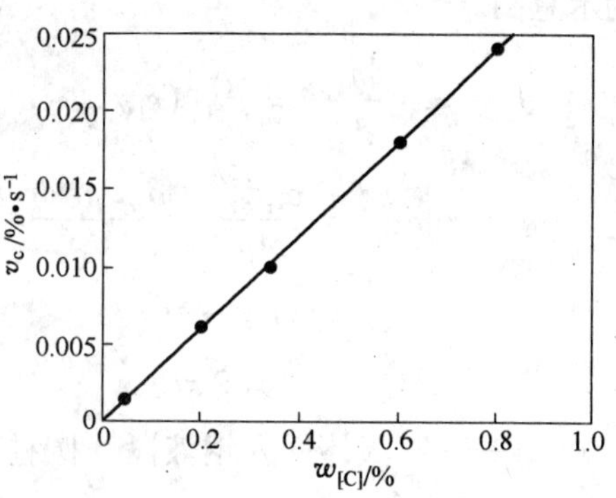

图 2-16 v_C 与 $w_{[C]}$ 的关系

将式（i）与式（ii）相比较，得式（i）所示一级反应的速率常数为

$$k = 0.03 s^{-1}$$

一级反应的半衰期公式为

$$t_{1/2} = \frac{\ln 2}{k} \qquad \text{(iii)}$$

将 $k = 0.03 s^{-1}$ 代入式（iii）中，得该一级反应的半衰期为

$$t_{1/2} = \frac{\ln 2}{0.03} = 23.1 s$$

一级反应速率的积分方程式为

$$\ln \frac{w_{[C]}}{w_{[C],0}} = -kt \qquad \text{(iv)}$$

$$t = \frac{1}{k} \ln \frac{w_{[C],0}}{w_{[C]}} = \frac{1}{k} \ln \frac{w_{[C],0}}{w_{[C],0} - \Delta w_{[C]}} \qquad \text{(v)}$$

将脱碳量 $\Delta w_{[C]} = 0.01\%$ 代入式（v）中，得

$$t = \frac{1}{k} \ln \frac{w_{[C],0}}{w_{[C],0} - 0.01\%} = \frac{1}{k} \ln \frac{1}{1 - 0.01\% / w_{[C],0}} \qquad \text{(vi)}$$

由式（vi）可见，在相同温度（k 相同）和相同脱碳量（$\Delta w_{[C]} = 0.01\%$）的条件下，当碳的初始质量分数 $w_{[C],0}$ 较低时所需时间较长。例如，在 $k = 0.03 s^{-1}$ 的相同温度条件下，分 $w_{[C],0} = 1\%$ 和 $w_{[C],0} = 2\%$ 两种情况计算脱除等量（$\Delta w_{[C]} = 0.01\%$）的碳所需时间分别为

$$t_1 = \frac{1}{k} \ln \frac{1}{1 - 0.01/1} = \frac{0.01}{0.03} = 0.333 s$$

$$t_2 = \frac{1}{k} \ln \frac{1}{1 - 0.01/2} = \frac{0.005}{0.03} = 0.167 s$$

由此可见 $t_1 > t_2$。这说明当碳的初始质量分数 $w_{[C],0}$ 较低时，脱除等量（$\Delta w_{[C]} = 0.01\%$）的碳所需时间较长。

2.31 为确定 NO 与 H_2反应的级数，在某一定温度下做两组实验。第 1 组实验固定 H_2 的分压 p_{H_2}，改变 NO 的分压 p_{NO}，测定反应的初始速率；第 2 组实验固定 NO 的分压 p_{NO}，改变 H_2的分压 p_{H_2}，测定反应的初始速率。两组实验数据见表 2-22。求反应的级数 n。

表 2-22 两组实验数据

第 1 组实验（p_{H_2}一定）		第 2 组实验（p_{NO}一定）	
$p'_{NO}=47862\text{Pa}$	$p''_{NO}=20265\text{Pa}$	$p'_{H_2}=38530\text{Pa}$	$p''_{H_2}=19598\text{Pa}$
$v'_1=200\text{Pa}\cdot\text{s}^{-1}$	$v''_1=33.33\text{Pa}\cdot\text{s}^{-1}$	$v'_2=213.31\text{Pa}\cdot\text{s}^{-1}$	$v''_2=105.32\text{Pa}\cdot\text{s}^{-1}$

解： 根据题意可知反应的速率与 p_{NO}和 p_{H_2}都有关，所以反应速率的微分方程式为

$$v=-\frac{\mathrm{d}p}{\mathrm{d}t}=kp_{NO}^{a}p_{H_2}^{b} \tag{i}$$

对式（i）等号两边取对数，得

$$\lg v=\lg k+a\lg p_{NO}+b\lg p_{H_2} \tag{ii}$$

将第 1 组两次实验的数据分别代入式（ii）中，得

$$\lg v'_1=\lg k+a\lg p'_{NO}+b\lg p_{H_2} \tag{iii}$$

$$\lg v''_1=\lg k+a\lg p''_{NO}+b\lg p_{H_2} \tag{iv}$$

式(iii)－式(iv)，得

$$a=\frac{\lg v'_1-\lg v''_1}{\lg p'_{NO}-\lg p''_{NO}}=\frac{\lg 200-\lg 33.33}{\lg 47862-\lg 20265}\approx 2$$

将第 2 组两次实验数据分别代入式（ii）中，得

$$\lg v'_2=\lg k+a\lg p_{NO}+b\lg p'_{H_2} \tag{v}$$

$$\lg v''_2=\lg k+a\lg p_{NO}+b\lg p''_{H_2} \tag{vi}$$

式(v)－式(vi)，得

$$b=\frac{\lg v'_2-\lg v''_2}{\lg p'_{H_2}-\lg p''_{H_2}}=\frac{\lg 213.31-\lg 105.32}{\lg 35830-\lg 19598}\approx 1$$

最终得反应级数和反应速率方程式分别为

$$n=a+b=2+1=3$$

$$v=-\frac{\mathrm{d}p}{\mathrm{d}t}=kp_{NO}^{2}p_{H_2}$$

2.32 对于可逆反应

$$\mathrm{A}\underset{k_-}{\overset{k_+}{\rightleftharpoons}}\mathrm{B}$$

由实验测出生成物 B 的浓度与反应时间的关系见表 2-23，其中 $c_{B,eq}=1580\text{mol}\cdot\text{m}^{-3}$为该可逆反应达平衡时生成物 B 的平衡浓度。已知反应物 A 的初始浓度 $c_{A,0}=1890\text{mol}\cdot\text{m}^{-3}$。试求此可逆反应的正反应速率常数 k_+和逆反应速率常数 k_-。

表 2-23 生成物 B 的浓度与反应时间的关系

t/s	0	180	300	420	1440	∞
$c_B/mol \cdot m^{-3}$	0	200	330	430	1050	1580(eq)

解：反应物 A 与生成物 B 的浓度与反应时间的关系为

$$A \underset{k_-}{\overset{k_+}{\rightleftharpoons}} B$$

反应时间 $t=0$ 时　　$c_{A,0}$　　0

反应时间 $t=t$ 时　　$c_{A,0}-c_B$　　c_B

在 $t=t$ 时，反应物 A 的浓度 $c_A=c_{A,0}-c_B$，生成物 B 的浓度 $c_B=c_B$，正反应速率为 $v_+=k_+(c_{A,0}-c_B)$，逆反应速率为 $v_-=k_-c_B$，反应的净速率为

$$v=-\frac{dc_A}{dt}=\frac{dc_B}{dt}=k_+(c_{A,0}-c_B)-k_-c_B \tag{i}$$

在 $t=\infty$，反应达平衡时，$v_+=v_-$，$c_B=c_{B,eq}$，$c_A=c_{A,eq}=c_{A,0}-c_{B,eq}$，所以有

$$k_+(c_{A,0}-c_{B,eq})=k_-c_{B,eq} \tag{ii}$$

由式（ii）得 $k_-=k_+(c_{A,0}-c_{B,eq})/c_{B,eq}$，并将其代入式（i）中，得

$$\frac{dc_B}{dt}=k_+(c_{A,0}-c_B)-\frac{k_+(c_{A,0}-c_{B,eq})}{c_{B,eq}}c_B=k_+\frac{c_{A,0}}{c_{B,eq}}(c_{B,eq}-c_B) \tag{iii}$$

对式（iii）分离变量，并在 $t=0$ 时 $c_B=0$，$t=t$ 时 $c_B=c_B$ 的条件下积分，得

$$\int_0^{c_B}\frac{dc_B}{c_{B,eq}-c_B}=k_+\frac{c_{A,0}}{c_{B,eq}}\int_0^t dt \qquad \ln\frac{c_{B,eq}}{c_{B,eq}-c_B}=k_+\frac{c_{A,0}}{c_{B,eq}}t$$

由上积分方程式得

$$k_+=\frac{c_{B,eq}}{tc_{A,0}}\ln\frac{c_{B,eq}}{c_{B,eq}-c_B} \tag{iv}$$

由方程式（ii）得

$$c_{A,0}=\frac{k_++k_-}{k_+}c_{B,eq} \tag{v}$$

将式（v）代入式（iv）中，得

$$k_++k_-=\frac{1}{t}\ln\frac{c_{B,eq}}{c_{B,eq}-c_B} \tag{vi}$$

联立式（iv）和式（vi），并将 $c_{A,0}=1890mol \cdot m^{-3}$、$c_{B,eq}=1580mol \cdot m^{-3}$ 及表 2-23 中的其他相关数据（t 及 c_B）代入其中，解得与各时间 t 对应的正反应速率常数 k_+ 和逆反应速率常数 k_- 见表 2-24。

表 2-24 各反应时间的 k_+ 和 k_-

t/s	180	300	420	1440	平均值
k_+/s^{-1}	6.286×10^{-4}	6.529×10^{-4}	6.323×10^{-4}	6.341×10^{-4}	6.370×10^{-4}
k_-/s^{-1}	1.233×10^{-4}	1.280×10^{-4}	1.240×10^{-4}	1.244×10^{-4}	1.249×10^{-4}

取表 2-24 中数据的平均值，得所求正反应速率常数和逆反应速率常数分别为

$$k_+ = 6.370 \times 10^{-4}\mathrm{s}^{-1}$$

$$k_- = 1.249 \times 10^{-4}\mathrm{s}^{-1}$$

2.33 一厚度为 $\Delta x = 10^{-4}\mathrm{m}$ 的薄铁板，其一面暴露于 925℃的渗碳气氛中，因而保持表面碳的质量分数 $w_{[\mathrm{C}]*,1} = 1.2\%$，另一面则保持碳的质量分数 $w_{[\mathrm{C}]*,2} = 0.1\%$。试计算在稳定态扩散的情况下穿过该薄铁板的碳扩散通量。已知碳的摩尔质量 $M_\mathrm{C} = 12 \times 10^{-3}$ $\mathrm{kg \cdot mol^{-1}}$，在 925℃时，碳在铁中的扩散系数和薄铁板的密度分别为 $D_{[\mathrm{C}]} = 2 \times 10^{-11}$ $\mathrm{m^2 \cdot s^{-1}}$、$\rho_\mathrm{m} = 7620\mathrm{kg \cdot m^{-3}}$。

解： 碳在薄铁板中的扩散通量方程式为

$$J_{[\mathrm{C}]} = -D_{[\mathrm{C}]}\frac{\partial c_{[\mathrm{C}]}}{\partial x} \approx -D_{[\mathrm{C}]}\frac{\Delta c_{[\mathrm{C}]}}{\Delta x}$$

薄铁板两表面的碳的浓度及其二者之差分别为

$$c_{[\mathrm{C}]*,1} = \frac{\rho_\mathrm{m} w_{[\mathrm{C}]*,1}}{M_\mathrm{C}} = \frac{7620 \times 1.2\%}{12 \times 10^{-3}} = 7620\mathrm{mol \cdot m^{-3}}$$

$$c_{[\mathrm{C}]*,2} = \frac{\rho_\mathrm{m} w_{[\mathrm{C}]*,2}}{M_\mathrm{C}} = \frac{7620 \times 0.1\%}{12 \times 10^{-3}} = 635\mathrm{mol \cdot m^{-3}}$$

$$\Delta c_{[\mathrm{C}]} = c_{[\mathrm{C}]*,2} - c_{[\mathrm{C}]*,1} = 635 - 7620 = -6985\mathrm{mol \cdot m^{-3}}$$

将 $D_{[\mathrm{C}]}$、$\Delta c_{[\mathrm{C}]}$ 和 Δx 之值代入碳在薄铁板中的扩散通量方程式中，得碳的扩散通量为

$$J_{[\mathrm{C}]} \approx -D_{[\mathrm{C}]}\frac{\Delta c_{[\mathrm{C}]}}{\Delta x} = -2 \times 10^{-11} \times \frac{-6985}{1 \times 10^{-4}} = 1.397 \times 10^{-3}\mathrm{mol \cdot (m^2 \cdot s)^{-1}}$$

2.34 试应用薄壁管平衡法，推导通过空心圆柱体的扩散方程式。设空心圆柱体的高为 l，内径为 r_1，外径为 r_2，内表面浓度为 c_1^*，外表面浓度为 c_2^*，半径为 r 处的浓度为 c。

解： 图 2-17 为空心圆柱体（薄壁管）壁的内外浓度分布。

$$J = \frac{\mathrm{d}n}{A\mathrm{d}t} = -D\frac{\mathrm{d}c}{\mathrm{d}r} \qquad (\text{i})$$

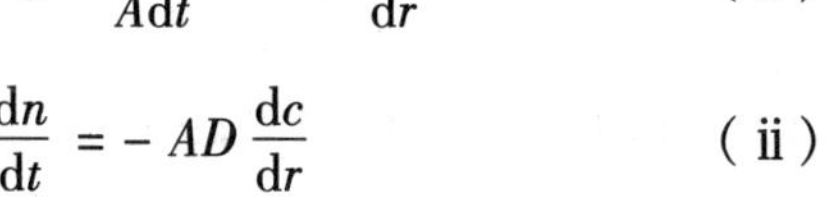

$$\frac{\mathrm{d}n}{\mathrm{d}t} = -AD\frac{\mathrm{d}c}{\mathrm{d}r} \qquad (\text{ii})$$

空心圆柱的轴线 c_1^* c $\mathrm{d}r$ c_2^* l 0 r_1 r r_2

图 2-17　管壁内外浓度分布

稳定态扩散时，$\frac{\mathrm{d}n}{\mathrm{d}t}$ = 常数。

将扩散面积 $A = 2\pi rl$ 代入式（ii）中，得

$$\frac{\mathrm{d}n}{\mathrm{d}t} = -2\pi rlD\frac{\mathrm{d}c}{\mathrm{d}r} \qquad (\text{iii})$$

由式（iii）得

$$\frac{\mathrm{d}n}{\mathrm{d}t}\cdot\frac{\mathrm{d}r}{r}=-2\pi lD\mathrm{d}c \tag{iv}$$

对式（ⅳ）分离变量，并在 $r=r_1$ 处 $c=c_1^*$，$r=r$ 处 $c=c$ 条件下积分，得

$$\frac{\mathrm{d}n}{\mathrm{d}t}\int_{r_1}^{r}\frac{\mathrm{d}r}{r}=-2\pi lD\int_{c_1^*}^{c}\mathrm{d}c$$

$$\frac{\mathrm{d}n}{\mathrm{d}t}\ln\frac{r}{r_1}=-2\pi lD(c-c_1^*) \tag{v}$$

再对式（ⅳ）分离变量，并在 $r=r_1$ 处 $c=c_1^*$，$r=r_2$ 处 $c=c_2^*$ 条件下积分，得

$$\frac{\mathrm{d}n}{\mathrm{d}t}\int_{r_1}^{r_2}\frac{\mathrm{d}r}{r}=-2\pi lD\int_{c_1^*}^{c_2^*}\mathrm{d}c$$

$$\frac{\mathrm{d}n}{\mathrm{d}t}\ln\frac{r_2}{r_1}=-2\pi lD(c_2^*-c_1^*) \tag{vi}$$

式(ⅴ)÷式(ⅵ)，得通过空心圆柱体的扩散方程式为

$$\frac{c-c_1^*}{c_2^*-c_1^*}=\frac{\ln(r/r_1)}{\ln(r_2/r_1)}$$

2.35 已知直径 $d=1.27\times10^{-2}\mathrm{m}$ 的赤铁矿球表面的混合气体的组成为 $\varphi_{CO}^*=95\%$、$\varphi_{CO_2}^*=5\%$，混合气体的黏度 $\eta=4.21\times10^{-8}\mathrm{Pa\cdot s}$，混合气体中气体的扩散（互扩散）系数 $D_{CO}=D_{CO_2}=D=1.46\times10^{-4}\mathrm{m^2\cdot s^{-1}}$。求气流速度 $u=1.6\times10^{-2}\mathrm{m\cdot s^{-1}}$ 的纯 CO 气体在温度为 816℃及总压为 0.1MPa 条件下通过气相边界层向该赤铁矿球传质（外扩散）的传质系数 β_{CO}。

解：在温度为 816℃及总压为 $p=0.1\mathrm{MPa}=10^5\mathrm{Pa}$ 时，混合气体的浓度为

$$c=\frac{n}{V}=\frac{p}{RT}=\frac{10^5}{8.314\times1089}=11.045\mathrm{mol\cdot m^{-3}}$$

混合气体的摩尔质量为

$$M=M_{CO}\varphi_{CO}^*+M_{CO_2}\varphi_{CO_2}^*=28\times10^{-3}\times0.95+44\times10^{-3}\times0.05$$
$$=28.8\times10^{-3}\mathrm{kg\cdot mol^{-1}}$$

混合气体的密度为

$$\rho=M\cdot c=28.8\times10^{-3}\times11.045=0.3181\mathrm{kg\cdot m^{-3}}$$

混合气体的运动黏度为

$$\nu=\frac{\eta}{\rho}=\frac{4.21\times10^{-8}}{0.3181}=1.3235\times10^{-7}\mathrm{m^2\cdot s^{-1}}$$

雷诺数 $$Re=\frac{ud}{\nu}=\frac{1.6\times10^{-2}\times1.27\times10^{-2}}{1.3235\times10^{-7}}=1535$$

施密特数 $$Sc=\frac{\nu}{D_{CO}}=\frac{1.3235\times10^{-7}}{1.46\times10^{-4}}=9.065\times10^{-4}$$

舍伍德数 $$Sh = \frac{\beta_{CO} d}{D_{CO}} = 2 + 0.6 Re^{1/2} Sc^{1/3}$$

$$= 2 + 0.6 \times \sqrt{1535} \times \sqrt[3]{9.065 \times 10^{-4}} = 4.275$$

由式 $\frac{\beta_{CO} d}{D_{CO}} = 4.275$ 解得 CO 气体外扩散的传质系数为

$$\beta_{CO} = \frac{4.275 D_{CO}}{d} = \frac{4.275 \times 1.46 \times 10^{-4}}{1.27 \times 10^{-2}} = 4.915 \times 10^{-2} \mathrm{m \cdot s^{-1}}$$

2.36 在 1000℃，向实验电炉的炉管中通入流速 $u = 0.1\mathrm{m \cdot s^{-1}}$ 的 H_2-N_2 混合气体，还原炉管中的赤铁矿球。已知矿球的半径 $r_0 = 0.6 \times 10^{-2}\mathrm{m}$、密度 $\rho = 5.18 \times 10^3 \mathrm{kg \cdot m^{-3}}$、气孔率 $\varepsilon = 0.2$、迷宫系数 $\xi = 0.45$，混合气体中 H_2 的分压 $p_{H_2,0} = 0.04\mathrm{MPa}$、$N_2$ 的分压 $p_{N_2,0} = 0.06\mathrm{MPa}$，混合气体中气体的扩散系数 $D_{H_2} = D_{N_2} = D = 2 \times 10^{-3} \mathrm{m^2 \cdot s^{-1}}$、运动黏度 $\nu = 2.39 \times 10^{-4} \mathrm{m^2 \cdot s^{-1}}$，假设赤铁矿还原反应的方程式及标准平衡常数与温度的关系式为

$$Fe_2O_{3(s)} + 3H_2 = 2Fe_{(s)} + 3H_2O_{(g)}$$

$$\lg K^{\ominus} = -\frac{3788}{T} + 4.36$$

该还原反应在 1000℃时的正反应速率常数 $k_+ = 10.6\mathrm{m \cdot s^{-1}}$。求还原率 $R = 0.8$ 时的还原反应时间 $t_{0.8}$。

解：气-固相反应为混合控制时，还原率 R 与还原反应时间 t 的关系式为

$$\frac{R}{3\beta} + \frac{r_0}{6D_e}[1 - (1-R)^{2/3} + 2(1-R)] + \frac{K^{\ominus}[1 - (1-R)^{1/3}]}{k_+(1 + K^{\ominus})} = \frac{c_{H_2,0} - c_{H_2,eq}}{r_0 \rho_{(O)}} t \quad (\text{i})$$

在 $T = 1273\mathrm{K}$ 时，还原反应 $Fe_2O_{3(s)} + 3H_2 = 2Fe_{(s)} + 3H_2O_{(g)}$ 的标准平衡常数为

$$\lg K^{\ominus} = -\frac{3788}{1273} + 4.36 = 1.38435 \qquad K^{\ominus} = 24.23$$

由还原反应方程式可见，$\frac{n_{H_2O}}{n_{H_2}} = \frac{\nu_{H_2O}}{\nu_{H_2}} = \frac{3}{3} = 1$，所以在还原反应过程中有

$$p_{H_2} + p_{H_2O} = 0.04\mathrm{MPa}$$

$$p_{H_2,eq} + p_{H_2O,eq} = p_{H_2,0} + p_{H_2O,0} = 0.4 \times 10^5 \mathrm{Pa} \quad (\text{ii})$$

$$\frac{p_{H_2O,eq}/p^{\ominus}}{p_{H_2,eq}/p^{\ominus}} = \sqrt[3]{K^{\ominus}} = \sqrt[3]{24.23} = 2.8937 \quad (\text{iii})$$

联立式（ii）和式（iii）求解，得

$$p_{H_2,eq} = 0.10273 \times 10^5 \mathrm{Pa} \qquad p_{H_2O,eq} = 0.29727 \times 10^5 \mathrm{Pa}$$

混合气体中 H_2 的浓度为

$$c_{H_2,0} = \frac{n_{H_2,0}}{V} = \frac{p_{H_2,0}}{RT} = \frac{0.4 \times 10^5}{8.314 \times 1273} = 3.78 \mathrm{mol \cdot m^{-3}}$$

反应界面处 H_2 的浓度为

$$c_{H_2}^* = c_{H_2,eq} = \frac{n_{H_2,eq}}{V} = \frac{p_{H_2,eq}}{RT} = \frac{0.10273 \times 10^5}{8.314 \times 1273} = 0.97\text{mol} \cdot \text{m}^{-3}$$

气体的有效扩散系数为

$$D_e = D\varepsilon\xi = 2 \times 10^{-3} \times 0.2 \times 0.45 = 1.8 \times 10^{-4}\text{m}^2 \cdot \text{s}^{-1}$$

矿球中氧的量密度为

$$\rho_{(O)} = \frac{\rho n_{(O)} M_O}{M_{Fe_2O_3}} \times \frac{1}{M_O} = \frac{5.18 \times 10^3 \times 3}{160 \times 10^{-3}} = 9.7125 \times 10^4\text{mol} \cdot \text{m}^{-3}$$

雷诺数、施密特数和舍伍德数分别为

$$Re = \frac{2r_0 u}{\nu} = \frac{2 \times 0.6 \times 10^{-2} \times 0.1}{2.39 \times 10^{-4}} = 5.02$$

$$Sc = \frac{\nu}{D} = \frac{2.39 \times 10^{-4}}{2 \times 10^{-3}} = 0.12$$

$$Sh = \frac{2r_0\beta}{D} = 2 + 0.6Re^{1/2}Sc^{1/3} = 2 + 0.6 \times \sqrt{5.02} \times \sqrt[3]{0.12} = 2.663$$

由式 $\frac{2r_0\beta}{D} = 2.663$ 解得气体外扩散的传质系数为

$$\beta = \frac{2.663D}{2r_0} = \frac{2.663 \times 2 \times 10^{-3}}{2 \times 0.6 \times 10^{-2}} = 0.444\text{m} \cdot \text{s}^{-1}$$

将 $r_0 = 0.6 \times 10^{-2}$m、$D_e = 1.8 \times 10^{-4}\text{m}^2 \cdot \text{s}^{-1}$、$\beta = 0.444\text{m} \cdot \text{s}^{-1}$、$K^{\ominus} = 24.23$、$R = 0.8$、$k_+ = 10.6\text{m} \cdot \text{s}^{-1}$、$\rho_{(O)} = 9.7125 \times 10^4\text{mol} \cdot \text{m}^{-3}$、$c_{H_2,0} = 3.78\text{mol} \cdot \text{m}^{-3}$、$c_{H_2,eq} = 0.97\text{mol} \cdot \text{m}^{-3}$、$t = t_{0.8}$代入式（i）中，得

$$\frac{0.8}{3 \times 0.444} + \frac{0.6 \times 10^{-2}[1 - 3(1 - 0.8)^{2/3} + 2(1 - 0.8)]}{6 \times 1.8 \times 10^{-4}} +$$

$$\frac{24.23[1 - (1 - 0.8)^{1/3}]}{10.6(1 + 24.23)} = \frac{(3.78 - 0.97)t_{0.8}}{0.6 \times 10^{-2} \times 9.7125 \times 10^4}$$

由上式解得还原率 $R = 0.8$ 时的还原反应时间为

$$t_{0.8} = (0.6006 + 2.0779 + 0.03762)/0.004822 = 563\text{s}$$

2.37 炼钢熔池中，钢液中氧的质量分数 $w_{[O],0} = 0.03\%$，钢液表面氧的质量分数等于平衡的质量分数，即 $w_{[O]*} = w_{[O],eq} = 0.16\%$，气泡上升到钢液表面的频率（即单位时间上升到单位钢液表面积的气泡数）$\xi = 1200\text{m}^{-2} \cdot \text{s}^{-1}$，每个气泡破裂的表面积 $A_0 = 1.5 \times 10^{-3}\text{m}^2$，氧在钢液中的扩散系数 $D_{[O]} = 1.2 \times 10^{-8}\text{m}^2 \cdot \text{s}^{-1}$，钢液密度 $\rho_{st} = 7100\text{kg} \cdot \text{m}^{-3}$。求氧在钢液中的传质系数 $\beta_{[O]}$ 及传质通量 $J_{[O]}$。

解：计算表面更新率为

$$s = A_0\xi = 1.5 \times 10^{-3} \times 1200 = 1.8\text{s}^{-1}$$

计算氧在钢液中的传质系数为

$$\beta_{[O]} = \sqrt{D_{[O]} \cdot s} = \sqrt{1.2 \times 10^{-8} \times 1.8} = 1.47 \times 10^{-4} \mathrm{m \cdot s^{-1}}$$

计算钢液表面氧的浓度为

$$c_{[O]*} = c_{[O],eq} = \frac{\rho_{st} w_{[O],eq}}{M_O} = \frac{7100 \times 0.16\%}{16 \times 10^{-3}} = 710 \mathrm{mol \cdot m^{-3}}$$

计算钢液内部氧的浓度为

$$c_{[O],0} = \frac{\rho_{st} w_{[O],0}}{M_O} = \frac{7100 \times 0.03 \times 10^{-2}}{16 \times 10^{-3}} = 133.125 \mathrm{mol \cdot m^{-3}}$$

计算钢液中氧的传质通量为

$$\begin{aligned} J_{[O]} &= \beta_{[O]}(c_{[O]*} - c_{[O],0}) = \beta_{[O]}(c_{[O],eq} - c_{[O],0}) \\ &= 1.47 \times 10^{-4} \times (710 - 133.125) = 8.48 \times 10^{-2} \mathrm{mol \cdot (m^2 \cdot s)^{-1}} \end{aligned}$$

2.38 已知钢液对炉壁耐火材料的接触角 $\theta = 120°$，钢液表面张力 $\sigma_{st} = 1.45\mathrm{N \cdot m^{-1}}$，钢液密度 $\rho_{st} = 7100\mathrm{kg \cdot m^{-3}}$，重力加速度 $g = 9.8\mathrm{m \cdot s^{-2}}$。试计算位于钢液深度 $h = 0.6\mathrm{m}$ 处，且不为钢液进入的炉底耐火材料内微孔的最大半径 r_{max}。

解：计算微孔最大半径的公式为

$$r_{max} = -\frac{2\sigma_{st}\cos\theta}{\rho_{st} g h}$$

将已知数据代入上式，得炉底耐火材料内微孔的最大半径为

$$r_{max} = -\frac{2 \times 1.45 \times \cos 120°}{7100 \times 9.8 \times 0.6} = 3.47 \times 10^{-5} \mathrm{m}$$

2.39 已知在 1600℃，某钢液中氢的质量分数 $w_{[H],0} = 1.0 \times 10^{-5}$，此钢液脱碳的速率 $-\frac{\mathrm{d}w_{[C]}}{\mathrm{d}t} = 0.01\% \ \mathrm{min^{-1}}$，气泡中 CO 的分压 $p_{CO} \approx 10^5\mathrm{Pa}$。$H_2$ 的摩尔质量为 $M_{H_2} = 2 \mathrm{g \cdot mol^{-1}}$，碳的摩尔质量为 $M_C = 12\mathrm{g \cdot mol^{-1}}$。试计算此钢液中的氢被脱除的最大速率 $v_{H,max}$。

解：氢在铁液中的溶解反应及其标准平衡常数与温度的关系式为

$$0.5H_2 = [H] \qquad \lg K_H^\ominus = -\frac{1909}{T} - 1.591 \qquad (\text{i})$$

脱氢速率与脱碳速率的关系式为

$$v_H = -\frac{\mathrm{d}w_{[H]}}{\mathrm{d}t} = \frac{M_{H_2} w_{[H]\%}^2}{M_C (K_H^\ominus)^2 (p_{CO}/p^\ominus)} \times \left(-\frac{\mathrm{d}w_{[C]}}{\mathrm{d}t}\right) \qquad (\text{ii})$$

由式（i）计算 1600℃ 的标准平衡常数为

$$\lg K_H^\ominus = -\frac{1909}{1873} - 1.591 = -2.61 \qquad K_H^\ominus = 2.455 \times 10^{-3}$$

由式（ii）可见，当 $w_{[H]\%} = w_{[H]\%,0}$ 时，脱氢速率最大，$v_H = v_{H,max}$。把标准平衡常数 $K_H^\ominus = 2.455 \times 10^{-3}$ 等相关数据代入式（ii）中，得脱氢最大速率为

$$v_{H,max}=\left(-\frac{dw_{[H]}}{dt}\right)_{max}=\frac{2\times(1.0\times10^{-3})^2}{12\times(2.455\times10^{-3})^2\times1}\times0.01\times10^{-2}$$

$$=2.765\times10^{-6}min^{-1}$$

2.40 在1600℃，钢液脱碳的速率 $v_C=-\frac{dw_{[C]}}{dt}=0.01\%\ min^{-1}$，气泡中CO的分压 $p_{CO}=10^5Pa$，钢液中氮的初始质量分数 $w_{[N],0}=8.0\times10^{-3}\%$，已知脱氮反应未达平衡，不平衡常数 $\alpha=0.5$。试计算脱氮反应时间 $t=10min$ 时，钢液中氮的质量分数 $w_{[N]}$。

解：氮在钢液中的溶解反应及其标准平衡常数与温度关系式为

$$0.5N_2=\!=\!=[N]\qquad \lg K_N^{\ominus}=-\frac{518}{T}-1.063\qquad(\text{i})$$

钢液脱氮速率与钢液脱碳速率的关系式为

$$v_N=-\frac{dw_{[N]}}{dt}=\frac{7\alpha w_{[N]\%}^2}{3(K_N^{\ominus})^2(p_{CO}/p^{\ominus})}v_C\qquad(\text{ii})$$

由式（i）计算1600℃的标准平衡常数为

$$\lg K_N^{\ominus}=-\frac{518}{1873}-1.063=-1.34\qquad K_N^{\ominus}=4.57\times10^{-2}$$

将 $\alpha=0.5$、$K_N^{\ominus}=4.57\times10^{-2}$、$p_{CO}=10^5Pa$、$v_C=-\frac{dw_{[C]}}{dt}=0.01\%\ min^{-1}$ 和 $w_{[N]\%}=100w_{[N]}$ 代入式（ii）中，得

$$-\frac{dw_{[N]}}{dt}=\frac{7\times0.5w_{[N]\%}^2}{3\times(4.57\times10^{-2})^2\times10^5/10^5}\times0.01\%=5.586\times10^{-2}\times10^4w_{[N]}^2\qquad(\text{iii})$$

对式（iii）分离变量并积分，得

$$\int_{w_{[N],0}}^{w_{[N]}}-\frac{dw_{[N]}}{w_{[N]}^2}=558.6\int_0^t dt\qquad \frac{1}{w_{[N]}}-\frac{1}{w_{[N],0}}=558.6t\qquad(\text{iv})$$

将 $w_{[N],0}=8.0\times10^{-3}\%$ 和 $t=10min$ 代入式（iv）中，得脱氮反应10min时钢液中氮的质量分数为

$$\frac{1}{w_{[N]}}-\frac{1}{8.0\times10^{-5}}=558.6\times10\qquad w_{[N]}=5.53\times10^{-5}$$

2.41 某碱性熔渣炼钢反应及其在某温度下的标准平衡常数为

$$2(MnO)+[Si]=\!=\!=2[Mn]+(SiO_2)\qquad K^{\ominus}=1.5$$

若熔渣中MnO和SiO_2的质量分数分别为 $w_{(MnO)}=5\%$ 和 $w_{(SiO_2)}=34\%$，钢液中Mn和Si的质量分数分别为 $w_{[Mn]}=0.1\%$ 和 $w_{[Si]}=5\%$，熔渣中 Mn^{2+} 和 Si^{4+} 的扩散系数为 $D_{(Mn^{2+})}=D_{(Si^{4+})}=1.0\times10^{-10}m^2\cdot s^{-1}$，钢液中Mn和Si的扩散系数分别为 $D_{[Mn]}=1.0\times10^{-9}m^2\cdot s^{-1}$ 和 $D_{[Si]}=1.0\times10^{-8}m^2\cdot s^{-1}$，渣-钢界面的面积 $A=8m^2$，钢液的密度 $\rho_{st}=7100kg\cdot m^{-3}$，熔渣的密度 $\rho_{sl}=3500kg\cdot m^{-3}$，有效浓度边界层厚度 $\delta_{[Mn]}=\delta_{[Si]}=3\times10^{-5}m$、$\delta_{(Mn^{2+})}=\delta_{(Si^{4+})}=1.2\times10^{-4}m$，反应体系中各物质的摩尔质量分别为 $M_{MnO}=70.94\times10^{-3}kg\cdot mol^{-1}$、$M_{SiO_2}=60.09\times10^{-3}kg\cdot mol^{-1}$、$M_{Mn}=54.94\times10^{-3}kg\cdot mol^{-1}$、$M_{Si}=28.09\times10^{-3}kg\cdot mol^{-1}$。试判断在1600℃下熔渣中MnO被钢液中Si还原的限制环节。

解：用最大速率法判断。

$$Q = \frac{w_{(SiO_2)\%} \cdot w_{[Mn]\%}^2}{w_{[Si]\%} \cdot w_{(MnO)\%}^2} = \frac{34 \times 0.1^2}{5 \times 5^2} = 2.72 \times 10^{-3}$$

$$\frac{Q}{K^{\ominus}} = \frac{2.72 \times 10^{-3}}{1.5} = 1.8 \times 10^{-3}$$

$$\frac{K^{\ominus}}{Q} = \frac{1.5}{2.72 \times 10^{-3}} = 551.47$$

钢液和熔渣中的相关物质的浓度分别为

$$c_{[Si]} = \frac{\rho_{st} w_{[Si]}}{M_{Si}} = \frac{7100 \times 5 \times 10^{-2}}{28.09 \times 10^{-3}} = 12637.95 \text{mol} \cdot \text{m}^{-3}$$

$$c_{[Mn]} = \frac{\rho_{st} w_{[Mn]}}{M_{Mn}} = \frac{7100 \times 0.1 \times 10^{-2}}{54.94 \times 10^{-3}} = 129.23 \text{mol} \cdot \text{m}^{-3}$$

$$c_{(Si^{4+})} = \frac{\rho_{sl} w_{(SiO_2)}}{M_{SiO_2}} = \frac{3500 \times 34 \times 10^{-2}}{60.09 \times 10^{-3}} = 19803.63 \text{mol} \cdot \text{m}^{-3}$$

$$c_{(Mn^{2+})} = \frac{\rho_{sl} w_{(MnO)}}{M_{MnO}} = \frac{3500 \times 5 \times 10^{-2}}{70.94 \times 10^{-3}} = 2466.87 \text{mol} \cdot \text{m}^{-3}$$

该反应由 5 个环节组成。这 5 个环节分别是：环节 1——钢液中 Si 向反应界面扩散；环节 2——熔渣中 Mn^{2+} 向反应界面扩散；环节 3——界面化学反应；环节 4——Mn 离开相界面向钢液本体扩散；环节 5——Si^{4+} 离开相界面向熔渣本体扩散。其中，环节 5 很快，不构成限制环节，所以只对其余 4 个扩散环节的最大速率作比较。

环节 1 的最大速率为

$$\begin{aligned} v_{1,\max} &= A \frac{D_{[Si]}}{\delta_{[Si]}} c_{[Si]} \left(1 - \frac{Q}{K^{\ominus}}\right) \\ &= \frac{8 \times 1.0 \times 10^{-8}}{3 \times 10^{-5}} \times 12637.95 \times (1 - 1.8 \times 10^{-3}) \\ &= 33.64 \text{mol} \cdot \text{s}^{-1} \end{aligned}$$

环节 2 的最大速率为

$$\begin{aligned} v_{2,\max} &= A \frac{D_{(Mn^{2+})}}{\delta_{(Mn^{2+})}} c_{(Mn^{2+})} \left(1 - \frac{Q}{K^{\ominus}}\right) \\ &= \frac{8 \times 1.0 \times 10^{-10}}{1.2 \times 10^{-4}} \times 2466.87 \times (1 - 1.8 \times 10^{-3}) \\ &= 0.0164 \text{mol} \cdot \text{s}^{-1} \end{aligned}$$

环节 4 的最大速率为

$$\begin{aligned} v_{4,\max} &= A \frac{D_{[Mn]}}{\delta_{[Mn]}} c_{[Mn]} \left(\frac{K^{\ominus}}{Q} - 1\right) \\ &= \frac{8 \times 1.0 \times 10^{-9}}{3 \times 10^{-5}} \times 129.23 \times (551.47 - 1) \\ &= 18.97 \text{mol} \cdot \text{s}^{-1} \end{aligned}$$

环节 5 的最大速率为

$$v_{5,\max} = A\frac{D_{(Si^{4+})}}{\delta_{(Si^{4+})}}c_{(Si^{4+})}\left(\frac{K^{\ominus}}{Q}-1\right)$$
$$= \frac{8\times1.0\times10^{-10}}{1.2\times10^{-4}}\times19803.63\times(551.47-1)$$
$$=72.68\text{mol}\cdot\text{s}^{-1}$$

比较以上4个扩散环节的最大速率，其中环节2的最大速率$v_{2,\max}$最小，由此判断环节2，即熔渣中MnO的扩散是限制环节。

2.42 将空气通入碳管内，在碳管壁上发生氧化反应

$$C_{(gr)}+O_2 = CO_2$$

测得7个不同温度下的总反应速率常数$\bar{k}$见表2-25。试用图解法确定位于动力学范围的温度及化学反应活化能E_a，然后再求1100℃下的传质系数。已知该氧化反应的速率常数与温度的关系式为

$$\lg k = -\frac{5590}{T}+6.06$$

表2-25　不同温度下的总反应速率常数

T/K	773	873	973	1073	1173	1273	1373
$\bar{k}$/m·min^{-1}	0.073	0.557	2.01	6.81	13.72	19.47	23.40

解：根据表2-25中的数据，以总反应速率常数$\bar{k}$对温度T作图2-18。由图可见，曲线在973K发生较大的转折，因此可以确定，当$T\leqslant973$K时反应位于动力学范围。

在动力学范围，化学反应的阻力即为总反应阻力，化学反应的速率常数k即为总反应速率常数$\bar{k}$，故有

$$\bar{k}=k$$

因此，只要求出$\lg\bar{k}$与温度T的关系，即等于求出了$\lg k$与温度T的关系。利用表2-25中的前3个温度下的数据计算$\frac{1}{T}$和$\lg\bar{k}$，并将计算数据列入表2-26中。

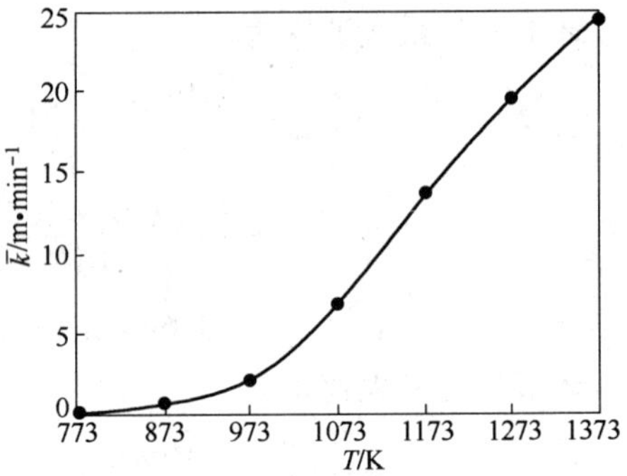

图2-18　总反应速率常数与温度的关系

表2-26　计算数据

T/K	773	873	973
$\bar{k}$/m·min^{-1}	0.073	0.557	2.01
$(1/T)$/K^{-1}	1.29×10^{-3}	1.15×10^{-3}	1.03×10^{-3}
$\lg(\bar{k}$/m·min$^{-1})$	−1.137	−0.254	0.303

以表2-26中的$\lg\bar{k}$对$\frac{1}{T}$作图，得如图2-19所示的3个离散点。用线性回归方法求（回

归过程略）这 3 个离散点的回归直线方程式为

$$\lg\bar{k} = -\frac{5560}{T} + 6.068 \qquad (\text{i})$$

对数形式的阿累尼乌斯公式为

$$\lg k = -\frac{E_a}{2.303RT} + \lg k_0 \qquad (\text{ii})$$

比较式（i）和式（ii），得

$$\lg k = \lg\bar{k}$$

$$\lg k_0 = 6.068$$

$$-\frac{E_a}{2.303R} = -5560\text{K} \qquad (\text{iii})$$

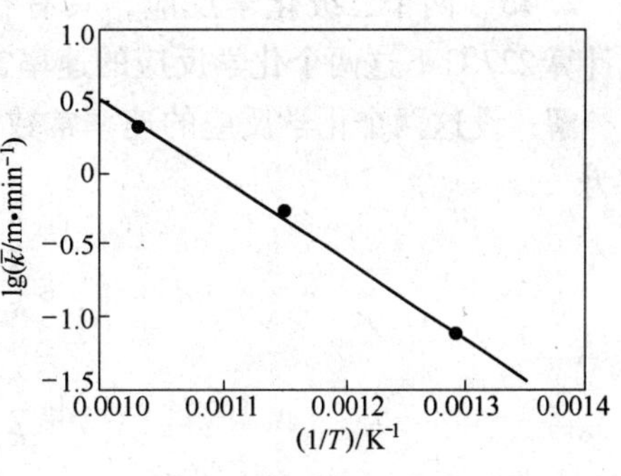

图 2-19　$\lg\bar{k}$ 与 $1/T$ 的关系

由式（iii）得化学反应活化能为

$$E_a = 2.303 \times 8.314 \times 5560 = 106458\text{J} \cdot \text{mol}^{-1}$$

在固体碳表面进行的氧化反应 $C_{(gr)} + O_2 = CO_2$ 由 3 个环节——O_2外扩散、化学反应和 CO_2外扩散组成。假设该反应可逆，则总反应速率方程式为

$$v = \frac{c_{O_2} - c_{CO_2}/K^{\ominus}}{\dfrac{1}{\beta_{O_2}} + \dfrac{1}{K^{\ominus}\beta_{CO_2}} + \dfrac{1}{k_+}} \qquad (\text{iv})$$

在式（iv）中，标准平衡常数 $K^{\ominus}$ 很大，1100℃下的 $K^{\ominus}$ 值为 10^{15} 数量级，所以分子中的第 2 项 $\dfrac{c_{CO_2}}{K^{\ominus}} \approx 0$，分母中的第 2 项 $\dfrac{1}{K^{\ominus}\beta_{CO_2}} \approx 0$，而式（iv）可改写成

$$v = \frac{c_{O_2}}{1/\beta_{O_2} + 1/k_+} = \frac{c_{O_2}}{1/\beta_{O_2} + 1/k} = \frac{c_{O_2}}{1/\bar{k}} \qquad (\text{v})$$

由式（v）可见，总反应阻力 $\dfrac{1}{\bar{k}}$ 等于 O_2外扩散阻力 $\dfrac{1}{\beta_{O_2}}$ 与化学反应阻力 $\dfrac{1}{k}$ 之和，即

$$\frac{1}{\bar{k}} = \frac{1}{\beta_{O_2}} + \frac{1}{k} \qquad (\text{vi})$$

根据本题给出的公式，计算在 1100℃下该氧化反应的速率常数为

$$\lg k = -\frac{5590}{1373} + 6.06 = 1.9886 \qquad k = 97.41\text{m} \cdot \text{min}^{-1}$$

将 $k = 97.41\text{m} \cdot \text{min}^{-1}$ 及本题已知条件给出的同温度（1373K）下的 $\bar{k} = 23.40\ \text{m} \cdot \text{min}^{-1}$ 代入式（vi）中，得

$$\frac{1}{23.40} = \frac{1}{\beta_{O_2}} + \frac{1}{97.41} \qquad (\text{vii})$$

解方程式（vii），得 O_2的传质系数为

$$\beta_{O_2} = 30.80\text{m} \cdot \text{min}^{-1}$$

2.43 两个二级化学反应，具有相同的频率因子 k_0，而活化能相差 9970J · mol^{-1}。试计算 227℃下这两个化学反应的速率常数的比值。

解： 设这两个化学反应的速率常数分别为 k_1 和 k_2。以对数形式表示的阿累尼乌斯公式为

$$\lg \frac{k_1}{k_0} = -\frac{E_a}{2.303RT} \quad (\text{i})$$

$$\lg \frac{k_2}{k_0} = -\frac{E_a + 9970}{2.303RT} \quad (\text{ii})$$

式(ⅰ)-式(ⅱ)，得

$$\lg \frac{k_1}{k_2} = \frac{9970}{2.303RT} \quad (\text{iii})$$

将 T=500K 代入式（ⅲ）中，得这两个二级化学反应速率常数的比值为

$$\lg \frac{k_1}{k_2} = \frac{9970}{2.303 \times 8.314 \times 500} = 1.0414 \qquad \frac{k_1}{k_2} = 11.00$$

2.44 对于化学反应

$$A + B \Longrightarrow C$$

在某一定温度下测定的两组数据见表 2-27。试计算该化学反应的级数 n 和速率常数 k。

表 2-27 测定的初始浓度和半衰期

组　号	$c_{A,0}$/mol · m^{-3}	$c_{B,0}$/mol · m^{-3}	$t_{1/2}$/h
1	2000	2000	2.5
2	5000	5000	1.0

解： 设该化学反应速率的微分方程式为

$$v_A = -\frac{dc_A}{dt} = kc_A^a c_B^b \quad (\text{i})$$

因为反应物 A 和 B 的化学计量数相等，又初始浓度相等，所以在反应过程中两反应物的浓度相等，即 $c_A = c_B$。另设 $a + b = n$，则式（ⅰ）变为

$$v_A = -\frac{dc_A}{dt} = kc_A^{a+b} = kc_A^n \quad (\text{ii})$$

反应级数 $n(n \neq 1)$ 与初始浓度和半衰期的关系式为

$$n = \frac{\lg t'_{1/2} - \lg t''_{1/2}}{\lg c''_{A,0} - \lg c'_{A,0}} + 1 \quad (\text{iii})$$

将表 2-27 中的相关数据代入式（ⅲ）中，得反应级数为

$$n = \frac{\lg 2.5 - \lg 1}{\lg 5000 - \lg 2000} + 1 = 2$$

$n(n \neq 1)$ 级反应的半衰期与初始浓度的关系式为

$$t_{1/2} = \frac{2^{n-1} - 1}{k(n-1)c_{A,0}^{n-1}} \tag{iv}$$

由式（iv）解出该反应的速率常数为

$$k = \frac{2^{n-1} - 1}{t_{1/2}(n-1)c_{A,0}^{n-1}} \tag{v}$$

将表 2-27 中的相关数据及 $n=2$ 代入式（v）中，得该反应的速率常数为

$$k = \frac{2-1}{2.5 \times 2000} = 2 \times 10^{-4} \mathrm{m^3 \cdot (mol \cdot h)^{-1}}$$

2.45 气体物质的化学反应

$$AB_{(g)} = A_{(g)} + B_{(g)}$$

为一级反应。已知在温度 $T=593\mathrm{K}$ 时该化学反应的速率常数 $k=2.2 \times 10^{-5}\mathrm{s^{-1}}$。试求该化学反应的半衰期 $t_{1/2}$ 和反应进行 2h 时反应物 $AB_{(g)}$ 的分解率 R。

解：该一级反应的半衰期为

$$t_{1/2} = \frac{\ln 2}{k} = \frac{\ln 2}{2.2 \times 10^{-5}} = 31507\mathrm{s}$$

该一级反应的速率积分方程式为

$$\ln \frac{c_A}{c_{A,0}} = -kt \tag{i}$$

将 $t=7200\mathrm{s}$、$c_A = c_{A,0} - \Delta c_A$ 和 $k=2.2 \times 10^{-5}\mathrm{s^{-1}}$ 代入式（i）中，得

$$\ln \frac{c_{A,0} - \Delta c_A}{c_{A,0}} = \ln\left(1 - \frac{\Delta c_A}{c_{A,0}}\right) = \ln(1-R) = -2.2 \times 10^{-5} \times 7200 = -0.1584 \tag{ii}$$

由式（ii）得该反应进行 2h 时反应物 $AB_{(g)}$ 的分解率为

$$1 - R = 0.8535 \qquad R = 0.1465 = 14.65\%$$

2.46 一个二级化学反应

$$A + B \longrightarrow AB$$

其反应物 A 和 B 的初始浓度分别为 $c_{A,0}$ 和 $c_{B,0}$。在 $c_{A,0} = c_{B,0}$ 时，经过时间 500s 反应物减少了 20%。试求反应物减少 60% 所经过的时间 $t_{0.6}$。

解：该二级化学反应的速率方程式（微分式）为

$$-\frac{\mathrm{d}c_A}{\mathrm{d}t} = kc_Ac_B = k(c_{A,0} - \Delta c_A)(c_{B,0} - \Delta c_B) \tag{i}$$

因为 A 和 B 的化学计量数相等，所以 $\Delta c_A = \Delta c_B = x$；又因为 $c_{A,0} = c_{B,0}$，所以式（i）可变为

$$-\frac{\mathrm{d}c_A}{\mathrm{d}t} = -\frac{\mathrm{d}(c_{A,0} - x)}{\mathrm{d}t} = k(c_{A,0} - x)^2 \tag{ii}$$

对式（ⅱ）分离变量并积分，得

$$-\int_0^x \frac{\mathrm{d}(c_{A,0}-x)}{(c_{A,0}-x)^2}=\int_0^t k\mathrm{d}t$$

$$\frac{1}{c_{A,0}-x}-\frac{1}{c_{A,0}}=kt \tag{ⅲ}$$

将 $t=500\mathrm{s}$ 和 $x=0.2c_{A,0}$ 代入式（ⅲ）中，得

$$\frac{1}{c_{A,0}-0.2c_{A,0}}-\frac{1}{c_{A,0}}=500k \qquad \frac{0.2}{0.8c_{A,0}}=500k \qquad k=\frac{1}{2000c_{A,0}}$$

将 $k=\dfrac{1}{2000c_{A,0}}$ 和 $x=0.6c_{A,0}$ 代入式（ⅲ）中，得

$$\frac{1}{c_{A,0}-0.6c_{A,0}}-\frac{1}{c_{A,0}}=\frac{t_{0.6}}{2000c_{A,0}}$$

$$\frac{0.6}{0.4c_{A,0}}=\frac{t_{0.6}}{2000c_{A,0}} \tag{ⅳ}$$

由式（ⅳ）解出反应物减少 60% 时经过的时间为

$$t_{0.6}=\frac{0.6\times 2000c_{A,0}}{0.4c_{A,0}}=3000\mathrm{s}$$

2.47 设反应物 A 的浓度降低 75% 所需时间为 $t_{0.75}$，试分别求对零级反应、一级反应和二级反应，其 $t_{0.75}$ 各为其半衰期 $t_{0.5}$ 的几倍？

解：（1）零级反应。零级反应的速率积分方程式为

$$c_A-c_{A,0}=-kt \tag{ⅰ}$$

将 $c_A=c_{A,0}-0.75c_{A,0}=0.25c_{A,0}$ 及 $t=t_{0.75}$ 代入式（ⅰ）中，得

$$0.25c_{A,0}-c_{A,0}=-kt_{0.75}$$

$$t_{0.75}=0.75c_{A,0}/k \tag{ⅱ}$$

将 $c_A=0.5c_{A,0}$ 代入式（ⅰ）中，得零级反应的半衰期为

$$t_{0.5}=0.5c_{A,0}/k \tag{ⅲ}$$

式(ⅱ)÷式(ⅲ)，得

$$\frac{t_{0.75}}{t_{0.5}}=\frac{0.75c_{A,0}/k}{0.5c_{A,0}/k}=1.5 \qquad t_{0.75}=1.5t_{0.5}$$

可见，对零级反应，反应物 A 的浓度降低 75% 所需时间 $t_{0.75}$ 是其半衰期 $t_{0.5}$ 的 1.5 倍。

（2）一级反应。一级反应的速率积分方程式为

$$\ln\frac{c_A}{c_{A,0}}=-kt \tag{ⅳ}$$

将 $c_A=c_{A,0}-0.75c_{A,0}=0.25c_{A,0}$ 及 $t=t_{0.75}$ 代入式（ⅳ）中，得

$$\ln\frac{0.25c_{A,0}}{c_{A,0}}=-kt_{0.75}$$

$$t_{0.75} = -\frac{\ln 0.25}{k} \tag{v}$$

将 $c_A = 0.5c_{A,0}$ 代入式（iv）中，得一级反应的半衰期公式为

$$t_{0.5} = -\frac{\ln 0.5}{k} = \frac{\ln 2}{k} \tag{vi}$$

式(v)÷式(vi)，得

$$\frac{t_{0.75}}{t_{0.5}} = \frac{-\ln 0.25}{-\ln 0.5} = 2 \qquad t_{0.75} = 2t_{0.5}$$

可见，对一级反应，反应物 A 的浓度降低 75% 所需时间 $t_{0.75}$是其半衰期 $t_{0.5}$的 2 倍。

（3）二级反应。二级反应的速率积分方程式为

$$\frac{1}{c_A} - \frac{1}{c_{A,0}} = kt \tag{vii}$$

将 $c_A = c_{A,0} - 0.75c_{A,0} = 0.25c_{A,0}$ 及 $t = t_{0.75}$ 代入式（vii）中，得

$$\frac{1}{0.25c_{A,0}} - \frac{1}{c_{A,0}} = kt_{0.75}$$

$$t_{0.75} = \frac{1}{k}\left(\frac{1}{0.25c_{A,0}} - \frac{1}{c_{A,0}}\right) = \frac{3}{kc_{A,0}} \tag{viii}$$

将 $c_A = 0.5c_{A,0}$ 代入式（vii）中，得二级反应的半衰期公式为

$$t_{0.5} = \frac{1}{kc_{A,0}} \tag{ix}$$

式(viii)÷式(ix)，得

$$\frac{t_{0.75}}{t_{0.5}} = \frac{3/kc_{A,0}}{1/kc_{A,0}} = 3 \qquad t_{0.75} = 3t_{0.5}$$

可见，对二级反应，反应物 A 的浓度降低 75% 所需时间 $t_{0.75}$是其半衰期 $t_{0.5}$的 3 倍。

2.48 试证明一级反应完成 99.9% 所需时间 $t_{0.999}$为其半衰期 $t_{0.5}$的 10 倍。

证：一级反应的反应时间与反应物浓度的关系式为

$$t = \frac{1}{k}\ln\frac{c_{A,0}}{c_A} \tag{i}$$

将 $c_A = c_{A,0} - 0.999c_{A,0} = 0.001c_{A,0}$ 及 $t = t_{0.999}$ 代入式（i）中，得

$$t_{0.999} = \frac{1}{k}\ln\frac{c_{A,0}}{0.001c_{A,0}} = \frac{1}{k}\ln 1000 \tag{ii}$$

将 $c_A = 0.5c_{A,0}$ 代入式（i）中，得一级反应的半衰期为

$$t_{0.5} = \frac{\ln 2}{k} \tag{iii}$$

式(ii)÷式(iii)，得

$$\frac{t_{0.999}}{t_{0.5}} = \frac{\ln 1000}{\ln 2} = 9.966 \approx 10 \qquad t_{0.999} = 10t_{0.5}$$

可见，对一级反应，反应物 A 的浓度降低 99.9% 所需时间 $t_{0.999}$ 是其半衰期 $t_{0.5}$ 的 10 倍。

2.49 把一定量的 $PH_{3(g)}$ 在温度为 956K 时很快引入含有压力为 32.52kPa 惰性气体的容器内，在不同时间测得容器中的总压 p 见表 2-28。气体物质的化学反应

$$PH_{3(g)} \longrightarrow \frac{1}{4}P_{4(g)} + \frac{6}{4}H_{2(g)}$$

为对 $PH_{3(g)}$ 的一级反应。试求该化学反应的速率常数 k。

表 2-28 不同时间测得的容器总压

t/s	0	58	108
p/kPa	35.00	36.34	36.68

解：由给出的化学反应方程式可知，反应过程中体系气体物质的量是增加的，即 $\Delta n>0$，从而导致体系的总压增大。设引入一定量的 $PH_{3(g)}$ 后体系的总压为 p，体系总压的变化为 Δp。

$$\Delta p = p - 32.52\text{kPa} \tag{i}$$

利用式（i）计算的不同时间的 Δp 列入表 2-29 中的第三行。

表 2-29 计算的不同时间的压力数据

t/s	0	58	108
p/kPa	35.00	36.34	36.68
Δp/kPa	2.48	3.82	4.16
x/kPa	0	1.79	2.24
p_{PH_3}/kPa	2.48	0.69	0.24
$\ln(p_{PH_3}$/kPa)	0.908	−0.367	−1.427

设当体系总压 p 的变化为 Δp 时，反应物 $PH_{3(g)}$ 的分压降低值为 x。

$$PH_{3(g)} \longrightarrow \frac{1}{4}P_{4(g)} + \frac{6}{4}H_{2(g)}$$

$$t=0: \quad p_{PH_3,0} \quad 0 \quad 0$$

$$t>0: \quad p_{PH_3,0}-x \quad 0.25x \quad 1.5x$$

$$p_{PH_3,0} - x + 0.25x + 1.5x = 2.48 + 0.75x = \Delta p \tag{ii}$$

将表 2-29 中的 Δp 之值代入式（ii）中，计算 x 并将其列入表 2-29 中的第四行。

在 $t \geqslant 0$ 时，体系中 $PH_{3(g)}$ 的分压为

$$p_{PH_3} = p_{PH_3,0} - x = 2.48 - x \tag{iii}$$

将表 2-29 中的 x 之值代入式（iii）中，计算 p_{PH_3}，并将其列入表 2-29 中的第五行，然后再计算 $\ln p_{PH_3}$，并将其列入表 2-29 中的第六行。

该一级反应的速率积分方程式为

$$\ln p_{PH_3} = -kt + \ln p_{PH_3,0} \tag{iv}$$

由式（iv）可见，$\ln p_{PH_3}$ 与 t 成直线关系。

以表 2-29 中的 $\ln p_{PH_3}$ 对 t 作图，得图 2-20。再用线性回归方法求（回归过程略）图 2-20 中 3 个离散点的回归直线方程式为

$$\ln p_{PH_3} = -0.0216t + 0.9015 \qquad (\text{v})$$

比较式（iv）和式（v）两式，得该一级反应的速率常数为

$$k = 0.0216\text{s}^{-1}$$

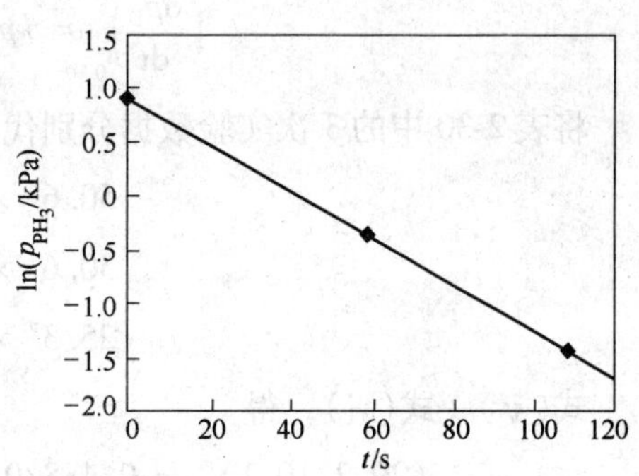

图 2-20 $\ln p_{PH_3}$ 与 t 的关系

2.50 在恒容及恒温 700℃条件下，做 3 次实验，测定下列气体物质的化学反应在不同初始分压时的初始速率 $v_0 = (-\mathrm{d}p/\mathrm{d}t)_0$ 见表 2-30，其中 p 为体系的总压。试求速率式 $\mathrm{d}p_D/\mathrm{d}t = kp_A^n p_B^m$ 中的 m、n 和 k。

$$A_{(g)} + B_{(g)} \longrightarrow 0.5D_{(g)} + E_{(g)}$$

表 2-30 不同初始分压时的初始速率

序 号	$p_{A,0}$/kPa	$p_{B,0}$/kPa	v_0/kPa · min^{-1}
1	50.6	20.2	0.488
2	50.6	10.1	0.244
3	25.3	20.2	0.122

解： 设反应开始一定时间后 $A_{(g)}$ 和 $B_{(g)}$ 的分压降低值各为 x。

$$\begin{array}{lcccc} & A_{(g)} & + \quad B_{(g)} & \longrightarrow 0.5D_{(g)} & + E_{(g)} \\ t = 0: & p_{A,0} & p_{B,0} & 0 & 0 \\ t = t: & p_{A,0} - x & p_{B,0} - x & 0.5x & x \end{array}$$

在时间 $t > 0$ 时，体系中各气体的分压分别为 $p_A = p_{A,0} - x$，$p_B = p_{B,0} - x$，$p_D = 0.5x$，$p_E = x$，而体系的总压为

$$\begin{aligned} p &= p_A + p_B + p_D + p_E \\ &= p_{A,0} - x + p_{B,0} - x + 0.5x + x \\ &= p_{A,0} + p_{B,0} - 0.5x = p_{A,0} + p_{B,0} - p_D \end{aligned} \qquad (\text{i})$$

将式（i）对时间 t 微分，得

$$\frac{\mathrm{d}p}{\mathrm{d}t} = \frac{\mathrm{d}}{\mathrm{d}t}(p_{A,0} + p_{B,0} - p_D) = -\frac{\mathrm{d}p_D}{\mathrm{d}t} \qquad (\text{ii})$$

将 $\dfrac{\mathrm{d}p_D}{\mathrm{d}t} = kp_A^n p_B^m$ 代入式（ii）中并移项，得

$$\frac{\mathrm{d}p_D}{\mathrm{d}t} = kp_A^n p_B^m = -\frac{\mathrm{d}p}{\mathrm{d}t} \qquad (\text{iii})$$

将 $p_A = p_{A,0}$ 和 $p_B = p_{B,0}$ 代入式（iii）中，得初始速率方程式为

$$\left(\frac{dp_D}{dt}\right)_0 = kp_{A,0}^n p_{B,0}^m = \left(-\frac{dp}{dt}\right)_0 = v_0 \quad (\text{iv})$$

将表2-30中的3次实验数据分别代入式（iv）中，得

$$50.6^n \times 20.2^m k = 0.488 \quad (\text{v})$$

$$50.6^n \times 10.1^m k = 0.244 \quad (\text{vi})$$

$$25.3^n \times 20.2^m k = 0.122 \quad (\text{vii})$$

式(v)÷式(vi)，得

$$(20.2/10.1)^m = 0.488/0.244 \qquad 2^m = 2 \qquad m = 1$$

式(v)÷式(vii)，得

$$(50.6/25.3)^n = 0.488/0.122 \qquad 2^n = 2^2 \qquad n = 2$$

将 $m=1$、$n=2$ 代入式（v）中，得

$$50.6^2 \times 20.2k = 0.488 \quad (\text{viii})$$

解方程式（viii），得该化学反应的速率常数为

$$k = \frac{0.488}{50.6^2 \times 20.2} = 9.435 \times 10^{-6}\text{kPa}^{-2} \cdot \text{min}^{-1}$$

2.51 气体物质的化学反应

$$A_{(g)} \longrightarrow 0.5B_{(g)}$$

为一级反应。在恒温、恒压下，反应体系中 $A_{(g)}$ 和 $B_{(g)}$ 的初始体积分数分别为 $\varphi_{A,0}=80\%$ 和 $\varphi_{B,0}=20\%$ 的混合气体在3min内体积减少20%。试求此化学反应的速率常数 k。

解：用反应物 $A_{(g)}$ 的体积 V_A 随时间 t 的变化率表示的该一级反应速率的积分方程式为

$$\ln V_A = \ln V_{A,0} - kt \quad (\text{i})$$

式中 $V_{A,0}$——气体反应物 $A_{(g)}$ 的初始体积，m^3。

$$A_{(g)} \longrightarrow 0.5B_{(g)}$$

$$t=0: \quad V_{A,0} \qquad V_{B,0}$$

$$t=t: \quad V_A \qquad V_B$$

设在 $t>0$ 时，$V_A = V_{A,0} - x$，则 $V_B = V_{B,0} + 0.5x$。再设混合气体的初始体积为 V_0，则

$$V_{A,0} = V_0\varphi_{A,0} = V_0 \times 80\% = 0.8V_0$$

$$V_{B,0} = V_0\varphi_{B,0} = V_0 \times 20\% = 0.2V_0$$

根据已知条件，在 $t=3\text{min}$ 时，$V_A + V_B = V_0(1-20\%) = 0.8V_0$，即

$$V_{A,0} - x + V_{B,0} + 0.5x = 0.8V_0 \quad (\text{ii})$$

将 $V_{A,0} = 0.8V_0$ 和 $V_{B,0} = 0.2V_0$ 代入式（ii）中，得

$$0.8V_0 - x + 0.2V_0 + 0.5x = 0.8V_0 \qquad x = 0.4V_0$$

进而得

$$V_A = V_{A,0} - x = 0.8V_0 - 0.4V_0 = 0.4V_0$$

将 $V_A = 0.4V_0$、$V_{A,0} = 0.8V_0$ 和 $t = 3\text{min}$ 代入式（i）中，得

$$\ln\frac{0.4V_0}{0.8V_0} = \ln\frac{1}{2} = -3k \tag{iii}$$

由式（iii）得该一级反应的速率常数为

$$k = \frac{\ln 2}{3} = 0.231\text{min}^{-1}$$

3 金属熔体习题解

3.1 轴承钢的成分为 $w_{[C]}=1.05\%$、$w_{[Si]}=0.60\%$、$w_{[Mn]}=1.00\%$、$w_{[P]}=0.02\%$、$w_{[S]}=0.02\%$、$w_{[Cr]}=1.10\%$。试计算温度为1600℃的该轴承钢液中硫的活度系数及活度。已知1600℃的铁液中组元活度的相互作用系数为 $e_S^S=-0.028$、$e_S^C=0.11$、$e_S^{Si}=0.063$、$e_S^{Mn}=-0.026$、$e_S^P=0.029$、$e_S^{Cr}=-0.011$。

解：

$$
\begin{aligned}
\lg f_{S,\%} &= e_S^S w_{[S]\%} + e_S^C w_{[C]\%} + e_S^{Si} w_{[Si]\%} + e_S^{Mn} w_{[Mn]\%} + e_S^P w_{[P]\%} + e_S^{Cr} w_{[Cr]\%} \\
&= -0.028\times0.02 + 0.11\times1.05 + 0.063\times0.6 - 0.026\times1.0 + \\
&\quad 0.029\times0.02 - 0.011\times1.1 \\
&= 0.11522
\end{aligned}
$$

$$f_{S,\%} = 1.304$$

$$a_{[S],\%} = f_{S,\%} w_{[S]\%} = 1.304\times0.02 = 0.026$$

3.2 试利用相关文献给出的铁液中硫的 $\lg f_{S,\%}^K$-$w_{[K]\%}$ 关系曲线图（附图1），求铁液中Si对S的一级活度相互作用系数 e_S^{Si} 及二级活度相互作用系数 γ_S^{Si}。

解： 由图可见，$\lg f_{S,\%}^{Si}$-$w_{[Si]\%}$ 关系曲线过坐标原点（$w_{[Si]\%}=0$，$\lg f_{S,\%}^{Si}=0$）。在图中，过坐标原点作 $\lg f_{S,\%}^{Si}$-$w_{[Si]\%}$ 关系曲线的切线，该切线过坐标系中的另一点（$w_{[Si]\%}=10$，$\lg f_{S,\%}^{Si}=0.7$），利用该切线上的两个点（0，0）和（10，0.7），计算该切线的斜率，即一级活度相互作用系数为

$$e_S^{Si} = \frac{\partial \lg f_{S,\%}^{Si}}{\partial w_{[Si]\%}} = \frac{0.7-0}{10-0} = 0.07$$

如此，再分别过 $\lg f_{S,\%}^{Si}$-$w_{[Si]\%}$ 关系曲线上的其他若干点（$w_{[Si]\%}$，$\lg f_{S,\%}^{Si}$）作该曲线的切线，通过计算这些切线的斜率 $\frac{\partial \lg f_{S,\%}^{Si}}{\partial w_{[Si]\%}}$，可得若干个一级活度相互作用系数 $e_S^{Si}=\frac{\partial \lg f_{S,\%}^{Si}}{\partial w_{[Si]\%}}$，这些一级活度相互作用系数分别与不同的质量百分数 $w_{[Si]\%}$ 相对应，例如 $w_{[Si]\%}=2$ 时 $e_S^{Si}=0.075$，$w_{[Si]\%}=5$ 时 $e_S^{Si}=0.084$，$w_{[Si]\%}=8$ 时 $e_S^{Si}=0.095$ 等。将以上计算出的，包括0.07在内的所有的 e_S^{Si} 分别对相应的 $w_{[Si]\%}$ 作图，可得 e_S^{Si}-$w_{[Si]\%}$ 关系曲线如图3-1所示。

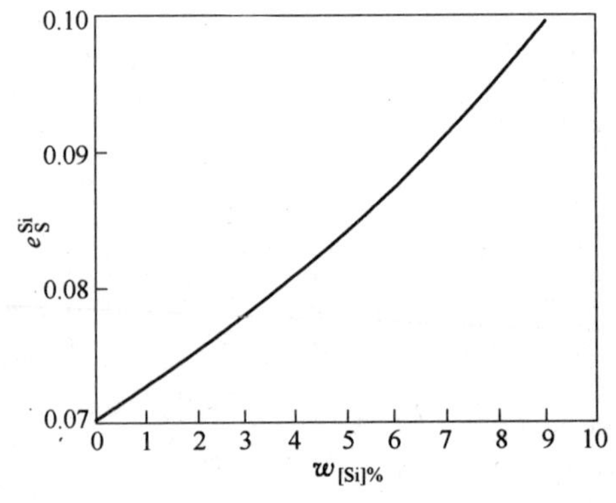

图3-1 e_S^{Si} 与 $w_{[Si]\%}$ 的关系

在图3-1中，过点（0，0.07）作曲线的切

线并计算其斜率为

$$\frac{\partial e_S^{Si}}{\partial w_{[Si]\%}} = 2.30 \times 10^{-3}$$

将 $e_S^{Si} = \frac{\partial \lg f_{S,\%}^{Si}}{\partial w_{[Si]\%}}$ 代入上式，得

$$\frac{\partial e_S^{Si}}{\partial w_{[Si]\%}} = \frac{\partial}{\partial w_{[Si]\%}}\left(\frac{\partial \lg f_{S,\%}^{Si}}{\partial w_{[Si]\%}}\right) = \frac{\partial^2 \lg f_{S,\%}^{Si}}{\partial w_{[Si]\%}^2} = 2.30 \times 10^{-3}$$

所以铁液中 Si 对 S 的二级活度相互作用系数为

$$\gamma_S^{Si} = \frac{1}{2} \times \frac{\partial^2 \lg f_{S,\%}^{Si}}{\partial w_{[Si]\%}^2} = \frac{1}{2} \times \frac{\partial e_S^{Si}}{\partial w_{[Si]\%}} = \frac{1}{2} \times 2.30 \times 10^{-3} = 1.15 \times 10^{-3}$$

3.3 在温度为1600℃时，测得与 Fe-S 二元系中的硫平衡的分压比 $p_{H_2S}/p_{H_2} = 4.80 \times 10^{-3}$，平衡硫的活度为 $a_{[S],\%}$，平衡硫的质量分数 $w_{[S]} = 2.11\%$；在同一温度，向该 Fe-S 二元系中加入 Mn 并使其质量分数 $w'_{[Mn]} = 0.90\%$，此时，平衡硫的活度为 $a'_{[S],\%}$，平衡硫的质量分数 $w'_{[S]} = 2.09\%$，平衡分压比 $p'_{H_2S}/p'_{H_2} = 4.60 \times 10^{-3}$。试求 e_S^{Mn} 和 $f_{S,\%}^{Mn}$。已知在1600℃时 $e_S^S = -0.028$。

解：设在向 Fe-S 二元系中加 Mn 前后的下列气-液两相反应的标准平衡常数分别为 $K_1^\ominus$ 和 $K_2^\ominus$。

$$[S] + H_2 = H_2S$$

$$K_1^\ominus = \frac{p_{H_2S}/p^\ominus}{(p_{H_2}/p^\ominus)a_{[S],\%}} = \frac{p_{H_2S}/p^\ominus}{(p_{H_2}/p^\ominus)f_{S,\%}^S w_{[S]\%}} \qquad (i)$$

$$\begin{aligned}\lg K_1^\ominus &= \lg\frac{p_{H_2S}}{p_{H_2}} - \lg f_{S,\%}^S - \lg w_{[S]\%}\\ &= \lg 4.80 \times 10^{-3} - e_S^S w_{[S]\%} - \lg w_{[S]\%}\\ &= \lg 4.80 \times 10^{-3} - 2.11 e_S^S - \lg 2.11\end{aligned}$$

$$K_2^\ominus = \frac{p'_{H_2S}/p^\ominus}{(p'_{H_2}/p^\ominus)a'_{[S],\%}} = \frac{p'_{H_2S}/p^\ominus}{(p'_{H_2}/p^\ominus)f_{S,\%}^S f_{S,\%}^{Mn} w'_{[S]\%}} \qquad (ii)$$

$$\begin{aligned}\lg K_2^\ominus &= \lg\frac{p'_{H_2S}}{p'_{H_2}} - \lg f_{S,\%}^S - \lg f_{S,\%}^{Mn} - \lg w'_{[S]\%}\\ &= \lg 4.60 \times 10^{-3} - e_S^S w'_{[S]\%} - e_S^{Mn} w'_{[Mn]\%} - \lg w'_{[S]\%}\\ &= \lg 4.60 \times 10^{-3} - 2.09 e_S^S - 0.90 e_S^{Mn} - \lg 2.09\end{aligned}$$

在标准态相同，温度相同的条件下，$K_1^\ominus = K_2^\ominus$，$\lg K_1^\ominus = \lg K_2^\ominus$，所以有

$$\lg 4.80 \times 10^{-3} - 2.11 e_S^S - \lg 2.11 = \lg 4.60 \times 10^{-3} - 2.09 e_S^S - 0.90 e_S^{Mn} - \lg 2.09 \qquad (iii)$$

将 $e_S^S = -0.028$ 代入方程式（iii）中，整理并解之，得

$$e_S^{Mn} = -0.0166$$

因为 $K_1^{\ominus}=K_2^{\ominus}$，所以有下列方程式

$$\frac{p_{H_2S}/p_{H_2}}{f_{S,\%}^{S}w_{[S]\%}}=\frac{p'_{H_2S}/p'_{H_2}}{f_{S,\%}^{S}f_{S,\%}^{Mn}w'_{[S]\%}} \quad (\text{iv})$$

将 $p_{H_2S}/p_{H_2}=4.80\times10^{-3}$、$w_{[S]\%}=2.11$、$p'_{H_2S}/p'_{H_2}=4.60\times10^{-3}$、$w'_{[S]\%}=2.09$ 代入式（iv）中，得

$$\frac{4.80\times10^{-3}}{2.11f_{S,\%}^{S}}=\frac{4.60\times10^{-3}}{2.09f_{S,\%}^{S}f_{S,\%}^{Mn}} \quad (\text{v})$$

解方程式（v），得

$$f_{S,\%}^{Mn}=0.968$$

3.4 在温度为 1853K 的 Ni-Si 二元系溶液中，当硅的摩尔分数 $x_{[Si]}=0.022$ 时，$\lg\gamma_{Si}=-3.99$；当硅的摩尔分数 $x_{[Si]}\to0$ 时，$\lg\gamma_{Si}^{0}=-4.08$。试求一级活度相互作用系数（自作用系数）ε_{Si}^{Si} 和 e_{Si}^{Si}。已知镍和硅的摩尔质量分别为 $M_{Ni}=58.69\times10^{-3}\text{kg}\cdot\text{mol}^{-1}$，$M_{Si}=28.09\times10^{-3}\text{kg}\cdot\text{mol}^{-1}$。

解：

$$\varepsilon_{Si}^{Si}=\frac{\partial\ln\gamma_{Si}^{Si}}{\partial x_{[Si]}}\approx\frac{\Delta\ln\gamma_{Si}^{Si}}{\Delta x_{[Si]}}=\frac{2.3\lg\gamma_{Si}-2.3\lg\gamma_{Si}^{0}}{x_{[Si]}-0}$$

$$=\frac{2.3\times(-3.99+4.08)}{0.022}=9.409$$

或通过解方程式 $\ln\gamma_{Si}=\ln\gamma_{Si}^{0}+\varepsilon_{Si}^{Si}x_{[Si]}$，也可得

$$\varepsilon_{Si}^{Si}=\frac{\ln\gamma_{Si}-\ln\gamma_{Si}^{0}}{x_{[Si]}}=\frac{2.3\lg\gamma_{Si}-2.3\lg\gamma_{Si}^{0}}{x_{[Si]}}=\frac{2.3\times(4.08-3.99)}{0.022}=9.409$$

通过异类活度相互作用系数之间的转换关系式，得

$$e_{Si}^{Si}=\frac{1}{230}\left[(\varepsilon_{Si}^{Si}-1)\frac{M_{Ni}}{M_{Si}}+1\right]=\frac{1}{230}\left[(9.409-1)\times\frac{58.69\times10^{-3}}{28.09\times10^{-3}}+1\right]=0.0807$$

3.5 实验测得温度为 1600℃的 Fe-C 二元系溶液中碳的溶解度 $w'_{[C]sat}=4.90\%$，当保持恒温 1600℃向该二元系溶液中加入硅时，Fe-C-Si 三元系溶液中碳的溶解度 $w''_{[C]sat}$ 随硅的质量分数 $w_{[Si]}$ 的变化见表 3-1。试求在 1600℃该铁液中硅对碳的一级活度相互作用系数 e_{C}^{Si}。已知在 1600℃铁液中碳对碳的一级活度自作用系数 $e_{C}^{C}=0.14$。

表 3-1　Fe-C-Si 三元系溶液中碳的溶解度

$w_{[Si]}/\%$	0	2	4	6	8
$w''_{[C]sat}/\%$	4.90	4.19	3.62	3.07	2.59

解： 设碳在铁液中溶解反应 $C_{(gr)}=[C]$ 的标准平衡常数在向 Fe-C 二元系溶液中加入硅前为 $K_1^{\ominus}=a'_{[C],\%}$，加入硅后为 $K_2^{\ominus}=a''_{[C],\%}$。铁液中碳的活度取假想质量 1%（$w_{[C]}=1\%$）溶液为标准态。

在标准态和温度均相同时，$K_1^{\ominus}=K_2^{\ominus}$，即 $a'_{[C],\%}=a''_{[C],\%}$。又因为 $a'_{[C],\%}=f_{C,\%}^{C}w'_{[C]\%,sat}$，

$a''_{[C],\%} = f^{C}_{C,\%} f^{Si}_{C,\%} w''_{[C]\%,sat}$，所以有下列方程式

$$f^{C}_{C,\%} w'_{[C]\%,sat} = f^{C}_{C,\%} f^{Si}_{C,\%} w''_{[C]\%,sat} \qquad (\text{i})$$

由方程式（i）得

$$f^{Si}_{C,\%} = w'_{[C]\%,sat} / w''_{[C]\%,sat} \qquad (\text{ii})$$

根据式（ii）和表3-1中的数据分别计算不同硅量（质量分数）时的$f^{Si}_{C,\%}$，进而再计算$\lg f^{Si}_{C,\%}$。例如，当$w_{[Si]}=0$、$w'_{[C]\%,sat}=4.90$、$w''_{[C]\%,sat}=4.90$时，计算得

$$f^{Si}_{C,\%} = w'_{[C]\%,sat}/w''_{[C]\%,sat} = 4.90/4.90 = 1.00 \qquad \lg f^{Si}_{C,\%} = \lg 1.00 = 0$$

当$w_{[Si]}=2\%$、$w'_{[C]\%,sat}=4.90$、$w''_{[C]\%,sat}=4.19$时，计算得

$$f^{Si}_{C,\%} = w'_{[C]\%,sat}/w''_{[C]\%,sat} = 4.90/4.19 = 1.17 \qquad \lg f^{Si}_{C,\%} = \lg 1.17 = 0.068$$

如此，还可继续计算表3-1中其他硅量（质量分数）时的$f^{Si}_{C,\%}$及$\lg f^{Si}_{C,\%}$。最后将所有计算结果列入表3-2中。

表3-2　不同硅量（质量分数）时的$f^{Si}_{C,\%}$和$\lg f^{Si}_{C,\%}$的计算值

$w_{[Si]}/\%$	0	2	4	6	8
$w''_{[C]sat}/\%$	4.90	4.19	3.62	3.07	2.59
$f^{Si}_{C,\%}$	1.00	1.17	1.35	1.60	1.89
$\lg f^{Si}_{C,\%}$	0	0.068	0.130	0.204	0.276

根据表3-2中的数据，以$\lg f^{Si}_{C,\%}$对$w_{[Si]\%}$作图，得如图3-2所示的5个离散点，再通过线性回归的方法，求（回归过程略）这5个离散点的回归直线方程式为

$$\lg f^{Si}_{C,\%} = -0.002 + 0.034 w_{[Si]\%}$$

该回归直线方程式的斜率，即同一活度（$a'_{[C],\%} = a''_{[C],\%}$）下的一级活度相互作用系数为

$$o^{Si}_{C} = \frac{\partial \lg f^{Si}_{C,\%}}{\partial w_{[Si]\%}} = \frac{0.068-0}{2-0} = 0.034$$

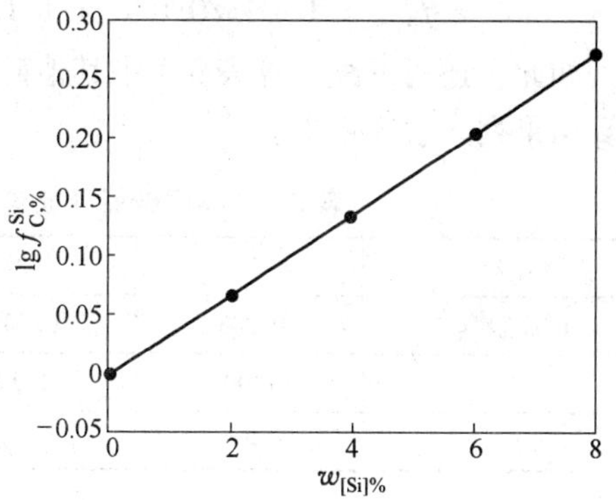

图3-2　$\lg f^{Si}_{C,\%}$与$w_{[Si]\%}$的关系

因为同一活度法得到的$o^{Si}_{C}=0.034$是在碳的质量分数不断改变下求得的，所以要将其转换成同一浓度下的一级活度相互作用系数为

$$e^{Si}_{C} = o^{Si}_{C}(1 + 2.3 w'_{[C]\%,sat} e^{C}_{C}) = 0.034 \times (1 + 2.3 \times 4.90 \times 0.14) = 0.088$$

由以上计算结果可见，同一活度法（$o^{Si}_{C}=0.034$）与同一浓度法（$e^{Si}_{C}=0.088$）之间存在较大的偏差。

3.6　在1600℃及$p_{N_2}=100\text{kPa}$条件下，Fe-N二元系溶液中氮的溶解度$w'_{[N]sat}=0.043\%$，在相同温度和氮气压力条件下向Fe-N二元系溶液中加入硅时，Fe-N-Si三元系溶液中氮的溶解度$w''_{[N]sat}$随硅的质量分数$w_{[Si]}$的变化见表3-3。已知在1600℃时铁液中氮对氮的一级活度自作用系数$e^{N}_{N}=0$。试求铁液中硅对氮的一级活度相互作用系数e^{Si}_{N}。

表 3-3　Fe-N-Si 三元系溶液中氮的溶解度（质量分数）

$w_{[Si]}/\%$	0	2	4	6	8
$w''_{[N]sat}/\%$	0.043	0.038	0.031	0.027	0.015

解： 设氮在铁液中溶解反应 $0.5N_2 = [N]$ 的标准平衡常数在加硅前后分别为 $K_1^{\ominus}$ 和 $K_2^{\ominus}$，铁液中氮的活度在加硅前后分别为 $a'_{[N],\%}$ 和 $a''_{[N],\%}$。铁液中氮的活度取假想质量 1%（$w_{[N]}=1\%$）溶液为标准态。

$$K_1^{\ominus} = \frac{a'_{[N],\%}}{\sqrt{p_{N_2}/p^{\ominus}}} = \frac{a'_{[N],\%}}{\sqrt{10^5/10^5}} = a'_{[N],\%} = f_{N,\%}^{N} w'_{[N]\%,sat} \tag{i}$$

$$K_2^{\ominus} = \frac{a''_{[N],\%}}{\sqrt{p_{N_2}/p^{\ominus}}} = \frac{a''_{[N],\%}}{\sqrt{10^5/10^5}} = a''_{[N],\%} = f_{N,\%}^{N} f_{N,\%}^{Si} w''_{[N]\%,sat} \tag{ii}$$

在标准态和温度均相同时，$K_1^{\ominus} = K_2^{\ominus}$，即式（i）= 式（ii），所以有下列方程式

$$f_{N,\%}^{N} w'_{[N]\%,sat} = f_{N,\%}^{N} f_{N,\%}^{Si} w''_{[N]\%,sat} \tag{iii}$$

$$f_{N,\%}^{Si} = w'_{[N]\%,sat}/w''_{[N]\%,sat} \tag{iv}$$

由式（iv）计算不同硅量（质量分数）时的 $f_{N,\%}^{Si}$，进而再计算 $\lg f_{N,\%}^{Si}$。例如：

当 $w_{[Si]}=0$、$w'_{[N]\%,sat}=0.043$、$w''_{[N]\%,sat}=0.043$ 时，计算得

$$f_{N,\%}^{Si} = 0.043/0.043 = 1.00 \qquad \lg f_{N,\%}^{Si} = \lg 1.00 = 0$$

当 $w_{[Si]}=2\%$、$w'_{[N]\%,sat}=0.043$、$w''_{[N]\%,sat}=0.038$ 时，计算得

$$f_{N,\%}^{Si} = 0.043/0.038 = 1.13 \qquad \lg f_{N,\%}^{Si} = \lg 1.13 = 0.053$$

如此，还可继续计算表 3-3 中其他硅量（质量分数）时的 $f_{N,\%}^{Si}$ 及 $\lg f_{N,\%}^{Si}$。最后将所有计算结果列入表 3-4 中。

表 3-4　不同硅量（质量分数）时的 $f_{N,\%}^{Si}$ 和 $\lg f_{N,\%}^{Si}$ 的计算值

$w_{[Si]}/\%$	0	2	4	6	8
$w''_{[N]sat}/\%$	0.043	0.038	0.031	0.027	0.015
$f_{N,\%}^{Si}$	1.00	1.13	1.39	1.59	2.87
$\lg f_{N,\%}^{Si}$	0	0.053	0.143	0.201	0.458

根据表 3-4 中的相关数据，以 $\lg f_{N,\%}^{Si}$ 为纵坐标，以 $w_{[Si]\%}$ 为横坐标作图，可得如图 3-3 所示的 5 个离散点，再用线性回归方法求（回归过程略）这 5 个离散点的回归直线方程式为

$$\lg f_{N,\%}^{Si} = -0.042 + 0.053 w_{[Si]\%}$$

该回归直线方程式的斜率即同一活度（$a'_{[N],\%} = a''_{[N],\%}$）下的一级活度相互作用系数为

$$o_{N}^{Si} = \frac{\partial \lg f_{N,\%}^{Si}}{\partial w_{[Si]\%}} = 0.053$$

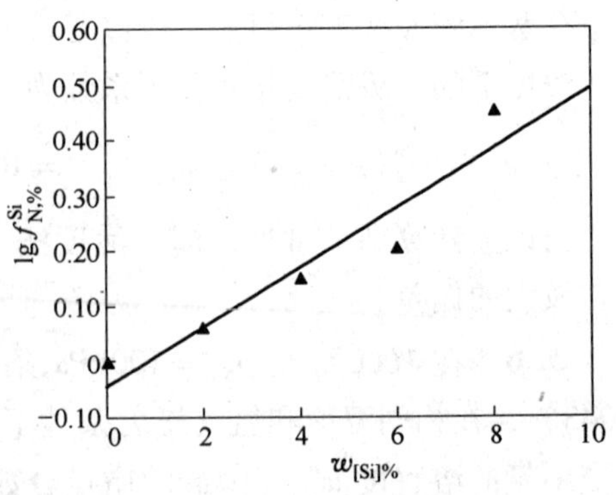

图 3-3　$\lg f_{N,\%}^{Si}$ 与 $w_{[Si]\%}$ 的关系

因为同一活度法得到的 $o_{N}^{Si}=0.053$ 是在氮的质量分数不断改变下求得的，所以要将其转换成同一浓度下的一级活度相互作用系数为

$$e_N^{Si} = o_N^{Si}(1 + 2.3w'_{[N]\%,sat}e_N^N) = 0.053(1 + 2.3 \times 0.043 \times 0) = 0.053$$

3.7 钒能提高铁液中氢的溶解度。在1600℃及 p_{H_2} = 100kPa 条件下，Fe-H 二元系溶液中氢的溶解度 $w'_{[H]sat} = 2.6 \times 10^{-3}\%$；在相同条件下向该 Fe-H 二元系溶液中加入钒时，Fe-H-V 三元系溶液中氢的溶解度 $w''_{[H]sat}$ 随钒的质量分数 $w_{[V]}$ 的变化见表3-5。已知在1600℃时铁液中氢对氢的一级活度自作用系数 $e_H^H = 0$。试求铁液中钒对氢的一级活度相互作用系数 e_H^V。

表 3-5 Fe-H-V 三元系溶液中氢的溶解度（质量分数）

$w_{[V]}$/%	0	10	20	30	40
$w''_{[H]sat}$/%	2.6×10^{-3}	2.8×10^{-3}	3.4×10^{-3}	3.8×10^{-3}	4.4×10^{-3}

解： 设氢在铁液中溶解反应 $0.5H_2 = [H]$ 的标准平衡常数在加钒前为 $K_1^\ominus$，加钒后为 $K_2^\ominus$；铁液中氢的活度在加钒前为 $a'_{[N],\%}$，加钒后为 $a''_{[N],\%}$。铁液中氢的活度取假想质量1%（$w_{[H]} = 1\%$）溶液为标准态。

$$K_1^\ominus = \frac{a'_{[H],\%}}{\sqrt{p_{H_2}/p^\ominus}} = \frac{a'_{[H],\%}}{\sqrt{10^5/10^5}} = a'_{[H],\%} = f_{H,\%}^H w'_{[H]\%,sat} \quad (\text{i})$$

$$K_2^\ominus = \frac{a''_{[H],\%}}{\sqrt{p_{H_2}/p^\ominus}} = \frac{a''_{[H],\%}}{\sqrt{10^5/10^5}} = a''_{[H],\%} = f_{H,\%}^H f_{H,\%}^V w''_{[H]\%,sat} \quad (\text{ii})$$

在标准态和温度均相同的条件下，$K_1^\ominus = K_2^\ominus$，即式(ⅰ)=式(ⅱ)，所以有下列方程式

$$f_{H,\%}^H w'_{[H]\%,sat} = f_{H,\%}^H f_{H,\%}^V w''_{[H]\%,sat} \quad (\text{iii})$$

$$f_{H,\%}^V = w'_{[H]\%,sat}/w''_{[H]\%,sat} \quad (\text{iv})$$

由式（ⅳ）计算不同钒量（质量分数）时的 $f_{H,\%}^V$，进而再计算 $\lg f_{H,\%}^V$。例如：

当 $w_{[V]} = 0$、$w'_{[H]\%,sat} = 2.6 \times 10^{-3}$、$w''_{[H]\%,sat} = 2.6 \times 10^{-3}$ 时，计算得

$$f_{H,\%}^V = 2.6 \times 10^{-3}/2.6 \times 10^{-3} = 1.000 \qquad \lg f_{H,\%}^V = \lg 1.000 = 0$$

当 $w_{[V]} = 10\%$、$w'_{[H]\%,sat} = 2.6 \times 10^{-3}$、$w''_{[H]\%,sat} = 2.8 \times 10^{-3}$ 时，计算得

$$f_{H,\%}^V = 2.6 \times 10^{-3}/2.8 \times 10^{-3} = 0.929 \qquad \lg f_{H,\%}^V = \lg 0.929 = -0.032$$

如此，还可继续计算表3-5中其他钒量（质量分数）时的 $f_{H,\%}^V$ 及 $\lg f_{H,\%}^V$。最后将所有计算结果列入表3-6中。

表 3-6 不同钒量（质量分数）时的 $f_{H,\%}^V$ 和 $\lg f_{H,\%}^V$ 的计算值

$w_{[V]}$/%	0	10	20	30	40
$w''_{[H]sat}$/%	2.6×10^{-3}	2.8×10^{-3}	3.4×10^{-3}	3.8×10^{-3}	4.4×10^{-3}
$f_{H,\%}^V$	1.000	0.929	0.765	0.684	0.591
$\lg f_{H,\%}^V$	0	−0.032	−0.116	−0.165	−0.228

根据表3-6中的数据，以 $\lg f_{H,\%}^V$ 为纵坐标，以 $w_{[V]\%}$ 为横坐标作图，可得如图3-4所示的5个离散点，再用线性回归方法对这5个离散点做线性回归（回归过程略），得回归直线方程式为

$$\lg f_{H,\%}^V = 0.0096 - 0.0059w_{[V]\%}$$

该回归直线方程的斜率即同一活度（$a'_{[H],\%}=a''_{[H],\%}$）下的一级活度相互作用系数为

$$o_H^V=\frac{\partial \lg f_{H,\%}^V}{\partial w_{[V]\%}}=-0.0059$$

因为同一活度法得到的 $o_H^V=-0.0059$ 是在氢的质量分数不断改变下求得的，所以要将其转换成同一浓度下的一级活度相互作用系数为

$$\begin{aligned}e_H^V&=o_H^V(1+2.3w'_{[H]\%,sat}e_H^H)\\&=-0.0059(1+2.3\times2.6\times10^{-3}\times0)\\&=-0.0059\end{aligned}$$

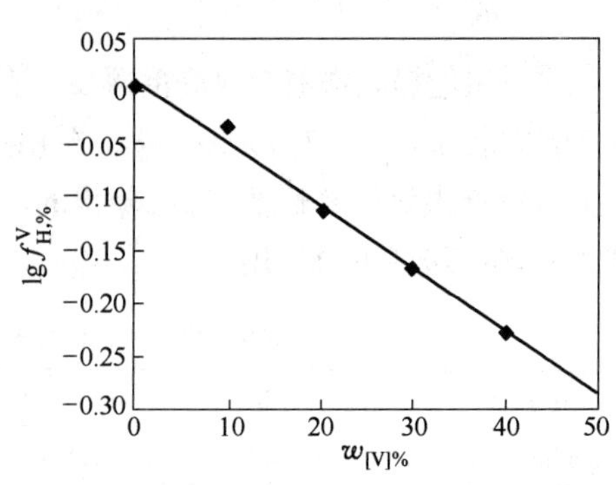

图 3-4　$\lg f_{H,\%}^V$ 与 $w_{[V]\%}$ 的关系

3.8　在温度 $T=1900K$ 和总压 $p=10^5Pa$ 的条件下，用氩气对成分为 $w_{[C]}=0.10\%$、$w_{[Cr]}=1.50\%$、$w_{[Mn]}=1.00\%$ 的钢液进行炉外精炼。为使成品钢中氮的质量分数 $w_{[N]}\leqslant0.005\%$，试求氩气中允许残存的氮气的最大分压。已知铁液中组元活度相互作用系数为 $e_N^N=0$、$e_N^C=0.13$、$e_N^{Cr}=-0.047$、$e_N^{Mn}=-0.021$，氮在铁液中的溶解反应及其标准平衡常数与温度的关系式为

$$\frac{1}{2}N_2 = [N]\qquad \lg K_N^{\ominus}=-\frac{518}{T}-1.063$$

解：设满足 $w_{[N]}\leqslant0.005\%$ 条件的氩气中允许残存的氮气的最大分压为 p_{N_2}。

计算氮在铁液中的溶解反应在 1900K 时的标准平衡常数为

$$\lg K_N^{\ominus}=-\frac{518}{1900}-1.063=-1.336\qquad K_N^{\ominus}=0.046$$

根据已知条件计算铁液中的氮的活度系数为

$$\begin{aligned}\lg f_{N,\%}&=e_N^N w_{[N]\%}+e_N^C w_{[C]\%}+e_N^{Cr}w_{[Cr]\%}+e_N^{Mn}w_{[Mn]\%}\\&=0\times0.005+0.13\times0.10-0.047\times1.50-0.021\times1.00\\&=-0.0785\end{aligned}$$

$$f_{N,\%}=0.835$$

氮在铁液中的溶解反应的标准平衡常数方程式为

$$K_N^{\ominus}=\frac{a_{[N],\%}}{\sqrt{p_{N_2}/p^{\ominus}}}=\frac{f_{N,\%}w_{[N]\%}}{\sqrt{p_{N_2}/p^{\ominus}}}$$

将 $w_{[N]\%}=0.005$、$f_{N,\%}=0.835$、$K_N^{\ominus}=0.046$ 和 $p^{\ominus}=10^5Pa$ 代入上方程式中，得

$$0.046=\frac{0.835\times0.005}{\sqrt{p_{N_2}/10^5}}$$

解上方程式，得氩气中允许残存的氮气的最大分压为

$$p_{N_2}=(0.835\times0.005/0.046)^2\times10^5=0.00824\times10^5=824Pa$$

3.9　试计算在 1600℃ 及 $p_{N_2}=100kPa$ 条件下 Cr15Ni25Mo3W3 钢（成分为 $w_{[Cr]}=15\%$、$w_{[Ni]}=25\%$、$w_{[Mo]}=3\%$、$w_{[W]}=3\%$）中氮的质量分数 $w_{[N]}$。已知在 1600℃ 时 e_N^N

$=0$、$e_N^{Cr}=-0.047$、$e_N^{Ni}=0.01$、$e_N^{Mo}=-0.011$、$e_N^{W}=-0.0015$，氮在铁液中的溶解反应及其标准平衡常数与温度的关系式为

$$\frac{1}{2}N_2 = [N] \qquad \lg K_N^{\ominus} = -\frac{518}{T} - 1.063$$

解：将 $T=1873K$ 代入已知标准平衡常数与温度的关系式中，得标准平衡常数为

$$\lg K_N^{\ominus} = -\frac{518}{1873} - 1.063 = -1.34 \qquad K_N^{\ominus} = 0.0457$$

计算铁液中氮的活度系数为

$$\lg f_{N,\%} = e_N^N w_{[N]\%} + e_N^{Cr} w_{[Cr]\%} + e_N^{Ni} w_{[Ni]\%} + e_N^{Mo} w_{[Mo]\%} + e_N^{W} w_{[W]\%}$$
$$= 0 - 0.047 \times 15 + 0.01 \times 25 - 0.011 \times 3 - 0.0015 \times 3 = -0.4925$$
$$f_{N,\%} = 0.322$$

氮在铁液中溶解反应的标准平衡常数方程式为

$$K_N^{\ominus} = \frac{a_{[N],\%}}{\sqrt{p_{N_2}/p^{\ominus}}} = \frac{f_{N,\%} w_{[N]\%}}{\sqrt{p_{N_2}/p^{\ominus}}}$$

将 $K_N^{\ominus}=0.0457$、$f_{N,\%}=0.322$、$p_{N_2}=10^5Pa$ 和 $p^{\ominus}=10^5Pa$ 代入上方程式中，得

$$0.0457 = \frac{0.322 w_{[N]\%}}{\sqrt{10^5/10^5}}$$

解上方程式，得在已知条件下钢液中氮的质量百分数和质量分数分别为

$$w_{[N]\%} = 0.0457/0.322 = 0.142 \qquad w_{[N]} = w_{[N]\%}/100 = 0.142\%$$

3.10 试求成分为 $w_{[C]}=1.05\%$、$w_{[Si]}=0.60\%$、$w_{[Mn]}=1.00\%$、$w_{[P]}=0.02\%$、$w_{[S]}=0.02\%$ 的轴承钢在温度 $T=1873K$、总压 $p=100kPa$ 及平衡水汽的密度 $\rho_{H_2O}=30\ g\cdot m^{-3}$ 的炉气条件下氢的质量分数 $w_{[H]}$。已知水的摩尔质量 $M_{H_2O}=18g\cdot mol^{-1}$，在1600℃时的一级活度相互作用系数 $e_H^H=0$、$e_H^C=0.06$、$e_H^{Si}=0.027$、$e_H^{Mn}=-0.0014$、$e_H^P=0.011$、$e_H^S=0.008$，相关化学反应及其标准平衡常数与温度的关系式为

$$H_2O_{(g)} = H_2 + \frac{1}{2}O_2 \qquad \lg K_1^{\ominus} = -\frac{12926}{T} + 2.92 \qquad (\text{i})$$

$$\frac{1}{2}H_2 = [H] \qquad \lg K_2^{\ominus} = -\frac{1909}{T} - 1.591 \qquad (\text{ii})$$

解：设在温度 $T=1873K$ 及总压 $p=100kPa$ 条件下，体积 $V=1m^3$ 的炉气中总的物质的量为 Σn_B，则

$$\Sigma n_B = \frac{pV}{RT} = \frac{10^5 \times 1}{8.314 \times 1873} = 6.422mol$$

根据已知条件，计算体积 $V=1m^3$ 的炉气中 $H_2O_{(g)}$ 的物质的量为

$$n_{H_2O} = \frac{\rho_{H_2O}}{M_{H_2O}}V = \frac{30}{18} \times 1 = \frac{5}{3}mol$$

计算炉气中$H_2O_{(g)}$的摩尔分数为

$$x_{H_2O} = \frac{n_{H_2O}}{\Sigma n_B} = \frac{5/3}{6.422} = 0.26$$

计算炉气中$H_2O_{(g)}$的平衡分压为

$$p_{H_2O} = p \cdot x_{H_2O} = 10^5 \times 0.26 = 2.6 \times 10^4 Pa$$

计算与含水汽的炉气平衡的轴承钢中氢的活度系数（假设溶解少量氢和氧后的轴承钢的成分不变，$e_H^H w_{[H]\%} \approx 0$，$e_H^O w_{[O]\%} \approx 0$）为

$$\begin{aligned}\lg f_{H,\%} &= e_H^C w_{[C]\%} + e_H^{Si} w_{[Si]\%} + e_H^{Mn} w_{[Mn]\%} + e_H^P w_{[P]\%} + e_H^S w_{[S]\%} \\ &= 0.06 \times 1.05 + 0.027 \times 0.6 - 0.0014 \times 1 + 0.011 \times 0.02 + 0.008 \times 0.02 \\ &= 0.07818\end{aligned}$$

$$f_{H,\%} = 1.197$$

计算化学反应（ⅰ）在1873K时的标准平衡常数$K_1^{\ominus}$及炉气中H_2的平衡分压p_{H_2}：

$$H_2O_{(g)} = H_2 + \frac{1}{2}O_2 \qquad \lg K_1^{\ominus} = -\frac{12926}{T} + 2.92 \tag{ⅰ}$$

初始分压$p_{B,0}$：　$p_{H_2O,0}$　　0　　0

平衡分压p_B：　　p_{H_2O}　　p_{H_2}　　p_{O_2}

将$T = 1873K$代入式（ⅰ）中，得标准平衡常数为

$$\lg K_1^{\ominus} = -\frac{12926}{1873} + 2.92 = -3.98 \qquad K_1^{\ominus} = 1.047 \times 10^{-4}$$

由反应方程式（ⅰ）的化学计量数可知，O_2的平衡分压p_{O_2}与H_2的平衡分压p_{H_2}的关系式为

$$p_{O_2} = \frac{1}{2}p_{H_2} \tag{ⅲ}$$

化学反应（ⅰ）平衡时，标准平衡常数方程式为

$$K_1^{\ominus} = \frac{(p_{H_2}/p^{\ominus})(p_{O_2}/p^{\ominus})^{1/2}}{p_{H_2O}/p^{\ominus}} \tag{ⅳ}$$

将$p_{H_2O} = 2.6 \times 10^4 Pa$、$K_1^{\ominus} = 1.047 \times 10^{-4}$、$p_{O_2} = 0.5p_{H_2}$和$p^{\ominus} = 10^5 Pa$代入式（ⅳ）中，得

$$1.047 \times 10^{-4} = \frac{(p_{H_2}/10^5)(0.5p_{H_2}/10^5)^{1/2}}{2.6 \times 10^4/10^5} = \frac{\sqrt{0.5}(p_{H_2}/10^5)^{3/2}}{0.26} \tag{ⅴ}$$

解方程式（ⅴ），得H_2的平衡分压为

$$p_{H_2} = (0.26 \times 1.047 \times 10^{-4}/\sqrt{0.5})^{2/3} \times 10^5 = 114Pa$$

计算化学反应（ⅱ）在$T = 1873K$时的标准平衡常数$K_2^{\ominus}$及溶解于轴承钢中的氢的质量分数$w_{[H]}$：

$$\frac{1}{2}H_2 = [H] \qquad \lg K_2^{\ominus} = -\frac{1909}{T} - 1.591 \tag{ⅱ}$$

将 $T=1873\text{K}$ 代入式（ⅱ）中，得标准平衡常数为

$$\lg K_2^{\ominus} = -\frac{1909}{1873} - 1.591 = -2.61 \qquad K_2^{\ominus} = 2.45\times10^{-3}$$

化学反应（ⅱ）平衡时，标准平衡常数方程式为

$$K_2^{\ominus} = \frac{f_{\text{H},\%}\,w_{[\text{H}]\%}}{\sqrt{p_{\text{H}_2}/p^{\ominus}}} \tag{ⅵ}$$

将 $K_2^{\ominus}=2.45\times10^{-3}$、$f_{\text{H},\%}=1.197$、$p_{\text{H}_2}=114\text{Pa}$ 和 $p^{\ominus}=10^5\text{Pa}$ 代入式（ⅵ）中，得

$$2.45\times10^{-3} = \frac{1.197w_{[\text{H}]\%}}{\sqrt{114/10^5}} \tag{ⅶ}$$

解方程式（ⅶ），得轴承钢中氢的质量百分数和质量分数分别为

$$w_{[\text{H}]\%} = 2.45\times10^{-3}\times\sqrt{114/10^5}/1.197 = 6.91\times10^{-5}$$

$$w_{[\text{H}]} = \frac{w_{[\text{H}]\%}}{100} = \frac{6.91\times10^{-5}}{100} = 6.91\times10^{-5}\%$$

3.11 在不同温度测得与纯氧化铁（$a_{(\text{FeO}),\text{R}}=1$）渣平衡的铁液中饱和氧的质量分数 $w_{[\text{O}]\text{sat}}$（溶解度）见表 3-7。试求铁液中氧的溶解度 $w_{[\text{O}]\%,\text{sat}}$（质量百分数）与温度的关系式。

表 3-7 铁液中氧的溶解度（质量分数）

T/K	1793	1813	1839	1853	1873	1893
$w_{[\text{O}]\text{sat}}$/%	0.149	0.164	0.179	0.195	0.213	0.232

解：设氧在铁液中溶解形成稀溶液，则 $f_{\text{O},\%}=1$，$a_{[\text{O}],\%}=w_{[\text{O}]\%}$。渣中氧化铁与铁液中氧的平衡反应及其标准平衡常数与温度的关系式为

$$(\text{FeO}) = [\text{O}] + [\text{Fe}] \qquad \lg K_{\text{O}}^{\ominus} = \lg\frac{a_{[\text{O}],\%}\cdot a_{[\text{Fe}],\text{R}}}{a_{(\text{FeO}),\text{R}}} = \frac{A}{T} + B \tag{ⅰ}$$

将 $a_{(\text{FeO}),\text{R}}=1$、$a_{[\text{Fe}],\text{R}}=1$、$a_{[\text{O}],\%}=w_{[\text{O}]\%,\text{sat}}$ 代入式（ⅰ）中，得

$$\lg w_{[\text{O}]\%,\text{sat}} = \frac{A}{T} + B \tag{ⅱ}$$

设 $y=\lg w_{[\text{O}]\%,\text{sat}}$，$x=\frac{1}{T}$，则式（ⅱ）变为

$$y = Ax + B \tag{ⅲ}$$

根据表 3-7 中的数据，先将质量分数 $w_{[\text{O}]\text{sat}}$ 换算成质量百分数 $w_{[\text{O}]\%,\text{sat}}$，再分别计算 x 和 y，并将计算结果列入表 3-8 中。

表 3-8　计算的 x 和 y 之值

T/K	1793	1813	1839	1853	1873	1893
$w_{[O]\%,sat}$	0.149	0.164	0.179	0.195	0.213	0.232
x/K^{-1}	5.58×10^{-4}	5.52×10^{-4}	5.44×10^{-4}	5.40×10^{-4}	5.34×10^{-4}	5.28×10^{-4}
$-y$	0.827	0.785	0.747	0.710	0.672	0.635

根据表 3-8 中的数据，以 y 为纵坐标，以 x 为横坐标，作线性回归（回归过程略），得回归直线方程式（$y = Ax + B$）的斜率和截距分别为

$$A = \frac{\sum(x_i - \overline{x})(y_i - \overline{y})}{\sum(x_i - \overline{x})^2} = \frac{-3.9512\times10^{-6}}{6.1372\times10^{-10}} = -6438$$

$$B = \overline{y} - A\overline{x} = -0.729 + 6438\times5.426\times10^{-4} = 2.764$$

所以，回归直线方程式为

$$y = -6438x + 2.764$$

此即铁液中氧的溶解度与温度的关系式为

$$\lg w_{[O]\%,sat} = -\frac{6438}{T} + 2.764$$

3.12　在温度 $T = 1894$K 测得 H_2O-H_2 混合气体与铁液中的氧平衡的分压比（p_{H_2O}/p_{H_2}）见表 3-9。试求铁液中氧对氧的一级活度自作用系数 e_O^O。

表 3-9　与铁液中氧平衡的分压比（p_{H_2O}/p_{H_2}）之值

$w_{[O]}$/%	0.05	0.10	0.15	0.20	0.25
p_{H_2O}/p_{H_2}	0.14	0.28	0.41	0.52	0.63

解： H_2O-H_2混合气体与铁液中氧的平衡反应为

$$H_2 + [O] = H_2O_{(g)}$$

该化学反应的标准平衡常数方程式为

$$K^{\ominus} = \frac{p_{H_2O}/p_{H_2}}{a_{[O],\%}} = \frac{p_{H_2O}/p_{H_2}}{f_{O,\%}w_{[O]\%}} \qquad (\text{i})$$

设该化学反应的平衡常数为 $K' = \frac{p_{H_2O}/p_{H_2}}{w_{[O]\%}}$，则标准平衡常数 $K^{\ominus}$ 与平衡常数 K' 的关系式为

$$K^{\ominus} = \frac{p_{H_2O}/p_{H_2}}{f_{O,\%}w_{[O]\%}} = \frac{K'}{f_{O,\%}} \qquad (\text{ii})$$

由式（ii）得

$$f_{O,\%} = K'/K^{\ominus}$$

$$\lg f_{O,\%} = \lg K' - \lg K^{\ominus} \qquad (\text{iii})$$

根据表 3-9 中的数据计算 K'，并将其列入表 3-10 中。

表 3-10　不同氧浓度的 K' 和 $\lg f_{O,\%}$ 的计算值

$w_{[O]}/\%$	0.05	0.10	0.15	0.20	0.25
$w_{[O]\%}$	0.05	0.10	0.15	0.20	0.25
p_{H_2O}/p_{H_2}	0.14	0.28	0.41	0.52	0.63
K'	2.80	2.80	2.73	2.60	2.52
$\lg f_{O,\%}$	0	0	-1.10×10^{-2}	-3.22×10^{-2}	-4.58×10^{-2}

因为 $\lim\limits_{w_{[O]\%}\to0} f_{O,\%}=1$，所以 $\lim\limits_{w_{[O]\%}\to0} K'=K^{\ominus}$。

以表 3-10 中的 K' 对 $w_{[O]\%}$ 作图 3-5，再将曲线外推到 $w_{[O]\%}=0$，可求得标准平衡常数为

$$K^{\ominus}=\lim_{w_{[O]\%}\to0} K' = 2.80$$

将 $K^{\ominus}=2.80$ 和表 3-10 中的 K' 代入式（ⅲ）中，计算 $\lg f_{O,\%}$ 并列入表 3-10 中。

以表 3-10 中的 $\lg f_{O,\%}$ 对 $w_{[O]\%}$ 作图，得如图 3-6 所示的 5 个离散点，然后再对这 5 个离散点作线性回归（回归过程略），得如该图所示的回归直线的方程式为

$$\lg f_{O,\%} = -0.248 w_{[O]\%} + 0.019 \tag{ⅳ}$$

由式（ⅳ）可得铁液中氧对氧的一级活度自作用系数为

$$e_O^O = \frac{\partial \lg f_{O,\%}}{\partial w_{[O]\%}} = -0.248$$

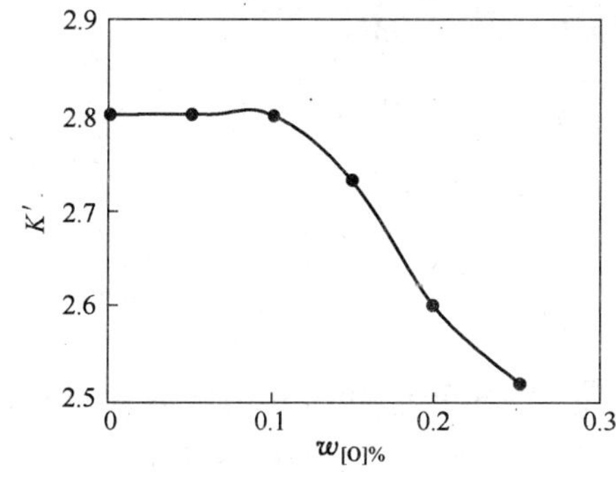

图 3-5　K' 与 $w_{[O]\%}$ 的关系

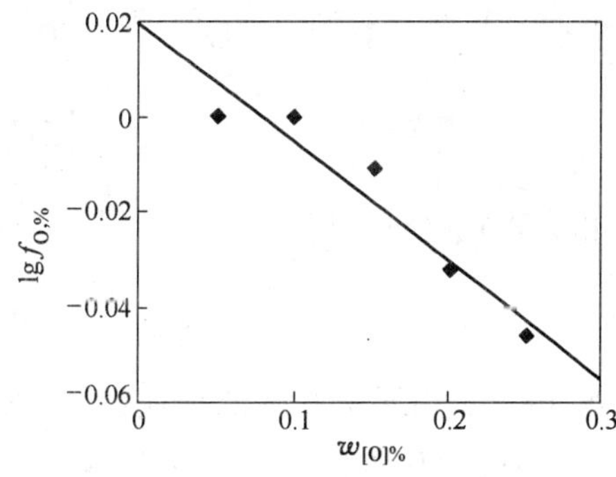

图 3-6　$\lg f_{O,\%}$ 与 $w_{[O]\%}$ 的关系

3.13　试证明：（1）$\varepsilon_B^K=\varepsilon_K^B$；（2）$e_B^K=\frac{M_B}{M_K}e_K^B$。

证：（1）在恒温恒压及保持其他组元浓度不变的条件下，过剩偏摩尔吉布斯自由能的定义式及导出式为

$$G_B^E=\partial G_m^E/\partial x_B \qquad G_K^E=\partial G_m^E/\partial x_K$$

$$G_B^E=RT\ln\gamma_B \qquad G_K^E=RT\ln\gamma_K$$

求 G_m^E 对 x_B 和 x_K 的二阶偏导数，并结合以上四式，得

$$\frac{\partial^2 G_m^E}{\partial x_B \partial x_K} = \frac{\partial(\partial G_m^E/\partial x_B)}{\partial x_K} = \frac{\partial G_B^E}{\partial x_K} = \frac{RT\partial \ln\gamma_B}{\partial x_K} \quad \text{(i)}$$

$$\frac{\partial^2 G_m^E}{\partial x_B \partial x_K} = \frac{\partial(\partial G_m^E/\partial x_K)}{\partial x_B} = \frac{\partial G_K^E}{\partial x_B} = \frac{RT\partial \ln\gamma_K}{\partial x_B} \quad \text{(ii)}$$

因为式(i) = 式(ii)，所以

$$RT\frac{\partial \ln\gamma_B}{\partial x_K} = RT\frac{\partial \ln\gamma_K}{\partial x_B} \qquad \frac{\partial \ln\gamma_B}{\partial x_K} = \frac{\partial \ln\gamma_K}{\partial x_B}$$

又因为 $\partial\ln\gamma_B/\partial x_K = \varepsilon_B^K$，$\partial\ln\gamma_K/\partial x_B = \varepsilon_K^B$，所以

$$\varepsilon_B^K = \varepsilon_K^B$$

(2) 由 $\varepsilon_B^K = \varepsilon_K^B$ 及以下两式

$$\varepsilon_B^K = 230\frac{M_K}{M_A}e_B^K + \frac{M_A - M_K}{M_A} \quad \text{(iii)}$$

$$\varepsilon_K^B = 230\frac{M_B}{M_A}e_K^B + \frac{M_A - M_B}{M_A} \quad \text{(iv)}$$

可得

$$230\frac{M_K}{M_A}e_B^K + \frac{M_A - M_K}{M_A} = 230\frac{M_B}{M_A}e_K^B + \frac{M_A - M_B}{M_A} \quad \text{(v)}$$

用230除式（v）等号的两端，然后移项并整理，得

$$\frac{M_K}{M_A}e_B^K - \frac{M_B}{M_A}e_K^B = \frac{M_A - M_B}{230M_A} - \frac{M_A - M_K}{230M_A} = \frac{M_K - M_B}{230M_A} \approx 0$$

$$\frac{M_K}{M_A}e_B^K - \frac{M_B}{M_A}e_K^B = 0 \quad \text{(vi)}$$

由方程式（vi）得

$$e_B^K = \frac{M_B}{M_K}e_K^B$$

3.14 试用元素B降低纯铁凝固点的 Δt_B 计算15Cr4Mo3SiMnVAl钢（成分为 $w_{[C]}$ = 0.51%、$w_{[Si]}$ = 0.95%、$w_{[Mn]}$ = 1.02%、$w_{[S]}$ = 0.005%、$w_{[P]}$ = 0.017%、$w_{[Cr]}$ = 4.17%、$w_{[Ni]}$ = 0.13%、$w_{[Mo]}$ = 2.99%、$w_{[V]}$ = 1.02%、$w_{[Al]}$ = 0.51%）的熔点 t_{fus}，并与实测熔点1462℃进行比较。已知相关元素降低纯铁凝固点的 Δt_B 见表3-11。

表 3-11 相关元素对纯铁凝固点的降低值

相关元素	C	Si	Mn	S	P	Cr	Ni	Mo	V	Al
Δt_B/℃	90	6.2	1.7	40	28	1.8	2.9	1.5	1.3	5.1

解：
$$\begin{aligned} t_{fus} &= 1538 - \Sigma\Delta t_B w_{[B]\%} \\ &= 1538 - (90\times0.51 + 6.2\times0.95 + 1.7\times1.02 + 40\times0.005 + 28\times0.017 + \\ &\quad 1.8\times4.17 + 2.9\times0.13 + 1.5\times2.99 + 1.3\times1.02 + 5.1\times0.51) \\ &= 1538 - 70.5 = 1467.5℃ \end{aligned}$$

与实测值的绝对偏差为

$$\Delta t = 1467.5 - 1462 = 5.5℃$$

与实测值的相对偏差为

$$\varepsilon = 5.5/1462 = 0.376\%$$

3.15 用黏度计测得不同温度下铁液的黏度见表 3-12。试用作图法求铁液的黏度 η 与温度 T 的关系式。

表 3-12 测定的铁液黏度值

T/K	1863	1883	1903	1923	1953
η/Pa·s	5.25×10^{-3}	5.12×10^{-3}	4.99×10^{-3}	4.88×10^{-3}	4.70×10^{-3}

解： 在理论上，液体的黏度 η 与温度 T 的关系符合下列对数形式的类阿累尼乌斯公式（i）。

$$\ln\eta = \ln\eta_0 + \frac{E_\eta}{RT} \tag{i}$$

由式（i）可见，在 η_0、R 和 E_η 均为常数的条件下，$\ln\eta$ 与 $\frac{1}{T}$ 成直线关系。分别计算各温度下的 $\frac{1}{T}$ 和 $\ln\eta$，并将计算结果列入表 3-13 中。

表 3-13 各温度下的 $1/T$ 和 $\ln\eta$ 值

T/K	1863	1883	1903	1923	1953
η/Pa·s	5.25×10^{-3}	5.12×10^{-3}	4.99×10^{-3}	4.88×10^{-3}	4.70×10^{-3}
$(1/T)/K^{-1}$	5.37×10^{-4}	5.31×10^{-4}	5.25×10^{-4}	5.20×10^{-4}	5.12×10^{-4}
$-\ln(\eta$/Pa·s)	5.250	5.275	5.300	5.323	5.360

以表 3-13 中的 $\ln\eta$ 对 $\frac{1}{T}$ 作图，得如图 3-7 所示的 5 个离散点。可见，这 5 个点有极好的线性相关性。以下，用线性回归的方法求（回归过程略）这 5 个离散点的回归直线方程式。

设 $y = \ln\eta$，$x = \frac{1}{T}$，则回归直线方程式为

$$y = Ax + B \tag{ii}$$

该回归直线的斜率为

$$A = \frac{\sum(x_i - \bar{x})(y_i - \bar{y})}{\sum(x_i - \bar{x})^2} = \frac{1.645\times10^{-6}}{3.74\times10^{-10}} = 4398\text{K}$$

该回归直线的截距为

$$B = \bar{y} - A\bar{x} = -5.302 - 4398\times5.25\times10^{-4} = -7.611$$

所以回归直线方程式为

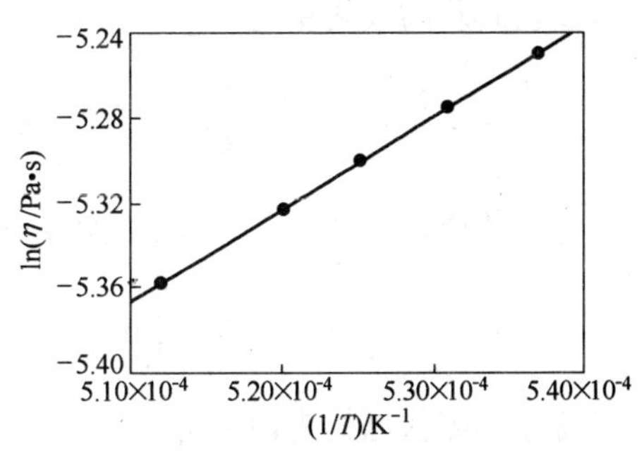

图 3-7 $\ln\eta$ 与 $\frac{1}{T}$ 的关系

$$y = 4398x - 7.611$$

此即液体的黏度 η 与温度 T 的关系式为

$$\ln\eta = \frac{4398}{T} - 7.611$$

3.16 在1600℃测得不同硫的质量分数的铁液的表面张力值见表3-14。试求 $w_{[S]} = 0.2\%$ 的铁液吸附的饱和硫量及表面浓度。已知硫的密度 $\rho_S = 2070\text{kg} \cdot \text{m}^{-3}$，铁液中硫对硫的一级活度自作用系数 $e_S^S = -0.028$，硫的摩尔质量 $M_S = 32 \times 10^{-3}\text{kg} \cdot \text{mol}^{-1}$。

表 3-14 含硫铁液的表面张力值

$w_{[S]}/\%$	0.2	0.4	0.6	0.8
$\sigma/\text{N} \cdot \text{m}^{-1}$	1.05	0.95	0.88	0.80

解： 由式 $\lg f_{S,\%} = e_S^S w_{[S]\%}$ 计算各硫质量分数下的活度系数 $f_{S,\%}$，由式 $a_{[S],\%} = f_{S,\%} w_{[S]\%}$ 计算各硫的质量分数下的活度 $a_{[S],\%}$，再计算各个硫活度的常用对数 $\lg a_{[S],\%}$，并把各计算值列入表3-15中。

表 3-15 含硫铁液的表面张力及其他几个相关参数的计算值

$w_{[S]}/\%$	0.2	0.4	0.6	0.8	$a_{[S],\%}$	0.197	0.390	0.577	0.760
$\sigma/\text{N} \cdot \text{m}^{-1}$	1.05	0.95	0.88	0.80	$-\lg a_{[S],\%}$	0.706	0.409	0.239	0.119
$f_{S,\%}$	0.987	0.975	0.962	0.950					

根据表3-15中的数据，以 σ 对 $\lg a_{[S],\%}$ 作图，得图3-8中的曲线1，然后过曲线1上与硫的质量分数 $w_{[S]} = 0.2\%$ 相对应的点（$\lg a_{[S],\%} = -0.706$，$\sigma = 1.05\text{N} \cdot \text{m}^{-1}$）作切线2，并求出切线2的方程式为

$$\sigma = 0.876 - 0.25\lg a_{[S],\%} \qquad (\text{i})$$

由式（i）可得切线2的斜率为

$$\left(\frac{\partial\sigma}{\partial \lg a_{[S],\%}}\right)_{w_{[S]}=0.2\%} = -0.25 \qquad (\text{ii})$$

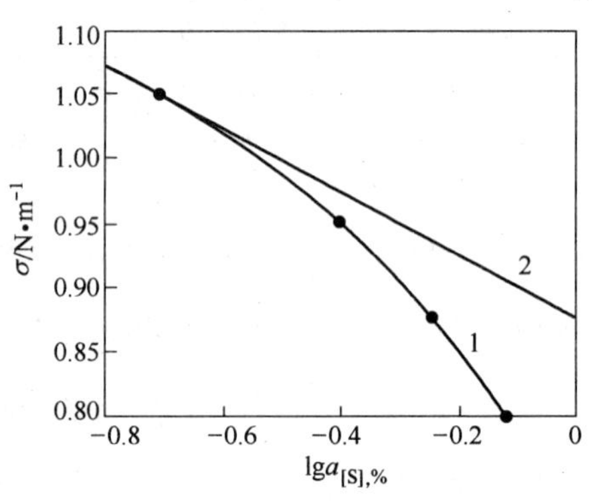

图 3-8 σ 与 $\lg a_{[S],\%}$ 关系曲线

故铁液表面硫的吸附量为

$$\Gamma_S = -\frac{(\partial\sigma/\partial \lg a_{[S],\%})_{w_{[S]}=0.2\%}}{2.3RT} = \frac{2.5}{2.3 \times 8.314 \times 1873} = 6.98 \times 10^{-6}\text{mol} \cdot \text{m}^{-2}$$

将硫的质量分数 $w_{[S]} = 0.2\%$ 换算成摩尔分数为

$$x_{[S]} = \frac{M_{Fe}}{M_S} w_{[S]} = \frac{55.85}{32} \times 0.2\% = 3.49 \times 10^{-3}$$

每摩尔硫占据的表面积为

$$A_S = (M_S/\rho_S)^{2/3} N_A^{1/3} = (32 \times 10^{-3}/2070)^{2/3} \times (6.02 \times 10^{23})^{1/3} = 5.24 \times 10^4 \text{m}^2 \cdot \text{mol}^{-1}$$

所以铁液表面硫的摩尔分数为

$$x_{[S],\sigma} = x_{[S]} + \Gamma_S A_S = 3.49 \times 10^{-3} + 6.98 \times 10^{-6} \times 5.24 \times 10^4 = 0.369$$

3.17 试计算温度为1600℃的3Cr13钢液的表面张力σ。已知此钢液的表面张力测定值为$1.38N \cdot m^{-1}$，钢液成分、各元素的摩尔质量M_B及各元素在1600℃的毛细活度系数F_B见表3-16。

表3-16 钢液成分、各元素的摩尔质量及各元素在1600℃的毛细活度系数

B	C	Si	Mn	P	S	Cr	Ni	Mo	O	Fe
$w_{[B]}/\%$	0.28	0.6	0.5	0.032	0.03	13	0.06	0.06	0.0089	85.429
F_B	2.0	2.2	5.0	1.5	500	2.5	0.7	0.45	1000	1.0
$M_B/g \cdot mol^{-1}$	12	28	55	31	32	52	58.7	96	16	56

解： 取100g钢液，根据$n_{[B]} = 100w_{[B]}/M_B$计算钢液各元素的物质的量，并且计算各物质的量之和$\Sigma n_{[B]} = 1.8334mol$，再根据$x_{[B]} = n_{[B]}/\Sigma n_{[B]}$计算各元素的摩尔分数，并把计算结果列入表3-17中。

表3-17 钢液中各元素的物质的量及摩尔分数

B	C	Si	Mn	P	S	Cr	Ni	Mo	O	Fe
$w_{[B]}/\%$	0.28	0.6	0.5	0.032	0.03	13	0.06	0.06	0.0089	85.429
$n_{[B]}/mol$	0.0233	0.0214	0.0091	0.0010	0.0009	0.2500	0.0010	0.0006	0.0006	1.5255
$x_{[B]}$	0.0127	0.0117	0.0050	0.0005	0.0005	0.1364	0.0005	0.0003	0.0003	0.8321

利用表3-16和表3-17中的相关数据计算$\Sigma x_{[B]}F_B$，得

$$\Sigma x_{[B]}F_B = 0.0127 \times 2.0 + 0.0117 \times 2.2 + 0.0050 \times 5.0 + 0.0005 \times 1.5 + 0.0005 \times 500 + 0.1364 \times 2.5 + 0.0005 \times 0.7 + 0.0003 \times 0.45 + 0.0003 \times 1000 + 0.8321 \times 1.0 = 1.8005$$

把$\Sigma x_{[B]}F_B = 1.8005$代入下列钢液表面张力计算式中，得钢液表面张力为

$$\sigma = 1.860 - 2.000\lg\Sigma x_{[B]}F_B = 1.860 - 2.000\lg1.8005 = 1.349N \cdot m^{-1}$$

3.18 在1540℃，钢中碳的质量分数$w_{[C]} = 0.216\%$时，可按稀溶液处理。在1540℃，脱碳反应$[C] + CO_2 = 2CO$平衡时，测得两组数据，一是$w_{[C]} = 0.216\%$时，$p_{CO}^2/p_{CO_2} = 9421kPa$；二是$w_{[C]} = w_{[C]sat}$时，$p_{CO}^2/p_{CO_2} = 1.55 \times 10^6 kPa$。试求：（1）该脱碳反应的标准平衡常数$K_{\%}^{\ominus}$；（2）该脱碳反应平衡，且$w_{[C]} = 0.425\%$，$p_{CO}^2/p_{CO_2} = 19348kPa$时的以假想质量1%溶液为标准态的活度$a_{[C],\%}$和活度系数$f_{C,\%}$；（3）该脱碳反应平衡，且$w_{[C]} = 0.425\%$，$p_{CO}^2/p_{CO_2} = 19348kPa$时的以纯石墨碳为标准态的活度$a_{[C],R}$。

解： 本题中碳的活度涉及两种活度标准态：（1）和（2）为假想质量1%溶液标准态，（3）为纯物质（石墨）标准态。

（1）钢液中碳的活度以假想质量1%溶液为标准态时，该脱碳反应的标准平衡常数为

$$K_{\%}^{\ominus} = \frac{(p_{CO}/p^{\ominus})^2}{(p_{CO_2}/p^{\ominus})a_{[C],\%}} = \frac{p_{CO}^2/p_{CO_2}}{p^{\ominus}\ w_{[C]\%}} = \frac{9421 \times 10^3}{10^5 \times 0.216} = 436$$

式中之所以有 $a_{[C],\%} = w_{[C]\%}$，是因为已知当 $w_{[C]} = 0.216\%$ 时钢液可按稀溶液处理。

（2）钢液中碳的活度以假想质量1%溶液为标准态时，碳的活度及活度系数分别为

$$a_{[C],\%} = \frac{(p_{CO}/p^{\ominus})^2}{(p_{CO_2}/p^{\ominus})K_{\%}^{\ominus}} = \frac{p_{CO}^2/p_{CO_2}}{p^{\ominus}\ K_{\%}^{\ominus}} = \frac{19348 \times 10^3}{10^5 \times 436} = 0.444$$

$$f_{C,\%} = a_{[C],\%}/w_{[C]\%} = 0.444/0.425 = 1.045$$

（3）钢液中碳的活度以纯物质（石墨）为标准态时，该脱碳反应的标准平衡常数为

$$K_{R}^{\ominus} = \frac{(p_{CO}/p^{\ominus})^2}{(p_{CO_2}/p^{\ominus})a_{[C],R}} = \frac{p_{CO}^2/p_{CO_2}}{p^{\ominus}\ a_{[C],R}} = \frac{1.55 \times 10^6 \times 10^3}{10^5 \times 1} = 15500$$

式中之所以有 $a_{[C],R} = 1$，是因为钢液中碳饱和（$w_{[C]} = w_{[C],sat}$）。

当 $w_{[C]} = 0.425\%$，$p_{CO}^2/p_{CO_2} = 19348\text{kPa}$ 时，以纯石墨为标准态的碳活度为

$$a_{[C],R} = \frac{(p_{CO}/p^{\ominus})^2}{(p_{CO_2}/p^{\ominus})K_{R}^{\ominus}} = \frac{p_{CO}^2/p_{CO_2}}{p^{\ominus}\ K_{R}^{\ominus}} = \frac{19348 \times 10^3}{10^5 \times 15500} = 0.0125$$

3.19 金属A和B的熔点分别为1000℃和700℃，此A-B二元系存在如下反应

800℃　包晶　$\alpha(w_{[B]} = 10\%) + L(w_{[B]} = 50\%) \rightarrow \beta(w_{[B]} = 30\%)$

600℃　共晶　$L(w_{[B]} = 80\%) \rightarrow \beta(w_{[B]} = 60\%) + \gamma(w_{[B]} = 90\%)$

300℃　共析　$\beta(w_{[B]} = 50\%) \rightarrow \alpha(w_{[B]} = 4\%) + \gamma(w_{[B]} = 95\%)$

试根据以上条件画出此A-B二元系相图（设相区界线为直线）。

解：根据已知条件画出的二元相图如图3-9所示。

3.20 金属A的棒中含有少量杂质B。在500℃，组成为 $x_{[B]} = 3\%$、$x_{[A]} = 97\%$ 的液体同组成为 $x_{[B]} = 2\%$、$x_{[A]} = 98\%$ 的固体相平衡。对此金属棒进行区域精炼时，用加热器加热金属棒，使金属棒的很小一段局部区域熔化成液体，如图3-10所示。加热器按图示箭头方向缓慢移动，因此液体区域也随之缓慢移动。随着熔化区域的经过，液体在平衡条

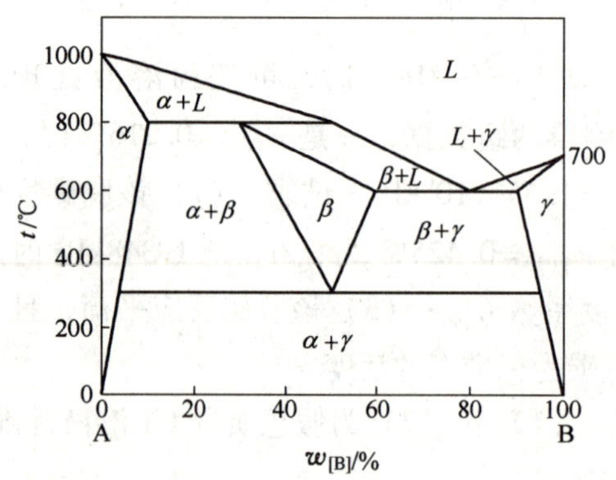

图3-9　A-B二元系相图

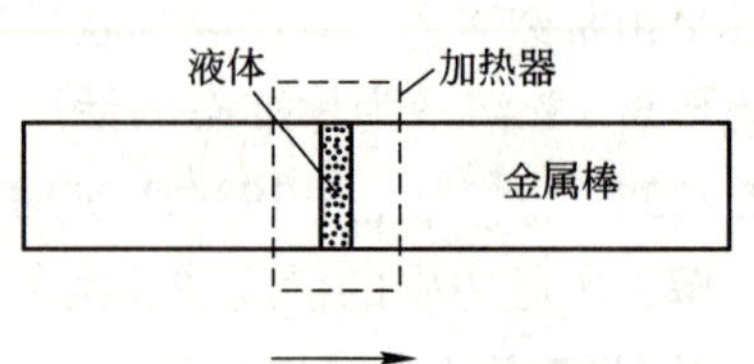

图3-10　金属棒区域熔化示意图

件下凝固。试求当加热器在金属棒上重复通过3次后金属棒始端（左端）的组成。已知纯金属A的熔点为600℃，此金属棒的原始组成为 $x_{[B],0}=4\%$、$x_{[A],0}=96\%$，液体区域的温度为650℃，A-B二元相图近A端的液相线和固相线皆为直线。

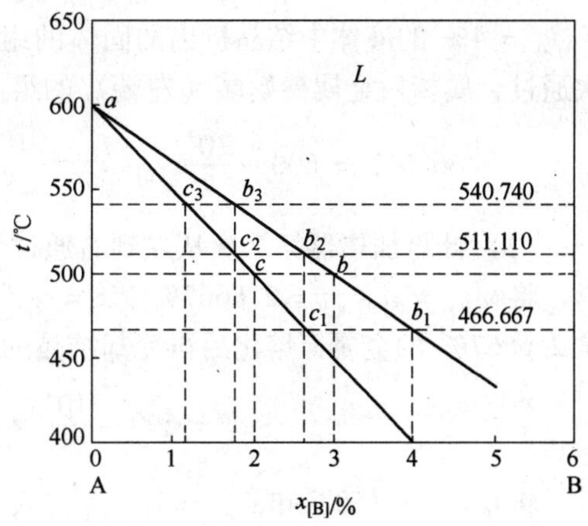

图 3-11　A-B二元相图的局部

解：根据已知条件，过点 $a(x_{[B]}=0, t=600℃)$ 和点 $b(x_{[B]}=3\%, t=500℃)$ 绘一直线，此即近A端的液相线，过点 $a(x_{[B]}=0, t=600℃)$ 和点 $c(x_{[B]}=2\%, t=500℃)$ 绘一直线，此即近A端的固相线，如图3-11所示。

设液相线（直线）ab 和固相线（直线）ac 的方程式分别为

$$t=A+Bx_{[B]} \qquad (\text{i})$$

$$t=A'+B'x_{[B]} \qquad (\text{ii})$$

将点 a 的坐标（$x_{[B]}=0$，$t=600℃$）和点 b 的坐标（$x_{[B]}=3\%$，$t=500℃$）分别代入式（i）中，可得

$$A=600℃ \qquad B=-\frac{10^4}{3}℃$$

因此，液相线（直线）的方程式（i）变为

$$t=600-\frac{10^4}{3}x_{[B]} \qquad (\text{iii})$$

将点 a 的坐标（$x_{[B]}=0$，$t=600℃$）和点 c 的坐标（$x_{[B]}=2\%$，$t=500℃$）分别代入式（ii）中，可得

$$A'=600℃ \qquad B'=-\frac{10^4}{2}℃$$

因此，固相线（直线）的方程式（ii）变为

$$t=600-\frac{10^4}{2}x_{[B]} \qquad (\text{iv})$$

解法1：分步计算法。

为使计算过程清晰明确，把重复进行的3次区域精炼过程分成如下3步计算。

（1）计算加热器第1次从左到右通过金属棒后金属棒始端（左端）的组成。

将 $x_{[B]}=x_{[B],0}=4\%$ 和 $t=t_1$ 代入式（iii），计算原始组成为 $x_{[B],0}=4\%$ 的金属棒熔化后再冷却结晶的开始温度，即液相线上点 b_1 的温度为

$$t_1=600-\frac{10^4}{3}\times4\%=466.667℃$$

将 $t_1=466.667℃$ 和 $x_{[B]}=x_{[B],s,1}$ 代入式（ⅳ）中，计算在该温度下从原始组成为 $x_{[B],0}=4\%$ 的液体中结晶析出的固体的组成，即固相线上点 c_1 的组成，亦即加热器第1次通过金属棒后金属棒始端（左端）的组成为

$$466.667=600-\frac{10^4}{2}x_{[B],s,1} \qquad x_{[B],s,1}=\frac{600-466.667}{10^4/2}=2.6667\%$$

（2）计算加热器第2次从左到右通过金属棒后金属棒始端（左端）的组成。

将 $x_{[B]}=x_{[B],s,1}=2.6667\%$ 和 $t=t_2$ 代入式（ⅲ），计算始端（左端）的组成为 $x_{[B],s,1}=2.6667\%$ 的金属棒熔化后再冷却结晶的开始温度，即液相线上点 b_2 的温度为

$$t_2=600-\frac{10^4}{3}\times 2.6667\%=511.110℃$$

将 $t_2=511.110℃$ 和 $x_{[B]}=x_{[B],s,2}$ 代入式（ⅳ）中，计算在该温度下从组成为 $x_{[B],s,1}=2.6667\%$ 的液体中结晶析出的固体的组成，即固相线上点 c_2 的组成，亦即加热器第2次通过金属棒后金属棒始端（左端）的组成为

$$511.110=600-\frac{10^4}{2}x_{[B],s,2} \qquad x_{[B],s,2}=\frac{600-511.110}{10^4/2}=1.7778\%$$

（3）计算加热器第3次从左到右通过金属棒后金属棒始端（左端）的组成。

将 $x_{[B]}=x_{[B],s,2}=1.7778\%$ 和 $t=t_3$ 代入式（ⅲ）中，计算始端（左端）的组成为 $x_{[B],s,2}=1.7778\%$ 的金属棒熔化后再冷却结晶的开始温度，即液相线上点 b_3 的温度为

$$t_3=600-\frac{10^4}{3}\times 1.7778\%=540.740℃$$

将 $t_3=540.740℃$ 和 $x_{[B]}=x_{[B],s,3}$ 代入式（ⅳ）中，计算在该温度下从组成为 $x_{[B],s,2}=1.7778\%$ 的液体中结晶析出的固体的组成，即固相线上点 c_3 的组成，亦即加热器第3次通过金属棒后金属棒始端（左端）的组成为

$$540.740=600-\frac{10^4}{2}x_{[B],s,3} \qquad x_{[B],s,3}=\frac{600-540.740}{10^4/2}=1.1852\%$$

以上为分步计算，也可以如解法二直接用公式（ⅴ）一步算出。

解法2：综合计算法。

为简便，可以利用组元B在固—液两相间的分配常数 L_B 计算。

$$x_{[B],s,n}=x_{[B],0}L_B^n \tag{ⅴ}$$

式中 L_B——组元B在固—液两相间的平衡分配常数（偏析系数），对于稀溶液或液相线和固相线皆为直线者为常数；

n——区域精炼次数，即加热器从始端到末端重复通过金属棒的次数；

$x_{[B],s,n}$——经 n 次区域精炼后，金属棒始端的组成（杂质B的摩尔分数）；

$x_{[B],0}$——金属棒的原始组成（杂质B的摩尔分数）。

根据已知条件给出的 b 和 c 两点的平衡组成，计算组元B在固-液两相间的平衡分配常数（偏析系数）为

$$L_B=\frac{x_{[B],s}}{x_{[B],1}}=\frac{2\%}{3\%}=\frac{2}{3}$$

将 $x_{[B],0}=4\%$、$L_B=\frac{2}{3}$和 $n=3$ 代入式（v）中，得加热器在金属棒上重复通过3次后金属棒始端（左端）的组成为

$$x_{[B],s,3}=\frac{4}{100}\times\left(\frac{2}{3}\right)^3=1.1852\%$$

3.21 图3-12为A-B二元合金相图。对于其中的平衡冷却合金体系 $x'_{[B]}$，试计算：（1）温度 $t=t_e$时共晶体 e 在组成为 $x'_{[B]}$的合金体系中的质量分数 w_e；（2）温度 $t=t_e$时共晶体 e 中的固溶体 α 占组成为 $x'_{[B]}$的合金体系的质量分数 $w_{\alpha(e)}$；（3）当温度从 t_e冷却到 t_c时，从初晶 α 中析出的 β 占组成为 $x'_{[B]}$的合金体系的质量分数 $w_{\beta(\alpha)}$。

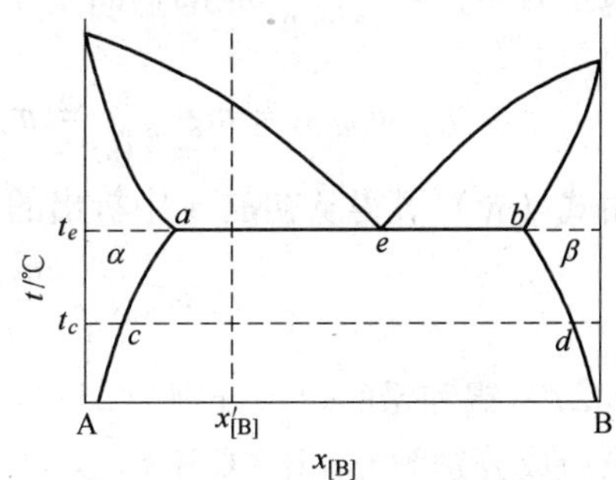

图 3-12 A-B二元系相图

解：设组成为 $x'_{[B]}$的合金体系的质量为 m。

（1）设在 $t=t_e$时组成为 $x'_{[B]}$的合金体系中共晶体 e 和固溶体 α 的质量分别为 m_e 和 m_α。

$$\frac{m_e}{m_\alpha}=\frac{x'_{[B]}-a}{e-x'_{[B]}} \quad (\text{i})$$

对式（i）应用和比定理，得

$$\frac{m_e}{m_e+m_\alpha}=\frac{x'_{[B]}-a}{x'_{[B]}-a+e-x'_{[B]}}=\frac{x'_{[B]}-a}{e-a} \quad (\text{ii})$$

在式（ii）中，因为

$$m_e+m_\alpha=m \qquad \frac{m_e}{m_e+m_\alpha}=\frac{m_e}{m}=w_e$$

所以，在 $t=t_e$时共晶体 e 在组成为 $x'_{[B]}$ 的合金体系中的质量分数为

$$w_e=\frac{x'_{[B]}-a}{e-a}$$

（2）在共晶体 e 中，固溶体 α 的质量分数为

$$w_{\alpha(e)}=\frac{b-e}{b-a}$$

由式（ii）可知，在 $t=t_e$时组成为 $x'_{[B]}$ 的合金体系中共晶体 e 的质量为

$$m_e=mw_e=m\times\frac{x'_{[B]}-a}{e-a}$$

则此时共晶体 e 中的固溶体 α 的质量为

$$m_{\alpha(e)}=m_e w_{\alpha(e)}=m_e\times\frac{b-e}{b-a}=m\times\frac{x'_{[B]}-a}{e-a}\times\frac{b-e}{b-a} \quad (\text{iii})$$

由式（iii）可得共晶体 e 中的 α 占组成为 $x'_{[B]}$ 的合金体系的质量分数为

$$w_{\alpha(e)}=\frac{m_{\alpha(e)}}{m}=\frac{x'_{[B]}-a}{e-a}\times\frac{b-e}{b-a}$$

（3）在 $t=t_e$时，组成为 $x'_{[B]}$ 的合金体系中的固溶体 α 的质量和质量分数分别为

$$m_{\alpha} = m \times \frac{e - x'_{[B]}}{e - a} \qquad w_{\alpha} = \frac{m_{\alpha}}{m} = \frac{e - x'_{[B]}}{e - a}$$

当温度从 t_e 冷却到 t_c 时，固溶体 α 减少的质量分数，即从初晶 α 中析出的固溶体 β 的质量分数为

$$w_{\beta(\alpha)} = \frac{a - c}{d - c}$$

则从质量为 $m_{\alpha} = \frac{e - x'_{[B]}}{e - a} m$ 的初晶 α 中析出的固溶体 β 的质量为

$$m_{\beta(\alpha)} = m_{\alpha} w_{\beta(\alpha)} = m_{\alpha} \times \frac{a - c}{d - c} = m \times \frac{e - x'_{[B]}}{e - a} \times \frac{a - c}{d - c} \tag{iv}$$

由式（iv）可得从初晶 α 中析出的 β 占组成为 $x'_{[B]}$ 的合金体系的质量分数为

$$w'_{\beta(\alpha)} = \frac{m_{\beta(\alpha)}}{m} = \frac{e - x'_{[B]}}{e - a} \times \frac{a - c}{d - c}$$

3.22 锡和铅的熔点分别为232℃和327℃，它们能形成 α 和 β 两种固溶体，其共晶温度及组成分别为 $t_e = 183$℃和 $w_{[Sn]} = 62\%$。某些温度时固溶体 α 和 β 中锡的饱和质量分数见表3-18。假设液相线和固相线都是直线。试解答关于组成为 $w_{[Sn]} = 37\%$ 的Sn-Pb二元合金熔体 M 冷却的如下问题：

（1）从该二元合金熔体中开始结晶析出固溶体 α 的温度 t_b；

（2）从该二元合金熔体中开始结晶析出固溶体 α 的组成（$w_{[Sn],\alpha}$）；

（3）在200℃时该二元合金中固溶体 α 所占的比例（$w_{\alpha,200℃}$）；

（4）在共晶温度 t_e 时该二元合金中共晶体 e 的质量分数 w_e；

（5）在150℃时该二元合金中固溶体 α 的比例（$w_{\alpha,150℃}$）。

表3-18　固溶体中锡的饱和质量分数

t/℃	183	150	100
$w_{[Sn]sat,\alpha}$/%	19	12	4
$w_{[Sn]sat,\beta}$/%	97	99	99.9

解： 根据已知条件绘出的Pb-Sn二元系相图如图3-13所示。

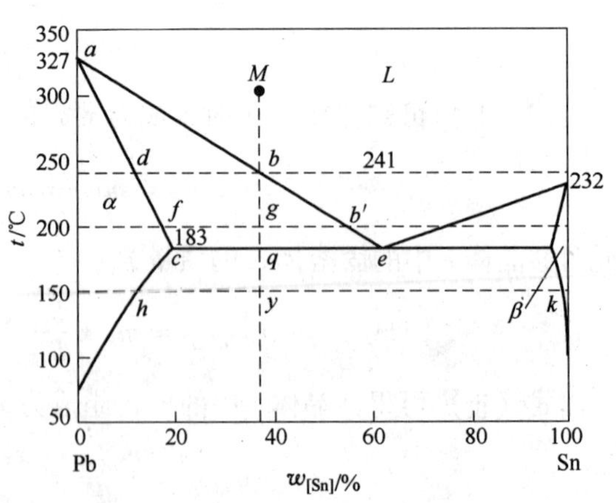

图3-13　Pb-Sn二元系相图

设图3-13中的液相线（直线）ae 的方程式为

$$t = A + 100Bw_{[Sn]} \tag{i}$$

将已知条件（$w_{[Sn]} = 0$ 时 $t = 327$℃，$w_{[Sn]} = 62\%$ 时 $t = 183$℃）分别代入式（i）中，得

$$327 = A + 100B \times 0 \tag{ii}$$

$$183 = A + 100B \times 62\% \tag{iii}$$

联立式（ii）和式（iii）求解，得

$$A = 327℃ \qquad B = -2.323℃$$

将 $A = 327℃$ 和 $B = -2.323℃$ 代入式（ⅰ）中，得液相线（直线）ae 的方程式为

$$t = 327 - 232.3w_{[Sn]} \tag{ⅳ}$$

设图 3-13 中的固相线（直线）ac 的方程式为

$$t = A' + 100B'w_{[Sn]} \tag{ⅴ}$$

将已知条件（$w_{[Sn]} = 0$ 时 $t = 327℃$，$w_{[Sn]} = 19\%$ 时 $t = 183℃$）分别代入式（ⅴ）中，得

$$327 = A' + 100B' \times 0 \tag{ⅵ}$$

$$183 = A' + 100B' \times 19\% \tag{ⅶ}$$

联立式（ⅵ）和式（ⅶ）求解，得

$$A' = 327℃ \qquad B' = -7.579℃$$

将 $A' = 327℃$ 和 $B' = -7.579℃$ 代入式（ⅴ）中，得固相线（直线）ac 的方程式为

$$t = 327 - 757.9w_{[Sn]} \tag{ⅷ}$$

（1）计算 t_b。将 $w_{[Sn]} = 37\%$ 代入式（ⅳ）中，得与液相线上的点 b 对应的温度，即从该二元合金熔体中开始结晶析出固溶体 α 的温度为

$$t_b = 327 - 232.3 \times 37\% = 241℃$$

（2）计算 $w_{[Sn],\alpha}$。将 $t = 241℃$ 和 $w_{[Sn]} = w_{[Sn],\alpha,d}$ 代入式（ⅷ）中，得

$$241 = 327 - 757.9w_{[Sn],\alpha,d} \tag{ⅸ}$$

由式（ⅸ）解得从该二元合金熔体中开始结晶析出的固溶体 α 的组成，即图 3-13 中固相线 ac 上的点 d 的组成（Sn 的质量分数）为

$$w_{[Sn],\alpha,d} = \frac{327 - 241}{757.9} = 11.35\%$$

（3）计算 $w_{\alpha,200℃}$。将 $t = 200℃$ 代入式（ⅷ）中，得在 200℃ 时结晶析出的固溶体 α 的组成，即图 3-13 中固相线 ac 上的点 f 的组成（Sn 的质量分数）为

$$w_{[Sn],\alpha,f} = \frac{327 - 200}{757.9} = 16.76\%$$

将 $t = 200℃$ 代入式（ⅳ）中，得在 200℃ 时与结晶析出的固体 α 相平衡的残余液相 L 的组成，即图 3-13 中液相线 ae 上的点 b' 的组成（Sn 的质量分数）为

$$w_{[Sn],L,b'} = \frac{327 - 200}{232.3} = 54.67\%$$

设该二元合金熔体的质量为 m，在 200℃ 时结晶析出的固体 α 的质量为 m_α，与结晶析出的固体 α 相平衡的残余液相 L 的质量为 m_L。根据杠杆规则，可得

$$m_{\alpha,f} \cdot fg = m_{L,b'} \cdot gb' \qquad \frac{m_{\alpha,f}}{m_{L,b'}} = \frac{gb'}{fg}$$

由合比定理，得

$$\frac{m_{\alpha,f}}{m_{\alpha,f}+m_{L,b'}}=\frac{gb'}{gb'+fg} \tag{x}$$

式（x）中，因为

$$m_{\alpha,f}+m_{L,b'}=m \qquad gb'+fg=fb'$$

$$gb'=w_{[\mathrm{Sn}],L,b'}-w_{[\mathrm{Sn}],g}=54.67\%-37\%=17.67\%$$

$$fb'=w_{[\mathrm{Sn}],L,b'}-w_{[\mathrm{Sn}],\alpha,f}=54.67\%-16.76=37.91\%$$

所以由式（x）可得在200℃时该二元合金中固体 α 所占的比例（质量分数）为

$$w_{\alpha,200℃}=\frac{m_{\alpha,f}}{m}=\frac{gb'}{fb'}=\frac{17.67\%}{37.91\%}=46.61\%$$

（4）计算 w_e。设该二元合金熔体的质量为 m，在共晶温度 183℃时结晶析出的固体 α 的质量为 $m_{\alpha,c}$，与结晶析出的固体 α 相平衡的共晶体 e 的质量为 m_e。根据杠杆规则，可得

$$m_{\alpha,c}\cdot cq=m_e\cdot qe \qquad \frac{m_e}{m_{\alpha,c}}=\frac{cq}{qe}$$

由合比定理，得

$$\frac{m_e}{m_e+m_{\alpha,c}}=\frac{cq}{cq+qe} \tag{xi}$$

式（xi）中，因为

$$m_e+m_{\alpha,c}=m \qquad cq+qe=ce$$

$$cq=w_{[\mathrm{Sn}],q}-w_{[\mathrm{Sn}],\alpha,c}=37\%-19\%=18\%$$

$$ce=w_{[\mathrm{Sn}],e}-w_{[\mathrm{Sn}],\alpha,c}=62\%-19\%=43\%$$

所以由式（xi）可得在共晶温度 183℃时该二元合金中共晶体 e 所占的比例（质量分数）为

$$w_e=\frac{m_e}{m}=\frac{cq}{ce}=\frac{18\%}{43\%}=41.86\%$$

（5）计算 $w_{\alpha,150℃}$。设该二元合金的质量为 m，在 150℃时该合金中固溶体 α 的质量为 $m_{\alpha,h}$、固溶体 β 的质量为 $m_{\beta,k}$。根据杠杆规则，可得

$$m_{\alpha,h}\cdot hy=m_{\beta,k}\cdot yk \qquad \frac{m_{\alpha,h}}{m_{\beta,k}}=\frac{yk}{hy}$$

由合比定理，得

$$\frac{m_{\alpha,h}}{m_{\alpha,h}+m_{\beta,k}}=\frac{yk}{yk+hy} \tag{xii}$$

式（xii）中，因为

$$m_{\alpha,h}+m_{\beta,k}=m \qquad yk+hy=hk$$

$$yk=w_{[\mathrm{Sn}],\beta,k}-w_{[\mathrm{Sn}],y}=99\%-37\%=62\%$$

$$hk=w_{[\mathrm{Sn}],\beta,k}-w_{[\mathrm{Sn}],\alpha,h}=99\%-12\%=87\%$$

所以由式（xii）可得在150℃时该二元合金中固溶体 α 的比例（质量分数）为

$$w_{\alpha,150℃} = \frac{m_{\alpha,h}}{m} = \frac{yk}{hk} = \frac{62\%}{87\%} = 71.26\%$$

3.23 用铋和镉配制二元合金，其质量分数分别为 $w_{[Bi]} = 30\%$，$w_{[Cd]} = 70\%$。铋和镉的熔点分别为270℃和320℃，铋和镉在20℃时的密度分别是 $\rho_{Bi} = 9.8 g \cdot cm^{-3}$ 和 $\rho_{Cd} = 8.6 g \cdot cm^{-3}$。铋和镉之间不形成化合物，也不形成固溶体，可形成 $w_{[Cd]} = 40\%$、且在140℃凝固的共晶体 e。假定 Bi-Cd 二元系相图如图3-14所示，其中的液相线是直线。同时还假设铋和镉在所配制的合金中的偏摩尔体积等于各自单独存在时的摩尔体积。试求：（1）所配制的合金熔体的开始结晶温度；（2）175℃时合金熔体中析出的固体镉所占的质量分数 w_{Cd}；（3）20℃时合金体系中共晶体 e 所占的质量分数 w_e；（4）所配制合金在20℃时的密度 ρ。

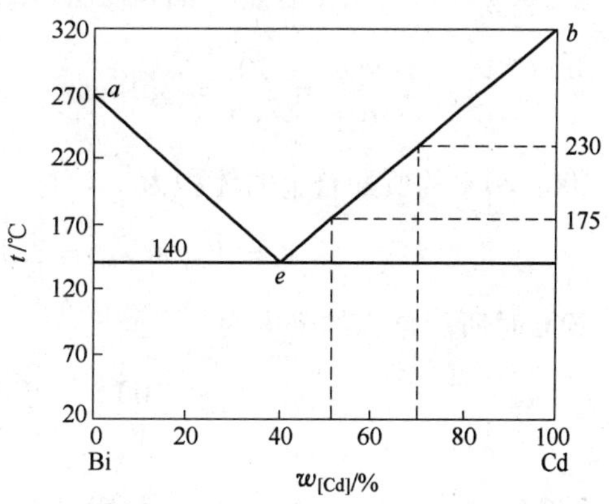

图 3-14 Bi-Cd 二元系相图

解：设液相线 eb 的直线方程式为

$$t = t_0 + 100kw_{[Cd]} \quad (\text{i})$$

将 $w_{[Cd]} = 40\%$ 和 $t = 140℃$ 代入式（i）中，得

$$t_0 + 40k = 140℃ \quad (\text{ii})$$

将 $w_{[Cd]} = 100\%$ 和 $t = 320℃$ 代入式（i）中，得

$$t_0 + 100k = 320℃ \quad (\text{iii})$$

联立方程式（ii）和（iii）求解，得

$$t_0 = 20℃ \qquad k = 3℃$$

将 $t_0 = 20℃$ 和 $k = 3℃$ 代入式（i）中，得液相线 eb 的直线方程式为

$$t = 20 + 300w_{[Cd]} \quad (\text{iv})$$

（1）将 $w_{[Cd]} = 70\%$ 代入式（iv）中，得所配制的合金熔体的开始结晶温度为

$$t = 20 + 300 \times 70\% = 230℃$$

（2）将 $t = 175℃$ 代入式（iv）中，得残余液相中镉的质量分数为

$$w_{[Cd]} = \frac{175 - 20}{300} = 51.7\%$$

利用杠杆规则，计算175℃时合金熔体中析出的固体镉所占的质量分数为

$$w_{Cd} = \frac{70 - 51.7}{100 - 51.7} = 37.9\%$$

（3）20℃时合金体系中共晶体 e 所占的质量分数等于140℃时的质量分数为

$$w_e = \frac{100-70}{100-40} = 50\%$$

（4）取 100g 20℃的所配合金，其中 Cd 和 Bi 的质量分别为

$m_{Cd} = 100w_{[Cd]} = 100 \times 70\% = 70g$　　$m_{Bi} = 100w_{[Bi]} = 100 \times 30\% = 30g$

在 100g 20℃的所配合金中镉和铋所占的体积分别为

$$V_{Cd} = \frac{m_{Cd}}{\rho_{Cd}} = \frac{70}{8.6} = 8.14cm^3 \qquad V_{Bi} = \frac{m_{Bi}}{\rho_{Bi}} = \frac{30}{9.8} = 3.06cm^3$$

100g 20℃的所配合金的体积为

$$V = V_{Cd} + V_{Bi} = 8.14 + 3.06 = 11.20cm^3$$

20℃时所配合金的密度为

$$\rho = \frac{100}{V} = \frac{100}{11.20} = 8.93g \cdot cm^{-3}$$

3.24　Au（熔点 1063℃，摩尔质量 $M_{Au}=197.0g \cdot mol^{-1}$）和 Pb（熔点 327℃，摩尔质量 $M_{Pb}=207.2g \cdot mol^{-1}$）在液态时完全互溶，在固态时完全不互溶。在 418℃时，组成为 $w_{[Pb]}=45\%$，$w_{[Au]}=55\%$ 的 Au-Pb 二元合金溶液同固体金 $Au_{(s)}$ 反应生成化合物 $Au_2Pb_{(s)}$。在 254℃时，组成为 $w_{[Pb]}=72\%$，$w_{[Au]}=28\%$ 的 Au-Pb 二元合金溶液同化合物 $Au_2Pb_{(s)}$ 反应生成另一化合物 $AuPb_{2(s)}$。在 215℃时，形成组成为 $w_{[Pb]}=85\%$，$w_{[Au]}=15\%$ 的共晶体。试根据已知条件画出 Au-Pb 二元相图并标示各相区的名称。

解： 化合物 Au_2Pb 和 $AuPb_2$ 的摩尔质量分别为

$$M_{Au_2Pb} = 2M_{Au} + M_{Pb} = 197.0 \times 2 + 207.2 = 601.2g \cdot mol^{-1}$$

$$M_{AuPb_2} = M_{Au} + 2M_{Pb} = 197.0 + 207.2 \times 2 = 611.4g \cdot mol^{-1}$$

化合物 Au_2Pb 中 Pb 的质量分数和化合物 $AuPb_2$ 中 Pb 的质量分数分别为

$$w_{[Pb],Au_2Pb} = \frac{M_{Pb}}{M_{Au_2Pb}} = \frac{207.2}{601.2} = 34.46\%$$

$$w_{[Pb],AuPb_2} = \frac{2M_{Pb}}{M_{AuPb_2}} = \frac{207.2 \times 2}{611.4} = 67.78\%$$

根据已知的和计算得到的数据，可画出如图 3-15 所示的 Au-Pb 二元系相图。

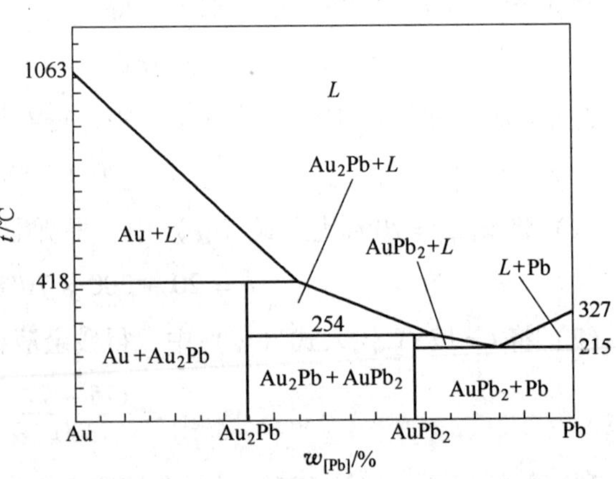

图 3-15　Au-Pb 二元系相图

3.25　金属 A、B 和它们的稳定化合物 A_xB_y（组成为 $w_{[A]}=55\%$，$w_{[B]}=45\%$）的熔点分别为 2200℃、1550℃和 1775℃。由冷却曲线分析得到的数据见表 3-19。

表 3-19　由冷却曲线分析得到的数据

$w_{[B]}/\%$	4	10	20	22	30	40	50	65	80	90	98
结晶开始温度 t_1 / ℃	2091	1927	1655	1600	1661	1737	1619	1150	1321	1436	1527
结晶结束温度 t_s / ℃	1960	1600	1600	1600	1600	1600	1150	1150	1150	1150	1390

此外，化合物 A_xB_y 可溶解于固体 A 形成固溶体 α，在 1600℃ 时溶解度最大（$w_{[B]}=10\%$），在 25℃ 时溶解度为零；化合物 A_xB_y 也可溶解于固体 B 形成固溶体 β，在 1150℃ 时溶解度最大（$w_{[A]}=5\%$），在 25℃ 时溶解度为零。金属 A 和 B 都不溶于化合物。试绘出 A-B 二元系相图。

解：根据已知条件，绘出如图 3-16 所示的 A-B 二元系相图。

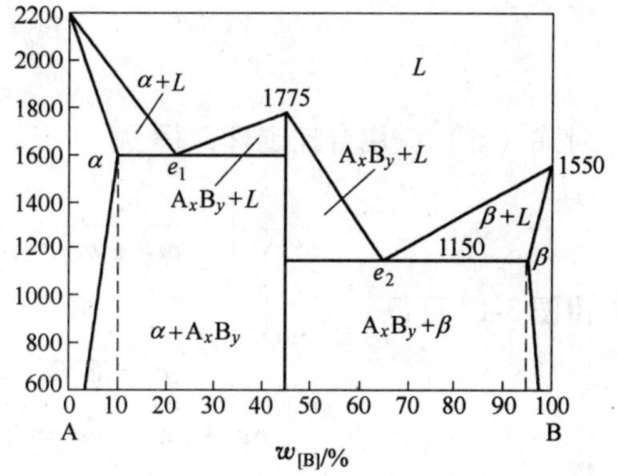

图 3-16　A-B 二元系相图

3.26　不同组成的 Ni-Cu 二元合金体系从高温逐渐冷却时，测得的数据见表 3-20。试画出其相图并标注各相区名称，然后解答下列问题：

（1）指出相图中固相的性质；

（2）把组成为 $w_{[Cu]}=70\%$ 的合金熔体 M_1 从 1350℃ 开始冷却，问在什么温度开始有固相结晶析出，其组成如何？最后残余微量熔体凝固结晶时的温度和组成各为几何？

（3）将质量为 $m_2=0.24\text{kg}$，组成为 $w_{[Cu]}=50\%$ 的合金熔体 M_2 从 1350℃ 开始冷却到 1275℃ 时，Ni 在平衡的液、固两相中的质量各为多少？

表 3-20　Ni-Cu 二元合金体系冷却实验数据

$w_{[Cu]}/\%$	0	20	40	60	80	100
开始结晶温度 t_1 / ℃	1451	1410	1354	1281	1194	1082
结晶终了温度 t_s / ℃	1451	1356	1270	1194	1134	1082

解：根据表 3-20 中的数据，以开始结晶温度 t_1 对铜的质量分数 $w_{[Cu]}$ 作图，得如图 3-17 所示的液相线，再以结晶终了温度 t_s 对铜的质量分数 $w_{[Cu]}$ 作图，得如图 3-17 所示的固相线。所绘相图中有三个相区，其名称分别标注为"L"、"$\alpha+L$"和"α"。

（1）相图中的固相 α 为完全互溶型固溶体；

（2）组成为 $w_{[Cu]}=70\%$ 的合金熔体 M_1 冷却到 1242℃（液相线上的点

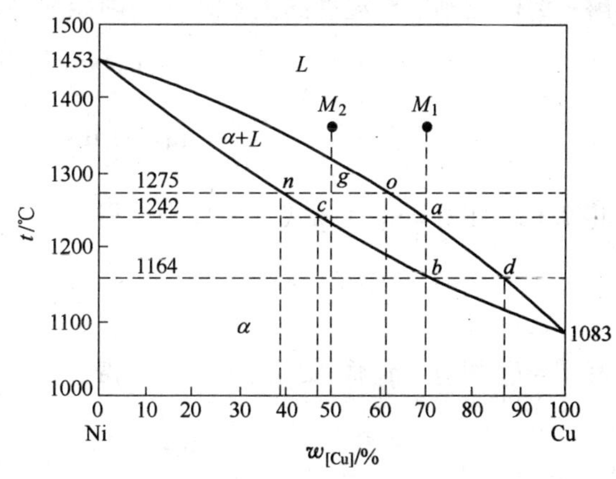

图 3-17　Ni-Cu 二元系相图

a）时开始有固相 α 结晶析出，其（固相线上的点 c）组成为 $w_{[Cu]}=47\%$；最后残余微量熔体凝固结晶时的温度和组成分别为 1164℃（固相线上的点 b 的温度）和 $w_{[Cu]}=86\%$（液相线上点 d 的组成）；

（3）设平衡的液、固两相的质量分别为 m_L 和 m_α。根据杠杆规则，可得

$$m_\alpha \cdot ng = m_L \cdot go \tag{i}$$

$$\frac{m_\alpha}{m_L} = \frac{go}{ng} \tag{ii}$$

对式（ii）应用合比定理，得

$$\frac{m_\alpha}{m_L + m_\alpha} = \frac{go}{ng + go} = \frac{go}{no} \tag{iii}$$

由图 3-17 可得

$$go = 62\% - 50\% = 12\%$$

$$ng + go = no = 62\% - 38\% = 24\%$$

因为 $m_L + m_\alpha = m_2 = 0.24\text{kg}$，所以由式（iii）可得平衡固相（$\alpha$）的质量为

$$\frac{m_\alpha}{m_L + m_\alpha} = \frac{m_\alpha}{m_2} = \frac{12\%}{24\%} = \frac{1}{2} \qquad m_\alpha = \frac{1}{2}m_2 = \frac{1}{2} \times 0.24 = 0.12\text{kg}$$

进而可得平衡的液相（L）的质量为

$$m_L = m_2 - m_\alpha = 0.24 - 0.12 = 0.12\text{kg}$$

又由图 3-17 可见，平衡的液（点 o）、固（点 n）两相的组成分别为 $w_{[Ni],L}=38\%$ 和 $w_{[Ni],\alpha}=62\%$。由此可计算 Ni 在平衡的液、固两相中的质量分别为

$$m_{Ni,L} = m_L w_{[Ni],L} = 0.12 \times 38\% = 0.0456\text{kg}$$

$$m_{Ni,\alpha} = m_\alpha w_{[Ni],\alpha} = 0.12 \times 62\% = 0.0744\text{kg}$$

3.27 实验测定碳的质量分数 $w_{[C]}=2.0\%$ 的 Fe-C 熔体的黏度，在 1500℃时 $\eta_1 = 0.0061\text{Pa}\cdot\text{s}$，在 1600℃时 $\eta_2 = 0.0043\text{Pa}\cdot\text{s}$，求该 Fe-C 熔体的黏流活化能 E_η。

解：熔体的黏度与温度的关系式（类阿累尼乌斯公式）为

$$\eta = \eta_0 \exp(E_\eta / RT)$$

$$\ln\eta = \ln\eta_0 + \frac{E_\eta}{RT} \tag{i}$$

将 $T=T_1$ 和 $\eta=\eta_1$ 代入式（i）中，得

$$\ln\eta_1 = \ln\eta_0 + \frac{E_\eta}{RT_1} \tag{ii}$$

将 $T=T_2$ 和 $\eta=\eta_2$ 代入式（i）中，得

$$\ln\eta_2 = \ln\eta_0 + \frac{E_\eta}{RT_2} \tag{iii}$$

式(ii)－式(iii)，得

$$\ln\frac{\eta_1}{\eta_2} = \frac{E_\eta}{R}\left(\frac{1}{T_1} - \frac{1}{T_2}\right) \tag{iv}$$

由式（iv）得黏流活化能方程式为

$$E_\eta = \frac{RT_1T_2\ln(\eta_1/\eta_2)}{T_2 - T_1} \tag{v}$$

将 $T_1 = 1773\text{K}$、$T_2 = 1873\text{K}$、$\eta_1 = 0.0061\text{Pa}\cdot\text{s}$、$\eta_2 = 0.0043\text{Pa}\cdot\text{s}$ 和 $R = 8.314\text{J}\cdot(\text{mol}\cdot\text{K})^{-1}$代入式（v）中，得该 Fe-C 熔体的黏流活化能为

$$E_\eta = \frac{8.314 \times 1773 \times 1873 \times \ln(0.0061/0.0043)}{1873 - 1773} = 96543\text{J}\cdot\text{mol}^{-1}$$

3.28 实验测得 Fe-S 熔体中硫的扩散系数，在 1500℃时 $D_1 = 3.19\times10^{-9}\text{m}^2\cdot\text{s}^{-1}$，在 1600℃时 $D_2 = 4.55\times10^{-9}\text{m}^2\cdot\text{s}^{-1}$，求该 Fe-S 熔体中硫的扩散活化能 E_D。

解：熔体中组元的扩散系数与温度的关系式（类阿累尼乌斯公式）为

$$D = D_0\exp(-E_\text{D}/RT)$$

$$\ln D = \ln D_0 - \frac{E_\text{D}}{RT} \tag{i}$$

将 $T = T_1$ 和 $D = D_1$ 代入式（i）中，得

$$\ln D_1 = \ln D_0 - \frac{E_\text{D}}{RT_1} \tag{ii}$$

将 $T = T_2$ 和 $D = D_2$ 代入式（i）中，得

$$\ln D_2 = \ln D_0 - \frac{E_\text{D}}{RT_2} \tag{iii}$$

式(ii)－式(iii)，得

$$\ln\frac{D_1}{D_2} = \frac{E_\text{D}}{R}\left(\frac{1}{T_2} - \frac{1}{T_1}\right) \tag{iv}$$

由式（iv）得扩散活化能方程式为

$$E_\text{D} = \frac{RT_2T_1\ln(D_1/D_2)}{T_1 - T_2} \tag{v}$$

将 $T_1 = 1773\text{K}$、$T_2 = 1873\text{K}$、$R = 8.314\text{J}\cdot\text{mol}^{-1}\cdot\text{K}^{-1}$、$D_1 = 3.19\times10^{-9}\text{m}^2\cdot\text{s}^{-1}$和 $D_2 = 4.55\times10^{-9}\text{m}^2\cdot\text{s}^{-1}$代入式（v）中，得该 Fe-S 熔体中硫的扩散活化能为

$$E_\text{D} = \frac{8.314 \times 1873 \times 1773 \times \ln(3.19\times10^{-9}/4.55\times10^{-9})}{1773 - 1873} = 98043\text{J}\cdot\text{mol}^{-1}$$

3.29 在 1600℃，铁液中硅的活度系数与摩尔分数的关系式为

$$\lg\gamma_\text{Si} = -2.90 + 5.25x_{[\text{Si}]} \tag{i}$$

试求：(1) 自作用系数 $\varepsilon_\text{Si}^\text{Si}$；(2) 在 1600℃，硅在铁液中溶解并形成质量 1% 溶液的溶解过程

$$\mathrm{Si}_{(1)} = [\mathrm{Si}]_{w[\mathrm{Si}]=1\%} \quad (\mathrm{ii})$$

的标准（以假想质量1%溶液为标准态）溶解吉布斯自由能 $\Delta_{sol}G^{\ominus}_{m,Si,\%}$ 和溶解吉布斯自由能 $\Delta_{sol}G_{m,Si}$。

解：(1) 将式（i）等号两端同乘以2.303，得硅活度系数的自然对数方程式为

$$\ln\gamma_{Si} = -6.6787 + 12.0908x_{[Si]} \quad (\mathrm{iii})$$

求函数 $\ln\gamma_{Si}$ 对 $x_{[Si]}$ 的一阶偏导数，得铁液中硅对硅的自作用系数为

$$\varepsilon^{Si}_{Si} = \frac{\partial\ln\gamma_{Si}}{\partial x_{[Si]}} = \frac{\partial}{\partial x_{[Si]}}(-6.6787 + 12.0908x_{[Si]}) = 12.0908$$

(2) 该溶解过程的标准（以假想质量1%溶液为标准态）溶解吉布斯自由能函数式为

$$\Delta_{sol}G^{\ominus}_{m,Si,\%} = RT\ln\gamma^0_{Si}\frac{M_{Fe}}{100M_{Si}} \quad (\mathrm{iv})$$

根据式（i），求 $\lg\gamma^0_{Si}$ 和 γ^0_{Si} 分别为

$$\lg\gamma^0_{Si} = \lim_{x[Si]\to0}\lg\gamma_{Si} = \lim_{x[Si]\to0}(-2.90 + 5.25x_{[Si]}) = -2.90 \qquad \gamma^0_{Si} = 0.00126$$

将 $T=1873\mathrm{K}$、$R=8.314\mathrm{J}\cdot(\mathrm{mol}\cdot\mathrm{K})^{-1}$、$M_{Fe}=56\mathrm{g}\cdot\mathrm{mol}^{-1}$、$M_{Si}=28\mathrm{g}\cdot\mathrm{mol}^{-1}$ 和 $\gamma^0_{Si}=0.00126$ 代入式（iv）中，得所求标准（以假想质量1%溶液为标准态）溶解吉布斯自由能为

$$\Delta_{sol}G^{\ominus}_{m,Si,\%} = 8.314\times1873\times\ln0.00126\times\frac{56}{100\times28} = -164888\mathrm{J}\cdot\mathrm{mol}^{-1}$$

溶解过程的标准溶解吉布斯自由能（例如 $\Delta_{sol}G^{\ominus}_{m,Si,\%}$）与标准态有关，而溶解吉布斯自由能（例如 $\Delta_{sol}G_{m,Si}$）与标准态无关。当发生溶解过程 $\mathrm{Si}_{(1)}=[\mathrm{Si}]_{w[\mathrm{Si}]=1\%}$，生成服从亨利定律的质量1%（$w_{[Si]}=1\%$）标准溶液时，$a_{[Si],\%}=1$，则该溶解过程的吉布斯自由能为

$$\Delta_{sol}G_{m,Si} = \Delta_{sol}G^{\ominus}_{m,Si,\%} + RT\ln a_{[Si],\%} = -164888 + RT\ln1 = -164888\mathrm{J}\cdot\mathrm{mol}^{-1}$$

但如果发生溶解过程 $\mathrm{Si}_{(1)}=[\mathrm{Si}]_{w[\mathrm{Si}]=1\%}$，生成的质量1%（$w_{[Si]}=1\%$）溶液不服从亨利定律，则该溶解过程的吉布斯自由能为

$$\Delta_{sol}G_{m,Si} = RT\ln a_{[Si],R} = RT\ln\gamma_{Si}x_{[Si]} = RT\ln\gamma_{Si} + RT\ln x_{[Si]} \quad (\mathrm{v})$$

将 $w_{[Si]}=1\%$ 转换成摩尔分数为

$$x_{[Si]} = \frac{1/M_{Si}}{1/M_{Si} + 99/M_{Fe}} = \frac{1/28}{1/28 + 99/56} = 0.0198$$

将式（iii）代入式（v）中，得

$$\Delta_{sol}G_{m,Si} = RT(-6.6787 + 12.0908x_{[Si]}) + RT\ln x_{[Si]} \quad (\mathrm{vi})$$

将 $T=1873\mathrm{K}$、$R=8.314\mathrm{J}\cdot(\mathrm{mol}\cdot\mathrm{K})^{-1}$、$x_{[Si]}=0.0198$ 代入式（vi）中，计算硅（$\mathrm{Si}_{(1)}$）溶解于铁液中，生成不服从亨利定律的质量1%（$w_{[Si]}=1\%$）溶液的吉布斯自由能为

$$\begin{aligned}\Delta_{sol}G_{m,Si} &= 8.314\times1873\times(-6.6787 + 12.0908\times0.0198) + 8.314\times1873\times\ln0.0198\\ &= -161349\mathrm{J}\cdot\mathrm{mol}^{-1}\end{aligned}$$

3.30 在某高温下，FeO-MnO 二元系熔渣与含 Mn 铁液之间发生下列化学反应，并同时达到平衡。

$$(\text{FeO}) + [\text{Mn}] \Longrightarrow \text{Fe}_{(1)} + (\text{MnO}) \qquad \lg K_1^{\ominus} = \frac{6440}{T} - 2.950 \qquad (\text{i})$$

$$\text{Fe}_{(1)} + [\text{O}] \Longrightarrow (\text{FeO}) \qquad \lg K_2^{\ominus} = \frac{6150}{T} - 2.604 \qquad (\text{ii})$$

$$[\text{Mn}] + [\text{O}] \Longrightarrow (\text{MnO}) \qquad \lg K_3^{\ominus} = \frac{12590}{T} - 5.554 \qquad (\text{iii})$$

实验发现，在化学反应（i）的标准平衡常数方程式中，如果用摩尔分数 $x_{(\text{MnO})}$ 和 $x_{(\text{FeO})}$ 分别代替活度 $a_{(\text{MnO}),\text{R}}$ 和 $a_{(\text{FeO}),\text{R}}$，用质量百分数 $w_{[\text{Mn}]\%}$ 代替活度 $a_{[\text{Mn}],\%}$，则标准平衡常数 $K_1^{\ominus}$ 仍然守常，即

$$K_1^{\ominus} = \frac{a_{(\text{MnO}),\text{R}}}{a_{(\text{FeO}),\text{R}}a_{[\text{Mn}],\%}} = \frac{x_{(\text{MnO})}}{x_{(\text{FeO})}w_{[\text{Mn}]\%}} \qquad (\text{iv})$$

试求：(1) 化学反应（i）的标准吉布斯自由能 $\Delta_r G_{m(1)}^{\ominus}$，并指出熔渣中的 MnO、FeO、铁液中的 Mn 各自的标准态；(2) 铁液中组元 Mn 的活度自作用系数 $e_{\text{Mn}}^{\text{Mn}}$；(3) 此渣-铁平衡体系的物种数 S、独立组元数 c、自由度数 f 和独立反应数 R；(4) 在 $T=1900\text{K}$ 和 $w_{[\text{Mn}]}=0.35\%$ 时，熔渣中平衡的 MnO、FeO 的摩尔分数 $x_{(\text{MnO})}$、$x_{(\text{FeO})}$ 和铁液中平衡的氧活度；(5) 在 $T=1900\text{K}$ 和 $w_{[\text{Mn}]}=0.35\%$ 时，铁液中平衡氧的活度系数。已知铁液中氧的溶解度与温度的关系式为

$$\lg w_{[\text{O}]\%,\text{sat}} = -\frac{6320}{T} + 2.734 \qquad (\text{v})$$

解：(1) 计算化学反应（i）的标准吉布斯自由能与温度的关系式为

$$\Delta_r G_{m(1)}^{\ominus} = -19.147T\lg K_1^{\ominus} = -19.147T\left(\frac{6440}{T} - 2.950\right) = (-123307 + 56.50T)\text{J}\cdot\text{mol}^{-1}$$

熔渣中 MnO 和 FeO 的标准态皆为纯物质，铁液中 Mn 的标准态为假想质量 1%（$w_{[\text{Mn}]}=1\%$）溶液。

(2) 该体系中的含锰铁液视为 Fe-Mn 二元系（忽略微量氧）溶液。因为 $a_{[\text{Mn}],\%} = w_{[\text{Mn}]\%}$，所以 $f_{\text{Mn},\%}=1$。该含锰铁液（Fe-Mn 二元系）中 Mn 的活度系数的方程式为

$$\lg f_{\text{Mn},\%} = e_{\text{Mn}}^{\text{Mn}} w_{[\text{Mn}]\%} \qquad (\text{vi})$$

依据式（vi），求函数 $\lg f_{\text{Mn},\%}$ 对 $w_{[\text{Mn}]\%}$ 的一阶偏导数，然后再将 $f_{\text{Mn},\%}=1$ 代入其中，得铁液中组元 Mn 的活度自作用系数为

$$e_{\text{Mn}}^{\text{Mn}} = \frac{\partial \lg f_{\text{Mn},\%}}{\partial w_{[\text{Mn}]\%}} = \frac{\partial \lg 1}{\partial w_{[\text{Mn}]\%}} = 0$$

(3) 此渣-铁平衡体系的物种数 $S=5$、独立组元数 $c=3$、自由度数 $f=3$、独立反应数 $R=2$。

(4) 计算在 $T=1900\text{K}$ 时化学反应（i）的标准平衡常数为

$$\lg K_1^{\ominus} = \frac{6440}{1900} - 2.950 = 0.4395 \qquad K_1^{\ominus} = 2.751$$

将 $w_{[Mn]\%}=0.35$、$K_1^{\ominus}=2.751$ 代入式（ⅳ）中，得平衡时的二组元的摩尔分数之比为

$$\frac{x_{(MnO)}}{x_{(FeO)}} = 0.96285 \tag{ⅶ}$$

由 FeO 和 MnO 组成的二元系熔渣，平衡时的二组元的摩尔分数之和为

$$x_{(MnO)} + x_{(FeO)} = 1 \tag{ⅷ}$$

联立方程式（ⅶ）和式（ⅷ）求解，得平衡时的熔渣中二组元的摩尔分数分别为

$$x_{(MnO)} = 0.4905 \qquad x_{(FeO)} = 0.5095$$

计算在 $T=1900\text{K}$ 时化学反应（ⅱ）的标准平衡常数为

$$\lg K_2^{\ominus} = \frac{6150}{1900} - 2.604 = 0.6330 \qquad K_2^{\ominus} = 4.295$$

根据化学反应方程式（ⅱ）写出的标准平衡常数方程式为

$$K_2^{\ominus} = \frac{a_{(FeO),R}}{a_{[O],\%}} = \frac{x_{(FeO)}}{a_{[O],\%}} \tag{ⅸ}$$

将 $x_{(FeO)}=0.5095$、$K_2^{\ominus}=4.295$ 代入式（ⅸ）中并解该方程式，得铁液中平衡氧的活度为

$$a_{[O],\%} = 0.119$$

（5）将 $T=1900\text{K}$ 代入式（ⅴ）中，计算在该温度下铁液中氧的溶解度为

$$\lg w_{[O]\%,sat} = -\frac{6320}{1900} + 2.734 = -0.5923 \qquad w_{[O]\%,sat} = 0.2557$$

在平衡的 FeO 活度 $a_{(FeO),R}=x_{(FeO)}=0.5095$ 时，铁液中平衡氧的质量百分数为

$$w_{[O]\%} = w_{[O]\%,sat}x_{(FeO)} = 0.2557 \times 0.5095 = 0.1303$$

计算铁液中平衡氧的活度系数为

$$f_{O,\%} = \frac{a_{[O],\%}}{w_{[O]\%}} = \frac{0.119}{0.1303} = 0.9133$$

4 冶金炉渣习题解

4.1 试根据 $CaO-SiO_2$渣系相图（附图2）说明，在SiO_2的质量分数分别为 $w_{(SiO_2)}=25\%$、$w_{(SiO_2)}=35\%$及 $w_{(SiO_2)}=90\%$的三种熔渣冷却过程中相组成的变化。

解：（1）$w_{(SiO_2)}=25\%$的熔渣冷却过程中相组成的变化。此熔渣组成（$w_{(SiO_2)}=25\%$）线通过共晶点 e_1（$w_{(SiO_2)}=25\%$，$t=2065℃$）。

1）冷却到 2065℃（共晶温度）时，发生共晶反应为

$$L_1 = C + \alpha C_2S$$

冷却到 2065℃以下时，液相 L_1消失，体系共存相为 $C+\alpha C_2S$。

2）冷却到 1900℃（C_3S 的形成温度）时，发生固相化合反应为

$$C + \alpha C_2S = C_3S$$

冷却到 1900℃以下时，C 相消失，体系共存相为 αC_2S+C_3S。

3）冷却到 1420℃（晶型转变温度）时，发生晶型转变反应为

$$\alpha C_2S = \alpha' C_2S$$

冷却到 1420℃以下时，αC_2S 相消失，体系共存相为 $C_3S+\alpha' C_2S$。

4）冷却到 1250℃（C_3S 的分解温度）时，发生固相分解反应为

$$C_3S = C + \alpha' C_2S$$

冷却到 1250℃以下时，C_3S 相消失，体系共存相为 $C+\alpha' C_2S$。

5）冷却到 725℃（晶型转变温度）时，发生晶型转变反应为

$$\alpha' C_2S = \gamma C_2S$$

冷却到 725℃以下时，$\alpha' C_2S$ 相消失，最终体系共存相为 $C+\gamma C_2S$。

（2）$w_{(SiO_2)}=35\%$的熔渣冷却过程中相组成的变化。

1）冷却到液相线温度时，发生析晶反应为

$$L_1 = \alpha C_2S$$

冷却到液相线温度以下时，体系共存相为 $L_1+\alpha C_2S$。

2）冷却到 1475℃（包晶温度）时，发生包晶反应为

$$L_1 + \alpha C_2S = C_3S_2$$

冷却到 1475℃以下时，液相 L_1消失，体系共存相为 $\alpha C_2S+C_3S_2$。

3）冷却到 1420℃（晶型转变温度）时，发生晶型转变反应为

$$\alpha C_2S = \alpha' C_2S$$

冷却到 1420℃以下时，αC_2S 相消失，体系共存相为 $\alpha' C_2S+C_3S_2$。

4）冷却到 725℃（晶型转变温度）时，发生晶型转变反应为

$$\alpha'C_2S = \gamma C_2S$$

冷却到 725℃以下时，$\alpha'C_2S$ 相消失，最终体系共存相为 $\gamma C_2S + C_3S_2$。

（3）$w_{(SiO_2)} = 90\%$ 的熔渣冷却过程中相组成的变化。

该熔渣组成（$w_{(SiO_2)} = 90\%$）线通过临界点 G（$w_{(SiO_2)} = 90\%$，$t = t_G$）。

1）冷却到分溶线上的临界温度 $t = t_G$ 时，发生液相分层反应为

$$L_G = L_1 + L_2$$

冷却到分溶线温度以下时，液相 L_G 消失，体系共存相为 $L_1 + L_2$。

2）冷却到 1700℃（偏晶温度）时，发生偏晶反应为

$$L_2 = L_1 + \alpha \text{方石英}$$

冷却到 1700℃以下时，液相 L_2 消失，体系共存相为 $L_1 + \alpha$ 方石英。

3）冷却到 1470℃（晶型转变温度）时，发生晶型转变反应为

$$\alpha \text{方石英} = \alpha \text{鳞石英}$$

冷却到 1470℃以下时，α 方石英相消失，体系共存相为 $L_1 + \alpha$ 鳞石英。

4）冷却到 1436℃（共晶温度）时，发生共晶反应为

$$L_1 = \alpha CS + \alpha \text{鳞石英}$$

冷却到 1436℃以下时，液相 L_1 消失，体系共存相为 $\alpha CS + \alpha$ 鳞石英。

5）冷却到 1210℃（晶型转变温度）时，发生晶型转变反应为

$$\alpha CS = \beta CS$$

冷却到 1210℃以下时，αCS 相消失，体系共存相为 $\beta CS + \alpha$ 鳞石英。

6）冷却到 870℃（晶型转变温度）时，发生晶型转变反应为

$$\alpha \text{鳞石英} = \alpha \text{石英}$$

冷却到 870℃以下时，α 鳞石英相消失，体系共存相为 $\beta CS + \alpha$ 石英。

7）冷却到 575℃（晶型转变温度）时，发生晶型转变反应为

$$\alpha \text{石英} = \beta \text{石英}$$

冷却到 575℃以下时，α 石英相消失，最终体系共存相为 $\beta CS + \beta$ 石英。

4.2 试绘出图 4-1 中体系点 a、b、c、d、g、h 的结晶过程及冷却曲线。

解：根据三角形划分规则，体系点位于哪个子三角形内，结晶过程就在哪个子三角形的三元无变量点结束，结晶结束后，体系由该子三角形三个顶点的物质所组成。所以，据此可判断体系点 a、b、d、g 和 h 的结晶过程在子三角形

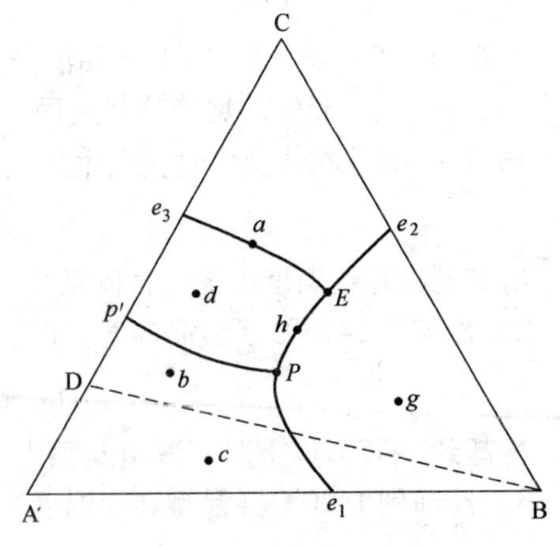

图 4-1　具有一个不稳定二元化合物的三元系相图

△BCD 的三元无变量点 E（三元共晶点）结束，结晶结束后，体系由固相纯物质 B、C 和 D 组成，而体系点 c 的结晶过程在子三角形△ABD 的三元无变量点 P（三元包晶点）结束，结晶结束后，体系由固相纯物质 A、B 和 D 组成。

下面分析图 4-1 中给出的各体系点的结晶过程，并绘出其冷却曲线示意图如图 4-2 所示。

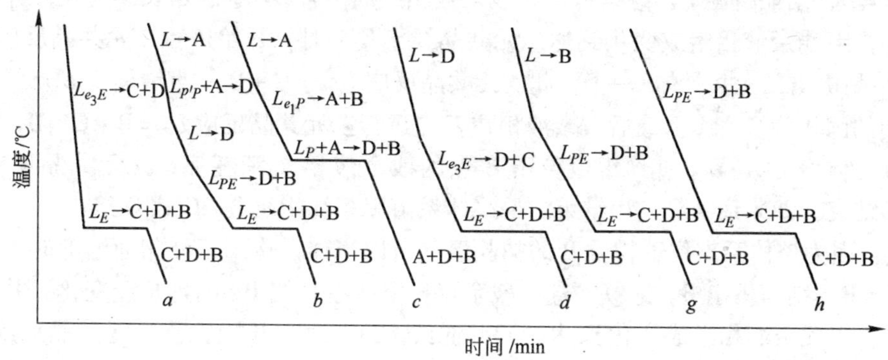

图 4-2　各体系点的结晶过程及冷却曲线

a 点：因为该体系点位于物质 C 和 D 两初晶区的界线（二元共晶线）e_3E 上，所以当体系冷却至液相面（具体说是两液相面的交线 e_3E）温度时，开始二元共晶反应 $L_{e_3E}=C+D$，结晶析出二元共晶体 C + D。继续冷却，残余液相组成沿二元共晶线 e_3E 变化，并不断结晶析出二元共晶体 C + D，此二元共晶反应 $L_{e_3E}=C+D$ 一直继续到 E 点结束，此时体系中的固相为 C 和 D。最后残余液相在 E 点进行三元共晶反应 $L_E=B+C+D$，结晶析出三元共晶体 B + C + D，直到组成位于 E 点的残余液相 L_E 消耗完，三元共晶反应 $L_E=B+C+D$ 结束，即体系结晶过程结束。最终体系由固相纯物质 B、C 和 D 组成。

b 点：因为该体系点位于物质 A 的初晶区，所以当体系冷却至液相面温度时，开始析晶反应 $L=A$，结晶析出 A。继续冷却，残余液相组成沿直线 Ab 的延长线变化，并不断结晶析出 A，当残余液相组成变化到达二元包晶线 $p'P$ 上时，开始进行二元包晶反应 $L_{p'P}+A=D$，结晶析出 D，此时体系中的固相为 A + D。此后，随冷却的进行，残余液相和 A 沿二元包晶线 $p'P$ 继续进行二元包晶反应 $L_{p'P}+A=D$，并不断结晶析出 D，直到 A 被消耗完，二元包晶反应 $L_{p'P}+A=D$ 结束，而液相在二元包晶反应结束时尚有剩余，此时体系中的固相只有 D。继续冷却，残余液相组成将离开二元包晶线 $p'P$，进入 D 的初晶区，发生析晶反应 $L=D$，结晶析出 D，此时体系中的固相仍只有 D。继续冷却，当残余液相组成穿过 D 的初晶区到达二元共晶线 PE 上时，开始进行二元共晶反应 $L_{PE}=B+D$，结晶析出二元共晶体 B + D，此过程一直继续到 E 点。最后残余液相在 E 点进行三元共晶反应 $L_E=B+C+D$，结晶析出三元共晶体 B + C + D，直到组成位于 E 点的残余液相 L_E 消耗完，三元共晶反应 $L_E=B+C+D$ 结束，即体系结晶过程结束。最终体系由固相纯物质 B、C 和 D 组成。

c 点：因为该体系点位于物质 A 的初晶区，所以当体系冷却至液相面温度时，开始析晶反应 $L=A$，结晶析出 A。继续冷却，残余液相组成沿直线 Ac 的延长线变化，并不断结晶析出 A，当残余液相组成变化到达二元共晶线 e_1P 上时，开始进行二元共晶反应 $L_{e_1P}=A$

+B，结晶析出二元共晶体 A+B，此二元共晶反应 L_{e_1P} = A+B 一直继续到 P 点结束，此时体系中的固相为 A 和 B。最后残余液相在 P 点进行三元包晶反应 L_P + A = B + D，结晶析出 B+D，直到组成位于 P 点的残余液相 L_P消耗完，三元包晶反应 L_P + A = B + D 结束，即体系结晶过程结束。最终体系由固相纯物质 A、B 和 D 组成。

d 点：因为该体系点位于物质 D 的初晶区，所以当体系冷却至液相面温度时，开始析晶反应 L = D，结晶析出 D。继续冷却，残余液相组成沿直线 Dd 的延长线变化，并不断结晶析出 D，当残余液相组成变化到达二元共晶线 e_3E 上时，开始进行二元共晶反应 L_{e_3E} = C+D，结晶析出二元共晶体 C+D，此二元共晶反应 L_{e_3E} = C+D 一直继续到 E 点结束，此时体系中的固相为 C 和 D。最后残余液相在 E 点进行三元共晶反应 L_E = B+C+D，结晶析出三元共晶体 B+C+D，直到组成位于 E 点的残余液相 L_E 消耗完，三元共晶反应 L_E = B+C+D结束，即体系结晶过程结束。最终体系由固相纯物质 B、C 和 D 组成。

g 点：因为该体系点位于物质 B 的初晶区，所以当体系冷却至液相面温度时，开始析晶反应 L = B，结晶析出 B。继续冷却，残余液相组成沿直线 Bg 的延长线变化，并不断结晶析出 B，当残余液相组成变化到达二元共晶线 PE 上时，开始进行二元共晶反应 L_{PE} = B+D，结晶析出二元共晶体 B+D，此二元共晶反应 L_{PE} = B+D 一直继续到 E 点结束，此时体系中的固相为 B 和 D。最后残余液相在 E 点进行三元共晶反应 L_E = B+C+D，结晶析出三元共晶体 B+C+D，直到组成位于 E 点的残余液相 L_E消耗完，三元共晶反应 L_E = B+C+D 结束，即体系结晶过程结束。最终体系由固相纯物质 B、C 和 D 组成。

h 点：因为该体系点位于物质 B 和 D 两初晶区的界线（二元共晶线）PE 上，所以当体系冷却至液相面（具体说是两液相面的交线 PE）温度时，开始二元共晶反应 L_{PE} = B+D，结晶析出二元共晶体 B+D，继续冷却，此二元共晶反应 L_{PE} = B+D 一直继续到 E 点结束，此时体系中的固相为 B 和 D。最后残余液相在 E 点进行三元共晶反应 L_E = B+C+D，结晶析出三元共晶体 B+C+D，直到组成位于 E 点的残余液相 L_E消耗完，三元共晶反应 L_E = B+C+D 结束，即体系结晶过程结束。最终体系由固相纯物质 B、C 和 D 组成。

4.3 图 4-3 为有两个不稳定二元化合物 D_1 和 D_2 的三元系相图。试解答下列问题：

（1）指出物质 A、B、C、D_1 和 D_2 各自的初晶区；

（2）指出 p_1、p_2、E_1、E_2 和 P 点的性质；

（3）指出 p_1P 和 p_2P 两线的相平衡关系；

（4）指出△AD_1D_2及△CD_1D_2内任一体系点结晶过程的结束点，并分别绘出其中 a 点和 b 点的结晶过程及冷却曲线。

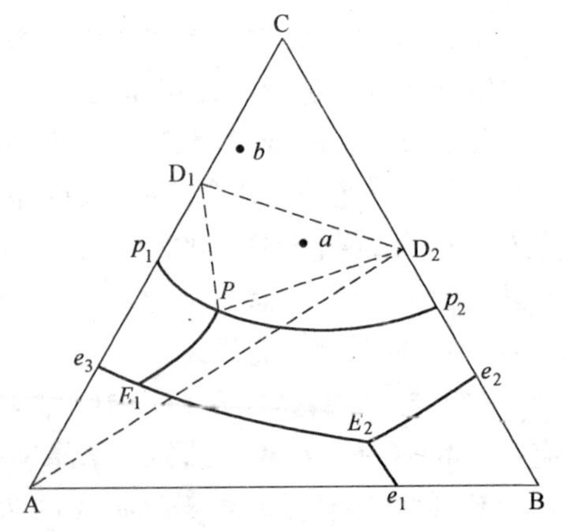

图 4-3　有两个不稳定二元化合物的三元系相图

解：（1）封闭区域 A$e_1E_2e_3$A 为 A 的初晶区，封闭区域 B$e_1E_2e_2$B 为 B 的初晶区，封闭区域 Cp_1Pp_2C 为 C 的初晶区，封闭区域 $p_1e_3E_1Pp_1$ 为 D_1的初晶区，封闭区域 $p_2PE_1E_2e_2p_2$ 为 D_2 的初晶区。

（2）p_1 为二元包晶点，在该点进行二元包晶反应 L_{p_1} + C = D_1；p_2 亦为二元包晶点，在该点进行二元包晶反应 $L_{p_2}+C=D_2$；E_1是三元共晶点，在该点进行三元共晶反应 $L_{E_1}=A+D_1+D_2$；E_2也是三元共晶点，在该点进行三元共晶反应 $L_{E_2}=A+B+D_2$；P 为三元包晶点，在该点进行三元包晶反应 $L_P+C=D_1+D_2$。

（3）p_1P 线为二元包晶线，在该线上的相平衡关系为 $L_{p_1P}+C=D_1$；p_2P 线也是二元包晶线，在该线上的相平衡关系为 $L_{p_2P}+C=D_2$。

（4）$\triangle AD_1D_2$ 内任一体系点的结晶结束点为 E_1 点；$\triangle CD_1D_2$ 内任一体系点的结晶结束点为 P 点。体系点 a 和 b 的结晶过程及冷却曲线如图4-4所示。

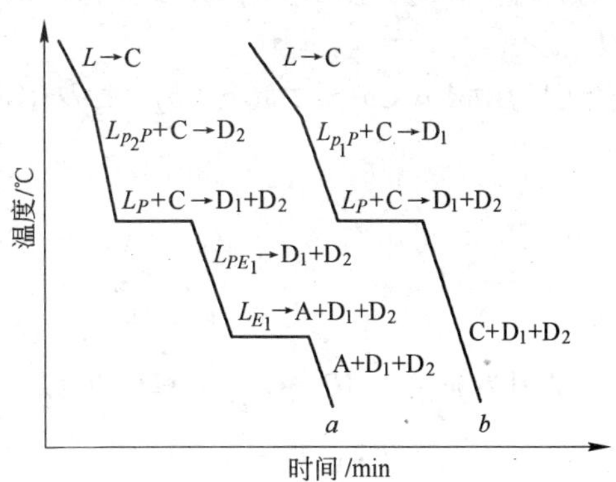

图4-4　体系点 a 和 b 的结晶过程及冷却曲线示意图

a 点：位于C的初晶区，且在$\triangle AD_1D_2$内。根据“三角形划分规则”判断，a 点的结晶结束点为 E_1，最终组成相为 $A+D_1+D_2$。液相冷却，开始沿直线 Ca 的延长线结晶析出C，当残余液相组成变化到达二元包晶线 p_2P 上时，开始进行二元包晶反应 $L_{p_2P}+C=D_2$，结晶析出 D_2，此时固相为 $C+D_2$。此后，残余液相组成沿二元包晶线 p_2P 变化并继续进行二元包晶反应 $L_{p_2P}+C=D_2$，结晶析出 D_2，此二元包晶反应一直继续到 P 点结束。在 P 点，进行三元包晶反应 $L_P+C=D_1+D_2$，结晶析出 D_1+D_2，直到C消耗完，该三元包晶反应结束，此时，固相为 D_1+D_2，液相仍有剩余。随冷却的继续进行，残余液相组成沿二元共晶线 PE_1变化并进行二元共晶反应 $L_{PE_1}=D_1+D_2$，结晶析出二元共晶体 D_1+D_2，此二元共晶反应一直继续到 E_1点结束，此时，固相为 D_1+D_2，液相仍有剩余。最后，残余液相在 E_1点进行三元共晶反应 $L_{E_1}=A+D_1+D_2$，结晶析出三元共晶体 $A+D_1+D_2$，直到残余液相消失，结晶过程结束。最终，体系由固相纯物质A、D_1和D_2组成。

b 点：位于C的初晶区，且在$\triangle CD_1D_2$内。根据“三角形划分规则”判断，b 点的结晶结束点为 P，最终组成相为 $C+D_1+D_2$。液相冷却，开始沿直线 Cb 的延长线结晶析出C，当残余液相组成变化到达二元包晶线 p_1P 上时，开始进行二元包晶反应 $L_{p_1P}+C=D_1$，结晶析出 D_1。此后，残余液相组成沿二元包晶线 p_1P 变化并继续进行二元包晶反应 $L_{p_1P}+C=D_1$，结晶析出 D_1，此二元包晶反应一直继续到 P 点结束，此时固相为 $C+D_1$。在 P 点，进行三元包晶反应 $L_P+C=D_1+D_2$，结晶析出 D_1+D_2，直到残余液相消失，结晶过程结束。最终，体系由固相纯物质C、D_1和D_2组成。

4.4　试用几何方法证明三元系的等比例规则，然后叙述绘出 $CaO-SiO_2-Al_2O_3$ 系中 $w_{(CaO)}/w_{(SiO_2)}=2.3$ 的等比例线的方法。

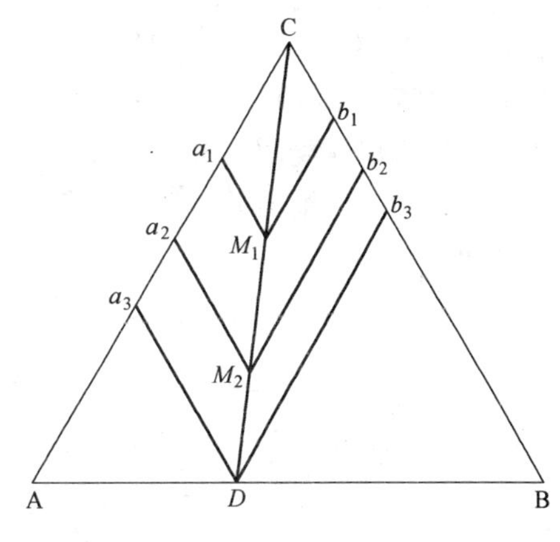

图4-5　等比例规则

证：图4-5为A-B-C三元系浓度三角形的等

比例规则示意图。M_1 和 M_2 是浓度三角形△ABC 内线段 CD 上的任意两个体系点。在△ABC 内，$M_1a_1 /\!/ M_2a_2 /\!/ Da_3 /\!/ BC$，$M_1b_1 /\!/ M_2b_2 /\!/ Db_3 /\!/ AC$，则体系 M_1 中组元 A 和 B 的质量分数分别为 $w_{A,1} = Ca_1$ 和 $w_{B,1} = Cb_1$，体系 M_2 中组元 A 和 B 的质量分数分别为 $w_{A,2} = Ca_2$ 和 $w_{B,2} = Cb_2$，体系 D 中组元 A 和 B 的质量分数分别为 $w_{A,D} = Ca_3 = BD$ 和 $w_{B,D} = Cb_3 = AD$。

因为 $\square M_1a_1Cb_1 \backsim \square M_2a_2Cb_2 \backsim \square Da_3Cb_3$，所以

$$Ca_1 : Ca_2 : Ca_3 = Cb_1 : Cb_2 : Cb_3$$

$$Ca_1 : Cb_1 = Ca_2 : Cb_2 = Ca_3 : Cb_3$$

$$w_{A,1}/w_{B,1} = w_{A,2}/w_{B,2} = w_{A,D}/w_{B,D}$$

又因为 $w_{A,D} = BD$，$w_{B,D} = AD$，所以

$$w_{A,1}/w_{B,1} = w_{A,2}/w_{B,2} = w_{A,D}/w_{B,D} = BD/AD = k(\text{定值})$$

为绘出质量分数比 $w_{(CaO)}/w_{(SiO_2)} = 2.3$ 的等比例线，需先在 $CaO\text{-}SiO_2\text{-}Al_2O_3$ 系浓度三角形的 $CaO\text{-}SiO_2$ 边线上求得一点 D，使该点所含 CaO 和 SiO_2 的质量分数比 $w_{(CaO),D}/w_{(SiO_2),D} = 2.3$，为此，列如下方程求该点所含 CaO 和 SiO_2 的质量分数 $w_{(CaO),D}$ 和 $w_{(SiO_2),D}$。

$$w_{(CaO),D} + w_{(SiO_2),D} = 100\% \tag{i}$$

$$w_{(CaO),D}/w_{(SiO_2),D} = 2.3 \tag{ii}$$

联立方程式（i）和式（ii），解得 D 点所含 CaO 和 SiO_2 的质量分数分别为

$$w_{(CaO),D} = 69.70\% \qquad w_{(SiO_2),D} = 30.30\%$$

根据所求得的质量分数，即可在 $CaO\text{-}SiO_2$ 边线上确定点 D 的具体位置。然后，连接浓度三角形的顶点 A(Al_2O_3) 和点 D，得 AD 线即为 $w_{(CaO)}/w_{(SiO_2)} = 2.3$ 的等比例线，如图 4-6 所示。

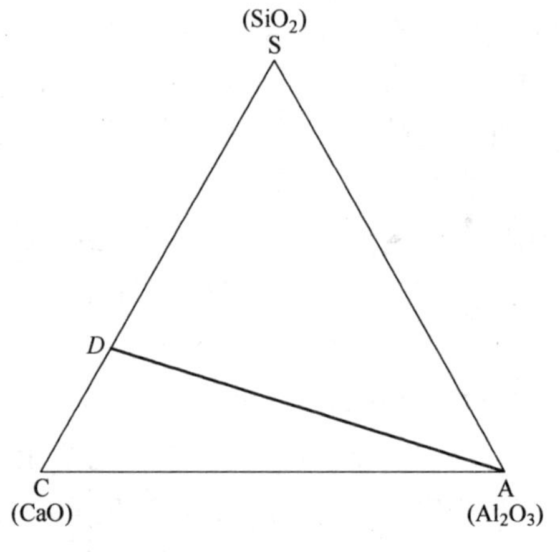

图 4-6　$w_{(CaO)}/w_{(SiO_2)} = 2.3$ 的等比例线

4.5　试从 $CaO\text{-}SiO_2\text{-}Al_2O_3$ 渣系相图（附图 3）中绘出或说明组成为 $w_{(CaO)} = 40.53\%$、$w_{(SiO_2)} = 32.94\%$、$w_{(Al_2O_3)} = 17.23\%$、$w_{(MgO)} = 2.55\%$ 的熔渣 M 冷却过程中液相及固相组成的变化，并计算熔渣凝固后的相组成。

解： 已知条件给出的熔渣中的各物质的质量分数之和为

$$\begin{aligned}\Sigma w_{(B)} &= w_{(CaO)} + w_{(SiO_2)} + w_{(Al_2O_3)} + w_{(MgO)} \\ &= 40.53\% + 32.94\% + 17.23\% + 2.55\% = 93.25\%\end{aligned}$$

因为 $\Sigma w_{(B)} \neq 100\%$，所以要将其折算成 100%。折算后的各物质的质量分数分别为

$$w'_{(CaO)} = w_{(CaO)}/\Sigma w_{(B)} = 40.53\%/93.25\% = 43.46\%$$

$$w'_{(SiO_2)} = w_{(SiO_2)}/\Sigma w_{(B)} = 32.94\%/93.25\% = 35.32\%$$

$$w'_{(Al_2O_3)} = w_{(Al_2O_3)}/\Sigma w_{(B)} = 17.23\%/93.25\% = 18.48\%$$

$$w'_{(MgO)} = w_{(MgO)}/\Sigma w_{(B)} = 2.55\%/93.25\% = 2.74\%$$

为利用 $CaO-SiO_2-Al_2O_3$渣系相图（附图3），需要将所给实际四元系熔渣按组元的酸碱性归并成伪三元系熔渣。归并后的伪三元系熔渣中的各组元的质量分数分别为

$$w''_{(CaO)} = w'_{(CaO)} + w'_{(MgO)} = 43.46\% + 2.74\% = 46.20\%$$

$$w''_{(SiO_2)} = w'_{(SiO_2)} = 35.32\%$$

$$w''_{(Al_2O_3)} = w'_{(Al_2O_3)} = 18.48\%$$

根据归并后的伪三元系熔渣的组成，在 $CaO-SiO_2-Al_2O_3$渣系相图（附图3）中找到该伪三元系熔渣的体系点 M，如图4-7所示。因为体系点 M 位于 $CS-C_2S-C_2AS$ 简单三元系相图中的三角形 $CS-C_3S_2-C_2AS$ 中，所以根据“三角形划分规则”判断，体系点 M 的结晶结束点为图4-7中的三元共晶点 E。熔渣凝固后的固相应该由三角形 $CS-C_3S_2-C_2AS$ 的3个顶点物质 CS、C_3S_2和 C_2AS 组成。

M 点的熔渣的结晶过程和冷却曲线如图4-8所示。M 点的熔渣冷却到液相面温度后，开始析晶反应 $L = C_2AS$，结晶析出 C_2AS。继续冷却，残余液相组成按“背向性规则”沿顶点 C_2AS 与体系点 M 的连线的延长线变化，并继续结晶析出 C_2AS，此析晶反应 $L = C_2AS$ 一直进行到残余液相组成变化到达二元共晶线 PE 上时结束，此时体系中的固相只有 C_2AS。继续冷却，残余液相组成沿二元共晶线 PE 变化并进行二元共晶反应 $L_{PE} = C_2AS + C_3S_2$，结晶析出二元共晶体 $C_2AS + C_3S_2$，此二元共晶反应一直继续到 E 点结束，此时体系中的固相为 $C_2AS + C_3S_2$。此后，残余液相在 E 点进行三元共晶反应 $L_E = C_2AS + C_3S_2 + CS$，结晶析出三元共晶体 $C_2AS + C_3S_2 + CS$，直到残余液相消失，结晶过程结束。最终，体系由固相纯物质 CS、C_3S_2和 C_2AS 组成。

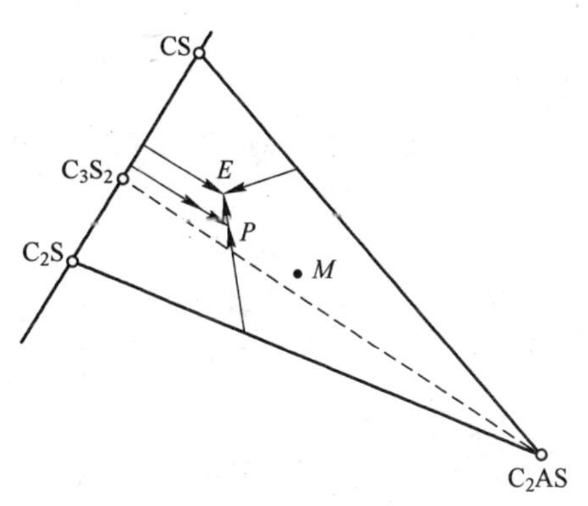

图4-7　体系点 M 所在位置示意图

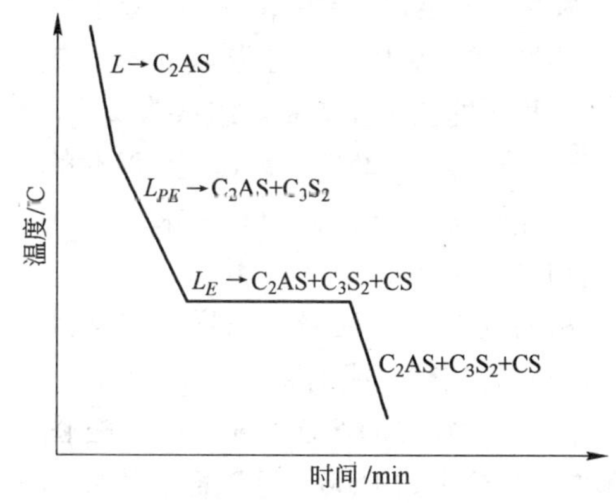

图4-8　M 点的结晶过程和冷却曲线

下面计算伪三元系熔渣 M（取100g为计算基准）凝固后的固相组成。

（1）计算固相 M 中所含 CaO、SiO_2和 Al_2O_3的物质的量

$$n_{(CaO)} = m_{(CaO)}/M_{CaO} = 100w''_{(CaO)}/M_{CaO} = 100 \times 46.20\%/56 = 0.825\text{mol}$$

$$n_{(SiO_2)} = m_{(SiO_2)}/M_{SiO_2} = 100w''_{(SiO_2)}/M_{SiO_2} = 100 \times 35.32\%/60 = 0.589\text{mol}$$

$$n_{(Al_2O_3)} = m_{(Al_2O_3)}/M_{Al_2O_3} = 100w''_{(Al_2O_3)}/M_{Al_2O_3} = 100 \times 18.48\%/102 = 0.181\text{mol}$$

（2）计算固相 M 中所含 C_2AS、C_3S_2 和 CS 的物质的量。分别建立 CaO、SiO_2 和 Al_2O_3 的物质的量守恒方程式分别为

$$2n_{(C_2AS)} + 3n_{(C_3S_2)} + n_{(CS)} = n_{(CaO)} = 0.825\text{mol} \quad (\text{i})$$

$$n_{(C_2AS)} + 2n_{(C_3S_2)} + n_{(CS)} = n_{(SiO_2)} = 0.589\text{mol} \quad (\text{ii})$$

$$n_{(C_2AS)} = n_{(Al_2O_3)} = 0.181\text{mol} \quad (\text{iii})$$

联立方程式（i）、式（ii）和式（iii）求解，得 C_2AS、C_3S_2 和 CS 的物质的量分别为

$n_{(C_2AS)} = 0.181\text{mol}$　　$n_{(C_3S_2)} = 0.055\text{mol}$　　$n_{(CS)} = 0.298\text{mol}$

（3）计算固相 M 中所含 C_2AS、C_3S_2 和 CS 的摩尔分数。固相 M 中所含各物质的量之和为

$$\Sigma n_{(B)} = n_{(C_2AS)} + n_{(C_3S_2)} + n_{(CS)} = 0.181 + 0.055 + 0.298 = 0.534\text{mol}$$

固相 M 中所含 C_2AS、C_3S_2 和 CS 的摩尔分数分别为

$$x_{(C_2AS)} = n_{(C_2AS)}/\Sigma n_{(B)} = 0.181/0.534 = 0.339$$

$$x_{(C_3S_2)} = n_{(C_3S_2)}/\Sigma n_{(B)} = 0.055/0.534 = 0.103$$

$$x_{(CS)} = n_{(CS)}/\Sigma n_{(B)} = 0.298/0.534 = 0.558$$

（4）计算固相 M 中所含 C_2AS、C_3S_2 和 CS 的质量分数。查得该 3 种物质的摩尔质量分别为

$$M_{C_2AS} = 274\text{g}\cdot\text{mol}^{-1} \qquad M_{C_3S_2} = 288\text{g}\cdot\text{mol}^{-1} \qquad M_{CS} = 116\text{g}\cdot\text{mol}^{-1}$$

计算该 3 种物质的质量分数分别为

$$w_{(C_2AS)} = m_{(C_2AS)}/100 = n_{(C_2AS)}M_{C_2AS}/100 = 0.181\times 274/100 = 49.60\%$$

$$w_{(C_3S_2)} = m_{(C_3S_2)}/100 = n_{(C_3S_2)}M_{C_3S_2}/100 = 0.055\times 288/100 = 15.84\%$$

$$w_{(CS)} = m_{(CS)}/100 = n_{(CS)}M_{CS}/100 = 0.298\times 116/100 = 34.57\%$$

4.6 试绘出 CaO-SiO_2-FeO 渣系相图（附图 4）的 1500℃ 等温截面图，并标出各相区的相平衡关系。组成为 $w_{(CaO)} = 55\%$，$w_{(SiO_2)} = 25\%$，$w_{(FeO)} = 20\%$ 的熔渣在此温度析出什么相？并求出与此析出相平衡的液相组成，用杠杆原理计算平衡的此二相的质量。怎样才能使此熔渣中的固相减少或消失？

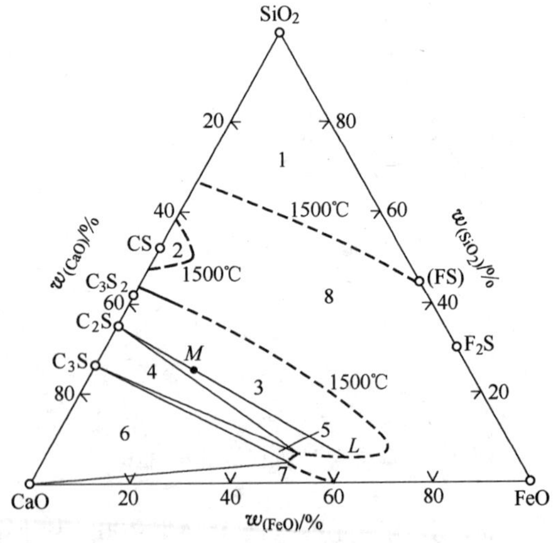

图 4-9　CaO-SiO_2-FeO 渣系 1500℃ 的等温截面图

1—L+S；2—L+CS；3—$L+C_2S$；4—$L+C_2S+C_3S$；5—$L+C_3S$；6—$L+C+C_3S$；7—L+C；8—L

解： 根据 CaO-SiO_2-FeO 渣系相图（附图 4）绘出的 1500℃ 等温截面图如图 4-9 所示。

给出组成的熔渣体系点位于图 4-9 中的 M 点，可见其位于固-液两相区 $(C_2S + L)$ 内，所以在 1500℃ 结晶析出固相 C_2S。

由图 4-9 可读出与固相 C_2S 平衡的液相 L 的组成为 $w_{(CaO)} = 36\%$，$w_{(SiO_2)} =$

6%，$w_{(FeO)}=58\%$。

将固相 C_2S 简记为 D。由图 4-9 可读出通过 M 点的结线，即杠杆长 $DL=58\%$，固相 D（C_2S）端的力臂长 $DM=20\%$，液相 L 端的力臂长 $ML=38\%$。设组成位于 M 点的熔渣的质量为 m_M，结晶析出的固相 D（C_2S）的质量为 m_D，与固相 D（C_2S）平衡的液相 L 的质量为 m_L，则根据杠杆规则计算固（C_2S）、液（L）两相的质量分数分别为

$$\frac{m_D}{m_L}=\frac{ML}{DM}=\frac{38\%}{20\%}$$

$$w_{C_2S}=w_D=\frac{m_D}{m_M}=\frac{m_D}{m_L+m_D}=\frac{ML}{DM+ML}=\frac{38\%}{20\%+38\%}=65.52\%$$

$$\frac{m_L}{m_D}=\frac{DM}{ML}=\frac{20\%}{38\%}$$

$$w_L=\frac{m_L}{m_M}=\frac{m_L}{m_D+m_L}=\frac{DM}{ML+DM}=\frac{20\%}{38\%+20\%}=34.48\%$$

使体系 M 中的固相 C_2S 减少或消失的办法是提高体系的温度。由 $CaO\text{-}SiO_2\text{-}FeO$ 渣系相图（附图 4）可见，体系 M 位于 1900℃ 等温线上，所以当体系温度 $t>1900$℃时，固相 C_2S 消失，体系 M 为单一的液相。

4.7 在 $CaO\text{-}SiO_2\text{-}Al_2O_3$ 渣系相图（附图 3）中，CS、C_3S_2、C_2AS 及 CAS_2 四个化合物构成一四边形，如图 4-10 所示。试用四边形对角线不相容原理，从热力学上证明其中 CS-C_2AS 连线是划分三角形的正确连线。

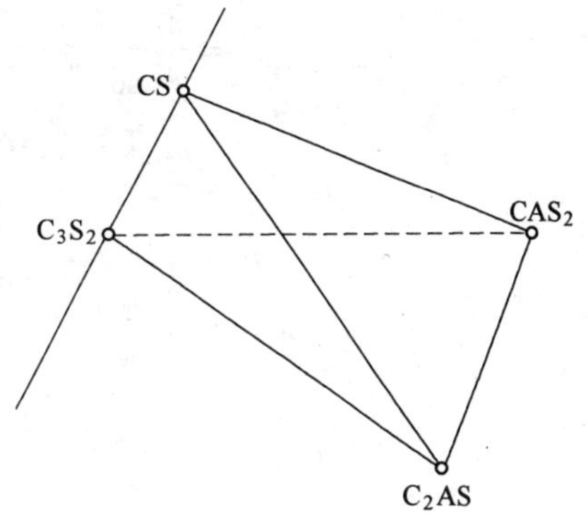

图 4-10 四边形对角线不相容法确定正确的连线

证： 图 4-10 中的 4 个化合物之间可能存在的化学反应为

$$2C_3S_{2(s)}+CAS_{2(s)}=\!=\!=5CS_{(s)}+C_2AS_{(s)}$$

其中各化合物的标准生成吉布斯自由能与温度的关系式分别为

$$\Delta_f G^{\ominus}_{m,C_2AS(s)}=(-170000+8.8T)\,J\cdot mol^{-1}$$

$$\Delta_f G^{\ominus}_{m,CS(s)}=(-92500+2.5T)\,J\cdot mol^{-1}$$

$$\Delta_f G^{\ominus}_{m,C_3S_2(s)}=(-236800+9.6T)\,J\cdot mol^{-1}$$

$$\Delta_f G^{\ominus}_{m,CAS_2(s)}=(-139000+17.2T)\,J\cdot mol^{-1}$$

该化学反应的标准吉布斯自由能与温度的关系式为

$$\begin{aligned}\Delta_r G^{\ominus}_m&=\Delta_f G^{\ominus}_{m,C_2AS(s)}+5\Delta_f G^{\ominus}_{m,CS(s)}-2\Delta_f G^{\ominus}_{m,C_3S_2(s)}-\Delta_f G^{\ominus}_{m,CAS_2(s)}\\&=-170000+8.8T+5\times(-92500+2.5T)-2\times\\&\quad(-236800+9.6T)-(-139000+17.2T)\\&=(-19900-15.1T)\,J\cdot mol^{-1}\end{aligned}$$

由标准态纯物质组成的化学反应体系，其反应进行的方向，可用该化学反应的标准吉布斯自由能的正负来判断。因为在任何温度下，该化学反应的标准吉布斯自由能 $\Delta_r G_m^{\ominus} < 0$，所以 C_3S_2 和 CAS_2 能转变成 CS 和 C_2AS，即 CS 和 C_2AS 二者可平衡共存，可连成一条直线 CS-C_2AS，这说明其中 CS-C_2AS 连线是划分三角形的正确连线。

4.8 用熔渣分子结构理论计算与下列组成的熔渣平衡的铁液中氧的质量分数。熔渣组成为 $w_{(CaO)} = 21.63\%$、$w_{(SiO_2)} = 7.88\%$、$w_{(MgO)} = 5.12\%$、$w_{(FeO)} = 46.57\%$、$w_{(Fe_2O_3)} = 11.88\%$、$w_{(Cr_2O_3)} = 6.92\%$。在 1620℃，与纯氧化铁渣平衡的铁液中氧的饱和浓度 $w_{[O]sat} = 0.249\%$，假定熔渣中有 FeO、CaO、4CaO · 2SiO$_2$、CaO · Fe$_2$O$_3$ 和 FeO · Cr$_2$O$_3$ 化合物分子存在，MgO 与 CaO 同等看待。已知各氧化物的摩尔质量分别为 $M_{CaO} = 56g \cdot mol^{-1}$、$M_{SiO_2} = 60g \cdot mol^{-1}$、$M_{MgO} = 40g \cdot mol^{-1}$、$M_{FeO} = 72g \cdot mol^{-1}$、$M_{Fe_2O_3} = 160g \cdot mol^{-1}$、$M_{Cr_2O_3} = 152g \cdot mol^{-1}$。

解： 取 100g 熔渣为计算基准。

（1）计算 100g 熔渣中各氧化物的物质的量和各氧化物的物质的量之和。

熔渣中各氧化物的物质的量分别为

$$n_{(CaO)} = \frac{m_{(CaO)}}{M_{CaO}} = \frac{100w_{(CaO)}}{M_{CaO}} = \frac{100 \times 21.63\%}{56} = 0.386mol$$

$$n_{(SiO_2)} = \frac{m_{(SiO_2)}}{M_{SiO_2}} = \frac{100w_{(SiO_2)}}{M_{SiO_2}} = \frac{100 \times 7.88\%}{60} = 0.131mol$$

$$n_{(MgO)} = \frac{m_{(MgO)}}{M_{MgO}} = \frac{100w_{(MgO)}}{M_{MgO}} = \frac{100 \times 5.12\%}{40} = 0.128mol$$

$$n_{(FeO)} = \frac{m_{(FeO)}}{M_{FeO}} = \frac{100w_{(FeO)}}{M_{FeO}} = \frac{100 \times 46.57\%}{72} = 0.647mol$$

$$n_{(Fe_2O_3)} = \frac{m_{(Fe_2O_3)}}{M_{Fe_2O_3}} = \frac{100w_{(Fe_2O_3)}}{M_{Fe_2O_3}} = \frac{100 \times 11.88\%}{160} = 0.074mol$$

$$n_{(Cr_2O_3)} = \frac{m_{(Cr_2O_3)}}{M_{Cr_2O_3}} = \frac{100w_{(Cr_2O_3)}}{M_{Cr_2O_3}} = \frac{100 \times 6.92\%}{152} = 0.046mol$$

$$n_{(CaO \cdot Fe_2O_3)} = n_{(Fe_2O_3)} = 0.074mol$$

$$n_{(FeO \cdot Cr_2O_3)} = n_{(Cr_2O_3)} = 0.046mol$$

$$n_{(4CaO \cdot 2SiO_2)} = \frac{1}{2}n_{(SiO_2)} = \frac{1}{2} \times 0.131 = 0.066mol$$

$$n_{(CaO)自由} = n_{(CaO)} + n_{(MgO)} - 4n_{(4CaO \cdot 2SiO_2)} - n_{(CaO \cdot Fe_2O_3)}$$

$$= 0.386 + 0.128 - 4 \times 0.066 - 0.074 = 0.176mol$$

$$n_{(FeO)自由} = n_{(FeO)} - n_{(FeO \cdot Cr_2O_3)} = 0.647 - 0.046 = 0.601mol$$

熔渣中各氧化物的物质的量之和为

$$\Sigma n_{(B)} = n_{(CaO)自由} + n_{(FeO)自由} + n_{(CaO\cdot Fe_2O_3)} + n_{(FeO\cdot Cr_2O_3)} + n_{(4CaO\cdot 2SiO_2)}$$

$$= 0.176 + 0.601 + 0.074 + 0.046 + 0.066 = 0.963\text{mol}$$

（2）计算熔渣中 FeO 的活度

$$a_{(FeO),R} = x_{(FeO)自由} = \frac{n_{(FeO)自由}}{\Sigma n_{(B)}} = \frac{0.601}{0.963} = 0.624$$

（3）计算与熔渣平衡的铁液中氧的质量分数

$$w_{[O]} = w_{[O]sat} a_{(FeO),R} = 0.249\% \times 0.624 = 0.155\%$$

4.9 用熔渣离子结构理论的观点将给出的分子反应方程式改写成离子反应方程式。

解： 给出的分子反应方程式和改写的与之相对应的离子反应方程式分别为

给出的分子反应方程式	改写的离子反应方程式
$2[P] + 5(FeO) + 4(CaO) = (4CaO\cdot P_2O_5) + 5[Fe]$	$2[P] + 5(Fe^{2+}) + 8(O^{2-}) = 2(PO_4^{3-}) + 5[Fe]$
$4(FeO) + O_2 = 2(Fe_2O_3)$	$4(Fe^{2+}) + 6(O^{2-}) + O_2 = 4(FeO_2^-)$
$2(Fe_2O_3) + 2[Fe] = 5(FeO) + [FeO]$	$4(FeO_2^-) + [Fe] = 5(Fe^{2+}) + 7(O^{2-}) + [O]$
$(FeO) = [FeO]$	$(Fe^{2+}) + (O^{2-}) = [FeO]$
$[C] + (FeO) = [Fe] + CO$	$[C] + (Fe^{2+}) + (O^{2-}) = [Fe] + CO$
$[FeS] + (CaO) = (CaS) + [FeO]$	$[FeS] + (O^{2-}) = (S^{2-}) + [FeO]$
$2(MnO) + [Si] = 2[Mn] + (SiO_2)$	$2(Mn^{2+}) + 4(O^{2-}) + [Si] = 2[Mn] + (SiO_4^{4-})$

4.10 试用熔渣完全离子溶液模型计算组成为 $w_{(CaF_2)} = 80\%$ 及 $w_{(CaO)} = 20\%$ 的电渣重熔渣内 CaF_2 及 CaO 的活度。已知 CaF_2 和 CaO 的摩尔质量分别为 $M_{CaF_2} = 78\text{g}\cdot\text{mol}^{-1}$ 和 $M_{CaO} = 56\text{g}\cdot\text{mol}^{-1}$。

解： 取 100g 熔渣为计算基准。设渣中所有阳离子和所有阴离子物质的量之和分别为 $\Sigma n_{(B^{z+})}$ 和 $\Sigma n_{(B^{z-})}$。

化合物、阳离子和阴离子的物质的量分别为

$$n_{(CaF_2)} = \frac{m_{(CaF_2)}}{M_{CaF_2}} = \frac{100w_{(CaF_2)}}{M_{CaF_2}} = \frac{100 \times 80\%}{78} = 1.026\text{mol}$$

$$n_{(CaO)} = \frac{m_{(CaO)}}{M_{CaO}} = \frac{100w_{(CaO)}}{M_{CaO}} = \frac{100 \times 20\%}{56} = 0.357\text{mol}$$

$$n_{(O^{2-})} = n_{(CaO)} = 0.357\text{mol}$$

$$n_{(F^-)} = 2n_{(CaF_2)} = 2 \times 1.026 = 2.052\text{mol}$$

$$n_{(Ca^{2+})} = n_{(CaF_2)} + n_{(CaO)} = 1.026 + 0.357 = 1.383\text{mol}$$

电渣重熔渣内所有阳离子的物质的量之和及所有阴离子的物质的量之和分别为

$$\Sigma n_{(B^{z+})} = n_{(Ca^{2+})} = 1.383\text{mol}$$

$$\Sigma n_{(B^{z-})} = n_{(O^{2-})} + n_{(F^-)} = 0.357 + 2.052 = 2.409\text{mol}$$

电渣重熔渣内各离子的摩尔分数分别为

$$x_{(Ca^{2+})} = n_{(Ca^{2+})}/\Sigma n_{(B^{z+})} = 1.383/1.383 = 1$$

$$x_{(O^{2-})} = n_{(O^{2-})}/\Sigma n_{(B^{z-})} = 0.357/2.409 = 0.148$$

$$x_{(F^-)} = n_{(F^-)}/\Sigma n_{(B^{z-})} = 2.052/2.409 = 0.852$$

电渣重熔渣内 CaO 及 CaF_2的活度分别为

$$a_{(CaO),R} = x_{(Ca^{2+})}x_{(O^{2-})} = 1 \times 0.148 = 0.148$$

$$a_{(CaF_2),R} = x_{(Ca^{2+})}x_{(F^-)}^2 = 1 \times 0.852^2 = 0.726$$

4.11 试分别用熔渣完全离子溶液模型和 CaO-SiO_2-FeO 渣系 FeO 的活度图（附图 5）计算组成为 $w_{(CaO)} = 45.0\%$、$w_{(SiO_2)} = 15.0\%$、$w_{(MgO)} = 16.8\%$、$w_{(FeO)} = 18.0\%$、$w_{(P_2O_5)} = 1.2\%$、$w_{(MnO)} = 4.0\%$ 的熔渣中 FeO 的活度。已知熔渣温度为 1600℃，相关氧化物的摩尔质量分别为 $M_{CaO} = 56\text{g} \cdot \text{mol}^{-1}$、$M_{SiO_2} = 60\text{g} \cdot \text{mol}^{-1}$、$M_{MgO} = 40\text{g} \cdot \text{mol}^{-1}$、$M_{FeO} = 72\text{g} \cdot \text{mol}^{-1}$、$M_{P_2O_5} = 142\text{g} \cdot \text{mol}^{-1}$、$M_{MnO} = 71\text{g} \cdot \text{mol}^{-1}$。

解： 取 100g 熔渣为计算基准。设熔渣中所有阳离子和所有阴离子的物质的量之和分别为 $\Sigma n_{(B^{z+})}$和 $\Sigma n_{(B^{z-})}$。

（1）计算 100g 熔渣中各氧化物的物质的量及各离子的物质的量

$$n_{(CaO)} = \frac{m_{(CaO)}}{M_{CaO}} = \frac{100w_{(CaO)}}{M_{CaO}} = \frac{100 \times 45.0\%}{56} = 0.804\text{mol}$$

$$n_{(SiO_2)} = \frac{m_{(SiO_2)}}{M_{SiO_2}} = \frac{100w_{(SiO_2)}}{M_{SiO_2}} = \frac{100 \times 15.0\%}{60} = 0.250\text{mol}$$

$$n_{(MgO)} = \frac{m_{(MgO)}}{M_{MgO}} = \frac{100w_{(MgO)}}{M_{MgO}} = \frac{100 \times 16.8\%}{40} = 0.420\text{mol}$$

$$n_{(FeO)} = \frac{m_{(FeO)}}{M_{FeO}} = \frac{100w_{(FeO)}}{M_{FeO}} = \frac{100 \times 18.0\%}{72} = 0.250\text{mol}$$

$$n_{(P_2O_5)} = \frac{m_{(P_2O_5)}}{M_{P_2O_5}} = \frac{100w_{(P_2O_5)}}{M_{P_2O_5}} = \frac{100 \times 1.2\%}{142} = 0.008\text{mol}$$

$$n_{(MnO)} = \frac{m_{(MnO)}}{M_{MnO}} = \frac{100w_{(MnO)}}{M_{MnO}} = \frac{100 \times 4.0\%}{71} = 0.056\text{mol}$$

$$n_{(Ca^{2+})} = n_{(CaO)} = 0.804\text{mol} \qquad n_{(Mg^{2+})} = n_{(MgO)} = 0.420\text{mol}$$

$$n_{(Fe^{2+})} = n_{(FeO)} = 0.250\text{mol} \qquad n_{(Mn^{2+})} = n_{(MnO)} = 0.056\text{mol}$$

熔渣中所有阳离子的物质的量之和及所有氧离子的物质的量之和分别为

$$\Sigma n_{(B^{z+})} = n_{(Ca^{2+})} + n_{(Mg^{2+})} + n_{(Fe^{2+})} + n_{(Mn^{2+})}$$

$$= 0.804 + 0.420 + 0.250 + 0.056 = 1.530\text{mol}$$

$$\Sigma n_{(O^{2-})} = \Sigma n_{(B^{z+})} = 1.530\text{mol}$$

因为熔渣中存在消耗 O^{2-} 的 SiO_2 和 P_2O_5 的解体反应分别为

$$(SiO_2) + 2(O^{2-}) = (SiO_4^{4-})$$

$$(P_2O_5) + 3(O^{2-}) = 2(PO_4^{3-})$$

所以熔渣中自由氧离子 $O^{2-}_{(自由)}$、硅氧复合阴离子 SiO_4^{4-} 及磷氧复合阴离子 PO_4^{3-} 的物质的量分别为

$$n_{(O^{2-})自由} = \sum n_{(O^{2-})} - 2n_{(SiO_2)} - 3n_{(P_2O_5)}$$

$$= 1.530 - 2 \times 0.250 - 3 \times 0.008 = 1.006\text{mol}$$

$$n_{(SiO_4^{4-})} = n_{(SiO_2)} = 0.250\text{mol}$$

$$n_{(PO_4^{3-})} = 2n_{(P_2O_5)} = 2 \times 0.008 = 0.016\text{mol}$$

熔渣中所有阴离子的物质的量之和为

$$\sum n_{(B^{z-})} = n_{(O^{2-})自由} + n_{(SiO_4^{4-})} + n_{(PO_4^{3-})}$$

$$= 1.006 + 0.250 + 0.016 = 1.272\text{mol}$$

(2) 计算熔渣中各离子的摩尔分数

$$x_{(Ca^{2+})} = n_{(Ca^{2+})}/\sum n_{(B^{z+})} = 0.804/1.530 = 0.525$$

$$x_{(Mg^{2+})} = n_{(Mg^{2+})}/\sum n_{(B^{z+})} = 0.420/1.530 = 0.275$$

$$x_{(Mn^{2+})} = n_{(Mn^{2+})}/\sum n_{(B^{z+})} = 0.056/1.530 = 0.037$$

$$x_{(Fe^{2+})} = n_{(Fe^{2+})}/\sum n_{(B^{z+})} = 0.250/1.530 = 0.163$$

$$x_{(O^{2-})} = n_{(O^{2-})自由}/\sum n_{(B^{z-})} = 1.006/1.272 = 0.791$$

$$x_{(SiO_4^{4-})} = n_{(SiO_4^{4-})}/\sum n_{(B^{z-})} = 0.250/1.272 = 0.197$$

$$x_{(PO_4^{3-})} = n_{(PO_4^{3-})}/\sum n_{(B^{z-})} = 0.016/1.272 = 0.013$$

(3) 计算熔渣中 FeO 的活度。按完全离子溶液模型计算 FeO 的活度为

$$a_{(FeO),R} = x_{(Fe^{2+})}x_{(O^{2-})} = 0.163 \times 0.791 = 0.129$$

按引入活度系数计算 FeO 的活度为

$$\lg\gamma_{Fe^{2+}}\gamma_{O^{2-}} = 1.53[x_{(SiO_4^{4-})} + x_{(PO_4^{3-})}] - 0.17$$

$$= 1.53 \times (0.197 + 0.013) - 0.17 = 0.1513$$

$$\gamma_{Fe^{2+}}\gamma_{O^{2-}} = 1.417$$

$$a_{(FeO),R} = \gamma_{Fe^{2+}}\gamma_{O^{2-}}x_{(Fe^{2+})}x_{(O^{2-})} = 1.417 \times 0.163 \times 0.791 = 0.183$$

(4) 根据 $CaO\text{-}SiO_2\text{-}FeO$ 渣系 FeO 的活度图（附图 5），求 1600℃时的 FeO 活度。

$$\sum n_{(B)} = n_{(CaO)} + n_{(MgO)} + n_{(MnO)} + n_{(FeO)} + n_{(SiO_2)} + n_{(P_2O_5)}$$

$$= 0.804 + 0.420 + 0.056 + 0.250 + 0.250 + 0.008 = 1.788\text{mol}$$

将给出的多元系熔渣归并成伪三元系，归并后伪三元系的组成为

$$x'_{(FeO)} = x_{(FeO)} = n_{(FeO)}/\sum n_{(B)} = 0.250/1.788 = 0.140$$

$$x'_{(CaO)} = x_{(CaO+MgO+MnO)} = \frac{n_{(CaO)} + n_{(MgO)} + n_{(MnO)}}{\sum n_{(B)}}$$

$$= \frac{0.804 + 0.420 + 0.056}{1.788} = 0.716$$

$$x'_{(SiO_2)} = x_{(SiO_2+P_2O_5)} = \frac{n_{(SiO_2)} + n_{(P_2O_5)}}{\sum n_{(B)}}$$

$$= \frac{0.250 + 0.008}{1.788} = 0.144$$

根据以上计算得到的伪三元系熔渣的组成，在 CaO-SiO_2-FeO 渣系 FeO 的活度图（附图 5）中查得 1600℃时的 FeO 活度为

$$a_{(FeO),R} = 0.350$$

4.12 试利用正规离子溶液模型计算组成为 $w_{(CaO)}=38.2\%$、$w_{(SiO_2)}=28.1\%$、$w_{(MgO)}=14.7\%$、$w_{(FeO)}=13.3\%$、$w_{(P_2O_5)}=0.6\%$、$w_{(MnO)}=5.1\%$ 的熔渣在 1600℃时 FeO、MnO 和 P_2O_5的活度。

解：取 100g 熔渣为计算基准。根据下式计算该熔渣中各氧化物的物质的量见表 4-1。

$$n_{(B)} = \frac{m_{(B)}}{M_B} = \frac{100w_{(B)}}{M_B}$$

表 4-1　熔渣中各氧化物的物质的量

氧化物 B	FeO	MnO	CaO	MgO	SiO_2	P_2O_5
$w_{(B)}/\%$	13.3	5.1	38.2	14.7	28.1	0.6
$M_B/g\cdot mol^{-1}$	72	71	56	40	60	142
$n_{(B)}/mol$	0.185	0.072	0.682	0.368	0.468	0.004

计算熔渣中阳离子的物质的量 $n_{(B^{z+})}$及阳离子的摩尔分数 $x_{(B^{z+})}$见表 4-2。其中，$n_{(Si^{4+})}=n_{(SiO_2)}=0.468mol$，$n_{(P^{5+})}=2n_{(P_2O_5)}=2\times0.004=0.008mol$，二价阳离子的物质的量等于二价氧化物的物质的量，例如 $n_{(Fe^{2+})}=n_{(FeO)}=0.185mol$ 等。

表 4-2　熔渣中阳离子的物质的量及阳离子的摩尔分数

阳离子 B^{z+}	Fe^{2+}	Mn^{2+}	Ca^{2+}	Mg^{2+}	Si^{4+}	P^{5+}
$n_{(B^{z+})}/mol$	0.185	0.072	0.682	0.368	0.468	0.008
$x_{(B^{z+})}$	0.104	0.040	0.383	0.206	0.262	0.005

注：$\sum n_{(B^{z+})}=1.783mol$，$x_{(B^{z+})}=n_{(B^{z+})}/\sum n_{(B^{z+})}$。

（1）计算熔渣中 Fe^{2+}的活度系数及 FeO 的活度

$$\lg\gamma_{Fe^{2+}} = \frac{1000}{1873}[2.18(x_{(Mn^{2+})}\cdot x_{(Si^{4+})}) + 5.9(x_{(Ca^{2+})} + x_{(Mg^{2+})})\times x_{(Si^{4+})} + 10.5(x_{(Ca^{2+})}\cdot x_{(P^{5+})})]$$

$$= \frac{1000}{1873}[2.18\times(0.040\times0.262) + 5.9\times(0.383+0.206)\times 0.262 + 10.5\times(0.383\times0.005)] = 0.509$$

$$\gamma_{Fe^{2+}} = 3.228$$

$$a_{(FeO),R} = \gamma_{Fe^{2+}}x_{(Fe^{2+})} = 3.228\times0.104 = 0.336$$

（2）计算熔渣中 Mn^{2+}的活度系数及 MnO 的活度

$$\lg\gamma_{Mn^{2+}} = \lg\gamma_{Fe^{2+}} - \frac{2180}{1873}x_{(Si^{4+})} = 0.509 - \frac{2180}{1873}\times 0.262 = 0.204$$

$$\gamma_{Mn^{2+}} = 1.600$$

$$a_{(MnO),R} = \gamma_{Mn^{2+}}x_{(Mn^{2+})} = 1.600\times 0.040 = 0.064$$

（3）计算熔渣中P^{5+}的活度系数及P_2O_5的活度

$$\lg\gamma_{P^{5+}} = \lg\gamma_{Fe^{2+}} - \frac{10500}{1873}x_{(Ca^{2+})} = 0.509 - \frac{10500}{1873}\times 0.383 = -1.638$$

$$\gamma_{P^{5+}} = 0.023$$

$$a_{(P_2O_5),R} = (\gamma_{P^{5+}}x_{(P^{5+})})^2 = (0.023\times 0.005)^2 = 1.3\times 10^{-8}$$

4.13 试利用作为聚集电子相的熔渣组元活度计算法，计算组成为$w_{(CaO)}=36.11\%$、$w_{(SiO_2)}=33.04\%$、$w_{(MgO)}=14.90\%$、$w_{(FeO)}=6.41\%$、$w_{(Fe_2O_3)}=1.26\%$、$w_{(P_2O_5)}=1.95\%$、$w_{(MnO)}=6.33\%$的熔渣中FeO、MnO、SiO_2和P_2O_5的活度。已知相关氧化物的摩尔质量分别为$M_{CaO}=56g\cdot mol^{-1}$、$M_{SiO_2}=60g\cdot mol^{-1}$、$M_{MgO}=40g\cdot mol^{-1}$、$M_{FeO}=72g\cdot mol^{-1}$、$M_{Fe_2O_3}=160g\cdot mol^{-1}$、$M_{P_2O_5}=142g\cdot mol^{-1}$、$M_{MnO}=71g\cdot mol^{-1}$。

解： 取100g渣为计算基准。按下式计算该熔渣中各氧化物的物质的量见表4-3。

$$n_{(B_xO_y)} = \frac{m_{(B_xO_y)}}{M_{B_xO_y}} = \frac{100w_{(B_xO_y)}}{M_{B_xO_y}}$$

表 4-3 熔渣中各氧化物的物质的量

氧化物 B_xO_y	CaO	SiO_2	FeO	Fe_2O_3	MgO	P_2O_5	MnO
$M_{B_xO_y}/g\cdot mol^{-1}$	56	60	72	160	40	142	71
$w_{(B_xO_y)}/\%$	36.11	33.04	6.41	1.26	14.9	1.95	6.33
$n_{(B_xO_y)}/mol$	0.645	0.551	0.089	0.008	0.373	0.014	0.089

计算组成氧化物分子的各原子的物质的量分别为

$$n_{(Ca)} = n_{(CaO)} = 0.645mol$$

$$n_{(Si)} = n_{(SiO_2)} = 0.551mol$$

$$n_{(Fe)} = n_{(FeO)} + 2n_{(Fe_2O_3)} = 0.089 + 2\times 0.008 = 0.105mol$$

$$n_{(Mg)} = n_{(MgO)} = 0.373mol$$

$$n_{(P)} = 2n_{(P_2O_5)} = 2\times 0.014 = 0.028mol$$

$$n_{(Mn)} = n_{(MnO)} = 0.089mol$$

$$\begin{aligned}n_{(O)} &= n_{(CaO)} + 2n_{(SiO_2)} + n_{(FeO)} + 3n_{(Fe_2O_3)} + n_{(MgO)} + 5n_{(P_2O_5)} + n_{(MnO)}\\ &= 0.645 + 2\times 0.551 + 0.089 + 3\times 0.008 + 0.373 + 5\times 0.014 + 0.089\\ &= 2.392mol\end{aligned}$$

计算组成氧化物分子的各原子的物质的量之和为

$$\Sigma n_{(B)} = n_{(Ca)} + n_{(Si)} + n_{(Fe)} + n_{(Mg)} + n_{(P)} + n_{(Mn)} + n_{(O)}$$

$=0.645+0.551+0.105+0.373+0.028+0.089+2.392$

$=4.183\text{mol}$

计算组成氧化物分子的各原子的摩尔分数分别为

$$x_{(Ca)}=n_{(Ca)}/\Sigma n_{(B)}=0.645/4.183=0.154$$

$$x_{(Si)}=n_{(Si)}/\Sigma n_{(B)}=0.551/4.183=0.132$$

$$x_{(Fe)}=n_{(Fe)}/\Sigma n_{(B)}=0.105/4.183=0.025$$

$$x_{(Mg)}=n_{(Mg)}/\Sigma n_{(B)}=0.373/4.183=0.089$$

$$x_{(P)}=n_{(P)}/\Sigma n_{(B)}=0.028/4.183=0.007$$

$$x_{(Mn)}=n_{(Mn)}/\Sigma n_{(B)}=0.089/4.183=0.021$$

$$x_{(O)}=n_{(O)}/\Sigma n_{(B)}=2.392/4.183=0.572$$

将以上计算得到的各原子的物质的量和摩尔分数列入表4-4中。

表4-4 组成氧化物分子的各原子的物质的量和摩尔分数

原子B	Ca	Si	Fe	Mg	P	Mn	O
$n_{(B)}$/mol	0.645	0.551	0.105	0.373	0.028	0.089	2.392
$x_{(B)}$	0.154	0.132	0.025	0.089	0.007	0.021	0.572

注：$\Sigma n_{(B)}=n_{(Ca)}+n_{(Si)}+n_{(Fe)}+n_{(Mg)}+n_{(P)}+n_{(Mn)}+n_{(O)}=4.183\text{mol}$，$x_{(B)}=n_{(B)}/\Sigma n_{(B)}$。

表4-5列出常见元素M的原子能量的标量χ_M。

表4-5 常见元素M的原子能量的标量

元素M	χ_M/kJ·mol^{-1}	元素M	χ_M/kJ·mol^{-1}	元素M	χ_M/kJ·mol^{-1}
Al	125.52	Fe	334.70	O	1255.20
As	385.00	Nb	280.33	P	205.02
B	196.65	H	447.69	S	790.78
C	29.29	Mn	251.04	Si	171.54
Ca	104.60	Mo	276.14	Ti	133.89
Cr	251.04	Mg	146.44	V	184.10
Co	324.08	N	720.74	W	238.49
Cu	418.40	Ni	464.42	Zr	225.94

$$\varepsilon_{Bj}=\frac{1}{2}(\chi_B^{1/2}-\chi_j^{1/2})^2\text{kJ}\cdot\text{mol}^{-1} \qquad (\text{i})$$

$$\psi_B=[\Sigma x_{(j)}\exp(-\varepsilon_{Bj}/RT)]^{-1} \qquad (\text{ii})$$

$$a'_{(B_xO_y),R}=\psi_B x_{(B)} \qquad (\text{iii})$$

（1）计算熔渣中FeO的活度。设B = Fe，则$\chi_B=\chi_{Fe}$。由表4-5查出χ_{Fe}和相关元素的原子能量的标量χ_j，代入式（i）中，分别计算原子对Fej位置交换能ε_{FeFe}，ε_{FeCa}，…，ε_{FeO}，并将其列入表4-6中。

表 4-6 相关原子对 Fej 位置交换能 ε_{Fej} 的计算值 (kJ · mol^{-1})

ε_{Fej}	ε_{FeFe}	ε_{FeCa}	ε_{FeSi}	ε_{FeMg}	ε_{FeP}	ε_{FeMn}	ε_{FeO}
计算值	0.000	32.541	13.507	19.180	7.905	3.003	146.787

把原子的摩尔分数 $x_{(Fe)}$，$x_{(Ca)}$，…，$x_{(O)}$，原子对 Fej 位置交换能 ε_{FeFe}，ε_{FeCa}，…，ε_{FeO}和已知温度 T 代入式（ⅱ）中，计算得原子 Fe 的活度系数为

$$\begin{aligned}\psi_{Fe} &= [x_{(Fe)}e^{-\varepsilon_{FeFe}/RT} + x_{(Ca)}e^{-\varepsilon_{FeCa}/RT} + x_{(Si)}e^{-\varepsilon_{FeSi}/RT} + x_{(Mg)}e^{-\varepsilon_{FeMg}/RT} + \\ &\quad x_{(P)}e^{-\varepsilon_{FeP}/RT} + x_{(Mn)}e^{-\varepsilon_{FeMn}/RT} + x_{(O)}e^{-\varepsilon_{FeO}/RT}]^{-1} \\ &= [0.025e^{-0/(8.314\times1873)} + 0.154e^{-32541/(8.314\times1873)} + 0.132e^{-13507/(8.314\times1873)} + \\ &\quad 0.089e^{-19180/(8.314\times1873)} + 0.007e^{-7905/(8.314\times1873)} + 0.021e^{-3003/(8.314\times1873)} + \\ &\quad 0.572e^{-146787/(8.314\times1873)}]^{-1} \\ &= (0.02500 + 0.01905 + 0.05545 + 0.02597 + 0.00421 + 0.01732 + 0.00005)^{-1} \\ &= 6.800\end{aligned}$$

由式（ⅲ）计算 FeO 的活度为

$$a'_{(FeO),R} = \psi_{Fe}x_{(Fe)} = 6.800\times0.025 = 0.170$$

（2）计算熔渣中 MnO 的活度。设 B = Mn，则 $\chi_B = \chi_{Mn}$。由表 4-5 查出 χ_{Mn} 和相关元素的原子能量的标量 χ_j，代入式（ⅰ）中，分别计算原子对 Mnj 位置交换能 ε_{MnMn}，ε_{MnFe}，…，ε_{MnO}，并将其列入表 4-7 中。

表 4-7 相关原子对 Mnj 位置交换能 ε_{Mnj} 的计算值 (kJ · mol^{-1})

ε_{Mnj}	ε_{MnMn}	ε_{MnFe}	ε_{MnCa}	ε_{MnSi}	ε_{MnMg}	ε_{MnP}	ε_{MnO}
计算值	0.000	3.003	15.774	3.773	7.005	1.164	191.777

把原子的摩尔分数 $x_{(Mn)}$，$x_{(Fe)}$，…，$x_{(O)}$，原子对 Mnj 位置交换能 ε_{MnMn}，ε_{MnFe}，…，ε_{MnO}和已知温度 T 代入式（ⅱ）中，计算得原子 Mn 的活度系数为

$$\begin{aligned}\psi_{Mn} &= [x_{(Mn)}e^{-\varepsilon_{MnMn}/RT} + x_{(Fe)}e^{-\varepsilon_{MnFe}/RT} + x_{(Ca)}e^{-\varepsilon_{MnCa}/RT} + x_{(Si)}e^{-\varepsilon_{MnSi}/RT} + \\ &\quad x_{(Mg)}e^{-\varepsilon_{MnMg}/RT} + x_{(P)}e^{-\varepsilon_{MnP}/RT} + x_{(O)}e^{-\varepsilon_{MnO}/RT}]^{-1} \\ &= [0.021e^{-0/(8.314\times1873)} + 0.025e^{-3003/(8.314\times1873)} + 0.154e^{-15774/(8.314\times1873)} + \\ &\quad 0.132e^{-3773/(8.314\times1873)} + 0.089e^{-7005/(8.314\times1873)} + 0.007e^{-1164/(8.314\times1873)} + \\ &\quad 0.572e^{-191777/(8.314\times1873)}]^{-1} \\ &= (0.02100 + 0.02062 + 0.05592 + 0.10360 + 0.05676 + 0.00650 + 0.00000)^{-1} \\ &= 3.782\end{aligned}$$

由式（ⅲ）计算 MnO 的活度为

$$a'_{(MnO),R} = \psi_{Mn}x_{(Mn)} = 3.782\times0.021 = 0.079$$

（3）计算熔渣中SiO_2的活度。设 B = Si，则$\chi_B=\chi_{Si}$。由表 4-5 查出χ_{Si}和相关元素的原子能量的标量χ_j，代入式（ⅰ）中，分别计算原子对 Sij 位置交换能ε_{SiSi}，ε_{SiFe}，…，ε_{SiO}，并将其列入表 4-8 中。

表 4-8　相关原子对 Sij 位置交换能 ε_{Sij} 的计算值　（$kJ\cdot mol^{-1}$）

ε_{Sij}	ε_{SiSi}	ε_{SiFe}	ε_{SiCa}	ε_{SiMn}	ε_{SiMg}	ε_{SiP}	ε_{SiO}
计算值	0.000	13.507	4.118	3.773	0.496	0.746	249.347

把原子的摩尔分数$x_{(Si)}$，$x_{(Fe)}$，…，$x_{(O)}$，原子对 Sij 位置交换能ε_{SiSi}，ε_{SiFe}，…，ε_{SiO}和已知温度 T 代入式（ⅱ）中，计算得原子 Si 的活度系数为

$$\psi_{Si}=[x_{(Si)}e^{-\varepsilon_{SiSi}/RT}+x_{(Fe)}e^{-\varepsilon_{SiFe}/RT}+x_{(Ca)}e^{-\varepsilon_{SiCa}/RT}+x_{(Mn)}e^{-\varepsilon_{SiMn}/RT}+x_{(Mg)}e^{-\varepsilon_{SiMg}/RT}+x_{(P)}e^{-\varepsilon_{SiP}/RT}+x_{(O)}e^{-\varepsilon_{SiO}/RT}]^{-1}$$

$$=[0.132e^{-0/(8.314\times1873)}+0.025e^{-13507/(8.314\times1873)}+0.154e^{-4118/(8.314\times1873)}+0.021e^{-3773/(8.314\times1873)}+0.089e^{-496/(8.314\times1873)}+0.007e^{-746/(8.314\times1873)}+0.572e^{-249347/(8.314\times1873)}]^{-1}$$

$$=(0.13200+0.01050+0.11822+0.01648+0.08621+0.00667+0.00000)^{-1}$$

$$=2.702$$

由式（ⅲ）计算SiO_2的活度为

$$a'_{(SiO_2),R}=\psi_{Si}x_{(Si)}=2.702\times0.132=0.357$$

（4）计算熔渣中P_2O_5的活度。设 B = P，则$\chi_B=\chi_P$。由表 4-5 查出χ_P和相关元素的原子能量的标量χ_j，代入式（ⅰ）中，分别计算原子对 Pj 位置交换能ε_{PP}，ε_{PFe}，…，ε_{PO}，并将其列入表 4-9 中。

表 4-9　相关原子对 Pj 位置交换能 ε_{Pj} 的计算值　（$kJ\cdot mol^{-1}$）

ε_{Pj}	ε_{PP}	ε_{PFe}	ε_{PCa}	ε_{PMn}	ε_{PMg}	ε_{PSi}	ε_{PO}
计算值	0.000	7.905	8.369	1.164	2.458	0.746	222.822

把原子的摩尔分数$x_{(P)}$，$x_{(Fe)}$，…，$x_{(O)}$，原子对 Pj 位置交换能ε_{PP}，ε_{PFe}，…，ε_{PO}和已知温度 T 代入式（ⅱ）中，计算得原子 P 的活度系数为

$$\psi_P=[x_{(P)}e^{-\varepsilon_{PP}/RT}+x_{(Fe)}e^{-\varepsilon_{PFe}/RT}+x_{(Ca)}e^{-\varepsilon_{PCa}/RT}+x_{(Mn)}e^{-\varepsilon_{PMn}/RT}+x_{(Mg)}e^{-\varepsilon_{PMg}/RT}+x_{(Si)}e^{-\varepsilon_{PSi}/RT}+x_{(O)}e^{-\varepsilon_{PO}/RT}]^{-1}$$

$$=[0.007e^{-0/(8.314\times1873)}+0.025e^{-7905/(8.314\times1873)}+0.154e^{-8369/(8.314\times1873)}+0.021e^{-1164/(8.314\times1873)}+0.089e^{-2458/(8.314\times1873)}+0.132e^{-746/(8.314\times1873)}+0.572e^{-222822/(8.314\times1873)}]^{-1}$$

$=(0.00700+0.01505+0.08997+0.01949+0.07600+0.12583+0.00000)^{-1}$

$=3.000$

由式（iii）计算 P_2O_5的活度为

$$a'_{(P_2O_5),R}=\psi_P x_{(P)}=3.000\times0.007=0.021$$

4.14 试利用 CaO-SiO_2-Al_2O_3渣系组元的活度图（附图6），求二元碱度 $R=1$，SiO_2的摩尔分数 $x_{(SiO_2)}=0.3\sim0.6$ 的熔渣中 SiO_2的活度 $a_{(SiO_2),R}$，并绘出 $a_{(SiO_2),R}$与 $x_{(SiO_2)}$ 的关系图。

解： 查 CaO-SiO_2-Al_2O_3渣系组元的活度图（附图6），得 $R=1$，$x_{(SiO_2)}=0.3\sim0.6$ 的熔渣中 SiO_2的活度 $a_{(SiO_2),R}$，并将其列入表4-10中。

表 4-10 查得的 SiO_2活度

$x_{(SiO_2)}$	0.30	0.35	0.40	0.45	0.50	0.55	0.60
$a_{(SiO_2),R}$	0.03	0.04	0.06	0.10	0.25	—	—

在二元碱度 $R=x_{(CaO)}/x_{(SiO_2)}=1$ 的条件下，SiO_2的摩尔分数 $x_{(SiO_2)}\leqslant0.50$，即 SiO_2的摩尔分数 $x_{(SiO_2)}$ 不可能等于 0.55 和 0.60，所以 $x_{(SiO_2)}=0.55$ 和 $x_{(SiO_2)}=0.60$ 时的 SiO_2 的活度 $a_{(SiO_2),R}$不存在。

根据表4-10中的数据，绘 $a_{(SiO_2),R}$与 $x_{(SiO_2)}$ 关系图4-11。

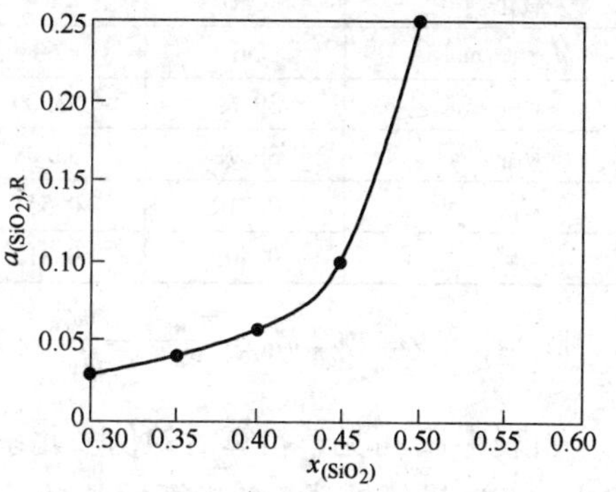

图 4-11 $a_{(SiO_2),R}$与 $x_{(SiO_2)}$ 的关系

4.15 试利用 CaO-SiO_2-FeO 渣系 FeO 的活度图（附图5），求二元碱度 $R=0.6\sim5.0$，FeO 的摩尔分数 $x_{(FeO)}=20\%$ 的熔渣中 FeO 的活度 $a_{(FeO),R}$，并绘出 $a_{(FeO),R}$与 R 的关系图。

解： 在 CaO-SiO_2-FeO 渣系 FeO 的活度图（附图5）上，分别作 $R=0.6\sim5.0$ 的等碱度线。做法是，先在 CaO-SiO_2 边线上分别找到 $R=x_{(CaO)}/x_{(SiO_2)}=0.6\sim5.0$ 的点 D_i（$i=1,2,\cdots,6$），然后分别连接成6条等碱度线 D_i-FeO。根据各条等碱度线 D_i-FeO 与 $x_{(FeO)}=20\%$ 等含量线的交点（体系点）的位置，可读出其 FeO 的活度 $a_{(FeO),R}$，并将其列入表4-11中。

表 4-11 相同 FeO 含量（$x_{(FeO)}=0.20$）不同碱度 R 时的 FeO 活度

D_i	D_1	D_2	D_3	D_4	D_5	D_6
$x_{(CaO)}/x_{(SiO_2)}$	0.375 / 0.625	0.500 / 0.500	0.667 / 0.333	0.750 / 0.250	0.800 / 0.200	0.833 / 0.167
R	0.6	1.0	2.0	3.0	4.0	5.0
$a_{(FeO),R}$	0.20	0.43	0.65	0.65	0.50	0.40

根据表4-11中的数据，绘出 $a_{(FeO),R}$与 R 的关系如图4-12所示。

4.16 试利用在1600℃与CaO-SiO_2-FeO渣系平衡的铁液中氧的浓度图（附图7），求组成为$w_{(CaO)}=39.69\%$、$w_{(SiO_2)}=33.00\%$、$w_{(MgO)}=12.90\%$、$w_{(FeO)}=8.41\%$、$w_{(Fe_2O_3)}=2.26\%$、$w_{(P_2O_5)}=2.37\%$、$w_{(MnO)}=1.37\%$的熔渣，在1600℃与铁液平衡时铁液中氧的质量分数，并与先查CaO-SiO_2-FeO渣系FeO的活度图（附图5），再计算的方法（先查得$a_{(FeO),R}$，再乘以氧分配常数L_O计算铁液中氧的质量分数）进行比较。

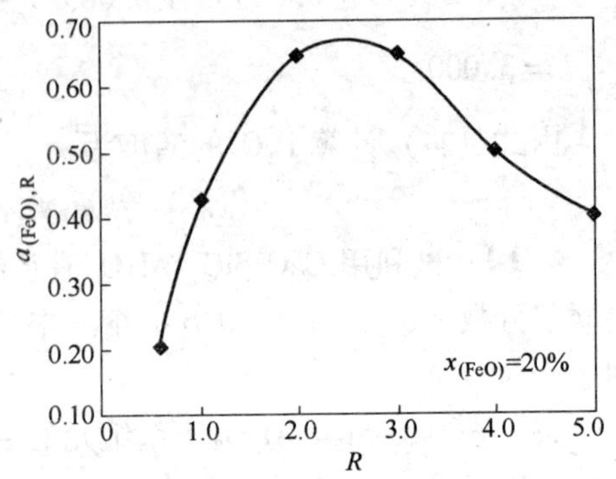

图 4-12　$a_{(FeO),R}$与R的关系

解： 取100g渣为计算基准。按"全Fe法"计算式（i）把$w_{(Fe_2O_3)}$折算成$w_{(FeO)}$，并将折算后的伪多元系熔渣的组成列入表4-12中。

$$w'_{(FeO)} = w_{(FeO)} + 0.9w_{(Fe_2O_3)} \tag{i}$$

表 4-12　折算后的伪多元系熔渣的组成

氧化物 B	CaO	SiO_2	FeO	MgO	P_2O_5	MnO
$M_B/g \cdot mol^{-1}$	56	60	72	40	142	71
$w'_{(B)}/\%$	39.69	33.00	10.44	12.90	2.37	1.37
$w''_{(B)}/\%$	39.78	33.08	10.46	12.93	2.38	1.37
$n''_{(B)}/mol$	0.710	0.551	0.145	0.323	0.017	0.019
$x''_{(B)}$	0.402	0.312	0.082	0.183	0.010	0.011

注：$\Sigma w'_{(B)}=99.77\%$，$n''_{(B)}=\dfrac{m''_{(B)}}{M_B}=\dfrac{100w''_{(B)}}{M_B}$，$\Sigma n''_{(B)}=1.765mol$，$x''_{(B)}=n''_{(B)}/\Sigma n''_{(B)}$。

由表4-12可见，折算后的伪多元系熔渣的各组元质量分数之和$\Sigma w'_{(B)}\neq100\%$，故需按式（ii）进行折算，使折算后各组元质量分数之和$\Sigma w''_{(B)}=100\%$，并将折算后的各组元质量分数$w''_{(B)}$也列入表4-12中。

$$w''_{(B)} = \frac{w'_{(B)}}{\Sigma w'_{(B)}} = \frac{w'_{(B)}}{99.77\%} \tag{ii}$$

（1）查平衡图（附图7）求$w_{[O]}$。将表4-12中的伪多元系归并成伪三元系，其组成（质量分数）为

$$w'''_{(CaO)} = w'''_{(CaO+MgO+MnO)} = w''_{(CaO)} + w''_{(MgO)} + w''_{(MnO)}$$
$$= 39.78\% + 12.93\% + 1.37\% = 54.08\%$$
$$w'''_{(SiO_2)} = w'''_{(SiO_2+P_2O_5)} = w''_{(SiO_2)} + w''_{(P_2O_5)}$$
$$= 33.08\% + 2.38\% = 35.46\%$$
$$w'''_{(FeO)} = w''_{(FeO)} = 10.46\%$$

根据计算的伪三元系熔渣的3个组元的质量分数$w'''_{(CaO)}=54.08\%$、$w'''_{(SiO_2)}=35.46\%$和$w'''_{(FeO)}=10.46\%$，查在1600℃与CaO-SiO_2-FeO渣系平衡的铁液中氧的浓度图（附图7），得

$$w_{[O]} = 0.080\%$$

（2）按氧分配常数计算 $w_{[O]}$。

$$\lg L_O = \lg \frac{w_{[O]\%}}{a_{(FeO),R}} = -\frac{6320}{T} + 2.734 \tag{iii}$$

$$w_{[O]\%} = a_{(FeO),R} L_O \tag{iv}$$

将 $T = 1873\text{K}$ 代入式（iii）中，计算氧分配常数为

$$L_O = 0.23$$

将表 4-12 中的伪多元系归并成伪三元系，归并后的伪三元系的组成（摩尔分数）为

$$x'''_{(CaO)} = x'''_{(CaO+MgO+MnO)} = x''_{(CaO)} + x''_{(MgO)} + x''_{(MnO)}$$
$$= 0.402 + 0.183 + 0.011 = 0.596$$

$$x'''_{(SiO_2)} = x'''_{(SiO_2+P_2O_5)} = x''_{(SiO_2)} + x''_{(P_2O_5)}$$
$$= 0.312 + 0.010 = 0.322$$

$$x'''_{(FeO)} = x''_{(FeO)} = 0.082$$

根据计算的伪三元系熔渣的组成 $x'''_{(CaO)} = 0.596$、$x'''_{(SiO_2)} = 0.322$ 和 $x'''_{(FeO)} = 0.082$，查 $CaO\text{-}SiO_2\text{-}FeO$ 渣系 FeO 的活度图（附图 5），得

$$a_{(FeO),R} = 0.33$$

将 $L_O = 0.23$ 和 $a_{(FeO),R} = 0.33$ 代入式（iv）中，计算平衡氧浓度（质量百分数及质量分数）为

$$w_{[O]\%} = 0.33 \times 0.23 = 0.076 \qquad w_{[O]} = w_{[O]\%}/100 = 0.076/100 = 0.076\%$$

4.17 试利用马松（Masson）模型计算 $CaO\text{-}SiO_2$ 渣系在 1600℃ 时 CaO 的活度 $a_{(CaO),R}$，并作出 $a_{(CaO),R}$ 与 $x_{(SiO_2)}$ 关系图。已知 1600℃ 时聚合反应的平衡常数 $K = 0.0016$。

解： 对于 $CaO\text{-}SiO_2$ 渣系，可利用下式计算 $a_{(CaO),R}$。

$$x_{(SiO_2)} = \left[3 - K + \frac{a_{(CaO),R}}{1 - a_{(CaO),R}} + \frac{K(K-1)}{K + a_{(CaO),R}/(1 - a_{(CaO),R})}\right]^{-1}$$

将 $K = 0.0016$ 和设定的 $x_{(SiO_2)}$ 代入上式，可得不同 $x_{(SiO_2)}$ 条件下的 $a_{(CaO),R}$，并将其列入表 4-13 中。

表 4-13　在 1600℃和不同 $x_{(SiO_2)}$ 条件下的 $a_{(CaO),R}$

$x_{(SiO_2)}$	0.0	0.1	0.2	0.3	0.4	0.5
$a_{(CaO),R}$	1.000	0.876	0.670	0.270	0.016	0.007

根据表 4-13 中的数据，绘出 $a_{(CaO),R}$ 与 $x_{(SiO_2)}$ 的关系图 4-13。

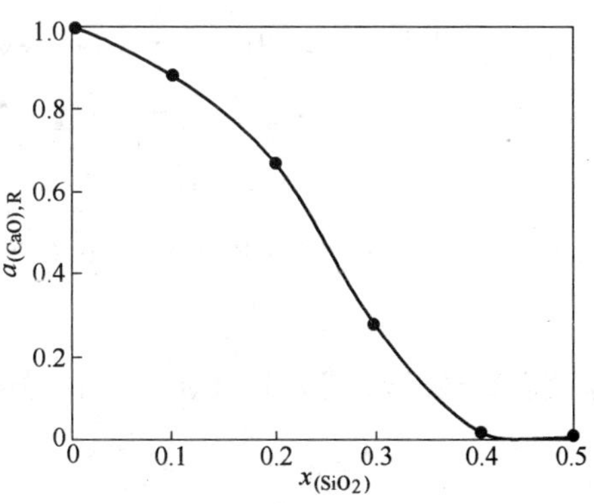

图 4-13　$a_{(CaO),R}$ 与 $x_{(SiO_2)}$ 的关系

4.18 试计算组成为 $w_{(CaO)} = 47.0\%$、$w_{(SiO_2)} = 18.0\%$、$w_{(MgO)} = 14.0\%$、$w_{(FeO)} = 1.8\%$、$w_{(Al_2O_3)} = 5.0\%$、$w_{(CaF_2)} = 14.0\%$、$w_{(MnO)} = 0.2\%$ 的熔渣在 1600℃ 的光学碱度及硫容量。

解： 取 100g 熔渣为计算基准。所要用到的计算公式为

$$n_{(B)} = \frac{m_{(B)}}{M_B} = \frac{100 w_{(B)}}{M_B} \tag{i}$$

$$\sum n_{(B)} = n_{(CaO)} + n_{(SiO_2)} + n_{(MgO)} + n_{(FeO)} + n_{(Al_2O_3)} + n_{(CaF_2)} + n_{(MnO)} \quad \text{(ii)}$$

$$x_{(B)} = n_{(B)}/\sum n_{(B)} \quad \text{(iii)}$$

$$\sum n_{(O)}x_{(B)} = x_{(CaO)} + 2x_{(SiO_2)} + x_{(MgO)} + x_{(FeO)} + 3x_{(Al_2O_3)} + x_{(CaF_2)} + x_{(MnO)} \quad \text{(iv)}$$

$$x_{(O),B} = n_{(O)}x_{(B)}/\sum n_{(O)}x_{(B)} \quad \text{(v)}$$

$$\Lambda = \sum x_{(O),B}\Lambda_B \quad \text{(vi)}$$

$$\lg C_S = 12\Lambda - 11.9 \quad \text{(vii)}$$

式中 $x_{(O),B}$——氧化物在渣中的氧原子的摩尔分数，或由卤化物中的卤族元素原子折算的氧原子的摩尔分数，1；

$n_{(O)}$——氧化物分子中的氧原子的物质的量，或由卤化物中的卤族元素原子折算的氧原子的物质的量，mol；

$x_{(B)}$——氧化物或卤化物的摩尔分数，1；

Λ_B——氧化物或卤化物的光学碱度，1；

Λ——熔渣的光学碱度，1；

C_S——熔渣的硫容量，1。

将相关常数和一些计算值列入表4-14中。

表 4-14 相关常数与计算值

化合物B	CaO	SiO_2	MgO	FeO	Al_2O_3	CaF_2	MnO
$w_{(B)}/\%$	47.0	18.0	14.0	1.8	5.0	14.0	0.2
$M_B/g\cdot mol^{-1}$	56	60	40	72	102	78	71
Λ_B	1.000	0.480	0.780	0.510	0.605	0.200	0.590
$n_{(B)}/mol$	0.840	0.300	0.350	0.025	0.049	0.180	0.003
$x_{(B)}$	0.481	0.172	0.200	0.014	0.028	0.103	0.002
$n_{(O)}/mol$	1	2	1	1	3	1	1
$x_{(O),B}$	0.3917	0.2801	0.1629	0.0114	0.0684	0.0839	0.0016

注：2个F^-离子与1个O^{2-}离子所带电荷相等，所以2个F原子可折算成1个氧原子。$\sum n_{(B)} = 1.747mol$，$\sum n_{(O)}x_{(B)} = 1.228mol$。

将表4-14中的$x_{(O),B}$和Λ_B代入式（vi）中，得

$$\begin{aligned}\Lambda &= x_{(O),CaO}\Lambda_{CaO} + x_{(O),SiO_2}\Lambda_{SiO_2} + x_{(O),MgO}\Lambda_{MgO} + x_{(O),FeO}\Lambda_{FeO} + \\ &\quad x_{(O),Al_2O_3}\Lambda_{Al_2O_3} + x_{(O),CaF_2}\Lambda_{CaF_2} + x_{(O),MnO}\Lambda_{MnO} \\ &= 0.3917 \times 1.000 + 0.2801 \times 0.480 + 0.1629 \times 0.780 + 0.0114 \times \\ &\quad 0.510 + 0.0684 \times 0.605 + 0.0839 \times 0.200 + 0.0016 \times 0.590 \\ &= 0.718\end{aligned}$$

将$\Lambda = 0.718$代入式（vii）中，得熔渣的硫容量为

$$\lg C_S = 12 \times 0.718 - 11.9 = -3.284 \qquad C_S = 5.2 \times 10^{-4}$$

4.19 试计算组成为$w_{(CaO)} = 43.46\%$、$w_{(SiO_2)} = 35.30\%$、$w_{(MgO)} = 2.76\%$、$w_{(Al_2O_3)} =$

18.48%的高炉渣在1400℃的硫容量。可用碱度及光学碱度计算。

解：(1) 用碱度计算硫容量。

$$\lg C_S = 1.35 \times \frac{1.79w_{(CaO)} + 1.24w_{(MgO)}}{1.66w_{(SiO_2)} + 0.33w_{(Al_2O_3)}} - \frac{6911}{T} - 1.649$$

式中 $R_4 = \frac{1.79w_{(CaO)} + 1.24w_{(MgO)}}{1.66w_{(SiO_2)} + 0.33w_{(Al_2O_3)}}$——高炉渣的四元碱度。

将已知数据代入以上硫容量的计算式中，得硫容量为

$$\lg C_S = 1.35 \times \frac{1.79 \times 43.46\% + 1.24 \times 2.76\%}{1.66 \times 35.30\% + 0.33 \times 18.48\%} - \frac{6911}{1673} - 1.649 = -4.085$$

$$C_S = 8.22 \times 10^{-5}$$

(2) 用光学碱度计算硫容量。取100g渣为计算基准，先计算高炉渣中各氧化物的摩尔分数 $x_{(B)}$ 和氧化物在渣中的氧原子的摩尔分数 $x_{(O),B}$，连同相关常数与其他一些计算值列入表4-15中。

表4-15 相关常数及计算值

氧化物B	CaO	SiO_2	Al_2O_3	MgO	氧化物B	CaO	SiO_2	Al_2O_3	MgO
$w_{(B)}/\%$	43.46	35.30	18.48	2.76	$x_{(B)}$	0.481	0.364	0.112	0.043
$M_B/g \cdot mol^{-1}$	56	60	102	40	$n_{(O)}/mol$	1	2	3	1
Λ_B	1.000	0.480	0.605	0.780	$x_{(O),B}$	0.303	0.458	0.212	0.027
$n_{(B)}/mol$	0.776	0.588	0.181	0.069					

注：$n_{(B)} = m_{(B)}/M_B = 100w_{(B)}/M_B$，$\Sigma n_{(B)} = 1.614mol$，$x_{(B)} = n_{(B)}/\Sigma n_{(B)}$，$\Sigma n_{(O)}x_{(B)} = 1.588mol$，$x_{(O),B} = n_{(O)}x_{(B)}/\Sigma n_{(O)}x_{(B)}$。

再根据表4-15中的相关数据计算高炉渣的光学碱度为

$$\begin{aligned}\Lambda &= x_{(O),CaO}\Lambda_{CaO} + x_{(O),SiO_2}\Lambda_{SiO_2} + x_{(O),Al_2O_3}\Lambda_{Al_2O_3} + x_{(O),MgO}\Lambda_{MgO} \\ &= 0.303 \times 1.000 + 0.458 \times 0.480 + 0.212 \times 0.605 + 0.027 \times 0.780 \\ &= 0.672\end{aligned}$$

最后用光学碱度计算高炉渣的硫容量，得

$$\lg C_S = 12\Lambda - 11.9 = 12 \times 0.672 - 11.9 = -3.836 \qquad C_S = 1.46 \times 10^{-4}$$

4.20 试计算组成为 $w_{(CaO)} = 45\%$、$w_{(SiO_2)} = 20\%$、$w_{(MgO)} = 7\%$、$w_{(FeO)} = 16\%$、$w_{(Al_2O_3)} = 3\%$、$w_{(P_2O_5)} = 2\%$、$w_{(MnO)} = 7\%$ 的熔渣在1600℃时的磷容量。与此熔渣平衡的钢液的组成为 $w_{[C]} = 0.20\%$、$w_{[Cr]} = 0.04\%$、$w_{[Ni]} = 2.00\%$、$w_{[P]} = 0.04\%$。已知 $M_{P_2O_5} = 142\ g \cdot mol^{-1}$、$M_{PO_4^{3-}} = 95g \cdot mol^{-1}$，1600℃时铁液中组元活度的相互作用系数 $e_P^P = 0.062$、$e_P^C = 0.13$、$e_P^{Cr} = -0.03$、$e_P^{Ni} = 0.0002$。

解：取100g熔渣为计算基准。

$$[P] + \frac{5}{2}[O] + \frac{3}{2}(O^{2-}) = (PO_4^{3-})$$

$$C'_{PO_4^{3-}} = \frac{100w_{(PO_4^{3-})}}{f_{P,\%}w_{[P]\%}a_{[O],\%}^{5/2}} \tag{i}$$

$$\lg C'_{PO_4^{3-}} = \frac{29990}{T} - 23.74 + 17.55\Lambda \tag{ii}$$

（1）按式（i）计算磷容量。

1）计算 $w_{(PO_4^{3-})}$。

$$(P_2O_5) + 3(O^{2-}) = 2(PO_4^{3-}) \tag{iii}$$

设熔渣（100g）中的 P_2O_5 全部以复合阴离子（络离子）PO_4^{3-} 形式存在，则根据化学反应方程式（iii）可得换算式及 $w_{(P_2O_5)}$ 与 $w_{(PO_4^{3-})}$ 的换算值为

$$\frac{n_{(P_2O_5)}}{n_{(PO_4^{3-})}} = \frac{1}{2} \qquad n_{(PO_4^{3-})} = 2n_{(P_2O_5)} \qquad \frac{100w_{(PO_4^{3-})}}{M_{PO_4^{3-}}} = \frac{2\times 100w_{(P_2O_5)}}{M_{P_2O_5}}$$

$$w_{(PO_4^{3-})} = \frac{2w_{(P_2O_5)}M_{PO_4^{3-}}}{M_{P_2O_5}} = \frac{2\times 2\% \times 95}{142} = 2.676\%$$

式中　$M_{P_2O_5}$、$M_{PO_4^{3-}}$——P_2O_5 和 PO_4^{3-} 的摩尔质量，$g\cdot mol^{-1}$。

2）计算 $a_{(FeO),R}$ 和 $a_{[O],\%}$。根据熔渣（100g）中氧化物的质量分数计算氧化物的物质的量和摩尔分数，并将计算结果列入表 4-16 中。

表 4-16　熔渣中氧化物的物质的量及摩尔分数计算值

氧化物 B	CaO	SiO_2	FeO	MnO	MgO	Al_2O_3	P_2O_5
$M_B/g\cdot mol^{-1}$	56	60	72	71	40	102	142
$w_{(B)}/\%$	45	20	16	7	7	3	2
$n_{(B)}/mol$	0.8036	0.3333	0.2222	0.0986	0.1750	0.0294	0.0141
$x_{(B)}$	0.4794	0.1988	0.1326	0.0588	0.1044	0.0175	0.0084

注：$n_{(B)} = 100w_{(B)}/M_B$，$\Sigma n_{(B)} = 1.6762mol$，$x_{(B)} = n_{(B)}/\Sigma n_{(B)}$。

将给出的多元系熔渣归并成伪三元系熔渣，并计算该伪三元系熔渣的组成为

$$x'_{(CaO)} = x_{(CaO)} + x_{(MgO)} + x_{(MnO)} = 0.4794 + 0.1044 + 0.0588 = 0.6426$$

$$x'_{(SiO_2)} = x_{(SiO_2)} + x_{(P_2O_5)} + x_{(Al_2O_3)} = 0.1988 + 0.0084 + 0.0175 = 0.2247$$

$$x'_{(FeO)} = x_{(FeO)} = 0.1326$$

依据以上计算的伪三元系熔渣的组成（摩尔分数），查 CaO-SiO_2-FeO 渣系 FeO 的活度图（附图5），得 1600℃时的 FeO 活度（标准态为纯氧化铁）为

$$a_{(FeO),R} = 0.55$$

下面计算钢液中平衡氧的活度 $a_{[O],\%}$：

$$(FeO) = [O] + [Fe] \qquad \lg L_O = -\frac{6320}{T} + 2.734 \tag{iv}$$

$$L_O = a_{[O],\%}/a_{(FeO),R} \tag{v}$$

将 $T = 1873K$ 代入式（iv）中，得氧分配常数为

$$L_O = 0.23$$

将 $L_O = 0.23$ 和 $a_{(FeO),R} = 0.55$ 代入式（v）中，得钢液中平衡氧的活度为

$$a_{[O],\%} = a_{(FeO),R} L_O = 0.55 \times 0.23 = 0.1265$$

3）计算 $f_{P,\%}$。

$$\lg f_{P,\%} = e_P^P w_{[P]\%} + e_P^C w_{[C]\%} + e_P^{Cr} w_{[Cr]\%} + e_P^{Ni} w_{[Ni]\%}$$

$$= 0.062 \times 0.04 + 0.13 \times 0.20 - 0.03 \times 0.04 + 0.0002 \times 2.00 = 0.02768$$

$$f_{P,\%} = 1.0658$$

4）计算磷容量 $C'_{PO_4^{3-}}$。将已知数据代入式（i）中，得

$$C'_{PO_4^{3-}} = \frac{100 w_{(PO_4^{3-})}}{f_{P,\%} w_{[P]\%} a_{[O],\%}^{5/2}} = \frac{100 \times 2.676\%}{1.0658 \times 0.04 \times 0.1265^{2.5}} = 1.1029 \times 10^4$$

（2）按式（ii）计算磷容量。相关常数及某些计算值列入表 4-17 中。

表 4-17　相关常数及计算值

氧化物 B	CaO	SiO_2	FeO	MnO	MgO	Al_2O_3	P_2O_5
$w_{(B)}/\%$	45	20	16	7	7	3	2
$M_B/g \cdot mol^{-1}$	56	60	72	71	40	102	142
Λ_B	1.000	0.480	0.510	0.590	0.780	0.605	0.400
$n_{(B)}/mol$	0.8036	0.3333	0.2222	0.0986	0.1750	0.0294	0.0141
$x_{(B)}$	0.4794	0.1988	0.1326	0.0588	0.1044	0.0175	0.0084
$n_{(O)}/mol$	1	2	1	1	1	3	5
$x_{(O),B}$	0.3783	0.3137	0.1046	0.0464	0.0824	0.0414	0.0331

注：$n_{(B)} = m_{(B)}/M_B = 100 w_{(B)}/M_B$，$\Sigma n_{(B)} = 1.6762mol$，$x_{(B)} = n_{(B)}/\Sigma n_{(B)}$，$\Sigma n_{(O)} x_{(B)} = 1.2673mol$，$x_{(O),B} = n_{(O)} x_{(B)}/\Sigma n_{(O)} x_{(B)}$。

1）计算（取 100g 熔渣作为计算基准）该熔渣的光学碱度 Λ。

$$\Lambda = x_{(O),CaO}\Lambda_{CaO} + x_{(O),SiO_2}\Lambda_{SiO_2} + x_{(O),FeO}\Lambda_{FeO} + x_{(O),MnO}\Lambda_{MnO} + x_{(O),MgO}\Lambda_{MgO} + x_{(O),Al_2O_3}\Lambda_{Al_2O_3} + x_{(O),P_2O_5}\Lambda_{P_2O_5}$$

$$= 0.3783 \times 1.000 + 0.3137 \times 0.480 + 0.1046 \times 0.510 + 0.0464 \times 0.590 + 0.0824 \times 0.780 + 0.0414 \times 0.605 + 0.0331 \times 0.400$$

$$= 0.712$$

2）计算磷容量 $C'_{PO_4^{3-}}$。将 $T = 1873K$ 和 $\Lambda = 0.712$ 代入式（ii）中，得

$$\lg C'_{PO_4^{3-}} = \frac{29990}{1873} - 23.74 + 17.55 \times 0.712 = 4.767$$

$$C'_{PO_4^{3-}} = 5.8479 \times 10^4$$

4.21　试利用 $CaO-SiO_2-Al_2O_3$ 渣系黏度图（附图 8）求 1400℃ 时组成为 $w_{(CaO)} = 38.00\%$、$w_{(SiO_2)} = 38.39\%$、$w_{(MgO)} = 2.83\%$、$w_{(Al_2O_3)} = 16.11\%$ 的高炉渣的黏度。如果温度

提高到1500℃，其黏度将降低到何值？

解：因为给出的高炉渣各组元的质量分数之和 $\Sigma w_{(B)}=95.33\%$，所以要对各组元的质量分数进行折算，使折算后的各组元的质量分数之和 $\Sigma w'_{(B)}=100\%$。给出的各组元的质量分数和折算后的各组元的质量分数见表4-18。

表 4-18　高炉渣的给出组成和折算后组成

氧化物 B	CaO	SiO_2	Al_2O_3	MgO
$w_{(B)}/\%$	38.00	38.39	16.11	2.83
$w'_{(B)}/\%$	39.86	40.27	16.90	2.97

注：$\Sigma w_{(B)}=95.33\%$，$w'_{(B)}=w_{(B)}/\Sigma w_{(B)}$，$\Sigma w'_{(B)}=100\%$。

将表4-18中的四元系归并成伪三元系。归并后的伪三元系的组成为

$$w''_{(CaO)}=w''_{(CaO+MgO)}=w'_{(CaO)}+w'_{(MgO)}$$
$$=39.86\%+2.97\%=42.83\%$$
$$w''_{(SiO_2)}=w'_{(SiO_2)}=40.27\%$$
$$w''_{(Al_2O_3)}=w'_{(Al_2O_3)}=16.90\%$$

根据伪三元系的组成，在 $CaO-SiO_2-Al_2O_3$ 渣系黏度图（附图8）上分别查得高炉渣在1400℃和1500℃时的黏度分别为

$$\eta_{1400℃}=2.00\text{Pa}\cdot\text{s}\qquad \eta_{1500℃}=0.74\text{Pa}\cdot\text{s}$$

可见，当温度由1400℃升高到1500℃时，该高炉渣的黏度由2.00Pa·s降低到0.74Pa·s。

4.22　试计算组成为 $w_{(CaO)}=35\%$、$w_{(SiO_2)}=50\%$、$w_{(Al_2O_3)}=15\%$ 的高炉渣在1550℃时的表面张力，并与通过查 $CaO-SiO_2-Al_2O_3$ 渣系的表面张力图（附图9）所获之值进行比较。

解：取100g渣为计算基准。

（1）通过计算求表面张力。

$$\sigma=\Sigma x_{(B)}\sigma_B$$

将表4-19中的相关数据代入上式中，得表面张力为

$$\sigma=x_{(CaO)}\sigma_{CaO}+x_{(SiO_2)}\sigma_{SiO_2}+x_{(Al_2O_3)}\sigma_{Al_2O_3}$$
$$=0.39\times0.52+0.52\times0.40+0.09\times0.72$$
$$=0.4756\text{N}\cdot\text{m}^{-1}$$

表 4-19　相关常数及计算的各氧化物的摩尔分数

氧化物 B	$M_B/\text{g}\cdot\text{mol}^{-1}$	$\sigma_B/\text{N}\cdot\text{m}^{-1}$	$w_{(B)}/\%$	$n_{(B)}/\text{mol}$	$x_{(B)}$	备　注
CaO	56	0.52	35	0.625	0.39	$n_{(B)}=100w_{(B)}/M_B$
SiO_2	60	0.40	50	0.833	0.52	$\Sigma n_{(B)}=1.605\text{mol}$
Al_2O_3	102	0.72	15	0.147	0.09	$x_{(B)}=n_{(B)}/\Sigma n_{(B)}$

（2）通过查图求表面张力。由 $CaO-SiO_2-Al_2O_3$ 渣系的表面张力图（附图9），查表4-19所示组成（各氧化物的摩尔分数）的高炉渣的表面张力为

$$\sigma=0.42\text{N}\cdot\text{m}^{-1}$$

若以上述查图所得表面张力值为准确值的话，则计算值的相对误差为

$$e_r^* = \frac{0.4756 - 0.42}{0.42} = 13.24\%$$

4.23 试用下列公式

$$\sigma = \sum x_{(B)}\sigma_B$$

计算组成为 $w_{(CaO)} = 30\%$、$w_{(SiO_2)} = 20\%$、$w_{(FeO)} = 50\%$ 的炉渣的表面张力，并与通过查 $CaO\text{-}SiO_2\text{-}FeO$ 渣系的表面张力图（附图10）所获之值进行比较。

解：（1）通过计算（取100g渣为计算基准）求表面张力。

将表4-20中的相关数据代入所给公式中，计算得表面张力为

$$\begin{aligned}\sigma &= x_{(CaO)}\sigma_{CaO} + x_{(SiO_2)}\sigma_{SiO_2} + x_{(FeO)}\sigma_{FeO}\\ &= 0.343 \times 0.52 + 0.213 \times 0.40 + 0.444 \times 0.59\\ &= 0.5255\text{N} \cdot \text{m}^{-1}\end{aligned}$$

表 4-20 相关常数及计算的各氧化物的摩尔分数

氧化物B	$M_B/\text{g}\cdot\text{mol}^{-1}$	$\sigma_B/\text{N}\cdot\text{m}^{-1}$	$w_{(B)}/\%$	$n_{(B)}/\text{mol}$	$x_{(B)}$	备注
CaO	56	0.52	30	0.536	0.343	$n_{(B)} = 100w_{(B)}/M_B$
SiO_2	60	0.40	20	0.333	0.213	$\Sigma n_{(B)} = 1.563\text{mol}$
FeO	72	0.59	50	0.694	0.444	$x_{(B)} = n_{(B)}/\Sigma n_{(B)}$

（2）通过查图求表面张力。由 $CaO\text{-}SiO_2\text{-}FeO$ 渣系的表面张力图（附图10），查表4-20所示组成（各氧化物的摩尔分数）的炉渣的表面张力为 $\sigma = 0.50\text{N}\cdot\text{m}^{-1}$。

若以上述查图所得表面张力值为准确值的话，则计算值的相对误差为

$$e_r^* = \frac{0.5255 - 0.50}{0.50} = 5.10\%$$

4.24 组成为 $w_{(CaO)} = 28\%$、$w_{(SiO_2)} = 40\%$、$w_{(Al_2O_3)} = 12\%$、$w_{(MgO)} = 20\%$ 的熔渣的黏度见表4-21。试计算该熔渣黏度的温度关系式（$\ln\eta = A/T + B$）及黏流活化能 E_η。

表 4-21 熔渣在不同温度时的黏度

T/K	1573	1623	1673	1723	1973
$\eta/\text{Pa}\cdot\text{s}$	1.21	0.83	0.63	0.59	0.45

解：均相熔渣的黏度与温度的关系式（类阿累尼乌斯公式）为

$$\ln\eta = \ln\eta_0 + \frac{E_\eta}{RT}$$

设 $y = \ln\eta$，$x = 1/T$，$A = E_\eta/R$，$B = \ln\eta_0$，则 $y = Ax + B$。

利用线性回归的方法，求以 x 为横坐标，以 y 为纵坐标的5个点（x，y）的回归直线方程式 $y = Ax + B$。为此，列线性回归数据见表4-22。

表 4-22　线性回归数据

T/K	1573	1623	1673	1723	1973
η/Pa·s	1.21	0.83	0.63	0.59	0.45
x/K^{-1}	6.36×10^{-4}	6.16×10^{-4}	5.98×10^{-4}	5.80×10^{-4}	5.07×10^{-4}
y	0.1906	−0.1863	−0.4620	−0.5280	−0.7985

利用表 4-22 中的相关数据，计算回归直线方程式的斜率 A 和截距 B 分别为

$$A = \frac{\Sigma(x_i - \overline{x})(y_i - \overline{y})}{\Sigma(x_i - \overline{x})^2} = \frac{0.6714438 \times 10^{-4}}{0.9811 \times 10^{-8}} = 6843.8\text{K}$$

$$B = \overline{y} - A\overline{x} = -0.357 - 6843.8 \times 5.874 \times 10^{-4} = -4.377$$

因此，回归直线方程式为 $y = 6843.8x - 4.377$，即该熔渣的黏度与温度的关系式为

$$\ln\eta = 6843.8/T - 4.377$$

另由式 $A = E_\eta/R$，得黏流活化能为

$$E_\eta = AR = 6843.8 \times 8.314 = 56899\text{J} \cdot \text{mol}^{-1}$$

4.25　组成为 $w_{(CaO)} = 10\%$、$w_{(CaF_2)} = 80\%$、$w_{(Al_2O_3)} = 10\%$ 的电渣重熔渣，在不同温度下测得的电导率见表 4-23。试求电导率的温度关系式 $\ln\kappa = A/T + B$ 中的 A、B 及电导活化能 E_κ。

表 4-23　电渣重熔渣在不同温度下的电导率

T/K	1773	1823	1873	1923	1973	2023
κ/S·m^{-1}	315.5	350.8	387.3	425.6	465.6	507.0

解： 电导率与温度的关系式（类阿累尼乌斯公式）为

$$\ln\kappa = \ln\kappa_0 - \frac{E_\kappa}{RT}$$

设 $y = \ln\kappa$，$x = 1/T$，$A = -E_\kappa/R$，$B = \ln\kappa_0$，则 $y = Ax + B$。

利用线性回归的方法，求以 x 为横坐标，y 为纵坐标的 6 个离散点（x，y）的回归直线方程式 $y = Ax + B$。为此，列线性回归数据见表 4-24。

表 4-24　线性回归数据

T/K	1773	1823	1873	1923	1973	2023
κ/S·m^{-1}	315.5	350.8	387.3	425.6	465.6	507.0
x/K^{-1}	5.64×10^{-4}	5.49×10^{-4}	5.34×10^{-4}	5.20×10^{-4}	5.07×10^{-4}	4.94×10^{-4}
y	5.754	5.860	5.959	6.053	6.143	6.229

利用表 4-24 中的相关数据，计算回归直线方程式的斜率 A 和截距 B 分别为

$$A = \frac{\Sigma(x_i - \overline{x})(y_i - \overline{y})}{\Sigma(x_i - \overline{x})^2} = \frac{-23.2546 \times 10^{-6}}{0.3434 \times 10^{-8}} = -6771.87\text{K}$$

$$B = \overline{y} - A\overline{x} = 5.9997 + 6771.87 \times 5.28 \times 10^{-4} = 9.575$$

因此，得回归直线方程式为 $y = -6771.87x + 9.575$，即该电渣重熔渣电导率的温度关系式为

$$\ln\kappa = -6771.87/T + 9.575$$

另由式 $A = -E_\kappa/R$，得该电渣重熔渣的电导活化能为

$$E_\kappa = -AR = 6771.87 \times 8.314 = 56301\text{J} \cdot \text{mol}^{-1}$$

4.26 测得还原性熔渣及 GCr15 钢液的表面张力分别为 $\sigma_s = 0.45\text{N} \cdot \text{m}^{-1}$ 及 $\sigma_m = 1.63\ \text{N} \cdot \text{m}^{-1}$，熔渣和钢液的接触角 $\alpha = 35°$，求钢-渣界面张力 σ_{ms}，并确定此还原渣能否在钢液中乳化。

解：

$$\sigma_{ms} = \sqrt{\sigma_m^2 + \sigma_s^2 - 2\sigma_m\sigma_s\cos\alpha}$$

$$= \sqrt{1.63^2 + 0.45^2 - 2 \times 1.63 \times 0.45 \times 0.82} = 1.287\text{N} \cdot \text{m}^{-1}$$

熔渣的乳化系数为

$$S = W_{黏} - W_{内} = \sigma_m + \sigma_s - \sigma_{ms} - 2\sigma_s = \sigma_m - \sigma_s - \sigma_{ms}$$

$$= 1.63 - 0.45 - 1.287 = -0.107\text{N} \cdot \text{m}^{-1}$$

因为 $S < 0$，所以此还原渣不能在钢液中乳化。

4.27 下式为以正规溶液模型为基础，通过实验建立的，定量描述 $CaO\text{-}SiO_2\text{-}FeO$ 三元系熔渣中 FeO 活度系数 γ_{FeO} 与温度 T、摩尔分数 $x_{(FeO)}$ 和二元碱度 R 的关系的半经验公式。

$$\lg\gamma_{FeO} = \frac{5900}{T}(1 - x_{(FeO)})^2 \frac{R}{(2+R)^2}$$

上式的温度范围为 $T = 1773 \sim 1973\text{K}$，渣中 FeO 的摩尔分数范围为 $x_{(FeO)} = 0.1 \sim 1$，渣碱度范围为 $R = 1 \sim 3$。试求在 T 和 $x_{(FeO)}$ 恒定条件下使 $a_{(FeO),R}$ 取得极大值时的二元碱度 R。

解： 在 T 和 $x_{(FeO)}$ 恒定条件下，当 γ_{FeO} 取得极大值时，$a_{(FeO),R}$ 才取得极大值，所以只需计算使 γ_{FeO} 或 $\lg\gamma_{FeO}$ 取得极大值时的二元碱度 R 即可。为此，设 $\lg\gamma_{FeO} = y$，$\frac{5900}{T}(1 - x_{(FeO)})^2 = z$，则半经验公式可改写为

$$y = z\frac{R}{(2+R)^2} \tag{i}$$

计算式（i）中的 y 对 R 的一阶导数，并令其为零，得

$$\frac{dy}{dR} = z\frac{(2+R)^2 - 2(2+R)R}{(2+R)^4} = z\frac{4-R^2}{(2+R)^4} = 0 \tag{ii}$$

在 z 为非零常数条件下解方程式（ii），得二元碱度为

$$R = 2$$

此即在 T 和 $x_{(FeO)}$ 恒定条件下使 $a_{(FeO),R}$ 取得极大值时的二元碱度。

4.28 图4-14为含有一个不稳定二元化合物D的A-B-C三元系相图。在该相图中给出两个体系点 M_1 和 M_2。要求：(1) 试标注出各初晶区的名称；(2) 试划分△ABC，判断其中两个三元无变量点的性质并标注出其名称；(3) 试标注出△ABC各边上的二元无变量点的名称；(4) 试判断各条初晶区界线的性质，并在其上标注出表示温度降落方向的箭头；(5) 试分析图中两个体系点 M_1 和 M_2 的冷却结晶过程，并绘出各自的冷却曲线。

解：(1) 标注出各初晶区的名称（A、B、C和D）如图4-15所示。

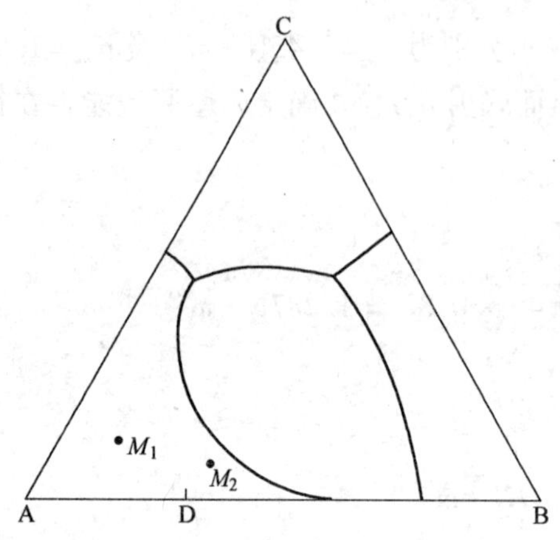

图4-14 含有一个不稳定二元化合物的A-B-C三元系相图

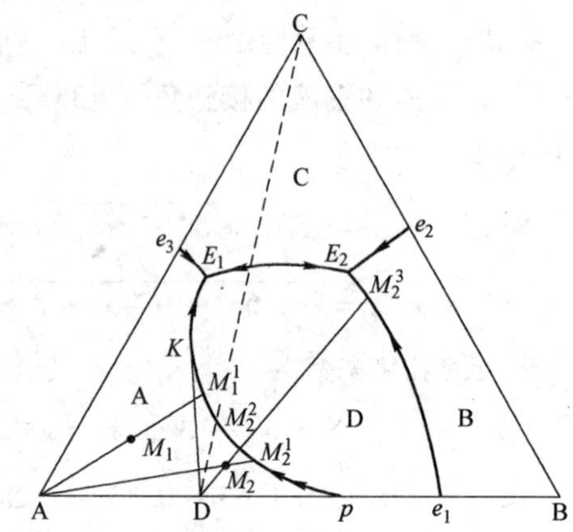

图4-15 含有一个不稳定二元化合物的A-B-C三元系相图

(2) 根据三角形划分规则，用虚线连接顶点C和对边上的点D（不稳定二元化合物D的组成点），将△ABC划分成如图4-15所示的两个子三角形△ACD和△BCD。因为两个三元无变量点分别存在于各自的子三角形内，并且以下还会看到这两个三元无变量点分别是三条二元共晶线的交点，所以这两个三元无变量点都是三元共晶点，其名称如图4-15所示分别标注为 E_1 和 E_2。

(3) △ABC的AB边上有一个二元包晶点和一个二元共晶点，其名称分别标注为 p 和 e_1；BC边上有一个二元共晶点，其名称标注为 e_2；AC边上有一个二元共晶点，其名称标注为 e_3。所标注的各二元无变量点的名称如图4-15所示。

(4) 用切线规则判断，初晶区界线 e_1E_2 为二元共晶线，在其上标注单箭头，指向三元共晶点 E_2；初晶区界线 e_2E_2 为二元共晶线，在其上标注单箭头，指向三元共晶点 E_2；初晶区界线 E_1E_2 为二元共晶线，在其上标注两个箭头，一个指向三元共晶点 E_1，另一个指向三元共晶点 E_2；初晶区界线 e_3E_1 为二元共晶线，在其上标注单箭头，指向三元共晶点 E_1。初晶区界线 pE_1 比较特殊，其曲率变化较大，所以要过化合物的组成点D作初晶区界线 pE_1 的切线，得切点 K 为临界点。由图4-15可见，临界点 K 将初晶区界线 pE_1 分成 pK 和 KE_1 两部分，根据切线规则判断，pK 为二元包晶线，在其上标注双箭头，均指向临界点 K；KE_1 为二元共晶线，在其上标注单箭头，指向三元共晶点 E_1。以上所作的标注及切线等如图4-15所示。

(5) 根据三角形划分规则判断：因为体系点 M_1 和 M_2 分别位于子三角形△ACD和

△BCD 内，所以体系点 M_1 和 M_2 结晶过程的结束点分别为三元共晶点 E_1 和三元共晶点 E_2。

体系点 M_1 的冷却结晶过程：如图 4-15 所示，体系点 M_1 在 A 的初晶区内，所以当体系冷却降温到液相面温度（开始结晶温度）时，开始析晶反应 $L = A$，结晶析出 A；继续冷却，根据背向规则，残余液相组成沿直线 AM_1 的延长线背向顶点 A 变化，并不断结晶析出 A，当残余液相组成变化到达二元包晶线 pK 上的点 M_1^1 后，析晶反应 $L = A$ 结束，开始进行二元包晶反应 $L_{pK} + A = D$，消耗 A，结晶析出 D，此时体系中的固相为 A + D；此后，随冷却的继续进行，残余液相的组成沿二元包晶线 pK 变化，继续进行二元包晶反应 $L_{pK} + A = D$，并不断消耗 A 和结晶析出 D，体系中的固相仍为 A + D；继续冷却，当残余液相的组成沿二元包晶线 pK 变化到临界点 K 时，二元包晶反应 $L_{pK} + A = D$ 结束，开始进行二元共晶反应 $L_{KE_1} = A + D$，结晶析出二元共晶体 A + D；随冷却的继续进行，残余液相的组成沿二元共晶线 KE_1 变化，继续进行二元共晶反应 $L_{KE_1} = A + D$，并不断结晶析出二元共晶体 A + D，直到残余液相的组成沿二元共晶线 KE_1 变化到达三元共晶点 E_1 时为止；当残余液相的组成变化到达三元共晶点 E_1 后，二元共晶反应 $L_{KE_1} = A + D$ 结束，开始进行三元共晶反应 $L_{E_1} = A + D + C$，结晶析出三元共晶体 A + D + C，此三元共晶反应在三元共晶点 E_1 的温度下恒温进行到残余液相消失，体系点 M_1 的结晶过程结束，完全凝固成固相 A + D + C，其组成与原始体系点 M_1 的组成相同。仅当体系点 M_1 的结晶过程结束，完全凝固成固相后，由 A + D + C 组成的固相体系 M_1 的温度才会随冷却继续下降。

体系点 M_2 的冷却结晶过程：如图 4-15 所示，体系点 M_2 在 A 的初晶区内，所以体系冷却降温到液相面温度（开始结晶温度）时，开始析晶反应 $L = A$，结晶析出 A；继续冷却，根据背向规则，残余液相组成沿直线 AM_1 的延长线背向顶点 A 变化，并不断结晶析出 A，当残余液相组成变化到达二元包晶线 pK 上的点 M_2^1 后，析晶反应 $L = A$ 结束，开始进行二元包晶反应 $L_{pK} + A = D$，消耗 A，结晶析出 D，此时体系中的固相为 A + D；随冷却的继续进行，残余液相的组成沿二元包晶线 pK 变化，继续进行二元包晶反应 $L_{pK} + A = D$，并不断消耗 A 和结晶析出 D，体系中的固相仍为 A + D；继续冷却，当固相 A 消耗殆尽，体系中的固相只剩有 D，残余液相的组成沿二元包晶线 pK 变化到达二元包晶线 pK 上的点 M_2^2 后，二元包晶反应 $L_{pK} + A = D$ 结束，残余液相的组成沿直线 $DM_2M_2^2$ 的延长线背向化合物的组成点 D 变化，并且离开二元包晶线 pK 进入化合物 D 的初晶区，开始并进行析晶反应 $L = D$，结晶析出 D，此时体系的固相中只有化合物 D；随冷却的继续，残余液相的组成继续沿直线 $DM_2M_2^2$ 的延长线穿过（穿晶区）化合物 D 的初晶区向二元共晶线 e_1E_2 上的点 M_2^3 变化，此间持续进行析晶反应 $L = D$，不断结晶析出 D，体系的固相中仍只有化合物 D；继续冷却，当残余液相的组成沿直线 $DM_2M_2^2$ 的延长线变化到达二元共晶线 e_1E_2 上的点 M_2^3 后，析晶反应 $L = D$ 结束，开始并进行二元共晶反应 $L_{e_1E_2} = D + B$，结晶析出二元共晶体 D + B，体系的固相为 D + B；继续冷却，残余液相的组成离开点 M_2^3，沿二元共晶线 e_1E_2 向三元共晶点 E_2 变化，并不断进行二元共晶反应 $L_{e_1E_2} = D + B$，结晶析出二元共晶体 D + B，体系的固相仍为 D + B；继续冷却，当残余液相的组成变化到达三元共晶点 E_2 时，二元共晶反应 $L_{e_1E_2} = D + B$ 结束，并开始在三元共晶点 E_2 的温度（三元共晶温度）下恒温进行三元共晶反应 $L_{E_2} = D + B + C$，结晶析出三元共晶体 D + B + C，此三元共晶反应在三元共晶

点 E_2 的温度（三元共晶温度）下恒温进行到残余液相消失，体系点 M_2 的结晶过程结束，完全凝固成固相 D + B + C，其组成与原始体系点 M_2 的组成相同。仅当体系点 M_2 的结晶过程结束，完全凝固成固相后，由 D + B + C 组成的固相体系 M_2 的温度才会随冷却继续下降。

用冷却曲线表示的两个体系点 M_1 和 M_2 的冷却结晶过程如图 4-16 所示。

4.29 图 4-17 为 A-B-C 三元系浓度三角形，其中 3 个原始体系点 M_1、M_2 和 M_3 的质量分别为 $m_1 = 6\text{kg}$、$m_2 = 4\text{kg}$、$m_3 = 15\text{kg}$，各原始体系点的组成见表 4-25。试求由这 3 个原始体系点混合成的一个新体系点 M 的质量及组成。

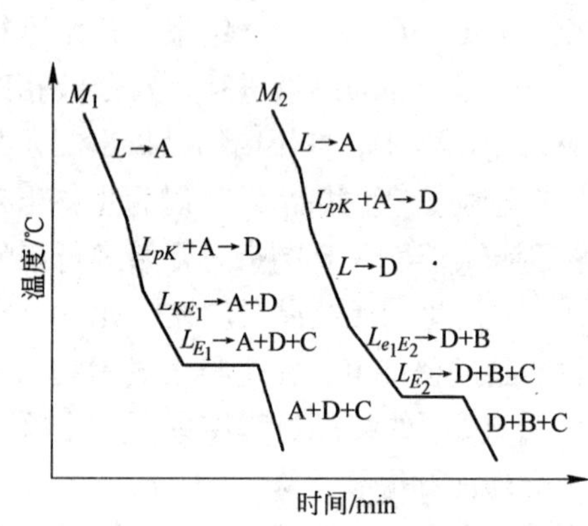

图 4-16 体系点 M_1 和 M_2 的冷却曲线

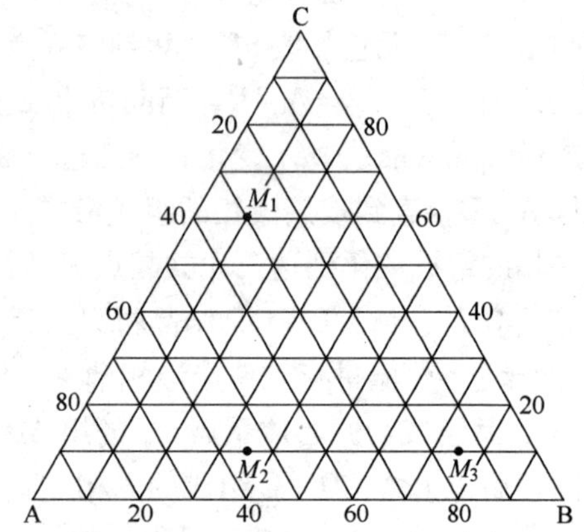

图 4-17 A-B-C 三元系浓度三角形

表 4-25 3 个原始体系点的组成

体系点	M_1			M_2			M_3		
组　成	$w_{A,1}$	$w_{B,1}$	$w_{C,1}$	$w_{A,2}$	$w_{B,2}$	$w_{C,2}$	$w_{A,3}$	$w_{B,3}$	$w_{C,3}$
	30%	10%	60%	55%	35%	10%	15%	75%	10%

解：设合成的新体系点 M 的质量为 m，组成为 w_A、w_B 和 w_C。新体系点 M 的质量为

$$m = m_1 + m_2 + m_3 = 6 + 4 + 15 = 25\text{kg}$$

新体系点 M 的组成，可以用计算法求得，也可以用图解法求之。

计算法：

设新体系点 M 中组元 A、B 和 C 的质量分别为 m_A、m_B 和 m_C。

$$m_A = m_1 w_{A,1} + m_2 w_{A,2} + m_3 w_{A,3} = 6 \times 30\% + 4 \times 55\% + 15 \times 15\% = 6.25\text{kg}$$

$$m_B = m_1 w_{B,1} + m_2 w_{B,2} + m_3 w_{B,3} = 6 \times 10\% + 4 \times 35\% + 15 \times 75\% = 13.25\text{kg}$$

$$m_C = m_1 w_{C,1} + m_2 w_{C,2} + m_3 w_{C,3} = 6 \times 60\% + 4 \times 10\% + 15 \times 10\% = 5.50\text{kg}$$

则新体系点 M 的组成为

$$w_A = \frac{m_A}{m} = \frac{6.25}{25} = 25\% \qquad w_B = \frac{m_B}{m} = \frac{13.25}{25} = 53\% \qquad w_C = \frac{m_C}{m} = \frac{5.50}{25} = 22\%$$

图解法：

根据重心规则，合成的新体系点 M 一定位于3个原始体系点 M_1、M_2 和 M_3 的质量重心上。该质量重心在如图4-18所示浓度三角形内的位置，可以根据杠杆规则，利用作图法求得。首先，将体系点 M_1 和 M_2 合成一点，设为 M_4，其质量为

$$m_4 = m_1 + m_2 = 6 + 4 = 10\text{kg}$$

且该点一定在连接两个体系点 M_1 和 M_2 所得线段 M_1M_2 上。

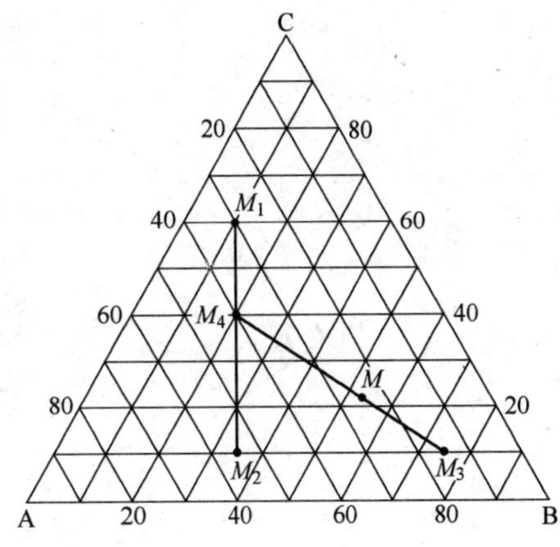

图4-18　A-B-C三元系浓度三角形

因为 $m_1 \cdot M_1M_4 = m_2 \cdot M_2M_4$，$m_2/m_1 = 2/3$，所以

$$M_1M_4/M_2M_4 = m_2/m_1 = 2/3$$

采用等距平行线平分线段的方法，将线段 M_1M_2 平分成5段，使两线段之比 $M_1M_4/M_2M_4 = 2/3$，即可确定体系点 M_4 的位置如图4-18所示。

其次，将体系点 M_3 和 M_4 合成一点，即为所求之点 M，该点一定在连接两个体系点 M_3 和 M_4 所得线段 M_3M_4 上。因为 $m_3 \cdot M_3M = m_4 \cdot M_4M$，$m_4/m_3 = 2/3$，所以 $M_3M/M_4M = m_4/m_3 = 2/3$。采用等距平行线平分线段的方法，将线段 M_3M_4 平分成5段，使两线段之比 $M_3M/M_4M = 2/3$，即可确定所求新体系点 M 的位置，如图4-18所示。

最后，由图4-18读出新体系点 M 的组成为

$$w_A = 25\% \qquad w_B = 53\% \qquad w_C = 22\%$$

4.30　现有三种熔渣 M_1、M_2 和 M_3，其组成见表4-26。现欲将20kg M_1、10kg M_2 和20kg M_3 混合成一种新熔渣 M，试用图解法求出此新熔渣的体系点 M 在 $CaO\text{-}SiO_2\text{-}FeO$ 三元系浓度三角形中的位置，并读出其组成。

表4-26　三种熔渣的组成

熔　渣	组　成		
M_1	$w_{(CaO),1}$	$w_{(SiO_2),1}$	$w_{(FeO),1}$
	60%	20%	20%
M_2	$w_{(CaO),2}$	$w_{(SiO_2),2}$	$w_{(FeO),2}$
	20%	10%	70%
M_3	$w_{(CaO),3}$	$w_{(SiO_2),3}$	$w_{(FeO),3}$
	20%	50%	30%

解： 根据表4-26所示熔渣的组成，在 $CaO\text{-}SiO_2\text{-}FeO$ 三元系浓度三角形中标注出这三种熔渣的体系点 M_1、M_2 和 M_3 的位置如图4-19所示。根据重心规则，欲合成的新熔渣的体系点 M 一定位于三种熔渣的体系点 M_1、M_2 和 M_3 的质量重心上。

先将体系点 M_1 和 M_3 合成一点并设为 M_4，其质量为 $m_4 = m_1 + m_3 = 20 + 20 = 40\text{kg}$。因

为点 M_4 一定在线段 M_1M_3 上，所以在图 4-19 中，连接点 M_1 和 M_3，得线段 M_1M_3，并在其上标注点 M_4。又因为 $m_1 \cdot M_1M_4 = m_3 \cdot M_3M_4$，$m_1 = m_3$，所以 $M_1M_4 = M_3M_4$。采用等距平行线平分线段的方法，将线段 M_1M_3 平分成 2 段，使 $M_1M_4 = M_3M_4$，即线段 M_1M_3 的中点为点 M_4 的位置如图 4-19 所示。

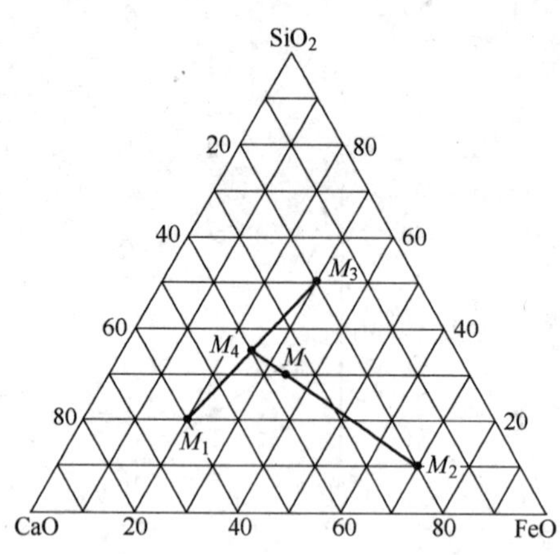

图 4-19 CaO-SiO$_2$-FeO 三元系浓度三角形

再将体系点 M_2 和 M_4 合成一点 M，即为所求新熔渣的体系点，该点一定在连接两个体系点 M_2 和 M_4 所得线段 M_2M_4 上。因为 $m_2 \cdot M_2M = m_4 \cdot M_4M$，$m_2/m_4 = 1/4$，所以 $M_4M/M_2M = m_2/m_4 = 1/4$。采用等距平行线平分线段的方法，将线段 M_2M_4 平分成 5 段，使两线段之比 $M_4M/M_2M = 1/4$，即可确定并标注所求新熔渣体系点 M 的位置如图 4-19 所示。

根据欲混合成的新熔渣体系点 M 在图 4-19 所示 CaO-SiO$_2$-FeO 三元系浓度三角形中的位置，读出其组成为

$$w_{(\mathrm{CaO})} = 36\% \qquad w_{(\mathrm{SiO_2})} = 30\% \qquad w_{(\mathrm{FeO})} = 34\%$$

4.31 图 4-20 为 Pb-Bi 二元系相图。在 125℃，铋饱和固溶体 α 的组成为 $w_{[\mathrm{Bi}]\mathrm{sat}} = 37\%$，$w_{[\mathrm{Pb}]} = 63\%$；铅饱和固溶体 β 的组成为 $w_{[\mathrm{Bi}]} = 97\%$，$w_{[\mathrm{Pb}]\mathrm{sat}} = 3\%$。在 0℃，铋饱和固溶体 α 的组成为 $w_{[\mathrm{Bi}]\mathrm{sat}} = 17.5\%$，$w_{[\mathrm{Pb}]} = 82.5\%$；铅饱和固溶体 β 的组成为 $w_{[\mathrm{Bi}]} = 99\%$，$w_{[\mathrm{Pb}]\mathrm{sat}} = 1\%$。试分别计算共晶体合金 e（$w_{[\mathrm{Bi}],e} = 58\%$，$w_{[\mathrm{Pb}],e} = 42\%$）在 125℃ 和 0℃ 时其 α 和 β 的质量分数。

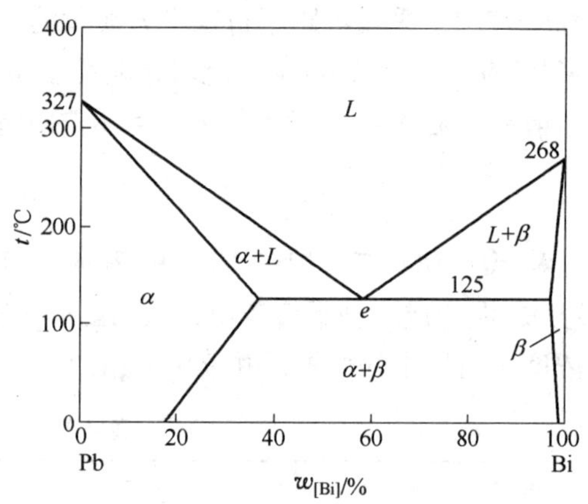

图 4-20 Pb-Bi 二元系相图

解： 设共晶体合金 e 的质量为 m_e，其中 α 和 β 的质量分别为 m_α 和 m_β。

根据杠杆规则，在 125℃ 有下列计算式为

$$m_{\alpha,125℃}(58\% - 37\%) = m_{\beta,125℃}(97\% - 58\%)$$

$$\frac{m_{\alpha,125℃}}{m_{\beta,125℃}} = \frac{97\% - 58\%}{58\% - 37\%} = \frac{39}{21} \tag{i}$$

对式（i）应用合比定理，得

$$\frac{m_{\alpha,125℃}}{m_{\alpha,125℃} + m_{\beta,125℃}} = \frac{39}{39 + 21} = \frac{39}{60} \tag{ii}$$

因为 $m_{\alpha,125℃} + m_{\beta,125℃} = m_{e,125℃}$，所以由式（ii）可得在 125℃ 时共晶体合金 e 中 α 的质量分数为

$$w_{\alpha,125℃} = \frac{m_{\alpha,125℃}}{m_{e,125℃}} = \frac{39}{60} = 65\%$$

而在 125℃时共晶体合金 e 中 β 的质量分数为

$$w_{\beta,125℃} = 100\% - w_{\alpha,125℃} = 100\% - 65\% = 35\%$$

根据杠杆规则，在 0℃有下列计算式为

$$m_{\alpha,0℃}(58\% - 17.5\%) = m_{\beta,0℃}(99\% - 58\%)$$

$$\frac{m_{\alpha,0℃}}{m_{\beta,0℃}} = \frac{99\% - 58\%}{58\% - 17.5\%} = \frac{41}{40.5} \tag{iii}$$

对式（iii）应用合比定理，得

$$\frac{m_{\alpha,0℃}}{m_{\alpha,0℃} + m_{\beta,0℃}} = \frac{41}{41 + 40.5} = \frac{41}{81.5} \tag{iv}$$

因为 $m_{\alpha,0℃} + m_{\beta,0℃} = m_{e,0℃}$，所以由式（iv）可得在 0℃时共晶体合金 e 中 α 的质量分数为

$$w_{\alpha,0℃} = \frac{m_{\alpha,0℃}}{m_{e,0℃}} = \frac{41}{81.5} = 50.3\%$$

而在 0℃时共晶体合金 e 中 β 的质量分数为

$$w_{\beta,0℃} = 100\% - w_{\alpha,0℃} = 100\% - 50.3\% = 49.7\%$$

4.32 在某一定温度时，组成为 $w_A = 60\%$、$w_B = 20\%$ 和 $w_C = 20\%$ 的溶液体系 M 以互不相溶的两液相 M_1 和 M_2 存在。已知液相 M_1 的组成为 $w_{A,1} = 72.5\%$、$w_{B,1} = 22.5\%$ 和 $w_{C,1} = 5\%$，液相 M_2 的组成为 $w_{A,2} = 10\%$、$w_{B,2} = 10\%$ 和 $w_{C,2} = 80\%$。试计算这两液相的质量比，然后用杠杆规则验证计算结果。

解：设溶液体系 M 的质量为 m，液相 M_1 和 M_2 的质量分别为 m_1 和 m_2，溶液体系 M 中组元 A 的质量为 m_A，液相 M_1 和 M_2 中组元 A 的质量分别为 $m_{A,1}$ 和 $m_{A,2}$，则有下列计算式为

$$m = m_1 + m_2 \tag{i}$$

$$m_{A,1} + m_{A,2} = m_1 \times 72.5\% + m_2 \times 10\% = m_A = m \times 60\% \tag{ii}$$

将式（i）代入式（ii）中，得

$$m_1 \times 72.5\% + m_2 \times 10\% = (m_1 + m_2) \times 60\%$$

$$m_1 \times (72.5\% - 60\%) = m_2 \times (60\% - 10\%) \tag{iii}$$

由式（iii）计算这两液相 M_2 和 M_1 的质量比为

$$\frac{m_2}{m_1} = \frac{72.5\% - 60\%}{60\% - 10\%} = \frac{12.5}{50} = \frac{1}{4}$$

以下用杠杆规则对以上计算结果进行验证：

根据已知条件给出的体系 M、液相 M_1 和 M_2 的组成，在图 4-21 所示 A-B-C 三元系浓度三角形中标注出这三个体系点的位置。因为体系 M 由两液相 M_1 和 M_2 而合成，所以体

系点 M 一定在线段 M_1M_2 上，且为其质量重心。由图 4-21 可见，用质量分数表示的线段相对长度分别为

$$M_1M = 15\% \qquad M_2M = 60\%$$

根据杠杆规则，有下列计算式为

$$m_1 \cdot M_1M = m_2 \cdot M_2M \qquad (\text{iv})$$

由式（iv）可得这两液相 M_2 和 M_1 的质量比为

$$\frac{m_2}{m_1} = \frac{M_1M}{M_2M} = \frac{15\%}{60\%} = \frac{1}{4}$$

可见，经利用杠杆规则验证，前述计算结果是正确的。

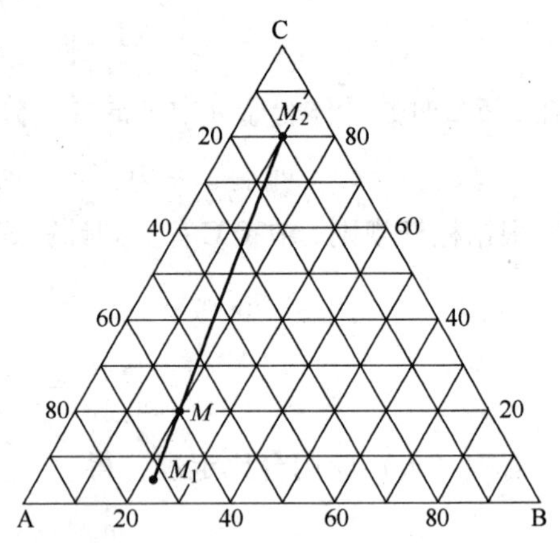

图 4-21　A-B-C 三元系浓度三角形

4.33　根据 CaO-SiO_2-FeO 渣系相图（附图 4），指出下列不同质量分数组成的熔渣体系 M_1、M_2 和 M_3 同时冷却时，哪个首先结晶，哪个最后结晶，并排列出结晶先后顺序。

（1）M_1：$w_{(CaO)} = 60\%$、$w_{(FeO)} = 10\%$、$w_{(SiO_2)} = 30\%$；

（2）M_2：$w_{(CaO)} = 10\%$、$w_{(FeO)} = 65\%$、$w_{(SiO_2)} = 25\%$；

（3）M_3：$w_{(CaO)} = 40\%$、$w_{(FeO)} = 40\%$、$w_{(SiO_2)} = 20\%$。

解：三元系平面相图中的等温线上标注的温度是液相面温度，亦即熔渣冷却时的结晶开始温度（初晶温度）。等温线上标注的温度越高，说明此处熔渣的结晶开始温度（初晶温度）越高。当若干个不同组成的熔渣体系同时冷却时，结晶开始温度（初晶温度）最高者首先结晶，结晶开始温度（初晶温度）最低者最后结晶。当熔渣体系的组成点（体系点）位于等温线上时，其结晶开始温度（初晶温度）即为该等温线上标注的温度；当熔渣体系的组成点（体系点）位于两条等温线之间时，其结晶开始温度（初晶温度）介于两条等温线上所标注的温度之间，并可大致按比例用插分法（内插法）确定。

按上述原理和方法，先根据所给出的三个熔渣体系的组成，确定这三个熔渣体系点在 CaO-SiO_2-FeO 渣系相图（附图 4）上的位置，再确定各熔渣体系的结晶开始温度（初晶温度），并将其列入表 4-27 中。

表 4-27　熔渣体系的组成及其初晶温度

体　系	组　成			初晶温度/℃
	$w_{(CaO)}/\%$	$w_{(FeO)}/\%$	$w_{(SiO_2)}/\%$	
M_1	60	10	30	2000
M_2	10	65	25	1200
M_3	40	40	20	1700

根据表 4-27 中所列各熔渣体系的初晶温度（结晶开始温度）的高低，可排列各熔渣体系结晶先后顺序为：M_1 首先结晶，M_3 其次，M_2 最后结晶。

4.34　表 4-28 所列为某炼钢炉渣的化学组成及各相关氧化物的摩尔质量。试用炉渣

的完全离子理论计算1600℃时，该炼钢炉渣中CaO的活度。

表4-28　某炼钢炉渣的化学组成及各相关氧化物的摩尔质量

组元B	CaO	MgO	SiO_2	MnO	FeO	Al_2O_3	P_2O_5
$w_{(B)}/\%$	46.89	6.88	10.22	3.34	29.00	2.47	1.20
$M_B/g\cdot mol^{-1}$	56	40	60	71	72	102	142

解：设该炼钢炉渣中存在复合阴离子（络离子）SiO_4^{4-}、AlO_3^{3-}和PO_4^{3-}。这些复合阴离子（络离子）的生成反应分别为

$$(SiO_2)+2(O^{2-}) = (SiO_4^{4-})$$

$$(Al_2O_3)+3(O^{2-}) = 2(AlO_3^{3-})$$

$$(P_2O_5)+3(O^{2-}) = 2(PO_4^{3-})$$

表4-28中的碱性氧化物MO电离时，1mol MO电离形成1mol阳离子M^{2+}和1mol阴离子O^{2-}，所以该炼钢炉渣中阳离子M^{2+}的物质的量之和为

$$\Sigma n_{(M^{2+})} = n_{(CaO)} + n_{(MgO)} + n_{(MnO)} + n_{(FeO)} \qquad (\text{i})$$

取100g该炼钢炉渣，计算其中各碱性氧化物的物质的量分别为

$$n_{(CaO)} = \frac{100w_{(CaO)}}{M_{CaO}} = \frac{100\times 46.89\%}{56} = 0.837\text{mol}$$

$$n_{(MgO)} = \frac{100w_{(MgO)}}{M_{MgO}} = \frac{100\times 6.88\%}{40} = 0.172\text{mol}$$

$$n_{(MnO)} = \frac{100w_{(MnO)}}{M_{MnO}} = \frac{100\times 3.34\%}{71} = 0.047\text{mol}$$

$$n_{(FeO)} = \frac{100w_{(FeO)}}{M_{FeO}} = \frac{100\times 29.00\%}{72} = 0.403\text{mol}$$

将$n_{(CaO)}=0.837\text{mol}$、$n_{(MgO)}=0.172\text{mol}$、$n_{(MnO)}=0.047\text{mol}$和$n_{(FeO)}=0.403\text{mol}$代入式（i）中，计算该炼钢炉渣中阳离子$M^{2+}$的物质的量之和为

$$\Sigma n_{(M^{2+})} = 0.837+0.172+0.047+0.403 = 1.459\text{mol}$$

由以上所列复合阴离子（络离子）SiO_4^{4-}、AlO_3^{3-}和PO_4^{3-}的生成反应方程式可见，该炼钢炉渣中复合阴离子（络离子）的物质的量分别为

$$n_{(SiO_4^{4-})} = n_{(SiO_2)} = \frac{100w_{(SiO_2)}}{M_{SiO_2}} = \frac{100\times 10.22\%}{60} = 0.1703\text{mol}$$

$$n_{(AlO_3^{3-})} = 2n_{(Al_2O_3)} = 2\times\frac{100w_{(Al_2O_3)}}{M_{Al_2O_3}} = 2\times\frac{100\times 2.47\%}{102} = 0.0484\text{mol}$$

$$n_{(PO_4^{3-})} = 2n_{(P_2O_5)} = 2\times\frac{100w_{(P_2O_5)}}{M_{P_2O_5}} = 2\times\frac{100\times 1.20\%}{142} = 0.0169\text{mol}$$

由以上所列复合阴离子（络离子）SiO_4^{4-}、AlO_3^{3-}和PO_4^{3-}的生成反应方程式可见，生

成上述复合阴离子（络离子）所消耗的氧离子的物质的量为

$$\begin{aligned}\Delta n_{(O^{2-})} &= 2n_{(SiO_2)} + 3n_{(Al_2O_3)} + 3n_{(P_2O_5)} \\ &= 2 \times \frac{100w_{(SiO_2)}}{M_{SiO_2}} + 3 \times \frac{100w_{(Al_2O_3)}}{M_{Al_2O_3}} + 3 \times \frac{100w_{(P_2O_5)}}{M_{P_2O_5}} \\ &= 2 \times \frac{100 \times 10.22\%}{60} + 3 \times \frac{100 \times 2.47\%}{102} + 3 \times \frac{100 \times 1.20\%}{142} \\ &= 0.4387\text{mol}\end{aligned}$$

该炼钢炉渣中各碱性氧化物电离形成的氧离子的物质的量之和为

$$\sum n_{(O^{2-})} = \sum n_{(M^{2+})} = 1.459\text{mol}$$

渣中自由氧离子的物质的量 $n_{(O^{2-})}$ 等于渣中氧离子的物质的量之和 $\sum n_{(O^{2-})}$ 减去生成复合阴离子（络离子）所消耗的氧离子的物质的量 $\Delta n_{(O^{2-})}$，即

$$n_{(O^{2-})} = \sum n_{(O^{2-})} - \Delta n_{(O^{2-})} \tag{ii}$$

将 $\sum n_{(O^{2-})} = 1.459\text{mol}$、$\Delta n_{(O^{2-})} = 0.4387\text{mol}$ 代入式（ii）中，计算该炼钢炉渣中的自由氧离子的物质的量为

$$n_{(O^{2-})} = 1.459 - 0.4387 = 1.0203\text{mol}$$

该炼钢炉渣中阴离子的物质的量之和及自由氧离子的摩尔分数的计算式分别为

$$\sum n_{(M_xO_y^{z-})} = n_{(O^{2-})} + n_{(SiO_4^{4-})} + n_{(AlO_3^{3-})} + n_{(PO_4^{3-})} \tag{iii}$$

$$x_{(O^{2-})} = \frac{n_{(O^{2-})}}{\sum n_{(M_xO_y^{z-})}} \tag{iv}$$

将 $n_{(O^{2-})} = 1.0203\text{mol}$、$n_{(SiO_4^{4-})} = 0.1703\text{mol}$、$n_{(AlO_3^{3-})} = 0.0484\text{mol}$ 和 $n_{(PO_4^{3-})} = 0.0169\text{mol}$ 代入式（iii）中，计算该炼钢炉渣中阴离子的物质的量之和为

$$\sum n_{(M_xO_y^{z-})} = 1.0203 + 0.1703 + 0.0484 + 0.0169 = 1.2559\text{mol}$$

将 $n_{(O^{2-})} = 1.0203\text{mol}$ 和 $\sum n_{(M_xO_y^{z-})} = 1.2559\text{mol}$ 代入式（iv）中，计算该炼钢炉渣中自由氧离子的摩尔分数为

$$x_{(O^{2-})} = \frac{1.0203}{1.2559} = 0.8124$$

计算该炼钢炉渣中钙离子 Ca^{2+} 的物质的量及摩尔分数分别为

$$n_{(Ca^{2+})} = n_{(CaO)} = \frac{100w_{(CaO)}}{M_{CaO}} = \frac{100 \times 46.89\%}{56} = 0.837\text{mol}$$

$$x_{(Ca^{2+})} = \frac{n_{(Ca^{2+})}}{\sum n_{(M^{2+})}} = \frac{0.837}{1.459} = 0.5737$$

用炉渣的完全离子理论计算 1600℃时，该炼钢炉渣中 CaO 的活度为

$$a_{(CaO),R} = x_{(Ca^{2+})}x_{(O^{2-})} = 0.5737 \times 0.8124 = 0.4661$$

5 生成-分解反应及燃料燃烧反应习题解

5.1 试分别计算 $CaCO_{3(s)}$ 及 $MgCO_{3(s)}$ 的分解压为 1.3×10^5Pa 时的开始分解温度。已知相关分解反应及分解压与温度的关系式为

$$CaCO_{3(s)} == CaO_{(s)} + CO_2 \qquad \lg(p_{CO_2}/p^{\ominus}) = -8908/T + 7.53 \qquad (\text{i})$$

$$MgCO_{3(s)} == MgO_{(s)} + CO_2 \qquad \lg(p_{CO_2}/p^{\ominus}) = -6210/T + 6.80 \qquad (\text{ii})$$

解：将 $p_{CO_2}=1.3\times10^5Pa$ 代入式（i）中，计算 $CaCO_{3(s)}$ 的开始分解温度为

$$T_{开(CaCO_3)} = \frac{-8908}{\lg(1.3\times10^5/10^5) - 7.53} = 1201K$$

将 $p_{CO_2}=1.3\times10^5Pa$ 代入式（ii）中，计算 $MgCO_{3(s)}$ 的开始分解温度为

$$T_{开(MgCO_3)} = \frac{-6210}{\lg(1.3\times10^5/10^5) - 6.80} = 929K$$

5.2 将 $CaCO_{3(s)}$ 置于总压 $p=100kPa$、CO_2 体积分数 $\varphi_{CO_2}=12\%$ 的气氛中。试计算 $CaCO_{3(s)}$ 的开始分解温度 $T_{开(CaCO_3)}$ 和化学沸腾温度 $T_{沸(CaCO_3)}$。已知 $CaCO_{3(s)}$ 的分解反应及分解压与温度的关系式为

$$CaCO_{3(s)} == CaO_{(s)} + CO_2 \qquad \lg(p_{CO_2}/p^{\ominus}) = -8908/T + 7.53$$

解：计算气氛中 CO_2 的分压为

$$p_{CO_2} = p\varphi_{CO_2} = 10^5\times12\% = 12kPa$$

将 $p_{CO_2}=12kPa$ 代入已知热力学函数式中，计算得 $CaCO_{3(s)}$ 的开始分解温度为

$$T_{开(CaCO_3)} = \frac{-8908}{\lg(p_{CO_2}/p^{\ominus}) - 7.53} = \frac{-8908}{\lg(12\times10^3/10^5) - 7.53} = 1054K$$

将 $p_{CO_2}=p=100kPa$ 代入已知热力学函数式中，计算得 $CaCO_{3(s)}$ 的化学沸腾温度为

$$T_{沸(CaCO_3)} = \frac{-8908}{\lg(p_{CO_2}/p^{\ominus}) - 7.53} = \frac{-8908}{\lg(10^5/10^5) - 7.53} = 1183K$$

5.3 把质量 $m_{CaCO_3}=5\times10^{-4}kg$ 的 $CaCO_{3(s)}$ 置于容积 $V=1.5\times10^{-3}m^3$ 的真空容器内，加热到800℃。试计算有多少 $CaCO_{3(s)}$ 未能分解而残留下来？已知碳酸钙的摩尔质量为 $M_{CaCO_3}=100\times10^{-3}kg\cdot mol^{-1}$，$CaCO_{3(s)}$ 的分解反应及分解压与温度的关系式为

$$CaCO_{3(s)} == CaO_{(s)} + CO_2 \qquad \lg(p_{CO_2}/p^{\ominus}) = -8908/T + 7.53$$

解：将 $T=1073K$ 代入已知的 $CaCO_{3(s)}$ 分解压与温度的关系式中，计算 $CaCO_{3(s)}$ 在该温度下分解达平衡时反应体系的 CO_2 压力，亦即真空容器内的总压（$p=p_{CO_2}$）为

$$\lg(p_{CO_2}/p^{\ominus}) = -8908/1073 + 7.53 = -0.77196$$

$$p_{CO_2}/p^{\ominus} = 0.169 \qquad p_{CO_2} = 0.169p^{\ominus} = 0.169 \times 10^5 = 1.69 \times 10^4 \text{Pa}$$

利用理想气体状态方程式，计算 $CaCO_{3(s)}$ 在该温度下分解平衡时真空容器内 CO_2 的物质的量为

$$n_{CO_2} = \frac{p_{CO_2}V}{RT} = \frac{1.69 \times 10^4 \times 1.5 \times 10^{-3}}{8.314 \times 1073} = 2.84 \times 10^{-3} \text{mol}$$

在 $CaCO_{3(s)}$ 分解反应中，已分解的 $CaCO_{3(s)}$ 的物质的量与生成的 CO_2 的物质的量相等，即

$$n_{CaCO_3(分解)} = n_{CO_2} = 2.84 \times 10^{-3} \text{mol}$$

已分解的 $CaCO_{3(s)}$ 的质量为

$$m_{CaCO_3(分解)} = M_{CaCO_3} n_{CaCO_3(分解)} = 100 \times 10^{-3} \times 2.84 \times 10^{-3} = 2.84 \times 10^{-4} \text{kg}$$

未能分解而残留下来 $CaCO_{3(s)}$ 的质量为

$$m_{CaCO_3(残留)} = m_{CaCO_3} - m_{CaCO_3(分解)} = 5 \times 10^{-4} - 2.84 \times 10^{-4} = 2.16 \times 10^{-4} \text{kg}$$

5.4 在氮气流中使 $MnCO_{3(s)}$ 受热分解，在410℃测得各时间的分解率见表5-1。试确定此分解反应的限制环节。

表 5-1 $MnCO_{3(s)}$ 分解率随时间的变化

时间 t/min	2	4	6	8	10	12	14	16	18	20
分解率 R'/%	6	17	27	49	53	61	69	71	78	85

解：$MnCO_{3(s)}$ 在氮气流中受热分解，可以排除外扩散是限制环节的可能。假设界面化学反应是限制环节（$k_+ \ll D_e$），则有

$$\frac{k_+(1 - p_{CO_2}/K^{\ominus})}{r_0\rho RT}t = 1 - (1 - R')^{1/3} \qquad (\text{i})$$

式中 k_+——正反应速率常数，m · min^{-1}；

$K^{\ominus}$——反应的标准平衡常数（$K^{\ominus} = k_+/k_-$）；

p_{CO_2}——气相中 CO_2 的分压，Pa；

r_0——反应物 $MnCO_{3(s)}$ 颗粒的原始半径，m；

ρ——反应物 $MnCO_{3(s)}$ 的量密度，mol · m^{-3}；

R——理想气体常数，8.314J · (mol · K)$^{-1}$；

T——反应温度，K；

t——反应时间，min；

R'——反应物 $MnCO_{3(s)}$ 的分解率，%。

设 $\frac{k_+(1 - p_{CO_2}/K^{\ominus})}{r_0\rho RT} = A$, $1 - (1 - R')^{1/3} = y$, 则式（i）可简化为

$$y = At \qquad (\text{ii})$$

以测得的 y 对时间 t 作图，若得过原点的直线或近似过原点的直线，则说明界面化学反应是限制环节。为此，先计算 y，并将其列入表 5-2 中。

表 5-2　$MnCO_{3(s)}$ 的分解率及计算的 y 值

t/min	2	4	6	8	10	12	14	16	18	20
R'/%	6	17	27	49	53	61	69	71	78	85
y	0.02041	0.06022	0.09959	0.20104	0.22250	0.26939	0.32321	0.33809	0.39632	0.46867

以表 5-2 中的数据 y 对 t 作图，得图 5-1。

由图 5-1 可见，y 与 t 呈近似直线关系，利用线性回归方法求（回归过程略）其回归直线方程式为

$$y = 2.422 \times 10^{-2}t - 2.649 \times 10^{-2}$$

由于回归直线方程式中的截距（-2.649×10^{-2}）较小，所以可以略去，得近似过原点的直线方程式为

$$y = 2.422 \times 10^{-2}t$$

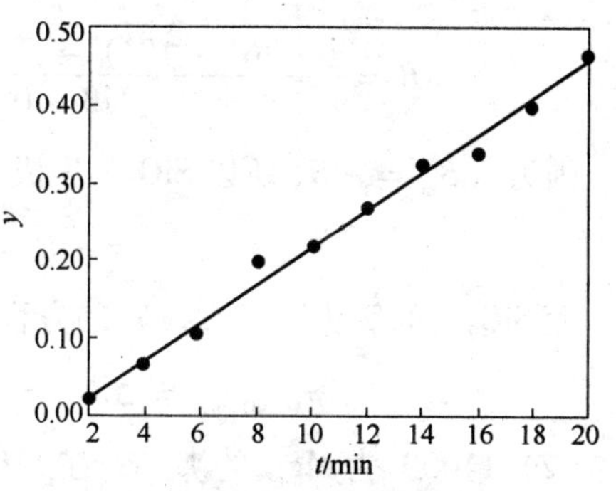

图 5-1　y 与 t 的关系

因此可以断定，在一定温度下，$MnCO_{3(s)}$ 在氮气流中受热分解反应的限制环节是界面化学反应。

5.5　试利用氧化物的氧势图（附图 11）解答下列问题：

（1）求 $SiO_{2(s)}$ 生成反应 $Si_{(s)} + O_2 = SiO_{2(s)}$ 的 $\Delta_f H_m^{\ominus}$ 和 $\Delta_f S_m^{\ominus}$。

（2）说明下列化学反应在所给温度下氧势线斜率改变的原因。

$$2Mg_{(s)} + O_2 = 2MgO_{(s)} \qquad 1100℃$$

$$2Pb_{(s)} + O_2 = 2PbO_{(s)} \qquad 1470℃$$

$$2Ca_{(s)} + O_2 = 2CaO_{(s)} \qquad 1480℃$$

（3）求 $CuO_{(s)}$ 分解时分解压 $p_{O_2(CuO)} = 100kPa$ 时的温度。

（4）求在 100 kPa 下，向焦炭吹水蒸气，可得到水煤气（$CO + H_2$）的温度条件。已知水煤气反应为

$$H_2O_{(g)} + C_{(gr)} = H_2 + CO$$

（5）求温度为 1300K 时 $NiO_{(s)}$ 的分解压。

（6）求 $C_{(gr)}$ 能分别还原 $SnO_{2(s)}$、$Cr_2O_{3(s)}$ 及 $SiO_{2(s)}$ 的温度条件。

（7）求 H_2 还原 $Fe_3O_{4(s)}$ 到 $FeO_{(s)}$ 的温度。

（8）求在 1000℃，$Mg_{(l)}$ 还原 $Al_2O_{3(s)}$ 反应的 $\Delta_r G_m^{\ominus}$。

（9）求与 $Cr_2O_{3(s)}$ 平衡的氧分压 $p_{O_2} = 10^{-19}Pa$ 时的温度。

（10）求 $Fe_{(s)}$ 分别与 $10^{-4}Pa$、$10^{-5}Pa$、$10^{-10}Pa$ 的 O_2 在 1000℃ 反应时，形成 $FeO_{(s)}$ 的 $\Delta_r G_m$ 及 $p_{O_2(eq)}$。

解：利用氧化物的氧势图（附图11），分别解答以上各问题如下：

（1）将 $SiO_{2(s)}$ 的氧势线外推至 $T=0K$，得该氧势线的截距，即 $SiO_{2(s)}$ 生成反应的 $\Delta_f H_m^\ominus$ 为

$$\Delta_f H_m^\ominus = -900\times10^3 J\cdot mol^{-1}$$

除上述经外推得到 $SiO_{2(s)}$ 氧势线的截距点（0K，$-900\times10^3 J\cdot mol^{-1}$）之外，在 $SiO_{2(s)}$ 的氧势线上再另找一点（773K，$-761\times10^3 J\cdot mol^{-1}$），可求得该 $SiO_{2(s)}$ 氧势线的斜率为

$$B=\frac{(-761\times10^3)-(-900\times10^3)}{773-0}=179.82 J\cdot(mol\cdot K)^{-1}$$

因为 $\Delta_f S_m^\ominus=-B$，所以 $SiO_{2(s)}$ 生成反应的 $\Delta_f S_m^\ominus$ 为

$$\Delta_r S_m^\ominus=-B=-179.82 J\cdot(mol\cdot K)^{-1}$$

而 $SiO_{2(s)}$ 的氧势线（直线）的方程式为

$$\pi_{O(SiO_2,s)}=\Delta_f G_m^\ominus=(-900000+179.82T) J\cdot mol^{-1}$$

（2）1100℃为 $Mg_{(l)}$ 的沸点，在1100℃ $Mg_{(l)}$ 气化，所以 $MgO_{(s)}$ 的氧势线向上折；
1470℃为 $PbO_{(s)}$ 的熔点，在1470℃ $PbO_{(s)}$ 熔化，所以 $PbO_{(s)}$ 的氧势线向下折；
1480℃为 $Ca_{(l)}$ 的沸点，在1480℃ $Ca_{(l)}$ 气化，所以 $CaO_{(s)}$ 的氧势线向上折。

（3）在 p_{O_2} 坐标轴（标尺）上找到 $p_{O_2}/p^\ominus=10^5/10^5=10^0$ 的点，并设此点为 b，过点O（坐标原点）与点 b 连直线，该直线与 $CuO_{(s)}$ 的氧势线的交点温度 $T=1753K$ 即为所求。

（4）求化学反应 $H_2O_{(g)}+C_{(gr)}=H_2+CO$ 在标准状态下的平衡温度如下：

$$2C_{(gr)}+O_2 = 2CO \qquad \pi_{O(CO)}=\Delta_r G_{m(CO)}^\ominus=A_1+B_1T \qquad (i)$$

$$2H_2+O_2 = 2H_2O_{(g)} \qquad \pi_{O(H_2O,g)}=\Delta_r G_{m(H_2O,g)}^\ominus=A_2+B_2T \qquad (ii)$$

线性组合：[式(i)－式(ii)]/2，得

$$H_2O_{(g)}+C_{(gr)} = H_2+CO \qquad \Delta_r G_m^\ominus=0.5(\Delta_r G_{m(CO)}^\ominus-\Delta_r G_{m(H_2O,g)}^\ominus) \qquad (iii)$$

由式（iii）可见，当 $\Delta_r G_{m(CO)}^\ominus=\Delta_r G_{m(H_2O,g)}^\ominus$，亦即 $\pi_{O(CO)}=\pi_{O(H_2O,g)}$ 时，$\Delta_r G_m^\ominus=0$，反应在标准状态下平衡，平衡温度即CO的氧势线和 $H_2O_{(g)}$ 的氧势线的交点温度 $T=953K$。可得到水煤气的温度条件是 $T\geqslant953K$。

（5）在 $NiO_{(s)}$ 的氧势线上找到与 $T=1300K$ 对应的点，并将该点记为 d。过点O（坐标原点）与点 d 连直线，并延长 Od 到 p_{O_2} 坐标轴（标尺），得 $NiO_{(s)}$ 的分解压为

$$p_{O_2(NiO,s)}=1.585\times10^{-10}\times10^5=1.585\times10^{-5}Pa$$

（6）根据CO的氧势线与 $SnO_{2(s)}$、$Cr_2O_{3(s)}$ 及 $SiO_{2(s)}$ 的氧势线的交点，可分别求得 $C_{(gr)}$ 能还原 $SnO_{2(s)}$ 的温度条件为 $T\geqslant923K$、$C_{(gr)}$ 能还原 $Cr_2O_{3(s)}$ 的温度条件为 $T\geqslant1523K$、$C_{(gr)}$ 能还原 $SiO_{2(s)}$ 的温度条件为 $T\geqslant1923K$。

（7）根据 $Fe_3O_{4(s)}$ 的氧势线与 $H_2O_{(g)}$ 的氧势线的交点，可求得 H_2 还原 $Fe_3O_{4(s)}$ 到 $FeO_{(s)}$ 的温度条件为 $T\geqslant973K$。

（8）在 $MgO_{(s)}$ 的氧势线和 $Al_2O_{3(s)}$ 的氧势线上，查得 $MgO_{(s)}$ 和 $Al_2O_{3(s)}$ 在1000℃的氧

势分别为 $\pi_{O(MgO,s)}=-915kJ\cdot mol^{-1}$ 和 $\pi_{O(Al_2O_3,s)}=-840kJ\cdot mol^{-1}$，此两氧势之差即为所求。

$$2Mg_{(l)}+O_2 \xlongequal{} 2MgO_{(s)} \qquad \pi_{O(MgO,s)}=\Delta_r G^{\ominus}_{m(MgO,s)}=-915kJ\cdot mol^{-1} \qquad (iv)$$

$$\frac{4}{3}Al_{(l)}+O_2 \xlongequal{} \frac{2}{3}Al_2O_{3(s)} \qquad \pi_{O(Al_2O_3,s)}=\Delta_r G^{\ominus}_{m(Al_2O_3,s)}=-840kJ\cdot mol^{-1} \qquad (v)$$

线性组合：式(iv)－式(v)，得 $Mg_{(l)}$ 还原 $Al_2O_{3(s)}$ 的化学反应方程式及 $\Delta_r G^{\ominus}_m$ 分别为

$$2Mg_{(l)}+\frac{2}{3}Al_2O_{3(s)} \xlongequal{} \frac{4}{3}Al_{(l)}+2MgO_{(s)}$$

$$\Delta_r G^{\ominus}_m=\Delta_r G^{\ominus}_{m(MgO,s)}-\Delta_r G^{\ominus}_{m(Al_2O_3,s)}=-915-(-840)=-75kJ\cdot mol^{-1}$$

（9）在 p_{O_2} 坐标轴（标尺）上找到 $p_{O_2}/p^{\ominus}=10^{-19}/10^5=10^{-24}$ 的点，并记为 f；过点 O（坐标原点）与点 f 连直线，该直线与 $Cr_2O_{3(s)}$ 的氧势线的交点对应的温度 $T=1183K$ 为所求。

（10）如图 5-2 所示，在 $FeO_{(s)}$ 的氧势线上找到 1000℃ 的点，并记为 q，读出该点的氧势 $\pi_{O(FeO,s)}=-360kJ\cdot mol^{-1}$；在 p_{O_2} 坐标轴（标尺）上找到 $p_{O_2}/p^{\ominus}=10^{-9}$（$p_{O_2}=10^{-4}$ Pa，$p_{O_2}/p^{\ominus}=10^{-4}/10^5=10^{-9}$）的点，并记为 h；过点 O（坐标原点）与点 h 连直线，该直线 Oh 即为 $p_{O_2}=10^{-4}$ Pa 的 O_2 的氧势线，在其上找到 1000℃的点，并记为 l，读出该点的氧势 $\pi_{O(O_2)}=RT\ln(p_{O_2}/p^{\ominus})=-220kJ\cdot mol^{-1}$ 即为 O_2 在 $p_{O_2}=10^{-4}Pa$、$t=1000℃$ 条件下的氧势。

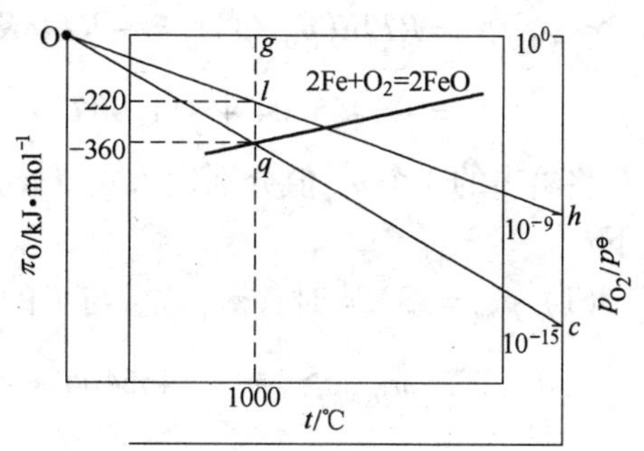

图 5-2　利用氧势图解题示意图

在如图 5-2 所示氧势图上，作 1000℃ 等温线（过温度轴上 1000℃ 点作温度轴的垂线），并设该垂线与横轴的交点为 g。因为点 g、l 和 q 都在 1000℃ 等温线上，且线段 $gl=\pi_{O(O_2)}=-220kJ\cdot mol^{-1}$、$gq=\pi_{O(FeO,s)}=-360kJ\cdot mol^{-1}$，所以在 $p_{O_2}=10^{-4}Pa$ 和 1000℃ 条件下，反应 $2Fe_{(s)}+O_2 \xlongequal{} 2FeO_{(s)}$ 的吉布斯自由能为

$$\Delta_r G_m=gq-gl=-360-(-220)=-140kJ\cdot mol^{-1}$$

仿以上图解法，亦可分别求得：

在 $p_{O_2}=10^{-5}Pa$ 和 1000℃ 条件下，化学反应 $2Fe_{(s)}+O_2 \xlongequal{} 2FeO_{(s)}$ 的吉布斯自由能为

$$\Delta_r G_m=-120kJ\cdot mol^{-1}$$

在 $p_{O_2}=10^{-10}Pa$ 和 1000℃ 条件下，化学反应 $2Fe_{(s)}+O_2 \xlongequal{} 2FeO_{(s)}$ 的吉布斯自由能为

$$\Delta_r G_m=0kJ\cdot mol^{-1}$$

最后，在如图 5-2 所示氧势图上，连接 O 和 q 两点成直线，并延长到 p_{O_2} 坐标轴（标尺）上的点 c，读得点 c 的数值为 $p_{O_2}/p^{\ominus}=10^{-15}$，此即化学反应 $2Fe_{(s)}+O_2 \xlongequal{} 2FeO_{(s)}$ 在 1000℃时平衡氧分压为

$$p_{O_2(eq)}/p^{\ominus}=10^{-15} \qquad p_{O_2(eq)}=10^5\times10^{-15}=10^{-10}Pa$$

5.6　试计算在温度高过镁的沸点（1363K）及镁的蒸气分压 p_{Mg} 分别为 133Pa、

13.3Pa、1.33Pa 的条件下，$MgO_{(s)}$的氧势和温度 T（1363～2000K）的关系式。

解：查热力学数据表，得

$$2Mg_{(g)} + O_2 = 2MgO_{(s)} \qquad \Delta_r G_m^\ominus = (-1465404 + 411.98T)\ \mathrm{J \cdot mol^{-1}} \qquad (\mathrm{i})$$

以上化学反应（i）的标准平衡常数方程式为

$$K^\ominus = \frac{1}{(p_{O_2}/p^\ominus)(p_{Mg}/p^\ominus)^2} \qquad (\mathrm{ii})$$

由式（ii）得平衡氧分压为

$$p_{O_2}/p^\ominus = \frac{1}{K^\ominus\ (p_{Mg}/p^\ominus)^2} \qquad (\mathrm{iii})$$

再将式（iii）代入氧势的定义式中，得 $MgO_{(s)}$的氧势的计算式为

$$\pi_{O(MgO,s)} = RT\ln(p_{O_2}/p^\ominus) = -RT\ln K^\ominus - 2RT\ln(p_{Mg}/p^\ominus) = \Delta_r G_m^\ominus - 2RT\ln(p_{Mg}/p^\ominus)$$

$$= -1465404 + 411.98T - 2RT\ln(p_{Mg}/p^\ominus) \qquad (\mathrm{iv})$$

将给出的 3 个 p_{Mg}值分别代入式（iv）中，得 $MgO_{(s)}$的氧势 $\pi_{O(MgO,s)}$与温度 T 的关系式如下：

（1）$p_{Mg}=133\mathrm{Pa}$ 时，$\pi_{O(MgO,s)}$与 T 的关系式为

$$\pi_{O(MgO,s)} = -1465404 + 411.98T - 2\times 8.314T\ln(133/10^5)$$

$$= (-1465404 + 522.10T)\ \mathrm{J \cdot mol^{-1}}$$

（2）$p_{Mg}=13.3\mathrm{Pa}$ 时，$\pi_{O(MgO,s)}$与 T 的关系式为

$$\pi_{O(MgO,s)} = -1465404 + 411.98T - 2\times 8.314T\ln(13.3/10^5)$$

$$= (-1465404 + 560.39T)\ \mathrm{J \cdot mol^{-1}}$$

（3）$p_{Mg}=1.33\mathrm{Pa}$ 时，$\pi_{O(MgO)}$与 T 的关系式为

$$\pi_{O(MgO,s)} = -1465404 + 411.98T - 2\times 8.314T\ln(1.33/10^5)$$

$$= (-1465404 + 598.67T)\ \mathrm{J \cdot mol^{-1}}$$

5.7 在煤气发生炉内用空气不完全燃烧焦炭以生产煤气，在 1127℃及 100kPa 下得到的煤气成分为 $\varphi_{CO}=29.22\%$ 和 $\varphi_{CO_2}=0.66\%$，其余为 N_2。试用氧化物的氧势图（附图 11）求此煤气的氧势。

解：煤气中的 CO 和 CO_2的体积分数之比为

$$\varphi_{CO}/\varphi_{CO_2} = 29.22/0.66 = 44.273 = 10^{1.65}$$

在如图 5-13 所示氧势图的 $\varphi_{CO}/\varphi_{CO_2}$坐标轴上找到 $\varphi_{CO}/\varphi_{CO_2}=10^{1.65}$的点，并记为 d。再过氧势图中的点 C 与点 d 连直线，该直线 Cd 即为所

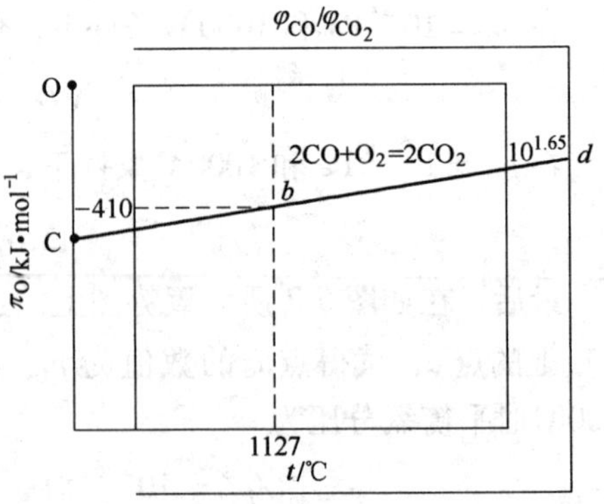

图 5-3　利用氧势图解题示意图

论煤气的氧势线。在该煤气的氧势线 Cd 上找到与1127℃对应的点，并记为 b，读出此点 b 的纵坐标即为此煤气的氧势为

$$\pi_{O(gas)} = -410 kJ \cdot mol^{-1}$$

5.8 为净化氩气，将氩气通入600℃的盛有铜屑的不锈钢管中以除去其中残存的氧气，不锈钢管中的总压为100kPa。试计算：（1）净化处理后氩气中氧的体积分数；（2）若把炉温提高到800℃，净化处理后氩气中氧的体积分数。已知铜氧化反应及其热力学数据为

$$4Cu_{(s)} + O_2 = 2Cu_2O_{(s)} \qquad \Delta_r G_m^{\ominus} = (-338200 + 146.66T) J \cdot mol^{-1}$$

解：根据已知铜氧化反应及其热力学数据可得 $Cu_2O_{(s)}$ 的氧势与温度的关系式为

$$\pi_{O(Cu_2O,s)} = 19.147T\lg(p_{O_2}/p^{\ominus}) = \Delta_r G_m^{\ominus} = (-338200 + 146.66T) J \cdot mol^{-1} \qquad (\text{i})$$

由式（i）可得

$$\lg(p_{O_2}/p^{\ominus}) = -17663/T + 7.66 \qquad (\text{ii})$$

（1）$T = 873K$。将 $T = 873K$ 代入式（ii）中，计算平衡氧分压为

$$\lg(p_{O_2}/p^{\ominus}) = -17663/873 + 7.66 = -12.57 \qquad p_{O_2}/p^{\ominus} = 2.69 \times 10^{-13}$$

$$p_{O_2} = 2.69 \times 10^{-13} \times p^{\ominus} = 2.69 \times 10^{-13} \times 10^5 = 2.69 \times 10^{-8} Pa$$

设净化处理后氩气中氧的体积分数为 φ_{O_2}，则平衡氧分压的计算式及平衡氧的体积分数分别为

$$p_{O_2} = p\varphi_{O_2} = p^{\ominus}\varphi_{O_2}$$

$$\varphi_{O_2} = p_{O_2}/p^{\ominus} = 2.69 \times 10^{-8}/10^5 = 2.69 \times 10^{-11}\%$$

（2）$T = 1073K$。将 $T = 1073K$ 代入式（ii）中，计算平衡氧分压为

$$\lg(p_{O_2}/p^{\ominus}) = -17663/1073 + 7.66 = -8.80 \qquad p_{O_2}/p^{\ominus} = 1.58 \times 10^{-9}$$

$$p_{O_2} = 1.58 \times 10^{-9} \times p^{\ominus} = 1.58 \times 10^{-9} \times 10^5 = 1.58 \times 10^{-4} Pa$$

设净化处理后氩气中氧的体积分数为 φ_{O_2}，则平衡氧分压的计算式及平衡氧的体积分数分别为

$$p_{O_2} = p\varphi_{O_2} = p^{\ominus}\varphi_{O_2}$$

$$\varphi_{O_2} = p_{O_2}/p^{\ominus} = 1.58 \times 10^{-4}/10^5 = 1.58 \times 10^{-7}\%$$

5.9 将纯 $Ni_{(s)}$ 置于组成为 $\varphi_{CO} = 5\%$、$\varphi_{CO_2} = 15\%$ 及 $\varphi_{N_2} = 80\%$ 的气氛中加热到727℃，试问 $Ni_{(s)}$ 能否被氧化？已知相关化学反应及其标准吉布斯自由能与温度的关系式为

$$2Ni_{(s)} + O_2 = 2NiO_{(s)} \qquad \Delta_r G_{m(1)}^{\ominus} = (-471594 + 172.39T) J \cdot mol^{-1} \qquad (\text{i})$$

$$2CO + O_2 = 2CO_2 \qquad \Delta_r G_{m(2)}^{\ominus} = (-565390 + 175.17T) J \cdot mol^{-1} \qquad (\text{ii})$$

解：分别利用氧化物的氧势图（附图 11）法和解析法解答。

（1）氧势图法。在如图 5-4 所示氧势图的 $\varphi_{CO}/\varphi_{CO_2}$ 比坐标轴上找到 $\varphi_{CO}/\varphi_{CO_2}=5/15=10^{-0.477}$ 的点，并记为 k。过氧势图上的点 C 与点 k 连直线，该直线 Ck 即为所论气氛的氧势线。比较该气氛的氧势线与 $NiO_{(s)}$ 的氧势线的位置高低，可见该气氛的氧势线在 $NiO_{(s)}$ 的氧势线的下方，即该气氛的氧势在任何温度下均小于 $NiO_{(s)}$ 的氧势，所以在 727℃ $Ni_{(s)}$ 不能被该气氛氧化。

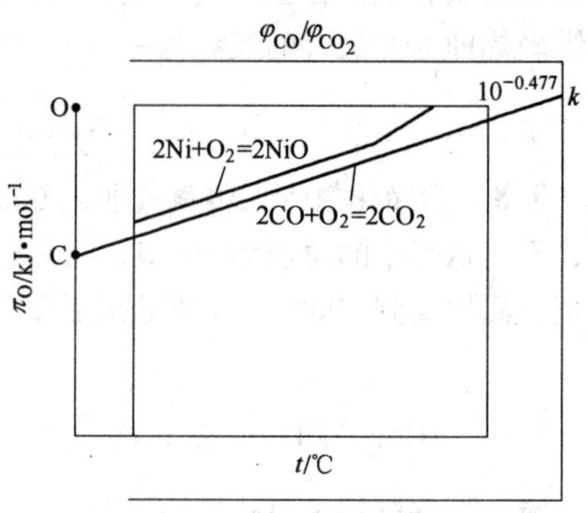

图 5-4　利用氧势图解题示意图

（2）解析法。用已知方程式（ⅰ）和（ⅱ）分别计算氧化镍和混合气氛在 727℃ 的氧势为

$$\pi_{O(NiO,s)}=\Delta_r G^{\ominus}_{m(1)}=-471594+172.39\times1000=-299204\text{J}\cdot\text{mol}^{-1}$$

$$\pi_{O(CO\text{-}CO_2)}=\Delta_r G^{\ominus}_{m(2)}-2RT\ln(\varphi_{CO}/\varphi_{CO_2})$$

$$=-565390+175.17\times1000-2\times8.314\times1000\ln(5/15)$$

$$=-371952\text{J}\cdot\text{mol}^{-1}$$

因为 $\pi_{O(CO\text{-}CO_2)}<\pi_{O(NiO,s)}$，所以在 727℃ $Ni_{(s)}$ 不能被该气氛氧化。

5.10　为使金属锰在总压 $p=10^5$Pa 及 900℃ 下不氧化加热，试问 CO-CO_2 混合气体的分压比 p_{CO}/p_{CO_2} 应是多大？用解析法及氧化物的氧势图（附图 11）法解答。已知相关化学反应及其标准吉布斯自由能与温度的关系式为

$$2Mn_{(s)}+O_2 = 2MnO_{(s)}\qquad \Delta_r G^{\ominus}_{m(1)}=(-770720+147.50T)\text{J}\cdot\text{mol}^{-1}\qquad(\text{i})$$

$$2CO+O_2 = 2CO_2\qquad \Delta_r G^{\ominus}_{m(2)}=(-565390+175.17T)\text{J}\cdot\text{mol}^{-1}\qquad(\text{ii})$$

解：关键在于求出 900℃ 下 CO-CO_2 混合气体氧化金属锰的平衡分压比 p_{CO}/p_{CO_2}。

（1）氧势图法。在如图 5-5 所示氧势图的 $MnO_{(s)}$ 的氧势线上找到与 900℃ 对应的点，并记为 b。过氧势图上的点 C 与点 b 做直线，并将该直线 Cb 延长到 $\varphi_{CO}/\varphi_{CO_2}$ 坐标轴（标尺），得一交点 d，读出此点 d 的体积分数之比 $\varphi_{CO}/\varphi_{CO_2}=10^{5.3}$，此即平衡分压比 $p_{CO}/p_{CO_2}=10^{5.3}=1.995\times10^5$。所以，为使金属锰在给定条件下不氧化加热，需控制 CO-CO_2 混合气体的分压比为

$$p_{CO}/p_{CO_2}\geqslant1.995\times10^5$$

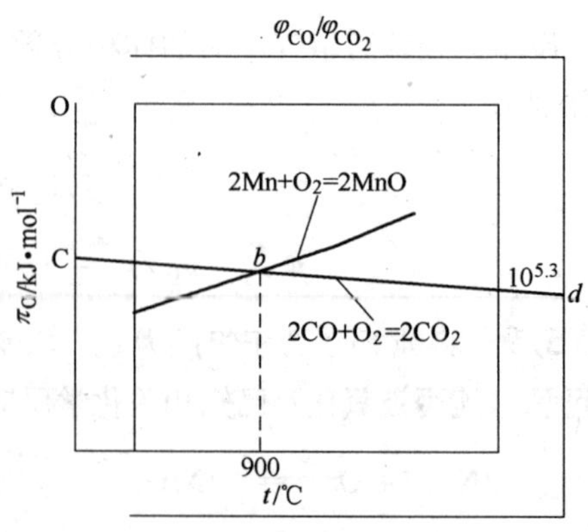

图 5-5　利用氧势图解题示意图

(2) 解析法。线性组合：[式(i) - 式(ii)] / 2，得

$$Mn_{(s)} + CO_2 \xlongequal{} MnO_{(s)} + CO \qquad \Delta_r G^{\ominus}_{m(3)} = (-102665 - 13.84T)\,J \cdot mol^{-1} \qquad (iii)$$

由方程式（iii）得

$$-19.147T\lg(p_{CO}/p_{CO_2}) = \Delta_r G^{\ominus}_{m(3)} = -102665 - 13.84T$$

$$\lg(p_{CO}/p_{CO_2}) = 5362/T + 0.723 \qquad (iv)$$

将 $T = 1173K$ 代入式（iv）中，得平衡分压比为

$$\lg(p_{CO}/p_{CO_2}) = 5362/1173 + 0.723 = 5.3 \qquad p_{CO}/p_{CO_2} = 10^{5.3} = 1.995 \times 10^5$$

所以，为使金属锰在给定条件下不氧化加热，需使混合气体的分压比为

$$p_{CO}/p_{CO_2} \geqslant 1.995 \times 10^5$$

5.11 将铬保持在1500K及压力为 $10^5 Pa$ 的含水汽的 H_2 中，为不使 $Cr_{(s)}$ 受到氧化，试问气相中 $H_2O_{(g)}$ 的最大分压应该是多大？已知相关化学反应及其标准吉布斯自由能与温度的关系式为

$$\frac{4}{3}Cr_{(s)} + O_2 \xlongequal{} \frac{2}{3}Cr_2O_{3(s)} \qquad \Delta_r G^{\ominus}_{m(1)} = (-740093 + 164.88T)\,J \cdot mol^{-1} \qquad (i)$$

$$2H_2 + O_2 \xlongequal{} 2H_2O_{(g)} \qquad \Delta_r G^{\ominus}_{m(2)} = (-495000 + 111.76T)\,J \cdot mol^{-1} \qquad (ii)$$

解：线性组合：式(i) - 式(ii)，得

$$\frac{4}{3}Cr_{(s)} + 2H_2O_{(g)} \xlongequal{} 2H_2 + \frac{2}{3}Cr_2O_{3(s)}$$

$$\Delta_r G^{\ominus}_{m(3)} = (-245093 + 53.12T)\,J \cdot mol^{-1} \qquad (iii)$$

由式（iii）得

$$-19.147T\lg(p_{H_2}/p_{H_2O})^2 = \Delta_r G^{\ominus}_{m(3)} = -245093 + 53.12T$$

$$\lg(p_{H_2}/p_{H_2O}) = 6400/T - 1.387 \qquad (iv)$$

将 $T = 1500K$ 代入式（iv）中，得平衡分压比为

$$\lg(p_{H_2}/p_{H_2O}) = 6400/1500 - 1.387 = 2.88 \qquad p_{H_2}/p_{H_2O} = 10^{2.88} = 758.58$$

因为 $p_{H_2} + p_{H_2O} = 10^5 Pa$，所以

$$\frac{p_{H_2}}{p_{H_2O}} = \frac{10^5 - p_{H_2O}}{p_{H_2O}} = 758.58 \qquad (v)$$

解方程式（v），得水汽的平衡分压为

$$p_{H_2O} = 131.65Pa$$

此即不使 $Cr_{(s)}$ 受到氧化的气相中 $H_2O_{(g)}$ 的最大分压。

5.12 试导出由液态及气态镁在温度800 ~ 1700K及氧气压力分别为 $10^5 Pa$、$10^4 Pa$ 和 $10^3 Pa$ 条件下氧化生成 $MgO_{(s)}$ 的 $\Delta_r G_m$-T 关系式。已知相关化学反应及其标准吉布斯自由能与温度的关系式为

$$2Mg_{(l)} + O_2 = 2MgO_{(s)} \qquad \Delta_r G^{\ominus}_{m(1)} = (-1219140 + 233.04T)\ J \cdot mol^{-1} \qquad (\text{i})$$

$$2Mg_{(g)} + O_2 = 2MgO_{(s)} \qquad \Delta_r G^{\ominus}_{m(2)} = (-1465404 + 411.98T)\ J \cdot mol^{-1} \qquad (\text{ii})$$

解：（1）液态镁氧化生成 $MgO_{(s)}$。

$$2Mg_{(l)} + O_2 = 2MgO_{(s)} \qquad \Delta_r G^{\ominus}_{m(1)} = (-1219140 + 233.04T)\ J \cdot mol^{-1} \qquad (\text{i})$$

液态镁氧化生成 $MgO_{(s)}$的反应（i）的吉布斯自由能为

$$\Delta_r G_{m(1)} = \Delta_r G^{\ominus}_{m(1)} - RT\ln\frac{p_{O_2}}{p^{\ominus}}$$

$$= \left(-1219140 + 233.04T - 19.147T\lg\frac{p_{O_2}}{p^{\ominus}}\right) J \cdot mol^{-1} \qquad (\text{iii})$$

当 $p_{O_2} = 10^5 Pa$ 时，由式（iii）得化学反应（i）的吉布斯自由能与温度的关系式为

$$\Delta_r G_{m(1)} = -1219140 + 233.04T - 19.147T\lg\frac{10^5}{10^5}$$

$$= (-1219140 + 233.04T)\ J \cdot mol^{-1}$$

当 $p_{O_2} = 10^4 Pa$ 时，由式（iii）得化学反应（i）的吉布斯自由能与温度的关系式为

$$\Delta_r G_{m(1)} = -1219140 + 233.04T - 19.147T\lg\frac{10^4}{10^5}$$

$$= (-1219140 + 252.187T)\ J \cdot mol^{-1}$$

当 $p_{O_2} = 10^3 Pa$ 时，由式（iii）得化学反应（i）的吉布斯自由能与温度的关系式为

$$\Delta_r G_{m(1)} = -1219140 + 233.04T - 19.147T\lg\frac{10^3}{10^5}$$

$$= (-1219140 + 271.334T)\ J \cdot mol^{-1}$$

（2）气态镁氧化生成 $MgO_{(s)}$。

$$2Mg_{(g)} + O_2 = 2MgO_{(s)} \qquad \Delta_r G^{\ominus}_{m(2)} = (-1465404 + 411.98T)\ J \cdot mol^{-1} \qquad (\text{ii})$$

气态镁氧化生成 $MgO_{(s)}$的反应（ii）的吉布斯自由能为

$$\Delta_r G_{m(2)} = \Delta_r G^{\ominus}_{m(2)} - RT\ln\frac{p_{O_2}}{p^{\ominus}}$$

$$= \left(-1465404 + 411.98T - 19.147T\lg\frac{p_{O_2}}{p^{\ominus}}\right) J \cdot mol^{-1} \qquad (\text{iv})$$

当 $p_{O_2} = 10^5 Pa$ 时，由式（iv）得化学反应（ii）的吉布斯自由能与温度的关系式为

$$\Delta_r G_{m(2)} = -1465404 + 411.98T - 19.147T\lg\frac{10^5}{10^5}$$

$$= (-1465404 + 411.98T)\ J \cdot mol^{-1}$$

当 $p_{O_2} = 10^4 Pa$ 时，由式（iv）得化学反应（ii）的吉布斯自由能与温度的关系式为

$$\Delta_r G_{m(2)} = -1465404 + 411.98T - 19.147T\lg\frac{10^4}{10^5}$$

$$= (-1465404 + 431.127T)\ \mathrm{J \cdot mol^{-1}}$$

当 $p_{O_2} = 10^3\mathrm{Pa}$ 时，由式（ⅳ）得化学反应（ⅱ）的吉布斯自由能与温度的关系式为

$$\Delta_r G_{m(2)} = -1465404 + 411.98T - 19.147T\lg\frac{10^3}{10^5}$$

$$= (-1465404 + 450.274T)\ \mathrm{J \cdot mol^{-1}}$$

5.13 氧化亚铁 $FeO_{(s)}$ 的熔点为 $T_{fus} = 1650\mathrm{K}$，标准熔化焓为 $\Delta_{fus}H_m^{\ominus} = 31338\mathrm{J \cdot mol^{-1}}$。试利用 $Fe_{(s)}$ 氧化形成固态氧化亚铁 $FeO_{(s)}$ 的标准生成吉布斯自由能 $\Delta_f G^{\ominus}_{m(FeO,s)}$ 与温度 T 的关系式求出液态氧化亚铁 $FeO_{(l)}$ 的标准生成吉布斯自由能 $\Delta_f G^{\ominus}_{m(FeO,l)}$ 与温度 T 的关系式。已知 $Fe_{(s)}$ 氧化形成 $FeO_{(s)}$ 的化学反应及其标准吉布斯自由能与温度的关系式为

$$Fe_{(s)} + 0.5O_2 \xlongequal{} FeO_{(s)} \qquad \Delta_f G^{\ominus}_{m(FeO,s)} = (-264000 + 64.59T)\ \mathrm{J \cdot mol^{-1}} \qquad (\mathrm{i})$$

解：根据已知条件得氧化亚铁 $FeO_{(s)}$ 的标准熔化吉布斯自由能与温度的关系式为

$$FeO_{(s)} \xlongequal{} FeO_{(l)}$$

$$\Delta_{fus}G_m^{\ominus} = \Delta_{fus}H_m^{\ominus} - \frac{\Delta_{fus}H_m^{\ominus}}{T_{fus}}T = \left(31338 - \frac{31338}{1650}T\right)\mathrm{J \cdot mol^{-1}} \qquad (\mathrm{ii})$$

线性组合：式（ⅰ）+式（ⅱ），得液态氧化亚铁 $FeO_{(l)}$ 的生成反应及标准生成吉布斯自由能与温度的关系式为

$$Fe_{(s)} + 0.5O_2 \xlongequal{} FeO_{(l)} \qquad \Delta_f G^{\ominus}_{m(FeO,l)} = (-232662 + 45.60T)\ \mathrm{J \cdot mol^{-1}}$$

5.14 实验测定液态铁 $Fe_{(l)}$ 氧化生成液态氧化亚铁 $FeO_{(l)}$ 反应的标准吉布斯自由能与温度的关系式为

$$Fe_{(l)} + 0.5O_2 \xlongequal{} FeO_{(l)} \qquad \Delta_r G^{\ominus}_{m(FeO,l)} = (-256060 + 53.68T)\ \mathrm{J \cdot mol^{-1}}$$

试计算温度为 1923K，FeO 的活度分别为 1.0，0.5，0.2，0.05 时，液态氧化亚铁 $FeO_{(l)}$ 的分解压 p_{O_2}。

解：根据已知条件，可得该氧化反应的标准平衡常数与温度的关系式为

$$Fe_{(l)} + 0.5O_2 \xlongequal{} FeO_{(l)} \qquad \lg K^{\ominus} = \frac{-\Delta_r G_{m(FeO,l)}}{19.147T} = \frac{13373}{T} - 2.80 \qquad (\mathrm{i})$$

将 $T = 1923\mathrm{K}$ 代入式（ⅰ）中，得该氧化反应的标准平衡常数为

$$\lg K^{\ominus} = \frac{13373}{1923} - 2.80 = 4.15424$$

$$K^{\ominus} = \frac{a_{(FeO),R}}{\sqrt{p_{O_2}/p^{\ominus}}} = 1.4264 \times 10^4$$

由上式得平衡氧分压与 FeO 活度的关系式为

$$\frac{p_{O_2}}{p^{\ominus}} = \left(\frac{a_{(FeO),R}}{K^{\ominus}}\right)^2 = \left(\frac{a_{(FeO),R}}{14264}\right)^2 \qquad (\mathrm{ii})$$

将所给出的 FeO 的活度值分别代入式（ⅱ）中，得 $FeO_{(l)}$ 在相应条件下的分解压分别为

$a_{(FeO),R} = 1.0$ 时， $p_{O_2}/p^{\ominus} = (1/14264)^2 = 5.0 \times 10^{-9}$， $p_{O_2} = 5.0 \times 10^{-9} \times 10^5 = 5.0 \times 10^{-4}$Pa；

$a_{(FeO),R} = 0.5$ 时， $p_{O_2}/p^{\ominus} = (0.5/14264)^2 = 1.2 \times 10^{-9}$， $p_{O_2} = 1.2 \times 10^{-9} \times 10^5 = 1.2 \times 10^{-4}$Pa；

$a_{(FeO),R} = 0.2$ 时， $p_{O_2}/p^{\ominus} = (0.2/14264)^2 = 2.0 \times 10^{-10}$， $p_{O_2} = 2.0 \times 10^{-10} \times 10^5 = 2.0 \times 10^{-5}$Pa；

$a_{(FeO),R} = 0.05$ 时， $p_{O_2}/p^{\ominus} = (0.05/14264)^2 = 1.2 \times 10^{-11}$， $p_{O_2} = 1.2 \times 10^{-11} \times 10^5 = 1.2 \times 10^{-6}$Pa。

5.15 粒度为 7.4×10^{-5}m 的镍粒在 1040℃为氧所氧化，测得各时间 t 的反应进度 R 见表 5-3。试证明 $Ni_{(s)}$ 氧化反应过程的限制环节是氧化物内氧的扩散。

表 5-3 镍氧化反应进度与时间的关系

t/h	1	2.5	5	7.5	10	15	20
R	0.20	0.50	0.65	0.80	0.88	0.92	0.98

证：假设氧在镍的氧化物层内的扩散（内扩散）是限制环节，则反应进度 R 与时间 t 的关系式为

$$1 - \frac{2}{3}R - (1 - R)^{2/3} = kt \qquad (\text{i})$$

如果能证明表 5-3 中的数据符合或近似符合式（i），则假设成立。为此，设

$$y = kt = 1 - \frac{2}{3}R - (1 - R)^{2/3} \qquad (\text{ii})$$

根据式（ii）计算各时间的 y 值，并将其列入表 5-4 中。

表 5-4 计算的各时间的 y 值

t/h	1	2.5	5	7.5	10	15	20
R	0.20	0.50	0.65	0.80	0.88	0.92	0.98
y	0.489×10^{-2}	3.671×10^{-2}	7.002×10^{-2}	12.467×10^{-2}	17.005×10^{-2}	20.100×10^{-2}	27.299×10^{-2}

以表 5-4 中的 y 对 t 作图，得图 5-6。

由图 5-6 可见，y 与 t 近似成正比例关系，所以前假设成立，说明氧在镍的氧化物层内的扩散（内扩散）是限制环节。

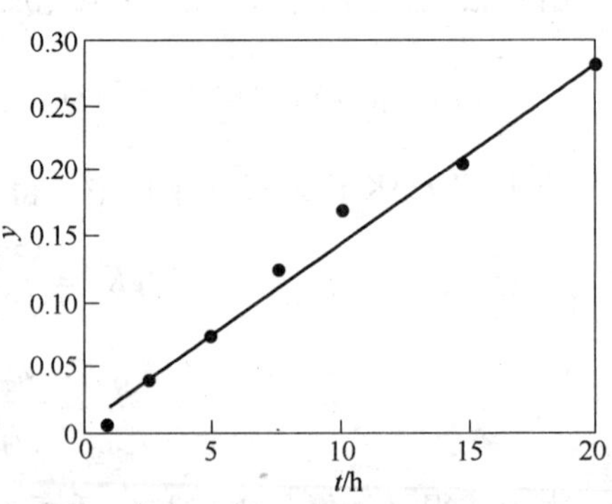

图 5-6 y 与时间 t 的关系

用线性回归方法求（回归过程略）图 5-6 中的 7 个离散点的回归直线的斜率为

$$k = 1.378 \times 10^{-2}\text{h}^{-1}$$

将 $k = 1.378 \times 10^{-2}\text{h}^{-1}$ 代入式（i）中，得反应进度 R 与时间 t 的关系式为

$$1 - \frac{2}{3}R - (1 - R)^{2/3} = 1.378 \times 10^{-2}t$$

5.16 试计算在 1600℃使 H_2-H_2O 体系的氧分压 $p_{O_2} = 5 \times 10^{-5}$Pa 时，气相中 $\varphi_{H_2O}/\varphi_{H_2}$ 之值应为多大？已知 H_2 氧化生成 $H_2O_{(g)}$ 的反应及其标准平衡常数与温度的关系式为

$$2H_2 + O_2 \xlongequal{\quad} 2H_2O_{(g)} \qquad \lg K^\ominus = 25853/T - 5.837$$

解：将 $T = 1873$K 代入已知的标准平衡常数与温度的关系式中，得标准平衡常数为

$$\lg K^\ominus = 25853/1873 - 5.837 = 7.966$$

$$K^\ominus = \frac{(p_{H_2O}/p_{H_2})^2}{p_{O_2}/p^\ominus} = 92469817 \tag{i}$$

由式（i）得

$$(p_{H_2O}/p_{H_2})^2 = 92469817 p_{O_2}/p^\ominus \tag{ii}$$

将 $p_{O_2} = 5 \times 10^{-5}$Pa 和 $p^\ominus = 10^5$Pa 代入式（ii）中，得

$$(p_{H_2O}/p_{H_2})^2 = 92469817 \times 5 \times 10^{-5}/10^5 = 462349085 \times 10^{-10} \tag{iii}$$

由式（iii）得平衡气相中水汽与氢气的 $\varphi_{H_2O}/\varphi_{H_2}$ 之值（等于分压比）为

$$\varphi_{H_2O}/\varphi_{H_2} = p_{H_2O}/p_{H_2} = \sqrt{462349085 \times 10^{-10}} = 0.215$$

5.17 把初始组成为 $\varphi_{CO(0)} = 50\%$、$\varphi_{CO_2(0)} = 25\%$、$\varphi_{H_2(0)} = 25\%$ 的煤气送入 900℃ 的炉内，试求在此温度和总压 $p = 10^5$Pa 条件下，该煤气的平衡组成及氧势。已知相关化学反应及其标准吉布斯自由能与温度的关系式为

$$2H_2 + O_2 \xlongequal{\quad} 2H_2O_{(g)} \qquad \Delta_r G^\ominus_{m(1)} = (-495000 + 111.76T)\,\mathrm{J \cdot mol^{-1}} \tag{i}$$

$$2CO + O_2 \xlongequal{\quad} 2CO_2 \qquad \Delta_r G^\ominus_{m(2)} = (-568142 + 178.78T)\,\mathrm{J \cdot mol^{-1}} \tag{ii}$$

解：此题可用两种方法求解。

解法 1

线性组合：[式(ii) - 式(i)] / 2，得

$$H_2O_{(g)} + CO \xlongequal{\quad} H_2 + CO_2 \qquad \Delta_r G^\ominus_{m(3)} = (-36571 + 33.51T)\,\mathrm{J \cdot mol^{-1}} \tag{iii}$$

由式（iii）计算得水煤气反应的标准平衡常数与温度的关系式为

$$\lg K_3^\ominus = 1910/T - 1.75 \tag{iv}$$

将 $T = 1173$K 代入式（iv）中，得标准平衡常数为

$$\lg K_3^\ominus = 1910/1173 - 1.75 = -0.1217 \qquad K_3^\ominus = 0.7556$$

设送入炉内的煤气的物质的量为 100mol。由水煤气反应方程式（iii）可见，生成物质的量与反应物质的量相等，亦即反应前后体系的气体物质的量不变——反应平衡时炉内煤气的物质的量仍为 100mol。

反应平衡时，体系有 4 种气体物质，故要建立 4 个数学方程式。

体积分数总和方程式：$\varphi_{CO(eq)} + \varphi_{CO_2(eq)} + \varphi_{H_2(eq)} + \varphi_{H_2O(eq)} = 100\%$ （v）

标准平衡常数方程式：$\dfrac{\varphi_{H_2(eq)}\varphi_{CO_2(eq)}}{\varphi_{H_2O(eq)}\varphi_{CO(eq)}} = K_3^\ominus = 0.7556$ （vi）

原子的物质的量守恒方程式：

$$n_C = n_{CO(eq)} + n_{CO_2(eq)} = n_{CO(0)} + n_{CO_2(0)} = 50 + 25 = 75\text{mol}$$

$$\varphi_{CO(eq)} + \varphi_{CO_2(eq)} = 75\% \qquad (\text{vii})$$

$$n_O = n_{CO(eq)} + 2n_{CO_2(eq)} + n_{H_2O(eq)} = n_{CO(0)} + 2n_{CO_2(0)} = 50 + 2 \times 25 = 100\text{mol}$$

$$\varphi_{CO(eq)} + 2\varphi_{CO_2(eq)} + \varphi_{H_2O(eq)} = 100\% \qquad (\text{viii})$$

［注：设 B 为煤气中的某气体分子。因为 $n_B = \Sigma n_B \times \varphi_B = 100\varphi_B$，所以有式（vii）和式（viii）］

联立式(v)~式(viii)4 个方程式求解，得煤气的平衡组成为

$$\varphi_{CO(eq)} = 57.267\% \qquad \varphi_{CO_2(eq)} = 17.733\% \qquad \varphi_{H_2(eq)} = 17.733\% \qquad \varphi_{H_2O(eq)} = 7.267\%$$

计算平衡时 H_2-$H_2O_{(g)}$混合气体的氧势的方程式为

$$\pi_{O(H_2\text{-}H_2O)} = \Delta_r G^{\ominus}_{m(1)} - 2RT\ln\frac{p_{H_2(eq)}}{p_{H_2O(eq)}}$$

$$= -495000 + 111.76T - 2 \times 19.147T\lg\frac{p_{H_2(eq)}}{p_{H_2O(eq)}} \qquad (\text{ix})$$

将 $T = 1173\text{K}$ 和 $\frac{p_{H_2(eq)}}{p_{H_2O(eq)}} = \frac{\varphi_{H_2(eq)}}{\varphi_{H_2O(eq)}} = \frac{17.733\%}{7.267\%} = 2.44$ 代入式（ix）中，得平衡时的 H_2-$H_2O_{(g)}$混合气体的氧势即所论煤气的氧势为

$$\pi_{O(gas)} = \pi_{O(H_2\text{-}H_2O)} = -495000 + 111.76 \times 1173 - 2 \times 19.147 \times 1173\lg 2.44$$

$$= -381307\text{J} \cdot \text{mol}^{-1}$$

计算平衡时的 CO-CO_2混合气体的氧势的方程式为

$$\pi_{O(CO\text{-}CO_2)} = \Delta_r G^{\ominus}_{m(2)} - 2RT\ln\frac{p_{CO(eq)}}{p_{CO_2(eq)}}$$

$$= -568142 + 178.78T - 2 \times 19.147T\lg\frac{p_{CO(eq)}}{p_{CO_2(eq)}} \qquad (\text{x})$$

将 $T = 1173\text{K}$ 和 $\frac{p_{CO(eq)}}{p_{CO_2(eq)}} = \frac{\varphi_{CO(eq)}}{\varphi_{CO_2(eq)}} = \frac{57.267\%}{17.733\%} = 3.23$ 代入式（x）中，得平衡时的 CO-CO_2混合气体的氧势即所论煤气的氧势为

$$\pi_{O(gas)} = \pi_{O(CO\text{-}CO_2)} = -568142 + 178.78 \times 1173 - 2 \times 19.147 \times 1173\lg 3.23$$

$$= -381306\text{J} \cdot \text{mol}^{-1}$$

理论上，计算的 $\pi_{O(H_2\text{-}H_2O)}$ 和 $\pi_{O(CO\text{-}CO_2)}$ 应该相等，因为在给定条件下煤气的氧势值是唯一的。本解得到的 $\pi_{O(H_2\text{-}H_2O)}$ 和 $\pi_{O(CO\text{-}CO_2)}$ 的误差很小，近似相等。

解法 2

线性组合：［式(ii)－式(i)］/ 2，得

$$H_2O_{(g)} + CO = H_2 + CO_2 \qquad \Delta_r G^{\ominus}_{m(3)} = (-36571 + 33.51T)\text{J} \cdot \text{mol}^{-1} \qquad (\text{iii})$$

由式（iii）计算得水煤气反应的标准平衡常数与温度的关系式为

$$\lg K_3^{\ominus} = 1910/T - 1.75 \quad \text{(iv)}$$

将 $T = 1173\text{K}$ 代入式（iv）中，计算标准平衡常数为

$$\lg K_3^{\ominus} = 1910/1173 - 1.75 = -0.1217 \qquad K_3^{\ominus} = 0.7556$$

设送入炉内的煤气的物质的量为 $\Sigma n_{B(0)} = 100\text{mol}$，由水煤气反应方程式（iii）可见，生成物质的量与反应物质的量相等，亦即反应前后体系中气体物质的量不变——反应平衡时炉内煤气的物质的量仍为 100mol，即 $\Sigma n_{B(eq)} = 100\text{mol}$。设水煤气反应平衡时 H_2燃烧了的物质的量为 x。

	$H_2O_{(g)}$	+	CO	═══	H_2	+	CO_2
初始时 $n_{B(0)}$/mol:	0		50		25		25
平衡时 $n_{B(eq)}$/mol:	x		$50+x$		$25-x$		$25-x$

水煤气反应平衡时，炉内煤气的总压 $p = 10^5\text{Pa}$，煤气的物质的量 $\Sigma n_{B(eq)} = 100\text{mol}$，则

$$p_{H_2O(eq)} = p\frac{n_{H_2O(eq)}}{\Sigma n_{B(eq)}} = p\frac{x}{100} \qquad p_{CO(eq)} = p\frac{n_{CO(eq)}}{\Sigma n_{B(eq)}} = p\frac{50+x}{100}$$

$$p_{H_2(eq)} = p\frac{n_{H_2(eq)}}{\Sigma n_{B(eq)}} = p\frac{25-x}{100} \qquad p_{CO_2(eq)} = p\frac{n_{CO_2(eq)}}{\Sigma n_{B(eq)}} = p\frac{25-x}{100}$$

$$K_3^{\ominus} = \frac{p_{H_2(eq)}p_{CO_2(eq)}}{p_{H_2O(eq)}p_{CO(eq)}} = \frac{(25-x)^2}{x(50+x)} = 0.7556 \quad \text{(xi)}$$

解方程式（xi），得水煤气反应平衡时 H_2燃烧了的物质的量为

$$x = 7.267\text{mol}$$

因为 $p_{B(eq)} = p\varphi_{B(eq)}$，$\varphi_{B(eq)} = p_{B(eq)}/p$，所以

$$\varphi_{H_2O(eq)} = \frac{p_{H_2O(eq)}}{p} = \frac{px/100}{p} = \frac{x}{100} = \frac{7.267}{100} = 7.267\%$$

$$\varphi_{H_2(eq)} = \frac{p_{H_2(eq)}}{p} = \frac{p(25-x)/100}{p} = \frac{25-x}{100} = \frac{25-7.267}{100} = 17.733\%$$

$$\varphi_{CO_2(eq)} = \frac{p_{CO_2(eq)}}{p} = \frac{p(25-x)/100}{p} = \frac{25-x}{100} = \frac{25-7.267}{100} = 17.733\%$$

$$\varphi_{CO(eq)} = \frac{p_{CO(eq)}}{p} = \frac{p(50+x)/100}{p} = \frac{50+x}{100} = \frac{50+7.267}{100} = 57.267\%$$

平衡时煤气的氧势的计算过程及结果同解法 1，此略。

5.18 在温度为 1600℃ 及总压 $p = 10^5\text{Pa}$ 下，将 CO_2 和 H_2混合后，会得到 CO-CO_2-H_2-$H_2O_{(g)}$混合气体，欲使混合后得到的平衡体系的氧分压 $p_{O_2(eq)} = 10^{-2}\text{Pa}$，试问 CO_2和 H_2的初始体积分数比 $\varphi_{CO_2(0)}/\varphi_{H_2(0)}$ 应为何值？如果把 CO_2 和 H_2 以初始体积分数比 $\varphi_{CO_2(0)}/\varphi_{H_2(0)} = 3$ 的比例混合，在相同温度及压力条件下，混合气体的平衡氧分压是多大？已知相关化学反应及其标准平衡常数与温度的关系式为

$$2CO + O_2 = 2CO_2 \qquad \lg K_1^{\ominus} = 29673/T - 9.337 \quad \text{(i)}$$

$$2H_2 + O_2 \longrightarrow 2H_2O_{(g)} \qquad \lg K_2^{\ominus} = 25853/T - 5.837 \qquad (\text{ii})$$

解：线性组合：[式(ⅱ)－式(ⅰ)]／2，得

$$H_2 + CO_2 \longrightarrow H_2O_{(g)} + CO \qquad \lg K_3^{\ominus} = -1910/T + 1.750 \qquad (\text{iii})$$

由式（ⅰ）及式（ⅱ），可分别得

$$2\lg \frac{p_{CO_2(eq)}}{p_{CO(eq)}} = \lg \frac{p_{O_2(eq)}}{p^{\ominus}} + \lg K_1^{\ominus} = \lg \frac{p_{O_2(eq)}}{p^{\ominus}} + 29673/T - 9.337 \qquad (\text{iv})$$

$$2\lg \frac{p_{H_2O(eq)}}{p_{H_2(eq)}} = \lg \frac{p_{O_2(eq)}}{p^{\ominus}} + \lg K_2^{\ominus} = \lg \frac{p_{O_2(eq)}}{p^{\ominus}} + 25853/T - 5.837 \qquad (\text{v})$$

（1）求为获得平衡氧分压 $p_{O_2(eq)} = 10^{-2}$Pa 的初始体积分数比 $\varphi_{CO_2(0)}/\varphi_{H_2(0)}$。设所求初始体积分数比 $\varphi_{CO_2(0)}/\varphi_{H_2(0)} = x$。因为

$$p_{CO_2} = p\frac{n_{CO_2}}{\sum n_B} = p\varphi_{CO_2} \qquad p_{H_2} = p\frac{n_{H_2}}{\sum n_B} = p\varphi_{H_2}$$

所以

$$n_{CO_2(0)}/n_{H_2(0)} = p_{CO_2(0)}/p_{H_2(0)} = \varphi_{CO_2(0)}/\varphi_{H_2(0)} = x$$

另设水煤气反应（ⅲ）平衡时生成 CO 和 $H_2O_{(g)}$ 的物质的量均为 α。

	H_2	+	CO_2	$\longrightarrow$	$H_2O_{(g)}$	+	CO	
初始时 $n_{B(0)}$/mol：	1		x		0		0	$\sum n_{B(0)} = (1+x)$mol
平衡时 $n_{B(eq)}$/mol：	$1-\alpha$		$x-\alpha$		α		α	$\sum n_{B(eq)} = (1+x)$mol

水煤气反应（ⅲ）平衡时，总压为 p 的混合气体中各气体的平衡分压分别为

$$p_{CO_2(eq)} = p\frac{x-\alpha}{\sum n_{B(eq)}} = p\frac{x-\alpha}{1+x} \qquad p_{H_2(eq)} = p\frac{1-\alpha}{\sum n_{B(eq)}} = p\frac{1-\alpha}{1+x}$$

$$p_{H_2O(eq)} = p\frac{\alpha}{\sum n_{B(eq)}} = p\frac{\alpha}{1+x} \qquad p_{CO(eq)} = p\frac{\alpha}{\sum n_{B(eq)}} = p\frac{\alpha}{1+x}$$

将 $T = 1873$K、$p^{\ominus} = 10^5$Pa 和 $p_{O_2(eq)} = 10^{-2}$Pa 代入式（ⅳ）和式（ⅴ）中，分别得

$$2\lg \frac{p_{CO_2(eq)}}{p_{CO(eq)}} = \lg \frac{10^{-2}}{10^5} + 29673/1873 - 9.337 = -0.4945$$

$$\frac{p_{CO_2(eq)}}{p_{CO(eq)}} = 0.566 \qquad (\text{vi})$$

$$2\lg \frac{p_{H_2O(eq)}}{p_{H_2(eq)}} = \lg \frac{10^{-2}}{10^5} + 25853/1873 - 5.837 = 0.9660$$

$$\frac{p_{H_2O(eq)}}{p_{H_2(eq)}} = 3.041 \qquad (\text{vii})$$

将 $p_{CO_2(eq)} = p\frac{x-\alpha}{1+x}$ 和 $p_{CO(eq)} = p\frac{\alpha}{1+x}$ 代入式（ⅵ）中，将 $p_{H_2O(eq)} = p\frac{\alpha}{1+x}$ 和 $p_{H_2(eq)} = p\frac{1-\alpha}{1+x}$ 代入式（ⅶ）中，分别得

$$\frac{x-\alpha}{\alpha}=0.566 \tag{viii}$$

$$\frac{\alpha}{1-\alpha}=3.041 \tag{ix}$$

联立方程式（viii）和式（ix）求解，得

$$\alpha = 0.7525 \qquad x = 1.1784$$

故所求 CO_2 和 H_2 的初始体积分数比为

$$\varphi_{CO_2(0)}/\varphi_{H_2(0)} = 1.1784$$

（2）求初始体积分数比 $\varphi_{CO_2(0)}/\varphi_{H_2(0)}=3$ 时的平衡氧分压 $p_{O_2(eq)}$。此解相当于前解的逆运算，可用两种方法解。

解法 1

$$H_2 + CO_2 \Longleftrightarrow H_2O_{(g)} + CO \qquad \lg K_3^{\ominus} = -1910/T + 1.750 \tag{iii}$$

建立 4 个数学方程式，求解化学反应体系（iii）达平衡时 $CO\text{-}CO_2\text{-}H_2\text{-}H_2O_{(g)}$ 混合气体中的 4 种气体的平衡体积分数，然后计算平衡氧分压。

将 $T=1873K$ 代入标准平衡常数的温度关系式（iii）中，得标准平衡常数为

$$\lg K_3^{\ominus} = -1910/1873 + 1.750 = 0.73025 \qquad K_3^{\ominus} = 5.373$$

化学反应（iii）的标准平衡常数方程式为

$$\frac{p_{H_2O(eq)}p_{CO(eq)}}{p_{CO_2(eq)}p_{H_2(eq)}} = K_3^{\ominus} \tag{x}$$

将 $p_{H_2O(eq)} = p\varphi_{H_2O(eq)}$、$p_{CO(eq)} = p\varphi_{CO(eq)}$、$p_{CO_2(eq)} = p\varphi_{CO_2(eq)}$、$p_{H_2(eq)} = p\varphi_{H_2(eq)}$ 和 $K_3^{\ominus} = 5.373$ 代入式（x）中，得

$$\frac{\varphi_{H_2O(eq)}\varphi_{CO(eq)}}{\varphi_{CO_2(eq)}\varphi_{H_2(eq)}} = K_3^{\ominus} = 5.373 \tag{xi}$$

混合气体的体积分数总和方程式为

$$\varphi_{H_2O(eq)} + \varphi_{CO(eq)} + \varphi_{CO_2(eq)} + \varphi_{H_2(eq)} = 100\% \tag{xii}$$

因为

$$\frac{n_C}{n_H} = \frac{n_{CO_2(eq)} + n_{CO(eq)}}{2n_{H_2(eq)} + 2n_{H_2O(eq)}} = \frac{(\varphi_{CO_2(eq)} + \varphi_{CO(eq)})\Sigma n_{B(eq)}}{2(\varphi_{H_2(eq)} + \varphi_{H_2O(eq)})\Sigma n_{B(eq)}}$$

$$= \frac{n_{CO_2(0)}}{2n_{H_2(0)}} = \frac{\varphi_{CO_2(0)}\Sigma n_{B(0)}}{2\varphi_{H_2(0)}\Sigma n_{B(0)}} = \frac{\varphi_{CO_2(0)}}{2\varphi_{H_2(0)}} = \frac{3}{2}$$

所以

$$\frac{\varphi_{CO_2(eq)} + \varphi_{CO(eq)}}{2(\varphi_{H_2(eq)} + \varphi_{H_2O(eq)})} = \frac{3}{2} \tag{xiii}$$

因为

$$\frac{n_O}{n_H}=\frac{2n_{CO_2(eq)}+n_{CO(eq)}+n_{H_2O(eq)}}{2n_{H_2(eq)}+2n_{H_2O(eq)}}=\frac{(2\varphi_{CO_2(eq)}+\varphi_{CO(eq)}+\varphi_{H_2O(eq)})\Sigma n_{B(eq)}}{2(\varphi_{H_2(eq)}+\varphi_{H_2O(eq)})\Sigma n_{B(eq)}}$$

$$=\frac{2n_{CO_2(0)}}{2n_{H_2(0)}}=\frac{2\varphi_{CO_2(0)}\Sigma n_{B(0)}}{2\varphi_{H_2(0)}\Sigma n_{B(0)}}=\frac{\varphi_{CO_2(0)}}{\varphi_{H_2(0)}}=3$$

所以

$$\frac{2\varphi_{CO_2(eq)}+\varphi_{CO(eq)}+\varphi_{H_2O(eq)}}{2(\varphi_{H_2(eq)}+\varphi_{H_2O(eq)})}=3 \qquad (\text{xiv})$$

联立4个方程式（xi）、式（xii）、式（xiii）和式（xiv）求解，得

$\varphi_{CO_2(eq)}=51.91\%$ $\quad\varphi_{H_2(eq)}=1.91\%$ $\quad\varphi_{CO(eq)}=23.09\%$ $\quad\varphi_{H_2O(eq)}=23.09\%$

将 $p_{H_2O(eq)}=p\varphi_{H_2O(eq)}=p\times 23.09\%$、$p_{H_2(eq)}=p\varphi_{H_2(eq)}=p\times 1.91\%$、$p^{\ominus}=10^5\text{Pa}$ 和 $T=1873\text{K}$ 代入式（v）中，得

$$2\lg\frac{23.09\%}{1.91\%}=\lg\frac{p_{O_2(eq)}}{10^5}+25853/1873-5.837 \qquad (\text{xv})$$

解方程式（xv），得平衡氧分压为

$$p_{O_2(eq)}/10^5=1.58\times10^{-6} \qquad p_{O_2(eq)}=0.158\text{Pa}$$

解法2

因为所求平衡体系（混合气体）中的各气体组元的浓度或分压是强度性质，与体系总量无关，所以可假设初始时是把3mol CO_2和1mol H_2相混合。

	H_2	+	CO_2	══	$H_2O_{(g)}$	+	CO	
初始时 $n_{B(0)}$/mol：	1		3		0		0	$\Sigma n_{B(0)}=4\text{mol}$
平衡时 $n_{B(eq)}$/mol：	$1-\alpha$		$3-\alpha$		α		α	$\Sigma n_{B(eq)}=4\text{mol}$

$$\Sigma n_{B(0)}=1+3+0+0=4\text{mol}$$

$$\Sigma n_{B(eq)}=1-\alpha+3-\alpha+\alpha+\alpha=4\text{mol}$$

在总压为 p 的混合气体中，各气体的平衡分压分别为

$$p_{CO_2(eq)}=p\frac{3-\alpha}{\Sigma n_{B(eq)}}=p\frac{3-\alpha}{4} \qquad p_{H_2(eq)}=p\frac{1-\alpha}{\Sigma n_{B(eq)}}=p\frac{1-\alpha}{4}$$

$$p_{H_2O(eq)}=p\frac{\alpha}{\Sigma n_{B(eq)}}=p\frac{\alpha}{4} \qquad p_{CO(eq)}=p\frac{\alpha}{\Sigma n_{B(eq)}}=p\frac{\alpha}{4}$$

将以上各气体的平衡分压代入标准平衡常数方程式（x）中，得

$$K_3^{\ominus}=\frac{p_{CO(eq)}p_{H_2O(eq)}}{p_{CO_2(eq)}p_{H_2(eq)}}=\frac{\alpha^2}{(3-\alpha)(1-\alpha)}=5.373 \qquad (\text{xvi})$$

解方程式（xvi），得

$$\alpha=0.92355\text{mol}$$

再将 $\alpha=0.92355\text{mol}$ 和 $p=10^5\text{Pa}$ 分别代入以上相关各式中，得各气体的平衡分压分别为

$$p_{CO_2(eq)} = p\frac{3-\alpha}{4} = \frac{10^5(3-0.92355)}{4} = 0.5191\times10^5\text{Pa}$$

$$p_{H_2(eq)} = p\frac{1-\alpha}{4} = \frac{10^5(1-0.92355)}{4} = 0.0191\times10^5\text{Pa}$$

$$p_{H_2O(eq)} = p\frac{\alpha}{4} = \frac{10^5\times0.92355}{4} = 0.2309\times10^5\text{Pa}$$

$$p_{CO(eq)} = p\frac{\alpha}{4} = \frac{10^5\times0.92355}{4} = 0.2309\times10^5\text{Pa}$$

最后将 $p_{H_2O(eq)} = 0.2309\times10^5\text{Pa}$、$p_{H_2(eq)} = 0.0191\times10^5\text{Pa}$、$p^{\ominus} = 10^5\text{Pa}$ 和 $T = 1873\text{K}$ 代入式（v）中，得

$$2\lg\frac{0.2309\times10^5}{0.0191\times10^5} = \lg\frac{p_{O_2(eq)}}{10^5} + 25853/1873 - 5.837 \qquad (\text{xvii})$$

解方程式（xvii），得平衡氧分压为

$$p_{O_2(eq)}/10^5 = 1.58\times10^{-6} \qquad p_{O_2(eq)} = 0.158\text{Pa}$$

5.19 用体积分数为 $\varphi_{O_2} = 24\%$ 的富氧空气，在温度为950℃及总压 $p = 0.5\times10^5\text{Pa}$ 条件下去燃烧固体碳。试计算：（1）平衡气相的组成；（2）平衡气相中的氧分压。已知相关化学反应及其标准平衡常数与温度的关系式为

$$C_{(gr)} + CO_2 = 2CO \qquad \lg K_1^{\ominus} = -8698/T + 8.93 \qquad (\text{i})$$

$$2CO + O_2 = 2CO_2 \qquad \lg K_2^{\ominus} = 29529/T - 9.149 \qquad (\text{ii})$$

解：（1）计算平衡气相的组成。在碳过剩条件下，燃烧反应平衡时 O_2 消耗殆尽，该体系在布杜阿尔反应上建立平衡为

$$C_{(gr)} + CO_2 = 2CO \qquad \lg K_1^{\ominus} = -8698/T + 8.93 \qquad (\text{i})$$

将 $T = 1223\text{K}$ 代入标准平衡常数与温度的关系式（i）中，得标准平衡常数为

$$\lg K_1^{\ominus} = -8698/1223 + 8.93 = 1.818 \qquad K_1^{\ominus} = 65.766$$

取物质的量为 $\Sigma n_{B(0)}$ 的富氧空气用于燃烧，燃烧得到的平衡气相的物质的量为 $\Sigma n_{B(eq)}$。平衡体系的气相由 CO、CO_2 和 N_2 组成，故要建立 3 个数学方程式：1 个平衡气相浓度总和方程式、1 个标准平衡常数方程式和 1 个原子物质的量之比 n_N/n_O 守恒方程式。

平衡气相中各气体体积分数总和方程式为

$$\varphi_{CO(eq)} + \varphi_{CO_2(eq)} + \varphi_{N_2(eq)} = 100\% \qquad (\text{iii})$$

标准平衡常数方程式为

$$\frac{0.5\varphi_{CO(eq)}^2}{\varphi_{CO_2(eq)}} = 65.766 \qquad (\text{iv})$$

原子的物质的量之比方程式为

$$\frac{n_N}{n_O} = \frac{2\varphi_{N_2(eq)}}{\varphi_{CO(eq)} + 2\varphi_{CO_2(eq)}} = \frac{76}{24} \qquad (\text{v})$$

方程式（ⅳ）的建立过程：

由标准平衡常数方程式

$$K_1^\ominus = \frac{(p_{CO(eq)}/p^\ominus)^2}{p_{CO_2(eq)}/p^\ominus} = \frac{(p\varphi_{CO(eq)}/p^\ominus)^2}{p\varphi_{CO_2(eq)}/p^\ominus} = \frac{p\varphi_{CO(eq)}^2}{p^\ominus \varphi_{CO_2(eq)}} = \frac{0.5\times10^5\times\varphi_{CO(eq)}^2}{10^5\times\varphi_{CO_2(eq)}} = 65.766$$

得方程式为

$$\frac{0.5\varphi_{CO(eq)}^2}{\varphi_{CO_2(eq)}} = 65.766 \tag{ⅳ}$$

方程式（ⅴ）的建立过程：

由原子的物质的量之比方程式

$$\frac{n_N}{n_O} = \frac{n_{N(eq)}}{n_{O(eq)}} = \frac{2n_{N_2(eq)}}{n_{CO(eq)}+2n_{CO_2(eq)}} = \frac{2\varphi_{N_2(eq)}\sum n_{B(eq)}}{\varphi_{CO(eq)}\sum n_{B(eq)}+2\varphi_{CO_2(eq)}\sum n_{B(eq)}} = \frac{2\varphi_{N_2(eq)}}{\varphi_{CO(eq)}+2\varphi_{CO_2(eq)}}$$

$$= \frac{n_{N(0)}}{n_{O(0)}} = \frac{2n_{N_2(0)}}{2n_{O_2(0)}} = \frac{2\varphi_{N_2(0)}\sum n_{B(0)}}{2\varphi_{O_2(0)}\sum n_{B(0)}} = \frac{\varphi_{N_2(0)}}{\varphi_{O_2(0)}} = \frac{76\%}{24\%} = \frac{76}{24}$$

得原子的物质的量之比为

$$\frac{n_N}{n_O} = \frac{2\varphi_{N_2(eq)}}{\varphi_{CO(eq)}+2\varphi_{CO_2(eq)}} = \frac{76}{24} \tag{ⅴ}$$

联立方程式（ⅲ）、式（ⅳ）和式（ⅴ）求解，得平衡气相的组成为

$\varphi_{CO(eq)} = 38.5276\%$ $\varphi_{CO_2(eq)} = 0.1129\%$ $\varphi_{N_2(eq)} = 61.3595\%$

（2）计算平衡气相的氧分压。

$$2CO + O_2 \xlongequal{} 2CO_2 \qquad \lg K_2^\ominus = 29529/T - 9.149 \tag{ⅱ}$$

将 $K_2^\ominus = \dfrac{p_{CO_2}^2}{p_{CO}^2(p_{O_2}/p^\ominus)}$ 代入式（ⅱ）中，整理后得

$$\lg\frac{p_{O_2(eq)}}{p^\ominus} = 2\lg\frac{p_{CO_2(eq)}}{p_{CO(eq)}} - \lg K_2^\ominus = 2\lg\frac{p_{CO_2(eq)}}{p_{CO(eq)}} - \frac{29529}{T} + 9.149 \tag{ⅵ}$$

根据道尔顿（Dalton）分压定律，计算平衡气相中的 CO_2 分压为

$$p_{CO_2(eq)} = p\varphi_{CO_2(eq)} = 0.5\times10^5\times0.1129\% = 56.45\text{Pa}$$

将 $p_{CO_2(eq)} = 56.45\text{Pa}$、$p_{CO(eq)} = 19263.80\text{Pa}$、$p^\ominus = 10^5\text{Pa}$ 及 $T = 1223\text{K}$ 代入式（ⅵ）中，计算平衡体系的氧分压为

$$\lg\frac{p_{O_2(eq)}}{10^5} = 2\lg\frac{56.45}{19263.80} - \frac{29529}{1223} + 9.149 = -20.0619$$

$$\frac{p_{O_2(eq)}}{10^5} = 8.6716\times10^{-21}$$

$$p_{O_2(eq)} = 8.6716\times10^{-21}\times10^5 = 8.6716\times10^{-16}\text{Pa}$$

5.20 试计算在温度为700℃及总压 $p = 10^5\text{Pa}$ 条件下，用水蒸气燃烧固体碳制取的混

合煤气的组成。已知相关化学反应及其标准平衡常数与温度的关系式为

$$H_2 + CO_2 \xlongequal{} H_2O_{(g)} + CO \qquad \lg K_1^{\ominus} = -1910/T + 1.750 \qquad (\text{i})$$

$$C_{(gr)} + CO_2 \xlongequal{} 2CO \qquad \lg K_2^{\ominus} = -8698/T + 8.93 \qquad (\text{ii})$$

解： 制取的煤气由 CO_2、H_2、CO 和 $H_2O_{(g)}$ 混合组成。平衡体系中存在 2 个独立反应，分别为水煤气反应（ⅰ）和布杜阿尔反应（ⅱ）。

将 $T=973$K 分别代入式(ⅰ)和式(ⅱ)中，计算这两个化学反应的标准平衡常数分别为

$$\lg K_1^{\ominus} = -1910/973 + 1.750 = -0.213 \qquad K_1^{\ominus} = 0.61235$$

$$\lg K_2^{\ominus} = -8698/973 + 8.93 = -0.00936 \qquad K_2^{\ominus} = 0.97868$$

为求得化学反应平衡时该混合煤气中的 4 个气体组元的体积分数，可建立 4 个数学方程式：1 个平衡浓度总和方程式、2 个标准平衡常数方程式和 1 个原子的物质的量之比守恒方程式。

平衡体系中各气体的体积分数总和方程式为

$$\varphi_{CO(eq)} + \varphi_{CO_2(eq)} + \varphi_{H_2(eq)} + \varphi_{H_2O(eq)} = 100\% \qquad (\text{iii})$$

化学反应(ⅰ)的标准平衡常数方程式为

$$\frac{\varphi_{CO(eq)}\varphi_{H_2O(eq)}}{\varphi_{H_2(eq)}\varphi_{CO_2(eq)}} = 0.61235 \qquad (\text{iv})$$

化学反应(ⅱ)的标准平衡常数方程式为

$$\frac{\varphi_{CO(eq)}^2}{\varphi_{CO_2(eq)}} = 0.97868 \qquad (\text{v})$$

原子的物质的量之比守恒方程式为

$$\frac{n_O}{n_H} = \frac{\varphi_{CO(eq)} + 2\varphi_{CO_2(eq)} + \varphi_{H_2O(eq)}}{2\varphi_{H_2O(eq)} + 2\varphi_{H_2(eq)}} = \frac{1}{2} \qquad (\text{vi})$$

方程式(ⅳ)的建立过程：

由化学反应(ⅰ)的标准平衡常数方程式

$$K_1^{\ominus} = \frac{p_{CO(eq)}p_{H_2O(eq)}}{p_{H_2(eq)}p_{CO_2(eq)}} = \frac{p\varphi_{CO(eq)}p\varphi_{H_2O(eq)}}{p\varphi_{H_2(eq)}p\varphi_{CO_2(eq)}} = \frac{\varphi_{CO(eq)}\varphi_{H_2O(eq)}}{\varphi_{H_2(eq)}\varphi_{CO_2(eq)}} = 0.61235$$

得下列方程式为

$$\frac{\varphi_{CO(eq)}\varphi_{H_2O(eq)}}{\varphi_{H_2(eq)}\varphi_{CO_2(eq)}} = 0.61235 \qquad (\text{iv})$$

方程式(ⅴ)的建立过程：

由化学反应(ⅱ)的标准平衡常数方程式

$$K_2^{\ominus} = \frac{(p_{CO(eq)}/p^{\ominus})^2}{p_{CO_2(eq)}/p^{\ominus}} = \frac{(p\varphi_{CO(eq)}/p^{\ominus})^2}{p\varphi_{CO_2(eq)}/p^{\ominus}} = \frac{(10^5 \times \varphi_{CO(eq)}/10^5)^2}{10^5 \times \varphi_{CO_2(eq)}/10^5} = \frac{\varphi_{CO(eq)}^2}{\varphi_{CO_2(eq)}} = 0.97868$$

得下列方程式为

$$\frac{\varphi^2_{CO(eq)}}{\varphi_{CO_2(eq)}} = 0.97868 \tag{v}$$

方程式（vi）的建立过程：

由原子的物质的量之比方程式

$$\frac{n_O}{n_H} = \frac{n_{O(eq)}}{n_{H(eq)}} = \frac{n_{CO(eq)} + 2n_{CO_2(eq)} + n_{H_2O(eq)}}{2n_{H_2O(eq)} + 2n_{H_2(eq)}} = \frac{(\varphi_{CO(eq)} + 2\varphi_{CO_2(eq)} + \varphi_{H_2O(eq)})\Sigma n_{B(eq)}}{(2\varphi_{H_2O(eq)} + 2\varphi_{H_2(eq)})\Sigma n_{B(eq)}}$$

$$= \frac{\varphi_{CO(eq)} + 2\varphi_{CO_2(eq)} + \varphi_{H_2O(eq)}}{2\varphi_{H_2O(eq)} + 2\varphi_{H_2(eq)}} = \frac{n_{O(0)}}{n_{H(0)}} = \frac{n_{H_2O(0)}}{2n_{H_2O(0)}} = \frac{1}{2}$$

得下列方程式为

$$\frac{n_O}{n_H} = \frac{\varphi_{CO(eq)} + 2\varphi_{CO_2(eq)} + \varphi_{H_2O(eq)}}{2\varphi_{H_2O(eq)} + 2\varphi_{H_2(eq)}} = \frac{1}{2} \tag{vi}$$

联立方程式(iii)~式(vi)求解，首先得到1个一元三次方程式为

$$\varphi^3_{CO(eq)} + 2.8867\varphi^2_{CO(eq)} + 1.5642\varphi_{CO(eq)} - 0.7821 = 0 \tag{vii}$$

用牛顿迭代法解一元三次方程式（vii）：

设 $x = \varphi_{CO(eq)}$，则方程式（vii）变为

$$x^3 + 2.8867x^2 + 1.5642x - 0.7821 = 0 \tag{viii}$$

建立牛顿法的迭代程序为

$$x_{n+1} = x_n - \frac{f(x_n)}{f'(x_n)} \tag{ix}$$

另设

$$f(x) = x^3 + 2.8867x^2 + 1.5642x - 0.7821 \tag{x}$$

则 $f(x)$ 的一阶和二阶导数分别为

$$f'(x) = 3x^2 + 2 \times 2.8867x + 1.5642 \tag{xi}$$

$$f''(x) = 6x + 2 \times 2.8867 \tag{xii}$$

选初始值 $x_0 = 30\%$ 分别代入式(x)、式(xi)和式(xii)中，得

$$f(x_0) = -0.026037 \qquad f'(x_0) = 3.56622 \qquad f''(x_0) = 7.5734$$

进而计算下列各值为

$$|f'(x_0)|^2 = |3.5662|^2 = 12.7178$$

$$\left|\frac{f''(x_0)}{2}\right| \times |f(x_0)| = \left|\frac{7.5734}{2}\right| \times |-0.026037| = 0.0986$$

因为初始值 $x_0 = 30\%$ 满足下列不等式

$$|f'(x_0)|^2 > \left|\frac{f''(x_0)}{2}\right| \times |f(x_0)|$$

所以，$x_0 = 30\%$ 可以作为牛顿迭代程序（ix）的初始值，并且保证牛顿迭代程序（ix）一定收敛。

从初始值 $x_0=30\%$ 出发，利用牛顿迭代程序（ix）计算的数列为

$$x_1=x_0-\frac{f(x_0)}{f'(x_0)}=0.30+\frac{0.026037}{3.56622}=30.7301007\%$$

$$x_2=x_1-\frac{f(x_1)}{f'(x_1)}=0.307301007-\frac{2.02238142\times10^{-4}}{3.621673367}=30.7245166\%$$

$$x_3=x_2-\frac{f(x_2)}{f'(x_2)}=0.307245166-\frac{1.1877\times10^{-8}}{3.621248023}=30.7245163\%$$

$$x_4=x_3-\frac{f(x_3)}{f'(x_3)}=0.307245163-\frac{0}{3.621247998}=30.7245163\%$$

因为 $x_4=x_3=30.7245163\%$，所以迭代计算至 x_4 即可终止，取 $x=30.7245\%$ 为一元三次方程式（viii）的解，亦即平衡 CO 的体积分数为

$$\varphi_{CO(eq)}=30.7245\%$$

将 $\varphi_{CO(eq)}=30.7245\%$ 代入式（v）中，计算得平衡 CO_2 的体积分数为

$$\varphi_{CO_2(eq)}=9.6456\%$$

将 $\varphi_{CO(eq)}=30.7245\%$ 和 $\varphi_{CO_2(eq)}=9.6456\%$ 同时代入式（iii）和式（iv）中，计算得平衡的 H_2 和 $H_2O(g)$ 的体积分数分别为

$$\varphi_{H_2(eq)}=50.0150\% \qquad \varphi_{H_2O(eq)}=9.6149\%$$

5.21 试计算初始组成为 $\varphi_{CO(0)}=50\%$、$\varphi_{CO_2(0)}=30\%$、$\varphi_{O_2(0)}=20\%$ 的混合气体在恒定总压 $p=10^5$Pa 条件下燃烧后的平衡气相的组成。已知 CO 燃烧反应及其标准平衡常数与温度的关系式为

$$2CO+O_2 \xlongequal{} 2CO_2 \qquad \lg K^\ominus=29529/T-9.149$$

解：此体系内只有一个化学反应为

$$2CO+O_2 \xlongequal{} 2CO_2 \qquad \lg K^\ominus=29529/T-9.149$$

计算该化学反应在总压 $p=10^5$Pa 和温度为 2000℃ 条件下的初始压力商和标准平衡常数分别为

$$J=\frac{(p_{CO_2(0)}/p^\ominus)^2}{(p_{CO(0)}/p^\ominus)^2(p_{O_2(0)}/p^\ominus)}=\frac{(p\varphi_{CO_2(0)}/p^\ominus)^2}{(p\varphi_{CO(0)}/p^\ominus)^2(p\varphi_{O_2(0)}/p^\ominus)}$$

$$=\frac{\varphi^2_{CO_2(0)}}{\varphi^2_{CO(0)}\varphi_{O_2(0)}}=\frac{0.30^2}{0.50^2\times0.20}=1.8$$

$$\lg K^\ominus=\frac{29529}{2273}-9.149=3.8422 \qquad K^\ominus=6953.4$$

计算该化学反应在相同条件下的吉布斯自由能为

$$\Delta_r G_m=RT\ln\frac{J}{K^\ominus}=8.314\times2273\ln\frac{1.8}{6953.4}=-156080\text{J}\cdot\text{mol}^{-1}$$

由于CO的燃烧反应在低于2000℃的温度下进行，反应的标准平衡常数$K^{\ominus}$很大，反应在给定条件下的吉布斯自由能$\Delta_r G_m$很小，反应几乎是不可逆地向生成CO_2的方向进行，所以反应体系的最初反应物CO和O_2将按化学反应方程式的化学计量数进行反应生成CO_2，并且只有高于此化学计量数之比的过剩反应物才能保持在最终的气相中，也就是说，CO将有剩余，而O_2将消耗殆尽。

取$100m^3$混合气体为计算基准。CO和O_2反应的化学计量数之比为2∶1，故$40m^3$ CO和$20m^3$ O_2反应，生成$40m^3$ CO_2（$V_{CO_2}=40m^3$），而初始的$50m^3$ CO中，剩余了$10m^3$ CO（$\Delta V_{CO}=10m^3$），还有初始的$30m^3$ CO_2（$V_{CO_2(0)}=30m^3$），则平衡气相的总体积为

$$\Sigma V_{B(eq)} = \Delta V_{CO} + V_{CO_2} + V_{CO_2(0)} = 10 + 40 + 30 = 80m^3$$

因此，燃烧后平衡气相的组成为

$$\varphi_{CO(eq)} = \frac{V_{CO(eq)}}{\Sigma V_{B(eq)}} = \frac{\Delta V_{CO}}{\Sigma V_{B(eq)}} = \frac{10}{80} = 12.5\%$$

$$\varphi_{CO_2(eq)} = \frac{V_{CO_2(eq)}}{\Sigma V_{B(eq)}} = \frac{V_{CO_2} + V_{CO_2(0)}}{\Sigma V_{B(eq)}} = \frac{70}{80} = 87.5\%$$

5.22 表5-5列出了4种氧化物在1000K时的标准生成吉布斯自由能，试按相对稳定性给表5-5中的氧化物排序——比较最稳定者为“1”，其次为“2”，再其次为“3”，比较最不稳定者为“4”，并将这4个代表氧化物相对稳定性的序号对应地填入表5-5中各氧化物下面预留的空格内。

表5-5 氧化物在1000K的标准生成吉布斯自由能

氧化物B	$MnO_{(s)}$	$B_2O_{3(l)}$	$Fe_3O_{4(s)}$	$TiO_{2(s)}$
$\Delta_f G^{\ominus}_{m(B)}/J\cdot mol^{-1}$	-318984	-1018760	-795740	-763430
相对稳定性序号				

解：根据已知的各氧化物的标准生成吉布斯自由能计算各氧化物的氧势分别为

$$\pi_{O(MnO,s)} = 2\Delta_f G^{\ominus}_{m(MnO,s)} = -2\times 318984 = -637968J\cdot mol^{-1}$$

$$\pi_{O(B_2O_3,l)} = \frac{2}{3}\Delta_f G^{\ominus}_{m(B_2O_3,l)} = -\frac{2}{3}\times 1018760 = -679173J\cdot mol^{-1}$$

$$\pi_{O(Fe_3O_4,s)} = \frac{1}{2}\Delta_f G^{\ominus}_{m(Fe_3O_4,s)} = -\frac{1}{2}\times 795740 = -397870J\cdot mol^{-1}$$

$$\pi_{O(TiO_2,s)} = \Delta_f G^{\ominus}_{m,(TiO_2,s)} = -763430J\cdot mol^{-1}$$

比较各氧化物的氧势，可知各氧化物相对稳定性的大小，其相对稳定性序号见表5-6。

表5-6 氧化物在1000K的氧势及相对稳定性序号

氧化物B	$MnO_{(s)}$	$B_2O_{3(l)}$	$Fe_3O_{4(s)}$	$TiO_{2(s)}$
$\Delta_f G^{\ominus}_{m(B)}/J\cdot mol^{-1}$	-318984	-1018760	-795740	-763430
$\pi_{O(B)}/J\cdot mol^{-1}$	-637968	-679173	-397870	-763430
相对稳定性序号	3	2	4	1

5.23 试用相律说明，凝聚相氧化物的氧势是温度 T 的单值函数。

解：以固相氧化物 $B_xO_{y(s)}$ 为例，其生成反应可写为

$$\frac{2x}{y}B_{(s)} + O_2 = \frac{2}{y}B_xO_{y(s)} \qquad (\text{i})$$

在该反应体系（i）中，独立组元数 $c=2$，相数 $\phi=3$，则该反应体系的自由度数为

$$f = c - \phi + 2 = 2 - 3 + 2 = 1$$

自由度数 $f=1$，说明在 T、p_{O_2} 两个变量中，只有 1 个是独立可变的。若首选温度 T 为独立变量，则该反应体系的平衡氧分压 $p_{O_2(eq)}$ 是温度 T 的单值函数，可写为

$$p_{O_2(eq)} = f(T) \qquad (\text{ii})$$

将式（ii）代入氧势的定义式中，可得氧化物 $B_xO_{y(s)}$ 的氧势与温度的单值函数关系式为

$$\pi_{O(B_xO_y,s)} = RT\ln\frac{p_{O_2(eq)}}{p^{\ominus}} = RT\ln\frac{f(T)}{p^{\ominus}} = \xi(T)$$

5.24 在温度为 1000K 时，CO 和 CO_2 混合气相的分压比 p_{CO_2}/p_{CO} 由 1 变为 10，那么混合气相的氧势增大多少？已知 CO 燃烧反应及其标准吉布斯自由能与温度的关系式为

$$2CO + O_2 = 2CO_2 \qquad \Delta_r G_m^{\ominus} = (-565390 + 175.17T)\,J\cdot mol^{-1}$$

解：由 CO 和 CO_2 组成的混合气相体系存在一个平衡化学反应为

$$2CO + O_2 = 2CO_2 \qquad \Delta_r G_m^{\ominus} = (-565390 + 175.17T)\,J\cdot mol^{-1} \qquad (\text{i})$$

由 CO 和 CO_2 组成的混合气相体系的氧势的计算式为

$$\pi_{O(CO\text{-}CO_2)} = \Delta_r G_m^{\ominus} + 2RT\ln\frac{p_{CO_2}}{p_{CO}}$$

$$= \left(-565390 + 175.17T + 2\times 8.314T\ln\frac{p_{CO_2}}{p_{CO}}\right)J\cdot mol^{-1} \qquad (\text{ii})$$

将 $T=1000K$ 和 $p_{CO_2}/p_{CO}=1$ 代入式（ii）中，计算得该混合气相体系的氧势为

$$\pi_{O(CO\text{-}CO_2)_1} = -565390 + 175.17\times 1000 + 2\times 8.314\times 1000\ln 1 = -390220J\cdot mol^{-1}$$

将 $T=1000K$ 和 $p_{CO_2}/p_{CO}=10$ 代入式（ii）中，计算得该混合气相体系的氧势为

$$\pi_{O(CO\text{-}CO_2)_2} = -565390 + 175.17\times 1000 + 2\times 8.314\times 1000\ln 10 = -351933J\cdot mol^{-1}$$

混合气相体系的氧势增大值为

$$\Delta\pi_{O(CO\text{-}CO_2)} = \pi_{O(CO\text{-}CO_2)_2} - \pi_{O(CO\text{-}CO_2)_1} = -351933 + 390220 = 38287J\cdot mol^{-1}$$

5.25 在温度 $T=1200K$，总压 $p=10^5Pa$ 条件下，把有限的 $Fe_2O_{3(s)}$ 置于由 CO 和 CO_2 组成的混合气相中，维持温度 $T=1200K$、总压 $p=10^5Pa$ 和分压比 $p_{CO}/p_{CO_2}=1.2$ 不变，问这有限的 $Fe_2O_{3(s)}$ 最终被还原成 $Fe_3O_{4(s)}$、$FeO_{(s)}$ 和 $Fe_{(s)}$ 三种物质中的哪一种？已知相关化学反应及其标准吉布斯自由能与温度的关系式为

$$2CO + O_2 \xlongequal{} 2CO_2 \qquad \Delta_r G^{\ominus}_{m(1)} = (-565390 + 175.17T)\,J \cdot mol^{-1} \qquad (\text{i})$$

$$2Fe_{(s)} + O_2 \xlongequal{} 2FeO_{(s)} \qquad \Delta_r G^{\ominus}_{m(2)} = (-539080 + 140.56T)\,J \cdot mol^{-1} \qquad (\text{ii})$$

$$6FeO_{(s)} + O_2 \xlongequal{} 2Fe_3O_{4(s)} \qquad \Delta_r G^{\ominus}_{m(3)} = (-636130 + 255.67T)\,J \cdot mol^{-1} \qquad (\text{iii})$$

解：分别计算温度 $T = 1200K$ 时的混合气相的氧势、$FeO_{(s)}$ 的氧势和 $Fe_3O_{4(s)}$ 的氧势为

$$\begin{aligned}\pi_{O(CO\text{-}CO_2)} &= \Delta_r G^{\ominus}_{m(1)} - RT\ln(p_{CO}/p_{CO_2})^2 \\ &= -565390 + 175.17 \times 1200 - 8.314 \times 1200 \times \ln 1.2^2 \\ &= -358824 J \cdot mol^{-1}\end{aligned}$$

$$\pi_{O(FeO,s)} = \Delta_r G^{\ominus}_{m(2)} = -539080 + 140.56 \times 1200 = -370408 J \cdot mol^{-1}$$

$$\pi_{O(Fe_3O_4,s)} = \Delta_r G^{\ominus}_{m(3)} = -636130 + 255.67 \times 1200 = -329326 J \cdot mol^{-1}$$

因为 $\pi_{O(FeO)} < \pi_{O(CO\text{-}CO_2)} < \pi_{O(Fe_3O_4)}$，所以这有限的 $Fe_2O_{3(s)}$ 最终被还原成 $FeO_{(s)}$。

5.26 试求布杜阿尔反应在温度为 1000K，总压分别为 10^5Pa 及 20×10^5Pa 时的平衡气相组成，并说明在恒温下增大体系总压时反应平衡移动的方向。已知布杜阿尔反应及其标准平衡常数与温度的关系式为

$$C_{(gr)} + CO_2 \xlongequal{} 2CO \qquad \lg K^{\ominus} = -8698.5/T + 8.931$$

解：首先推导恒温下平衡体系的 CO 体积分数 φ_{CO} 与总压 p 的函数关系式。

根据道尔顿（Dalton）分压定律，有下列二式为

$$p_{CO} = p\varphi_{CO} \qquad p_{CO_2} = p\varphi_{CO_2} = p(100\% - \varphi_{CO})$$

将上列二式代入标准平衡常数方程式中，得

$$K^{\ominus} = \frac{(p_{CO}/p^{\ominus})^2}{p_{CO_2}/p^{\ominus}} = \frac{(p\varphi_{CO}/p^{\ominus})^2}{p(100\% - \varphi_{CO})/p^{\ominus}} = \frac{(p/p^{\ominus})\varphi_{CO}^2}{100\% - \varphi_{CO}}$$

由上式得下列方程式为

$$(p/p^{\ominus})\varphi_{CO}^2 + K^{\ominus}\varphi_{CO} - K^{\ominus} = 0 \qquad (\text{i})$$

式（i）为以 φ_{CO} 为未知数的一元二次方程，解之，得 φ_{CO} 与总压 p 的函数关系式为

$$\varphi_{CO} = \frac{1}{(p/p^{\ominus})}\left[-\frac{K^{\ominus}}{2} + \sqrt{(K^{\ominus}/2)^2 + (p/p^{\ominus})K^{\ominus}}\right] \qquad (\text{ii})$$

将 $T = 1000K$ 代入已知的标准平衡常数与温度的关系式中，计算得标准平衡常数为

$$\lg K^{\ominus} = -8698.5/1000 + 8.931 = 0.2325 \qquad K^{\ominus} = 1.708$$

将 $K^{\ominus} = 1.708$ 代入式（ii）中，得

$$\varphi_{CO} = \frac{1}{(p/p^{\ominus})}\left[-\frac{1.708}{2} + \sqrt{0.729316 + 1.708(p/p^{\ominus})}\right] \qquad (\text{iii})$$

再计算体系总压分别为 10^5Pa 及 20×10^5Pa 时的平衡气相组成。

将 $p = 10^5$Pa 及 $p^{\ominus} = 10^5$Pa 代入式（iii）中，计算得平衡气相组成为

$$\varphi_{CO} = 70.72\% \qquad \varphi_{CO_2} = 100\% - 70.72\% = 29.28\%$$

将 $p = 20 \times 10^5$Pa 及 $p^{\ominus} = 10^5$Pa 代入式（iii）中，计算得平衡气相组成为

$$\varphi_{CO} = 25.26\% \qquad \varphi_{CO_2} = 100\% - 25.26\% = 74.74\%$$

由计算结果可见，在恒温下增大体系总压时，反应平衡向气体的物质的量减少的方向移动，亦即向生成 CO_2 的方向移动。

5.27 在温度 $T = 1873K$ 和总压 $p = 100kPa$ 下，将 CO_2 和 H_2 混合后，得到 CO_2-H_2-CO-$H_2O_{(g)}$ 混合气体。要使混合气体的氧势 $\pi_O = -250993 J \cdot mol^{-1}$，问初始 CO_2 和初始 H_2 的混合比 n_{CO_2}/n_{H_2} 应为何值？已知相关化学反应及其标准平衡常数与温度的关系式为

$$2CO + O_2 = 2CO_2 \qquad \lg K_1^\ominus = 29673/T - 9.337 \tag{i}$$

$$2H_2 + O_2 = 2H_2O_{(g)} \qquad \lg K_2^\ominus = 25853/T - 5.837 \tag{ii}$$

解： 将 CO_2 和 H_2 混合，将发生水煤气反应。

	CO_2 +	H_2 =	CO +	$H_2O_{(g)}$
初始时各物质的量/mol：	n_{CO_2}	n_{H_2}	0	0
平衡时各物质的量/mol：	$n_{CO_2}-y$	$n_{H_2}-y$	y	y

水煤气反应平衡时，反应体系中各气体物质的量之和为

$$\Sigma n_B = n_{CO_2} - y + n_{H_2} - y + y + y = n_{CO_2} + n_{H_2}$$

水煤气反应平衡时，反应体系中各气体的摩尔分数及分压分别为

$$x_{CO_2} = \frac{n_{CO_2} - y}{\Sigma n_B} = \frac{n_{CO_2} - y}{n_{CO_2} + n_{H_2}} \qquad \frac{p_{CO_2}}{p^\ominus} = \frac{p}{p^\ominus} x_{CO_2} = \frac{10^5}{10^5} \times \frac{n_{CO_2} - y}{n_{CO_2} + n_{H_2}} = \frac{n_{CO_2} - y}{n_{CO_2} + n_{H_2}}$$

$$x_{H_2} = \frac{n_{H_2} - y}{\Sigma n_B} = \frac{n_{H_2} - y}{n_{CO_2} + n_{H_2}} \qquad \frac{p_{H_2}}{p^\ominus} = \frac{p}{p^\ominus} x_{H_2} = \frac{10^5}{10^5} \times \frac{n_{H_2} - y}{n_{CO_2} + n_{H_2}} = \frac{n_{H_2} - y}{n_{CO_2} + n_{H_2}}$$

$$x_{CO} = \frac{y}{\Sigma n_B} = \frac{y}{n_{CO_2} + n_{H_2}} \qquad \frac{p_{CO}}{p^\ominus} = \frac{p}{p^\ominus} x_{H_2} = \frac{10^5}{10^5} \times \frac{y}{n_{CO_2} + n_{H_2}} = \frac{y}{n_{CO_2} + n_{H_2}}$$

$$x_{H_2O} = \frac{y}{\Sigma n_B} = \frac{y}{n_{CO_2} + n_{H_2}} \qquad \frac{p_{H_2O}}{p^\ominus} = \frac{p}{p^\ominus} x_{H_2O} = \frac{10^5}{10^5} \times \frac{y}{n_{CO_2} + n_{H_2}} = \frac{y}{n_{CO_2} + n_{H_2}}$$

将 $T = 1873K$ 代入式（i）中，计算得化学反应（i）的标准平衡常数为

$$\lg K_1^\ominus = 29673/1873 - 9.337 = 6.5055 \qquad K_1^\ominus = 3202580$$

化学反应（i）的标准平衡常数方程式为

$$K_1^\ominus = \frac{(p_{CO_2}/p^\ominus)^2}{(p_{O_2}/p^\ominus)(p_{CO}/p^\ominus)^2} = \frac{[(n_{CO_2} - y)/(n_{CO_2} + n_{H_2})]^2}{(p_{O_2}/p^\ominus)[y/(n_{CO_2} + n_{H_2})]^2} = \frac{(n_{CO_2} - y)^2}{(p_{O_2}/p^\ominus)y^2} \tag{iii}$$

由式（iii）得

$$\frac{n_{CO_2} - y}{y} = \sqrt{(p_{O_2}/p^\ominus)K_1^\ominus}$$

$$n_{CO_2} = y\sqrt{(p_{O_2}/p^\ominus)K_1^\ominus} + y = y\sqrt{3202580(p_{O_2}/p^\ominus)} + y \tag{iv}$$

将 $T = 1873K$ 代入式（ii）中，计算得化学反应（ii）的标准平衡常数为

$$\lg K_2^\ominus = 25853/1873 - 5.837 = 7.9660 \qquad K_2^\ominus = 92469817$$

化学反应（ⅱ）的标准平衡常数方程式为

$$K_2^\ominus = \frac{(p_{H_2O}/p^\ominus)^2}{(p_{O_2}/p^\ominus)(p_{H_2}/p^\ominus)^2} = \frac{[y/(n_{CO_2}+n_{H_2})]^2}{(p_{O_2}/p^\ominus)[(n_{H_2}-y)/(n_{CO_2}+n_{H_2})]^2}$$

$$= \frac{y^2}{(p_{O_2}/p^\ominus)(n_{H_2}-y)^2} \quad (\text{v})$$

由式（v）得方程式为

$$\frac{y}{n_{H_2}-y} = \sqrt{(p_{O_2}/p^\ominus)K_2^\ominus}$$

$$n_{H_2} = y/\sqrt{(p_{O_2}/p^\ominus)K_2^\ominus} + y = y/\sqrt{92469817(p_{O_2}/p^\ominus)} + y \quad (\text{vi})$$

式（iv）/式（vi），得

$$\frac{n_{CO_2}}{n_{H_2}} = \frac{y\sqrt{3202580(p_{O_2}/p^\ominus)} + y}{y/\sqrt{92469817(p_{O_2}/p^\ominus)} + y} = \frac{\sqrt{3202580(p_{O_2}/p^\ominus)} + 1}{1/\sqrt{92469817(p_{O_2}/p^\ominus)} + 1} \quad (\text{vii})$$

根据已知条件 $\pi_O = -250993\text{J}\cdot\text{mol}^{-1}$，得

$$\pi_O = 8.314 \times 1873\ln(p_{O_2}/p^\ominus) = -250993\text{J}\cdot\text{mol}^{-1} \quad (\text{viii})$$

解方程式（viii），得体系的平衡氧分压为

$$\lg(p_{O_2}/p^\ominus) = -7 \qquad p_{O_2}/p^\ominus = 10^{-7}$$

将 $p_{O_2}/p^\ominus = 10^{-7}$ 代入式（vii）中，计算得初始 CO_2 和 H_2 的混合比为

$$\frac{n_{CO_2}}{n_{H_2}} = \frac{\sqrt{3202580\times10^{-7}} + 1}{1/\sqrt{92469817\times10^{-7}} + 1} = \frac{1.56591}{1.32885} = 1.1784$$

5.28 试通过计算判断 $Fe_2O_{3(s)}$ 在温度 $T = 1773\text{K}$ 和总压 $p = 100\text{kPa}$ 的空气中的稳定性。已知 $Fe_3O_{4(s)}$ 氧化生成 $Fe_2O_{3(s)}$ 的反应及其标准吉布斯自由能与温度的关系式为

$$4Fe_3O_{4(s)} + O_2 = 6Fe_2O_{3(s)} \qquad \Delta_rG_m^\ominus = (-586770 + 340.20T)\text{J}\cdot\text{mol}^{-1}$$

解：先计算 $Fe_2O_{3(s)}$ 在 $T = 1773\text{K}$ 时的氧势为

$$\pi_{O(Fe_2O_3,s)} = \Delta_rG_m^\ominus = -586770 + 340.20 \times 1773 = -16405\text{J}\cdot\text{mol}^{-1}$$

再计算 $T = 1773\text{K}$ 和 $p = 100\text{kPa}$ 条件下的空气的氧势为

$$\pi_{O(空气)} = RT\ln\frac{p_{O_2(空气)}}{p^\ominus} = 8.314 \times 1773 \times \ln\frac{10^5 \times 0.21}{10^5} = -23005\text{J}\cdot\text{mol}^{-1}$$

因为 $\pi_{O(Fe_2O_3,s)} > \pi_{O(空气)}$，所以 $Fe_2O_{3(s)}$ 在该空气中不稳定，会分解。

5.29 将 0.4mol CO 与 0.2mol $H_2O_{(l)}$ 置于 $V = 5\times10^{-3}\text{m}^3$ 的容器内加热到 527℃。试计算平衡气相中各气体的分压。已知水煤气反应及其标准吉布斯自由能与温度的关系式为

$$CO + H_2O_{(g)} = H_2 + CO_2 \qquad \Delta_rG_m^\ominus = (-36570 + 33.51T)\text{J}\cdot\text{mol}^{-1}$$

解：水煤气反应初始时和平衡时，体系中各物质的量分别为

$$\begin{array}{lcccc} & CO & + \ H_2O_{(g)} & \rightleftharpoons\ H_2 & + \ CO_2 \\ \text{初始时各物质的量/mol：} & 0.4 & 0.2 & 0 & 0 \\ \text{平衡时各物质的量/mol：} & 0.4-x & 0.2-x & x & x \end{array}$$

水煤气反应平衡时，体系中各气体物质的量之和为

$$\sum n_B = 0.4 - x + 0.2 - x + x + x = 0.6\text{mol}$$

水煤气反应平衡时，体系的总压及各气体的分压分别为

$$p = \frac{RT\sum n_B}{V} = \frac{8.314 \times 800 \times 0.6}{5 \times 10^{-3}} = 798144\text{Pa}$$

$$p_{CO} = p\frac{0.4 - x}{0.6} \qquad p_{H_2O} = p\frac{0.2 - x}{0.6} \qquad p_{H_2} = p\frac{x}{0.6} \qquad p_{CO_2} = p\frac{x}{0.6}$$

计算水煤气反应在 $T = 800\text{K}$ 时的标准平衡常数为

$$\lg K^{\ominus} = \frac{36570}{19.147 \times 800} - \frac{33.51}{19.147} = 0.6373 \qquad K^{\ominus} = 4.338$$

水煤气反应的标准平衡常数方程式为

$$K^{\ominus} = \frac{p_{H_2}p_{CO_2}}{p_{CO}p_{H_2O}} = \frac{\frac{px}{0.6} \times \frac{px}{0.6}}{\left(p\frac{0.4 - x}{0.6}\right) \times \left(p\frac{0.2 - x}{0.6}\right)} = \frac{x^2}{(0.4 - x)(0.2 - x)} = 4.338$$

由上式得一元二次方程式为

$$x^2 - 0.78x + 0.104 = 0$$

解该一元二次方程式，取其正根为

$$x = 0.17\text{mol}$$

最后计算平衡气相中各气体的分压分别为

$$p_{CO} = p\frac{0.4 - x}{0.6} = 798144 \times \frac{0.4 - 0.17}{0.6} = 305955\text{Pa}$$

$$p_{H_2O} = p\frac{0.2 - x}{0.6} = 798144 \times \frac{0.2 - 0.17}{0.6} = 39907\text{Pa}$$

$$p_{H_2} = p\frac{x}{0.6} = 798144 \times \frac{0.17}{0.6} = 226141\text{Pa}$$

$$p_{CO_2} = p\frac{x}{0.6} = 798144 \times \frac{0.17}{0.6} = 226141\text{Pa}$$

5.30 已知相关化学反应及其标准吉布斯自由能与温度的关系式分别为

$$Fe_{(s)} + 0.5O_2 \rightleftharpoons FeO_{(s)} \qquad \Delta_r G^{\ominus}_{m(1)} = (-264000 + 64.59T)\text{J} \cdot \text{mol}^{-1} \quad \text{(i)}$$

$$Fe_{(s)} + 0.5O_2 + V_2O_{3(s)} \rightleftharpoons FeO \cdot V_2O_{3(s)} \qquad \Delta_r G^{\ominus}_{m(2)} = (-288700 + 62.34T)\text{J} \cdot \text{mol}^{-1} \quad \text{(ii)}$$

$$C_{(gr)} + 0.5O_2 \rightleftharpoons CO \qquad \Delta_r G^{\ominus}_{m(3)} = (-114400 - 85.77T)\text{J} \cdot \text{mol}^{-1} \quad \text{(iii)}$$

$$C_{(gr)} + O_2 \rightleftharpoons CO_2 \qquad \Delta_r G^{\ominus}_{m(4)} = (-395350 - 0.54T)\text{J} \cdot \text{mol}^{-1} \quad \text{(iv)}$$

试求：（1）由 $Fe_{(s)}$、$FeO_{(s)}$ 组成的体系及由 $Fe_{(s)}$、$V_2O_{3(s)}$、$FeO\cdot V_2O_{3(s)}$ 组成的体系在1300℃时的平衡氧分压和氧势；（2）若把物质的量之比 $n_{CO}/n_{CO_2}=9$ 的 CO-CO_2 混合气体分别不断地通入上述二体系中，判断所发生的化学反应及其方向。

解：（1）计算化学反应（ⅰ）在1300℃时的标准平衡常数为

$$\lg K_1^{\ominus} = \frac{264000}{19.147\times1573} - \frac{64.59}{19.147} = 5.39208 \qquad K_1^{\ominus} = 246649.364$$

根据化学反应方程式（ⅰ）写出的标准平衡常数方程式为

$$K_1^{\ominus} = \frac{1}{\sqrt{p_{O_2(1)}/p^{\ominus}}} \tag{v}$$

将 $p^{\ominus}=10^5$Pa 和 $K_1^{\ominus}=246649.364$ 代入式（ⅴ）中并解方程，得由 $Fe_{(s)}$、$FeO_{(s)}$ 组成的体系在1300℃时的平衡氧分压为

$$p_{O_2(1)} = 10^5\times\left(\frac{1}{246649.364}\right)^2 = 1.643766\times10^{-6}\text{Pa}$$

计算由 $Fe_{(s)}$、$FeO_{(s)}$ 组成的体系在1300℃时的氧势为

$$\pi_{O(1)} = RT\ln\frac{p_{O_2(1)}}{p^{\ominus}} = 8.314\times1573\times\ln\frac{1.643766\times10^{-6}}{10^5} = -324744\text{J}\cdot\text{mol}^{-1}$$

计算化学反应（ⅱ）在1300℃时的标准平衡常数为

$$\lg K_2^{\ominus} = \frac{288700}{19.147\times1573} - \frac{62.34}{19.147} = 6.32970 \qquad K_2^{\ominus} = 2136485.748$$

根据化学反应方程式（ⅱ）写出的标准平衡常数方程式为

$$K_2^{\ominus} = \frac{1}{\sqrt{p_{O_2(2)}/p^{\ominus}}} \tag{vi}$$

将 $p^{\ominus}=10^5$Pa 和 $K_2^{\ominus}=2136485.748$ 代入式（ⅵ）中并解方程，得由 $Fe_{(s)}$、$V_2O_{3(s)}$、$FeO\cdot V_2O_{3(s)}$ 组成的体系在1300℃时的平衡氧分压为

$$p_{O_2(2)} = 10^5\times\left(\frac{1}{2136485.748}\right)^2 = 2.190786\times10^{-8}\text{Pa}$$

计算由 $Fe_{(s)}$、$V_2O_{3(s)}$、$FeO\cdot V_2O_{3(s)}$ 组成的体系在1300℃时的氧势为

$$\pi_{O(2)} = RT\ln\frac{p_{O_2(2)}}{p^{\ominus}} = 8.314\times1573\times\ln\frac{2.190786\times10^{-8}}{10^5} = -381213\text{J}\cdot\text{mol}^{-1}$$

（2）线性组合：式(ⅳ)－式(ⅲ)，得

$$CO + 0.5O_2 =\!=\!= CO_2 \qquad \Delta_r G^{\ominus}_{m(7)} = (-280950 + 85.23T)\text{J}\cdot\text{mol}^{-1} \tag{vii}$$

线性组合：式(ⅶ)－式(ⅰ)，得

$$FeO_{(s)} + CO =\!=\!= Fe_{(s)} + CO_2$$

$$\Delta_r G^{\ominus}_{m(8)} = (-16950 + 20.64T)\text{J}\cdot\text{mol}^{-1} \tag{viii}$$

线性组合：式(ⅶ)－式(ⅱ)，得

$$FeO \cdot V_2O_{3(s)} + CO \xlongequal{} Fe_{(s)} + V_2O_{3(s)} + CO_2$$

$$\Delta_r G^{\ominus}_{m(9)} = (7750 + 22.89T)\,J \cdot mol^{-1} \qquad (ix)$$

化学反应（viii）的范特霍夫等温方程式为

$$\Delta_r G_{m(8)} = \Delta_r G^{\ominus}_{m(8)} - RT\ln\frac{p_{CO}}{p_{CO_2}} = -16950 + 20.64T - 8.314T\ln\frac{p_{CO}}{p_{CO_2}} \qquad (x)$$

将 $T = 1573K$ 和 $p_{CO}/p_{CO_2} = n_{CO}/n_{CO_2} = 9$ 代入式（x）中，计算得化学反应（viii）在1300℃时的吉布斯自由能为

$$\Delta_r G_{m(8)} = -16950 + 20.64 \times 1573 - 8.314 \times 1573\ln9 = -13218.412J \cdot mol^{-1}$$

因为化学反应（viii）的吉布斯自由能 $\Delta_r G_{m(8)} < 0$，所以化学反应（viii）向右（向 $FeO_{(s)}$ 还原成 $Fe_{(s)}$ 的方向）进行。

化学反应（ix）的范特霍夫等温方程式为

$$\Delta_r G_{m(9)} = \Delta_r G^{\ominus}_{m(9)} - RT\ln\frac{p_{CO}}{p_{CO_2}} = 7750 + 22.89T - 8.314T\ln\frac{p_{CO}}{p_{CO_2}} \qquad (xi)$$

将 $T = 1573K$ 和 $p_{CO}/p_{CO_2} = n_{CO}/n_{CO_2} = 9$ 代入式（xi）中，计算得化学反应（ix）在1300℃时的吉布斯自由能为

$$\Delta_r G_{m(9)} = 7750 + 22.89 \times 1573 - 8.314 \times 1573\ln9 = 15020.840J \cdot mol^{-1}$$

因为化学反应（ix）的吉布斯自由能 $\Delta_r G_{m(9)} > 0$，所以化学反应（ix）向左（向生成 $FeO \cdot V_2O_{3(s)}$ 的方向）进行。

5.31 固体碳 $C_{(gr)}$ 气化反应也称布杜阿尔反应，是高炉内最重要的反应之一，已知其反应方程式及其标准吉布斯自由能与温度的函数关系式分别为

$$C_{(gr)} + CO_2 \xlongequal{} 2CO \qquad \Delta_r G^{\ominus}_m = (166550 - 171.00T)\,J \cdot mol^{-1}$$

试求：（1）利用相律确定影响该平衡反应体系的独立变量；（2）推导该平衡反应体系的气相成分（平衡 CO 的体积分数）φ_{CO} 的函数关系式；（3）绘出该平衡体系的优势区图（平衡图），并说明图中平衡曲线的增减性。

解：（1）该平衡反应体系中，物种数 $S = 3$、独立化学反应数 $R = 1$、浓度及其他限制条件数 $R' = 0$、独立组元数 $c = S - R - R' = 3 - 1 - 0 = 2$、相数 $\phi = 2$，则该平衡反应体系的自由度数（独立变量数）为

$$f = c - \phi + 2 = 2 - 2 + 2 = 2(T, p)$$

通过以上相律分析得知，平衡气相成分（平衡 CO 的体积分数）φ_{CO} 一定是温度 T 和总压 p 的双变量函数，可表示为

$$\varphi_{CO} = f'(T, p) \qquad (i)$$

（2）先根据已知布杜阿尔反应的标准吉布斯自由能与温度的关系式推导标准平衡常数与温度的关系式为

$$\lg K^{\ominus} = -\frac{166550}{19.147T} + \frac{171.00}{19.147} = -\frac{8698.50}{T} + 8.931 \qquad (ii)$$

再推导函数式（i）的具体函数关系式。为此，根据条件建立联立方程组为

$$\begin{cases} K^{\ominus} = \dfrac{p_{CO}^2}{p^{\ominus} \cdot p_{CO_2}} \\ p_{CO} = p\varphi_{CO} \\ p_{CO_2} = p\varphi_{CO_2} \\ \varphi_{CO} + \varphi_{CO_2} = 1 \end{cases} \tag{iii}$$

式中 p_{CO}、p_{CO_2}——分别为平衡气相中 CO 和 CO_2 的分压，Pa；

φ_{CO}、φ_{CO_2}——分别为平衡气相中 CO 和 CO_2 的体积分数，1；

p——平衡气相总压，Pa。

解以上联立方程组（iii），得平衡气相成分（平衡 CO 的体积分数）φ_{CO} 的函数式为

$$\varphi_{CO} = \frac{p^{\ominus}}{p}\left[-\frac{K^{\ominus}}{2} + \sqrt{\left(\frac{K^{\ominus}}{2}\right)^2 + \frac{pK^{\ominus}}{p^{\ominus}}}\right] \tag{iv}$$

因为式（iv）中的标准平衡常数 $K^{\ominus}$ 是温度的函数，所以式（iv）中的函数 φ_{CO} 是温度 T 和总压 p 的双变量函数，即 $\varphi_{CO} = f'(T,p)$，这与相律分析所得结果相一致。

（3）根据函数式（iv）绘出该平衡体系的两幅优势区图（平衡图）——恒压变温优势区图（平衡图）和恒温变压优势区图（平衡图）。

1）绘该平衡反应体系的恒压变温优势区图（平衡图）。先说明函数式（iv）在恒压变温条件下的增减性，用以原则地判断所绘恒压变温优势区图（平衡图）的正确性。

由函数式（iv），求恒压条件下 φ_{CO} 对标准平衡常数 $K^{\ominus}$ 的一阶偏导数，得

$$\frac{\partial \varphi_{CO}}{\partial K^{\ominus}} = \frac{p^{\ominus}}{2p}\left[-1 + \frac{\sqrt{(K^{\ominus}/2)^2 + pK^{\ominus}/p^{\ominus} + (p/p^{\ominus})^2}}{\sqrt{(K^{\ominus}/2)^2 + pK^{\ominus}/p^{\ominus}}}\right] \tag{v}$$

式（v）中，因为 $\sqrt{(K^{\ominus}/2)^2 + pK^{\ominus}/p^{\ominus} + (p/p^{\ominus})^2} > \sqrt{(K^{\ominus}/2)^2 + pK^{\ominus}/p^{\ominus}}$，所以

$$\frac{\partial \varphi_{CO}}{\partial K^{\ominus}} > 0$$

由范特霍夫等压方程式可得

$$\frac{\partial \ln K^{\ominus}}{\partial T} = \frac{\Delta_r H_m^{\ominus}}{RT^2} \tag{vi}$$

由给出的标准吉布斯自由能与温度的函数关系式可知，式（vi）中的 $\Delta_r H_m^{\ominus} = 166550$ $J \cdot mol^{-1} > 0$，所以

$$\frac{\partial \ln K^{\ominus}}{\partial T} > 0$$

因为 $\dfrac{\partial \ln K^{\ominus}}{\partial K^{\ominus}} = \dfrac{1}{K^{\ominus}}$，$\partial K^{\ominus} = K^{\ominus}\,\partial \ln K^{\ominus}$，所以

$$\frac{\partial K^{\ominus}}{\partial T} = \frac{K^{\ominus}\,\partial \ln K^{\ominus}}{\partial T} \tag{vii}$$

式（vii）中，因为 $\frac{\partial \ln K^\ominus}{\partial T} > 0$，所以

$$\frac{\partial K^\ominus}{\partial T} > 0$$

因为 $\frac{\partial \varphi_{CO}}{\partial K^\ominus} > 0$，所以

$$\frac{\partial \varphi_{CO}/\partial T}{\partial K^\ominus/\partial T} > 0 \tag{viii}$$

式（viii）中，因为 $\frac{\partial K^\ominus}{\partial T} > 0$，所以

$$\frac{\partial \varphi_{CO}}{\partial T} > 0$$

这说明，在恒压条件下 φ_{CO} 是温度 T 的增函数。

设 $a = -8698.50$，$b = 8.931$，则式（ii）变为

$$\lg K^\ominus = \frac{a}{T} + b \tag{ix}$$

由式（ix）得标准平衡常数与温度的关系式为

$$K^\ominus = 10^{a/T+b}$$

将 $p = p^\ominus = 100\text{kPa}$ 和 $K^\ominus = 10^{a/T+b}$ 代入式（iv）中，得温度 T 的单变量函数为

$$\varphi_{CO} = -\frac{10^{a/T+b}}{2} + \sqrt{\left(\frac{10^{a/T+b}}{2}\right)^2 + 10^{a/T+b}} \tag{x}$$

根据函数式（x），以平衡 CO 的体积分数 φ_{CO} 对温度 T 作图，得布杜阿尔反应体系的恒压（$p = p^\ominus = 100\text{kPa}$）变温优势区图（平衡图）如图 5-7 所示。

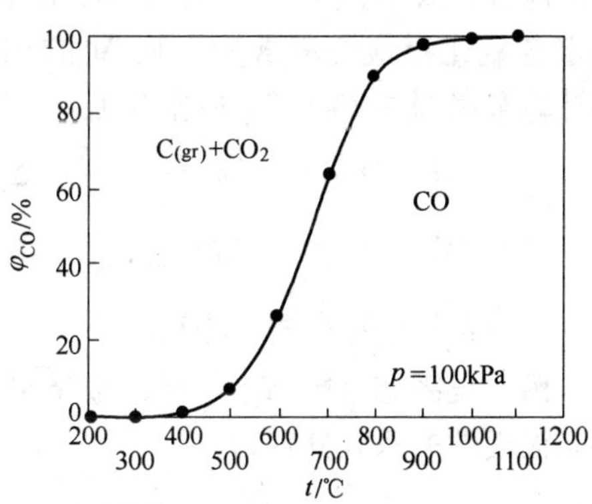

图 5-7　碳气化反应的恒压变温优势区图

由图 5-7 中的函数曲线可见，φ_{CO} 为温度 T 的增函数，这与上述函数增减性分析所得结论相一致。

2）绘该平衡反应体系的恒温变压优势区图（平衡图）。先说明函数在恒温变压条件下的增减性，用以原则地判断所绘优势区图的正确性。

由函数式（iv），求恒温（$K^\ominus$ 为常数）条件下 φ_{CO} 对 p 的一阶偏导数，得

$$\frac{\partial \varphi_{CO}}{\partial p} = -\frac{p^\ominus}{p^2}\left[\frac{2(K^\ominus/2)^2 + pK^\ominus/p^\ominus - K^\ominus\sqrt{(K^\ominus/2)^2 + pK^\ominus/p^\ominus}}{\sqrt{(K^\ominus/2)^2 + pK^\ominus/p^\ominus}}\right] \tag{xi}$$

式（xi）中，因为

$$2\left(\frac{K^{\ominus}}{2}\right)^2+\frac{pK^{\ominus}}{p^{\ominus}}=\sqrt{\left[2\left(\frac{K^{\ominus}}{2}\right)^2+\frac{pK^{\ominus}}{p^{\ominus}}\right]^2}=K^{\ominus}\sqrt{\left(\frac{K^{\ominus}}{2}\right)^2+\frac{pK^{\ominus}}{p^{\ominus}}+\left(\frac{p}{p^{\ominus}}\right)^2}>K^{\ominus}\sqrt{\left(\frac{K^{\ominus}}{2}\right)^2+\frac{pK^{\ominus}}{p^{\ominus}}}$$

所以

$$\frac{\partial \varphi_{CO}}{\partial p}<0$$

这说明，在恒温条件下 φ_{CO}是 p 的减函数。

设恒温 $t=627℃$ （$T=900K$），则该温度下的标准平衡常数为

$$K^{\ominus}=10^{-8698.50/900+8.931}=0.1845$$

将 $K^{\ominus}=0.1845$ 和 $p^{\ominus}=10^5Pa$ 代入式（iv）中，得

$$\varphi_{CO}=-\frac{9225}{p}+\sqrt{\frac{8.51\times10^7}{p^2}+\frac{1.845\times10^4}{p}} \qquad \text{(xii)}$$

根据函数式（xii），以平衡 CO 的体积分数 φ_{CO}对体系总压 p 作图，得布杜阿尔反应体系的恒温（$t=627℃$）变压优势区图（平衡图）如图 5-8 所示。

由图 5-8 中的函数曲线可见，φ_{CO} 为总压 p 的减函数，这与上述函数增减性分析所得结论相一致。

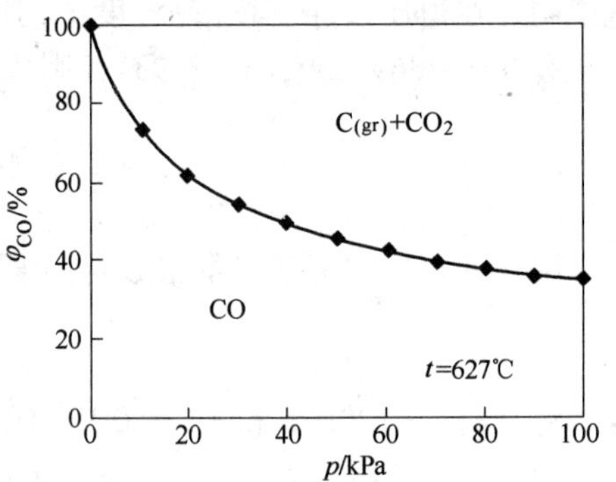

图 5-8　碳气化反应的恒温变压优势区图

5.32　某种金属 M，以三种不同相状态（固态、液态、气态）参加如下所示的氧化反应，生成固相氧化物 $MO_{(s)}$。试判断下列三个氧化反应方程式中，哪个 M 是固相，液相，气相？确定各氧化反应方程式中金属 M 的相状态后，再计算金属 M 的熔点 T_{fus}和沸点 T_b。

$$2M+O_2 = 2MO_{(s)} \qquad \Delta_rG^{\ominus}_{m(1)}=(-1202460+215.18T)J\cdot mol^{-1} \qquad \text{(i)}$$

$$2M+O_2 = 2MO_{(s)} \qquad \Delta_rG^{\ominus}_{m(2)}=(-1465400+411.98T)J\cdot mol^{-1} \qquad \text{(ii)}$$

$$2M+O_2 = 2MO_{(s)} \qquad \Delta_rG^{\ominus}_{m(3)}=(-1219140+233.04T)J\cdot mol^{-1} \qquad \text{(iii)}$$

解：设固态金属 $M_{(s)}$、液态金属 $M_{(l)}$、气态金属 $M_{(g)}$ 的氧化反应及其标准吉布斯自由能与温度的关系式分别为

$$2M_{(s)}+O_2 = 2MO_{(s)} \qquad \Delta_rG^{\ominus}_{m(4)}=(A_4+B_4T)J\cdot mol^{-1} \qquad \text{(iv)}$$

$$2M_{(l)}+O_2 = 2MO_{(s)} \qquad \Delta_rG^{\ominus}_{m(5)}=(A_5+B_5T)J\cdot mol^{-1} \qquad \text{(v)}$$

$$2M_{(g)}+O_2 = 2MO_{(s)} \qquad \Delta_rG^{\ominus}_{m(6)}=(A_6+B_6T)J\cdot mol^{-1} \qquad \text{(vi)}$$

化学反应式（iv）、式（v）、式（vi）的标准吉布斯自由能与温度的直线方程式中的斜率分别为

$$B_4 = -\Delta_r S^{\ominus}_{m(4)} = 2S^{\ominus}_{m,M(s)} + S^{\ominus}_{m,O_2} - 2S^{\ominus}_{m,MO(s)} \quad (\text{vii})$$

$$B_5 = -\Delta_r S^{\ominus}_{m(5)} = 2S^{\ominus}_{m,M(s)} + 2\Delta_{fus}S^{\ominus}_{m,M(s)} + S^{\ominus}_{m,O_2} - 2S^{\ominus}_{m,MO(s)} \quad (\text{viii})$$

$$B_6 = -\Delta_r S^{\ominus}_{m(6)} = 2S^{\ominus}_{m,M(s)} + 2\Delta_{fus}S^{\ominus}_{m,M(s)} + 2\Delta_{vap}S^{\ominus}_{m,M(l)} + S^{\ominus}_{m,O_2} - 2S^{\ominus}_{m,MO(s)} \quad (\text{ix})$$

在式（vii）、式（viii）、式（ix）中，因为$2S^{\ominus}_{m,M(s)} + S^{\ominus}_{m,O_2} > 2S^{\ominus}_{m,MO(s)}$，固态金属$M_{(s)}$的标准熔化熵$\Delta_{fus}S^{\ominus}_{m,M(s)} > 0$，液态金属$M_{(l)}$的标准气化熵$\Delta_{vap}S^{\ominus}_{m,M(l)} > 0$，所以有下列不等式

$$B_6 > B_5 > B_4 > 0$$

也就是说，在升温过程中，金属 M（反应物）发生相变（熔化、气化）后，氧化反应$2M + O_2 = 2MO_{(s)}$的标准吉布斯自由能与温度的关系式$\Delta_r G^{\ominus}_m = A + BT$中的斜率$B$会增大。反之，则可以说，如果斜率$B$增大，则金属 M（反应物）一定发生相变（熔化、气化），而且是斜率B最大者对应气态金属$M_{(g)}$，斜率B最小者对应固态金属$M_{(s)}$，斜率B居中者对应液态金属$M_{(l)}$。

根据以上理论分析，通过比较直线方程式（i）、式（ii）和式（iii）中的斜率，可以确定氧化反应方程式（i）中的金属 M 为固态$M_{(s)}$，氧化反应方程式（ii）中的金属 M 为气态$M_{(g)}$，氧化反应方程式（iii）中的金属 M 为液态$M_{(l)}$。因此，已知的 3 个氧化反应方程式可改写成为

$$2M_{(s)} + O_2 = 2MO_{(s)} \qquad \Delta_r G^{\ominus}_{m(1)} = (-1202460 + 215.18T)\,J\cdot mol^{-1} \quad (\text{i})$$

$$2M_{(g)} + O_2 = 2MO_{(s)} \qquad \Delta_r G^{\ominus}_{m(2)} = (-1465400 + 411.98T)\,J\cdot mol^{-1} \quad (\text{ii})$$

$$2M_{(l)} + O_2 = 2MO_{(s)} \qquad \Delta_r G^{\ominus}_{m(3)} = (-1219140 + 233.04T)\,J\cdot mol^{-1} \quad (\text{iii})$$

线性组合：[式(i) - 式(iii)]/2，得金属$M_{(s)}$的熔化过程及其标准熔化吉布斯自由能与温度的关系式为

$$M_{(s)} = M_{(l)} \qquad \Delta_{fus}G^{\ominus}_{m,M(s)} = (8340 - 8.93T)\,J\cdot mol^{-1} \quad (\text{x})$$

当式（x）中的$\Delta_{fus}G^{\ominus}_{m,M(s)} = 0$时，$T = T_{fus}$，且得下列方程式为

$$0 = 8340 - 8.93T_{fus} \quad (\text{xi})$$

解方程式（xi），得金属$M_{(s)}$的熔点为

$$T_{fus} = 934K$$

线性组合：[式(iii) - 式(ii)]/2，得金属$M_{(l)}$的气化过程及其标准气化吉布斯自由能与温度的关系式为

$$M_{(l)} = M_{(g)} \qquad \Delta_{vap}G^{\ominus}_{m,M(l)} = (123130 - 89.47T)\,J\cdot mol^{-1} \quad (\text{xii})$$

当式（xii）中的$\Delta_{vap}G^{\ominus}_{m,M(l)} = 0$时，$T = T_b$，且得下列方程式为

$$0 = 123130 - 89.47T_b \quad (\text{xiii})$$

解方程式（xiii），得金属$M_{(l)}$的沸点为

$$T_b = 1376K$$

6 还原熔炼反应习题解

6.1 利用氧化物的氧势图(附图 11)计算,在 1200℃ CO 及 H_2 分别还原 $Fe_2O_{3(s)}$、$Fe_3O_{4(s)}$ 及 $FeO_{(s)}$ 的平衡气相组成。

解: 分别在 $Fe_2O_{3(s)}$、$Fe_3O_{4(s)}$ 及 $FeO_{(s)}$ 的氧势线上找到与 1200℃对应的点,并分别标记为 a、b 和 d。

(1) 求还原 $Fe_2O_{3(s)}$ 的平衡气相组成。如图 6-1 所示,过氧势图中的点 H 和 $Fe_2O_{3(s)}$ 氧势线上的点 a 连直线,并延长至 $\varphi_{H_2}/\varphi_{H_2O}$ 坐标轴,得交点 a',读得点 a'的体积分数之比为

$$\varphi_{H_2}/\varphi_{H_2O} = 10^{-4.5} = 3.1622 \times 10^{-5}$$

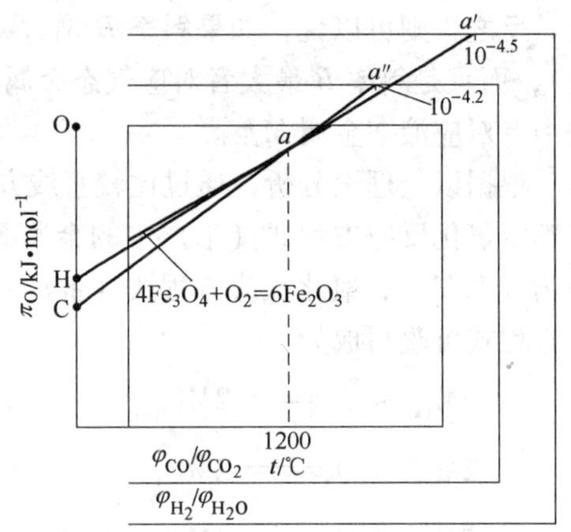

图 6-1 利用氧势图解题示意图

联立以下两方程式

$$\varphi_{H_2}/\varphi_{H_2O} = 3.1622 \times 10^{-5}$$

$$\varphi_{H_2} + \varphi_{H_2O} = 100\%$$

解得用 H_2 还原 $Fe_2O_{3(s)}$ 的平衡气相组成为

$$\varphi_{H_2} = 3.162 \times 10^{-3}\%$$

$$\varphi_{H_2O} = 99.996838\%$$

如图 6-1 所示,过氧势图中的点 C 和 $Fe_2O_{3(s)}$ 氧势线上的点 a 连直线,并延长至 $\varphi_{CO}/\varphi_{CO_2}$ 坐标轴,得交点 a'',读得点 a'' 的体积分数之比为

$$\varphi_{CO}/\varphi_{CO_2} = 10^{-4.2} = 6.3096 \times 10^{-5}$$

联立以下两方程式

$$\varphi_{CO}/\varphi_{CO_2} = 6.3096 \times 10^{-5}$$

$$\varphi_{CO} + \varphi_{CO_2} = 100\%$$

解得用 CO 还原 $Fe_2O_{3(s)}$ 的平衡气相组成为

$$\varphi_{CO} = 6.3092 \times 10^{-3}\% \qquad \varphi_{CO_2} = 99.9936908\%$$

(2) 求还原 $Fe_3O_{4(s)}$ 的平衡气相组成。仿上,过氧势图中的点 H 和 $Fe_3O_{4(s)}$ 氧势线上的点 b 连直线(此略),并延长至 $\varphi_{H_2}/\varphi_{H_2O}$ 坐标轴,得交点 b'(此略),读得点 b'的体积分数之比为

$$\varphi_{H_2}/\varphi_{H_2O} = 10^{-1.4} = 3.981 \times 10^{-2}$$

联立以下两方程式

$$\varphi_{H_2}/\varphi_{H_2O} = 3.981 \times 10^{-2}$$

$$\varphi_{H_2} + \varphi_{H_2O} = 100\%$$

解得用 H_2还原 $Fe_3O_{4(s)}$ 的平衡气相组成为

$$\varphi_{H_2} = 3.83\% \qquad \varphi_{H_2O} = 96.17\%$$

仿上，过氧势图中的点 C 和 $Fe_3O_{4(s)}$ 氧势线上的点 b 连直线（此略），并延长至 $\varphi_{CO}/\varphi_{CO_2}$坐标轴，得交点 b''（此略），读得点 b''的体积分数之比为

$$\varphi_{CO}/\varphi_{CO_2} = 10^{-1} = 0.1$$

联立以下两方程式

$$\varphi_{CO}/\varphi_{CO_2} = 0.1$$

$$\varphi_{CO} + \varphi_{CO_2} = 100\%$$

解得用 CO 还原 $Fe_3O_{4(s)}$ 的平衡气相组成为

$$\varphi_{CO} = 9.09\% \qquad \varphi_{CO_2} = 90.91\%$$

（3）求还原 $FeO_{(s)}$ 的平衡气相组成。仿上，过氧势图中的点 H 和 $FeO_{(s)}$ 氧势线上的点 d 连直线（此略），并延长至 $\varphi_{H_2}/\varphi_{H_2O}$坐标轴，得交点 d'（此略），读得点 d'的体积分数之比为

$$\varphi_{H_2}/\varphi_{H_2O} = 10^{0.1} = 1.259$$

联立以下两方程式

$$\varphi_{H_2}/\varphi_{H_2O} = 1.259$$

$$\varphi_{H_2} + \varphi_{H_2O} = 100\%$$

解得用 H_2还原 $FeO_{(s)}$ 的平衡气相组成为

$$\varphi_{H_2} = 55.73\% \qquad \varphi_{H_2O} = 44.27\%$$

仿上，过氧势图中的点 C 和 $FeO_{(s)}$ 氧势线上的点 d 连直线（此略），并延长至 $\varphi_{CO}/\varphi_{CO_2}$坐标轴，得交点 d''（此略），读得点 d''的体积分数之比为

$$\varphi_{CO}/\varphi_{CO_2} = 10^{0.6} = 3.981$$

联立以下两方程式

$$\varphi_{CO}/\varphi_{CO_2} = 3.981$$

$$\varphi_{CO} + \varphi_{CO_2} = 100\%$$

解得用 CO 还原 $FeO_{(s)}$ 的平衡气相组成为

$$\varphi_{CO} = 79.924\% \qquad \varphi_{CO_2} = 20.076\%$$

6.2 根据铁氧化物还原反应的热力学关系式绘出 $Fe\text{-}FeO\text{-}Fe_3O_4$系内，CO 还原铁氧化物的平衡图。已知相关铁氧化物还原反应及其标准平衡常数与温度的关系式为

$$t > 570℃: \ Fe_3O_{4(s)} + CO = 3FeO_{(s)} + CO_2 \qquad \lg K_1^{\ominus} = \frac{-1645}{T} + 1.935 \qquad (\mathrm{i})$$

$$FeO_{(s)} + CO \longrightarrow Fe_{(s)} + CO_2 \qquad \lg K_2^{\ominus} = \frac{949}{T} - 1.140 \qquad (\text{ii})$$

$$t < 570℃: \frac{1}{4}Fe_3O_{4(s)} + CO \longrightarrow \frac{3}{4}Fe_{(s)} + CO_2 \qquad \lg K_3^{\ominus} = \frac{170}{T} - 0.220 \qquad (\text{iii})$$

解：设已知条件给出的任一铁氧化物还原反应的标准平衡常数为 $K_i^{\ominus}$ $(i=1, 2, 3)$。联立以下两方程式

$$K_i^{\ominus} = \varphi_{CO_2}/\varphi_{CO}$$

$$\varphi_{CO_2} + \varphi_{CO} = 100\%$$

解得平衡 CO 的体积分数为

$$\varphi_{CO} = \frac{1}{1 + K_i^{\ominus}} \times 100\% \qquad (\text{iv})$$

因为 $K_i^{\ominus} = f(T)$，所以 $\varphi_{CO} = \xi(T)$，可以根据式（iv）作各个反应的平衡 CO 体积分数 φ_{CO}与温度 T(或 t) 的关系曲线图，即如图 6-2 所示的 CO 还原铁氧化物的平衡图。

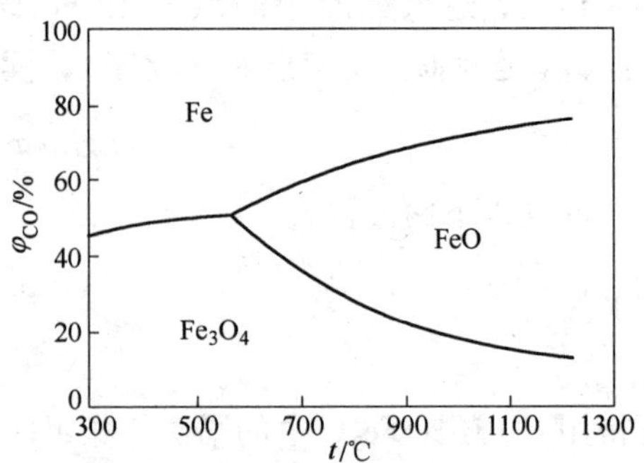

图 6-2 CO 还原氧化铁的平衡图

6.3 用 H_2还原 $WO_{3(s)}$的反应为

$$WO_{3(s)} + 3H_2 \longrightarrow W_{(s)} + 3H_2O_{(g)}$$

试计算温度为 1500K 时该还原反应的标准平衡常数及平衡气相中 H_2的平衡体积分数。已知相关化学反应及其标准吉布斯自由能与温度的关系式为

$$W_{(s)} + 1.5O_2 \longrightarrow WO_{3(s)} \qquad \Delta_f G_{m(1)}^{\ominus} = (-833500 + 245.43T)\,J \cdot mol^{-1} \qquad (\text{i})$$

$$2H_2 + O_2 \longrightarrow 2H_2O_{(g)} \qquad \Delta_r G_{m(2)}^{\ominus} = (-495000 + 111.76T)\,J \cdot mol^{-1} \qquad (\text{ii})$$

解：线性组合：式(ii)×1.5－式(i)，得 H_2还原 $WO_{3(s)}$的反应及其标准吉布斯自由能与温度的关系式为

$$WO_{3(s)} + 3H_2 \longrightarrow W_{(s)} + 3H_2O_{(g)} \qquad \Delta_r G_{m(3)}^{\ominus} = (91000 - 77.79T)\,J \cdot mol^{-1} \qquad (\text{iii})$$

化学反应(iii) 的标准平衡常数与温度的关系式为

$$\lg K_3^{\ominus} = \frac{-91000}{19.147T} + \frac{77.79}{19.147} \qquad (\text{iv})$$

将 $T=1500K$ 代入式（iv）中，得化学反应（iii）的标准平衡常数为

$$\lg K_3^{\ominus} = \frac{-91000}{19.147 \times 1500} + \frac{77.79}{19.147} = 0.8943 \qquad K_3^{\ominus} = 7.84$$

联立以下两方程式

$$\varphi_{H_2} + \varphi_{H_2O} = 100\%$$

$$\varphi_{H_2O}^3/\varphi_{H_2}^3 = K_3^{\ominus} = 7.84$$

解得化学反应（iii）平衡时，平衡气相中 H_2的体积分数为

$$\varphi_{H_2} = 33.48\%$$

6.4 用 CO 还原 $Fe_2O_{3(s)}$ 制取金属铁，能否求得反应 $Fe_2O_{3(s)} + 3CO = 2Fe_{(s)} + 3CO_2$ 在 800K 及 1770K 时的平衡常数？用 CO 还原 $Fe_3O_{4(s)}$ 制取金属铁，能否求得反应 $Fe_3O_{4(s)} + 4CO = 3Fe_{(s)} + 4CO_2$ 在 800K 及 1770K 时的平衡常数？

解： 因为铁氧化物的还原或分解遵守逐级转变原则，在任何温度下 $Fe_{(s)}$ 与 $Fe_2O_{3(s)}$ 都不能平衡共存，所以不能求得反应 $Fe_2O_{3(s)} + 3CO = 2Fe_{(s)} + 3CO_2$ 在 800K 及 1770K 时的平衡常数。而对于 $Fe_{(s)}$ 与 $Fe_3O_{4(s)}$，则因为在 T 小于 843K 时能平衡共存，所以能求得反应 $Fe_3O_{4(s)} + 4CO = 3Fe_{(s)} + 4CO_2$ 在 800K 时的平衡常数，但因为在 T 大于 843K 时 $Fe_{(s)}$ 与 $Fe_3O_{4(s)}$ 不能平衡共存，所以不能求得反应 $Fe_3O_{4(s)} + 4CO = 3Fe_{(s)} + 4CO_2$ 在 1770K 时的平衡常数。

6.5 向装有 $Fe_xO_{(s)}$ 球团的反应管内，通入组成为 $\varphi_{H_2} = 52\%$、$\varphi_{CO} = 32\%$、$\varphi_{CO_2} = 8\%$、$\varphi_{H_2O} = 8\%$ 的还原气体进行还原，温度为 1105K，总压为 100kPa。试求反应管放出的气体的组成。已知相关铁氧化物的间接还原反应及其标准平衡常数与温度的关系式为

$$Fe_xO_{(s)} + CO = xFe_{(s)} + CO_2 \qquad \lg K_1^{\ominus} = \frac{17883}{19.147T} - \frac{21.08}{19.147} \tag{i}$$

$$Fe_xO_{(s)} + H_2 = xFe_{(s)} + H_2O_{(g)} \qquad \lg K_2^{\ominus} = \frac{-17998}{19.147T} + \frac{9.95}{19.147} \tag{ii}$$

解： 自反应管放出的混合气体由 4 种气体组成，故要建立 4 个数学方程式求解。

将 $T = 1105K$ 分别代入式（i）和式（ii）中，得这两个间接还原反应的标准平衡常数分别为

$$\lg K_1^{\ominus} = \frac{17883}{19.147 \times 1105} - \frac{21.08}{19.147} = -0.2557 \qquad K_1^{\ominus} = 0.555$$

$$\lg K_2^{\ominus} = \frac{-17998}{19.147 \times 1105} + \frac{9.95}{19.147} = -0.3310 \qquad K_2^{\ominus} = 0.467$$

另外，体系总压 $p = 10^5Pa$。需要建立的 4 个数学方程式分别为

平衡分压总和方程式

$$p_{CO(eq)} + p_{CO_2(eq)} + p_{H_2(eq)} + p_{H_2O(eq)} = p = 10^5 Pa \tag{iii}$$

化学反应（i）的标准平衡常数方程式

$$p_{CO_2(eq)}/p_{CO(eq)} = K_1^{\ominus} = 0.555 \tag{iv}$$

化学反应（ii）的标准平衡常数方程式

$$p_{H_2O(eq)}/p_{H_2(eq)} = K_2^{\ominus} = 0.467 \tag{v}$$

原子的物质的量之比守恒方程式

$$\frac{n_C}{n_H} = \frac{p_{CO(eq)} + p_{CO_2(eq)}}{2p_{H_2(eq)} + 2p_{H_2O(eq)}} = \frac{1}{3} \tag{vi}$$

方程（vi）的建立过程：

因为同时存在两个间接还原反应（i）和（ii）的体系中的碳原子和氢原子的物质的量分别为

$$n_C = n_{C(eq)} = n_{CO(eq)} + n_{CO_2(eq)} = \left(\frac{p_{CO(eq)}}{p} + \frac{p_{CO_2(eq)}}{p}\right)\Sigma n_{B(eq)}$$

$$= n_{C(0)} = n_{CO(0)} + n_{CO_2(0)} = (\varphi_{CO(0)} + \varphi_{CO_2(0)})\Sigma n_{B(0)}$$

$$= (32\% + 8\%)\Sigma n_{B(0)} = 0.4\Sigma n_{B(0)}$$

$$n_H = n_{H(eq)} = 2n_{H_2(eq)} + 2n_{H_2O(eq)} = 2\left(\frac{p_{H_2(eq)}}{p} + \frac{p_{H_2O(eq)}}{p}\right)\Sigma n_{B(eq)}$$

$$= n_{H(0)} = 2n_{H_2(0)} + 2n_{H_2O(0)} = 2(\varphi_{H_2(0)} + \varphi_{H_2O(0)})\Sigma n_{B(0)}$$

$$= 2(52\% + 8\%)\Sigma n_{B(0)} = 1.2\Sigma n_{B(0)}$$

所以反应体系中的碳原子的物质的量和氢原子的物质的量之比为

$$\frac{n_C}{n_H} = \frac{p_{CO(eq)} + p_{CO_2(eq)}}{2p_{H_2(eq)} + 2p_{H_2O(eq)}} = \frac{0.4\Sigma n_{B(0)}}{1.2\Sigma n_{B(0)}} = \frac{0.4}{1.2} = \frac{1}{3} \tag{vi}$$

联立方程式（iii）~式（vi）求解，得从反应管放出的混合气体的分压组成为

$$p_{CO(eq)} = 0.257 \times 10^5\text{Pa} \qquad p_{CO_2(eq)} = 0.143 \times 10^5\text{Pa}$$

$$p_{H_2(eq)} = 0.409 \times 10^5\text{Pa} \qquad p_{H_2O(eq)} = 0.191 \times 10^5\text{Pa}$$

将上述混合气体的分压组成转换成体积分数组成，分别为

$$\varphi_{CO(eq)} = \frac{p_{CO(eq)}}{p} = \frac{0.257 \times 10^5}{10^5} = 25.7\% \qquad \varphi_{CO_2(eq)} = \frac{p_{CO_2(eq)}}{p} = \frac{0.143 \times 10^5}{10^5} = 14.3\%$$

$$\varphi_{H_2(eq)} = \frac{p_{H_2(eq)}}{p} = \frac{0.409 \times 10^5}{10^5} = 40.9\% \qquad \varphi_{H_2O(eq)} = \frac{p_{H_2O(eq)}}{p} = \frac{0.191 \times 10^5}{10^5} = 19.1\%$$

6.6 试求在体积分数组成为 $\varphi_{CO} = 60\%$、$\varphi_{CO_2} = 40\%$，总压为 $p = 100\text{kPa}$ 的气相条件下，$FeO_{(s)}$ 间接还原的开始温度。已知 CO 还原 $FeO_{(s)}$ 的反应及其标准吉布斯自由能与温度的关系式为

$$FeO_{(s)} + CO = Fe_{(s)} + CO_2 \qquad \Delta_r G_m^{\ominus} = (-22800 + 24.26T)\text{J}\cdot\text{mol}^{-1}$$

解： 计算 CO 还原 $FeO_{(s)}$ 反应的吉布斯自由能与温度的关系式为

$$\Delta_r G_m = \Delta_r G_m^{\ominus} + RT\ln\frac{p_{CO_2}}{p_{CO}} = \Delta_r G_m^{\ominus} + RT\ln\frac{p\varphi_{CO_2}}{p\varphi_{CO}} = -22800 + 24.26T + 19.147T\lg\frac{\varphi_{CO_2}}{\varphi_{CO}}$$

$$= -22800 + 24.26T + 19.147T\lg\frac{40\%}{60\%}$$

$$= (-22800 + 20.89T)\text{J}\cdot\text{mol}^{-1} \tag{i}$$

设 $\Delta_r G_m = 0$，则 $T = T_开$，由上式（i）得下列方程式为

$$-22800 + 20.89T_开 = 0 \tag{ii}$$

解上方程式（ii），得 $FeO_{(s)}$ 间接还原的开始温度为

$$T_开 = 1091\text{K}$$

6.7 直径 $d_0=1.921\times10^{-2}$m 的钛铁精矿球在950℃，气流速度大于临界流速下，用CO气体作还原剂，测得矿球的还原率见表6-1。要求：（1）试计算还原反应速率常数；（2）试绘制还原层质量随时间变化的曲线。已知矿球中氧的量密度 $\rho_{(O)}=9.20\times10^4\text{mol}\cdot\text{m}^{-3}$，还原过程受界面化学反应限制，体系总压 $p=100$kPa。

表6-1　矿球的还原率

时间 t/min	10	20	30	40	50	60	70
还原率 R/%	12	23	32	40	46	52	59

解：（1）计算还原反应速率常数

$$FeO_{(s)}+CO=\!=\!=Fe_{(s)}+CO_2 \qquad \lg K^{\ominus}=\frac{22800}{19.147T}-\frac{24.26}{19.147} \tag{i}$$

将 $T=1223$K 代入标准平衡常数与温度的关系式（i）中，计算得标准平衡常数为

$$\lg K^{\ominus}=\frac{22800}{19.147\times1223}-\frac{24.26}{19.147}=-0.2934 \qquad K^{\ominus}=0.509$$

在界面化学反应为限制环节时，矿球还原速率的积分方程式为

$$1-(1-R)^{1/3}=\frac{k(1+K^{\ominus})(c_{CO(0)}-c_{CO(eq)})}{K^{\ominus}\rho_{(O)}r_0}t \tag{ii}$$

式中　k——化学反应速率常数，$\text{m}\cdot\text{min}^{-1}$；

R——还原率，%；

$c_{CO(0)}$、$c_{CO(eq)}$——分别为CO的初始浓度和平衡浓度，$\text{mol}\cdot\text{m}^{-3}$；

$\rho_{(O)}$——矿球中氧的量密度，$\text{mol}\cdot\text{m}^{-3}$；

r_0——矿球的半径，m。

$$c_{CO(0)}-c_{CO(eq)}=\frac{p(1-\varphi_{CO(eq)})}{RT} \tag{iii}$$

$$\varphi_{CO(eq)}=\frac{1}{1+K^{\ominus}}\times100\% \tag{iv}$$

式中　p——体系的总压，Pa；

$\varphi_{CO(eq)}$——平衡CO的体积分数，1。

将 $K^{\ominus}=0.509$ 代入式（iv）中，计算得平衡CO的体积分数为

$$\varphi_{CO(eq)}=\frac{1}{1+0.509}\times100\%=66.27\%$$

再将 $\varphi_{CO(eq)}=66.27\%$、$p=10^5$Pa 和 $T=1223$K 一并代入式（iii）中，得

$$c_{CO(0)}-c_{CO(eq)}=\frac{10^5\times(1-66.27\%)}{8.314\times1223}=3.317\text{mol}\cdot\text{m}^{-3}$$

设 $1-(1-R)^{1/3}=f$，$\dfrac{k(1+K^{\ominus})(c_{CO(0)}-c_{CO(eq)})}{K^{\ominus}\rho_{(O)}r_0}=A$，则式（ii）简化为

$$f=At \tag{v}$$

根据表6-1中的还原率 R 计算 f，并将计算值列入表6-2中。

表6-2 矿球的还原率和计算的 f 值

时间 t/min	10	20	30	40	50	60	70
还原率 R/%	12	23	32	40	46	52	59
f	4.1716×10^{-2}	8.3434×10^{-2}	12.0634×10^{-2}	15.6567×10^{-2}	18.5675×10^{-2}	21.7026×10^{-2}	25.7104×10^{-2}

根据表6-2中的数据，绘制如图6-3所示的 f 与 t 的关系图，得近似直线。用线性回归法计算（计算过程略）图6-3中回归直线的斜率 $A = 0.0035\text{min}^{-1}$。

$$\frac{k(1+K^{\ominus})(c_{CO(0)}-c_{CO(eq)})}{K^{\ominus}\rho_{(0)}r_0}=A \qquad \text{(vi)}$$

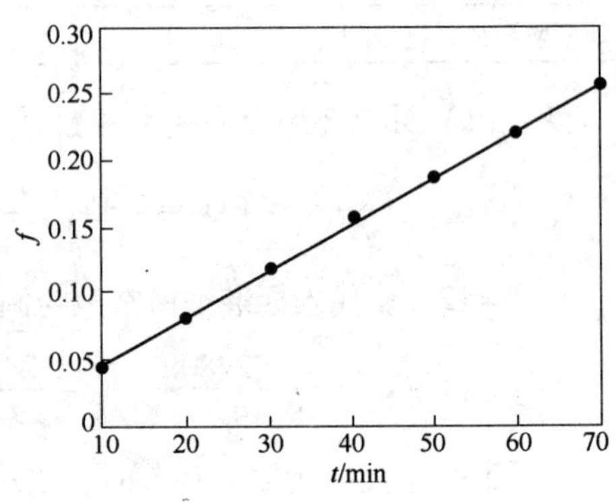

图6-3 f 与 t 的关系

将 $A = 0.0035\text{min}^{-1}$、$c_{CO(0)} - c_{CO(eq)} = 3.317\text{mol}\cdot\text{m}^{-3}$、$K^{\ominus}=0.509$、$\rho_{(0)}=9.20\times10^4\text{mol}\cdot\text{m}^{-3}$ 和 $r_0=\frac{1}{2}\times1.921\times10^{-2}\text{m}$ 代入式（vi）中，得

$$\frac{k(1+0.509)\times3.317}{0.509\times9.2\times10^4\times1.921\times10^{-2}/2}=0.0035 \qquad \text{(vii)}$$

解方程式（vii），得化学反应速率常数为

$$k = 0.3145\text{m}\cdot\text{min}^{-1}$$

（2）绘还原层质量随时间变化的函数曲线。以方程式（ii）为基础，得

$$M_0\rho_{(0)}r_0[1-(1-R)^{1/3}] = Bt \qquad \text{(viii)}$$

式中 M_0——氧原子的摩尔质量，$16\times10^{-3}\text{kg}\cdot\text{mol}^{-1}$。

设还原层质量（还原除去氧的质量）为 y，即

$$M_0\rho_{(0)}r_0[1-(1-R)^{1/3}] = y$$

根据表6-1中的 R 和已知的 M_0、$\rho_{(0)}$、r_0 计算各时间的还原层质量 y，并将计算结果列入表6-3中。

表6-3 矿球的还原率和计算的 y 值

时间 t/min	10	20	30	40	50	60	70
还原率 R/%	12	23	32	40	46	52	59
y/kg·m^{-2}	0.5898	1.1796	1.7056	2.2136	2.6252	3.0684	3.6351

根据表6-3中的数据，绘制还原层质量 y 与时间 t 的关系图，得如图6-4所示的近似直线。

6.8 在直径为 7.7×10^{-2}m 的炉管内，用铂丝悬挂一直径 $d_0=1.2\times10^{-2}$m 的铁矿球（假定铁矿球由 FeO 组成），在总压100kPa和温度1000℃下，通入组成为 φ_{H_2} =

40% 及 $\varphi_{N_2}=60\%$ 的还原气体进行还原，假定还原反应 $FeO_{(s)}+H_2=Fe_{(s)}+H_2O_{(g)}$ 处于混合限制范围内，试求此矿球完全还原的时间。已知还原气体的流量为 $V_0=50L\cdot min^{-1}$，矿球的氧密度为 $\rho'_{(0)}=1472kg\cdot m^{-3}$，气孔率 $\varepsilon=0.2$，迷宫系数 $\xi=0.45$，氢气的扩散系数 $D=0.001m^2\cdot s^{-1}$，运动黏度 $\nu=2.39\times10^{-4}m^2\cdot s^{-1}$，还原反应的标准平衡常数与温度的关系式为 $\lg K^{\ominus}=-1224/T+0.84$，还原反应的速率常数 $k=3.1\times10^{-2}m\cdot s^{-1}$。

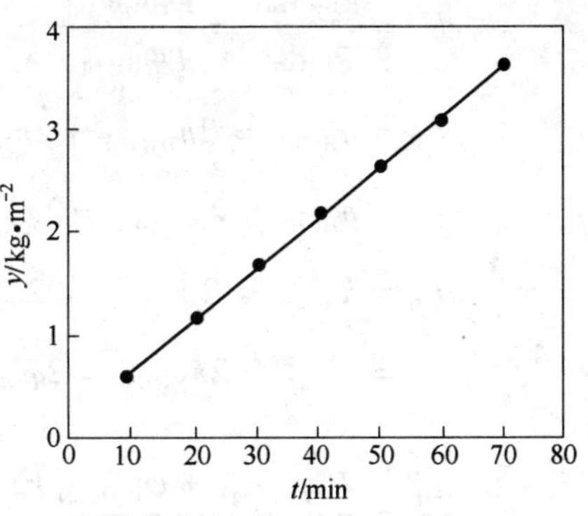

图 6-4　还原层质量 y 与时间 t 的关系

解： 由内扩散和界面化学反应混合限制的还原反应时间 t 与还原率 R 的关系式为

$$t=\frac{\rho_{(0)}r_0}{c_{H_2(0)}-c_{H_2(eq)}}\left\{\frac{R}{3\beta}+\frac{r_0}{6D_e}[1-3(1-R)^{2/3}+2(1-R)]+\frac{K^{\ominus}}{k(1+K^{\ominus})}[1-(1-R)^{1/3}]\right\} \tag{i}$$

为利用式（i）求 $R=1$ 时的完全还原时间 $t_{R=1}$，需分为如下几步进行计算。

（1）计算传质系数。气体在炉管内的流速为

$$u=\frac{V_0(T/273)}{\pi r^2}=\frac{50\times10^{-3}\times(1273/273)}{3.14\times(7.7\times10^{-2}/2)^2}=50.0946m\cdot min^{-1}=0.835m\cdot s^{-1}$$

雷诺（Reynolds）数、施密特（Schmidt）数和舍伍德（Sherwood）数分别为

$$Re=\frac{ud_0}{\nu}=\frac{0.835\times1.2\times10^{-2}}{2.39\times10^{-4}}=41.925$$

$$Sc=\frac{\nu}{D}=\frac{2.39\times10^{-4}}{10^{-3}}=0.239$$

$$Sh=\frac{\beta d_0}{D}=2+0.6Re^{\frac{1}{2}}Sc^{\frac{1}{3}}=2+0.6\sqrt{41.925}\times\sqrt[3]{0.239}=4.41$$

由舍伍德（Sherwood）数计算得到传质系数为

$$\beta=\frac{ShD}{d_0}=\frac{4.41\times10^{-3}}{1.2\times10^{-2}}=0.3675m\cdot s^{-1}$$

（2）计算还原反应的标准平衡常数。将 $T=1273K$ 代入已知的还原反应 $FeO_{(s)}+H_2=Fe_{(s)}+H_2O_{(g)}$ 的标准平衡常数与温度的关系式中，计算得标准平衡常数为

$$\lg K^{\ominus}=-1224/1273+0.84=-0.1215\qquad K^{\ominus}=0.756$$

（3）计算 H_2 的初始浓度 $c_{H_2(0)}$ 与平衡浓度 $c_{H_2(eq)}$ 之差

$$K^{\ominus}=\frac{p_{H_2O(eq)}}{p_{H_2(eq)}}=\frac{p\varphi_{H_2O(eq)}}{p\varphi_{H_2(eq)}}=\frac{\varphi_{H_2O(eq)}}{\varphi_{H_2(eq)}}=0.756$$

$$n_H=n_{H(eq)}=2n_{H_2(eq)}+2n_{H_2O(eq)}=2(\varphi_{H_2(eq)}+\varphi_{H_2O(eq)})\Sigma n_{B(eq)}$$

$$=n_{H(0)}=2n_{H_2(0)}=2\varphi_{H_2(0)}\Sigma n_{B(0)}=2\times 40\%\times\Sigma n_{B(0)}=0.8\Sigma n_{B(0)}$$

$$n_N=n_{N(eq)}=2n_{N_2(eq)}=2\varphi_{N_2(eq)}\Sigma n_{B(eq)}$$

$$=n_{N(0)}=2n_{N_2(0)}=2\varphi_{N_2(0)}\Sigma n_{B(0)}=2\times 60\%\times\Sigma n_{B(0)}=1.2\Sigma n_{B(0)}$$

$$\frac{n_H}{n_N}=\frac{2(\varphi_{H_2(eq)}+\varphi_{H_2O(eq)})\Sigma n_{B(eq)}}{2\varphi_{N_2(eq)}\Sigma n_{B(eq)}}=\frac{\varphi_{H_2(eq)}+\varphi_{H_2O(eq)}}{\varphi_{N_2(eq)}}=\frac{0.8\Sigma n_{B(0)}}{1.2\Sigma n_{B(0)}}=\frac{2}{3}$$

$$\varphi_{H_2(eq)}+\varphi_{H_2O(eq)}+\varphi_{N_2(eq)}=100\% \tag{ii}$$

$$\frac{\varphi_{H_2O(eq)}}{\varphi_{H_2(eq)}}=0.756 \tag{iii}$$

$$\frac{\varphi_{H_2(eq)}+\varphi_{H_2O(eq)}}{\varphi_{N_2(eq)}}=\frac{2}{3} \tag{iv}$$

联立方程式（ⅱ）、式（ⅲ）和式（ⅳ）求解，得还原反应 $FeO_{(s)}+H_2=Fe_{(s)}+H_2O_{(g)}$ 平衡时气相中各平衡气体的体积分数分别为

$$\varphi_{H_2(eq)}=22.78\% \qquad \varphi_{H_2O(eq)}=17.22\% \qquad \varphi_{N_2(eq)}=60.00\%$$

进而计算 H_2 的初始浓度 $c_{H_2(0)}$ 与平衡浓度 $c_{H_2(eq)}$ 之差为

$$c_{H_2(0)}-c_{H_2(eq)}=\frac{p}{RT}(\varphi_{H_2(0)}-\varphi_{H_2(eq)})$$

$$=\frac{10^5\times(40\%-22.78\%)}{8.314\times 1273}=1.627\text{mol}\cdot\text{m}^{-3}$$

（4）计算有效扩散系数 D_e、矿球半径 r_0 及矿球中氧的量密度 $\rho_{(0)}$

$$D_e=D\varepsilon\xi=10^{-3}\times 0.2\times 0.45=9.0\times 10^{-5}\text{m}^2\cdot\text{s}^{-1}$$

$$r_0=\frac{d_0}{2}=\frac{1.2\times 10^{-2}}{2}=0.6\times 10^{-2}\text{m}$$

$$\rho_{(0)}=\frac{\rho'_{(0)}}{M_O}=\frac{1472}{16\times 10^{-3}}=9.2\times 10^4\text{mol}\cdot\text{m}^{-3}$$

（5）计算 $R=1$ 时的完全还原时间 $t_{R=1}$。将原题给出的已知条件、以上计算结果和 $R=1$代入式（ⅰ）中，计算得完全还原时间为

$$t_{R=1}=\frac{\rho_{(0)}r_0}{c_{H_2(0)}-c_{H_2(eq)}}\left[\frac{1}{3\beta}+\frac{r_0}{6D_e}+\frac{K^{\ominus}}{k(1+K^{\ominus})}\right]$$

$$=\frac{9.2\times 10^4\times 0.6\times 10^{-2}}{1.627}\times\left[\frac{1}{3\times 0.3675}+\frac{0.6\times 10^{-2}}{6\times 9.0\times 10^{-5}}+\frac{0.756}{3.1\times 10^{-2}\times(1+0.756)}\right]$$

$$=8789\text{s}=146.5\text{min}$$

6.9 试分别用热力学数据及氧化物的氧势图（附图 11），求固体碳在温度 $T=1200\text{K}$ 条件下还原 $FeO_{(s)}$ 的 CO 平衡分压（或平衡常数）。当总压 p 分别为 100kPa 和 10kPa 时，还原开始温度各是多大?

解：(1) 用热力学数据计算。

$$FeO_{(s)} + C_{(gr)} \xlongequal{\quad} Fe_{(s)} + CO \qquad \Delta_r G_m^{\ominus} = (158970 - 160.25T)\,\text{J}\cdot\text{mol}^{-1} \qquad (\text{i})$$

计算该直接还原反应（i）在 $T=1200\text{K}$ 时的标准平衡常数为

$$\lg K^{\ominus} = \frac{-158970}{19.147\times1200} + \frac{160.25}{19.147} = 1.4506 \qquad K^{\ominus} = 28.223$$

所以，在温度 $T=1200\text{K}$ 时 CO 的平衡分压为

$$p_{CO(eq)}/p^{\ominus} = K^{\ominus} = 28.223 \qquad p_{CO(eq)} = 28.223p^{\ominus} = 28.223\times10^5 = 2822300\text{Pa}$$

该直接还原反应的范特霍夫等温方程式为

$$\Delta_r G_m = \Delta_r G_m^{\ominus} + RT\ln\frac{p_{CO}}{p^{\ominus}} = \left(158970 - 160.25T + 19.147T\lg\frac{p_{CO}}{p^{\ominus}}\right)\text{J}\cdot\text{mol}^{-1} \qquad (\text{ii})$$

将 $p_{CO}=p=10^5\text{Pa}$ 和 $p^{\ominus}=10^5\text{Pa}$ 代入上式（ii）中，并令 $\Delta_r G_m=0$，则 $T=T_{开}$，同时得以下方程式为

$$0 = 158970 - 160.25T_{开} + 19.147T_{开}\lg\frac{10^5}{10^5} \qquad (\text{iii})$$

解方程式（iii），得总压 p 为 100kPa 时的直接还原开始温度为

$$T_{开} = 992\text{K}$$

将 $p_{CO}=p=10^4\text{Pa}$ 和 $p^{\ominus}=10^5\text{Pa}$ 代入上式（ii）中，并令 $\Delta_r G_m=0$，则 $T=T_{开}$，同时得以下方程式为

$$0 = 158970 - 160.25T_{开} + 19.147T_{开}\lg\frac{10^4}{10^5} \qquad (\text{iv})$$

解方程式（iv），得总压 p 为 10kPa 时的直接还原开始温度为

$$T_{开} = 886\text{K}$$

(2) 用氧势图求解。

1) 用氧化物的氧势图（附图 11）求在 1200K 时的平衡 CO 分压（或平衡常数）

$$2C_{(gr)} + O_2 \xlongequal{\quad} 2CO \qquad \Delta_r G_{m(5)}^{\ominus} = \pi_{O(CO)} \qquad (\text{v})$$

$$2Fe_{(s)} + O_2 \xlongequal{\quad} 2FeO_{(s)} \qquad \Delta_r G_{m(6)}^{\ominus} = \pi_{O(FeO,s)} \qquad (\text{vi})$$

线性组合：[式(v) - 式(vi)]/2，得直接还原反应及其标准吉布斯自由能为

$$FeO_{(s)} + C_{(gr)} \xlongequal{\quad} Fe_{(s)} + CO \qquad \Delta_r G_{m(7)}^{\ominus} = \frac{\pi_{O(CO)} - \pi_{O(FeO,s)}}{2} \qquad (\text{vii})$$

欲求直接还原反应（vii）在 1200K 的平衡 CO 分压（或平衡常数），必须先求出 $\Delta_r G_{m(7)}^{\ominus}$。用氧势图求 $\Delta_r G_{m(7)}^{\ominus}$ 和平衡 CO 分压 $p_{CO(eq)}$ 的方法（见图 6-5）如下：

①过氧势图中的温度坐标轴上的点 e（1200K）作 1200K 等温线，分别与 $FeO_{(s)}$ 的氧

势线和 CO 的氧势线相交于点 b 和点 a。其中，线段 $eb = \pi_{O(FeO,s)} = \Delta_r G^{\ominus}_{m(6)}$，线段 $ea = \pi_{O(CO)} = \Delta_r G^{\ominus}_{m(5)}$，线段 $ba = ea - eb = \pi_{O(CO)} - \pi_{O(FeO)} = \Delta_r G^{\ominus}_{m(5)} - \Delta_r G^{\ominus}_{m(6)}$；

②在过点 e 的 1200K 等温线上，截线段 eg，并使线段 $eg = \frac{1}{2}ba$。因为 $\Delta_r G^{\ominus}_{m(7)} = [\pi_{O(CO)} - \pi_{O(FeO)}]/2 = \frac{1}{2}ba$，所以线段 $eg = \Delta_r G^{\ominus}_{m(7)}$；

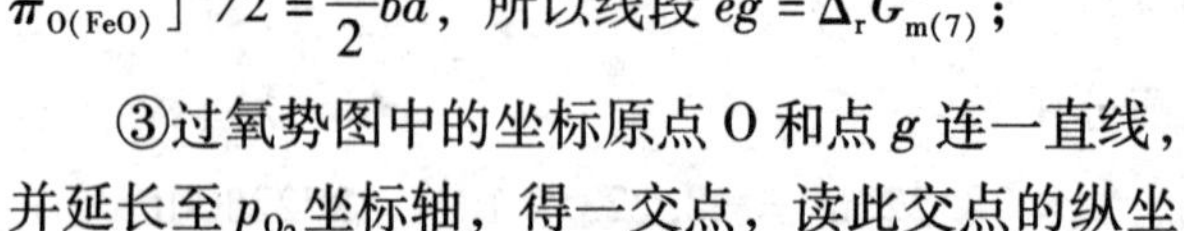

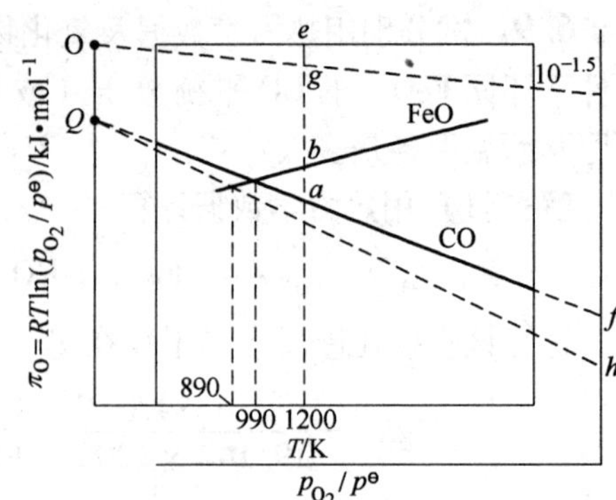

图 6-5　利用氧势图解题示意图

③过氧势图中的坐标原点 O 和点 g 连一直线，并延长至 p_{O_2} 坐标轴，得一交点，读此交点的纵坐标值得 $p_{O_2}/p^{\ominus} = 10^{-1.5}$，所以 $\Delta_r G^{\ominus}_{m(7)} = 19.147T\lg 10^{-1.5}$。又因为 $\Delta_r G^{\ominus}_{m(7)} = -19.147T\lg K^{\ominus}$，所以在温度 $T = 1200$K 时平衡 CO 的分压为

$$p_{CO(eq)}/p^{\ominus} = K^{\ominus} = 10^{1.5} = 31.623 \qquad p_{CO(eq)} = 31.623p^{\ominus} = 31.623 \times 10^5 = 3162300\text{Pa}$$

2）用氧化物的氧势图（附图 11）求该直接还原开始温度

$$2C_{(gr)} + O_2 = 2CO \qquad \Delta_r G_{m(8)} = \Delta_r G^{\ominus}_{m(8)} + RT\ln\frac{(p_{CO}/p^{\ominus})^2}{p_{O_2}/p^{\ominus}} \qquad (\text{viii})$$

$$2Fe_{(s)} + O_2 = 2FeO_{(s)} \qquad \Delta_r G_{m(9)} = \Delta_r G^{\ominus}_{m(9)} + RT\ln\frac{1}{p_{O_2}/p^{\ominus}} \qquad (\text{ix})$$

直接还原反应体系（vii）平衡时，化学反应（viii）和（ix）同时平衡，有 $\Delta_r G_{m(8)} = \Delta_r G_{m(9)}$，即

$$\Delta_r G^{\ominus}_{m(8)} + RT\ln\frac{(p_{CO}/p^{\ominus})^2}{p_{O_2}/p^{\ominus}} = \Delta_r G^{\ominus}_{m(9)} + RT\ln\frac{1}{p_{O_2}/p^{\ominus}} \qquad (\text{x})$$

$$\Delta_r G^{\ominus}_{m(8)} + RT\ln(p_{CO}/p^{\ominus})^2 = \Delta_r G^{\ominus}_{m(9)} \qquad (\text{xi})$$

当 $p_{CO} = p = 100$kPa，即 $p_{CO}/p^{\ominus} = 1$ 时，由式（xi）可得 $\Delta_r G^{\ominus}_{m(8)} = \Delta_r G^{\ominus}_{m(9)}$，就是说，CO 氧势线和 $FeO_{(s)}$ 氧势线的交点温度即为反应体系（vii）的平衡温度，亦即在标准状态（$p_{CO} = p = 100$kPa）下的直接还原开始温度。

当 $p_{CO} = p = 10$kPa，即 $p_{CO}/p^{\ominus} = 10^{-1}$时，由式（xi）可得 $\Delta_r G^{\ominus}_{m(8)} + RT\ln 10^{-2} = \Delta_r G^{\ominus}_{m(9)}$，就是说，CO 的氧势在原标准氧势 $\Delta_r G^{\ominus}_{m(8)}$ 的基础上增加了 $RT\ln 10^{-2}$（或者说减少了 $RT\ln 10^2$）后，与 $FeO_{(s)}$ 的氧势相等时的温度即为反应体系（vii）的平衡温度，亦即在 $p_{CO}/p^{\ominus} = 10^{-1}$下的直接还原开始温度。

由以上分析可知，用氧势图求两种条件（$p_{CO} = p = 100$kPa 及 $p_{CO} = p = 10$kPa）下的直接还原开始温度的方法（见图 6-5）或步骤是：

①由 $FeO_{(s)}$ 的氧势线和 CO 的氧势线的交点，向温度坐标轴作垂线，由垂足可读得在 $p_{CO} = p = 100$kPa 条件下的直接还原开始温度 $T_{开} = 990$K；

②双向延长 CO 的氧势线，与纵坐标轴相交于点 Q，与 p_{O_2} 坐标轴相交于点 f；

③在 p_{O_2} 坐标轴上，于点 f 下方找一点 h，并使线段 $fh = p_{O_2}/p^{\ominus} = 10^{-2}$；

④ 过点 Q 和点 h 连直线 Qh，直线 Qh 与 $FeO_{(s)}$ 的氧势线相交于一点，过此交点向温度坐标轴作垂线，由垂足可读得在 $p_{CO}=p=10\text{kPa}$ 条件下的直接还原开始温度 $T_{开}=890\text{K}$。

6.10 试计算在总压为 100kPa 及 250kPa 下，固体碳还原 $FeO_{(s)}$ 到 $Fe_{(s)}$ 的开始温度。已知 $C_{(gr)}$ 还原 $FeO_{(s)}$ 的反应及其标准吉布斯自由能与温度的关系式为

$$FeO_{(s)} + C_{(gr)} = Fe_{(s)} + CO \qquad \Delta_r G_m^{\ominus} = (158970 - 160.25T)\text{J}\cdot\text{mol}^{-1}$$

解： 该直接还原反应的范特霍夫等温方程式为

$$\Delta_r G_m = \Delta_r G_m^{\ominus} + RT\ln\frac{p_{CO}}{p^{\ominus}} = \left(158970 - 160.25T + RT\ln\frac{p_{CO}}{p^{\ominus}}\right)\text{J}\cdot\text{mol}^{-1} \qquad (\text{i})$$

将 $p_{CO}=p=10^5\text{Pa}$、$p^{\ominus}=10^5\text{Pa}$ 代入式（i）中，并且令 $\Delta_r G_m=0$，则 $T=T_{开}$，同时得以下方程式为

$$0 = 158970 - 160.25T_{开} + RT_{开}\ln\frac{10^5}{10^5} = 158970 - 160.25T_{开} \qquad (\text{ii})$$

解方程式（ii），得在总压为 100kPa 条件下固体碳还原 $FeO_{(s)}$ 到 $Fe_{(s)}$ 的开始温度为

$$T_{开} = 992\text{K}$$

将 $p_{CO}=p=2.5\times10^5\text{Pa}$、$p^{\ominus}=10^5\text{Pa}$ 代入式（i）中，并且令 $\Delta_r G_m=0$，则 $T=T_{开}$，同时得以下方程式为

$$0 = 158970 - 160.25T_{开} + 8.314T_{开}\ln\frac{2.5\times10^5}{10^5} = 158970 - 152.63T_{开} \qquad (\text{iii})$$

解方程式（iii），得在总压为 250kPa 条件下固体碳还原 $FeO_{(s)}$ 到 $Fe_{(s)}$ 的开始温度为

$$T_{开} = 1042\text{K}$$

6.11 试求在真空度为 13.3Pa 的真空中，固体碳还原 $MgO_{(s)}$ 的开始温度。

解： 从不同参考文献中，选择两组不同的热力学数据进行计算。

（1）用第一组热力学数据计算。

$$C_{(gr)} + 0.5O_2 = CO \qquad \Delta_f G_{m(1)}^{\ominus} = (-114400 - 85.77T)\text{J}\cdot\text{mol}^{-1} \qquad (\text{i})$$

$$Mg_{(g)} + 0.5O_2 = MgO_{(s)} \qquad \Delta_f G_{m(2)}^{\ominus} = (-732702 + 205.99T)\text{J}\cdot\text{mol}^{-1} \qquad (\text{ii})$$

线性组合：式（i）－式（ii），得固体碳还原 $MgO_{(s)}$ 的反应及其标准吉布斯自由能与温度的关系式为

$$MgO_{(s)} + C_{(gr)} = Mg_{(g)} + CO \qquad \Delta_r G_{m(3)}^{\ominus} = (618302 - 291.76T)\text{J}\cdot\text{mol}^{-1} \qquad (\text{iii})$$

该固体碳还原 $MgO_{(s)}$ 反应的范特霍夫等温方程式为

$$\Delta_r G_{m(3)} = \Delta_r G_{m(3)}^{\ominus} + RT\ln\frac{p_{CO}p_{Mg}}{p^{\ominus}p^{\ominus}}$$

$$= \left(618302 - 291.76T + 8.314T\ln\frac{p_{CO}p_{Mg}}{p^{\ominus}p^{\ominus}}\right)\text{J}\cdot\text{mol}^{-1} \qquad (\text{iv})$$

在固体碳还原 $MgO_{(s)}$ 的反应（iii）中，生成物 CO 的物质的量与生成物 $Mg_{(g)}$ 的物质

的量相等，即 $n_{CO}=n_{Mg}$，所以 $p_{CO}=p_{Mg}$；又因为 $p_{CO}+p_{Mg}=p=13.3\text{Pa}$，所以可得

$$p_{CO}=p_{Mg}=0.5p=13.3/2=6.65\text{Pa}$$

将 $p_{CO}=p_{Mg}=6.65\text{Pa}$ 和 $p^{\ominus}=10^5\text{Pa}$ 代入式（iv）中，并令 $\Delta_r G_{m(3)}=0$，则 $T=T_{开}$，同时得以下方程式为

$$0=618302-291.76T_{开}+8.314T_{开}\ln\frac{6.65\times 6.65}{10^5\times 10^5} \qquad (\text{v})$$

解方程式（v），得在真空度为13.3Pa的真空中，固体碳还原 $MgO_{(s)}$ 的开始温度为

$$T_{开}=1369\text{K}$$

（2）用第二组热力学数据计算。

$$C_{(gr)}+0.5O_2 = CO \qquad \Delta_f G^{\ominus}_{m(6)}=(-117570-84.52T)\text{J}\cdot\text{mol}^{-1} \qquad (\text{vi})$$

$$Mg_{(g)}+0.5O_2 = MgO_{(s)} \qquad \Delta_f G^{\ominus}_{m(7)}=(-738500+198.24T)\text{J}\cdot\text{mol}^{-1} \qquad (\text{vii})$$

线性组合：式(vi) − 式(vii)，得固体碳还原 $MgO_{(s)}$ 的反应及其标准吉布斯自由能与温度的关系式为

$$MgO_{(s)}+C_{(gr)} = Mg_{(g)}+CO \qquad \Delta_r G^{\ominus}_{m(8)}=(620930-282.76T)\text{J}\cdot\text{mol}^{-1} \qquad (\text{viii})$$

该固体碳还原 $MgO_{(s)}$ 反应的范特霍夫等温方程式为

$$\Delta_r G_{m(8)}=\Delta_r G^{\ominus}_{m(8)}+RT\ln\frac{p_{CO}p_{Mg}}{p^{\ominus}p^{\ominus}}=620930-282.76T+RT\ln\frac{p_{CO}p_{Mg}}{p^{\ominus}p^{\ominus}} \qquad (\text{ix})$$

在固体碳还原 $MgO_{(s)}$ 的反应（viii）中，生成物CO的物质的量与生成物 $Mg_{(g)}$ 的物质的量相等，即 $n_{CO}=n_{Mg}$，所以 $p_{CO}=p_{Mg}$；又因为 $p_{CO}+p_{Mg}=p=13.3\text{Pa}$，所以可得

$$p_{CO}=p_{Mg}=0.5p=13.3/2=6.65\text{Pa}$$

将 $p_{CO}=p_{Mg}=6.65\text{Pa}$ 和 $p^{\ominus}=10^5\text{Pa}$ 代入式（ix）中，并令 $\Delta_r G_{m(8)}=0$，则 $T=T_{开}$，同时得以下方程式为

$$0=620930-282.76T_{开}+8.314T_{开}\ln\frac{6.65\times 6.65}{10^5\times 10^5} \qquad (\text{x})$$

解方程式（x），得在真空度为13.3Pa的真空中，固体碳还原 $MgO_{(s)}$ 的开始温度为

$$T_{开}=1403\text{K}$$

由以上计算结果可见，采用不同的热力学数据，计算的同一还原反应在相同真空度条件下的开始温度是有差别的。

6.12 将0.3mol $Fe_3O_{4(s)}$ 和 $n_C=2.0$mol 固体碳放入容积为 $30\times 10^{-3}\text{m}^3$ 的真空反应器内，抽去空气后，加热到750℃进行还原反应 $Fe_3O_{4(s)}+4C_{(gr)}=3Fe_{(s)}+4CO$。已知在此温度，$Fe_3O_{4(s)}$ 能还原到 $Fe_{(s)}$。试求：（1）平衡气相组成；（2）反应器内的总压力；（3）反应器中未能反应而残存的碳量 Δn_C。

解：

$$Fe_3O_{4(s)}+4C_{(gr)} = 3Fe_{(s)}+4CO \qquad \Delta_r G^{\ominus}_{m(1)}=(684400-698.0T)\text{J}\cdot\text{mol}^{-1} \qquad (\text{i})$$

$$FeO_{(s)}+CO = Fe_{(s)}+CO_2 \qquad \lg K^{\ominus}_2=\frac{22800}{19.147T}-\frac{24.26}{19.147} \qquad (\text{ii})$$

$$C_{(gr)} + CO_2 \xlongequal{} 2CO \qquad \lg K_3^{\ominus} = \frac{-166550}{19.147T} + \frac{171.0}{19.147} \tag{iii}$$

将 $T=1023K$ 分别代入式（ⅱ）和式（ⅲ）中，计算得反应（ⅱ）和反应（ⅲ）的标准平衡常数分别为

$$\lg K_2^{\ominus} = \frac{22800}{19.147 \times 1023} - \frac{24.26}{19.147} = -0.103 \qquad K_2^{\ominus} = 0.789$$

$$\lg K_3^{\ominus} = \frac{-166550}{19.147 \times 1023} + \frac{171.0}{19.147} = 0.428 \qquad K_3^{\ominus} = 2.679$$

理论分析：由化学反应方程式（ⅰ）可见，$Fe_3O_{4(s)}$ 和 $C_{(gr)}$ 的化学计量数之比为1/4，亦即0.3/1.2，而装入的 $Fe_3O_{4(s)}$ 和 $C_{(gr)}$ 的物质的量之比为0.3/2.0，那么，实际是 $C_{(gr)}$ 过剩；另外，在反应温度大于570℃时，$Fe_{(s)}$ 不能与 $Fe_3O_{4(s)}$ 平衡共存，而是与 $FeO_{(s)}$ 平衡共存，或者说 $Fe_{(s)}$ 并非由 $Fe_3O_{4(s)}$ 还原出来，而是由 $FeO_{(s)}$ 还原出来。反应平衡时，$Fe_3O_{4(s)}$ 已经消失了，故化学反应（ⅰ）实际不存在，它只表示体系变化的始态和末态。因此，在 $C_{(gr)}$ 过剩和反应温度大于570℃的条件下，体系只存在两个平衡反应（ⅱ）和（ⅲ），或者说体系的平衡气相组成是由反应（ⅱ）和反应（ⅲ）同时平衡决定的。

（1）求平衡气相（gas）的组成。

$$\varphi_{CO} + \varphi_{CO_2} = 100\% \tag{iv}$$

$$K_2^{\ominus} = \frac{p_{CO_2}}{p_{CO}} = \frac{\varphi_{CO_2}}{\varphi_{CO}} = \frac{100\% - \varphi_{CO}}{\varphi_{CO}} = 0.789 \tag{v}$$

联立方程式（ⅳ）和式（ⅴ）求解，得平衡气相的组成为

$$\varphi_{CO} = 56\% \qquad \varphi_{CO_2} = 44\%$$

（2）求反应器内的总压。

$$K_3^{\ominus} = \frac{(p_{CO}/p^{\ominus})^2}{p_{CO_2}/p^{\ominus}} = \frac{(p\varphi_{CO}/p^{\ominus})^2}{p\varphi_{CO_2}/p^{\ominus}} = \frac{p\varphi_{CO}^2}{\varphi_{CO_2}p^{\ominus}} = 2.679 \tag{vi}$$

将 $\varphi_{CO}=56\%$、$\varphi_{CO_2}=44\%$ 和 $p^{\ominus}=10^5Pa$ 代入方程式（ⅵ）中，计算得反应器内的总压为

$$\frac{p \times 0.56^2}{0.44 \times 10^5} = 2.679 \qquad p = \frac{2.679 \times 0.44 \times 10^5}{0.56^2} = 3.7588 \times 10^5 Pa$$

（3）求反应器中残存的碳量。反应器中气体（gas）的物质的量为

$$\Sigma n_B = \frac{pV}{RT} = \frac{3.7588 \times 10^5 \times 30 \times 10^{-3}}{8.314 \times 1023} = 1.326mol$$

因为反应器中只有两种气体——CO 和 CO_2，所以二者物质的量之和为

$$n_{CO} + n_{CO_2} = \Sigma n_B = 1.326mol$$

在反应器中，进入气相（gas）的碳原子的物质的量为

$$n_{C(gas)} = n_{CO} + n_{CO_2} = \Sigma n_B = 1.326mol$$

反应器中未能反应而残存的碳的物质的量为

$$\Delta n_C = n_C - n_{C(gas)} = 2.0 - 1.326 = 0.674\text{mol}$$

6.13 试求用固体碳还原 $MnO_{(s)}$ 生成 $Mn_7C_{3(s)}$ 的开始温度，它比还原生成金属锰 $Mn_{(s)}$ 的还原开始温度降低多少？

解：

$$7Mn_{(s)} + 3C_{(gr)} = Mn_7C_{3(s)} \qquad \Delta_f G^{\ominus}_{m(1)} = (-127600 + 21.09T)\text{J} \cdot \text{mol}^{-1} \quad (\text{i})$$

$$Mn_{(s)} + 0.5O_2 = MnO_{(s)} \qquad \Delta_f G^{\ominus}_{m(2)} = (-385360 + 73.75T)\text{J} \cdot \text{mol}^{-1} \quad (\text{ii})$$

$$2C_{(gr)} + O_2 = 2CO \qquad \Delta_r G^{\ominus}_{m(3)} = (-228800 - 171.54T)\text{J} \cdot \text{mol}^{-1} \quad (\text{iii})$$

线性组合：式(ⅰ)－式(ⅱ)×7＋式(ⅲ)×3.5，得固体碳还原 $MnO_{(s)}$ 生成 $Mn_7C_{3(s)}$ 的反应及其标准吉布斯自由能与温度的关系式为

$$7MnO_{(s)} + 10C_{(gr)} = Mn_7C_{3(s)} + 7CO \qquad \Delta_r G^{\ominus}_{m(4)} = (1769120 - 1095.55T)\text{J} \cdot \text{mol}^{-1} \quad (\text{iv})$$

在标准状态下，化学反应（ⅳ）达平衡时，$T = T_{开(4)}$，其标准吉布斯自由能为

$$\Delta_r G^{\ominus}_{m(4)} = 1769120 - 1095.55T_{开(4)} = 0 \quad (\text{v})$$

解方程式（ⅴ），得还原反应（ⅳ）的开始温度为

$$T_{开(4)} = 1615\text{K}$$

线性组合：式（ⅲ）/2－式（ⅱ），得固体碳还原 $MnO_{(s)}$ 生成金属锰 $Mn_{(s)}$ 的反应及其标准吉布斯自由能与温度的关系式为

$$MnO_{(s)} + C_{(gr)} = Mn_{(s)} + CO \qquad \Delta_r G^{\ominus}_{m(6)} = (270960 - 159.52T)\text{J} \cdot \text{mol}^{-1} \quad (\text{vi})$$

在标准状态下，反应（ⅵ）达平衡时，$T = T_{开(6)}$，其标准吉布斯自由能为

$$\Delta_r G^{\ominus}_{m(6)} = 270960 - 159.52T_{开(6)} = 0 \quad (\text{vii})$$

解方程式（ⅶ），得还原反应（ⅵ）的开始温度为

$$T_{开(6)} = 1699\text{K}$$

所以，生成 $Mn_7C_{3(s)}$ 的还原开始温度比生成 $Mn_{(s)}$ 的还原开始温度降低值为

$$\Delta T = T_{开(6)} - T_{开(4)} = 1699 - 1615 = 84\text{K}$$

6.14 试求硅酸锰 $2MnO \cdot SiO_{2(s)}$ 被碳还原出 $Mn_{(s)}$ 的开始温度，它比 $MnO_{(s)}$ 的还原开始温度高多少？

解：

$$2MnO_{(s)} + 2C_{(gr)} = 2Mn_{(s)} + 2CO \qquad \Delta_r G^{\ominus}_{m(1)} = (541920 - 319.04T)\text{J} \cdot \text{mol}^{-1} \quad (\text{i})$$

$$2MnO_{(s)} + SiO_{2(s)} = 2MnO \cdot SiO_{2(s)} \qquad \Delta_r G^{\ominus}_{m(2)} = (-53600 + 24.73T)\text{J} \cdot \text{mol}^{-1} \quad (\text{ii})$$

线性组合：式（ⅰ）－式（ⅱ），得固体碳还原硅酸锰 $2MnO \cdot SiO_{2(s)}$ 生成 $Mn_{(s)}$ 的反应及其标准吉布斯自由能与温度的关系式为

$$2MnO \cdot SiO_{2(s)} + 2C_{(gr)} = SiO_{2(s)} + 2Mn_{(s)} + 2CO \qquad \Delta_r G^{\ominus}_{m(3)} = (595520 - 343.77T)\text{J} \cdot \text{mol}^{-1} \quad (\text{iii})$$

在标准状态下，还原反应（ⅲ）达平衡时，$T = T_{开(3)}$，其标准吉布斯自由能为

$$\Delta_r G^{\ominus}_{m(3)} = 595520 - 343.77T_{开(3)} = 0 \quad (iv)$$

解方程式（iv），得还原反应（iii）的开始温度为

$$T_{开(3)} = 1732\text{K}$$

在标准状态下，还原反应（i）达平衡时，$T = T_{开(1)}$，其标准吉布斯自由能为

$$\Delta_r G^{\ominus}_{m(1)} = 541920 - 319.04T_{开(1)} = 0 \quad (v)$$

解方程式（v），得还原反应（i）的开始温度为

$$T_{开(1)} = 1699\text{K}$$

所以，由 $2MnO \cdot SiO_{2(s)}$ 还原出 $Mn_{(s)}$ 的开始温度，比由 $MnO_{(s)}$ 还原出 $Mn_{(s)}$ 的开始温度增高值为

$$\Delta T = T_{开(3)} - T_{开(1)} = 1732 - 1699 = 33\text{K}$$

6.15 试计算体系的真空度为100Pa时，硅还原 $CaO_{(s)}$ 并形成 $2CaO \cdot SiO_{2(s)}$ 的开始温度。

解： $2CaO_{(s)} + SiO_{2(s)} = 2CaO \cdot SiO_{2(s)} \quad \Delta_r G^{\ominus}_{m(1)} = (-118800 - 11.30T)\text{J} \cdot \text{mol}^{-1} \quad$ (i)

$$2Ca_{(l)} + O_2 = 2CaO_{(s)} \quad \Delta_r G^{\ominus}_{m(2)} = (-1280300 + 217.14T)\text{J} \cdot \text{mol}^{-1} \quad (ii)$$

$$Si_{(s)} + O_2 = SiO_{2(s)} \quad \Delta_f G^{\ominus}_{m(3)} = (-907100 + 175.73T)\text{J} \cdot \text{mol}^{-1} \quad (iii)$$

$$Ca_{(l)} = Ca_{(g)} \quad \Delta_{vap} G^{\ominus}_{m(4)} = (157800 - 87.11T)\text{J} \cdot \text{mol}^{-1} \quad (iv)$$

线性组合：式（i）－式（ii）＋式（iii）＋式（iv）×2，得硅还原 $CaO_{(s)}$ 并形成 $2CaO \cdot SiO_{2(s)}$ 的反应及其标准吉布斯自由能与温度的关系式为

$$4CaO_{(s)} + Si_{(s)} = 2Ca_{(g)} + 2CaO \cdot SiO_{2(s)} \quad \Delta_r G^{\ominus}_{m(5)} = (570000 - 226.93T)\text{J} \cdot \text{mol}^{-1} \quad (v)$$

$$\Delta_r G_{m(5)} = \Delta_r G^{\ominus}_{m(5)} + 2RT\ln\frac{p_{Ca}}{p^{\ominus}} = \left(570000 - 226.93T + 2 \times 19.147T\lg\frac{p_{Ca}}{p^{\ominus}}\right)\text{J} \cdot \text{mol}^{-1} \quad (vi)$$

将 $p_{Ca} = 100\text{Pa}$、$p^{\ominus} = 10^5\text{Pa}$ 代入式（vi）中，并且令 $\Delta_r G_{m(5)} = 0$，则 $T = T_{开}$，同时得以下方程式为

$$0 = 570000 - 226.93T_{开} + 2 \times 19.147T_{开}\lg\frac{100}{10^5} \quad (vii)$$

解方程式（vii），得硅还原 $CaO_{(s)}$ 并形成 $2CaO \cdot SiO_{2(s)}$ 的开始温度为

$$T_{开} = 1668\text{K}$$

6.16 试计算在温度 $T = 2000\text{K}$ 条件下，用铝还原五氧化二钒的反应的标准吉布斯自由能，再计算该还原反应的单位炉料的热效应。

$$\frac{2}{5}V_2O_{5(s)} + \frac{4}{3}Al_{(s)} = \frac{4}{5}V_{(s)} + \frac{2}{3}Al_2O_{3(s)}$$

已知 $V_2O_{5(s)}$ 在 298K 时的标准生成焓 $\Delta_f H^{\ominus}_{m(V_2O_5,s,298K)} = -1557.70\text{kJ}\cdot\text{mol}^{-1}$，$Al_2O_{3(s)}$ 在 298K 时的标准生成焓 $\Delta_f H^{\ominus}_{m(Al_2O_3,s,298K)} = -1675.27\text{kJ}\cdot\text{mol}^{-1}$。

解：$$\frac{4}{3}Al_{(s)} + O_2 \xlongequal{\quad} \frac{2}{3}Al_2O_{3(s)} \quad \Delta_r G^{\ominus}_{m(1)} = (-1116733 + 208.80T)\text{J}\cdot\text{mol}^{-1} \qquad (\text{i})$$

$$\frac{4}{5}V_{(s)} + O_2 \xlongequal{\quad} \frac{2}{5}V_2O_{5(l)} \quad \Delta_r G^{\ominus}_{m(2)} = (-578960 + 128.63T)\text{J}\cdot\text{mol}^{-1} \qquad (\text{ii})$$

$$Al_{(s)} \xlongequal{\quad} Al_{(l)} \quad \Delta_{fus} G^{\ominus}_{m(3)} = (10800 - 11.55T)\text{J}\cdot\text{mol}^{-1} \qquad (\text{iii})$$

因为 $Al_{(s)}$、$Al_2O_{3(s)}$、$V_{(s)}$ 和 $V_2O_{5(s)}$ 的熔点分别为 $T_{fus(Al)} = 933\text{K}$，$T_{fus(Al_2O_3)} = 2327\text{K}$，$T_{fus(V)} = 2175\text{K}$，$T_{fus(V_2O_5)} = 943\text{K}$，所以在 2000K 时，$Al_{(l)}$ 和 $V_2O_{5(l)}$ 呈液态，而 $Al_2O_{3(s)}$ 和 $V_{(s)}$ 则呈固态。

线性组合：式(i) - 式(ii) - 式(iii) ×4/3，得用铝还原五氧化二钒的反应及其标准吉布斯自由能与温度的关系式为

$$\frac{2}{5}V_2O_{5(l)} + \frac{4}{3}Al_{(l)} \xlongequal{\quad} \frac{4}{5}V_{(s)} + \frac{2}{3}Al_2O_{3(s)} \quad \Delta_r G^{\ominus}_{m(4)} = (-552173 + 95.57T)\text{J}\cdot\text{mol}^{-1} \qquad (\text{iv})$$

将 $T = 2000\text{K}$ 代入式（iv）中，计算在 2000K 下 $Al_{(l)}$ 还原 $V_2O_{5(l)}$ 反应的标准吉布斯自由能为

$$\Delta_r G^{\ominus}_{m(4)} = -361033\text{J}\cdot\text{mol}^{-1}$$

还原反应 $\frac{2}{5}V_2O_{5(s)} + \frac{4}{3}Al_{(s)} = \frac{4}{5}V_{(s)} + \frac{2}{3}Al_2O_{3(s)}$ 在 298K 时的热效应为

$$\Delta_r H^{\ominus}_{m(298K)} = \frac{2}{3}\Delta_f H^{\ominus}_{m(Al_2O_3,s,298K)} - \frac{2}{5}\Delta_f H^{\ominus}_{m(V_2O_5,s,298K)}$$

$$= \frac{2}{3} \times (-1675.27) - \frac{2}{5} \times (-1557.70) = -493.767\text{kJ}\cdot\text{mol}^{-1}$$

炉料的摩尔质量为

$$\Sigma M_{炉料} = \frac{2}{5}M_{V_2O_5} + \frac{4}{3}M_{Al} = \frac{2}{5} \times 0.182 + \frac{4}{3} \times 0.027 = 0.1088\text{kg}\cdot\text{mol}^{-1}$$

单位质量炉料的热效应为

$$q = -\Delta_r H^{\ominus}_{m(298K)}/\Sigma M_{炉料} = 493.767/0.1088 = 4538.3\text{kJ}\cdot\text{kg}^{-1}$$

6.17 在铝热法中，将粉状 $Al_{(s)}$ 和粉状 $Fe_2O_{3(s)}$ 按化学反应计量数混合，使之进行如下还原反应。为使还原反应产物的温度达到 2000K，需加入多少铁屑以调剂温度？

$$2Al_{(s)} + Fe_2O_{3(s)} \xlongequal{\quad} Al_2O_{3(s)} + 2Fe_{(l)}$$

已知相关各物质的标准生成焓分别为 $\Delta_f H^{\ominus}_{m(Fe,l,2000K)} = 82680\text{J}\cdot\text{mol}^{-1}$，$\Delta_f H^{\ominus}_{m(Fe_2O_3,s,298K)} = -815023\text{J}\cdot\text{mol}^{-1}$，$\Delta_f H^{\ominus}_{m(Al_2O_3,s,2000K)} = -1468410\text{J}\cdot\text{mol}^{-1}$，$\Delta_f H^{\ominus}_{m(Al,s,298K)} = 0$。

解：设 2mol$Al_{(s)}$ 和 1mol $Fe_2O_{3(s)}$ 混合，需加入铁屑（$Fe_{(s)}$）的物质的量为 x(mol) 才能使还原反应产物的温度达到 2000K，此时单位质量炉料需加入铁屑的质量为 y（$\text{kg}\cdot\text{kg}^{-1}$）。

$$2Al_{(s),298K} + Fe_2O_{3(s),298K} + xFe_{(s),298K} \xlongequal{} Al_2O_{3(s),2000K} + (2+x)Fe_{(l),2000K} \quad (\text{i})$$

该铝热还原反应（i）的热效应为

$$\Delta_r H_m^{\ominus} = \Delta_f H^{\ominus}_{m(Al_2O_3,s,2000K)} + (2+x)\Delta_f H^{\ominus}_{m(Fe,l,2000K)} - \Delta_f H^{\ominus}_{m(Fe_2O_3,s,298K)} - 2\Delta_f H^{\ominus}_{m(Al,s,298K)} - x\Delta_f H^{\ominus}_{m(Fe,s,298K)}$$

$$= -1468410 + (2+x) \times 82680 - (-815023) - 2 \times 0 - x \times 0$$

$$= (82680x - 488027)\,J \cdot mol^{-1}$$

设该还原反应热完全用于加热生成物，反应体系热平衡，$\Delta_r H_m^{\ominus} = 0$，即

$$82680x - 488027 = 0 \quad (\text{ii})$$

解方程式（ii），得需加入铁屑的物质的量为

$$x = 5.9mol$$

计算单位质量炉料（$Al_{(s)} + Fe_2O_{3(s)}$）需加入铁屑的质量为

$$y = xM_{Fe}/(2M_{Al} + M_{Fe_2O_3}) = 5.9 \times 56/(2 \times 27 + 160) = 1.544kg \cdot kg^{-1}$$

6.18 试计算在用 $Al_{(s)}$ 还原 $TiO_{2(s)}$ 制取 $Ti_{(s)}$ 的铝热还原法中，为使炉料的单位质量热效应达到 $2700kJ \cdot kg^{-1}$，以还原 $100kgTiO_{2(s)}$ 计，必须加入的 $Fe_3O_{4(s)}$ 的质量。计算中假定有质量分数为 55% 的 $TiO_{2(s)}$ 还原到 $Ti_{(s)}$，而其余质量分数为 45% 的 $TiO_{2(s)}$ 还原到 $TiO_{(s)}$，后者进入炉渣中。另外再计算还原所得 Fe-Ti 合金中 Ti 的质量分数 $w_{[Ti]}$。已知 $\Delta_f H^{\ominus}_{m(Al_2O_3,s,298K)} = -1675.270kJ \cdot mol^{-1}$，$\Delta_f H^{\ominus}_{m(TiO_2,s,298K)} = -944.750kJ \cdot mol^{-1}$，$\Delta_f H^{\ominus}_{m(TiO,s,298K)} = -519.610kJ \cdot mol^{-1}$，$\Delta_f H^{\ominus}_{m(Fe_3O_4,s,298K)} = -1118.380kJ \cdot mol^{-1}$，$M_{Fe} = 56 \times 10^{-3}kg \cdot mol^{-1}$，$M_{Ti} = 48 \times 10^{-3}kg \cdot mol^{-1}$，$M_{Al} = 27 \times 10^{-3}kg \cdot mol^{-1}$，$M_{TiO_2} = 80 \times 10^{-3}kg \cdot mol^{-1}$，$M_{Fe_3O_4} = 232 \times 10^{-3}kg \cdot mol^{-1}$。

解：由已知条件可知，在 100kg $TiO_{2(s)}$ 中，有 55kg $TiO_{2(s)}$ 还原到 $Ti_{(s)}$，有 45kg $TiO_{2(s)}$ 还原到 $TiO_{(s)}$。

（1）计算还原 100kg $TiO_{2(s)}$ 的单位质量炉料（$TiO_{2(s)} + Al_{(s)}$）的热效应。

1）计算 55kg $TiO_{2(s)}$ 还原到 $Ti_{(s)}$ 的热效应 q_1 和炉料（$TiO_{2(s)} + Al_{(s)}$）的质量 m_1 分别为

$$\frac{3}{2}TiO_{2(s)} + 2Al_{(s)} \xlongequal{} \frac{3}{2}Ti_{(s)} + Al_2O_{3(s)} \quad (\text{i})$$

$$\Delta_r H^{\ominus}_{m(1)} = \Delta_f H^{\ominus}_{m(Al_2O_3,s,298K)} - \frac{3}{2}\Delta_f H^{\ominus}_{m(TiO_2,s,298K)}$$

$$= -1675.270 - \frac{3}{2} \times (-944.750) = -258.145kJ \cdot mol^{-1}$$

$$q_1 = -\frac{55}{(3/2)M_{TiO_2}}\Delta_r H^{\ominus}_{m(1)} = \frac{55 \times 258.145}{(3/2) \times 80 \times 10^{-3}} = 118316.458kJ$$

$$m_1 = 55 + 55 \times \frac{2M_{Al}}{(3/2)M_{TiO_2}} = 55 + 55 \times \frac{2 \times 27 \times 10^{-3}}{3 \times 80 \times 10^{-3}/2} = 79.750kg$$

2）计算 45kg $TiO_{2(s)}$ 还原到 $TiO_{(s)}$ 的热效应 q_2 和炉料（$TiO_{2(s)} + Al_{(s)}$）的质量 m_2 分别为

$$3TiO_{2(s)} + 2Al_{(s)} \xlongequal{} 3TiO_{(s)} + Al_2O_{3(s)} \qquad (\text{ii})$$

$$\Delta_r H^{\ominus}_{m(2)} = \Delta_f H^{\ominus}_{m(Al_2O_3,s,298K)} + 3\Delta_f H^{\ominus}_{m(TiO,s,298K)} - 3\Delta_f H^{\ominus}_{m(TiO_2,s,298K)}$$

$$= -1675.270 + 3 \times (-519.610) - 3 \times (-944.750)$$

$$= -399.850 kJ \cdot mol^{-1}$$

$$q_2 = -\frac{45\Delta_r H^{\ominus}_{m(2)}}{3M_{TiO_2}} = \frac{45 \times 399.850}{3 \times 80 \times 10^{-3}} = 74971.875 kJ$$

$$m_2 = 45 + 45 \times \frac{2M_{Al}}{3M_{TiO_2}} = 45 + 45 \times \frac{2 \times 27 \times 10^{-3}}{3 \times 80 \times 10^{-3}} = 55.125 kg$$

3）计算还原 100kg $TiO_{2(s)}$的炉料（$TiO_{2(s)} + Al_{(s)}$）的质量 m 和单位质量炉料的热效应 q 分别为

$$m = m_1 + m_2 = 79.750 + 55.125 = 134.875 kg$$

$$q = \frac{q_1 + q_2}{m} = \frac{118316.458 + 74971.875}{134.875} = 1433.092 kJ \cdot kg^{-1}$$

（2）计算还原 100kg $TiO_{2(s)}$必须加入的炉料（$Fe_3O_{4(s)} + Al_{(s)}$）的质量。

1）计算单位质量炉料（$Fe_3O_{4(s)} + Al_{(s)}$）的热效应 q'

$$Fe_3O_{4(s)} + \frac{8}{3}Al_{(s)} \xlongequal{} 3Fe_{(s)} + \frac{4}{3}Al_2O_{3(s)} \qquad (\text{iii})$$

$$\Delta_r H^{\ominus}_{m(3)} = \frac{4}{3}\Delta_f H^{\ominus}_{m(Al_2O_3,s,298K)} - \Delta_f H^{\ominus}_{m(Fe_3O_4,s,298K)}$$

$$= \frac{4}{3} \times (-1675.270) - (-1118.380) = -1115.313 kJ \cdot mol^{-1}$$

$$q' = \frac{-\Delta_r H^{\ominus}_{m(3)}}{M_{Fe_3O_4} + \frac{8}{3}M_{Al}} = \frac{1115.313}{232 \times 10^{-3} + \frac{8}{3} \times 27 \times 10^{-3}} = 3668.793 kJ \cdot kg^{-1}$$

2）计算还原 100kg $TiO_{2(s)}$必须加入的炉料（$Fe_3O_{4(s)} + Al_{(s)}$）的质量 m'。列热平衡方程式为

$$qm + q'm' = 2700(m + m') \qquad (\text{iv})$$

将 $q = 1433.092 kJ \cdot kg^{-1}$、$q' = 3668.793 kJ \cdot kg^{-1}$ 和 $m = 134.875 kg$ 代入方程式（iv）中并整理，得

$$(3668.793 - 2700)m' = (2700 - 1433.092) \times 134.875 \qquad (\text{v})$$

解方程式（v），得还原 100kg $TiO_{2(s)}$必须加入炉料的质量为

$$m' = 176.380 kg$$

（3）计算还原 100kg$TiO_{2(s)}$必须加入的 $Fe_3O_{4(s)}$的质量。

$$m_{Fe_3O_4} = \frac{M_{Fe_3O_4}}{M_{Fe_3O_4} + \frac{8}{3}M_{Al}}m' = \frac{232 \times 10^{-3}}{232 \times 10^{-3} + \frac{8}{3} \times 27 \times 10^{-3}} \times 176.380 = 134.606 kg$$

（4）计算还原 100kg $TiO_{2(s)}$ 所得 Fe-Ti 合金中 Ti 的质量分数。

1）计算还原 55kg $TiO_{2(s)}$ 得到的 $Ti_{(s)}$ 的质量 m_{Ti} 为

$$m_{Ti} = 55 \times \frac{M_{Ti}}{M_{TiO_2}} = 55 \times \frac{48 \times 10^{-3}}{80 \times 10^{-3}} = 33\text{kg}$$

2）计算还原 134. 606kg $Fe_3O_{4(s)}$ 得到的 $Fe_{(s)}$ 的质量 m_{Fe} 为

$$m_{Fe} = 134.606 \times \frac{3M_{Fe}}{M_{Fe_3O_4}} = 134.606 \times \frac{3 \times 56 \times 10^{-3}}{232 \times 10^{-3}} = 97.473\text{kg}$$

3）计算 Fe-Ti 合金中 Ti 的质量分数 $w_{[Ti]}$ 为

$$w_{[Ti]} = \frac{m_{Ti}}{m_{Fe} + m_{Ti}} = \frac{33}{97.473 + 33} = 25.30\%$$

6. 19 在温度为 800℃及总压为 100kPa 下，用 CH_4-H_2 混合气体对低碳钢件（$w_{[C]}$ = 0. 12%）进行渗碳，试求当平衡气相组成为 $\varphi_{CH_4} = 8\%$、$\varphi_{H_2} = 92\%$ 时，该钢件渗碳的质量分数。

解： 反应（i）、（ii）和（iii）中碳（$C_{(gr)}$ 和［C］）的活度皆以纯石墨碳 $C_{(gr)}$ 为标准态。

$$CH_4 = C_{(gr)} + 2H_2 \qquad \Delta_r G^{\ominus}_{m(1)} = (91044 - 110.67T)\text{J} \cdot \text{mol}^{-1} \qquad (\text{i})$$

$$C_{(gr)} = [C] \qquad \Delta_{sol} G^{\ominus}_{m,C,R} = 0 \qquad (\text{ii})$$

线性组合：式(i)+式(ii)，得甲烷对钢件的渗碳反应及其标准吉布斯自由能与温度的关系式为

$$CH_4 = [C] + 2H_2 \qquad \Delta_r G^{\ominus}_{m(3)} = (91044 - 110.67T)\text{J} \cdot \text{mol}^{-1} \qquad (\text{iii})$$

当 T = 1073K 时，甲烷对钢件的渗碳反应（iii）的标准平衡常数为

$$\lg K^{\ominus}_3 = \frac{-91044}{19.147 \times 1073} + \frac{110.67}{19.147} = 1.3485 \qquad K^{\ominus}_3 = 22.31$$

甲烷对钢件的渗碳反应（iii）的标准平衡常数方程式为

$$K^{\ominus}_3 = \frac{(p_{H_2}/p^{\ominus})^2 a_{[C],R}}{p_{CH_4}/p^{\ominus}} = \frac{(p\varphi_{H_2}/p^{\ominus})^2 \gamma_C x_{[C]}}{p\varphi_{CH_4}/p^{\ominus}} = \frac{p\varphi^2_{H_2}\gamma_C x_{[C]}}{p^{\ominus}\varphi_{CH_4}} \qquad (\text{iv})$$

将 $\gamma_C = \dfrac{1 - 5x_{[C]sat}}{x_{[C]sat}(1 - 5x_{[C]})}$ 代入式（iv）中，得

$$K^{\ominus}_3 = \frac{p\varphi^2_{H_2}x_{[C]}}{p^{\ominus}\varphi_{CH_4}} \times \frac{1 - 5x_{[C]sat}}{x_{[C]sat}(1 - 5x_{[C]})} \qquad (\text{v})$$

整理式(v)，并解出 $x_{[C]}$，得

$$x_{[C]} = \frac{K^{\ominus}p^{\ominus}\varphi_{CH_4}x_{[C]sat}}{p\varphi^2_{H_2}(1 - 5x_{[C]sat}) + 5K^{\ominus}p^{\ominus}\varphi_{CH_4}x_{[C]sat}} \qquad (\text{vi})$$

由 Fe-C 系相图（附图 12）查得 800℃时奥氏体中碳的饱和质量分数 $w_{[C]sat} = 0.9\%$，再将其换算成碳饱和摩尔分数 $x_{[C]sat}$ 为

$$x_{[C]sat} = \frac{w_{[C]sat}/M_c}{\frac{w_{[C]sat}}{M_C} + \frac{1 - w_{[C]sat}}{M_{Fe}}} = \frac{0.9\%/12}{\frac{0.9\%}{12} + \frac{1 - 0.9\%}{55.85}} = 0.0406$$

将 $p = 10^5 \text{Pa}$、$p^\ominus = 10^5 \text{Pa}$、$K^\ominus = 22.31$、$\varphi_{H_2} = 92\%$、$\varphi_{CH_4} = 8\%$ 和 $x_{[C]sat} = 0.0406$ 代入式（vi）中，得渗碳反应平衡时奥氏体中碳的摩尔分数为

$$x_{[C]} = \frac{22.31 \times 10^5 \times 0.08 \times 0.0406}{10^5 \times 0.92^2 \times (1 - 5 \times 0.0406) + 5 \times 22.31 \times 10^5 \times 0.08 \times 0.0406} = 0.0699$$

将渗碳反应平衡时奥氏体中碳的摩尔分数 $x_{[C]} = 0.0699$ 换算成质量分数为

$$w_{[C]} = \frac{x_{[C]}/M_{Fe}}{\frac{1}{M_C} + \left(\frac{1}{M_{Fe}} - \frac{1}{M_C}\right)x_{[C]}} = \frac{0.0699/55.85}{\frac{1}{12} + \left(\frac{1}{55.85} - \frac{1}{12}\right) \times 0.0699} = 1.59\%$$

6.20 在压力为 100kPa 条件下用固体碳还原 $SiO_{2(s)}$，生成的硅溶解于铁液中，其质量分数 $w_{[Si]} = 20\%$，活度系数 $f_{Si,\%} = 0.333$，试求该 $SiO_{2(s)}$ 还原反应的开始温度。

解： $SiO_{2(s)} + 2C_{(gr)} =\!=\!= [Si] + 2CO \qquad \Delta_r G_m^\ominus = (586050 - 386.79T)\,\text{J} \cdot \text{mol}^{-1}$ （i）

该还原反应的范特霍夫等温方程式为

$$\Delta_r G_m = \Delta_r G_m^\ominus + 19.147T\lg \frac{(p_{CO}/p^\ominus)^2 a_{[Si],\%}}{a_{C,R}^2}$$

$$= 586050 - 386.79T + 19.147T\lg \frac{(p_{CO}/p^\ominus)^2 f_{Si,\%} w_{[Si]\%}}{a_{C,R}^2}$$

固体碳还原 $SiO_{2(s)}$ 的反应（i）在给定条件下平衡时，$\Delta_r G_m = 0$，$T = T_{开}$，则上式变为

$$0 = 586050 - 386.79T_{开} + 19.147T_{开} \lg \frac{(p_{CO}/p^\ominus)^2 f_{Si,\%} w_{[Si]\%}}{a_{C,R}^2} \qquad \text{(ii)}$$

由式（ii）得固体碳还原 $SiO_{2(s)}$ 反应的开始温度的计算式为

$$T_{开} = \frac{586050}{386.79 - 19.147\lg[p_{CO}^2 f_{Si,\%} w_{[Si]\%}/(p^\ominus a_{C,R})^2]} \qquad \text{(iii)}$$

将 $p_{CO} = p = 10^5 \text{Pa}$、$p^\ominus = 10^5 \text{Pa}$、$f_{Si,\%} = 0.333$、$w_{[Si]\%} = 20$、$a_{C,R} = 1$ 代入式（iii）中，得 $SiO_{2(s)}$ 还原反应的开始温度为

$$T_{开} = \frac{586050}{386.79 - 19.147\lg[10^{10} \times 0.333 \times 20/(10^5 \times 1)^2]} = 1580\text{K}$$

6.21 试计算在压力为 $0.12 \times 10^5 \text{Pa}$ 条件下，渣中 CrO 为固体碳还原的开始温度。已知渣中 CrO 的活度 $a_{(CrO),R} = 0.15$，还原铬在铁中的活度 $a_{[Cr],\%} = 0.16$。

解： $Cr_{(s)} + 0.5O_2 =\!=\!= CrO_{(l)} \qquad \Delta_f G_{m(CrO,l)}^\ominus = (-334220 + 63.81T)\,\text{J} \cdot \text{mol}^{-1}$ （i）

$$C_{(gr)} + 0.5O_2 \xlongequal{\quad} CO \qquad \Delta_f G^{\ominus}_{m(CO)} = (-114400 - 85.77T)\,J \cdot mol^{-1} \qquad (ii)$$

$$Cr_{(s)} \xlongequal{\quad} [Cr] \qquad \Delta_{sol} G^{\ominus}_{m,Cr,s,\%} = (19250 - 46.86T)\,J \cdot mol^{-1} \qquad (iii)$$

$$CrO_{(l)} \xlongequal{\quad} (CrO) \qquad \Delta_{sol} G^{\ominus}_{m,CrO,l,R} = 0 \qquad (iv)$$

线性组合：式(ⅱ)－式(ⅰ)＋式(ⅲ)－式(ⅳ)，得渣中 CrO 为固体碳还原反应及其标准吉布斯自由能与温度的关系式为

$$(CrO) + C_{(gr)} \xlongequal{\quad} [Cr] + CO \qquad \Delta_r G^{\ominus}_{m(5)} = (239070 - 196.44T)\,J \cdot mol^{-1} \qquad (v)$$

还原反应（ⅴ）的范特霍夫等温方程式为

$$\Delta_r G_{m(5)} = \Delta_r G^{\ominus}_{m(5)} + 19.147T\lg\frac{(p_{CO}/p^{\ominus})a_{[Cr],\%}}{a_{C,R}a_{(CrO),R}}$$

$$= 239070 - 196.44T + 19.147T\lg\frac{(p_{CO}/p^{\ominus})a_{[Cr],\%}}{a_{C,R}a_{(CrO),R}}$$

还原反应(ⅴ)在给定条件下平衡时，$\Delta_r G_{m(5)} = 0$，$T = T_{开}$，则上式变为

$$0 = 239070 - 196.44T_{开} + 19.147T_{开}\lg\frac{(p_{CO}/p^{\ominus})a_{[Cr],\%}}{a_{C,R}a_{(CrO),R}} \qquad (vi)$$

由式（ⅵ），得渣中 CrO 为固体碳还原反应开始温度的计算式为

$$T_{开} = \frac{239070}{196.44 - 19.147 \times \lg\frac{(p_{CO}/p^{\ominus})a_{[Cr],\%}}{a_{C,R}a_{(CrO),R}}} \qquad (vii)$$

将 $p_{CO} = p = 0.12 \times 10^5 Pa$、$p^{\ominus} = 10^5 Pa$、$a_{(CrO),R} = 0.15$、$a_{[Cr],\%} = 0.16$、$a_{C,R} = 1$ 代入式（ⅶ）中，得渣中 CrO 为固体碳还原反应的开始温度为

$$T_{开} = \frac{239070}{196.44 - 19.147 \times \lg\frac{(0.12 \times 10^5/10^5) \times 0.16}{1 \times 0.15}} = 1120K$$

6.22 试计算成分为 $w_{(CaO)} = 40.36\%$、$w_{(SiO_2)} = 36.24\%$、$w_{(Al_2O_3)} = 16.38\%$、$w_{(MgO)} = 7.02\%$ 的高炉渣中的 SiO_2 为生铁液中的饱和碳还原时，生铁液中 Si 的平衡浓度。已知温度为 1600℃，炉内 CO 分压为 $1.73 \times 10^5 Pa$，各氧化物的摩尔质量分别为 $M_{CaO} = 56g \cdot mol^{-1}$，$M_{SiO_2} = 60g \cdot mol^{-1}$，$M_{Al_2O_3} = 102g \cdot mol^{-1}$，$M_{MgO} = 40g \cdot mol^{-1}$，生铁液中组元活度相互作用系数 $e^{Si}_{Si} = 0.11$，$e^{C}_{Si} = 0.18$。

解：高炉渣中的 SiO_2 为生铁液中的饱和碳还原，即为固体碳 $C_{(gr)}$ 还原，故所论还原反应的方程式及标准吉布斯自由能与温度的关系式为

$$(SiO_2) + 2C_{(gr)} \xlongequal{\quad} [Si] + 2CO \qquad \Delta_r G^{\ominus}_m = (586050 - 386.79T)\,J \cdot mol^{-1} \qquad (i)$$

取 100g 高炉渣为计算基准。因为给出的高炉渣的各组元的质量分数之和 $\Sigma w_{(B)} = 100\%$，所以不需要折算，直接计算渣中各组元的摩尔分数。

先计算高炉渣中各组元的物质的量及其和分别为

$$n_{(CaO)} = \frac{100w_{(CaO)}}{M_{CaO}} = \frac{100 \times 40.36\%}{56} = 0.72mol$$

$$n_{(SiO_2)} = \frac{100w_{(SiO_2)}}{M_{SiO_2}} = \frac{100 \times 36.24\%}{60} = 0.604\text{mol}$$

$$n_{(Al_2O_3)} = \frac{100w_{(Al_2O_3)}}{M_{Al_2O_3}} = \frac{100 \times 16.38\%}{102} = 0.16\text{mol}$$

$$n_{(MgO)} = \frac{100w_{(MgO)}}{M_{MgO}} = \frac{100 \times 7.02\%}{40} = 0.176\text{mol}$$

$$\Sigma n_{(B)} = 0.72 + 0.604 + 0.16 + 0.176 = 1.66\text{mol}$$

再计算高炉渣中各组元的摩尔分数分别为

$$x_{(CaO)} = \frac{n_{(CaO)}}{\Sigma n_{(B)}} = \frac{0.72}{1.66} = 0.434 \qquad x_{(SiO_2)} = \frac{n_{(SiO_2)}}{\Sigma n_{(B)}} = \frac{0.604}{1.66} = 0.364$$

$$x_{(Al_2O_3)} = \frac{n_{(Al_2O_3)}}{\Sigma n_{(B)}} = \frac{0.16}{1.66} = 0.096 \qquad x_{(MgO)} = \frac{n_{(MgO)}}{\Sigma n_{(B)}} = \frac{0.176}{1.66} = 0.106$$

将已知的四元系高炉渣归并成伪三元系高炉渣，则该伪三元系高炉渣的摩尔分数组成为

$$x'_{(CaO)} = x_{(CaO)} + x_{(MgO)} = 0.434 + 0.106 = 0.54$$

$$x'_{(SiO_2)} = x_{(SiO_2)} = 0.364 \qquad x'_{(Al_2O_3)} = x_{(Al_2O_3)} = 0.096$$

根据伪三元系的摩尔分数组成，查 CaO-SiO_2-Al_2O_3渣系组元的活度图（附图 6），查得SiO_2的活度为

$$a_{(SiO_2),R} = 0.02$$

根据标准吉布斯自由能与温度的关系式（i），得标准平衡常数与温度的关系式为

$$\lg K^{\ominus} = \frac{-586050}{19.147T} + \frac{386.79}{19.147}$$

将 $T = 1873\text{K}$ 代入上式中，计算得还原反应（i）的标准平衡常数为

$$K^{\ominus} = 7234.632$$

根据还原反应方程式（i）写出的标准平衡常数方程式为

$$\lg K^{\ominus} = \lg \frac{a_{[Si],\%}(p_{CO}/p^{\ominus})^2}{a_{(SiO_2),R}} = \lg \frac{f_{Si,\%}w_{[Si]\%}(p_{CO}/p^{\ominus})^2}{a_{(SiO_2),R}}$$

$$= \lg f_{Si,\%} + \lg w_{[Si]\%} + 2\lg \frac{p_{CO}}{p^{\ominus}} - \lg a_{(SiO_2),R} \tag{ii}$$

将 $a_{(SiO_2),R} = 0.02$、$p_{CO} = 1.73 \times 10^5\text{Pa}$、$K^{\ominus} = 7234.632$ 代入式（ii）中，得

$$\lg f_{Si,\%} + \lg w_{[Si]\%} - 1.684354 = 0 \tag{iii}$$

该生铁液中硅的活度系数方程式为

$$\lg f_{Si,\%} = e_{Si}^{Si}w_{[Si]\%} + e_{Si}^{C}w_{[C]\%} = 0.11w_{[Si]\%} + 0.18w_{[C]\%} \tag{iv}$$

铁液中碳的溶解度方程式为

$$w_{[C]\%,sat} = 1.34 + 2.54 \times 10^{-3}t - 0.3w_{[Si]\%} \tag{v}$$

将 $t = 1600℃$ 代入式（v）中，得

$$w_{[C]\%,sat} = 1.34 + 2.54 \times 10^{-3} \times 1600 - 0.3w_{[Si]\%} = 5.404 - 0.3w_{[Si]\%} \tag{vi}$$

将式（vi）代入式（iv）中，得

$$\lg f_{Si,\%} = 0.11w_{[Si]\%} + 0.18 \times (5.404 - 0.3w_{[Si]\%}) = 0.056w_{[Si]\%} + 0.97272 \tag{vii}$$

将式（vii）代入式（iii）中，得

$$0.056w_{[Si]\%} + \lg w_{[Si]\%} - 0.711634 = 0 \tag{viii}$$

用牛顿迭代法解此非线性方程式（viii）如下：

因为 $\lg w_{[Si]\%} = \frac{\ln w_{[Si]\%}}{2.303}$，所以方程式（viii）变为

$$0.128968w_{[Si]\%} + \ln w_{[Si]\%} - 1.638893 = 0 \tag{ix}$$

设 $x = w_{[Si]\%}$，则方程式（ix）变为

$$0.128968x + \ln x - 1.638893 = 0 \tag{x}$$

设 $f(x) = 0.128968x + \ln x - 1.638893$，则函数 $f(x)$ 的一阶和二阶导数分别为

$$f'(x) = 0.128968 + \frac{1}{x} \tag{xi}$$

$$f''(x) = -\frac{1}{x^2} \tag{xii}$$

选 $x_0 = 4$ 为初始值，则 $f(x_0)$、$f'(x_0)$ 和 $f''(x_0)$ 分别为

$$f(x_0) = f(4) = 0.128968 \times 4 + \ln 4 - 1.638893 = 0.263273361$$

$$f'(x_0) = f'(4) = 0.128968 + \frac{1}{4^2} = 0.378968$$

$$f''(x_0) = f''(4) = \frac{-1}{4^2} = -0.0625$$

因为

$$|f'(x_0)|^2 = |f'(4)|^2 = |0.378968|^2 = 0.143616745$$

$$\left|\frac{f''(x_0)}{2}\right| \times |f(x_0)| = \left|\frac{f''(4)}{2}\right| \times |f(4)| = \left|\frac{-0.0625}{2}\right| \times |0.263273361| = 0.008227292$$

$$|f'(x_0)|^2 > \left|\frac{f''(x_0)}{2}\right| \times |f(x_0)|$$

所以牛顿迭代程序（xiii）收敛，且方程式（x）在初始值 $x_0 = 4$ 附近有实根。

$$x_1 = x_0 - \frac{f(x_0)}{f'(x_0)} \tag{xiii}$$

将 $x_0 = 4$ 代入牛顿迭代程序（xiii）中，依次计算得到的数列为

$$x_1 = 4 - \frac{f(4)}{f'(4)} = 4 - \frac{0.263273361}{0.378968} = 3.305288676$$

$$x_2 = 3.344899761$$

$$x_3 = 3.345066240$$

$$x_4 = 3.345066243$$

$$x_5 = 3.345066243$$

由计算得到的数列可见，自第5项 x_5 开始守常，数列收敛于常数3.345066243，即方程式（x）的保留小数点后9位有效数字的准确解为

$$x = 3.345066243$$

保留小数点后3位有效数字，则方程式（x）的近似解为

$$x = 3.345$$

亦即方程式（ix）和（viii）的近似解为

$$w_{[Si]\%} = 3.345$$

所以，所求生铁液中Si的平衡浓度（质量分数）为

$$w_{[Si]} = 3.345\%$$

6.23 高炉冶炼钒钛磁铁矿，生铁成分为 $w_{[Si]}=0.165\%$、$w_{[Ti]}=0.189\%$、$w_{[V]}=0.420\%$、$w_{[Mn]}=0.300\%$、$w_{[P]}=0.155\%$、$w_{[S]}=0.0569\%$、$w_{[C]}=4.240\%$。熔渣成分为 $w_{(SiO_2)}=24.89\%$、$w_{(TiO_2)}=25.53\%$、$w_{(CaO)}=25.98\%$、$w_{(MgO)}=7.60\%$、$w_{(Al_2O_3)}=15.00\%$、$w_{(V_2O_5)}=0.27\%$。试计算熔渣中 TiO_2 为固体碳还原的开始温度。已知各氧化物的摩尔质量分别为 $M_{SiO_2}=60g\cdot mol^{-1}$，$M_{TiO_2}=80g\cdot mol^{-1}$，$M_{CaO}=56g\cdot mol^{-1}$，$M_{MgO}=40g\cdot mol^{-1}$，$M_{Al_2O_3}=102g\cdot mol^{-1}$，$M_{V_2O_5}=182g\cdot mol^{-1}$；生铁液中组元活度相互作用系数为 $e_{Ti}^{Ti}=0.013$，$e_{Ti}^{Si}=0.05$，$e_{Ti}^{V}=0$，$e_{Ti}^{Mn}=0.0043$，$e_{Ti}^{P}=-0.0064$，$e_{Ti}^{S}=-0.11$，$e_{Ti}^{C}=-0.165$；熔渣中 TiO_2 的活度系数为 $\gamma_{TiO_2}=0.6$，炉缸压力为 2.4×10^5Pa。

解：

$$(TiO_2) + 2C_{(gr)} \xlongequal{\quad} [Ti] + 2CO \qquad \Delta_r G_m^{\ominus} = (732280 - 478.6T)J\cdot mol^{-1} \qquad (i)$$

取100g熔渣，计算其中各氧化物的摩尔分数，并将计算值列入表6-4中。

表6-4 熔渣中各氧化物的摩尔分数

氧化物B	CaO	SiO_2	Al_2O_3	MgO	V_2O_5	TiO_2	
$w_{(B)}/\%$	25.98	24.89	15.00	7.60	0.27	25.53	
$M_B/g\cdot mol^{-1}$	56	60	102	40	182	80	
$n_{(B)}/mol$	0.464	0.415	0.147	0.190	0.0015	0.319	$\Sigma n_{(B)} = 1.5365mol$
$x_{(B)}$	0.302	0.270	0.096	0.124	0.001	0.208	

计算熔渣中 TiO_2 的活度为

$$a_{(TiO_2),R} = \gamma_{TiO_2}x_{(TiO_2)} = 0.6\times0.208 = 0.1248$$

计算生铁液中Ti的活度系数及活度分别为

$$\lg f_{Ti,\%} = e_{Ti}^{Ti}w_{[Ti]\%} + e_{Ti}^{Si}w_{[Si]\%} + e_{Ti}^{V}w_{[V]\%} + e_{Ti}^{Mn}w_{[Mn]\%} + e_{Ti}^{P}w_{[P]\%} + e_{Ti}^{S}w_{[S]\%} + e_{Ti}^{C}w_{[C]\%}$$

$$= 0.013 \times 0.189 + 0.05 \times 0.165 + 0 \times 0.42 + 0.0043 \times 0.30$$

$$- 0.0064 \times 0.155 - 0.11 \times 0.0569 - 0.165 \times 4.24$$

$$= -0.694854$$

$$f_{Ti,\%} = 0.2019$$

$$a_{[Ti],\%} = f_{Ti,\%}w_{[Ti]\%} = 0.2019 \times 0.189 = 0.03816$$

该还原反应（i）的范特霍夫等温方程式为

$$\Delta_r G_m = \Delta_r G_m^{\ominus} + 19.147T\lg \frac{(p_{CO}/p^{\ominus})^2 a_{[Ti],\%}}{a_{C,R}^2 a_{(TiO_2),R}}$$

$$= 732280 - 478.6T + 19.147T\lg \frac{(p_{CO}/p^{\ominus})^2 a_{[Ti],\%}}{a_{C,R}^2 a_{(TiO_2),R}} \qquad (ii)$$

该还原反应（i）在给定条件下达平衡时，$\Delta_r G_m = 0$，$T = T_{开}$，则式（ii）变为

$$0 = 732280 - 478.6T_{开} + 19.147T_{开}\lg \frac{(p_{CO}/p^{\ominus})^2 a_{[Ti],\%}}{a_{C,R}^2 a_{(TiO_2),R}} \qquad (iii)$$

解方程式（iii），得熔渣中 TiO_2 为固体碳还原的开始温度计算式为

$$T_{开} = \frac{732280}{478.6 - 19.147\lg[(p_{CO}/p^{\ominus})^2 a_{[Ti],\%}/a_{C,R}^2 a_{(TiO_2),R}]} \qquad (iv)$$

将 $p_{CO} = 2.4 \times 10^5 Pa$、$p^{\ominus} = 10^5 Pa$、$a_{[Ti],\%} = 0.03816$、$a_{C,R} = 1$、$a_{(TiO_2),R} = 0.1248$ 代入式（iv）中，计算得熔渣中 TiO_2 为固体碳还原的开始温度为

$$T_{开} = \frac{732280}{478.6 - 19.147\lg[(2.4 \times 10^5/10^5)^2 \times 0.03816/0.1248]} = 1545K$$

6.24 试计算成分为 $w_{(SiO_2)} = 37.5\%$、$w_{(CaO)} = 42.5\%$、$w_{(MgO)} = 10.0\%$、$w_{(Al_2O_3)} = 10.0\%$ 的高炉渣，在 1500℃ 及 $p_{CO} = 1.3 \times 10^5 Pa$ 时，与成分为 $w_{[Si]} = 0.60\%$、$w_{[C]} = 4.50\%$、$w_{[Mn]} = 0.80\%$ 的生铁液间硫的分配常数 L_S。已知铁液中组元活度相互作用系数为 $e_S^S = -0.028$、$e_S^{Si} = 0.063$、$e_S^{Mn} = -0.026$、$e_S^C = 0.112$。

解：与此问题有关的方程式为

$$\lg L_S = \lg C'_S + \lg f_{S,\%} - \lg w_{[O]\%} \qquad (i)$$

$$\lg C'_S = \lg C_S + \lg K_O^{\ominus} - \lg K_S^{\ominus} \qquad (ii)$$

$$\lg C_S = 1.35 \times \frac{1.79w_{(CaO)} + 1.24w_{(MgO)}}{1.66w_{(SiO_2)} + 0.33w_{(Al_2O_3)}} - \frac{6911}{T} - 1.649 \qquad (iii)$$

$$\frac{1}{2}O_2 = [O] \qquad \lg K_O^{\ominus} = \frac{6118}{T} + 0.151 \qquad (iv)$$

$$\frac{1}{2}S_2 = [S] \qquad \lg K_S^{\ominus} = \frac{7054}{T} - 1.224 \qquad (v)$$

$$C_{(gr)} + [O] = CO \qquad \lg w_{[O]\%} = \frac{87}{T} - 4.43 + \lg \frac{p_{CO}}{p^{\ominus}} \qquad (vi)$$

$$\lg f_{S,\%} = e_S^S w_{[S]\%} + e_S^{Si} w_{[Si]\%} + e_S^{Mn} w_{[Mn]\%} + e_S^C w_{[C]\%} \quad (\text{vii})$$

式中 C'_S——铁液中的硫在熔渣中溶解($[S] + (O^{2-}) = (S^{2-}) + [O]$)的硫容量，1；

C_S——气体硫在熔渣中溶解($0.5S_2 + (O^{2-}) = (S^{2-}) + 0.5O_2$)的硫容量，1；

$K_O^{\ominus}$、$K_S^{\ominus}$——分别为气体氧和气体硫在铁液中溶解反应的标准平衡常数，1；

$f_{S,\%}$——铁液中硫以假想质量1%溶液为标准态的活度系数，1。

(1) 计算 $\lg f_{S,\%}$。因为 $e_S^S = -0.028$，一般生铁液中硫的质量分数 $w_{[S]} < 1\%$，所以 $e_S^S w_{[S]\%}$ 较小，可忽略式（vii）中的 $e_S^S w_{[S]\%}$ 这一乘积项。再代入其他已知数据于式（vii）中，得

$$\lg f_{S,\%} = 0.063 \times 0.6 - 0.026 \times 0.8 + 0.112 \times 4.5 = 0.521$$

(2) 计算 $\lg w_{[O]\%}$。将已知数据 $T = 1773\text{K}$、$p_{CO} = 1.3 \times 10^5\text{Pa}$ 和 $p^{\ominus} = 10^5\text{Pa}$ 代入式（vi）中，得

$$\lg w_{[O]\%} = \frac{87}{1773} - 4.43 + \lg \frac{1.3 \times 10^5}{10^5} = -4.26699$$

(3) 计算 $\lg C_S$。将已知数据 $w_{(SiO_2)} = 37.5\%$、$w_{(CaO)} = 42.5\%$、$w_{(MgO)} = 10.0\%$、$w_{(Al_2O_3)} = 10.0\%$ 和 $T = 1773\text{K}$ 代入式（iii）中，得

$$\lg C_S = 1.35 \times \frac{1.79 \times 42.5 + 1.24 \times 10}{1.66 \times 37.5 + 0.33 \times 10} - \frac{6911}{1773} - 1.694 = -3.724774$$

(4) 计算 $\lg K_O^{\ominus}$ 和 $\lg K_S^{\ominus}$。将 $T = 1773\ \text{K}$ 分别代入式（iv）和式（v）中，得

$$\lg K_O^{\ominus} = \frac{6118}{1773} + 0.151 = 3.601650$$

$$\lg K_S^{\ominus} = \frac{7054}{1773} - 1.224 = 2.754567$$

(5) 计算 $\lg C'_S$。将 $\lg C_S = -3.724774$、$\lg K_O^{\ominus} = 3.601650$、$\lg K_S^{\ominus} = 2.754567$ 代入式（ii）中，得

$$\lg C'_S = -3.724774 + 3.601650 - 2.754567 = -2.877691$$

(6) 计算 L_S。将 $\lg C'_S = -2.877691$、$\lg f_{S,\%} = 0.521$、$\lg w_{[O]\%} = -4.26699$ 代入式（i）中，得

$$\lg L_S = -2.877691 + 0.521 + 4.26699 = 1.9103$$

$$L_S = 81.34$$

6.25 用石灰对温度为1500℃，成分为 $w_{[C]} = 5.10\%$（饱和）、$w_{[S]} = 0.08\%$、$w_{[Si]} = 0.50\%$、$w_{[Mn]} = 0.50\%$、$w_{[P]} = 0.10\%$ 的生铁液进行炉外脱硫，试求生铁液最终的硫含量。已知脱硫反应方程式为

$$CaO_{(s)} + [S] + [C] \longrightarrow CaS_{(s)} + CO$$

反应区CO的压力约100kPa，生铁液中组元活度相互作用系数 $e_S^S = -0.028$，$e_S^{Si} = 0.063$，$e_S^{Mn} = -0.026$，$e_S^P = 0.029$，$e_S^C = 0.112$。

解： $C_{(gr)} + 0.5O_2 = CO \quad \Delta_f G^\ominus_{m(CO)} = (-114400 - 85.77T)\ J \cdot mol^{-1}$ (ⅰ)

$$Ca_{(l)} + 0.5S_2 = CaS_{(s)} \quad \Delta_f G^\ominus_{m(CaS,s)} = (-548100 + 103.85T)\ J \cdot mol^{-1} \quad (ⅱ)$$

$$Ca_{(l)} + 0.5O_2 = CaO_{(s)} \quad \Delta_f G^\ominus_{m(CaO,s)} = (-640150 + 108.57T)\ J \cdot mol^{-1} \quad (ⅲ)$$

$$0.5S_2 = [S] \quad \Delta_{sol} G^\ominus_{m,S,\%} = (-135060 + 23.43T)\ J \cdot mol^{-1} \quad (ⅳ)$$

$$C_{(gr)} = [C] \quad \Delta_{sol} G^\ominus_{m,C,R} = 0 \text{（以纯石墨碳 } C_{(gr)} \text{ 为标准态）} \quad (ⅴ)$$

线性组合：式(ⅰ)+式(ⅱ)-式(ⅲ)-式(ⅳ)-式(ⅴ)，得石灰对铁液脱硫反应及其标准吉布斯自由能与温度的关系式为

$$CaO_{(s)} + [S] + [C] = CaS_{(s)} + CO \quad \Delta_r G^\ominus_m = (112710 - 113.92T)\ J \cdot mol^{-1} \quad (ⅵ)$$

根据该脱硫反应方程式（ⅵ）写出的标准平衡常数方程式为

$$K^\ominus = \frac{p_{CO}/p^\ominus}{a_{[C],R}a_{[S],\%}} = \frac{p_{CO}/p^\ominus}{a_{[C],R}f_{S,\%}w_{[S]\%}} \quad (ⅶ)$$

当 $T = 1773K$ 时，脱硫反应（ⅵ）的标准平衡常数为

$$\lg K^\ominus = \frac{-112710}{19.147 \times 1773} + \frac{113.92}{19.147} = 2.629643 \qquad K^\ominus = 426.23$$

铁液中硫的活度系数方程式为

$$\lg f_{S,\%} = e_S^S w_{[S]\%} + e_S^{Si} w_{[Si]\%} + e_S^{Mn} w_{[Mn]\%} + e_S^P w_{[P]\%} + e_S^C w_{[C]\%} \quad (ⅷ)$$

在式（ⅷ）中，因为 $e_S^S w_{[S]\%} \approx 0$，所以可将其舍去。再将已知数据代入式（ⅷ）中，计算得铁液中硫的活度系数为

$$\lg f_{S,\%} = 0.063 \times 0.5 - 0.026 \times 0.5 + 0.029 \times 0.1 + 0.112 \times 5.1 = 0.5926$$

$$f_{S,\%} = 3.914$$

将 $K^\ominus = 426.23$、$p_{CO} = 10^5Pa$、$p^\ominus = 10^5Pa$、$a_{[C],R} = 1$、$f_{S,\%} = 3.914$ 代入式（ⅶ）中，得

$$426.23 = \frac{10^5/10^5}{1 \times 3.914 w_{[S]\%}} \quad (ⅸ)$$

解方程式（ⅸ），得脱硫反应平衡时生铁液中硫的质量百分数和质量分数分别为

$$w_{[S]\%} = \frac{1}{426.23 \times 3.914} = 5.994 \times 10^{-4} \qquad w_{[S]} = \frac{w_{[S]\%}}{100} = 5.994 \times 10^{-4}\%$$

6.26 在总压100kPa下，用CO-CO_2混合气体对铁渗碳时，测得850℃时的平衡气相组成为 $\varphi_{CO} = 96\%$、$\varphi_{CO_2} = 4\%$。试求渗碳反应平衡时奥氏体中碳的质量分数。已知在850℃时奥氏体中碳的饱和质量分数 $w_{[C]sat} = 1.1\%$。

解： 下列反应(ⅰ)、(ⅱ)和(ⅲ)中的碳（$C_{(gr)}$和[C]）的活度皆以纯石墨碳 $C_{(gr)}$ 为标准态。

$$2CO = C_{(gr)} + CO_2 \quad \Delta_r G^\ominus_{m(1)} = (-166550 + 171.00T)\ J \cdot mol^{-1} \quad (ⅰ)$$

$$C_{(gr)} = [C] \quad \Delta_{sol} G^\ominus_{m,C,R} = 0 \quad (ⅱ)$$

线性组合：式(ⅰ)+式(ⅱ)，得CO对铁渗碳反应及其标准吉布斯自由能与温度的关

系式为

$$2CO = [C] + CO_2 \quad \Delta_r G^{\ominus}_{m(3)} = (-166550 + 171.00T)\ J \cdot mol^{-1} \tag{iii}$$

当 $T=1123K$ 时，渗碳反应（iii）的标准平衡常数为

$$\lg K_3^{\ominus} = \frac{166550}{19.147 \times 1123} - \frac{171.00}{19.147} = -1.185 \qquad K_3^{\ominus} = 0.0653$$

根据渗碳反应方程式（iii）写出的标准平衡常数方程式为

$$K_3^{\ominus} = \frac{(p_{CO_2}/p^{\ominus})a_{[C],R}}{(p_{CO}/p^{\ominus})^2} = \frac{(p\varphi_{CO_2}/p^{\ominus})\gamma_C x_{[C]}}{(p\varphi_{CO}/p^{\ominus})^2} = \frac{\varphi_{CO_2}p^{\ominus}\gamma_C x_{[C]}}{p\varphi_{CO}^2} \tag{iv}$$

由式（iv），得铁中渗碳的摩尔分数方程式为

$$x_{[C]} = \frac{p\varphi_{CO}^2 K_3^{\ominus}}{\varphi_{CO_2}p^{\ominus}\gamma_C} \tag{v}$$

将 $\gamma_C = \dfrac{1-5x_{[C]sat}}{x_{[C]sat}\ (1-5x_{[C]})}$ 代入式（v）中，得

$$x_{[C]} = \frac{p\varphi_{CO}^2 K_3^{\ominus}}{\varphi_{CO_2}p^{\ominus}} \times \frac{(1-5x_{[C]})x_{[C]sat}}{1-5x_{[C]sat}} \tag{vi}$$

整理式(vi),得

$$x_{[C]} = \frac{p\varphi_{CO}^2 K_3^{\ominus} x_{[C]sat}}{\varphi_{CO_2}p^{\ominus}(1-5x_{[C]sat}) + 5p\varphi_{CO}^2 K_3^{\ominus} x_{[C]sat}} \tag{vii}$$

由已知的碳饱和质量分数 $w_{[C]sat}=1.1\%$ 计算碳饱和摩尔分数 $x_{[C]sat}$ 为

$$x_{[C]sat} = \frac{w_{[C]sat}/M_C}{\dfrac{w_{[C]sat}}{M_C} + \dfrac{1-w_{[C]sat}}{M_{Fe}}} = \frac{1.1\%/12}{\dfrac{1.1\%}{12} + \dfrac{1-1.1\%}{55.85}} = 0.0492$$

将 $p=10^5Pa$、$p^{\ominus}=10^5Pa$、$K_3^{\ominus}=0.0653$、$\varphi_{CO}=96\%$、$\varphi_{CO_2}=4\%$ 和 $x_{[C]sat}=0.0492$ 代入式（vii）中，得渗碳反应平衡时奥氏体中碳的摩尔分数为

$$x_{[C]} = \frac{10^5 \times 0.96^2 \times 0.0653 \times 0.0492}{0.04 \times 10^5 \times (1-5\times 0.0492) + 5 \times 10^5 \times 0.96^2 \times 0.0653 \times 0.0492} = 0.06585$$

将渗碳反应平衡时奥氏体中碳的摩尔分数 $x_{[C]}=0.06585$ 换算成质量分数为

$$w_{[C]} = \frac{x_{[C]}/M_{Fe}}{\dfrac{1}{M_C} + \left(\dfrac{1}{M_{Fe}} - \dfrac{1}{M_C}\right)x_{[C]}} = \frac{0.06585/55.85}{\dfrac{1}{12} + \left(\dfrac{1}{55.85} - \dfrac{1}{12}\right) \times 0.06585} = 1.492\%$$

6.27 直径 $d=0.01m$ 的 $CuO_{(s)}$ 球团与 H_2 在温度为673K及压力为100kPa下反应，H_2 的线速度 $u=1.05m\cdot s^{-1}$，球团的孔隙率 $\varepsilon=0.3$。试求 H_2 的传质系数 β_{H_2} 和完全反应时间 $t_{R=1}$。已知扩散系数 $D_{H_2\text{-}H_2O}=3.42\times10^{-4}m^2\cdot s^{-1}$，黏度 $\eta_{H_2}=1.53\times10^{-5}Pa\cdot s$，球团的量密度 $\rho_{球}=4.46\times10^4 mol\cdot m^{-3}$，$H_2$ 通过气相边界层的外扩散是限制环节。

解： 根据未反应核模型推出的，外扩散限制时的反应时间 t 与反应进度 R 的关系式为

$$t = \frac{r_0 \rho_{(O)} R}{3\beta_{H_2}(c_{H_2} - c_{H_2(eq)})}$$

式中　r_0——矿球原始半径，m；

$\rho_{(O)}$——矿球中氧原子的量密度，$mol \cdot m^{-3}$；

R——反应进度（还原度），1；

β_{H_2}——H_2的传质系数，$m \cdot s^{-1}$；

c_{H_2}、$c_{H_2(eq)}$——分别为气相本体的H_2浓度和矿球表面的H_2平衡浓度，$mol \cdot m^{-3}$。

（1）计算$\rho_{(O)}$。在$CuO_{(s)}$球团内，氧原子的物质的量与$CuO_{(s)}$的物质的量相等，$n_{(O)} = n_{(CuO)}$，所以

$$\rho_{(O)} = (1-\varepsilon)\rho_{球} = (1-0.3) \times 4.46 \times 10^4 = 3.122 \times 10^4 mol \cdot m^{-3}$$

（2）计算c_{H_2}和$c_{H_2(eq)}$。

$$c_{H_2} = \frac{n_{H_2}}{V} = \frac{p_{H_2}}{RT} = \frac{10^5}{8.314 \times 673} = 18 mol \cdot m^{-3}$$

$$c_{H_2(eq)} \approx 0 (界面化学反应速率相对很快)$$

（3）计算β_{H_2}。计算雷诺（Reynolds）数Re、施密特（Schmidt）数Sc和舍伍德（Sherwood）数Sh分别为

$$Re = \frac{ud\rho_{H_2}}{\eta_{H_2}} = \frac{udM_{H_2}c_{H_2}}{\eta_{H_2}} = \frac{1.05 \times 0.01 \times 2 \times 10^{-3} \times 18}{1.53 \times 10^{-5}} = 24.706 \approx 25$$

$$Sc = \frac{\eta_{H_2}}{\rho_{H_2} D_{H_2-H_2O}} = \frac{\eta_{H_2}}{M_{H_2} c_{H_2} D_{H_2-H_2O}} = \frac{1.53 \times 10^{-5}}{2 \times 10^{-3} \times 18 \times 3.42 \times 10^{-4}} = 1.2427$$

$$Sh = \frac{\beta d}{D_{H_2-H_2O}} = 2.0 + 0.6 Re^{1/2} Sc^{1/3} = 2.0 + 0.6\sqrt{25} \times \sqrt[3]{1.2427} = 5.225$$

式中　d——球团的直径，m；

ρ_{H_2}——氢气的密度（$\rho_{H_2} = M_{H_2} c_{H_2}$），$kg \cdot m^{-3}$；

M_{H_2}——氢气的摩尔质量，$2 \times 10^{-3} kg \cdot mol^{-1}$。

计算H_2的传质系数为

$$\beta_{H_2} = \frac{Sh \cdot D_{H_2-H_2O}}{d} = \frac{5.225 \times 3.42 \times 10^{-4}}{0.01} = 0.1787 m \cdot s^{-1}$$

（4）计算$t_{R=1}$。将相关数据代入前列t与R的关系式中，并令$R=1$，得完全反应时间为

$$t_{R=1} = \frac{0.005 \times 3.122 \times 10^4 \times 1}{3 \times 0.1787 \times (18-0)} = 16.2 s$$

6.28　高炉熔渣中的SiO_2与生铁液中的Si可发生如下化学反应

$$(SiO_2) + [Si] \Longleftrightarrow 2SiO_{(g)}$$

试求在温度$T = 1800K$上述化学反应达到平衡时，$SiO_{(g)}$的分压。已知渣中SiO_2的活度

$a_{(SiO_2),R}=0.09$，生铁液中碳和硅的质量分数分别为 $w_{[C]}=4.1\%$，$w_{[Si]}=0.9\%$；生铁液中相关组元的活度相互作用系数分别为 $e_{Si}^{Si}=0.11$，$e_{Si}^{C}=0.18$；相关反应及其标准吉布斯自由能与温度的关系式分别为

$$Si_{(l)} + SiO_{2(s)} = 2SiO_{(g)} \qquad \Delta_r G^{\ominus}_{m(1)} = (636870 - 302.66T)\,J\cdot mol^{-1} \qquad (i)$$

$$Si_{(l)} = [Si] \qquad \Delta_{sol} G^{\ominus}_{m,Si,l,\%} = (-131500 - 17.61T)\,J\cdot mol^{-1} \qquad (ii)$$

$$SiO_{2(s)} = SiO_{2(l)} \qquad \Delta_{fus} G^{\ominus}_{m,SiO_2(s)} = (9580 - 4.80T)\,J\cdot mol^{-1} \qquad (iii)$$

$$SiO_{2(l)} = (SiO_2) \qquad \Delta_{sol} G^{\ominus}_{m,SiO_2,l,R} = 0 \qquad (iv)$$

解：线性组合：式(i)-式(ii)-式(iii)-式(iv)，得熔渣中 SiO_2 还原反应及其标准吉布斯自由能与温度的关系式为

$$(SiO_2) + [Si] = 2SiO_{(g)} \qquad \Delta_r G^{\ominus}_{m(5)} = (758790 - 280.25T)\,J\cdot mol^{-1} \qquad (v)$$

根据化学反应方程式（v）写出的标准平衡常数方程式为

$$K_5^{\ominus} = \frac{(p_{SiO}/p^{\ominus})^2}{a_{(SiO_2),R}\,a_{[Si],\%}} = \frac{(p_{SiO}/p^{\ominus})^2}{a_{(SiO_2),R}\,f_{Si,\%}\,w_{[Si]\%}} \qquad (vi)$$

计算化学反应（v）在 $T=1800K$ 时的标准平衡常数为

$$\lg K_5^{\ominus} = -\frac{758790 - 280.25\times1800}{19.147\times1800} = -7.38 \qquad K_5^{\ominus} = 4.1687\times10^{-8}$$

计算生铁液中硅的活度系数为

$$\lg f_{Si,\%} = e_{Si}^{Si}w_{[Si]\%} + e_{Si}^{C}w_{[C]\%} = 0.11\times0.9 + 0.18\times4.1 = 0.837 \qquad f_{Si,\%} = 6.87$$

将 $K_5^{\ominus}=4.1687\times10^{-8}$、$p^{\ominus}=10^5Pa$、$a_{(SiO_2),R}=0.09$、$f_{Si,\%}=6.87$、$w_{[Si]\%}=0.9$ 代入式（vi）中，得方程式为

$$4.1687\times10^{-8} = \frac{(p_{SiO}/10^5)^2}{0.09\times6.87\times0.9} \qquad (vii)$$

解方程式（vii），得所求平衡 $SiO_{(g)}$ 分压为

$$p_{SiO} = 15.231Pa$$

7 氧化熔炼反应习题解

7.1 试计算下列钢液氧化脱磷反应的标准平衡常数与温度的关系式。

$$2[P]+5[O]+3(CaO)=\!=\!=3CaO\cdot P_2O_{5(s)}$$

已知相关反应及其标准吉布斯自由能与温度的关系式为

$$P_2+2.5O_2+3CaO_{(s)}=\!=\!=3CaO\cdot P_2O_{5(s)} \quad \Delta_r G^{\ominus}_{m(1)}=(-2315200+602.50T)\,J\cdot mol^{-1} \quad (i)$$

$$CaO_{(s)}=\!=\!=CaO_{(l)} \quad \Delta_{fus} G^{\ominus}_{m,CaO(s)}=(79500-24.69T)\,J\cdot mol^{-1} \quad (ii)$$

$$0.5P_2=\!=\!=[P] \quad \Delta_{sol} G^{\ominus}_{m,P,\%}=(-122200-19.25T)\,J\cdot mol^{-1} \quad (iii)$$

$$0.5O_2=\!=\!=[O] \quad \Delta_{sol} G^{\ominus}_{m,O,\%}=(-117150-2.89T)\,J\cdot mol^{-1} \quad (iv)$$

$$CaO_{(l)}=\!=\!=(CaO) \quad \Delta_{sol} G^{\ominus}_{m,CaO,l,R}=0(\text{以纯物质 } CaO_{(l)} \text{ 为标准态}) \quad (v)$$

解：线性组合：式(i)－式(ii)×3－式(iii)×2－式(iv)×5－式(v)×3，得所求反应及其标准吉布斯自由能与温度的关系式为

$$2[P]+5[O]+3(CaO)=\!=\!=3CaO\cdot P_2O_{5(s)} \quad \Delta_r G^{\ominus}_{m(6)}=(-1723550+729.52T)\,J\cdot mol^{-1} \quad (vi)$$

由式（vi）可得所求钢液氧化脱磷反应的标准平衡常数与温度的关系式为

$$\lg K^{\ominus}_6=-\frac{\Delta_r G^{\ominus}_{m(6)}}{19.147T}=\frac{1723550}{19.147T}-\frac{729.52}{19.147}=\frac{90017}{T}-38.10$$

7.2 钢液中溶解铬和溶解碳氧化的耦合反应为

$$2[Cr]+3CO=\!=\!=(Cr_2O_3)+3[C]$$

试求在钢液成分为 $w_{[Cr]}=18\%$、$w_{[Ni]}=9\%$、$w_{[C]}=0.1\%$，反应区 CO 压力 $p_{CO}=$ 100kPa 时，钢液中溶解的 Cr 与 C 选择性氧化的转化温度。已知钢液中组元活度相互作用系数 $e^{Cr}_{Cr}=-0.0003$、$e^{Ni}_{Cr}=0.0002$、$e^{C}_{Cr}=-0.12$、$e^{C}_{C}=0.14$、$e^{Cr}_{C}=-0.024$、$e^{Ni}_{C}=0.012$，渣中 Cr_2O_3 的活度 $a_{(Cr_2O_3),R}=1$，其他相关化学反应及其标准吉布斯自由能与温度的关系式为

$$Cr_2O_{3(s)}+3C_{(gr)}=\!=\!=2Cr_{(s)}+3CO \quad \Delta_r G^{\ominus}_{m(1)}=(766940-504.63T)\,J\cdot mol^{-1} \quad (i)$$

$$C_{(gr)}=\!=\!=[C] \quad \Delta_{sol} G^{\ominus}_{m,C,\%}=(22590-42.26T)\,J\cdot mol^{-1} \quad (ii)$$

$$Cr_{(s)}=\!=\!=[Cr] \quad \Delta_{sol} G^{\ominus}_{m,Cr,s,\%}=(19250-46.86T)\,J\cdot mol^{-1} \quad (iii)$$

$$Cr_2O_{3(s)}=\!=\!=(Cr_2O_3) \quad \Delta_{sol} G^{\ominus}_{m,Cr_2O_3,s,R}=0(\text{以纯物质为标准态}) \quad (iv)$$

解：线性组合：式(iv)－式(i)＋式(ii)×3－式(iii)×2，得

$$2[Cr]+3CO=\!=\!=(Cr_2O_3)+3[C] \quad \Delta_r G^{\ominus}_{m(5)}=(-737670+471.57T)\,J\cdot mol^{-1} \quad (v)$$

化学反应（v）的范特霍夫等温方程式为

$$\Delta_r G_{m(5)} = \Delta_r G^{\ominus}_{m(5)} + RT\ln\frac{a^3_{[C],\%}a_{(Cr_2O_3),R}}{(p_{CO}/p^{\ominus})^3 a^2_{[Cr],\%}}$$

$$= -737670 + 471.57T + 19.147T\lg\frac{f^3_{C,\%}w^3_{[C]\%}a_{(Cr_2O_3),R}}{(p_{CO}/p^{\ominus})^3 f^2_{Cr,\%}w^2_{[Cr]\%}} \quad (\text{vi})$$

计算钢液中碳和铬的活度系数分别为

$$\lg f_{C,\%} = e^C_C w_{[C]\%} + e^{Cr}_C w_{[Cr]\%} + e^{Ni}_C w_{[Ni]\%}$$

$$= 0.14\times0.1 - 0.024\times18 + 0.012\times9 = -0.31$$

$$f_{C,\%} = 0.490$$

$$\lg f_{Cr,\%} = e^{Cr}_{Cr} w_{[Cr]\%} + e^{Ni}_{Cr} w_{[Ni]\%} + e^{C}_{Cr} w_{[C]\%}$$

$$= -0.0003\times18 + 0.0002\times9 - 0.12\times0.1 = -0.0156$$

$$f_{Cr,\%} = 0.965$$

将 $p_{CO}=10^5$Pa、$a_{(Cr_2O_3),R}=1$、$f_{C,\%}=0.490$、$w_{[C]\%}=0.1$、$f_{Cr,\%}=0.965$、$w_{[Cr]\%}=18$ 和 $p^{\ominus}=10^5$Pa 代入式（vi）中，并令 $\Delta_r G_{m(5)}=0$（$\Delta_r G_{m(5)}=0$ 时，$T=T_{转}$），得方程式为

$$0 = -737670 + 471.57T_{转} + 19.147T_{转}\lg\frac{(0.490\times0.1)^3\times1}{(10^5/10^5)^3(0.965\times18)^2} \quad (\text{vii})$$

解方程式（vii），得钢液中 Cr 与 C 选择性氧化的转化温度为

$$T_{转} = \frac{737670}{471.57 + 19.147\times\lg[(0.490\times0.1)^3/(0.965\times18)^2]} = 2115\text{K}$$

7.3 用压力为 200kPa 的氧气吹炼成分为 $w_{[C]}=4.5\%$、$w_{[Si]}=0.8\%$、$w_{[Mn]}=0.2\%$ 的铁水时，生成的熔渣成分为 $w_{(CaO)}=55\%$、$w_{(SiO_2)}=32\%$、$w_{(FeO)}=13\%$。试求铁水中 Si 与 C 氧化的转化温度。已知铁液中溶解的 Si 与 C 氧化的耦合反应及其标准吉布斯自由能与温度的关系式为

$$(SiO_2) + 2[C] = [Si] + 2CO \qquad \Delta_r G^{\ominus}_m = (540870 - 302.27T)\text{J}\cdot\text{mol}^{-1}$$

铁液中组元活度的相互作用系数 $e^C_C=0.14$，$e^{Si}_C=0.08$，$e^{Mn}_C=-0.012$，$e^{Si}_{Si}=0.11$，$e^C_{Si}=0.18$，$e^{Mn}_{Si}=0.002$；熔渣中各氧化物的摩尔质量 $M_{SiO_2}=60\text{g}\cdot\text{mol}^{-1}$，$M_{CaO}=56\text{g}\cdot\text{mol}^{-1}$，$M_{FeO}=72\text{g}\cdot\text{mol}^{-1}$。

解： $(SiO_2) + 2[C] = [Si] + 2CO \quad \Delta_r G^{\ominus}_m = (540870 - 302.27T)\text{J}\cdot\text{mol}^{-1}$ （i）

$$\Delta_r G_m = \Delta_r G^{\ominus}_m + RT\ln\frac{(p_{CO}/p^{\ominus})^2 f_{Si,\%}w_{[Si]\%}}{\gamma_{SiO_2}x_{(SiO_2)}f^2_{C,\%}w^2_{[C]\%}} \quad (\text{ii})$$

$$\lg f_{C,\%} = e^C_C w_{[C]\%} + e^{Si}_C w_{[Si]\%} + e^{Mn}_C w_{[Mn]\%} \quad (\text{iii})$$

$$\lg f_{Si,\%} = e^{Si}_{Si} w_{[Si]\%} + e^{C}_{Si} w_{[C]\%} + e^{Mn}_{Si} w_{[Mn]\%} \quad (\text{iv})$$

取 100g 熔渣为计算基准，计算熔渣中各氧化物的物质的量及摩尔分数，并将计算结

果列于表 7-1 中。

表 7-1　熔渣中各氧化物的摩尔分数

氧化物 B	$w_{(B)}/\%$	$M_B/g\cdot mol^{-1}$	$n_{(B)}/mol$	$x_{(B)}$
CaO	55	56	0.982	0.579
SiO_2	32	60	0.533	0.314
FeO	13	72	0.181	0.107

$$n_{(CaO)} = \frac{100w_{(CaO)}}{M_{CaO}} = \frac{100 \times 55\%}{56} = 0.982\text{mol}$$

$$n_{(SiO_2)} = \frac{100w_{(SiO_2)}}{M_{SiO_2}} = \frac{100 \times 32\%}{60} = 0.533\text{mol}$$

$$n_{(FeO)} = \frac{100w_{(FeO)}}{M_{FeO}} = \frac{100 \times 13\%}{72} = 0.181\text{mol}$$

$$\Sigma n_{(B)} = n_{(CaO)} + n_{(SiO_2)} + n_{(FeO)} = 0.982 + 0.533 + 0.181 = 1.696\text{mol}$$

$$x_{(CaO)} = \frac{n_{(CaO)}}{\Sigma n_B} = \frac{0.982}{1.696} = 0.579$$

$$x_{(SiO_2)} = \frac{n_{(SiO_2)}}{\Sigma n_B} = \frac{0.533}{1.696} = 0.314$$

$$x_{(FeO)} = \frac{n_{(FeO)}}{\Sigma n_B} = \frac{0.181}{1.696} = 0.107$$

根据表 7-1 所示熔渣中各氧化物的摩尔分数，查 CaO-SiO_2-FeO 渣系组元的活度系数图（附图 13），得熔渣中 SiO_2的活度系数为

$$\lg\gamma_{SiO_2} = -1.12 \qquad \gamma_{SiO_2} = 7.586 \times 10^{-2}$$

将已知数据分别代入式（ⅲ）和式（ⅳ）中，计算得铁液中溶解的碳和硅的活度系数分别为

$$\lg f_{C,\%} = 0.14 \times 4.5 + 0.08 \times 0.8 - 0.012 \times 0.2 = 0.6916 \qquad f_{C,\%} = 4.916$$

$$\lg f_{Si,\%} = 0.11 \times 0.8 + 0.18 \times 4.5 + 0.002 \times 0.2 = 0.8984 \qquad f_{Si,\%} = 7.914$$

将 $p_{CO} = 2 \times 10^5\text{Pa}$、$p^\ominus = 10^5\text{Pa}$、$f_{Si,\%} = 7.914$、$w_{[Si]\%} = 0.8$、$\gamma_{SiO_2} = 7.586 \times 10^{-2}$、$x_{(SiO_2)} = 0.314$、$f_{C,\%} = 4.916$、$w_{[C]\%} = 4.5$ 代入式（ⅱ）中，并令 $\Delta_r G_m = 0$（$\Delta_r G_m = 0$ 时，$T = T_{转}$），得方程式为

$$0 = 540870 - 302.27T_{转} + 19.147T_{转}\lg\frac{(2\times10^5/10^5)^2 \times 7.914 \times 0.8}{7.586\times10^{-2} \times 0.314 \times (4.916 \times 4.5)^2} \quad (\text{v})$$

解方程式（ⅴ），得铁液中溶解的 Si 与 C 氧化的转化温度为

$$T_{转} = 1828\text{K}$$

7.4　对于渣-金两相间的氧化反应，试导出金属液中元素扩散成为限制环节的反应过程速率的微分方程式和积分方程式。

解：当金属液中元素 M 的氧化反应过程，由元素 M 在金属液中扩散、氧化形成的产物 MO 在熔渣中的扩散和界面化学反应三个环节组成时，该氧化反应过程可表示为

$$[\mathrm{M}]\xrightarrow[\text{元素扩散}]{\beta_{[\mathrm{M}]}}[\mathrm{M}]^{*}\xrightarrow[\text{界面反应}]{k_{\mathrm{C}}}(\mathrm{MO})^{*}\xrightarrow[\text{产物扩散}]{\beta_{(\mathrm{MO})}}(\mathrm{MO})$$

包括三个环节（元素扩散环节、界面化学反应环节和产物扩散环节）阻力在内的反应过程速率的微分方程式为

$$v=-\frac{\mathrm{d}c_{[\mathrm{M}]}}{\mathrm{d}t}=\frac{c_{[\mathrm{M}]}-c_{(\mathrm{MO})}/K}{1/k_{[\mathrm{M}]}+1/k_{(\mathrm{MO})}K+1/k_{\mathrm{C}}}=\frac{c_{[\mathrm{M}]}-c_{(\mathrm{MO})}/L_{\mathrm{M}}}{1/k_{[\mathrm{M}]}+1/k_{(\mathrm{MO})}L_{\mathrm{M}}+1/k_{\mathrm{C}}} \qquad (\text{i})$$

式中 $c_{[\mathrm{M}]}$、$c_{(\mathrm{MO})}$——分别为金属液中元素 M 及熔渣中氧化物 MO 的浓度，$\mathrm{mol}\cdot\mathrm{m}^{-3}$；

$k_{[\mathrm{M}]}=\dfrac{\beta_{[\mathrm{M}]}A}{V_{\mathrm{m}}}$，$k_{(\mathrm{MO})}=\dfrac{\beta_{(\mathrm{MO})}A}{V_{\mathrm{m}}}$，$k_{\mathrm{C}}=\dfrac{k_{+}A}{V_{\mathrm{m}}}$；

k_{C}——元素氧化反应的容量速率常数，s^{-1}；

k_{+}——正反应速率常数，$\mathrm{m}\cdot\mathrm{s}^{-1}$；

$\beta_{[\mathrm{M}]}$、$\beta_{(\mathrm{MO})}$——分别为 M 在金属液内及 MO 在熔渣内的传质系数，$\mathrm{m}\cdot\mathrm{s}^{-1}$；

A/V_{m}——单位体积金属液与熔渣间的界面积，$\mathrm{m}^2\cdot\mathrm{m}^{-3}$；

K——氧化反应的平衡常数（$K=c_{(\mathrm{MO})^{*}}/c_{[\mathrm{M}]^{*}}$）；

L_{M}——元素 M 在熔渣和金属液两相间的分配常数（$L_{\mathrm{M}}=K=c_{(\mathrm{MO})^{*}}/c_{[\mathrm{M}]^{*}}$）。

金属液中元素 M 的扩散成为速率限制环节时，$\dfrac{1}{k_{[\mathrm{M}]}}\gg\dfrac{1}{k_{(\mathrm{MO})}K}+\dfrac{1}{k_{\mathrm{C}}}$，故在式（i）的总阻力（分母项）中只保留$\dfrac{1}{k_{[\mathrm{M}]}}$项，则式（i）变为

$$v=-\frac{\mathrm{d}c_{[\mathrm{M}]}}{\mathrm{d}t}=\frac{c_{[\mathrm{M}]}-c_{(\mathrm{MO})}/L_{\mathrm{M}}}{1/k_{[\mathrm{M}]}} \qquad (\text{ii})$$

物质的量浓度与质量分数的转换关系为

$$c_{[\mathrm{M}]}=\frac{\rho_{\mathrm{m}}w_{[\mathrm{M}]}}{M_{\mathrm{M}}} \qquad c_{(\mathrm{MO})}=\frac{\rho_{\mathrm{sl}}w_{(\mathrm{MO})}}{M_{\mathrm{MO}}} \qquad (\text{iii})$$

式中 ρ_{m}、ρ_{sl}——分别为金属液及熔渣的密度，$\mathrm{kg}\cdot\mathrm{m}^{-3}$；

M_{M}、M_{MO}——分别为元素 M 及氧化物 MO 的摩尔质量，$\mathrm{kg}\cdot\mathrm{mol}^{-1}$。

将式（iii）代入式（ii）中，得金属液中元素 M 氧化速率的微分方程式为

$$v=-\frac{\mathrm{d}w_{[\mathrm{M}]}}{\mathrm{d}t}=k_{[\mathrm{M}]}\left(w_{[\mathrm{M}]}-\frac{w_{(\mathrm{MO})}}{L_{\mathrm{M},\%}}\right) \qquad (\text{iv})$$

式中 $L_{\mathrm{M},\%}$——用质量分数之比表示的元素 M 在熔渣和金属液两相间的分配常数，1。

$L_{\mathrm{M},\%}$的定义式及其与 L_{M} 的关系式为

$$L_{\mathrm{M},\%}=\frac{w_{(\mathrm{MO})^{*}}}{w_{[\mathrm{M}]^{*}}}=\frac{c_{(\mathrm{MO})^{*}}}{c_{[\mathrm{M}]^{*}}}\times\frac{M_{\mathrm{MO}}}{M_{\mathrm{M}}}\times\frac{\rho_{\mathrm{m}}}{\rho_{\mathrm{sl}}}=L_{\mathrm{M}}\times\frac{M_{\mathrm{MO}}}{M_{\mathrm{M}}}\times\frac{\rho_{\mathrm{m}}}{\rho_{\mathrm{sl}}}$$

元素 M 氧化过程中的质量平衡方程式为

$$w_{(\mathrm{MO})}=w_{(\mathrm{MO}),0}+\frac{(w_{[\mathrm{M}],0}-w_{[\mathrm{M}]})\times(M_{\mathrm{MO}}/M_{\mathrm{M}})}{m_{\mathrm{sl}}/m_{\mathrm{m}}} \qquad (\text{v})$$

式中　$w_{[M],0}$、$w_{(MO),0}$——分别为金属液中元素 M 及熔渣中氧化物 MO 的初始质量分数；

m_m、m_{sl}——分别为金属液的质量和熔渣的质量，kg。

将式（v）代入式（iv）中，消去 $w_{(MO)}$，得

$$v = -\frac{dw_{[M]}}{dt} = \frac{k_{[M]}\left(\frac{m_{sl}}{m_m} \times L_{M,\%} + \frac{M_{MO}}{M_M}\right)}{(m_{sl}/m_m) \times L_{M,\%}} \times w_{[M]} - \frac{k_{[M]}\left(\frac{m_{sl}}{m_m} \times w_{(MO),0} + \frac{M_{MO}}{M_M} \times w_{[M],0}\right)}{(m_{sl}/m_m) \times L_{M,\%}} \tag{vi}$$

设 $h = \frac{k_{[M]}\left(\frac{m_{sl}}{m_m} \times L_{M,\%} + \frac{M_{MO}}{M_M}\right)}{(m_{sl}/m_m) \times L_{M,\%}}$，$g = \frac{k_{[M]}\left(\frac{m_{sl}}{m_m} \times w_{(MO),0} + \frac{M_{MO}}{M_M} \times w_{[M],0}\right)}{(m_{sl}/m_m) \times L_{M,\%}}$，则式（vi）变为

$$-\frac{dw_{[M]}}{dt} = hw_{[M]} - g \tag{vii}$$

对式（vii）分离变量并积分，得

$$\ln(w_{[M]} - g/h) = -ht + I \tag{viii}$$

将 $t=0$、$w_{[M]} = w_{[M],0}$代入式（viii）中，确定积分常数为

$$I = \ln(w_{[M],0} - g/h)$$

将积分常数 $I = \ln(w_{[M],0} - g/h)$ 代入式（viii）中，得氧化反应过程速率的积分方程式为

$$\ln\frac{w_{[M]} - g/h}{w_{[M],0} - g/h} = -ht \tag{ix}$$

所得式（ii）、式（iv）和式（vii）为所求元素 M 的氧化反应速率的微分方程式，而式（ix）则为所求元素 M 的氧化反应速率的积分方程式。

7.5　试计算与成分为 $w_{(CaO)}=42.68\%$、$w_{(SiO_2)}=19.34\%$、$w_{(FeO)}=12.09\%$、$w_{(MnO)}=8.84\%$、$w_{(MgO)}=14.90\%$、$w_{(P_2O_5)}=2.15\%$的熔渣平衡的钢液中锰和氧的质量分数。已知温度为 1600℃，熔渣中各氧化物的摩尔质量分别为 $M_{CaO}=56\text{g}\cdot\text{mol}^{-1}$，$M_{SiO_2}=60\ \text{g}\cdot\text{mol}^{-1}$，$M_{FeO}=72\text{g}\cdot\text{mol}^{-1}$，$M_{MnO}=71\text{g}\cdot\text{mol}^{-1}$，$M_{MgO}=40\text{g}\cdot\text{mol}^{-1}$，$M_{P_2O_5}=142\text{g}\cdot\text{mol}^{-1}$。

解： $$[\text{Mn}] + (\text{FeO}) = (\text{MnO}) + [\text{Fe}] \quad \Delta_r G^\ominus_{m(1)} = (-123307 + 56.48T)\ \text{J}\cdot\text{mol}^{-1} \tag{i}$$

$$[\text{Mn}] + [\text{O}] = (\text{MnO}) \quad \Delta_r G^\ominus_{m(2)} = (-244316 + 108.83T)\ \text{J}\cdot\text{mol}^{-1} \tag{ii}$$

计算锰氧化反应（i）和（ii）在 1600℃时的标准平衡常数分别为

$$\lg K_1^\ominus = \frac{123307}{19.147 \times 1873} - \frac{56.48}{19.147} = 0.48853 \qquad K_1^\ominus = 3.08$$

$$\lg K_2^\ominus = \frac{244316}{19.147 \times 1873} - \frac{108.83}{19.147} = 1.12869 \qquad K_2^\ominus = 13.45$$

在钢液中锰氧化反应达平衡时，钢液中锰和氧的浓度很低，近似为稀溶液，所以有

$$K_1^{\ominus} = \frac{a_{(MnO),R}}{a_{[Mn],\%}a_{(FeO),R}} = \frac{\gamma_{MnO}x_{(MnO)}}{w_{[Mn]\%}a_{(FeO),R}} \quad (iii)$$

$$K_2^{\ominus} = \frac{a_{(MnO),R}}{a_{[Mn],\%}a_{[O],\%}} = \frac{\gamma_{MnO}x_{(MnO)}}{w_{[Mn]\%}w_{[O]\%}} \quad (iv)$$

取100g熔渣，计算其中各组元的物质的量及摩尔分数，并将计算结果列入表7-2中。

$$n_{(CaO)} = \frac{100w_{(CaO)}}{M_{CaO}} = \frac{100 \times 42.68\%}{56} = 0.762\text{mol}$$

$$n_{(SiO_2)} = \frac{100w_{(SiO_2)}}{M_{SiO_2}} = \frac{100 \times 19.34\%}{60} = 0.322\text{mol}$$

$$n_{(FeO)} = \frac{100w_{(FeO)}}{M_{FeO}} = \frac{100 \times 12.09\%}{72} = 0.168\text{mol}$$

$$n_{(MnO)} = \frac{100w_{(MnO)}}{M_{MnO}} = \frac{100 \times 8.84\%}{71} = 0.125\text{mol}$$

$$n_{(MgO)} = \frac{100w_{(MgO)}}{M_{MgO}} = \frac{100 \times 14.90\%}{40} = 0.373\text{mol}$$

$$n_{(P_2O_5)} = \frac{100w_{(P_2O_5)}}{M_{P_2O_5}} = \frac{100 \times 2.15\%}{142} = 0.015\text{mol}$$

$$\sum n_{(B)} = n_{(CaO)} + n_{(SiO_2)} + n_{(FeO)} + n_{(MnO)} + n_{(MgO)} + n_{(P_2O_5)}$$

$$= 0.762 + 0.322 + 0.168 + 0.125 + 0.373 + 0.015 = 1.765\text{mol}$$

$$x_{(CaO)} = \frac{n_{(CaO)}}{\sum n_{(B)}} = \frac{0.762}{1.765} = 0.432 \qquad x_{(SiO_2)} = \frac{n_{(SiO_2)}}{\sum n_{(B)}} = \frac{0.322}{1.765} = 0.182$$

$$x_{(FeO)} = \frac{n_{(FeO)}}{\sum n_{(B)}} = \frac{0.168}{1.765} = 0.095 \qquad x_{(MnO)} = \frac{n_{(MnO)}}{\sum n_{(B)}} = \frac{0.125}{1.765} = 0.071$$

$$x_{(MgO)} = \frac{n_{(MgO)}}{\sum n_{(B)}} = \frac{0.373}{1.765} = 0.211 \qquad x_{(P_2O_5)} = \frac{n_{(P_2O_5)}}{\sum n_{(B)}} = \frac{0.015}{1.765} = 0.009$$

表7-2　熔渣中各组元的物质的量及摩尔分数

组元B	CaO	SiO_2	FeO	MnO	MgO	P_2O_5
$w_{(B)}/\%$	42.68	19.34	12.09	8.84	14.90	2.15
$M_B/g\cdot mol^{-1}$	56	60	72	71	40	142
$n_{(B)}/mol$	0.762	0.322	0.168	0.125	0.373	0.015
$x_{(B)}$	0.432	0.182	0.095	0.071	0.211	0.009

将表7-2中的多元系成分折算成伪三元系成分为

$$x'_{(CaO+MgO)} = x_{(CaO)} + x_{(MgO)} = 0.432 + 0.211 = 0.643$$

$$x'_{(FeO+MnO)} = x_{(FeO)} + x_{(MnO)} = 0.095 + 0.071 = 0.166$$

$$x'_{(SiO_2+P_2O_5)} = x_{(SiO_2)} + x_{(P_2O_5)} = 0.182 + 0.009 = 0.191$$

根据折算的伪三元系渣的成分查（CaO + MgO）-（FeO + MnO）-SiO_2渣系的 γ_{MnO} 曲线图（附图14），得多元系渣中 MnO 的活度系数为

$$\gamma_{MnO} = 1.8$$

再将表7-2中的多元系成分折算成伪三元系成分为

$$x''_{(CaO+MgO+MnO)} = x_{(CaO)} + x_{(MgO)} + x_{(MnO)} = 0.432 + 0.211 + 0.071 = 0.714$$

$$x''_{(SiO_2+P_2O_5)} = x_{(SiO_2)} + x_{(P_2O_5)} = 0.182 + 0.009 = 0.191$$

$$x''_{(FeO)} = x_{(FeO)} = 0.095$$

根据折算的伪三元系渣的成分查 CaO-SiO_2-FeO 系渣 FeO 的活度图（附图5），得 FeO 的活度为

$$a_{(FeO),R} = 0.32$$

将 $\gamma_{MnO} = 1.8$、$x_{(MnO)} = 0.071$、$a_{(FeO),R} = 0.32$ 和 $K_1^{\ominus} = 3.08$ 代入式（iii）中，得方程式为

$$3.08 = \frac{1.8 \times 0.071}{0.32 w_{[Mn]\%}} \quad \text{(v)}$$

解方程式（v），得与熔渣平衡的钢液中锰的质量百分数和质量分数分别为

$$w_{[Mn]\%} = 0.13 \qquad w_{[Mn]} = 0.13\%$$

将 $\gamma_{MnO} = 1.8$、$x_{(MnO)} = 0.071$、$w_{[Mn]\%} = 0.13$ 和 $K_2^{\ominus} = 13.45$ 代入式（iv）中，得方程式为

$$13.45 = \frac{1.8 \times 0.071}{0.13 w_{[O]\%}} \quad \text{(vi)}$$

解方程式（vi），得与熔渣平衡的钢液中氧的质量百分数和质量分数分别为

$$w_{[O]\%} = 0.073 \qquad w_{[O]} = 0.073\%$$

7.6 试计算与成分为 $w_{(FeO)} = 25\%$、$w_{(MnO)} = 25\%$、$w_{(SiO_2)} = 50\%$ 的，为 SiO_2 饱和的酸性熔渣平衡的钢液中锰的质量分数 $w_{[Mn]}$。已知温度为1580℃，熔渣中各氧化物的摩尔质量分别为 $M_{SiO_2} = 60\text{g}\cdot\text{mol}^{-1}$、$M_{FeO} = 72\text{g}\cdot\text{mol}^{-1}$、$M_{MnO} = 71\text{g}\cdot\text{mol}^{-1}$，熔渣中 MnO 的活度系数与 FeO 的活度系数之比的温度关系式为

$$\lg\frac{\gamma_{MnO}}{\gamma_{FeO}} = -\frac{368}{T} - 0.427$$

解：设锰在钢液中溶解为稀溶液，则 $a_{[Mn],\%} = w_{[Mn]\%}$。

$$[\text{Mn}] + (\text{FeO}) = (\text{MnO}) + [\text{Fe}] \quad \Delta_r G_m^{\ominus} = (-123307 + 56.48T)\,\text{J}\cdot\text{mol}^{-1} \quad \text{(i)}$$

$$\lg K^{\ominus} = \frac{123307}{19.147T} - \frac{56.48}{19.147} \quad \text{(ii)}$$

$$\lg K^{\ominus} = \lg\frac{a_{(MnO),R}}{a_{[Mn],\%}\,a_{(FeO),R}} = \lg\frac{\gamma_{MnO}x_{(MnO)}}{w_{[Mn]\%}\gamma_{FeO}x_{(FeO)}} = \lg\frac{\gamma_{MnO}}{\gamma_{FeO}} + \lg\frac{x_{(MnO)}}{x_{(FeO)}} - \lg w_{[Mn]\%} \quad \text{(iii)}$$

$$\lg\frac{\gamma_{MnO}}{\gamma_{FeO}} = -\frac{368}{T} - 0.427 \quad \text{(iv)}$$

取100g熔渣，计算其中各组元的物质的量及摩尔分数，并将计算结果列入表7-3中。

表7-3　熔渣中各组元的摩尔分数

组元B	FeO	MnO	SiO_2	组元B	FeO	MnO	SiO_2
$w_{(B)}/\%$	25	25	50	$n_{(B)}/mol$	0.347	0.352	0.833
$M_B/g\cdot mol^{-1}$	72	71	60	$x_{(B)}$	0.2265	0.2298	0.5437

$$n_{(FeO)}=\frac{100w_{(FeO)}}{M_{FeO}}=\frac{100\times25\%}{72}=0.347mol$$

$$n_{(MnO)}=\frac{100w_{(MnO)}}{M_{MnO}}=\frac{100\times25\%}{71}=0.352mol$$

$$n_{(SiO_2)}=\frac{100w_{(SiO_2)}}{M_{SiO_2}}=\frac{100\times50\%}{60}=0.833mol$$

$$\begin{aligned}\sum n_{(B)}&=n_{(FeO)}+n_{(MnO)}+n_{(SiO_2)}\\&=0.347+0.352+0.833=1.532mol\end{aligned}$$

$$x_{(FeO)}=\frac{n_{(FeO)}}{\sum n_{(B)}}=\frac{0.347}{1.532}=0.2265$$

$$x_{(MnO)}=\frac{n_{(MnO)}}{\sum n_{(B)}}=\frac{0.352}{1.532}=0.2298$$

$$x_{(SiO_2)}=\frac{n_{(SiO_2)}}{\sum n_{(B)}}=\frac{0.833}{1.532}=0.5437$$

将式（ⅱ）、式（ⅳ）、$x_{(MnO)}=0.2298$和$x_{(FeO)}=0.2265$代入式（ⅲ）中，得

$$\lg w_{[Mn]\%}=2.529-\frac{6808}{T} \qquad (\text{v})$$

将$T=1853K$代入式（ⅴ）中，得

$$\lg w_{[Mn]\%}=2.529-\frac{6808}{1853}=-1.145042 \qquad (\text{vi})$$

解方程式（ⅵ），得与熔渣平衡的钢液中锰的质量百分数和质量分数分别为

$$w_{[Mn]\%}=0.0716 \qquad w_{[Mn]}=0.0716\%$$

7.7　试计算电弧炉炼钢的氧化期内锰氧化90%所需时间。锰氧化的限制环节是钢液中Mn的扩散。已知渣-钢界面积$A=15m^2$，钢液中Mn的扩散系数$D_{[Mn]}=10^{-7}m^2\cdot s^{-1}$，钢液侧扩散边界层厚度$\delta_{[Mn]}=3\times10^{-4}m$，钢液密度$\rho_{st}=7000kg\cdot m^{-3}$，电炉内钢液质量$m_{st}=27t$。

解：当钢液中Mn的扩散是锰氧化反应过程的限制环节时，锰氧化反应速率的微分方程式为

$$-\frac{dw_{[Mn]}}{dt}=k_{[Mn]}(w_{[Mn]}-w_{(MnO)}/L_{Mn,\%}) \qquad (\text{i})$$

因为分配常数$L_{Mn,\%}$很大，所以可略去式（ⅰ）中的$w_{(MnO)}/L_{Mn,\%}$项，式（ⅰ）简化为

$$-\frac{dw_{[Mn]}}{dt}=k_{[Mn]}w_{[Mn]} \qquad (\text{ii})$$

对式（ⅱ）分离变量，并在 $t=0$ 时 $w_{[Mn]}=w_{[Mn],0}$，$t=t$ 时 $w_{[Mn]}=w_{[Mn]}$ 条件下积分，得

$$\int_{w_{[Mn],0}}^{w_{[Mn]}} \frac{dw_{[Mn]}}{w_{[Mn]}} = -\int_{t=0}^{t=t} k_{[Mn]} dt$$

$$\ln \frac{w_{[Mn]}}{w_{[Mn],0}} = -k_{[Mn]} t \quad \text{（ⅲ）}$$

式中　$k_{[Mn]}$——钢液中 Mn 的扩散是限制环节时锰氧化反应过程速率常数，s^{-1}。

$$k_{[Mn]} = \beta_{[Mn]} \times \frac{A}{V_{st}} = \frac{D_{[Mn]}}{\delta_{[Mn]}} \times \frac{A}{V_{st}} = \frac{D_{[Mn]}}{\delta_{[Mn]}} \times \frac{A\rho_{st}}{m_{st}} \quad \text{（ⅳ）}$$

将 $D_{[Mn]}=10^{-7}m^2 \cdot s^{-1}$、$\delta_{[Mn]}=3\times10^{-4}m$、$A=15m^2$、$\rho_{st}=7000kg \cdot m^{-3}$、$m_{st}=27000kg$ 代入式（ⅳ）中，得

$$k_{[Mn]} = \frac{10^{-7}}{3\times10^{-4}} \times \frac{15\times7000}{27000} = 1.296\times10^{-3}s^{-1}$$

将 $k_{[Mn]}=1.296\times10^{-3}s^{-1}$、$w_{[Mn]}=(1-90\%)w_{[Mn],0}$ 和 $t=t_{0.9}$ 代入式（ⅲ）中，得

$$\ln \frac{(1-90\%)w_{[Mn],0}}{w_{[Mn],0}} = -1.296\times10^{-3}t_{0.9} \qquad \ln0.1 = -1.296\times10^{-3}t_{0.9}$$

解上方程式，得锰氧化 90% 所需时间为

$$t_{0.9} = 1776.7s = 29.612min$$

7.8　试计算在成分为 $x_{(CaO)}+x_{(MgO)}+x_{(MnO)}=50\%$、$x_{(SiO_2)}=21\%$、$x_{(P_2O_5)}=4\%$、$x_{(FeO)}=25\%$ 的熔渣下，钢液中硅氧化平衡时的残存质量分数 $w_{[Si]}$。已知温度为 1600℃。

解：设钢液中硅氧化平衡时，钢液为含硅稀溶液，则 $a_{[Si],\%}=w_{[Si]\%}$。

$$[Si]+2(FeO) = (SiO_2)+2[Fe] \quad \Delta_r G_m^{\ominus} = (-386769+202.3T) J \cdot mol^{-1} \quad \text{（ⅰ）}$$

$$\lg K^{\ominus} = \lg \frac{\gamma_{SiO_2} x_{(SiO_2)}}{a_{(FeO)}^2 w_{[Si]\%}} = \frac{20200}{T} - 10.566 \quad \text{（ⅱ）}$$

计算伪三元系熔渣的成分为

$$x'_{(CaO+MgO+MnO)} = x_{(CaO)} + x_{(MgO)} + x_{(MnO)} = 50\%$$

$$x'_{(SiO_2+P_2O_5)} = x_{(SiO_2)} + x_{(P_2O_5)} = 21\% + 4\% = 25\%$$

$$x'_{(FeO)} = x_{(FeO)} = 25\%$$

根据以上计算的伪三元系熔渣成分，分别查 $CaO-SiO_2-FeO$ 渣系 FeO 的活度图（附图 5）和 $CaO-SiO_2-FeO$ 渣系组元的活度系数图（附图 13），分别得 FeO 的活度和 $\lg\gamma_{SiO_2}$ 为

$$a_{(FeO),R} = 0.675 \qquad \lg\gamma_{SiO_2} = -2 \qquad \gamma_{SiO_2} = 0.01$$

设伪三元系熔渣中 SiO_2 的摩尔分数 $x'_{(SiO_2)}=x'_{(SiO_2+P_2O_5)}=25\%$。

将 $\gamma_{SiO_2}=0.01$、$x'_{(SiO_2)}=25\%$、$a_{(FeO),R}=0.675$ 和 $T=1873K$ 代入式（ⅱ）中，得

$$\lg \frac{0.01\times0.25}{0.675^2\times w_{[Si]\%}} = \frac{20200}{1873} - 10.566 = 0.21884 \qquad \frac{0.01\times0.25}{0.675^2\times w_{[Si]\%}} = 1.65516$$

解上方程式，得钢液中硅氧化反应平衡时硅的残存质量百分数和质量分数分别为

$$w_{[Si]\%} = 3.315\times10^{-3} \qquad w_{[Si]} = 3.315\times10^{-3}\%$$

7.9 试计算在1580℃，与SiO_2饱和的酸性渣平衡的钢液中硅的质量分数$w_{[Si]}$。熔渣为SiO_2-FeO-MnO三元系，其成分为$w_{(FeO)}=20\%$、$w_{(MnO)}=15\%$、$w_{(SiO_2)sat}=65\%$。已知钢液中硅氧化反应的平衡常数与温度的关系式为

$$[Si]+2(FeO) = (SiO_2)+2[Fe] \qquad \lg K = \lg(w_{[Si]\%}w^2_{(FeO)\%}) = 10.64-\frac{18200}{T}$$

解：将$w_{(FeO)\%}=20$和$T=1853K$代入已知的平衡常数与温度的关系式中，得方程式为

$$\lg 20^2+\lg w_{[Si]\%} = 10.64-\frac{18200}{1853} = 0.81809$$

解上方程式，得所求与SiO_2饱和的酸性渣平衡的钢液中硅的质量百分数和质量分数分别为

$$\lg w_{[Si]\%} = -1.784 \qquad w_{[Si]\%} = 0.0164 \qquad w_{[Si]} = 0.0164\%$$

7.10 试计算在为SiO_2饱和的其他成分为$w_{(FeO)}=11\%$、$w_{(Cr)}=4\%$的酸性渣下，钢液中铬的质量分数$w_{[Cr],1}$。同样计算在二元碱度$R=w_{(CaO)}/w_{(SiO_2)}=2.5$的碱性渣下，钢液中铬的质量分数$w_{[Cr],2}$。在酸性渣下，钢液中Cr氧化生成CrO；在碱性渣下，钢液中Cr氧化生成Cr_2O_3。温度为1600℃。已知钢液中铬的氧化反应及其平衡常数方程式分别为

$$[Cr]+(FeO) = (CrO)+[Fe] \qquad K_{Cr(1)} = \frac{w_{(CrO)\%}}{w_{[Cr]\%,1}w_{(FeO)\%}} \qquad (\text{i})$$

$$2[Cr]+3(FeO) = (Cr_2O_3)+3[Fe] \qquad K_{Cr(2)} = \frac{w_{(Cr_2O_3)\%}}{w^2_{[Cr]\%,2}w^3_{(FeO)\%}} \qquad (\text{ii})$$

解：根据1600℃的铬氧化反应的平衡常数与碱度的关系图（附图15），查得在SiO_2饱和的酸性渣下的平衡常数和在$R=w_{(CaO)}/w_{(SiO_2)}=2.5$的碱性渣下的平衡常数分别为$K_{Cr(1)}=0.45$，$K_{Cr(2)}=0.014$。根据$w_{(Cr)}=4\%$，分别计算$w_{(CrO)}$和$w_{(Cr_2O_3)}$：

$CrO = Cr + O$		$Cr_2O_3 = 2Cr+3O$	
68	52	152	104
$w_{(CrO)}$	4%	$w_{(Cr_2O_3)}$	4%

$$w_{(CrO)} = 68\times4\%/52 = 5.231\% \qquad w_{(Cr_2O_3)} = 152\times4\%/104 = 5.846\%$$

将$K_{Cr(1)}=0.45$、$w_{(CrO)\%}=5.231$、$w_{(FeO)\%}=11$代入式（i）中，得

$$0.45 = \frac{5.231}{11w_{[Cr]\%,1}} \qquad w_{[Cr]\%,1} = 1.057 \qquad w_{[Cr],1} = 1.057\%$$

将$K_{Cr(2)}=0.014$、$w_{(Cr_2O_3)\%}=5.846$、$w_{(FeO)\%}=11$代入式（ii）中，得

$$0.014 = \frac{5.846}{11^3w^2_{[Cr]\%,2}} \qquad w_{[Cr]\%,2} = 0.560 \qquad w_{[Cr],2} = 0.560\%$$

7.11 在电弧炉内，用不锈钢返回料吹氧冶炼不锈钢时，钢液中 Ni 的质量分数为 $w_{[Ni]}=9\%$。如吹氧终点钢液碳的质量分数规定为 $w_{[C]}=0.03\%$，而铬的质量分数保持为 $w_{[Cr]}=10\%$，问吹炼应达到多高的温度？已知熔渣中 Cr_3O_4 的活度 $a_{(Cr_3O_4),R}=1$，反应区 CO 的分压为 $p_{CO}=100kPa$，钢液中组元活度相互作用系数 $e_{Cr}^{Cr}=-0.0003$、$e_{Cr}^{C}=-0.12$、$e_{Cr}^{Ni}=0.0002$、$e_{C}^{C}=0.14$、$e_{C}^{Cr}=-0.024$、$e_{C}^{Ni}=0.012$。

解： $4[C]+(Cr_3O_4) \xlongequal{\quad} 3[Cr]+4CO \qquad \Delta_r G_m^{\ominus}=(934706-617.22T)\,J\cdot mol^{-1}$ （i）

$$\Delta_r G_m = 934706-617.22T+19.147T\lg\frac{a_{[Cr],\%}^3(p_{CO}/p^{\ominus})^4}{a_{[C],\%}^4\,a_{(Cr_3O_4),R}} \quad (ii)$$

$$\lg f_{Cr,\%} = e_{Cr}^{Cr}w_{[Cr]\%}+e_{Cr}^{C}w_{[C]\%}+e_{Cr}^{Ni}w_{[Ni]\%} \quad (iii)$$

$$\lg f_{C,\%} = e_{C}^{C}w_{[C]\%}+e_{C}^{Cr}w_{[Cr]\%}+e_{C}^{Ni}w_{[Ni]\%} \quad (iv)$$

将已知条件代入式（iii）中，计算钢液中 Cr 的活度系数为

$$\lg f_{Cr,\%}=-0.0003\times10-0.12\times0.03+0.0002\times9=-0.0048 \qquad f_{Cr,\%}=0.989$$

进而计算钢液中 Cr 的活度为

$$a_{[Cr],\%}=f_{Cr,\%}w_{[Cr]\%}=0.989\times10=9.89$$

将已知条件代入式（iv）中，计算钢液中 C 的活度系数为

$$\lg f_{C,\%}=0.14\times0.03-0.024\times10+0.012\times9=-0.1278 \qquad f_{C,\%}=0.745$$

进而计算钢液中 C 的活度为

$$a_{[C],\%}=f_{C,\%}w_{[C]\%}=0.745\times0.03=0.02235$$

将 $a_{[Cr],\%}=9.89$、$p_{CO}=100kPa$、$p^{\ominus}=10^5Pa$、$a_{[C],\%}=0.02235$、$a_{(Cr_3O_4),R}=1$ 代入式（ii）中，并令 $\Delta_r G_m=0$（$\Delta_r G_m=0$ 时，$T=T_{转}$），得

$$0=934706-617.22T_{转}+19.147T_{转}\lg\frac{9.89^3\times(10^5/10^5)^4}{0.02235^4\times1} \quad (v)$$

解方程式（v），得吹炼应达到的温度为

$$T_{转}=\frac{934706}{617.22-19.147\lg(9.89^3/0.02235^4)}=2155K$$

7.12 用不锈钢返回料吹氧熔炼不锈钢时，采用 10^4Pa 的真空度，钢液成分为 $w_{[Cr]}=10\%$、$w_{[Ni]}=9\%$，试求吹炼温度为 1700℃时碳的平衡浓度（质量分数）$w_{[C]}$。已知熔渣中 Cr_3O_4 的活度 $a_{(Cr_3O_4),R}=1$，钢液中组元活度的相互作用系数为 $e_{Cr}^{Cr}=-0.0003$、$e_{Cr}^{C}=-0.12$、$e_{Cr}^{Ni}=0.0002$、$e_{C}^{C}=0.14$、$e_{C}^{Cr}=-0.024$、$e_{C}^{Ni}=0.012$。

解： $4[C]+(Cr_3O_4) \xlongequal{\quad} 3[Cr]+4CO \qquad \lg K^{\ominus}=-\frac{48817}{T}+32.24$ （i）

$$\lg f_{Cr,\%} = e_{Cr}^{Cr}w_{[Cr]\%}+e_{Cr}^{C}w_{[C]\%}+e_{Cr}^{Ni}w_{[Ni]\%} \quad (ii)$$

$$\lg f_{C,\%} = e_{C}^{C}w_{[C]\%}+e_{C}^{Cr}w_{[Cr]\%}+e_{C}^{Ni}w_{[Ni]\%} \quad (iii)$$

$$\lg K^{\ominus} = \lg \frac{a_{[Cr],\%}^{3}(p_{CO}/p^{\ominus})^{4}}{a_{[C],\%}^{4}a_{(Cr_3O_4),R}} = \lg \frac{f_{Cr,\%}^{3}w_{[Cr]\%}^{3}(p_{CO}/p^{\ominus})^{4}}{f_{C,\%}^{4}w_{[C]\%}^{4}a_{(Cr_3O_4),R}} = -\frac{48817}{T} + 32.24 \qquad (\text{iv})$$

将 $a_{(Cr_3O_4),R}=1$ 和 $T=1973$ K 代入式（ⅳ）中，得

$$3\lg f_{Cr,\%} + 3\lg w_{[Cr]\%} + 4\lg p_{CO} - 4\lg p^{\ominus} - 4\lg f_{C,\%} - 4\lg w_{[C]\%} = 7.4975 \qquad (\text{v})$$

将已知数据 $w_{[Cr]\%}=10$、$w_{[Ni]\%}=9$、$e_{Cr}^{Cr}=-0.0003$、$e_{Cr}^{C}=-0.12$、$e_{Cr}^{Ni}=0.0002$ 代入式（ⅱ）中，得

$$\lg f_{Cr,\%} = -0.0003\times 10 - 0.12w_{[C]\%} + 0.0002\times 9 = -0.12w_{[C]\%} - 0.0012 \qquad (\text{vi})$$

将已知数据 $w_{[Cr]\%}=10$、$w_{[Ni]\%}=9$、$e_{C}^{C}=0.14$、$e_{C}^{Cr}=-0.024$、$e_{C}^{Ni}=0.012$ 代入式（ⅲ）中，得

$$\lg f_{C,\%} = 0.14w_{[C]\%} - 0.024\times 10 + 0.012\times 9 = 0.14w_{[C]\%} - 0.132 \qquad (\text{vii})$$

将式（ⅵ）、式（ⅶ）、$w_{[Cr]\%}=10$、$p_{CO}=10^4$Pa 和 $p^{\ominus}=10^5$Pa 代入式（ⅴ）中，得

$$4\lg w_{[C]\%} + 0.92w_{[C]\%} + 7.9731 = 0 \qquad (\text{viii})$$

将方程式（ⅷ）等号两边同乘以 2.303，得

$$4\ln w_{[C]\%} + 2.11876w_{[C]\%} + 18.36205 = 0 \qquad (\text{ix})$$

根据非线性方程式（ⅸ）建立迭代程序为

$$\ln w_{[C]\%} = -0.52969w_{[C]\%} - 4.59051 \qquad (\text{x})$$

证明迭代程序（ⅹ）收敛：

设 $x=w_{[C]\%}$，则迭代程序（ⅹ）变为

$$\ln x = -0.52969x - 4.59051 \qquad (\text{xi})$$

设 $f(x)=\ln x$、$\xi(x)=-0.52969x-4.59051$，取 $x_0=0.02$ 为迭代程序（ⅺ）的初始值，则 $f(x)$ 和 $\xi(x)$ 在初始值 $x_0=0.02$ 时的一阶导数值分别为

$$f'(x_0) = \frac{1}{x_0} = \frac{1}{0.02} = 50 \qquad \xi'(x_0) = -0.52969$$

因为 $|\alpha| = \left|\frac{\xi'(x_0)}{f'(x_0)}\right| = \left|\frac{-0.52969}{50}\right| = 0.0105938 < 1$，所以迭代程序（ⅺ）收敛，亦即迭代程序（ⅹ）收敛。证毕。

将初始值 $x_0=0.02$ 代入迭代程序（ⅺ）中，开始迭代计算，迭代计算 5 次，得一数列为

$$x_0=0.02 \qquad x_1=0.010040746 \qquad x_2=0.010093854$$

$$x_3=0.010093570 \qquad x_4=0.010093572 \qquad x_5=0.010093572$$

由以上迭代计算得到的数列可见，自数列第 5 项 x_5 开始守常，数列收敛于常数 0.010093572，即方程式（ⅺ）的准确解为

$$x = 0.010093572$$

保留小数点后 3 位有效数字，则方程式（ⅺ）的近似解为

$$x = 0.010$$

亦即方程式（x）、（ix）和（viii）的近似解（钢液中碳的质量百分数）为

$$w_{[C]\%} = 0.010$$

所以，所求钢液中碳的平衡浓度（质量分数）为

$$w_{[C]} = 0.010\%$$

7.13 含钒生铁的成分为 $w_{[C]}=4.0\%$、$w_{[V]}=0.4\%$、$w_{[Si]}=0.25\%$、$w_{[P]}=0.03\%$、$w_{[S]}=0.08\%$。利用雾化提钒处理，提取钒渣及半钢，试求“去钒保碳”的温度条件。已知钒渣中 V_2O_3 的摩尔分数及活度系数分别为 $x_{(V_2O_3)}=0.112$，$\gamma_{V_2O_3}=10^{-7}$，反应区 CO 的分压 $p_{CO}=100\text{kPa}$，铁液中元素的活度相互作用系数分别为 $e_C^C=0.14$、$e_C^V=-0.077$、$e_C^{Si}=0.08$、$e_C^P=0.051$、$e_C^S=0.046$、$e_V^V=0.015$、$e_V^C=-0.34$、$e_V^{Si}=0.042$、$e_V^P=-0.041$、$e_V^S=-0.028$。

解： $\frac{2}{3}[V] + CO \xlongequal{} \frac{1}{3}(V_2O_3) + [C] \qquad \Delta_r G_m^{\ominus} = (-218013 + 135.22T)\text{J}\cdot\text{mol}^{-1}$ （i）

$$\Delta_r G_m = -218013 + 135.22T + 19.147T\lg\frac{a_{[C],\%}a_{(V_2O_3),R}^{1/3}}{a_{[V],\%}^{2/3}(p_{CO}/p^{\ominus})} \tag{ii}$$

$$\lg f_{C,\%} = e_C^C w_{[C]\%} + e_C^V w_{[V]\%} + e_C^{Si} w_{[Si]\%} + e_C^P w_{[P]\%} + e_C^S w_{[S]\%} \tag{iii}$$

$$\lg f_{V,\%} = e_V^V w_{[V]\%} + e_V^C w_{[C]\%} + e_V^{Si} w_{[Si]\%} + e_V^P w_{[P]\%} + e_V^S w_{[S]\%} \tag{iv}$$

将相关已知数据分别代入式（iii）和式（iv）中，计算得铁液中 C 和 V 的活度系数分别为

$$\begin{aligned}\lg f_{C,\%} &= 0.14\times 4 - 0.077\times 0.4 + 0.08\times 0.25 + \\ &\quad 0.051\times 0.03 + 0.046\times 0.08 \\ &= 0.55441\end{aligned}$$

$$f_{C,\%} = 3.584$$

$$\begin{aligned}\lg f_{V,\%} &= 0.015\times 0.4 - 0.34\times 4 + 0.042\times 0.25 - \\ &\quad 0.041\times 0.03 - 0.028\times 0.08 \\ &= -1.347\end{aligned}$$

$$f_{V,\%} = 0.045$$

计算铁液中 C 和 V 的活度分别为

$$a_{[C],\%} = f_{C,\%}w_{[C]\%} = 3.584\times 4 = 14.336$$

$$a_{[V],\%} = f_{V,\%}w_{[V]\%} = 0.045\times 0.4 = 0.018$$

计算钒渣中 V_2O_3 的活度为

$$a_{(V_2O_3),R} = \gamma_{V_2O_3}x_{(V_2O_3)} = 10^{-7}\times 0.112 = 1.12\times 10^{-8}$$

将 $a_{[C],\%}=14.336$、$a_{[V],\%}=0.018$、$a_{(V_2O_3),R}=1.12\times 10^{-8}$、$p_{CO}=100\text{kPa}$ 和 $p^{\ominus}=10^5\text{Pa}$ 代入式（ii）中，并令 $\Delta_r G_m=0$（$\Delta_r G_m=0$ 时，$T=T_{转}$），得方程式为

$$0 = -218013 + 135.22T_{转} + 19.147T_{转}\lg\frac{14.336\times\sqrt[3]{1.12\times 10^{-8}}}{\sqrt[3]{0.018^2}(10^5/10^5)} \tag{v}$$

解方程式（v），得铁液中钒和碳氧化的转折温度为

$$T_{转} = 1691\text{K}$$

因此，所求“去钒保碳”的温度条件为

$$T < 1691\text{K}$$

7.14 试计算与成分为 $w_{[C]} = 0.1\%$、$w_{[Ni]} = 2\%$、$w_{[Mo]} = 3\%$ 的钢液平衡的熔渣中FeO的活度。已知体系的总压 $p = 0.7 \times 10^5\text{Pa}$，温度 $T = 1893\text{K}$，钢液中元素的活度相互作用系数分别为 $e_C^C = 0.14$、$e_C^{Ni} = 0.012$、$e_C^{Mo} = -0.0083$。

解：

$$[C] + (FeO) = [Fe] + CO \qquad \lg K^{\ominus} = -\frac{5160}{T} + 4.74 \tag{i}$$

$$K^{\ominus} = \frac{p_{CO}/p^{\ominus}}{a_{[C],\%}\,a_{(FeO),R}} = \frac{p_{CO}/p^{\ominus}}{f_{C,\%}\,w_{[C]\%}\,a_{(FeO),R}} \tag{ii}$$

将 $T = 1893\text{K}$ 代入标准平衡常数的温度关系式（i）中，计算标准平衡常数为

$$\lg K^{\ominus} = -\frac{5160}{1893} + 4.74 = 2.014 \qquad K^{\ominus} = 103.276$$

利用已知条件，计算钢液中碳的活度系数为

$$\begin{aligned}\lg f_{C,\%} &= e_C^C w_{[C]\%} + e_C^{Ni} w_{[Ni]\%} + e_C^{Mo} w_{[Mo]\%} \\ &= 0.14 \times 0.1 + 0.012 \times 2 - 0.0083 \times 3 = 0.0131\end{aligned}$$

$$f_{C,\%} = 1.031$$

将 $p_{CO} = p = 0.7 \times 10^5\text{Pa}$、$p^{\ominus} = 10^5\text{Pa}$、$K^{\ominus} = 103.276$、$f_{C,\%} = 1.031$ 和 $w_{[C]\%} = 0.1$ 代入式（ii）中，得

$$103.276 = \frac{0.7 \times 10^5/10^5}{1.031 \times 0.1} \times \frac{1}{a_{(FeO),R}} \tag{iii}$$

解方程式（iii），得熔渣中FeO的活度为

$$a_{(FeO),R} = \frac{0.7}{1.031 \times 0.1 \times 103.276} = 0.066$$

7.15 试计算与FeO摩尔分数 $x_{(FeO)} = 15\%$ 的熔渣平衡的Fe-C熔体中的碳的质量分数 $w_{[C]}$。已知体系的压力为100kPa，温度为1600℃。

解： 设Fe-C熔体中碳的活度系数 $f_{C,\%} = 1$，熔渣中FeO的活度系数 $\gamma_{FeO} = 1$。

$$[C] + (FeO) = [Fe] + CO \qquad \lg K^{\ominus} = -\frac{5160}{T} + 4.74 \tag{i}$$

$$K^{\ominus} = \frac{p_{CO}/p^{\ominus}}{a_{[C],\%}\,a_{(FeO),R}} = \frac{p_{CO}/p^{\ominus}}{f_{C,\%}\,w_{[C]\%}\,\gamma_{FeO}\,x_{(FeO)}} \tag{ii}$$

将 $T = 1873\text{K}$ 代入标准平衡常数的温度关系式（i）中，计算标准平衡常数为

$$\lg K^{\ominus} = -\frac{5160}{1873} + 4.74 = 1.985 \qquad K^{\ominus} = 96.605$$

将 $p_{CO}=p=10^5\text{Pa}$、$p^\ominus=10^5\text{Pa}$、$K^\ominus=96.605$、$x_{(FeO)}=15\%$、$f_{C,\%}=1$ 和 $\gamma_{FeO}=1$ 代入式（ⅱ）中，得

$$96.605=\frac{10^5/10^5}{0.15w_{[C]\%}} \qquad (ⅲ)$$

解方程式（ⅲ），得与熔渣平衡的 Fe-C 熔体中碳的质量百分数和质量分数分别为

$$w_{[C]\%}=\frac{1}{0.15\times 96.605}=0.069 \qquad w_{[C]}=0.069\%$$

7.16 试计算在 1600℃ 及 $p_{CO}=100\text{Pa}$ 条件下，与碳的质量分数 $w_{[C]}=0.3\%$ 的 Fe-C 熔体平衡的熔渣中 FeO 的活度。

解： 设 Fe-C 熔体中碳的活度系数 $f_{C,\%}=1$。

$$[C]+(FeO)═══[Fe]+CO \qquad \lg K^\ominus=-\frac{5160}{T}+4.74 \qquad (ⅰ)$$

$$K^\ominus=\frac{p_{CO}/p^\ominus}{a_{[C],\%}a_{(FeO),R}}=\frac{p_{CO}/p^\ominus}{f_{C,\%}w_{[C]\%}a_{(FeO),R}} \qquad (ⅱ)$$

将 $T=1873\text{K}$ 代入标准平衡常数的温度关系式（ⅰ）中，计算标准平衡常数为

$$\lg K^\ominus=-\frac{5160}{1873}+4.74=1.985 \qquad K^\ominus=96.605$$

将 $p_{CO}=10^2\text{Pa}$、$p^\ominus=10^5\text{Pa}$、$K^\ominus=96.605$、$f_{C,\%}=1$ 和 $w_{[C]\%}=0.3$ 代入式（ⅱ）中，得

$$96.605=\frac{10^2/10^5}{0.3a_{(FeO),R}} \qquad (ⅲ)$$

解方程式（ⅲ），得所求熔渣中 FeO 的活度为

$$a_{(FeO),R}=\frac{0.001}{0.3\times 96.605}=3.45\times 10^{-5}$$

7.17 在临界碳含量以下，钢液中碳的扩散是限制环节。已知钢液比表面积为 $A/V_{st}=3\text{m}^2\cdot\text{m}^{-3}$，钢液中碳的传质系数为 $\beta_{[C]}=4.0\times10^{-4}\text{m}\cdot\text{s}^{-1}$，温度为 1580℃，求钢液中碳的质量分数 $w_{[C]}=0.05\%$ 时的脱碳速率。为使钢液中碳的质量分数 $w_{[C]}$ 从 0.20% 下降到 0.06%，需要多少时间？

解：

$$-\frac{dw_{[C]}}{dt}=\frac{A}{V_{st}}\beta_{[C]}(w_{[C]}-w_{[C]^*}) \qquad (ⅰ)$$

在临界碳的质量分数 $w_{[C]^*}$（电炉炼钢的 $w_{[C]^*}=0.05\%\sim0.15\%$，氧气转炉炼钢的 $w_{[C]^*}=0.1\%\sim0.4\%$）以下，且钢液中碳的扩散是限制环节（碳的界面反应速率较快，反应很快达平衡）时，渣-钢两相界面处碳的质量分数等于平衡质量分数，且近似等于零，即 $w_{[C]^*}=w_{[C],eq}\approx0$，则式（ⅰ）变为

$$-\frac{dw_{[C]}}{dt}=\frac{A}{V_{st}}\beta_{[C]}w_{[C]} \qquad (ⅱ)$$

将已知数据 $A/V_{st}=3\text{m}^2\cdot\text{m}^{-3}$、$\beta_{[C]}=4.0\times10^{-4}\text{m}\cdot\text{s}^{-1}$ 和 $w_{[C]}=0.05\%$ 代入式（ⅱ）中，计算得脱碳速率为

$$-\frac{dw_{[C]}}{dt} = 4.0\times10^{-4}\times3\times0.05\% = 6\times10^{-5}\%\,s^{-1}$$

再将已知数据 $A/V_{st}=3m^2\cdot m^{-3}$、$\beta_{[C]}=4.0\times10^{-4}m\cdot s^{-1}$ 代入式（ⅱ）中，分离变量并在 $t=0$ 时 $w_{[C]}=0.20\%$，$t=t$ 时 $w_{[C]}=0.06\%$ 条件下做定积分，得

$$\int_{0.20\%}^{0.06\%}\frac{dw_{[C]}}{w_{[C]}} = -3\times4.0\times10^{-4}\int_0^t dt$$

$$\ln\frac{0.06\%}{0.20\%} = -1.2\times10^{-3}t \tag{ⅲ}$$

解方程式（ⅲ），得钢液中碳的质量分数 $w_{[C]}$ 从 0.20% 下降到 0.06% 时所需要的时间为

$$t = 1003s \approx 16.72min$$

7.18 利用给出熔渣的成分计算与此熔渣平衡的钢液中磷的质量分数。熔渣成分为 $w_{(CaO)}=42.68\%$、$w_{(SiO_2)}=19.34\%$、$w_{(FeO)}=12.02\%$、$w_{(MnO)}=8.84\%$、$w_{(MgO)}=14.97\%$、$w_{(P_2O_5)}=2.15\%$，温度为 1600℃。可采用正规离子溶液模型及磷容量进行计算。已知钢液中磷的活度系数 $f_{P,\%}=1$，熔渣中各氧化物的摩尔质量和光学碱度见表 7-4，脱磷反应（ⅰ）在 1600℃时的标准平衡常数 $K^{\ominus}=0.0234$，氧在渣-铁间的分配反应（ⅱ）在 1600℃时的分配常数 $L_O=a_{[O],\%}/a_{(FeO),R}=0.23$。

$$2[P]+5(FeO)=\!=\!=(P_2O_5)+5[Fe] \tag{ⅰ}$$

$$(FeO)=\!=\!=[O]+[Fe] \tag{ⅱ}$$

表 7-4 熔渣中各组元（氧化物）的摩尔质量和光学碱度

氧化物 M_xO_y	CaO	SiO_2	FeO	MnO	MgO	P_2O_5
$M_{M_xO_y}/g\cdot mol^{-1}$	56	60	72	71	40	142
$\Lambda_{M_xO_y}$	1.00	0.48	0.51	0.59	0.78	0.40

解：（1）用正规离子溶液模型计算。钢液中磷氧化反应（ⅰ）的标准平衡常数方程式为

$$K^{\ominus} = \frac{a_{(P_2O_5),R}}{a^2_{[P],\%}a^5_{(FeO),R}} = \frac{\gamma^2_{P^{5+}}x^2_{(P^{5+})}}{w^2_{[P]\%}\gamma^5_{Fe^{2+}}x^5_{(Fe^{2+})}} \tag{ⅲ}$$

式中，$a_{(P_2O_5),R}=\gamma^2_{P^{5+}}x^2_{(P^{5+})}$；$a_{(FeO),R}=\gamma_{Fe^{2+}}x_{(Fe^{2+})}$；$a_{[P],\%}=w_{[P]\%}$。

由式（ⅲ）推导出的磷在渣-钢两相间的分配常数为

$$L_P = \frac{x_{(P^{5+})}}{w_{[P]\%}} = \frac{\gamma^{2.5}_{Fe^{2+}}x^{2.5}_{(Fe^{2+})}}{\gamma_{P^{5+}}}\sqrt{K^{\ominus}} \tag{ⅳ}$$

熔渣中铁离子及磷离子的活度系数方程式分别为

$$\lg\gamma_{Fe^{2+}} = \frac{1000}{T}\left[2.18x_{(Mn^{2+})}x_{(Si^{4+})}+5.90(x_{(Ca^{2+})}+x_{(Mg^{2+})})x_{(Si^{4+})}+10.50x_{(Ca^{2+})}x_{(P^{5+})}\right] \tag{ⅴ}$$

$$\lg\gamma_{P^{5+}} = \lg\gamma_{Fe^{2+}} - \frac{10500}{T}x_{(Ca^{2+})} \tag{ⅵ}$$

取 100g 熔渣为计算基准。计算熔渣中氧化物的物质的量、摩尔分数及熔渣中阳离子

的摩尔分数的方程式分别为

$$n_{(M_xO_y)} = 100w_{(M_xO_y)}/M_{M_xO_y} \tag{vii}$$

$$x_{(M_xO_y)} = n_{(M_xO_y)}/\Sigma n_{(M_xO_y)} \tag{viii}$$

$$x_{(M^{z+})} = n_{(M^{z+})}/\Sigma n_{(M^{z+})} = xn_{(M_xO_y)}/\Sigma xn_{(M_xO_y)} \tag{ix}$$

式中 $n_{(M^{z+})}$——熔渣中阳离子 M^{z+} 的物质的量，mol；

$x_{(M^{z+})}$——熔渣中阳离子 M^{z+} 的摩尔分数，1；

x——氧化物分子 M_xO_y 中元素 M 的原子数目，1。

取 100g 熔渣，按式（vii）计算熔渣中各组元（氧化物）的物质的量，按式（viii）计算熔渣中各组元（氧化物）的摩尔分数，再按式（ix）计算熔渣中各阳离子的摩尔分数，并将计算结果列于表 7-5 中。

按式（vii）计算熔渣中各组元（氧化物）的物质的量分别为

$n_{(CaO)} = 100 \times 42.68\%/56 = 0.762\text{mol}$　　$n_{(SiO_2)} = 100 \times 19.34\%/60 = 0.322\text{mol}$

$n_{(FeO)} = 100 \times 12.02\%/72 = 0.167\text{mol}$　　$n_{(MnO)} = 100 \times 8.84\%/71 = 0.125\text{mol}$

$n_{(MgO)} = 100 \times 14.97\%/40 = 0.374\text{mol}$　　$n_{(P_2O_5)} = 100 \times 2.15\%/142 = 0.015\text{mol}$

计算 100g 熔渣中各组元（氧化物）的物质的量之和为

$$\begin{aligned}\Sigma n_{(M_xO_y)} &= n_{(CaO)} + n_{(SiO_2)} + n_{(FeO)} + n_{(MnO)} + n_{(MgO)} + n_{(P_2O_5)} \\ &= 0.762 + 0.322 + 0.167 + 0.125 + 0.374 + 0.015 \\ &= 1.765\text{mol}\end{aligned}$$

按式（viii）计算熔渣中各组元（氧化物）的摩尔分数分别为

$x_{(CaO)} = 0.762/1.765 = 0.432$　　$x_{(SiO_2)} = 0.322/1.765 = 0.182$

$x_{(FeO)} = 0.167/1.765 = 0.095$　　$x_{(MnO)} = 0.125/1.765 = 0.071$

$x_{(MgO)} = 0.374/1.765 = 0.212$　　$x_{(P_2O_5)} = 0.015/1.765 = 0.008$

计算式（ix）中的 $\Sigma xn_{(M_xO_y)}$ 为

$$\begin{aligned}\Sigma xn_{(M_xO_y)} &= 1 \times n_{(CaO)} + 1 \times n_{(SiO_2)} + 1 \times n_{(FeO)} + 1 \times n_{(MnO)} + 1 \times n_{(MgO)} + 2 \times n_{(P_2O_5)} \\ &= 1 \times 0.762 + 1 \times 0.322 + 1 \times 0.167 + 1 \times 0.125 + 1 \times 0.374 + 2 \times 0.015 \\ &= 1.780\text{mol}\end{aligned}$$

按式（ix）计算熔渣中各阳离子的摩尔分数分别为

$$x_{(Ca^{2+})} = 1 \times n_{(CaO)}/\Sigma xn_{(M_xO_y)} = 0.762/1.780 = 0.428$$

$$x_{(Si^{4+})} = 1 \times n_{(SiO_2)}/\Sigma xn_{(M_xO_y)} = 0.322/1.780 = 0.181$$

$$x_{(Fe^{2+})} = 1 \times n_{(FeO)}/\Sigma xn_{(M_xO_y)} = 0.167/1.780 = 0.094$$

$$x_{(Mn^{2+})} = 1 \times n_{(MnO)}/\Sigma xn_{(M_xO_y)} = 0.125/1.780 = 0.070$$

$$x_{(Mg^{2+})} = 1 \times n_{(MgO)}/\Sigma xn_{(M_xO_y)} = 0.374/1.780 = 0.210$$

$$x_{(P^{5+})} = 2 \times n_{(P_2O_5)}/\Sigma xn_{(M_xO_y)} = 2 \times 0.015/1.780 = 0.017$$

表 7-5　熔渣中各组元（氧化物）的物质的量、摩尔分数及阳离子的摩尔分数

氧化物 M_xO_y	CaO	SiO_2	FeO	MnO	MgO	P_2O_5
$n_{(M_xO_y)}$/mol	0.762	0.322	0.167	0.125	0.374	0.015
$x_{(M_xO_y)}$	0.432	0.182	0.095	0.071	0.212	0.008
阳离子 M^{z+}	Ca^{2+}	Si^{4+}	Fe^{2+}	Mn^{2+}	Mg^{2+}	P^{5+}
$n_{(M^{z+})}$/mol	0.762	0.322	0.167	0.125	0.374	0.030
$x_{(M^{z+})}$	0.428	0.181	0.094	0.070	0.210	0.017

将已知温度和表 7-5 中的相关阳离子摩尔分数代入式（v）中，计算得熔渣中 Fe^{2+} 的活度系数为

$$\begin{aligned}\lg\gamma_{Fe^{2+}} &= \frac{1000}{1873}[2.18\times0.070\times0.181+5.90\times(0.428+0.210)\times \\ &\quad 0.181+10.50\times0.428\times0.017] \\ &= 0.4193\end{aligned}$$

$$\gamma_{Fe^{2+}} = 2.626$$

再将 $\gamma_{Fe^{2+}}=2.626$、$T=1873\text{K}$ 和 $x_{(Ca^{2+})}=0.428$ 代入式（vi）中，计算得熔渣中 P^{5+} 的活度系数为

$$\lg\gamma_{P^{5+}} = \lg 2.626-\frac{10500}{1873}\times0.428 = -1.980$$

$$\gamma_{P^{5+}} = 1.047\times10^{-2}$$

将 $x_{(Fe^{2+})}=0.094$、$\gamma_{Fe^{2+}}=2.626$、$x_{(P^{5+})}=0.017$、$\gamma_{P^{5+}}=1.047\times10^{-2}$、$K^{\ominus}=0.0234$ 代入式（iv）中，得方程式为

$$\frac{0.017}{w_{[P]\%}} = \frac{(2.626\times0.094)^{2.5}}{1.047\times10^{-2}}\sqrt{0.0234} \tag{x}$$

解方程式（x），得与熔渣相平衡的钢液中磷的质量百分数和质量分数分别为

$$w_{[P]\%} = 0.038 \qquad w_{[P]} = 0.038\%$$

（2）用磷容量计算。

$$\lg C'_{PO_4^{3-}} = \frac{29990}{T}-23.74+17.55\Lambda \tag{xi}$$

$$\Lambda = \sum x_{(O^{2-})M_xO_y}\Lambda_{M_xO_y} \tag{xii}$$

$$n_{(O^{2-})M_xO_y} = yn_{(M_xO_y)} \tag{xiii}$$

$$x_{(O^{2-})M_xO_y} = \frac{n_{(O^{2-})M_xO_y}}{\sum n_{(O^{2-})(M_xO_y)}} = \frac{yn_{(M_xO_y)}}{\sum yn_{(M_xO_y)}} \tag{xiv}$$

$$L_P = \frac{w_{(P)}}{w_{[P]}} = C'_{PO_4^{3-}}\times\frac{M_P}{M_{PO_4^{3-}}}\times f_{P,\%}\times a^{2.5}_{[O],\%} \tag{xv}$$

式中　Λ——熔渣的光学碱度，1；

$n_{(O^{2-})M_xO_y}$——氧化物 M_xO_y 在熔渣中的氧离子的物质的量，mol；

$x_{(O^{2-})M_xO_y}$——氧化物 M_xO_y 在熔渣中的氧离子的摩尔分数，1；

y——氧化物分子 M_xO_y 中的氧原子数，1；

$w_{(P)}$——熔渣中 P 的质量分数，1；

M_P、$M_{PO_4^{3-}}$——分别为 P 原子和 PO_4^{3-} 离子的摩尔质量，$g \cdot mol^{-1}$；

$a_{[O],\%}$——钢液中氧的活度，1；

$f_{P,\%}$——钢液中磷的活度系数，1。

将表 7-5 中的各氧化物的物质的量 $n_{M_xO_y}$代入式（xiii）中，计算各氧化物在熔渣中氧离子的物质的量 $n_{O^{2-}(M_xO_y)}$，然后再按式（xiv）计算各氧化物在熔渣中氧离子的摩尔分数 $x_{(O^{2-}),M_xO_y}$，并将计算结果列入表 7-6 中。

按式（xiii）计算各氧化物在熔渣中氧离子的物质的量分别为

$$n_{(O^{2-})CaO} = n_{(CaO)} = 0.762\text{mol} \qquad n_{(O^{2-})SiO_2} = 2n_{(SiO_2)} = 2 \times 0.322 = 0.644\text{mol}$$

$$n_{(O^{2-})FeO} = n_{(FeO)} = 0.167\text{mol} \qquad n_{(O^{2-})MnO} = n_{(MnO)} = 0.125\text{mol}$$

$$n_{(O^{2-})MgO} = n_{(MgO)} = 0.374\text{mol} \qquad n_{(O^{2-})P_2O_5} = 5n_{(P_2O_5)} = 5 \times 0.015 = 0.075\text{mol}$$

计算各氧化物在熔渣中氧离子的物质的量之和为

$$\sum n_{(O^{2-})M_xO_y} = 0.762 + 0.644 + 0.167 + 0.125 + 0.374 + 0.075 = 2.147\text{mol}$$

按式（xiv）计算各氧化物在熔渣中氧离子的摩尔分数分别为

$$x_{(O^{2-})CaO} = \frac{n_{(O^{2-})CaO}}{\sum n_{(O^{2-})M_xO_y}} = \frac{0.762}{2.147} = 0.355 \qquad x_{(O^{2-})SiO_2} = \frac{n_{(O^{2-})SiO_2}}{\sum n_{(O^{2-})M_xO_y}} = \frac{0.644}{2.147} = 0.300$$

$$x_{(O^{2-})FeO} = \frac{n_{(O^{2-})FeO}}{\sum n_{(O^{2-})M_xO_y}} = \frac{0.167}{2.147} = 0.078 \qquad x_{(O^{2-})MnO} = \frac{n_{(O^{2-})MnO}}{\sum n_{(O^{2-})M_xO_y}} = \frac{0.125}{2.147} = 0.058$$

$$x_{(O^{2-})MgO} = \frac{n_{(O^{2-})MgO}}{\sum n_{(O^{2-})M_xO_y}} = \frac{0.374}{2.147} = 0.174 \qquad x_{(O^{2-})P_2O_5} = \frac{n_{(O^{2-})P_2O_5}}{\sum n_{(O^{2-})M_xO_y}} = \frac{0.075}{2.147} = 0.035$$

表 7-6　熔渣中各氧化物的氧离子的物质的量和摩尔分数

氧化物 M_xO_y	CaO	SiO_2	FeO	MnO	MgO	P_2O_5
$n_{(M_xO_y)}$/mol	0.762	0.322	0.167	0.125	0.374	0.015
$n_{(O^{2-})M_xO_y}$/mol	0.762	0.644	0.167	0.125	0.374	0.075
$x_{(O^{2-})M_xO_y}$	0.355	0.300	0.078	0.058	0.174	0.035

将表 7-4 中各氧化物的 $\Lambda_{M_xO_y}$和表 7-6 中各氧化物的 $x_{(O^{2-})M_xO_y}$代入式（xii）中，得

$$\begin{aligned}\Lambda &= 0.355 \times 1 + 0.300 \times 0.48 + 0.078 \times 0.51 + 0.058 \times \\ &\quad 0.59 + 0.174 \times 0.78 + 0.035 \times 0.40 \\ &= 0.723\end{aligned}$$

将温度 $T = 1873\text{K}$ 和熔渣的光学碱度 $\Lambda = 0.723$ 代入式（xi）中，得

$$\lg C'_{PO_4^{3-}} = \frac{29990}{1873} - 23.74 + 17.55 \times 0.723 = 4.9604$$

对上式求反对数，得

$$C'_{PO_4^{3-}} = 91285$$

取100g熔渣，计算熔渣中P的质量分数为

$$w_{(P)} = \frac{m_{(P)}}{100} = \frac{M_P n_{(P)}}{100} = \frac{M_P}{100} \times 2n_{(P_2O_5)} = \frac{2M_P}{100} \times \frac{100w_{(P_2O_5)}}{M_{P_2O_5}} = \frac{2 \times 31 \times 2.15\%}{142} = 0.939\%$$

将多元系熔渣视为伪 $CaO\text{-}SiO_2\text{-}FeO$ 三元系，根据表7-5中的数据计算其三个组元的摩尔分数分别为

$$x'_{(CaO)} = x_{(CaO)} + x_{(MgO)} + x_{(MnO)} = 0.432 + 0.212 + 0.071 = 0.715$$

$$x'_{(SiO_2)} = x_{(SiO_2)} + x_{(P_2O_5)} = 0.182 + 0.008 = 0.190$$

$$x'_{(FeO)} = x_{(FeO)} = 0.095$$

根据计算的伪三元系熔渣的摩尔分数 x'_{CaO}、x'_{SiO_2} 和 x'_{FeO}，查 $CaO\text{-}SiO_2\text{-}FeO$ 渣系 FeO 的活度图（附图5），得

$$a_{(FeO),R} = 0.30$$

因为在1600℃，氧在钢-渣两相间的分配常数 $L_O = a_{[O],\%}/a_{(FeO),R} = 0.23$，所以与熔渣平衡的钢液中氧的活度为

$$a_{[O],\%} = L_O a_{(FeO),R} = 0.23 \times 0.30 = 0.069$$

离子 PO_4^{3-} 的摩尔质量为

$$M_{PO_4^{3-}} = 31 + 16 \times 4 = 95\text{g} \cdot \text{mol}^{-1}$$

将相关数据 $C'_{PO_4^{3-}} = 91285$、$w_{(P)} = 0.939\%$、$M_P = 31\text{g} \cdot \text{mol}^{-1}$、$M_{PO_4^{3-}} = 95\text{g} \cdot \text{mol}^{-1}$、$f_{P,\%} = 1$ 和 $a_{[O],\%} = 0.069$ 代入式（xv）中，得方程式为

$$\frac{0.939\%}{w_{[P]}} = 91285 \times \frac{31}{95} \times 1 \times 0.069^{2.5} = 37.253$$

解上方程式，得与熔渣平衡的钢液中磷的质量分数为

$$w_{[P]} = \frac{0.939\%}{37.253} = 0.025\%$$

7.19 试计算在1600℃，下列成分的熔渣与钢液间磷的分配常数和钢液中磷的质量分数。熔渣成分为 $w_{(CaO)} = 45\%$、$w_{(SiO_2)} = 20\%$、$w_{(FeO)} = 16\%$、$w_{(MnO)} = 7\%$、$w_{(MgO)} = 7\%$、$w_{(Al_2O_3)} = 3\%$、$w_{(P_2O_5)} = 2\%$。已知熔渣与钢液间磷的分配常数方程式为

$$\lg L_P = \lg \frac{w_{(P)}}{w_{[P]}} = \frac{22350}{T} - 16 + 0.08w_{(CaO)\%} + 2.5\lg w_{(Fe)\%}$$

解：取100g熔渣，计算熔渣中P和Fe的质量分数分别为

$$w_{(P)} = \frac{m_{(P)}}{100} = \frac{M_P n_{(P)}}{100} = \frac{M_P}{100} \times 2n_{(P_2O_5)} = \frac{2M_{(P)}}{100} \times \frac{100w_{(P_2O_5)}}{M_{(P_2O_5)}} = \frac{2 \times 31 \times 2\%}{142} = 0.873\%$$

$$w_{(Fe)} = \frac{m_{(Fe)}}{100} = \frac{M_{Fe} n_{(Fe)}}{100} = \frac{M_{Fe}}{100} \times n_{(FeO)} = \frac{M_{(Fe)}}{100} \times \frac{100w_{(FeO)}}{M_{FeO}} = \frac{56 \times 16\%}{72} = 12.444\%$$

将 $T=1873\text{K}$、$w_{(\text{Fe})\%}=12.444$ 和 $w_{(\text{CaO})\%}=45$ 代入已知的熔渣与钢液间磷的分配常数方程式中，得方程式为

$$\lg L_{\text{P}}=\lg\frac{w_{(\text{P})}}{w_{[\text{P}]}}=\frac{22350}{1873}-16+0.08\times45+2.5\lg12.444=2.270$$

对上式求反对数，得磷的分配常数为

$$L_{\text{P}}=\frac{w_{(\text{P})}}{w_{[\text{P}]}}=186.209$$

将 $w_{(\text{P})}=0.873\%$ 代入上式中，计算得钢液中磷的质量分数为

$$w_{[\text{P}]}=\frac{0.873\%}{186.209}=0.0047\%$$

7.20 在氧气顶吹转炉（公称容量300t）内，兑入高磷铁水进行吹炼，脱磷过程受熔渣中 P_2O_5 的扩散所限制，试计算钢水中磷的质量分数 $w_{[\text{P}]}=0.1\%$ 时的脱磷速率，并计算 $w_{[\text{P}]}$ 从0.1%下降到0.05%所需的时间。已知熔渣中 P_2O_5 的传质系数 $\beta_{(\text{P}_2\text{O}_5)}=5\times10^{-4}\text{m}\cdot\text{s}^{-1}$，磷的分配常数 $L_{\text{P}}=50$，钢液的比表面积 $A/V_{\text{st}}=2\text{m}^2\cdot\text{m}^{-3}$，熔渣与钢液的密度比 $\rho_{\text{sl}}/\rho_{\text{st}}=0.43$，磷的摩尔质量 $M_{\text{P}}=31\text{g}\cdot\text{mol}^{-1}$，五氧化二磷的摩尔质量 $M_{\text{P}_2\text{O}_5}=142\text{g}\cdot\text{mol}^{-1}$，熔渣中 P_2O_5 的初始质量分数（熔渣本体质量分数）$w_{(\text{P}_2\text{O}_5),0}=0$，温度为1500℃。

解：当熔渣中 P_2O_5 的扩散为脱磷速率的限制环节时，脱磷速率的微分方程式为

$$v_{\text{P}}=-\frac{\text{d}w_{[\text{P}]}}{\text{d}t}=k_{\text{s}}(L_{\text{P}}w_{[\text{P}]}-w_{(\text{P}_2\text{O}_5),0})\tag{i}$$

式（i）中 P_2O_5 扩散环节的容量速率常数 k_{s} 的计算式为

$$k_{\text{s}}=\frac{M_{\text{P}}}{M_{\text{P}_2\text{O}_5}}\times\frac{A}{V_{\text{st}}}\times\frac{\rho_{\text{sl}}}{\rho_{\text{st}}}\beta_{(\text{P}_2\text{O}_5)}\tag{ii}$$

将相关的已知数据 $M_{\text{P}}=31\text{g}\cdot\text{mol}^{-1}$、$M_{\text{P}_2\text{O}_5}=142\text{g}\cdot\text{mol}^{-1}$、$A/V_{\text{st}}=2\text{m}^2\cdot\text{m}^{-3}$、$\rho_{\text{sl}}/\rho_{\text{st}}=0.43$ 和 $\beta_{(\text{P}_2\text{O}_5)}=5\times10^{-4}\text{m}\cdot\text{s}^{-1}$ 代入式（ii）中，计算得 P_2O_5 扩散环节的容量速率常数为

$$k_{\text{s}}=\frac{31}{142}\times2\times0.43\times5\times10^{-4}=9.4\times10^{-5}\text{s}^{-1}$$

将 $k_{\text{s}}=9.4\times10^{-5}\text{s}^{-1}$、$L_{\text{P}}=50$、$w_{[\text{P}]}=0.1\%$ 和 $w_{(\text{P}_2\text{O}_5),0}=0$ 代入式（i）中，计算得钢水中磷的质量分数 $w_{[\text{P}]}=0.1\%$ 时的脱磷速率为

$$v_{\text{P}}=-\frac{\text{d}w_{[\text{P}]}}{\text{d}t}=9.4\times10^{-5}\times50\times0.1\%=4.7\times10^{-4}\%\,\text{s}^{-1}=0.0282\%\,\text{min}^{-1}$$

将 $k_{\text{s}}=9.4\times10^{-5}\text{s}^{-1}$、$L_{\text{P}}=50$ 和 $w_{(\text{P}_2\text{O}_5),0}=0$ 代入式（i）中，分离变量并在 $t=0$ 时 $w_{[\text{P}]}=0.1\%$，$t=t$ 时 $w_{[\text{P}]}=0.05\%$ 条件下做定积分，得

$$-\int_{0.1\%}^{0.05\%}\frac{\text{d}w_{[\text{P}]}}{w_{[\text{P}]}}=9.4\times10^{-5}\times50\int_0^t\text{d}t$$

$$\ln\frac{0.1\%}{0.05\%}=9.4\times10^{-5}\times50t\tag{iii}$$

解方程式（iii），得钢液中磷的质量分数从0.1%下降到0.05%所需时间为

$$t = \frac{\ln(0.1\%/0.05\%)}{9.4 \times 10^{-5} \times 50} = 147.5\mathrm{s} = 2.46\mathrm{min}$$

7.21 试利用所给熔渣组成及钢液成分，计算硫在熔渣-钢液两相间的分配常数。熔渣组成为 $n_{(CaO)} = 1.142\mathrm{mol}$、$n_{(SiO_2)} = 0.392\mathrm{mol}$、$n_{(MgO)} = 0.065\mathrm{mol}$、$n_{(FeO)} = 0.085\mathrm{mol}$、$n_{(Fe_2O_3)} = 0.012\mathrm{mol}$、$n_{(P_2O_5)} = 0.006\mathrm{mol}$、$n_{(MnO)} = 0.016\mathrm{mol}$、$n_{(S)} = 0.004\mathrm{mol}$；钢液成分为 $w_{[C]} = 0.60\%$、$w_{[Si]} = 0.01\%$、$w_{[Mn]} = 0.07\%$、$w_{[P]} = 0.009\%$、$w_{[S]} = 0.016\%$。已知温度为1600℃。要求分别利用浓度比、完全离子溶液模型及硫容量三种方法计算。

解：（1）用浓度比计算。计算所给熔渣的质量为

$$\begin{aligned} m_{sl} &= \Sigma M_B n_{(B)} = M_{CaO} n_{(CaO)} + M_{SiO_2} n_{(SiO_2)} + M_{MgO} n_{(MgO)} + M_{FeO} n_{(FeO)} + \\ &\quad M_{Fe_2O_3} n_{(Fe_2O_3)} + M_{P_2O_5} n_{(P_2O_5)} + M_{MnO} n_{(MnO)} + M_S n_{(S)} \\ &= 56 \times 1.142 + 60 \times 0.392 + 40 \times 0.065 + 72 \times 0.085 + \\ &\quad 160 \times 0.012 + 142 \times 0.006 + 71 \times 0.016 + 32 \times 0.004 \\ &= 100.228\mathrm{g} \end{aligned}$$

计算质量为100.228g的熔渣中所含硫的质量为

$$m_{(S)} = M_S n_{(S)} = 32 \times 0.004 = 0.128\mathrm{g}$$

计算质量为100.228g的熔渣中所含硫的质量分数为

$$w_{(S)} = \frac{m_{(S)}}{m_{sl}} = \frac{0.128}{100.228} = 0.1277\%$$

利用质量分数 $w_{(S)} = 0.1277\%$ 和 $w_{[S]} = 0.016\%$ 之比，计算硫在熔渣-钢液两相间的分配常数为

$$L_{S(1)} = \frac{w_{(S)}}{w_{[S]}} = \frac{0.1277\%}{0.016\%} = 7.98$$

（2）用完全离子溶液模型计算。

$$[\mathrm{Fe}] + [\mathrm{S}] = (\mathrm{S}^{2-}) + (\mathrm{Fe}^{2+}) \qquad \lg K_1^{\ominus} = -\frac{3160}{T} + 0.46 \tag{i}$$

$$L_S = \frac{w_{(S)\%}}{w_{[S]\%}} = \frac{100 M_S K_1^{\ominus} (\Sigma n_{(B^{z+})})(\Sigma n_{(B^{z-})}) f_{S,\%}}{m_{sl} n'_{(FeO)} \gamma_{Fe^{2+}} \gamma_{S^{2-}}} \tag{ii}$$

式中 M_S——硫的摩尔质量，$32\mathrm{g \cdot mol^{-1}}$；

m_{sl}——熔渣的质量，g；

$\Sigma n_{(B^{z+})}, \Sigma n_{(B^{z-})}$——质量为 m_{sl} 的熔渣中的阳离子及阴离子的物质的量的和，mol；

$n'_{(FeO)}$——包括由 Fe_2O_3 按全铁法折算来的FeO在内的质量为 m_{sl} 的熔渣中总FeO的物质的量，mol。

将 $T = 1873\mathrm{K}$ 代入标准平衡常数与温度的关系式（i）中，计算标准平衡常数为

$$\lg K_1^{\ominus} = -\frac{3160}{1873} + 0.46 = -1.227 \qquad K_1^{\ominus} = 0.06$$

假定熔渣中有离子 Ca^{2+}、Mg^{2+}、Mn^{2+}、Fe^{2+}、SiO_4^{4-}、PO_4^{3-}、O^{2-}、S^{2-}。质量为 m_{sl} 的熔渣中阳离子的物质的量之和为

$$\Sigma n_{(B^{z+})} = n_{(Ca^{2+})} + n_{(Mg^{2+})} + n'_{(Fe^{2+})} + n_{(Mn^{2+})} = n_{(CaO)} + n_{(MgO)} + n'_{(FeO)} + n_{(MnO)} \quad (iii)$$

式中 $n'_{(FeO)}$——包括由 Fe_2O_3 按全铁法折算来的 FeO 在内的质量为 m_{sl} 的熔渣中总 FeO 的物质的量，mol。

将 Fe_2O_3 按全铁法折算成 FeO 后，质量为 m_{sl} 的熔渣中总 FeO 的物质的量为

$$n'_{(FeO)} = n_{(FeO)} + 2n_{(Fe_2O_3)} = 0.085 + 2 \times 0.012 = 0.109\text{mol}$$

将 $n_{(CaO)} = 1.142\text{mol}$、$n_{(MgO)} = 0.065\text{mol}$、$n'_{(FeO)} = 0.109\text{mol}$ 和 $n_{(MnO)} = 0.016\text{mol}$ 代入式（iii）中，计算得熔渣中阳离子的物质的量之和为

$$\Sigma n_{(B^{z+})} = n_{(Ca^{2+})} + n_{(Mg^{2+})} + n'_{(Fe^{2+})} + n_{(Mn^{2+})} = n_{(CaO)} + n_{(MgO)} + n'_{(FeO)} + n_{(MnO)}$$

$$= 1.142 + 0.065 + 0.109 + 0.016 = 1.332\text{mol}$$

质量为 m_{sl} 的熔渣中阴离子的物质的量之和的计算式为

$$\Sigma n_{(B^{z-})} = n_{(O^{2-})} + n_{(SiO_4^{4-})} + n_{(PO_4^{3-})} + n_{(S^{2-})} = n_{(O^{2-})} + n_{(SiO_2)} + 2n_{(P_2O_5)} + n_{(S)} \quad (iv)$$

式中 $n_{(O^{2-})}$——质量为 m_{sl} 的熔渣中自由氧离子的物质的量，mol。

$$n_{(O^{2-})} = \Sigma n_{(O^{2-})} - \Sigma n_{(O^{2-})消耗} \quad (v)$$

$$\Sigma n_{(O^{2-})} = n_{(CaO)} + n_{(MgO)} + n'_{(FeO)} + n_{(MnO)} \quad (vi)$$

$$\Sigma n_{(O^{2-})消耗} = 2n_{(SiO_2)} + 3n_{(P_2O_5)} \quad (vii)$$

$$n'_{(FeO)} = n_{(FeO)} + 3n_{(Fe_2O_3)} \quad (viii)$$

式中 $\Sigma n_{(O^{2-})}$——质量为 m_{sl} 的熔渣中碱性氧化物 CaO、MgO、FeO（包括由 Fe_2O_3 按全氧法折算来的 FeO）和 MnO 离解出的氧离子 O^{2-} 的物质的量之和，mol；

$n'_{(FeO)}$——包括由 Fe_2O_3 按全氧法折算来的 FeO 在内的质量为 m_{sl} 的熔渣中总 FeO 的物质的量，mol。

$\Sigma n_{(O^{2-})消耗}$——质量为 m_{sl} 的熔渣中各酸性氧化物形成络离子所消耗的氧离子 O^{2-} 的物质的量之和，mol；例如，1molSiO_2 形成 1molSiO_4^{4-} 消耗 2molO^{2-}，1molP_2O_5 形成 2molPO_4^{3-} 消耗 3molO^{2-}。

将式（viii）代入式（vi）中，再将式（vi）和式（vii）代入式（v）中，得

$$n_{(O^{2-})} = n_{(CaO)} + n_{(MgO)} + n_{(FeO)} + 3n_{(Fe_2O_3)} + n_{(MnO)} - (2n_{(SiO_2)} + 3n_{(P_2O_5)}) \quad (ix)$$

将式（ix）代入式（iv）中，并代入已知的熔渣中各组元的物质的量，计算得

$$\Sigma n_{(B^{z-})} = n_{(O^{2-})} + n_{(SiO_2)} + 2n_{(P_2O_5)} + n_{(S)}$$

$$= n_{(CaO)} + n_{(MgO)} + n_{(FeO)} + 3n_{(Fe_2O_3)} + n_{(MnO)} - n_{(SiO_2)} - n_{(P_2O_5)} + n_{(S)}$$

$$= 1.142 + 0.065 + 0.085 + 3 \times 0.012 + 0.016 - 0.392 - 0.006 + 0.004$$

$$= 0.950\text{mol}$$

伪$(CaO+MgO+MnO)$-$(SiO_2+P_2O_5)$-$(FeO+Fe_2O_3)$三元系中离子SiO_4^{4-}的摩尔分数为

$$x'_{(SiO_4^{4-})}=\frac{n_{(SiO_4^{4-})}+n_{(PO_4^{3-})}}{\sum n_{(B^{z-})}}=\frac{n_{(SiO_2)}+2n_{(P_2O_5)}}{\sum n_{(B^{z-})}}=\frac{0.392+2\times 0.006}{0.950}=0.4253$$

将$x'_{(SiO_4^{4-})}=0.4253$代入下式中，计算离子活度系数积为

$$\lg(\gamma_{Fe^{2+}}\gamma_{S^{2-}})=1.53x'_{(SiO_4^{4-})}-0.17=1.53\times 0.4253-0.17=0.481$$

$$\gamma_{Fe^{2+}}\gamma_{S^{2-}}=3.027$$

计算钢液中硫的活度系数为

$$\begin{aligned}\lg f_{S,\%}&=e_S^S w_{[S]\%}+e_S^C w_{[C]\%}+e_S^{Si} w_{[Si]\%}+e_S^{Mn} w_{[Mn]\%}+e_S^P w_{[P]\%}\\&=-0.28\times 0.016+0.11\times 0.6+0.063\times 0.01-\\&\quad 0.026\times 0.07+0.029\times 0.009\\&=0.0606\end{aligned}$$

$$f_{S,\%}=1.15$$

将$K_1^\ominus=0.06$及其他相关数据代入式（ii）中，计算硫分配常数为

$$\begin{aligned}L_{S(2)}&=\frac{w_{(S)\%}}{w_{[S]\%}}=\frac{100M_S K_1^\ominus(\sum n_{(B^{z+})})(\sum n_{(B^{z-})})f_{S,\%}}{m_{sl}n'_{(FeO)}\gamma_{Fe^{2+}}\gamma_{S^{2-}}}\\&=\frac{100\times 32\times 0.06\times 1.332\times 0.95\times 1.15}{100.228\times 0.109\times 3.027}=8.45\end{aligned}$$

（3）用硫容量计算。

$$\lg C'_S=-13.913+42.84\Lambda-23.82\Lambda^2-11710/T-0.02223w_{(SiO_2)\%}-0.02275w_{(Al_2O_3)\%}\qquad(\text{x})$$

$$L_S=\frac{w_{(S)\%}}{w_{[S]\%}}=C'_S\frac{f_{S,\%}}{w_{[O]\%}}\times\frac{100M_S}{m_{sl}}\sum n_{(B^{z-})}\qquad(\text{xi})$$

$$\Lambda=\sum x_{(O)B}\Lambda_B=\sum\frac{n_{(O)B}x_{(B)}}{\sum n_{(O)B}x_{(B)}}\Lambda_B\qquad(\text{xii})$$

式中 $n_{(O)B}$——1mol 氧化物 B 中的氧原子的物质的量，mol；

$x_{(O)B}$——氧化物 B 中的氧原子的物质的量占渣中所有氧原子的物质的量之和的摩尔分数，1；

$x_{(B)}$——熔渣中氧化物 B 的摩尔分数，1。

$$\lg L_O=\lg\frac{w_{[O]\%}}{a_{(FeO),R}}=-\frac{6320}{T}+2.734\qquad(\text{xiii})$$

熔渣中各氧化物的光学碱度及摩尔分数见表 7-7。

表 7-7 熔渣中各氧化物的光学碱度及摩尔分数

氧化物 B	CaO	SiO_2	MgO	FeO	Fe_2O_3	P_2O_5	MnO
Λ_B	1.00	0.48	0.78	0.51	0.48	0.40	0.59
$n_{(B)}$/mol	1.142	0.392	0.065	0.085	0.012	0.006	0.016
$x_{(B)}$	0.665	0.228	0.038	0.049	0.007	0.003	0.009

$$\Sigma n_{(O)B}x_{(B)} = 1\times x_{(CaO)} + 2\times x_{(SiO_2)} + 1\times x_{(MgO)} + 1\times x_{(FeO)} + 3\times x_{(Fe_2O_3)} + 5\times x_{(P_2O_5)} + 1\times x_{(MnO)}$$
$$= 1\times 0.665 + 2\times 0.228 + 1\times 0.038 + 1\times 0.049 + 3\times 0.007 + 5\times 0.003 + 1\times 0.009$$
$$= 1.253\text{mol}$$

将 $\Sigma n_{(O)B}x_{(B)} = 1.253\text{mol}$ 及其他相关数据代入式（xii）中，得

$$\Lambda = \frac{1\times x_{(CaO)}}{1.253}\Lambda_{CaO} + \frac{2\times x_{(SiO_2)}}{1.253}\Lambda_{SiO_2} + \frac{1\times x_{(MgO)}}{1.253}\Lambda_{MgO} + \frac{1\times x_{(FeO)}}{1.253}\Lambda_{FeO} +$$
$$\frac{3\times x_{(Fe_2O_3)}}{1.253}\Lambda_{Fe_2O_3} + \frac{5\times x_{(P_2O_5)}}{1.253}\Lambda_{P_2O_5} + \frac{1\times x_{(MnO)}}{1.253}\Lambda_{MnO}$$
$$= \frac{1\times 0.665}{1.253}\times 1.00 + \frac{2\times 0.228}{1.253}\times 0.48 + \frac{1\times 0.038}{1.253}\times 0.78 + \frac{1\times 0.049}{1.253}\times$$
$$0.51 + \frac{3\times 0.007}{1.253}\times 0.48 + \frac{5\times 0.003}{1.253}\times 0.40 + \frac{1\times 0.009}{1.253}\times 0.59$$
$$= 0.766$$

熔渣的质量，即熔渣中各组元质量之和为

$$m_{sl} = \Sigma m_{(B)} = M_{CaO}n_{(CaO)} + M_{SiO_2}n_{(SiO_2)} + M_{MgO}n_{(MgO)} + M_{FeO}n_{(FeO)} +$$
$$M_{Fe_2O_3}n_{(Fe_2O_3)} + M_{P_2O_5}n_{(P_2O_5)} + M_{MnO}n_{(MnO)} + M_S n_{(S)}$$
$$= 56\times 1.142 + 60\times 0.392 + 40\times 0.065 + 72\times 0.085 +$$
$$160\times 0.012 + 142\times 0.006 + 71\times 0.016 + 32\times 0.004$$
$$= 100.228\text{g}$$

熔渣中 SiO_2 及 Al_2O_3 的质量分数分别为

$$w_{(SiO_2)} = \frac{m_{(SiO_2)}}{m_{sl}} = \frac{M_{SiO_2}n_{(SiO_2)}}{\Sigma m_{(B)}} = \frac{60\times 0.392}{100.228} = 23.47\% \qquad w_{(Al_2O_3)} = 0$$

将 $\Lambda = 0.766$、$T = 1873\text{K}$、$w_{(SiO_2)\%} = 23.47$ 和 $w_{(Al_2O_3)\%} = 0$ 代入式（x）中，计算得硫容量为

$$\lg C'_S = -13.913 + 42.84\times 0.766 - 23.82\times 0.766^2 - 11710/1873 - 0.02223\times 23.47$$
$$= -1.848$$
$$C'_S = 0.0142$$

计算伪（CaO + MgO + MnO）-（SiO_2 + P_2O_5）-（FeO + Fe_2O_3）三元系熔渣的摩尔分数组成为

$$x'_{(CaO)} = x_{(CaO)} + x_{(MgO)} + x_{(MnO)} = 0.665 + 0.038 + 0.009 = 0.712$$
$$x'_{(SiO_2)} = x_{(SiO_2)} + x_{(P_2O_5)} = 0.228 + 0.003 = 0.231$$
$$x'_{(FeO)} = x_{(FeO)} + 2x_{(Fe_2O_3)} = 0.049 + 2\times 0.007 = 0.063$$

根据以上计算的伪三元系熔渣的摩尔分数组成，查 CaO-SiO_2-FeO 渣系 FeO 的活度图（附图 5），得 FeO 的活度为

$$a_{(FeO),R} = 0.25$$

将 $T = 1873\text{K}$ 代入式（xiii）中，计算该温度下氧的分配常数为

$$\lg L_O = \lg \frac{w_{[O]\%}}{a_{(FeO),R}} = -\frac{6320}{1873} + 2.734 = -0.640 \qquad L_O = 0.23$$

计算钢液中氧的质量百分数和质量分数分别为

$$w_{[O]\%} = L_O a_{(FeO),R} = 0.23 \times 0.25 = 0.0575 \qquad w_{[O]} = w_{[O]\%}/100 = 0.0575\%$$

将 $C'_S = 0.0142$、$f_{S,\%} = 1.15$、$w_{[O]\%} = 0.0575$、$M_S = 32\text{g} \cdot \text{mol}^{-1}$、$m_{sl} = 100.228\text{g}$、$\Sigma n_{(B^{z-})} = 0.95\text{mol}$ 代入式（xi）中，计算硫分配常数为

$$L_{S(3)} = 0.0142 \times \frac{1.15}{0.0575} \times \frac{100 \times 32}{100.228} \times 0.95 = 8.61$$

由上述三种计算方法的计算结果可见，其间存在差异。其中，第一种计算方法的结果 $L_{S(1)} = 7.98$ 是利用实验测定的浓度值（实验值）计算得到的，所以应该视为准确值。而另外两种计算方法的计算结果的相对误差分别为

第二种计算方法的相对误差：$e_2^* = \dfrac{L_{S(2)} - L_{S(1)}}{L_{S(1)}} = \dfrac{8.45 - 7.98}{7.98} = 0.0589 = 5.89\%$

第三种计算方法的相对误差：$e_3^* = \dfrac{L_{S(3)} - L_{S(1)}}{L_{S(1)}} = \dfrac{8.61 - 7.98}{7.98} = 0.0789 = 7.89\%$

7.22 在电弧炉冶炼的还原期内，测得钢液中硫的质量分数 $w_{[S]}$ 从 0.035% 下降到 0.030%，在 1580℃需要 60min，在 1600℃需要 50min，试计算脱硫反应的活化能及在 1630℃时减少同样的硫量所需的时间。已知脱硫反应为一级。

解： 设脱硫反应在 1580℃时的反应速率常数为 k_1，在 1600℃时的反应速率常数为 k_2，在 1630℃时的反应速率常数为 k_3。

一级反应速率的微分方程式为

$$-\frac{\mathrm{d}w_{[S]}}{\mathrm{d}t} = kw_{[S]} \tag{i}$$

在 1580℃时，$k = k_1$，代入式（i）中，分离变量并在已知条件下做定积分，得

$$\int_{0.035\%}^{0.030\%} \frac{\mathrm{d}w_{[S]}}{w_{[S]}} = -k_1 \int_0^{60} \mathrm{d}t \qquad \ln\frac{0.035\%}{0.030\%} = 60k_1 \qquad k_1 = 2.57 \times 10^{-3}\text{min}^{-1}$$

在 1600℃时，$k = k_2$，代入式（i）中，分离变量并在已知条件下做定积分，得

$$\int_{0.035\%}^{0.030\%} \frac{\mathrm{d}w_{[S]}}{w_{[S]}} = -k_2 \int_0^{50} \mathrm{d}t \qquad \ln\frac{0.035\%}{0.030\%} = 50k_2 \qquad k_2 = 3.08 \times 10^{-3}\text{min}^{-1}$$

表示化学反应速率常数与温度关系的阿累尼乌斯公式，对于 k_1 和 k_2 分别为

$$\ln k_1 = \ln k_0 - \frac{E_a}{RT_1} \tag{ii}$$

$$\ln k_2 = \ln k_0 - \frac{E_a}{RT_2} \tag{iii}$$

式(ii)－式(iii)，得

$$\ln\frac{k_1}{k_2} = \frac{E_a}{R}\left(\frac{1}{T_2} - \frac{1}{T_1}\right) \tag{iv}$$

解方程式（iv），得化学反应活化能与温度的关系式为

$$E_a = \frac{R\ln(k_1/k_2)}{(1/T_2 - 1/T_1)} \tag{v}$$

将 $R = 8.314\text{J}\cdot(\text{mol}\cdot\text{K})^{-1}$、$T_1 = 1853\text{K}$、$k_1 = 2.57\times10^{-3}\text{min}^{-1}$、$T_2 = 1873\text{K}$、$k_2 = 3.08\times10^{-3}\text{min}^{-1}$ 代入式（v）中，计算得化学反应活化能为

$$E_a = \frac{8.314\ln(2.57/3.08)}{(1/1873 - 1/1853)} = 261173\text{J}\cdot\text{mol}^{-1}$$

同理，仿式（iv）可得温度 T_3 时的 k_3 与温度 T_2 时的 k_2 的关系式为

$$\ln\frac{k_3}{k_2} = \frac{E_a}{R}\left(\frac{1}{T_2} - \frac{1}{T_3}\right) \tag{vi}$$

将 $R = 8.314\text{J}\cdot(\text{mol}\cdot\text{K})^{-1}$、$T_2 = 1873\text{K}$、$k_2 = 3.08\times10^{-3}\text{min}^{-1}$、$T_3 = 1903\text{K}$、$E_a = 261173\text{J}\cdot\text{mol}^{-1}$ 代入式（vi）中，得方程式为

$$\ln\frac{k_3}{3.08\times10^{-3}} = \frac{261173}{8.314}\times\left(\frac{1}{1873} - \frac{1}{1903}\right) \tag{vii}$$

解方程式（vii），得 1630℃时的反应速率常数为

$$\ln k_3 = -5.52 \qquad k_3 = 4.0\times10^{-3}\text{min}^{-1}$$

在 1630℃时，$k = k_3$，代入式（i）中，分离变量并在已知条件下做定积分，得

$$\int_{0.035\%}^{0.030\%}\frac{\mathrm{d}w_{[\mathrm{S}]}}{w_{[\mathrm{S}]}} = -k_3\int_0^t \mathrm{d}t \qquad \ln\frac{0.035\%}{0.030\%} = -k_3 t$$

将 $k_3 = 4.0\times10^{-3}\text{min}^{-1}$ 代入上积分式中，得方程式为

$$\ln\frac{0.035\%}{0.030\%} = -4.0\times10^{-3}t \tag{viii}$$

解方程式（viii），得在 1630℃减少同样的硫量所需时间为

$$t = 38.54\text{min}$$

7.23 在 100t 电弧炉内，温度为 1600℃，脱碳速率 $v_\mathrm{C} = -\mathrm{d}w_{[\mathrm{C}]}/\mathrm{d}t = 0.017\%\,\text{min}^{-1}$，脱碳反应区的 CO 压力 $p_{\mathrm{CO}} = 100\text{kPa}$，钢液中氢的初始质量分数 $w_{[\mathrm{H}],0} = 1.0\times10^{-3}\%$，试求当碳被氧化掉 $\Delta w_{[\mathrm{C}]} = 0.5\%$ 时，钢液中氢的质量分数 $w_{[\mathrm{H}]}$、氢排出的速率及所需时间。

解：在脱碳过程中，钢液中溶解气体的排出速率，可根据从钢液中进入 CO 气泡内气体物质的质量平衡关系导出。

设 CO 气泡中 H_2 的分压 $p_{\mathrm{H_2}}$ 与钢液中溶解气体氢的质量百分数 $w_{[\mathrm{H}]\%}$ 相平衡，而析出的一个 CO 气泡的体积为 $\mathrm{d}V_{\mathrm{CO}}$，则由此 CO 气泡带走的 H_2 的物质的量的计算式为

$$\mathrm{d}n_{\mathrm{H_2}} = \frac{p_{\mathrm{H_2}}\mathrm{d}V_{\mathrm{CO}}}{RT} = \frac{p_{\mathrm{H_2}}(T/273)\mathrm{d}V_{\mathrm{CO}}^{\ominus}}{RT} = \frac{p_{\mathrm{H_2}}\mathrm{d}V_{\mathrm{CO}}^{\ominus}}{273R} \tag{i}$$

式中 n_{H_2}——H_2 的物质的量，mol；

p_{H_2}——CO 气泡中 H_2 的分压，Pa；

V_{CO}——CO 气体的体积，m^3；

$V_{CO}^{\ominus}$——标准状态下的 CO 气体的体积，m^3。

将式（i）等号两边同乘以 H_2 的摩尔质量 M_{H_2}，得由此 CO 气泡带走 H_2 的质量的计算式为

$$dm_{H_2} = M_{H_2}dn_{H_2} = \frac{p_{H_2}dV_{CO}^{\ominus}}{273R}M_{H_2} \tag{ii}$$

式中 dm_{H_2}——由一个 CO 气泡带走的 H_2 的质量，kg；

M_{H_2}——H_2 的摩尔质量，$kg \cdot mol^{-1}$。

此 CO 气泡带走 H_2，相应地钢液中溶解气体氢减少的质量的计算式为

$$dm_{[H]} = m_{st}dw_{[H]} = \frac{m_{st}dw_{[H]\%}}{100} \tag{iii}$$

式中 $dm_{[H]}$——钢液中溶解气体氢减少的质量，kg；

$w_{[H]}$，$w_{[H]\%}$——分别为钢液中溶解气体氢的质量分数及质量百分数，1；

m_{st}——钢液的质量，kg。

由气体质量的平衡关系，可得

$$dm_{H_2} = -dm_{[H]}$$

$$\frac{p_{H_2}dV_{CO}^{\ominus}}{273R}M_{H_2} = -\frac{m_{st}dw_{[H]\%}}{100} \tag{iv}$$

设 CO 气泡中 CO 的分压为 p_{CO}，其值近似等于脱碳反应区 CO 的压力，而放出的 CO 气泡引起钢液中碳的质量分数 $w_{[C]}$ 降低，则利用碳的质量平衡关系，可得

$$-dm_{[C]} = -M_C dn_{[C]} = M_C dn_{CO} = M_C\frac{p_{CO}dV_{CO}^{\ominus}}{273R} = -\frac{m_{st}dw_{[C]\%}}{100} \tag{v}$$

式(iv)÷式(v)，得

$$\frac{dw_{[H]\%}}{dw_{[C]\%}} = \frac{p_{H_2}M_{H_2}}{p_{CO}M_C} \tag{vi}$$

氢在钢液中的溶解反应及其标准平衡常数与温度的关系式为

$$0.5H_2 = [H] \qquad \lg K_H^{\ominus} = -\frac{1909}{T} - 1.591 \tag{vii}$$

将 $T = 1873K$ 代入标准平衡常数的温度关系式（vii）中，计算标准平衡常数为

$$\lg K_H^{\ominus} = -\frac{1909}{1873} - 1.591 = -2.61 \qquad K_H^{\ominus} = 2.45 \times 10^{-3}$$

氢在钢液中溶解为稀溶液，服从西华特（Sievert）平方根定律，即

$$w_{[H]\%} = K_H^{\ominus}\sqrt{p_{H_2}/p^{\ominus}} \tag{viii}$$

由式（viii）得

$$p_{H_2} = p^{\ominus}(w_{[H]\%}/K_H^{\ominus})^2 \tag{ix}$$

将式（ix）代入式（vi）中，得

$$dw_{[H]\%} = \frac{M_{H_2}p^{\ominus}}{M_C p_{CO}}\left(\frac{w_{[H]\%}}{K_H^{\ominus}}\right)^2 dw_{[C]\%} \tag{x}$$

用 $-dt$ 除式（x）的两端，得钢液中氢的排出速率方程式为

$$v'_H = -\frac{dw_{[H]\%}}{dt} = \frac{M_{H_2}p^{\ominus}}{M_C p_{CO}}\left(\frac{w_{[H]\%}}{K_H^{\ominus}}\right)^2 \times \left(-\frac{dw_{[C]\%}}{dt}\right) \tag{xi}$$

由式（xi）可见，在本题 CO 分压 $p_{CO} = 100kPa$ 和脱碳速率 $v'_C = -dw_{[C]\%}/dt = 0.017min^{-1}$ 为常数的条件下，排氢速率 $v'_H = -dw_{[H]\%}/dt$ 与 $w_{[H]\%}$ 有关，也就是说，在钢液脱碳排氢过程中，排氢速率 $v'_H = -dw_{[H]\%}/dt$ 随钢液中氢的质量百分数 $w_{[H]\%}$ 的变化而变化。

对式（x）分离变量，得

$$\frac{dw_{[H]\%}}{w_{[H]\%}^2} = \frac{M_{H_2}p^{\ominus}}{M_C(K_H^{\ominus})^2 p_{CO}} dw_{[C]\%} \tag{xii}$$

在 $w_{[H]\%}$ 及 $w_{[C]\%}$ 相应界限内对式（xii）做定积分，得

$$\int_{w_{[H]\%,0}}^{w_{[H]\%}} \frac{dw_{[H]\%}}{w_{[H]\%}^2} = \frac{M_{H_2}p^{\ominus}}{M_C(K_H^{\ominus})^2 p_{CO}} \int_{w_{[C]\%,0}}^{w_{[C]\%}} dw_{[C]\%}$$

$$\frac{1}{w_{[H]\%}} - \frac{1}{w_{[H]\%,0}} = \frac{M_{H_2}p^{\ominus}}{M_C(K_H^{\ominus})^2 p_{CO}}(w_{[C]\%,0} - w_{[C]\%}) = \frac{M_{H_2}p^{\ominus}}{M_C(K_H^{\ominus})^2 p_{CO}}\Delta w_{[C]\%} \tag{xiii}$$

将 $w_{[H]\%,0} = 1.0 \times 10^{-3}$、$M_{H_2} = 2 \times 10^{-3} kg \cdot mol^{-1}$、$M_C = 12 \times 10^{-3} kg \cdot mol^{-1}$、$K_H^{\ominus} = 2.45 \times 10^{-3}$、$p^{\ominus} = 10^5 Pa$、$p_{CO} = 10^5 Pa$、$\Delta w_{[C]\%} = 0.5$ 代入式（xiii）中，得

$$\frac{1}{w_{[H]\%}} - \frac{1}{1.0 \times 10^{-3}} = \frac{2 \times 10^{-3} \times 10^5}{12 \times 10^{-3} \times (2.45 \times 10^{-3})^2 \times 10^5} \times 0.5 \tag{xiv}$$

解方程式（xiv），得当碳氧化脱除 $\Delta w_{[C]} = 0.5\%$ 时，钢液中氢的质量百分数及质量分数分别为

$$w_{[H]\%} = 6.72 \times 10^{-5} \qquad w_{[H]} = 6.72 \times 10^{-5}\%$$

将 $w_{[H]\%} = 6.72 \times 10^{-5}$、$M_{H_2} = 2 \times 10^{-3} kg \cdot mol^{-1}$、$M_C = 12 \times 10^{-3} kg \cdot mol^{-1}$、$K_H^{\ominus} = 2.45 \times 10^{-3}$、$p^{\ominus} = 10^5 Pa$、$p_{CO} = 10^5 Pa$ 及 $-dw_{[C]\%}/dt = 0.017 min^{-1}$ 代入式（xi）中，计算得钢液中氢的质量百分数（或质量分数）降低到 $w_{[H]\%} = 6.72 \times 10^{-5}$（$w_{[H]} = 6.72 \times 10^{-5}\%$）时氢的排出速率为

$$v'_H = -\frac{dw_{[H]\%}}{dt} = \frac{2 \times 10^{-3} \times 10^5}{12 \times 10^{-3} \times 10^5} \times \left(\frac{6.72 \times 10^{-5}}{2.45 \times 10^{-3}}\right)^2 \times 0.017 = 2.131 \times 10^{-6} min^{-1}$$

或用质量分数表示的氢的排出速率为

$$v_H = -\frac{dw_{[H]}}{dt} = 2.131 \times 10^{-6}\% min^{-1}$$

对式（xi）分离变量，并在$t=0$时$w_{[H]\%}=w_{[H]\%,0}$，$t=t$时$w_{[H]\%}=w_{[H]\%}$条件下积分，得

$$\int_{w_{[H]\%,0}}^{w_{[H]\%}} -\frac{\mathrm{d}w_{[H]\%}}{w_{[H]\%}^2} = \frac{M_{H_2}p^\ominus(-\mathrm{d}w_{[C]\%}/\mathrm{d}t)}{M_C(K_H^\ominus)^2 p_{CO}}\int_0^t \mathrm{d}t$$

$$\frac{1}{w_{[H]\%}} - \frac{1}{w_{[H]\%,0}} = \frac{M_{H_2}p^\ominus(-\mathrm{d}w_{[C]\%}/\mathrm{d}t)}{M_C(K_H^\ominus)^2 p_{CO}}t \tag{xv}$$

将$w_{[H]\%}=6.72\times10^{-5}$、$w_{[H]\%,0}=1.0\times10^{-3}$、$M_{H_2}=2\times10^{-3}\mathrm{kg\cdot mol^{-1}}$、$M_C=12\times10^{-3}\mathrm{kg\cdot mol^{-1}}$、$K_H^\ominus=2.45\times10^{-3}$、$p^\ominus=10^5\mathrm{Pa}$、$p_{CO}=10^5\mathrm{Pa}$及$-\mathrm{d}w_{[C]\%}/\mathrm{d}t=0.017\mathrm{min}^{-1}$代入式（xv）中，得

$$\frac{1}{6.72\times10^{-5}} - \frac{1}{1.0\times10^{-3}} = \frac{2\times10^{-3}\times10^5\times0.017}{12\times10^{-3}\times(2.45\times10^{-3})^2\times10^5}t \tag{xvi}$$

解方程式（xvi），得钢液中碳被氧化掉$\Delta w_{[C]}=0.5\%$，或钢液中氢由$w_{[H],0}=1.0\times10^{-3}\%$降低到$w_{[H]}=6.72\times10^{-5}\%$时所需时间为

$$t = 29.41\mathrm{min}$$

由于已知脱碳速率$v_C=-\mathrm{d}w_{[C]}/\mathrm{d}t=0.017\%\,\mathrm{min}^{-1}$为一常数，相当于匀速脱碳，所以钢液中碳被氧化掉$\Delta w_{[C]}=0.5\%$，或钢液中氢由$w_{[H],0}=1.0\times10^{-3}\%$降低到$w_{[H]}=6.72\times10^{-5}\%$时所需时间也可以计算为

$$t = \frac{\Delta w_{[C]}}{v_C} = \frac{0.5\%}{0.017\%} = 29.41\mathrm{min}$$

7.24 试绘出1600℃的钒脱氧平衡曲线，并求其最小平衡氧浓度。已知$e_O^V=-0.30$、$e_V^V=0.015$，钒在较低浓度区间和较高浓度区间的脱氧反应分别为

$$\frac{1}{2}[V]+[O]+\frac{1}{4}[Fe] = \frac{1}{4}FeO\cdot V_2O_{3(s)} \qquad \lg K_1^\ominus = \frac{11212.5}{T}-4.15 \tag{i}$$

$$\frac{2}{3}[V]+[O] = \frac{1}{3}V_2O_{3(s)} \qquad \lg K_2^\ominus = \frac{14270}{T}-5.70 \tag{ii}$$

解： 将$T=1873\mathrm{K}$分别代入标准平衡常数与温度的关系式（i）和式（ii）中，计算两个标准平衡常数分别为

$$\lg K_1^\ominus = \frac{11212.5}{1873}-4.15 = 1.8364 \qquad K_1^\ominus = 68.612$$

$$\lg K_2^\ominus = \frac{14270}{1873}-5.70 = 1.9188 \qquad K_2^\ominus = 82.947$$

由化学反应（i）和（ii）分别得

$$\lg K_1^\ominus = \lg\frac{a_{FeO\cdot V_2O_3,R}^{1/4}}{a_{[V],\%}^{1/2}a_{[O],\%}a_{[Fe],R}^{1/4}} = \lg\frac{a_{FeO\cdot V_2O_3,R}^{1/4}}{f_{V,\%}^{1/2}w_{[V]\%}^{1/2}f_{O,\%}w_{[O]\%}a_{[Fe],R}^{1/4}}$$

$$= \lg a_{FeO\cdot V_2O_3,R}^{1/4} - \frac{1}{2}\lg f_{V,\%} - \frac{1}{2}\lg w_{[V]\%} - \lg f_{O,\%} - \lg w_{[O]\%} - \lg a_{[Fe],R}^{1/4} \tag{iii}$$

$$\lg K_2^{\ominus} = \lg \frac{a_{V_2O_3,R}^{1/3}}{a_{[V],\%}^{2/3} a_{[O],\%}} = \lg \frac{a_{V_2O_3,R}^{1/3}}{f_{V,\%}^{2/3} w_{[V]\%}^{2/3} f_{O,\%} w_{[O]\%}}$$

$$= \lg a_{V_2O_3,R}^{1/3} - \frac{2}{3}\lg f_{V,\%} - \frac{2}{3}\lg w_{[V]\%} - \lg f_{O,\%} - \lg w_{[O]\%} \quad \text{(iv)}$$

钢液中钒和氧的活度系数方程式分别为

$$\lg f_{V,\%} = e_V^V w_{[V]\%} + e_V^O w_{[O]\%} \quad \text{(v)}$$

$$\lg f_{O,\%} = e_O^O w_{[O]\%} + e_O^V w_{[V]\%} \quad \text{(vi)}$$

在式（v）中，因为$|e_V^O w_{[O]\%}| \ll |e_V^V w_{[V]\%}|$，所以可忽略$e_V^O w_{[O]\%}$这一乘积项，则式（v）变为

$$\lg f_{V,\%} = e_V^V w_{[V]\%} \quad \text{(vii)}$$

在式（vi）中，因为$|e_O^O w_{[O]\%}| \ll |e_O^V w_{[V]\%}|$，所以可忽略$e_O^O w_{[O]\%}$这一乘积项，则式（vi）变为

$$\lg f_{O,\%} = e_O^V w_{[V]\%} \quad \text{(viii)}$$

将$a_{FeO\cdot V_2O_3,R}=1$、$a_{[Fe],R}=1$、$\lg f_{V,\%}=e_V^V w_{[V]\%}$、$\lg f_{O,\%}=e_O^V w_{[V]\%}$代入式（iii）中并移项，得

$$\lg w_{[O]\%} = -\lg K_1^{\ominus} - e_O^V w_{[V]\%} - \frac{1}{2}e_V^V w_{[V]\%} - \frac{1}{2}\lg w_{[V]\%} \quad \text{(ix)}$$

将$a_{V_2O_3,R}=1$、$\lg f_{V,\%}=e_V^V w_{[V]\%}$、$\lg f_{O,\%}=e_O^V w_{[V]\%}$代入式（iv）中并移项，得

$$\lg w_{[O]\%} = -\lg K_2^{\ominus} - e_O^V w_{[V]\%} - \frac{2}{3}e_V^V w_{[V]\%} - \frac{2}{3}\lg w_{[V]\%} \quad \text{(x)}$$

将$e_O^V=-0.30$、$e_V^V=0.015$、$\lg K_1^{\ominus}=1.8364$代入式（ix）中并整理，得

$$\lg w_{[O]\%} = -1.8364 + 0.2925 w_{[V]\%} - \frac{1}{2}\lg w_{[V]\%} \quad \text{(xi)}$$

将$e_O^V=-0.30$、$e_V^V=0.015$、$\lg K_2^{\ominus}=1.9188$代入式（x）中并整理，得

$$\lg w_{[O]\%} = -1.9188 + 0.2900 w_{[V]\%} - \frac{2}{3}\lg w_{[V]\%} \quad \text{(xii)}$$

依据函数式（xi）和式（xii），分别各画一条钒脱氧平衡曲线（即$\lg w_{[O]\%}$与$w_{[V]\%}$的关系曲线），两条曲线相交于点A。在点A的左侧（即较低钒浓度范围），保留函数式（xi）的曲线段，在点A的右侧（即较高钒浓度范围），保留函数式（xii）的曲线段，如此形成一条以A为衔接点（临界点）的钒脱氧曲线如图7-1所示。

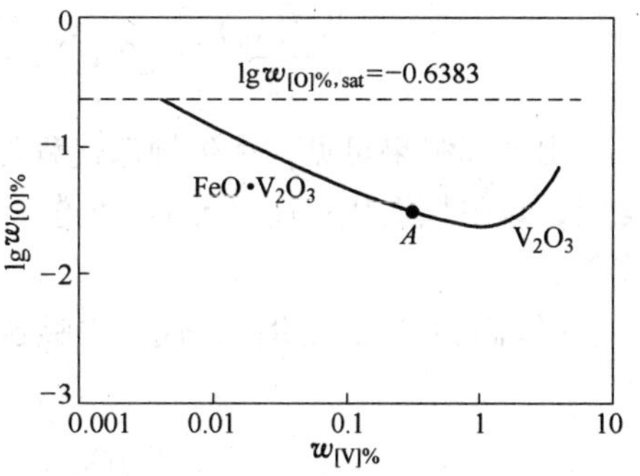

图7-1　钒脱氧平衡曲线

求临界点A的坐标如下：

式（xi）－式（xii），得非线性方程式为

$$0.16667\lg w_{[V]\%} + 0.0025 w_{[V]\%} + 0.0824 = 0 \qquad (xiii)$$

写出一个与方程式（xiii）等价的方程式为

$$\lg w_{[V]\%} + 0.015 w_{[V]\%} + 0.49439 = 0 \qquad (xiv)$$

将方程式（xiv）两端同乘以 2.303，得

$$\ln w_{[V]\%} + 0.03455 w_{[V]\%} + 1.13858 = 0 \qquad (xv)$$

为书写方便，特设 $x = w_{[V]\%}$，则方程式（xv）变为

$$\ln x + 0.03455x + 1.13858 = 0 \qquad (xvi)$$

用牛顿迭代法解非线性方程式（xvi），为此设

$$f(x) = \ln x + 0.03455x + 1.13858 \qquad (xvii)$$

则建立牛顿迭代程序为

$$x_{n+1} = x_n - \frac{f(x_n)}{f'(x_n)} \qquad (xviii)$$

设给牛顿迭代程序选择的初始值为 x_0，若函数 $f(x)$ 在 x_0 的二阶导数 $f''(x_0) \neq 0$，则可选 x_0 为牛顿迭代程序的初始值，且保证牛顿迭代程序收敛的条件为

$$|f'(x_0)|^2 > \left|\frac{f''(x_0)}{2}\right| \cdot |f(x_0)| \qquad (xix)$$

函数 $f(x)$ 的一阶及二阶导数分别为

$$f'(x) = \frac{1}{x} + 0.03455 \qquad (xx)$$

$$f''(x) = -\frac{1}{x^2} \qquad (xxi)$$

选择初始值 $x_0 = 0.4$，计算 $f(x_0)$、$f'(x_0)$ 和 $f''(x_0)$ 分别为

$$f(x_0) = \ln 0.4 + 0.03455 \times 0.4 + 1.13858 = 0.23611$$

$$f'(x_0) = \frac{1}{0.4} + 0.03455 = 2.53455$$

$$f''(x_0) = -\frac{1}{0.4^2} = -6.25$$

代入初始值 $x_0 = 0.4$，分别计算式（xix）等号两边各项，得

$$|f'(x_0)|^2 = |2.53455|^2 = 6.42394$$

$$\left|\frac{f''(x_0)}{2}\right| \cdot |f(x_0)| = \left|\frac{-6.25}{2}\right| \times |0.23611| = 0.73784$$

由计算结果可见，为牛顿迭代程序所选的初始值 $x_0 = 0.4$ 满足不等式（xix），因此可确定，该牛顿迭代程序（xviii）可选 $x_0 = 0.4$ 为初始值，并且该牛顿迭代程序（xviii）一定收敛。

以 $x_0 = 0.4$ 为初始值，代入牛顿迭代程序（xviii）作迭代计算，得数列为

$$x_0 = 0.4$$

$$x_1 = x_0 - \frac{f(x_0)}{f'(x_0)} = 0.4 - \frac{0.23611}{2.53455} = 0.306843423$$

$$x_2 = x_1 - \frac{f(x_1)}{f'(x_1)} = 0.306843423 - \frac{-0.032236241}{3.293541141} = 0.316631138$$

$$x_3 = x_2 - \frac{f(x_2)}{f'(x_2)} = 0.316631138 - \frac{-0.000498177}{3.192799073} = 0.316787170$$

$$x_4 = x_3 - \frac{f(x_3)}{f'(x_3)} = 0.316787170 - \frac{-0.000000121}{3.191243499} = 0.316787207$$

$$x_5 = x_4 - \frac{f(x_4)}{f'(x_4)} = 0.316787207 - \frac{-8.8 \times 10^{-10}}{3.191243121} = 0.316787207$$

由以上数列可见，自第5项 x_5 起，整数位及小数点后第九位开始守常，所以可以确定非线性方程式（xvi）的保留小数点后第九位的准确解为 $x = 0.316787207$，而保留小数点后第4位的近似解为

$$x = 0.3168$$

此亦即方程式（xv）、方程式（xiv）和方程式（xiii）的近似解（图7-1中点 A 的横坐标值）为

$$w_{[V]\%} = 0.3168(\text{点}A\text{的横坐标值})$$

将 $w_{[V]\%}=0.3168$ 代入方程式（xi）中，计算得图7-1中点 A 的纵坐标值为

$$\lg w_{[O]\%} = -1.8364 + 0.2925 \times 0.3168 - \frac{1}{2}\lg 0.3168 = -1.4941(\text{点}A\text{的纵坐标值})$$

将 $w_{[V]\%}=0.3168$ 代入方程式（xii）中计算，同样可得图7-1中点 A 的纵坐标值为

$$\lg w_{[O]\%} = -1.9188 + 0.2900 \times 0.3168 - \frac{2}{3}\lg 0.3168 = -1.4941(\text{点}A\text{的纵坐标值})$$

这说明，当钢液中钒的平衡质量分数 $w_{[V]} < 0.3168\%$ 时，钒脱氧生成 $FeO \cdot V_2O_{3(s)}$，当钢液中钒的平衡质量分数 $w_{[V]} > 0.3168\%$ 时，钒脱氧生成 $V_2O_{3(s)}$。

由图7-1可见，钒脱氧平衡曲线的极小值点出现在临界点 A 的右侧，即出现在生成 $V_2O_{3(s)}$ 的曲线上，因此，要根据式（x）求极小值点的坐标。

将式（x）对 $w_{[V]\%}$ 求一阶导数，并令其等于零，得

$$\frac{d\lg w_{[O]\%}}{dw_{[V]\%}} = -e_O^V - \frac{2}{3}e_V^V - \frac{2}{3} \times \frac{1}{2.303 w_{[V]\%}} = 0 \qquad \text{(xxii)}$$

解方程式（xxii），得脱氧元素钒加入的最适量（即能把钢液中的氧的质量分数脱除到最小值时的钒的加入量）为

$$w_{[V]\%} = -\frac{2}{2.303 \times (3e_O^V + 2e_V^V)} = -\frac{2}{2.303 \times (-3 \times 0.30 + 2 \times 0.015)} = 0.998$$

$$w_{[V]} = w_{[V]\%}/100 = 0.998/100 = 0.998\%$$

将 $w_{[V]\%}=0.998$ 代入式（xii）中，计算得与之平衡的氧的最低质量百分数和最低质量分数分别为

$$\lg w_{[O]\%} = -1.9188 + 0.2900 \times 0.998 - \frac{2}{3}\lg 0.998 = -1.6228$$

$$w_{[O]\%} = 0.0238 \qquad w_{[O]} = 0.0238\%$$

7.25 用 H_2-$H_2O_{(g)}$ 混合气体与钢液中钒做平衡实验，测定钒的脱氧常数。在不同温

度下，测得与钢液中钒平衡的分压比（p_{H_2O}/p_{H_2}）见表 7-8，试求钒脱氧常数的温度关系式及 1600℃的脱氧常数。

表 7-8　与钢液中钒平衡的分压比（p_{H_2O}/p_{H_2}）

$w_{[V]}/\%$	0.10	0.15	0.20	0.30	0.40	0.50	0.60	1.00
1535℃	0.36	0.30	0.26	0.18	0.14	0.13	0.10	0.05
1595℃	0.41	0.35	0.30	0.26	0.17	0.14	0.12	0.07
1695℃	0.56	0.48	0.40	0.31	0.24	0.17	0.15	0.08

解：混合气体 H_2-$H_2O_{(g)}$ 与钢液中钒和氧建立的平衡反应及其标准吉布斯自由能与温度的关系式分别为

$$H_2 + [O] = H_2O_{(g)} \qquad \Delta_r G^{\ominus}_{m(1)} = (-130350 + 58.74T)\,J\cdot mol^{-1} \qquad (i)$$

$$\frac{2}{3}[V] + H_2O_{(g)} = \frac{1}{3}V_2O_{3(s)} + H_2 \qquad \Delta_r G^{\ominus}_{m(2)} = A + BT \qquad (ii)$$

设化学反应（ii）的平衡常数为

$$K = \frac{p_{H_2}/p^{\ominus}}{(p_{H_2O}/p^{\ominus})w_{[V]\%}^{2/3}} = \frac{1}{(p_{H_2O}/p_{H_2})w_{[V]\%}^{2/3}}$$

因为 $\lim\limits_{w_{[V]\%}\to 0} a_{[V],\%} = w_{[V]\%}$，所以

$$\lim_{w_{[V]\%}\to 0} K = \lim_{w_{[V]\%}\to 0} \frac{1}{(p_{H_2O}/p_{H_2})w_{[V]\%}^{2/3}} = K^{\ominus} \qquad (iii)$$

根据表 7-8 中的数据，计算 3 个不同温度下的平衡常数分别为 K_1（1535℃）、K_2（1595℃）和 K_3（1695℃），计算结果见表 7-9。

表 7-9　不同温度下的平衡常数

$w_{[V]}/\%$	0.10	0.15	0.20	0.30	0.40	0.50	0.60	1.00
K_1（1535℃）	12.8933	11.8073	11.2462	12.3969	13.1573	12.2108	14.0572	20.0000
K_2（1595℃）	11.3209	10.1206	9.7467	8.5825	10.8354	11.3386	11.7143	14.2857
K_3（1695℃）	8.2886	7.3796	7.3100	5.5786	7.6751	9.3377	9.3715	12.5000

分别以各温度的平衡常数 K 对钒的质量分数 $w_{[V]}$ 作图，得图 7-2。

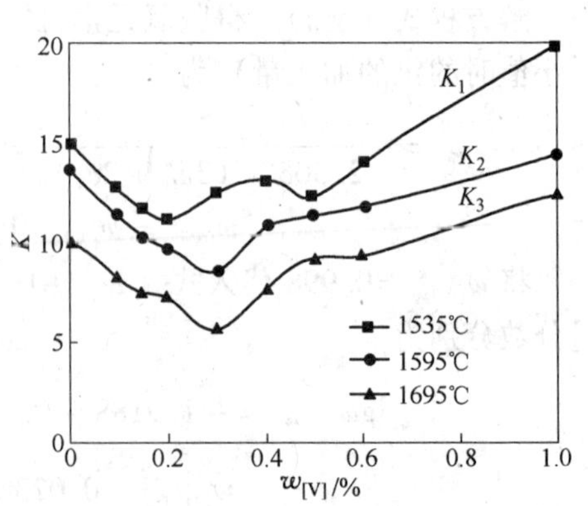

图 7-2　不同温度下的 K 与 $w_{[V]}$ 的关系

根据式（iii），将图 7-2 中的各条曲线外推至 $w_{[V]}=0$，由在纵坐标轴上的截距分别得各温度的标准平衡常数为

$$K_1^{\ominus} = 15.065 \qquad K_2^{\ominus} = 13.722 \qquad K_3^{\ominus} = 10.107$$

将各摄氏温度 t 换算成热力学温度 T，然后取其倒数，得 $1/T$；对各温度的标准平衡常数取常用对数，得 $\lg K^{\ominus}$。将 $1/T$ 和 $\lg K^{\ominus}$ 列入表7-10 中。

表 7-10　温度的倒数及标准平衡常数的对数

T/K	1808	1868	1968
$1/T$/K^{-1}	5.531×10^{-4}	5.353×10^{-4}	5.081×10^{-4}
$\lg K^{\ominus}$	1.178	1.137	1.005

根据表 7-10 中的数据，以 $\lg K^{\ominus}$ 对 $1/T$ 作图，得图 7-3。利用线性回归方法，求（线性回归过程略）关于图 7-3 中 3 个离散点的回归直线方程式为

$$\lg K^{\ominus} = \frac{3931}{T} - 0.9851 \qquad (\text{iv})$$

此式（iv）即为化学反应（ii）的标准平衡常数与温度 T 的关系式，据此可得化学反应（ii）及其标准吉布斯自由能与温度 T 的关系式为

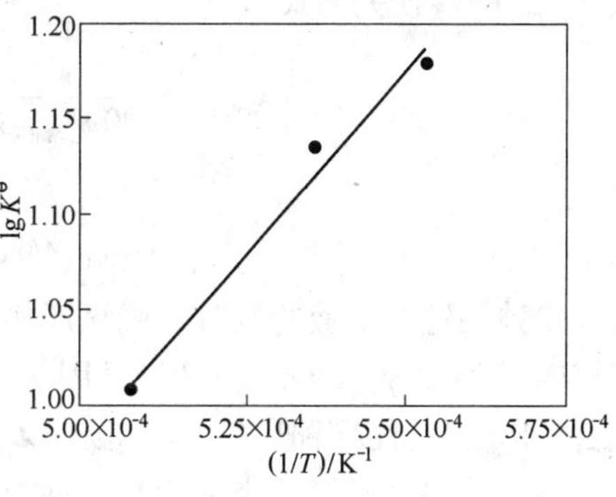

图 7-3　$\lg K^{\ominus}$ 与 $\frac{1}{T}$ 的关系

$$\frac{2}{3}[\mathrm{V}] + \mathrm{H_2O_{(g)}} = \frac{1}{3}\mathrm{V_2O_{3(s)}} + \mathrm{H_2} \qquad \Delta_r G^{\ominus}_{m(2)} = (-75267 + 18.862T)\,\mathrm{J \cdot mol^{-1}} \qquad (\text{ii})$$

线性组合：式（i）+式（ii），得钢液中 V 和 O 反应生成 $V_2O_{3(s)}$ 的反应及其标准吉布斯自由能与温度 T 的关系式为

$$\frac{2}{3}[\mathrm{V}] + [\mathrm{O}] = \frac{1}{3}\mathrm{V_2O_{3(s)}} \qquad \Delta_r G^{\ominus}_{m(5)} = (-205617 + 77.602T)\,\mathrm{J \cdot mol^{-1}} \qquad (\text{v})$$

用 3 乘式（v）等号两边，得

$$2[\mathrm{V}] + 3[\mathrm{O}] = \mathrm{V_2O_{3(s)}} \qquad \Delta_r G^{\ominus}_{m(6)} = (-616851 + 232.806T)\,\mathrm{J \cdot mol^{-1}} \qquad (\text{vi})$$

由式（vi）可得钒脱氧常数的温度关系式（设 $f^2_{\mathrm{V},\%} \cdot f^3_{\mathrm{O},\%} \approx 1$）为

$$\lg(w^2_{[\mathrm{V}]\%} w^3_{[\mathrm{O}]\%}) = -\lg K^{\ominus} = -\frac{32217}{T} + 12.16 \qquad (\text{vii})$$

将 $T = 1873\mathrm{K}$ 代入式（vii）中，计算钒在 1600℃时的脱氧常数为

$$\lg(w^2_{[\mathrm{V}]\%} w^3_{[\mathrm{O}]\%}) = -\frac{32217}{1873} + 12.16 = -5.04075$$

$$w^2_{[\mathrm{V}]\%} w^3_{[\mathrm{O}]\%} = 9.104 \times 10^{-6}$$

7.26　单独用锰对钢液脱氧。试计算温度分别为 1550℃、1600℃及 1650℃时，钢液中与锰平衡的氧的质量分数。已知脱氧反应平衡时钢液中锰的质量分数 $w_{[\mathrm{Mn}]} = 0.6\%$。

解：锰脱氧反应及其标准平衡常数与温度的关系式为

$$[\mathrm{Mn}] + [\mathrm{O}] = (\mathrm{MnO}) \qquad \lg K^{\ominus} = \frac{12760}{T} - 5.58 \qquad (\text{i})$$

式中，钢液中的 Mn 和 O 的活度均以假想质量 1% 溶液为标准态，脱氧产物 MnO 的活度以纯物质为标准态。

根据锰脱氧反应方程式（ⅰ）写出的标准平衡常数方程式为

$$\lg K^{\ominus} = \lg \frac{a_{(\mathrm{MnO}),\mathrm{R}}}{a_{[\mathrm{Mn}],\%} \cdot a_{[\mathrm{O}],\%}} = \lg \frac{\gamma_{\mathrm{MnO}} x_{(\mathrm{MnO})}}{f_{\mathrm{Mn},\%} w_{[\mathrm{Mn}]\%} f_{\mathrm{O},\%} w_{[\mathrm{O}]\%}} = \frac{12760}{T} - 5.58 \qquad (\text{ⅱ})$$

脱氧产物形成的 MnO-FeO 二元系溶液（熔渣）中，MnO 的摩尔分数 $x_{(\mathrm{MnO})}$ 与质量分数 $w_{(\mathrm{MnO})}$ 的转换关系式为

$$x_{(\mathrm{MnO})} = \frac{100w_{(\mathrm{MnO})}/M_{\mathrm{MnO}}}{100w_{(\mathrm{MnO})}/M_{\mathrm{MnO}} + 100(1 - w_{(\mathrm{MnO})})/M_{\mathrm{FeO}}}$$

$$= \frac{w_{(\mathrm{MnO})}/M_{\mathrm{MnO}}}{w_{(\mathrm{MnO})}/M_{\mathrm{MnO}} + (1 - w_{(\mathrm{MnO})})/M_{\mathrm{FeO}}} \qquad (\text{ⅲ})$$

单独用锰对钢液脱氧时，脱氧产物 MnO 与 FeO 互溶，形成 MnO-FeO 二元系理想溶液（熔渣），所以 $\gamma_{\mathrm{MnO}} = \gamma_{\mathrm{FeO}} = 1$。又因为 FeO 的摩尔质量与 MnO 的摩尔质量近似相等，即 $M_{\mathrm{FeO}} \approx M_{\mathrm{MnO}}$，所以当把 $M_{\mathrm{FeO}} = M_{\mathrm{MnO}}$代入式（ⅲ）中时，可得 $x_{(\mathrm{MnO})} = w_{(\mathrm{MnO})}$。

该单独用锰脱氧反应平衡时，钢液中的平衡氧含量很低，可视为稀溶液，所以 $f_{\mathrm{O},\%} = 1$。忽略少量溶解氧的钢液可近似地视为 Fe-Mn 二元系溶液，而 Fe-Mn 二元系也是理想溶液，所以 $f_{\mathrm{Mn},\%} = f_{\mathrm{Mn},\mathrm{H}} = \gamma_{\mathrm{Mn}} = \gamma^0_{\mathrm{Mn}} = 1$[注1]。

将 $\gamma_{\mathrm{MnO}} = 1$、$x_{(\mathrm{MnO})} = w_{(\mathrm{MnO})} = w_{(\mathrm{MnO})\%}/100$、$f_{\mathrm{O},\%} = 1$ 和 $f_{\mathrm{Mn},\%} = 1$ 代入式（ⅱ）中，得

$$\lg K^{\ominus} = \lg \frac{w_{(\mathrm{MnO})\%}}{100 w_{[\mathrm{Mn}]\%} w_{[\mathrm{O}]\%}} = \frac{12760}{T} - 5.58 \qquad (\text{ⅳ})$$

设$\dfrac{w_{(\mathrm{MnO})\%}}{w_{[\mathrm{Mn}]\%} w_{[\mathrm{O}]\%}} = K^{\ominus}_{\%}$（此为锰脱氧反应体系中各物质皆以相应的假想质量 1% 溶液为标准态时的标准平衡常数），并将其代入式（ⅳ）中，得

$$\lg K^{\ominus} = \lg K^{\ominus}_{\%} - \lg 100 = \frac{12760}{T} - 5.58 \qquad (\text{ⅴ})$$

由式（ⅴ）可得锰脱氧反应体系中各物质皆以相应的假想质量 1% 溶液为标准态时的标准平衡常数与温度的关系式为

$$\lg K^{\ominus}_{\%} = \frac{12760}{T} - 5.58 + \lg 100 = \frac{12760}{T} - 3.58 \qquad (\text{ⅵ})$$

氧在钢-渣两相间的分配反应及分配常数与温度的关系式为

$$(\mathrm{FeO}) = [\mathrm{Fe}] + [\mathrm{O}]$$

$$\lg L_{\mathrm{O}} = \lg \frac{a_{[\mathrm{O}],\%}}{a_{(\mathrm{FeO}),\mathrm{R}}} = -\frac{6320}{T} + 2.734 \qquad (\text{ⅶ})$$

式中 $a_{[\mathrm{O}],\%}$——钢液中，以假想质量 1% 溶液为标准态的氧活度，1；

$a_{(\mathrm{FeO}),\mathrm{R}}$——熔渣中，以纯物质为标准态的 FeO 活度，1。

将 $a_{(\mathrm{FeO}),\mathrm{R}} = a_{(\mathrm{FeO}),\%}/100$ 代入式（ⅶ）中，得

$$\lg L'_{\mathrm{O}} = \lg \frac{a_{[\mathrm{O}],\%}}{a_{(\mathrm{FeO}),\%}} = \lg \frac{f_{\mathrm{O},\%} w_{[\mathrm{O}]\%}}{f_{\mathrm{FeO},\%} w_{(\mathrm{FeO})\%}} = -\frac{6320}{T} + 0.734 \qquad (\text{ⅷ})$$

式中 $a_{(\mathrm{FeO}),\%}$——熔渣中，以假想质量 1% 溶液为标准态的 FeO 活度，1。

对于 MnO-FeO 二元系理想溶液，$f_{FeO,\%}=f_{FeO,H}=\gamma_{FeO}=\gamma_{FeO}^0=1$[注2]。将$f_{O,\%}=1$和$f_{FeO,\%}=1$代入式（viii）中，得

$$\lg L_O' = \lg\frac{a_{[O],\%}}{a_{(FeO),\%}} = \lg\frac{w_{[O]\%}}{w_{(FeO)\%}} = -\frac{6320}{T}+0.734 \qquad (ix)$$

式中 $L_O'=\frac{w_{[O]\%}}{w_{(FeO)\%}}$——用质量分数比表示的氧在钢-渣两相间的分配常数，1。

由式$K_{\%}^{\ominus}=\frac{w_{(MnO)\%}}{w_{[Mn]\%}w_{[O]\%}}$可得

$$K_{\%}^{\ominus} = \frac{w_{(MnO)\%}}{w_{[Mn]\%}w_{[O]\%}} = \frac{100-w_{(FeO)\%}}{w_{[Mn]\%}w_{[O]\%}} \qquad (x)$$

将式（x）的分子和分母同乘以$\frac{w_{[O]\%}}{w_{(FeO)\%}}$，得

$$K_{\%}^{\ominus} = \frac{w_{[O]\%}(100-w_{(FeO)\%})/w_{(FeO)\%}}{w_{[O]\%}(w_{[Mn]\%}w_{[O]\%})/w_{(FeO)\%}} = \frac{100(w_{[O]\%}/w_{(FeO)\%})-w_{[O]\%}}{w_{[O]\%}(w_{[O]\%}/w_{(FeO)\%})w_{[Mn]\%}}$$

将$\frac{w_{[O]\%}}{w_{(FeO)\%}}=L_O'$代入上式中，得

$$K_{\%}^{\ominus} = \frac{100L_O'-w_{[O]\%}}{w_{[O]\%}L_O'w_{[Mn]\%}} \qquad (xi)$$

由式（xi）导出在一定温度下，锰脱氧反应平衡时，钢液中氧的质量百分数与锰的质量百分数的关系式为

$$w_{[O]\%} = \frac{100L_O'}{1+K_{\%}^{\ominus}L_O'w_{[Mn]\%}} \qquad (xii)$$

由式（vi）和式（ix）分别计算 3 个温度的$K_{\%}^{\ominus}$和L_O'，并将计算结果列入表 7-11 中。然后，再把$w_{[Mn]\%}=0.6$连同表 7-11 中同一温度的$K_{\%}^{\ominus}$和L_O'同时代入式（xii）中，计算该温度下的平衡氧浓度（质量百分数）并转换成质量分数，同时列入表 7-11 中。

表 7-11　计算结果

t/℃	T/K	$K_{\%}^{\ominus}$	L_O'	$w_{[Mn]\%}$	$w_{[O]\%}$	$w_{[O]}/\%$
1550	1823	2627	1.85×10^{-3}	0.6	0.047	0.047
1600	1873	1708	2.29×10^{-3}	0.6	0.068	0.068
1650	1923	1136	2.80×10^{-3}	0.6	0.096	0.096

［注 1］证明$f_{Mn,\%}=f_{Mn,H}=\gamma_{Mn}=\gamma_{Mn}^0=1$如下：

忽略少量溶解氧的钢液可近似地视为 Fe-Mn 二元系溶液。$f_{Mn,H}$与$f_{Mn,\%}$的转换关系式为

$$\frac{f_{Mn,H}}{f_{Mn,\%}} = \frac{M_{Fe}}{100M_{Mn}}\left[\frac{w_{[Mn]\%}(M_{Fe}-M_{Mn})+100M_{Mn}}{M_{Fe}}\right] = \frac{w_{[Mn]\%}(M_{Fe}-M_{Mn})+100M_{Mn}}{100M_{Mn}}$$

因为$M_{Fe}\approx M_{Mn}$，所以$M_{Fe}-M_{Mn}\approx0$。将$M_{Fe}-M_{Mn}=0$代入上式中，得

$$\frac{f_{Mn,H}}{f_{Mn,\%}}=1 \qquad f_{Mn,\%}=f_{Mn,H}$$

又对于 Fe-Mn 二元系溶液，γ_{Mn}与$f_{Mn,H}$的转换关系式为

$$\frac{\gamma_{Mn}}{f_{Mn,H}} = \gamma_{Mn}^0$$

因为 Fe-Mn 二元系为理想溶液，所以上式中的 $\gamma_{Mn} = \gamma_{Mn}^0 = 1$。将 $\gamma_{Mn}^0 = 1$ 和 $\gamma_{Mn} = 1$ 分别代入上式中，得

$$\frac{\gamma_{Mn}}{f_{Mn,H}} = 1 \qquad f_{Mn,H} = \gamma_{Mn} = 1$$

综合上述各项推导，可得

$$f_{Mn,\%} = f_{Mn,H} = \gamma_{Mn} = \gamma_{Mn}^0 = 1$$

［注 2］证明 $f_{FeO,\%} = f_{FeO,H} = \gamma_{FeO} = \gamma_{FeO}^0 = 1$ 如下：

对于 MnO-FeO 二元系溶液，$f_{FeO,H}$与$f_{FeO,\%}$的转换关系式为

$$\frac{f_{FeO,H}}{f_{FeO,\%}} = \frac{M_{MnO}}{100M_{FeO}}\left[\frac{w_{(FeO)\%}(M_{MnO} - M_{FeO}) + 100M_{FeO}}{M_{MnO}}\right]$$

$$= \frac{w_{(FeO)\%}(M_{MnO} - M_{FeO}) + 100M_{FeO}}{100M_{FeO}}$$

因为 $M_{MnO} \approx M_{FeO}$，所以 $M_{MnO} - M_{FeO} \approx 0$。将 $M_{MnO} - M_{FeO} = 0$ 代入上式中，得

$$\frac{f_{FeO,H}}{f_{FeO,\%}} = 1 \qquad f_{FeO,\%} = f_{FeO,H}$$

又对于 MnO-FeO 二元系溶液，γ_{FeO}与$f_{FeO,H}$的转换关系式为

$$\frac{\gamma_{FeO}}{f_{FeO,H}} = \gamma_{FeO}^0$$

因为 MnO-FeO 二元系为理想溶液，所以上式中的 $\gamma_{FeO} = \gamma_{FeO}^0 = 1$。将 $\gamma_{FeO}^0 = 1$ 和 $\gamma_{FeO} = 1$ 分别代入上式中，得

$$\frac{\gamma_{FeO}}{f_{FeO,H}} = 1 \qquad f_{FeO,H} = \gamma_{FeO} = 1$$

综合上述各项推导，可得

$$f_{FeO,\%} = f_{FeO,H} = \gamma_{FeO} = \gamma_{FeO}^0 = 1$$

7.27 利用 Si-Mn 复合脱氧剂使钢液脱氧，温度为 1650℃，试求与钢液中硅的质量分数 $w_{[Si]} = 0.3\%$ 及锰的质量分数 $w_{[Mn]} = 0.9\%$ 平衡的氧的质量分数 $w_{[O]}$，并与单独用硅脱氧时平衡的氧的质量分数 $w_{[O]}$ 作比较。

解：

$$[Mn] + [O] = (MnO) \qquad \lg K_{Mn}^{\ominus} = \frac{12760}{T} - 5.58 \qquad (\text{i})$$

$$[Si] + 2[O] = (SiO_2) \qquad \lg K_{Si}^{\ominus} = \frac{31038}{T} - 12.00 \qquad (\text{ii})$$

将 $T = 1923K$ 分别代入式（i）和式（ii）中，计算两个脱氧反应的标准平衡常数分别为

$$\lg K_{Mn}^{\ominus} = \frac{12760}{1923} - 5.58 = 1.0555 \qquad K_{Mn}^{\ominus} = 11.36$$

$$\lg K_{Si}^{\ominus} = \frac{31038}{1923} - 12.00 = 4.1404 \qquad K_{Si}^{\ominus} = 13817$$

设 $\gamma_{MnO}=1$，$\gamma_{SiO_2}=1$，$f_{Mn,\%}=1$，$f_{Si,\%}=1$，$f_{O,\%}=1$，则

$$K_{Mn}^{\ominus} = \frac{x_{(MnO)}}{w_{[Mn]\%}w_{[O]\%}} \qquad x_{(MnO)} = K_{Mn}^{\ominus}w_{[Mn]\%}w_{[O]\%} \tag{iii}$$

$$K_{Si}^{\ominus} = \frac{x_{(SiO_2)}}{w_{[Si]\%}w_{[O]\%}^2} \qquad x_{(SiO_2)} = K_{Si}^{\ominus}w_{[Si]\%}w_{[O]\%}^2 \tag{iv}$$

利用Si-Mn复合脱氧剂对钢液脱氧，生成的脱氧产物互溶成SiO_2-MnO二元系熔渣，所以$x_{(SiO_2)}+x_{(MnO)}=1$。因此，式(iii)+式(iv)可得

$$K_{Mn}^{\ominus}w_{[Mn]\%}w_{[O]\%} + K_{Si}^{\ominus}w_{[Si]\%}w_{[O]\%}^2 = 1 \tag{v}$$

用$K_{Si}^{\ominus}w_{[Si]\%}$去除式（v）等号两边并整理，得方程式为

$$w_{[O]\%}^2 + \frac{K_{Mn}^{\ominus}w_{[Mn]\%}}{K_{Si}^{\ominus}w_{[Si]\%}}w_{[O]\%} - \frac{1}{K_{Si}^{\ominus}w_{[Si]\%}} = 0 \tag{vi}$$

将$w_{[Mn]\%}=0.9$、$w_{[Si]\%}=0.3$、$K_{Mn}^{\ominus}=11.36$和$K_{Si}^{\ominus}=13817$代入式（vi）中，得

$$w_{[O]\%}^2 + \frac{11.36\times0.9}{13817\times0.3}w_{[O]\%} - \frac{1}{13817\times0.3} = 0 \tag{vii}$$

解一元二次方程式（vii），得利用Si-Mn复合脱氧剂脱氧时氧的平衡质量百分数和平衡质量分数分别为

$$w_{[O]\%} = 0.014 \qquad w_{[O]} = 0.014\%$$

而单独用硅脱氧时氧的平衡质量百分数和平衡质量分数分别为

$$w_{[O]\%} = \sqrt{\frac{x_{(SiO_2)}}{K_{Si}^{\ominus}w_{[Si]\%}}} = \sqrt{\frac{1}{13817\times0.3}} = 0.016 \qquad w_{[O]} = 0.016\%$$

可见，利用Si-Mn复合脱氧剂脱氧比单独用硅脱氧所获得的钢液的含氧量更低。

7.28 试推导用硅脱氧生成SiO_2的脱氧常数的温度关系式。某炉钢液终点碳的质量分数$w_{[C]}=0.1\%$，出钢温度为1600℃，现用硅铁（$w_{[Si]}=70\%$）脱氧，使成品钢液中硅的质量分数$w_{[Si]}=0.22\%$，问需加入多少硅铁？已知在1600℃钢液中组元活度的相互作用系数分别为$e_{Si}^{Si}=0.11$，$e_{Si}^{C}=0.18$，$e_{Si}^{O}=-0.23$，$e_{O}^{O}=-0.20$，$e_{O}^{C}=-0.45$，$e_{O}^{Si}=-0.131$。

解：

$$[Si]+2[O] = (SiO_2) \qquad \lg K_{Si}^{\ominus} = \frac{31038}{T} - 12.00 \tag{i}$$

$$[C]+[O] = CO \qquad \lg K_{C}^{\ominus} = \frac{1168}{T} + 2.07 \tag{ii}$$

推导硅脱氧生成SiO_2的脱氧常数的温度关系式。根据式（i）得

$$\lg K_{Si}^{\ominus} = \lg\frac{a_{(SiO_2),R}}{f_{Si,\%}w_{[Si]\%}f_{O,\%}^2w_{[O]\%}^2} = \frac{31038}{T} - 12.00 \tag{iii}$$

在1600℃，钢液中平衡硅的活度系数的计算式为

$$\lg f_{Si,\%} = e_{Si}^{Si}w_{[Si]\%} + e_{Si}^{C}w_{[C]\%} + e_{Si}^{O}w_{[O]\%} = 0.11 \times 0.22 + 0.18 \times 0.1 - 0.23w_{[O]\%}$$

因为用硅脱氧反应达平衡后，钢液中平衡氧含量极低，上式中的最后一项 $-0.23w_{[O]\%} \approx 0$，可略去，所以计算得 1600℃ 的钢液中平衡硅的活度系数为

$$\lg f_{Si,\%} = 0.11 \times 0.22 + 0.18 \times 0.1 = 0.0422 \qquad f_{Si,\%} = 1.102$$

在 1600℃，钢液中平衡氧的活度系数的计算式为

$$\lg f_{O,\%} = e_{O}^{O}w_{[O]\%} + e_{O}^{C}w_{[C]\%} + e_{O}^{Si}w_{[Si]\%} = -0.20w_{[O]\%} - 0.45 \times 0.1 - 0.131 \times 0.22$$

同理，上式中等号右侧第一项 $-0.20w_{[O]\%} \approx 0$，可略去，所以计算得 1600℃ 的钢液中平衡氧的活度系数为

$$\lg f_{O,\%} = -0.45 \times 0.1 - 0.131 \times 0.22 = -0.07382 \qquad f_{O,\%} = 0.844$$

将 $a_{(SiO_2),R} = 1$、$f_{Si,\%} = 1.102$、$f_{O,\%} = 0.844$ 代入式（iii）中，得

$$\lg K_{Si}^{\ominus} = \lg \frac{1}{1.102 \times 0.844^2 w_{[Si]\%} w_{[O]\%}^2} = \frac{31038}{T} - 12.00 \qquad \text{(iv)}$$

由式（iv）得硅脱氧生成 SiO_2 的脱氧常数的温度关系式为

$$\lg w_{[Si]\%} w_{[O]\%}^2 = -\frac{31038}{T} + 12.00 - \lg 1.102 - 2\lg 0.844 = -\frac{31038}{T} + 12.105 \qquad \text{(v)}$$

（1）计算与终点碳平衡的终点氧的质量分数。将 $T = 1873\text{K}$ 代入式（ii）中，计算标准平衡常数为

$$\lg K_{C}^{\ominus} = \frac{1168}{1873} + 2.07 = 2.6936 \qquad K_{C}^{\ominus} = 494$$

根据钢液中碳氧化反应方程式（ii），得标准平衡常数方程式为

$$K_{C}^{\ominus} = \frac{p_{CO}/p^{\ominus}}{a_{[C],\%} a_{[O],\%}} = \frac{p_{CO}/p^{\ominus}}{f_{C,\%} w_{[C]\%} f_{O,\%} w_{[O]\%}} \qquad \text{(vi)}$$

因为式（vi）中的 $f_{C,\%} f_{O,\%} = 1$，所以式（vi）变为

$$K_{C}^{\ominus} = \frac{p_{CO}/p^{\ominus}}{w_{[C]\%} w_{[O]\%}} \qquad \text{(vii)}$$

将 $p_{CO} = 10^5\text{Pa}$、$p^{\ominus} = 10^5\text{Pa}$、$K_{C}^{\ominus} = 494$ 和 $w_{[C]\%} = 0.1$ 代入式（vii）中并整理，得与终点碳平衡的终点氧的质量百分数（即脱氧前的质量百分数 $w_{[O]\%,0}$）和质量分数（即脱氧前的质量分数 $w_{[O],0}$）分别为

$$w_{[O]\%,0} = \frac{10^5/10^5}{0.1 \times 494} = 0.020 \qquad w_{[O],0} = 0.020\%$$

（2）计算成品钢液中与硅平衡的氧的质量分数。将 $T = 1873\text{K}$ 代入硅脱氧常数的温度关系式（v）中，计算得 1600℃ 时的硅脱氧常数为

$$\lg w_{[Si]\%} w_{[O]\%}^2 = -\frac{31038}{1873} + 12.105 = -4.4663$$

$$w_{[Si]\%} w_{[O]\%}^2 = 3.417 \times 10^{-5} \qquad \text{(viii)}$$

将 $w_{[Si]\%}=0.22$ 代入式（viii）中，计算用硅脱氧后成品钢液中与硅平衡的氧的质量百分数和质量分数分别为

$$w_{[O]\%}=\sqrt{\frac{3.417\times10^{-5}}{0.22}}=0.0125 \qquad w_{[O]}=0.0125\%$$

（3）计算硅脱除氧的质量分数。设硅脱除氧的质量分数为 $\Delta w_{[O]}$，则

$$\Delta w_{[O]}=w_{[O],0}-w_{[O]}=0.020\%-0.0125\%=0.0075\%$$

（4）计算使成品钢液中硅的质量分数 $w_{[Si]}=0.22\%$ 时所需硅铁（$w_{[Si]}=70\%$）的加入量。加入到钢液中的硅的质量分数，等于脱氧烧损硅的质量分数与残存（平衡）硅的质量分数之和，为

$$\Sigma w_{[Si]}=\frac{1}{2}M_{Si}\frac{\Delta w_{[O]}}{M_O}+w_{[Si]}=\frac{1}{2}\times28\times\frac{0.0075\%}{16}+0.22\%=0.2266\%$$

以质量 $m_{st}=1000$kg 的钢液为计算基准，计算 1t 钢液所需硅的质量分数为 $w_{[Si]}=70\%$ 的硅铁（Fe-Si）加入量（质量 $m_{Fe\text{-}Si}$）为

$$m_{Fe\text{-}Si}=\frac{m_{st}\Sigma w_{[Si]}}{70\%}=\frac{1000\times0.2266\%}{70\%}=3.237\text{kg}$$

7.29 在1600℃，使钢液中氧的质量分数 $w_{[O]}$ 从0.1%降低到0.0122%，而最终平衡的锰及硅的质量分数分别为 $w_{[Mn]}=0.8\%$ 和 $w_{[Si]}=0.25\%$，试求硅铁（$w_{[Si]}=70\%$）及锰铁（$w_{[Mn]}=75\%$）的加入量。已知脱氧产物中的锰硅比 $w_{(Mn)}/w_{(Si)}=4$。

解：因为总脱氧量 = 硅脱氧量 + 锰脱氧量，所以

$$\Sigma\Delta w_{[O]}=\frac{2\times M_O}{M_{Si}}\Delta w_{[Si]}+\frac{M_O}{M_{Mn}}\Delta w_{[Mn]} \qquad (\text{i})$$

式中 $\Sigma\Delta w_{[O]}$——总脱氧量（质量分数），1；

$\Delta w_{[Si]}$——硅脱氧时，烧损的硅的质量分数，1；

$\Delta w_{[Mn]}$——锰脱氧时，烧损的锰的质量分数，1。

根据已知条件，计算总脱氧量（质量分数）为

$$\Sigma\Delta w_{[O]}=w_{[O],0}-w_{[O]}=0.1\%-0.0122\%=0.0878\%$$

钢液复合脱氧而烧损的硅（$\Delta w_{[Si]}$）和锰（$\Delta w_{[Mn]}$）全部进入脱氧产物，成为脱氧产物中的硅（$w_{(Si)}$）和锰（$w_{(Mn)}$），所以

$$\frac{\Delta w_{[Mn]}}{\Delta w_{[Si]}}=\frac{w_{(Mn)}}{w_{(Si)}}=4 \qquad \Delta w_{[Mn]}=4\Delta w_{[Si]} \qquad (\text{ii})$$

将 $\Sigma\Delta w_{[O]}=0.0878\%$、$\Delta w_{[Mn]}=4\Delta w_{[Si]}$、$M_O=16\times10^{-3}\text{kg}\cdot\text{mol}^{-1}$、$M_{Si}=28\times10^{-3}\text{kg}\cdot\text{mol}^{-1}$ 和 $M_{Mn}=55\times10^{-3}\text{kg}\cdot\text{mol}^{-1}$ 代入式（i）中，得方程式为

$$\frac{2\times16}{28}\Delta w_{[Si]}+\frac{16}{55}\times4\Delta w_{[Si]}=0.0878\% \qquad (\text{iii})$$

解方程式（iii），得脱氧而烧损的硅的质量分数为

$$\Delta w_{[Si]}=0.038\%$$

将 $\Delta w_{[Si]}=0.038\%$ 代入式（ⅱ）中，计算得脱氧而烧损的锰的质量分数为

$$\Delta w_{[Mn]} = 4 \times 0.038\% = 0.152\%$$

应加入钢液中的锰和硅的质量分数分别为

$$\Sigma w_{[Mn]} = \Delta w_{[Mn]} + w_{[Mn]} = 0.152\% + 0.8\% = 0.952\%$$

$$\Sigma w_{[Si]} = \Delta w_{[Si]} + w_{[Si]} = 0.038\% + 0.25\% = 0.288\%$$

以质量 $m_{st}=1000kg$ 的钢液为计算基准，计算 1t 钢液所需加入的锰铁（Fe-Mn）和硅铁（Fe-Si）的质量分别为

$$m_{Fe\text{-}Mn} = \frac{m_{st}\Sigma w_{[Mn]}}{75\%} = \frac{1000 \times 0.952\%}{75\%} = 12.7kg$$

$$m_{Fe\text{-}Si} = \frac{m_{st}\Sigma w_{[Si]}}{70\%} = \frac{1000 \times 0.288\%}{70\%} = 4.1kg$$

7.30 向氧的质量分数 $w_{[O],0}=0.04\%$ 的钢液中加入 $2.66kg \cdot t^{-1}$ 的硅铁（$w_{[Si]}=75\%$）脱氧，试计算脱氧过程中温度分别为 1600℃和 1520℃时析出的 SiO_2 夹杂的量。

解： $$[Si] + 2[O] = (SiO_2) \qquad \lg K_{Si}^{\ominus} = \frac{31038}{T} - 12.00 \qquad (\text{i})$$

将 $T=1873K$ 和 $T=1793K$ 分别代入式（ⅰ）中，计算两个温度下的标准平衡常数为

$$\lg K_{Si(1873K)}^{\ominus} = \frac{31038}{1873} - 12.00 = 4.5713 \qquad K_{Si(1873K)}^{\ominus} = 37265$$

$$\lg K_{Si(1793K)}^{\ominus} = \frac{31038}{1793} - 12.00 = 5.3107 \qquad K_{Si(1793K)}^{\ominus} = 204503$$

根据硅脱氧反应方程式（ⅰ），可写出该硅脱氧反应的标准平衡常数方程式为

$$K_{Si}^{\ominus} = \frac{a_{(SiO_2),R}}{f_{Si,\%}w_{[Si]\%}f_{O,\%}^{2}w_{[O]\%}^{2}} \qquad (\text{ii})$$

式（ⅱ）中，$a_{(SiO_2),R}=1$，$f_{Si,\%}f_{O,\%}^{2} \approx 1$，故由式（ⅱ）得 Si 脱氧常数方程式为

$$w_{[Si]\%}w_{[O]\%}^{2} = \frac{1}{K_{Si}^{\ominus}} \qquad (\text{iii})$$

（1）求脱氧过程温度为 1600℃时析出的 SiO_2 夹杂的量。将 $K_{Si}^{\ominus}=K_{Si(1873K)}^{\ominus}=37265$ 代入式（ⅲ）中，计算在 1600℃时的硅脱氧常数为

$$w_{[Si]\%}w_{[O]\%}^{2} = \frac{1}{37265} = 2.6834 \times 10^{-5} \qquad (\text{iv})$$

用硅对质量为 m_{st} 的钢液脱氧，因生成 SiO_2 而烧损的硅的质量为

$$\Delta m_{[Si]} = \frac{M_{Si}}{2M_O}m_{st}(w_{[O],0} - w_{[O]}) \qquad (\text{v})$$

用硅对质量为 m_{st} 的钢液脱氧，残存在钢液中维持与残存氧平衡的硅的质量为

$$m_{[Si]} = m_{st}w_{[Si]} \qquad (\text{vi})$$

用硅对质量为 m_{st} 的钢液脱氧，加入钢液中的硅铁带入的硅的质量为

$$m_{[\mathrm{Si}],\mathrm{Fe\text{-}Si}} = \frac{2.66 \times 75\%}{1000} m_{\mathrm{st}} \tag{vii}$$

硅质量平衡方程式为

$$\Delta m_{[\mathrm{Si}]} + m_{[\mathrm{Si}]} = m_{[\mathrm{Si}],\mathrm{Fe\text{-}Si}} \tag{viii}$$

将式（v）、式（vi）和式（vii）代入式（viii）中，得

$$\frac{M_{\mathrm{Si}}}{2M_{\mathrm{O}}} m_{\mathrm{st}}(w_{[\mathrm{O}],0} - w_{[\mathrm{O}]}) + m_{\mathrm{st}} w_{[\mathrm{Si}]} = \frac{2.66 \times 75\%}{1000} m_{\mathrm{st}} \tag{ix}$$

将 $w_{[\mathrm{O}],0} = 0.04\%$、$M_{\mathrm{Si}} = 28 \times 10^{-3}\mathrm{kg \cdot mol^{-1}}$ 和 $M_{\mathrm{O}} = 16 \times 10^{-3}\mathrm{kg \cdot mol^{-1}}$ 代入式（ix）中，得

$$\frac{28}{2 \times 16}(0.04\% - w_{[\mathrm{O}]}) + w_{[\mathrm{Si}]} = \frac{2.66 \times 75\%}{1000} \tag{x}$$

由式（x）得钢液中平衡硅的质量分数 $w_{[\mathrm{Si}]}$ 与平衡氧的质量分数 $w_{[\mathrm{O}]}$ 的关系式为

$$w_{[\mathrm{Si}]} = 0.001645 + 0.875 w_{[\mathrm{O}]} \tag{xi}$$

将 $w_{[\mathrm{Si}]} = \frac{w_{[\mathrm{Si}]\%}}{100}$ 和 $w_{[\mathrm{O}]} = \frac{w_{[\mathrm{O}]\%}}{100}$ 代入式（xi）中，得

$$\frac{w_{[\mathrm{Si}]\%}}{100} = 0.001645 + 0.875\frac{w_{[\mathrm{O}]\%}}{100}$$

$$w_{[\mathrm{Si}]\%} = 0.1645 + 0.875 w_{[\mathrm{O}]\%}$$

将 $w_{[\mathrm{Si}]\%} = 0.1645 + 0.875 w_{[\mathrm{O}]\%}$ 代入式（iv）中并整理，得方程式为

$$0.875 w_{[\mathrm{O}]\%}^3 + 0.1645 w_{[\mathrm{O}]\%}^2 - 2.6834 \times 10^{-5} = 0 \tag{xii}$$

设 $w_{[\mathrm{O}]\%} = x$，并把方程式（xii）写成等价形式为

$$x^2 = 1.63 \times 10^{-4} - 5.31915x^3 \tag{xiii}$$

由式（xiii）建立解一元三次方程式（xii）的迭代程序为

$$x_{n+1} = \sqrt{1.63 \times 10^{-4} - 5.31915x_n^3} \tag{xiv}$$

设迭代程序（xiv）的初始值 $x_0 = 0.01$。为判断迭代程序（xiv）的收敛性，设

$$g(x) = x^2 \qquad \phi(x) = 1.63 \times 10^{-4} - 5.31915x^3$$

则函数 $g(x)$ 和 $\phi(x)$ 在 $x = 0.01$ 的一阶导数比为

$$\alpha = \left.\frac{\phi'(x)}{g'(x)}\right|_{x=0.01} = \left.\frac{-15.95745x^2}{2x}\right|_{x=0.01} = \frac{-15.95745 \times 0.01}{2} = -0.0798$$

因为 α 的绝对值 $|\alpha| = 0.0798 < 1$，所以迭代程序（xiv）是收敛的，并且可以选 $x_0 = 0.01$ 为初始值。

将初始值 $x_0 = 0.01$ 代入式（xiv）中并开始迭代计算，得数列为

$$x_0 = 0.01$$

$$x_1 = \sqrt{1.63 \times 10^{-4} - 5.31915x_0^3} = \sqrt{1.63 \times 10^{-4} - 5.31915 \times 0.01^3} = 0.012557103$$

$$x_2 = \sqrt{1.63 \times 10^{-4} - 5.31915x_1^3} = \sqrt{1.63 \times 10^{-4} - 5.31915 \times 0.012557103^3} = 0.012347793$$

$$x_3 = \sqrt{1.63 \times 10^{-4} - 5.31915x_2^3} = \sqrt{1.63 \times 10^{-4} - 5.31915 \times 0.012347793^3} = 0.012368748$$

$$x_4 = \sqrt{1.63 \times 10^{-4} - 5.31915x_3^3} = \sqrt{1.63 \times 10^{-4} - 5.31915 \times 0.012368748^3} = 0.012366683$$

$$x_5 = \sqrt{1.63 \times 10^{-4} - 5.31915x_4^3} = \sqrt{1.63 \times 10^{-4} - 5.31915 \times 0.012366683^3} = 0.012366887$$

$$x_6 = \sqrt{1.63 \times 10^{-4} - 5.31915x_5^3} = \sqrt{1.63 \times 10^{-4} - 5.31915 \times 0.012366887^3} = 0.012366867$$

$$x_7 = \sqrt{1.63 \times 10^{-4} - 5.31915x_6^3} = \sqrt{1.63 \times 10^{-4} - 5.31915 \times 0.012366867^3} = 0.012366869$$

$$x_8 = \sqrt{1.63 \times 10^{-4} - 5.31915x_7^3} = \sqrt{1.63 \times 10^{-4} - 5.31915 \times 0.012366869^3} = 0.012366869$$

可见，经 8 次迭代计算所得数列的第 8 项（截止到小数点后第 9 位）开始守常，停止迭代计算，得方程式（xii）的保留小数点后 6 位的质量百分数解（钢液中平衡氧的质量百分数）为

$$w_{[O]\%} = x = 0.012367$$

其相应的质量分数解（钢液中平衡氧的质量分数）为

$$w_{[O]} = \frac{w_{[O]\%}}{100} = \frac{0.012367}{100} = 0.012367\%$$

将 $w_{[O]} = 0.012367\%$ 代入式（xi）中，计算得钢液中平衡硅的质量分数为

$$w_{[Si]} = 0.001645 + 0.875 \times 0.012367\% = 0.1753\%$$

在 1600℃时脱除的氧量（质量分数）为

$$\Delta w_{[O]} = w_{[O],0} - w_{[O]} = 0.04\% - 0.012367\% = 0.027633\%$$

在 1600℃时析出的 SiO_2 夹杂的量（占钢液的质量分数）为

$$w_{(SiO_2)} = \frac{M_{SiO_2}}{2 \times M_O}\Delta w_{[O]} = \frac{60}{2 \times 16} \times 0.027633\% = 0.052\%$$

（2）求钢液温度从 1600℃下降到 1520℃时析出的 SiO_2 夹杂的量。将 $K_{Si}^{\ominus} = K_{Si(1793K)}^{\ominus} = 204503$ 代入式（iii）中，计算在 1520℃时的硅脱氧常数为

$$w_{[Si]\%} w_{[O]\%}^2 = \frac{1}{K_{Si(1793K)}^{\ominus}} = \frac{1}{204503} = 4.889 \times 10^{-6} \qquad (\text{xv})$$

设 $\Delta w_{[Si]}$ 为温度从 1600℃下降到 1520℃，脱氧反应再次发生所消耗的硅量，则脱除的氧量为

$$\Delta w_{[O]} = \frac{2 \times M_O}{M_{Si}}\Delta w_{[Si]} = \frac{2 \times 16}{28}\Delta w_{[Si]}$$

脱氧反应再次平衡时钢液中平衡硅和平衡氧的质量分数分别为

$$w_{[Si]} = 0.1753\% - \Delta w_{[Si]} \qquad (\text{xvi})$$

$$w_{[O]} = 0.012367\% - \Delta w_{[O]} = 0.012367\% - \frac{2 \times 16}{28}\Delta w_{[Si]} \qquad (\text{xvii})$$

将 $w_{[Si]} = \frac{w_{[Si]\%}}{100}$ 和 $w_{[O]} = \frac{w_{[O]\%}}{100}$ 分别代入式（xvi）和式（xvii）中，得

$$\frac{w_{[Si]\%}}{100} = 0.1753\% - \frac{\Delta w_{[Si]\%}}{100} \qquad w_{[Si]\%} = 0.1753 - \Delta w_{[Si]\%} \qquad (\text{xviii})$$

$$\frac{w_{[O]\%}}{100} = 0.012367\% - \frac{2 \times 16}{28} \times \frac{\Delta w_{[Si]\%}}{100} \qquad w_{[O]\%} = 0.012367 - \frac{2 \times 16}{28}\Delta w_{[Si]\%} \qquad (\text{xix})$$

将式（xviii）和式（xix）代入式（xv）中，得

$$(0.1753-\Delta w_{[\mathrm{Si}]\%})\times\left(0.012367-\frac{2\times 16}{28}\Delta w_{[\mathrm{Si}]\%}\right)^2=4.889\times 10^{-6}$$

$$(\Delta w_{[\mathrm{Si}]\%})^3-0.1969422(\Delta w_{[\mathrm{Si}]\%})^2+3.9109731\times 10^{-3}\Delta w_{[\mathrm{Si}]\%}-1.6784\times 10^{-5}=0 \quad (\mathrm{xx})$$

设 $\Delta w_{[\mathrm{Si}]\%}=x$，并将非线性方程式（xx）写为

$$f(x)=x^3-0.1969422x^2+3.9109731\times 10^{-3}x-1.6784\times 10^{-5}=0 \quad (\mathrm{xxi})$$

建立解非线性方程式（xxi）的牛顿迭代程序为

$$x_{n+1}=x_n-\frac{f(x_n)}{f'(x_n)} \quad (\mathrm{xxii})$$

设牛顿迭代程序的初始值 $x_0=0.006$，并分别计算 $f(x_0)$、$f'(x_0)$ 和 $f''(x_0)$ 为

$$f(x_0)=0.006^3-0.1969422\times 0.006^2+3.9109731\times 10^{-3}\times 0.006-1.6784\times 10^{-5}$$

$$=-1.9208\times 10^{-7}$$

$$f'(x_0)=3\times 0.006^2-2\times 0.1969422\times 0.006+3.9109731\times 10^{-3}=0.0016557$$

$$f''(x_0)=2\times 3\times 0.006-2\times 0.1969422=-0.3578844$$

为判断牛顿迭代程序的收敛性和所选初始值 $x_0=0.006$ 的可行性，计算下列各值：

$$|f'(x_0)|^2=|0.0016557|^2=2.7413425\times 10^{-6}$$

$$\left|\frac{f''(x_0)}{2}\right|=\left|\frac{-0.3578844}{2}\right|=0.1789422$$

$$|f(x_0)|=|-1.9208\times 10^{-7}|=1.9208\times 10^{-7}$$

因为 $|f'(x_0)|^2>\left|\frac{f''(x_0)}{2}\right|\cdot|f(x_0)|$，所以该牛顿迭代程序（xxii）收敛，并且所选初始值 $x_0=0.006$ 可行。

将初始值 $x_0=0.006$ 代入式（xxii）中做迭代计算，得数列为

$$x_1=x_0-\frac{f(x_0)}{f'(x_0)}=0.006-\frac{-1.9208\times 10^{-7}}{0.0016557}$$

$$=6.116011355\times 10^{-3}$$

$$x_2=x_1-\frac{f(x_1)}{f'(x_1)}=6.116011355\times 10^{-3}-\frac{-2.4112194\times 10^{-9}}{0.001614188}$$

$$=6.117505121\times 10^{-3}$$

$$x_3=x_2-\frac{f(x_2)}{f'(x_2)}=6.117505121\times 10^{-3}-\frac{-3.978\times 10^{-13}}{0.001613654}$$

$$=6.117505368\times 10^{-3}$$

$$x_4=x_3-\frac{f(x_3)}{f'(x_3)}=6.117505368\times 10^{-3}-\frac{0}{0.001613654}$$

$$=6.117505368\times 10^{-3}$$

可见，经4次迭代计算所得数列自 x_4（截止到小数点后第12位）起开始守常，停止

迭代计算，得方程式（xxi）的保留小数点后7位的质量百分数解为

$$\Delta w_{[Si]\%} = x = 6.1175 \times 10^{-3}$$

其相应的质量分数解为

$$\Delta w_{[Si]} = \frac{\Delta w_{[Si]\%}}{100} = \frac{6.1175 \times 10^{-3}}{100} = 6.1175 \times 10^{-3}\%$$

根据脱氧反应方程式（i）的化学计量数关系，得析出的SiO_2夹杂的量（占钢液的质量分数）为

$$w_{(SiO_2)} = \frac{M_{SiO_2}}{M_{Si}}\Delta w_{[Si]} = \frac{60}{28} \times 6.1175 \times 10^{-3}\% = 0.0131\%$$

7.31 试计算用硅锰铁脱氧生成的液态硅酸锰质点的上浮速度。已知质点半径$r = 10^{-5}$m，钢液密度$\rho_{st} = 7100$kg·m^{-3}，脱氧产物密度$\rho_{sl} = 3000$kg·m^{-3}，钢液黏度$\eta_{st} = 6 \times 10^{-3}$Pa·s，脱氧产物黏度$\eta_{sl} = 0.7$Pa·s。

解：液态硅酸锰质点的上浮速度为

$$\begin{aligned} u &= \frac{2}{3}gr^2\frac{\Delta\rho}{\eta_{st}} \times \frac{\eta_{st} + \eta_{sl}}{2\eta_{st} + 3\eta_{sl}} \\ &= \frac{2}{3} \times 9.8 \times (1 \times 10^{-5})^2 \times \frac{7100 - 3000}{6 \times 10^{-3}} \times \frac{6 \times 10^{-3} + 0.7}{2 \times 6 \times 10^{-3} + 3 \times 0.7} \\ &= 1.49 \times 10^{-4}\text{m} \cdot \text{s}^{-1} \end{aligned}$$

式中 $\Delta\rho$——密度差（$\Delta\rho = \rho_{st} - \rho_{sl}$），kg·m^{-3}。

7.32 设钢-渣脱硫反应受界面传质限制。已知钢液和熔渣的初始硫的质量分数分别为$w_{[S],0} = 0.8\%$和$w_{(S),0} = 0.01\%$，坩埚直径$d = 0.04$m，钢液密度$\rho_{st} = 7100$kg·m^{-3}，硫在钢液和熔渣中的扩散系数分别为$D_{[S]} = 5 \times 10^{-9}$m^2·s^{-1}和$D_{(S)} = 3 \times 10^{-11}$m^2·s^{-1}，硫在渣-钢两相间的分配常数$L_S = 161$，钢液侧和熔渣侧的有效扩散边界层厚度分别为$\delta_{[S]} = 4 \times 10^{-5}$m和$\delta_{(S)} = 4 \times 10^{-5}$m，试求脱硫速率和100g钢液中硫由$w_{[S],0} = 0.8\%$降至$w_{[S]} = 0.03\%$时所需时间。

解：（1）求脱硫速率。

$$J_S = \frac{c_{[S],0} - c_{(S),0}/L_S}{1/\beta_{[S]} + 1/\beta_{(S)}L_S} \quad \text{(i)}$$

$$v_S = J_S A \quad \text{(ii)}$$

式中 J_S——通过钢-渣相界面的硫传质通量，mol·(m^2·s)$^{-1}$；

$c_{[S],0}$，$c_{(S),0}$——分别为硫在钢液本体和熔渣本体中的浓度，mol·m^{-3}；

$\beta_{[S]}$，$\beta_{(S)}$——分别为硫在钢液侧和熔渣侧的传质系数，m·s^{-1}；

L_S——硫在渣-钢两相间的分配常数，1；

v_S——脱硫速率，mol·s^{-1}；

A——钢-渣界面积，m^2。

取100kg钢液为计算基础，计算钢液中硫的浓度$c_{[S],0}$为

$$c_{[S],0} = \frac{n_{[S],0}}{V_{st}} = \frac{100w_{[S],0}/M_S}{100/\rho_{st}} = \frac{100 \times 0.8\%/0.032}{100/7100} = 1775\text{mol} \cdot \text{m}^{-3}$$

计算硫在钢液侧和熔渣侧的传质系数分别为

$$\beta_{[S]} = \frac{D_{[S]}}{\delta_{[S]}} = \frac{5 \times 10^{-9}}{4 \times 10^{-5}} = 1.25 \times 10^{-4} \mathrm{m \cdot s^{-1}}$$

$$\beta_{(S)} = \frac{D_{(S)}}{\delta_{(S)}} = \frac{3 \times 10^{-11}}{4 \times 10^{-5}} = 7.50 \times 10^{-7} \mathrm{m \cdot s^{-1}}$$

将 $c_{[S],0} = 1775\mathrm{mol \cdot m^{-3}}$、$c_{(S),0}/L_S \approx 0$、$\beta_{[S]} = 1.25 \times 10^{-4}\mathrm{m \cdot s^{-1}}$、$\beta_{(S)} = 7.50 \times 10^{-7}\mathrm{m \cdot s^{-1}}$和 $L_S = 161$ 代入式（i）中，计算得通过钢-渣相界面的硫传质通量为

$$J_S = \frac{1775 - 0}{\dfrac{1}{1.25 \times 10^{-4}} + \dfrac{1}{7.50 \times 10^{-7} \times 161}} = 0.109\mathrm{mol \cdot (m^2 \cdot s)^{-1}}$$

计算坩埚中钢-渣界面积为

$$A = \frac{1}{4}\pi d^2 = \frac{1}{4} \times 3.14 \times 0.04^2 = 1.256 \times 10^{-3}\mathrm{m^2}$$

将 $J_S = 0.109\mathrm{mol \cdot (m^2 \cdot s)^{-1}}$和 $A = 1.256 \times 10^{-3}\mathrm{m^2}$ 代入式（ii）中，计算坩埚中的脱硫速率为

$$v_S = 0.109 \times 1.256 \times 10^{-3} = 1.37 \times 10^{-4}\mathrm{mol \cdot s^{-1}}$$

（2）求 100g 钢液中硫由 $w_{[S],0} = 0.8\%$ 降至 $w_{[S]} = 0.03\%$ 时所需时间。

$$t = \frac{V_{st}(c_{[S],0} - c_{[S]})}{v_S} \tag{iii}$$

式中　t——脱除一定量的硫所需时间，s；

V_{st}——一定质量的钢液的体积，$\mathrm{cm^3}$；

$c_{[S],0}$，$c_{[S]}$——分别为钢液中硫的初始浓度和即时（过程）浓度，$\mathrm{mol \cdot cm^{-3}}$。

取 100g 钢液，分别计算其体积 V_{st}、其硫的浓度 $c_{[S],0}$和 $c_{[S]}$为

$$V_{st} = \frac{100}{\rho_{st}} = \frac{100}{7.1} = 14.0845\mathrm{cm^3}$$

$$c_{[S],0} = \frac{n_{[S],0}}{V_{st}} = \frac{100w_{[S],0}/M_S}{14.0845} = \frac{100 \times 0.8\%/32}{14.0845} = 1.775 \times 10^{-3}\mathrm{mol \cdot cm^{-3}}$$

$$c_{[S]} = \frac{n_{[S]}}{V_{st}} = \frac{100w_{[S]}/M_S}{14.0845} = \frac{100 \times 0.03\%/32}{14.0845} = 6.656 \times 10^{-5}\mathrm{mol \cdot cm^{-3}}$$

将 $V_{st} = 14.0845\mathrm{cm^3}$、$c_{[S],0} = 1.775 \times 10^{-3}\mathrm{mol \cdot cm^{-3}}$、$c_{[S]} = 6.656 \times 10^{-5}\mathrm{mol \cdot cm^{-3}}$和 $v_S = 1.37 \times 10^{-4}\mathrm{mol \cdot s^{-1}}$代入式（iii）中，计算得在坩埚中 100g 钢液中硫由 $w_{[S],0} = 0.8\%$ 降至 $w_{[S]} = 0.03\%$ 时所需时间为

$$t = \frac{14.0845 \times (1.775 \times 10^{-3} - 6.656 \times 10^{-5})}{1.37 \times 10^{-4}} = 176\mathrm{s}$$

7.33　装有 30t 钢液的电炉，钢液深度 $h = 0.5\mathrm{m}$，1600℃时 Mn 在钢液中的扩散系数 $D_{[Mn]} = 1.1 \times 10^{-8}\mathrm{m^2 \cdot s^{-1}}$，钢-渣界面金属锰的质量分数 $w_{[Mn]*} = 0.03\%$，钢液中初始锰

的质量分数 $w_{[Mn],0}=0.3\%$，经过时间 30min，钢液中锰的质量分数由 $w_{[Mn],0}=0.3\%$ 降为 $w_{[Mn]}=0.06\%$。若氧化期加铁矿石沸腾时，钢-渣界面积 A 等于钢液静止时钢-渣界面积 A_0 的 2 倍，求 Mn 在钢液边界层中的传质系数 $\beta_{[Mn]}$ 和钢液边界层厚度 $\delta_{[Mn]}$。

解：当限制环节是 Mn 在钢液边界层中的传质时，钢液中锰氧化速率的微分方程式和积分方程式分别为

$$-\frac{dw_{[Mn]}}{dt}=\frac{2A_0D_{[Mn]}}{V_{st}\delta_{[Mn]}}(w_{[Mn]}-w_{[Mn]*})=\frac{2D_{[Mn]}}{h\delta_{[Mn]}}(w_{[Mn]}-w_{[Mn]*}) \qquad (\text{i})$$

$$\ln\frac{w_{[Mn]*}-w_{[Mn],0}}{w_{[Mn]*}-w_{[Mn]}}=\frac{2D_{[Mn]}}{h\delta_{[Mn]}}t \qquad (\text{ii})$$

将 $t=1800\text{s}$、$D_{[Mn]}=1.1\times10^{-8}\text{m}^2\cdot\text{s}^{-1}$、$w_{[Mn]*}=0.03\%$、$w_{[Mn],0}=0.3\%$、$w_{[Mn]}=0.06\%$、$h=0.5\text{m}$ 代入锰氧化速率的积分方程式（ii）中，得

$$\ln\frac{0.03\%-0.3\%}{0.03\%-0.06\%}=\frac{2\times1.1\times10^{-8}}{0.5\delta_{[Mn]}}\times1800 \qquad (\text{iii})$$

解方程式（iii），得钢液边界层厚度为

$$\delta_{[Mn]}=3.605\times10^{-5}\text{m}$$

进而又可计算 Mn 在钢液边界层中的传质系数为

$$\beta_{[Mn]}=\frac{D_{[Mn]}}{\delta_{[Mn]}}=\frac{1.1\times10^{-8}}{3.605\times10^{-5}}=3.05\times10^{-4}\text{m}\cdot\text{s}^{-1}$$

7.34 电炉冶炼不锈钢，吹氧过程中每 2min 取一次钢样分析碳含量（质量分数），结果见表 7-12。试求脱碳反应的级数 n 和反应速率常数 k。

表 7-12 钢液中碳含量（质量分数）随时间的变化

t/min	0	2	4	6	8	10	12	14	16	18	20	22
$w_{[C]}$/%	1.500	1.250	1.040	0.780	0.520	0.300	0.230	0.160	0.110	0.074	0.050	0.034

解：以碳的质量分数 $w_{[C]}$ 对时间 t 作图，得图7-4。由图中曲线形状可见，在 $t\leqslant10\text{min}$、$w_{[C]}\geqslant0.3\%$ 时，近似呈直线；而在 $t>10\text{min}$、$w_{[C]}<0.3\%$ 时，则是曲线。

对于直线段，其斜率为

$$-\frac{dw_{[C]}}{dt}=k \qquad (\text{i})$$

由式（i）可见，此脱碳反应为零级反应，反应级数 $n=0$。

对图 7-4 中的前 6 个近似直线分布的离散点作线性回归（回归过程略），得回归直线方程式为

$$w_{[C]}=1.5\%-0.12\%t \qquad (\text{ii})$$

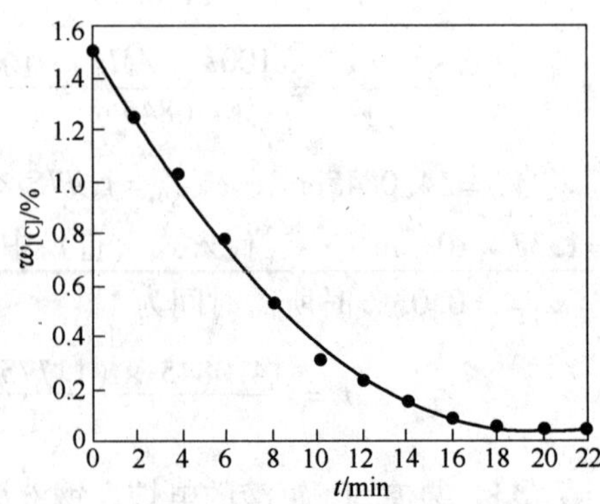

图 7-4 碳含量与吹氧时间的关系

由式（ii）得零级反应速率常数为

$$k = -\frac{dw_{[C]}}{dt} = 0.12\% \cdot min^{-1}$$

对于曲线段，曲线上各点的一阶导数与 $w_{[C]}$ 有关。所以不妨先设

$$-\frac{dw_{[C]}}{dt} = kw_{[C]} \tag{iii}$$

然而，这只是一个假设，还不能断定就一定是一级反应，尚需要验证。为此，对式（iii）分离变量并积分，得

$$\int \frac{dw_{[C]}}{w_{[C]}} = -k\int dt$$

$$\ln w_{[C]} = b - kt \tag{iv}$$

式中　b——积分常数，1；

　　　k——一级反应速率常数，min^{-1}。

由一级反应速率的积分方程式（iv）可见，$\ln w_{[C]}$ 与 t 成直线关系。若以图 7-4 中呈曲线分布的后 7 个点的纵坐标 $w_{[C]}$ 的自然对数 $\ln w_{[C]}$ 对时间 t 作图得近似直线的话，则说明一级反应的假设成立。为证明之，对表 7-12 中后 7 个数据 $w_{[C]}$ 取自然对数并列入表 7-13 中。

表 7-13　钢液中 $w_{[C]}$ 的自然对数 $\ln w_{[C]}$ 随时间的变化

t/min	10	12	14	16	18	20	22
$w_{[C]}$/%	0.300	0.230	0.160	0.110	0.074	0.050	0.034
$-\ln w_{[C]}$	5.809	6.075	6.438	6.812	7.209	7.601	7.987

以表 7-13 中的 $\ln w_{[C]}$ 对 t 作图，得如图 7-5 所示的近似直线。这说明表 7-12 中的后 7 个数据（或者说图 7-4 中的后 7 个点）近似服从直线方程式（iv），因此也就证明了图 7-4 中的后 7 个点组成的曲线段为一级反应，$n=1$。

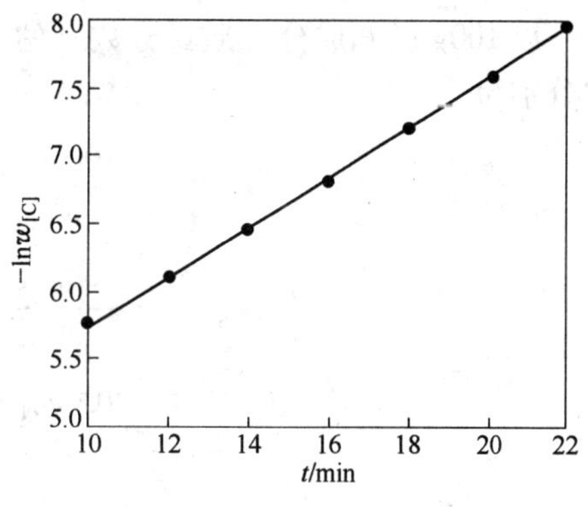

图 7-5　$\ln w_{[C]}$ 与 t 的关系

对图 7-5 中的 7 个近似直线分布的离散点作线性回归（回归过程略），得回归直线方程式为

$$-\ln w_{[C]} = 3.8881 + 0.1849t \tag{v}$$

将式（v）与式（iv）相比较，得一级反应速率常数为

$$k = 0.1849 min^{-1}$$

7.35　在氧气顶吹转炉开吹 3min 后取钢样和渣样，测定其成分（质量分数）分别为 $w_{[C]}=3.80\%$、$w_{[Si]}=0.01\%$、$w_{(CaO)}=30.00\%$、$w_{(SiO_2)}=30.00\%$、$w_{(FeO)}=40.00\%$，此时碳焰开始上升（即钢液中碳开始激烈氧化），试求此时的熔池温度。假设此时碳氧化反应

体系中的 CO 分压 $p_{CO}=10^5\text{Pa}$，并已知钢液中组元活度相互作用系数 $e_C^C=0.14$、$e_C^{Si}=0.08$、$e_{Si}^{Si}=0.11$、$e_{Si}^C=0.18$，钢液中 C 和 Si 的氧化反应及其标准平衡常数与温度的关系式、熔渣中 SiO_2的活度系数与温度的关系式分别为

$$[C]+[O]=CO \qquad \lg K_C^\ominus=\frac{1168}{T}+2.07 \tag{i}$$

$$[Si]+2[O]=(SiO_2) \qquad \lg K_{Si}^\ominus=\frac{31038}{T}-12.00 \tag{ii}$$

$$\lg\gamma_{SiO_2}=3288.32/T \tag{iii}$$

解： 根据钢液中碳氧化反应方程式（i）写出的标准平衡常数方程式为

$$K_C^\ominus=\frac{p_{CO}/p^\ominus}{a_{[C],\%}a_{[O],\%}}=\frac{p_{CO}/p^\ominus}{f_{C,\%}w_{[C]\%}f_{O,\%}w_{[O]\%}} \tag{iv}$$

对式（iv）等号两端取对数，得

$$\lg K_C^\ominus=\lg\frac{p_{CO}}{p^\ominus}-\lg f_{C,\%}-\lg w_{[C]\%}-\lg f_{O,\%}-\lg w_{[O]\%} \tag{v}$$

根据钢液中硅氧化反应方程式（ii）写出的标准平衡常数方程式为

$$K_{Si}^\ominus=\frac{a_{(SiO_2),R}}{a_{[Si],\%}a_{[O],\%}^2}=\frac{\gamma_{SiO_2}x_{(SiO_2)}}{f_{Si,\%}w_{[Si]\%}f_{O,\%}^2w_{[O]\%}^2} \tag{vi}$$

对式（vi）等号两端取对数，得

$$\lg K_{Si}^\ominus=\lg\gamma_{SiO_2}+\lg x_{(SiO_2)}-\lg f_{Si,\%}-\lg w_{[Si]\%}-2\lg f_{O,\%}-2\lg w_{[O]\%} \tag{vii}$$

式(v)×2－式(vii)，得

$$2\lg K_C^\ominus-\lg K_{Si}^\ominus=2\lg\frac{p_{CO}}{p^\ominus}-2\lg f_{C,\%}-2\lg w_{[C]\%}-\lg\gamma_{SiO_2}-\lg x_{(SiO_2)}+\lg f_{Si,\%}+\lg w_{[Si]\%} \tag{viii}$$

以 100g 已知成分（质量分数）的熔渣为计算基准，计算其中各组元的物质的量及其和分别为

$$n_{(CaO)}=\frac{100w_{(CaO)}}{M_{CaO}}=\frac{100\times30\%}{56}=0.536\text{mol}$$

$$n_{(SiO_2)}=\frac{100w_{(SiO_2)}}{M_{SiO_2}}=\frac{100\times30\%}{60}=0.500\text{mol}$$

$$n_{(FeO)}=\frac{100w_{(FeO)}}{M_{FeO}}=\frac{100\times40\%}{72}=0.556\text{mol}$$

$$\Sigma n_{(B)}=n_{(CaO)}+n_{(SiO_2)}+n_{(FeO)}=0.536+0.500+0.556=1.592\text{mol}$$

再计算该熔渣中 SiO_2的摩尔分数为

$$x_{(SiO_2)}=\frac{n_{(SiO_2)}}{\Sigma n_{(B)}}=\frac{0.500}{1.592}=0.314$$

计算钢液中 C 和 Si 的活度系数的对数分别为

$$\lg f_{C,\%}=e_C^Cw_{[C]\%}+e_C^{Si}w_{[Si]\%}=0.14\times3.80+0.08\times0.01=0.5328$$

$$\lg f_{Si,\%} = e_{Si}^{Si} w_{[Si]\%} + e_{Si}^{C} w_{[C]\%} = 0.11 \times 0.01 + 0.18 \times 3.80 = 0.6851$$

将标准平衡常数与温度的关系式(ⅰ)和式(ⅱ)、熔渣中SiO_2的活度系数与温度的关系式（ⅲ）代入式（ⅷ）中，同时再把$p_{CO}=10^5Pa$、$p^{\ominus}=10^5Pa$、$\lg f_{C,\%}=0.5328$、$\lg f_{Si,\%}=0.6851$、$x_{(SiO_2)}=0.314$、$w_{[C]\%}=3.80$和$w_{[Si]\%}=0.01$代入式（ⅷ）中并整理，得方程式为

$$\frac{25413.68}{T} = 19.177 \tag{ix}$$

解方程式（ⅸ），得碳焰开始上升时的熔池温度为

$$T = 1325K$$

7.36 铁水和初期渣的成分见表7-14。试问，在炼钢熔池中碳的质量分数$w_{[C]}=2.0\%$，熔池温度为1450℃条件下，能否对表7-14所示成分的铁水脱磷？已知$p_{CO}=10^5Pa$，铁液中组元活度相互作用系数$e_P^P=0.062$、$e_P^C=0.130$、$e_P^{Si}=0.120$、$e_P^{Mn}=0.000$，熔池中碳氧化反应及其标准平衡常数与温度的关系式、熔池中磷氧化反应及其标准吉布斯自由能与温度的关系式、熔渣中P_2O_5的活度系数与熔渣成分及温度的关系式分别为

$$[C] + [O] = CO \qquad \lg K_C^{\ominus} = \frac{1168}{T} + 2.07 \tag{i}$$

$$2[P] + 5[O] = (P_2O_5) \qquad \Delta_r G_m^{\ominus} = (-705500 + 556.50T)\,J \cdot mol^{-1} \tag{ii}$$

$$\lg\gamma_{P_2O_5} = -1.12(22x_{(CaO)} + 15x_{(MgO)} + 13x_{(MnO)} + 12x_{(FeO)} - 2x_{(SiO_2)}) - \frac{42000}{T} + 23.58 \tag{iii}$$

表7-14　铁水和初期渣的成分

铁水成分				初期渣成分				
$w_{[C]}$	$w_{[Si]}$	$w_{[Mn]}$	$w_{[P]}$	$w_{(CaO)}$	$w_{(MnO)}$	$w_{(FeO)}$	$w_{(SiO_2)}$	$w_{(P_2O_5)}$
4.0%	0.6%	1.0%	1.5%	40%	20%	5%	33%	2%

解: 取100g初期渣，计算其中各组元的物质的量及各组元的物质的量之和分别为

$$n_{(CaO)} = 100w_{(CaO)}/M_{CaO} = 100 \times 40\%/56 = 0.7143mol$$

$$n_{(MnO)} = 100w_{(MnO)}/M_{MnO} = 100 \times 20\%/71 = 0.2817mol$$

$$n_{(FeO)} = 100w_{(FeO)}/M_{FeO} = 100 \times 5\%/72 = 0.0694mol$$

$$n_{(SiO_2)} = 100w_{(SiO_2)}/M_{SiO_2} = 100 \times 33\%/60 = 0.5500mol$$

$$n_{(P_2O_5)} = 100w_{(P_2O_5)}/M_{P_2O_5} = 100 \times 2\%/142 = 0.0141mol$$

$$\begin{aligned}\Sigma n_{(B)} &= n_{(CaO)} + n_{(MnO)} + n_{(FeO)} + n_{(SiO_2)} + n_{(P_2O_5)} \\ &= 0.7143 + 0.2817 + 0.0694 + 0.5500 + 0.0141 \\ &= 1.6295mol\end{aligned}$$

计算初期渣中各组元的摩尔分数分别为

$$x_{(CaO)} = n_{(CaO)}/\Sigma n_{(B)} = 0.7143/1.6295 = 0.4384$$

$$x_{(MnO)} = n_{(MnO)}/\Sigma n_{(B)} = 0.2817/1.6295 = 0.1729$$

$$x_{(\mathrm{FeO})}=n_{(\mathrm{FeO})}/\Sigma n_{(\mathrm{B})}=0.0694/1.6295=0.0426$$

$$x_{(\mathrm{SiO_2})}=n_{(\mathrm{SiO_2})}/\Sigma n_{(\mathrm{B})}=0.5500/1.6295=0.3375$$

$$x_{(\mathrm{P_2O_5})}=n_{(\mathrm{P_2O_5})}/\Sigma n_{(\mathrm{B})}=0.0141/1.6295=0.0086$$

将以上计算得到的初期渣中各组元的摩尔分数及温度 $T=1723\mathrm{K}$ 代入式（iii）中，计算初期渣中 P_2O_5 的活度系数为

$$\lg\gamma_{\mathrm{P_2O_5}}=-1.12\times(22\times0.4384+15\times0+13\times0.1729+12\times0.0426-2\times0.3375)-\frac{42000}{1723}+23.58$$

$$=-13.93$$

$$\gamma_{\mathrm{P_2O_5}}=1.175\times10^{-14}$$

根据碳氧化反应的标准平衡常数与温度的关系式（i），计算温度 $T=1723\mathrm{K}$ 时的标准平衡常数为

$$\lg K_{\mathrm{C}}^{\ominus}=\frac{1168}{1723}+2.07=2.748\qquad K_{\mathrm{C}}^{\ominus}=560$$

根据碳氧化反应方程式（i），写出该反应的标准平衡常数方程式为

$$K_{\mathrm{C}}^{\ominus}=\frac{p_{\mathrm{CO}}/p^{\ominus}}{a_{[\mathrm{C}],\%}a_{[\mathrm{O}],\%}}=\frac{p_{\mathrm{CO}}/p^{\ominus}}{f_{\mathrm{C},\%}w_{[\mathrm{C}]\%}f_{\mathrm{O},\%}w_{[\mathrm{O}]\%}}\tag{iv}$$

将 $p_{\mathrm{CO}}=10^5\mathrm{Pa}$、$p^{\ominus}=10^5\mathrm{Pa}$、$K_{\mathrm{C}}^{\ominus}=560$、$f_{\mathrm{C},\%}f_{\mathrm{O},\%}=1$、$w_{[\mathrm{C}]\%}=2.0$ 代入式（iv）中，得

$$560=\frac{10^5/10^5}{2.0w_{[\mathrm{O}]\%}}=\frac{1}{2.0w_{[\mathrm{O}]\%}}\tag{v}$$

解方程式（v），得熔池中氧的质量百分数和质量分数分别为

$$w_{[\mathrm{O}]\%}=\frac{1}{2.0\times560}=8.93\times10^{-4}\qquad w_{[\mathrm{O}]}=8.93\times10^{-4}\%$$

根据磷氧化反应方程式（ii），写出该反应的范特霍夫（Van't Hoff）等温方程式为

$$\Delta_{\mathrm{r}}G_{\mathrm{m}}=\Delta_{\mathrm{r}}G_{\mathrm{m}}^{\ominus}+RT\ln\frac{a_{(\mathrm{P_2O_5}),\mathrm{R}}}{a_{[\mathrm{P}],\%}^{2}a_{[\mathrm{O}],\%}^{5}}$$

$$=-705500+556.50T+RT\ln\frac{\gamma_{\mathrm{P_2O_5}}x_{(\mathrm{P_2O_5})}}{f_{\mathrm{P},\%}^{2}w_{[\mathrm{P}]\%}^{2}f_{\mathrm{O},\%}^{5}w_{[\mathrm{O}]\%}^{5}}\tag{vi}$$

计算铁水中磷的活度系数为

$$\lg f_{\mathrm{P},\%}=e_{\mathrm{P}}^{\mathrm{P}}w_{[\mathrm{P}]\%}+e_{\mathrm{P}}^{\mathrm{C}}w_{[\mathrm{C}]\%}+e_{\mathrm{P}}^{\mathrm{Si}}w_{[\mathrm{Si}]\%}+e_{\mathrm{P}}^{\mathrm{Mn}}w_{[\mathrm{Mn}]\%}$$

$$=0.062\times1.5+0.130\times4.0+0.120\times0.6+0.000\times1.0=0.685$$

$$f_{\mathrm{P},\%}=4.842$$

将 $\gamma_{\mathrm{P_2O_5}}=1.175\times10^{-14}$、$x_{(\mathrm{P_2O_5})}=0.0086$、$f_{\mathrm{P},\%}=4.842$、$w_{[\mathrm{P}]\%}=1.5$、$f_{\mathrm{O},\%}=1$、$w_{[\mathrm{O}]\%}=8.93\times10^{-4}$ 和 $T=1723\mathrm{K}$ 代入式（vi）中，计算磷氧化反应的吉布斯自由能为

$$\Delta_{\mathrm{r}}G_{\mathrm{m}}=-705500+556.50\times1723+8.314\times$$

$$1723\ln\frac{1.175\times10^{-14}\times0.0086}{4.842^2\times1.5^2\times1^5\times(8.93\times10^{-4})^5}$$

$$=171813.16\text{J}\cdot\text{mol}^{-1}$$

因为在该熔池中，铁水中磷氧化反应的吉布斯自由能 $\Delta_r G_m>0$，所以不能对表7-14所示成分的铁水脱磷。

7.37 某炼钢炉冶炼硅钢，出钢时钢液中氧的质量分数 $w_{[O]}=0.04\%$，出钢温度为1640℃，在钢包中加入硅铁，使钢液中硅的质量分数 $w_{[Si]}=2.40\%$，问此时钢液中的硅能否被钢液中的氧所氧化？已知1600℃时的钢液中组元活度相互作用系数分别为 $e_O^O=-0.20$、$e_O^{Si}=-0.131$、$e_{Si}^{Si}=0.11$、$e_{Si}^{O}=-0.23$，相关反应及其标准吉布斯自由能分别为

$$0.5O_2=\!=\!=[O]\qquad \Delta_{sol}G^{\ominus}_{m,O,\%}=(-117150-2.89T)\text{J}\cdot\text{mol}^{-1}\qquad(\text{i})$$

$$Si_{(l)}=\!=\!=[Si]\qquad \Delta_{sol}G^{\ominus}_{m,Si,\%}=(-131500-17.61T)\text{J}\cdot\text{mol}^{-1}\qquad(\text{ii})$$

$$Si_{(l)}+O_2=\!=\!=SiO_{2(s)}\qquad \Delta_f G^{\ominus}_{m,SiO_2(s)}=(-946350+197.64T)\text{J}\cdot\text{mol}^{-1}\qquad(\text{iii})$$

解：线性组合：式(iii)－式(ii)－式(i)×2,得下列化学反应及其标准吉布斯自由能为

$$[Si]+2[O]=\!=\!=SiO_{2(s)}\qquad \Delta_r G^{\ominus}_m=(-580550+221.03T)\text{J}\cdot\text{mol}^{-1}\qquad(\text{iv})$$

根据钢液中硅氧化反应方程式（iv），写出其范特霍夫等温方程式为

$$\Delta_r G_m=\Delta_r G^{\ominus}_m+RT\ln\frac{1}{a_{[Si],\%}a^2_{[O],\%}}$$

$$=-580550+221.03T+19.147T\lg\frac{1}{f_{Si,\%}w_{[Si]\%}f^2_{O,\%}w^2_{[O]\%}}\qquad(\text{v})$$

根据已知条件，分别计算钢液中硅和氧的活度系数为

$$\lg f_{Si,\%}=e_{Si}^{Si}w_{[Si]\%}+e_{Si}^{O}w_{[O]\%}=0.11\times2.40-0.23\times0.04=0.2548\qquad f_{Si,\%}=1.798$$

$$\lg f_{O,\%}=e_O^O w_{[O]\%}+e_O^{Si}w_{[Si]\%}=-0.20\times0.04-0.131\times2.40=-0.3224\qquad f_{O,\%}=0.4760$$

将 $T=1913\text{K}$、$f_{Si,\%}=1.798$、$w_{[Si]\%}=2.40$、$f_{O,\%}=0.4760$、$w_{[O]\%}=0.04$ 代入式（v）中，计算化学反应（iv）的吉布斯自由能为

$$\Delta_r G_m=-580550+221.03\times1913+19.147\times1913\times$$

$$\lg\frac{1}{1.798\times2.40\times0.476^2\times0.04^2}$$

$$=-54953\text{J}\cdot\text{mol}^{-1}$$

因为 $\Delta_r G_m<0$，所以化学反应（iv）能向右进行，即此时钢液中的硅能被钢液中的氧所氧化。

8 钢液的二次精炼反应习题解

8.1 将铜的质量分数 $w_{[Cu]}$ 为 0.1% 的钢液在 1600℃ 下送入真空室内，抽真空到 130Pa，试问钢液中的铜能否发生挥发？已知在 1600℃，$\gamma_{Cu}^0=8.6$，纯铜的饱和蒸气压 $p_{Cu}^*=107Pa$。

解：取 100g 钢液，将质量分数 $w_{[Cu]}=0.1\%$ 换算成摩尔分数为

$$x_{[Cu]}=\frac{100w_{[Cu]}/M_{Cu}}{100w_{[Cu]}/M_{Cu}+(100-100w_{[Cu]})/M_{Fe}}$$

$$=\frac{100\times0.1\%/63.55}{100\times0.1\%/63.55+99.9/55.85}$$

$$=8.79\times10^{-4}$$

计算钢液中铜的蒸气压为

$$p_{Cu}=p_{Cu}^*\gamma_{Cu}^0x_{[Cu]}=107\times8.6\times8.79\times10^{-4}=0.809Pa$$

因为钢液中铜的蒸气压 p_{Cu} 远小于真空度，所以钢液中的铜不能发生挥发。

8.2 将氢的质量分数 $w_{[H],0}=8.0\times10^{-4}\%$ 的 30CrMnSi（$w_{[C]}=0.3\%$、$w_{[Cr]}=1.0\%$、$w_{[Mn]}=1.0\%$、$w_{[Si]}=1.0\%$）钢，在 1kPa 的真空度下处理，求最后钢液中氢的质量百分数和质量分数。已知 $e_H^C=0.06$、$e_H^{Cr}=-0.0022$、$e_H^{Mn}=-0.0014$、$e_H^{Si}=0.027$，温度为 1600℃。

解：

$$0.5H_2 == [H] \qquad \lg K_H^{\ominus}=-\frac{1909}{T}-1.591 \qquad (i)$$

$$\lg f_{H,\%}=e_H^Cw_{[C]\%}+e_H^{Cr}w_{[Cr]\%}+e_H^{Mn}w_{[Mn]\%}+e_H^{Si}w_{[Si]\%} \qquad (ii)$$

将 $T=1873K$ 代入标准平衡常数的温度关系式（i）中，得标准平衡常数为

$$\lg K_H^{\ominus}=-\frac{1909}{1873}-1.591=-2.61022 \qquad K_H^{\ominus}=0.00245$$

将已知条件中给出的相关数据代入式（ii）中，计算钢液中氢的活度系数为

$$\lg f_{H,\%}=0.06\times0.3-0.0022\times1-0.0014\times1+0.027\times1$$

$$=0.0414$$

$$f_{H,\%}=1.1$$

氢在钢液中溶解反应（i）的标准平衡常数方程式为

$$K_H^{\ominus}=\frac{f_{H,\%}w_{[H]\%}}{\sqrt{p_{H_2}/p^{\ominus}}} \qquad (iii)$$

$$\lg K_{H}^{\ominus} = \lg f_{H,\%} + \lg w_{[H]\%} - \frac{1}{2}\lg\frac{p_{H_2}}{p^{\ominus}}$$

$$\lg\frac{p_{H_2}}{p^{\ominus}} = 2\lg f_{H,\%} + 2\lg w_{[H]\%} - 2\lg K_{H}^{\ominus} \quad (\text{iv})$$

将 $\lg f_{H,\%} = 0.0414$、$\lg K_{H}^{\ominus} = -2.61022$、$p^{\ominus} = 10^5\text{Pa}$ 及处理前氢的质量百分数 $w_{[H]\%,0} = 8.0\times10^{-4}$代入式（iv）中，计算处理前的 $p_{H_2(前)}$ 为

$$\lg\frac{p_{H_2(前)}}{10^5} = 2\times0.0414 + 2\lg8.0\times10^{-4} + 2\times2.61022 = -0.89058$$

$$\frac{p_{H_2(前)}}{10^5} = 0.128653 \qquad p_{H_2(前)} = 12865.3\text{Pa}$$

根据“真空处理前后，分压与体系总压成正比”的理论，可列等式为

$$p_{H_2(后)}/p_{H_2(前)} = p_{后}/p_{前} \quad (\text{v})$$

式中 $p_{后}$——真空处理开始后，即处理过程中体系的总压，亦即真空度，Pa；

$p_{前}$——真空处理开始前体系的总压，一般为 100kPa。

将 $p_{前} = 100\text{kPa}$、$p_{后} = 1\text{kPa}$、$p_{H_2(前)} = 12.8653\text{kPa}$ 代入式（v）中，得

$$p_{H_2(后)}/12.8653 = 1/100 \qquad p_{H_2(后)} = 12.8653/100 = 0.128653\text{kPa}$$

将 $p_{H_2(后)} = 0.128653\text{kPa}$、$p^{\ominus} = 100\text{kPa}$、$K_{H}^{\ominus} = 0.00245$ 和 $f_{H,\%} = 1.1$ 代入式（iii）中，得

$$0.00245 = \frac{1.1w_{[H]\%}}{\sqrt{0.128653/100}} \quad (\text{vi})$$

解方程式（vi），得钢液真空处理后（平衡）的氢的质量百分数和质量分数分别为

$$w_{[H]\%} = 7.99\times10^{-5} \qquad w_{[H]} = \frac{w_{[H]\%}}{100} = 7.99\times10^{-5}\%$$

8.3 利用真空提升法对钢液进行真空脱氧处理，真空室的真空度为 0.1kPa。钢液上升进入真空室内炸裂成半径 $r = 2.5\times10^{-3}\text{m}$ 的液滴，液滴在真空室内的降落时间 $t = 1\text{s}$，钢液中氧的传质系数 $\beta_{[O]} = 5\times10^{-4}\text{m}\cdot\text{s}^{-1}$，试求钢液脱氧率 $R_{[O]}$。

解：

$$t = -\frac{2.3\lg(w_{[O]}/w_{[O],0})}{\beta_{[O]}(A/V_{st})} \quad (\text{i})$$

$$A/V_{st} = \frac{4\pi r^2}{\frac{4}{3}\pi r^3} = \frac{3}{r} \quad (\text{ii})$$

式中 t——钢液滴在真空室内的降落时间，s；

$w_{[O],0}$——钢液滴的初始氧含量（质量分数），1；

$w_{[O]}$——钢液滴在真空室内降落时间为 t 时的氧含量（质量分数），1；

A/V_{st}——钢液滴的比表面积，$\text{m}^2\cdot\text{m}^{-3}$。

将式（ii）代入式（i）中，得

$$t = -\frac{2.3\lg(w_{[O]}/w_{[O],0})}{\beta_{[O]}(3/r)} \qquad \text{(iii)}$$

将 $t = 1\text{s}$、$r = 2.5 \times 10^{-3}\text{m}$、$\beta_{[O]} = 5 \times 10^{-4}\text{m} \cdot \text{s}^{-1}$ 代入式（iii）中，得

$$1 = -\frac{2.3\lg(w_{[O]}/w_{[O],0})}{5 \times 10^{-4}(3 \times 10^{3}/2.5)} \qquad \lg\frac{w_{[O]}}{w_{[O],0}} = -0.26087$$

$$\frac{w_{[O]}}{w_{[O],0}} = 0.54844 \qquad \text{(iv)}$$

对式（iv）应用分比定理，得脱氧率为

$$R_{[O]} = \frac{w_{[O],0} - w_{[O]}}{w_{[O],0}} = 1 - \frac{w_{[O]}}{w_{[O],0}} = 1 - 0.54844 = 0.45156 = 45.156\%$$

8.4 将初始成分（质量分数）为 $w_{[C],0} = 0.15\%$、$w_{[O],0} = 0.016\%$ 的钢液，送入真空室内进行真空处理，真空度为1kPa，温度为1600℃。试计算钢液最终平衡的碳和氧的质量分数。

解： $$[C] + [O] == CO \qquad \lg K_C^{\ominus} = \frac{1168}{T} + 2.07 \qquad \text{(i)}$$

$$K_C^{\ominus} = \frac{p_{CO}/p^{\ominus}}{f_{C,\%}w_{[C]\%}f_{O,\%}w_{[O]\%}} \qquad \text{(ii)}$$

因为碳氧活度系数积 $f_{C,\%}f_{O,\%} = 1$，所以式（ii）简化为

$$K_C^{\ominus} = \frac{p_{CO}/p^{\ominus}}{w_{[C]\%}w_{[O]\%}} \qquad \text{(iii)}$$

将 $T = 1873\text{K}$ 代入标准平衡常数的温度关系式（i）中，计算碳氧化反应的标准平衡常数为

$$\lg K_C^{\ominus} = \frac{1168}{1873} + 2.07 = 2.6936 \qquad K_C^{\ominus} = 493.9$$

将 $p_{CO} = 1\text{kPa}$、$p^{\ominus} = 100\text{kPa}$、$K_C^{\ominus} = 493.9$ 代入式（iii）中，得

$$493.9 = \frac{1/100}{w_{[C]\%}w_{[O]\%}}$$

$$w_{[C]\%}w_{[O]\%} = \frac{1}{49390} \qquad \text{(iv)}$$

由碳氧化反应方程式（i）可得消耗的碳（$\Delta w_{[C]\%}$）和消耗的氧（$\Delta w_{[O]\%}$）的比例为

$$\frac{\Delta w_{[C]\%}}{\Delta w_{[O]\%}} = \frac{12}{16}$$

$$\Delta w_{[O]\%} = \frac{16}{12}\Delta w_{[C]\%} \qquad \text{(v)}$$

钢液最终的平衡碳和平衡氧的质量百分数分别为

$$w_{[C]\%} = w_{[C]\%,0} - \Delta w_{[C]\%} = 0.15 - \Delta w_{[C]\%} \quad (\text{vi})$$

$$w_{[O]\%} = w_{[O]\%,0} - \Delta w_{[O]\%} = 0.016 - \frac{16}{12}\Delta w_{[C]\%} \quad (\text{vii})$$

将式(ⅵ)和式(ⅶ)代入式(ⅳ)中，得

$$(0.15 - \Delta w_{[C]\%}) \times \left(0.016 - \frac{16}{12}\Delta w_{[C]\%}\right) = \frac{1}{49390}$$

$$(\Delta w_{[C]\%})^2 - 0.162\Delta w_{[C]\%} + 0.001785 = 0 \quad (\text{viii})$$

解一元二次方程式（ⅷ），得消耗碳的质量百分数和质量分数分别为

$$\Delta w_{[C]\%} = 0.01189 \qquad \Delta w_{[C]} = \frac{\Delta w_{[C]\%}}{100} = 0.01189\%$$

将 $\Delta w_{[C]\%} = 0.01189$ 代入式（ⅵ）中，计算得钢液最终的平衡碳的质量百分数和质量分数分别为

$$w_{[C]\%} = 0.15 - 0.01189 = 0.13811 \qquad w_{[C]} = \frac{w_{[C]\%}}{100} = 0.13811\%$$

将 $\Delta w_{[C]\%} = 0.01189$ 代入式（ⅶ）中，计算得钢液最终的平衡氧的质量百分数和质量分数分别为

$$w_{[O]\%} = 0.016 - \frac{16}{12} \times 0.01189 = 1.47 \times 10^{-4} \qquad w_{[O]} = \frac{w_{[O]\%}}{100} = 1.47 \times 10^{-4}\%$$

8.5 在温度为1600℃和真空度为1.3kPa下，镁质坩埚内熔炼08Cr18Ni10（$w_{[C]} = 0.03\%$、$w_{[Cr]} = 18\%$、$w_{[Ni]} = 10\%$）钢，试估计熔炼过程中镁质坩埚能否被钢液中的铬还原？已知钢液中组元活度的相互作用系数 $e_{Cr}^{Cr} = -0.0003$、$e_{Cr}^{C} = -0.12$、$e_{Cr}^{Ni} = 0.0002$。

解： 相关化学反应及其标准吉布斯自由能与温度的关系式为

$$3MgO_{(s)} + 2[Cr] \xlongequal{\quad} 3Mg_{(g)} + Cr_2O_{3(s)} \quad \Delta_r G_m^{\ominus} = (959575 - 296.94T)\,J \cdot mol^{-1} \quad (\text{i})$$

化学反应（ⅰ）的范特霍夫等温方程式为

$$\Delta_r G_m = \Delta_r G_m^{\ominus} + 19.147T\lg \frac{(p_{Mg}/p^{\ominus})^3}{f_{Cr,\%}^2 w_{[Cr]\%}^2} \quad (\text{ii})$$

计算钢液中铬的活度系数为

$$\lg f_{Cr,\%} = e_{Cr}^{Cr} w_{[Cr]\%} + e_{Cr}^{C} w_{[C]\%} + e_{Cr}^{Ni} w_{[Ni]\%}$$

$$= -0.0003 \times 18 - 0.12 \times 0.03 + 0.0002 \times 10 = -0.007$$

$$f_{Cr,\%} = 0.984$$

将标准吉布斯自由能的温度关系式（ⅰ）、$T = 1873K$、$p_{Mg} = 1.3Pa$、$p^{\ominus} = 10^5Pa$、$w_{[Cr]\%} = 18$ 和 $f_{Cr,\%} = 0.984$ 代入等温方程式（ⅱ）中，计算化学反应（ⅰ）的吉布斯自由能为

$$\Delta_r G_m = 959575 - 296.94 \times 1873 + 19.147 \times 1873\lg \frac{(1.3/10^5)^3}{0.984^2 \times 18^2} = -211801\,J \cdot mol^{-1}$$

因为 $\Delta_r G_m < 0$，所以镁质坩埚能被钢液中的铬还原。

8.6 向20t钢液内吹入氩气进行脱氢处理，为使其氢的质量分数从 $w_{[H],0} = 0.4 \times 10^{-3}\%$ 下降到 $w_{[H]} = 0.2 \times 10^{-3}\%$，问需吹入多少氩气？已知温度为1600℃。

解：

$$0.5H_2 \Longleftarrow [H] \qquad \lg K_H^{\ominus} = -\frac{1909}{T} - 1.591 \tag{i}$$

在考虑氩气利用率时，每吨钢液实际需要的氩气量为

$$V_{Ar} = 112(p/p^{\ominus})(K_H^{\ominus})^2\left(\frac{1}{w_{[H]\%}} - \frac{1}{w_{[H]\%,0}}\right)\cdot\frac{1}{f} \tag{ii}$$

钢液质量为 m_{st} 时，实际所需氩气总量为

$$\Sigma V_{Ar} = m_{st}\left[112(p/p^{\ominus})(K_H^{\ominus})^2\left(\frac{1}{w_{[H]\%}} - \frac{1}{w_{[H]\%,0}}\right)\cdot\frac{1}{f}\right] \tag{iii}$$

式中 V_{Ar}——氩气用量，$m^3 \cdot t^{-1}$；

p——体系总压，Pa；

$p^{\ominus}$——标准压力，10^5Pa；

f——氩气利用率，1；

m_{st}——钢液质量，t；

$K_H^{\ominus}$——氢在铁液中溶解反应（i）的标准平衡常数，1。

将 $T = 1873$K 代入标准平衡常数的温度关系式（i）中，计算标准平衡常数为

$$\lg K_H^{\ominus} = -\frac{1909}{1873} - 1.591 = -2.61022 \qquad K_H^{\ominus} = 0.00245$$

将 $m_{st} = 20$t、$p = 10^5$Pa、$p^{\ominus} = 10^5$Pa、$K_H^{\ominus} = 0.00245$、$w_{[H]\%,0} = 0.4 \times 10^{-3}$、$w_{[H]\%} = 0.2 \times 10^{-3}$和 $f = 0.8$ 代入式（iii）中，计算得处理20t钢液所需氩气总量为

$$\Sigma V_{Ar} = 20 \times 112 \times \frac{10^5}{10^5} \times 0.00245^2 \times \left(\frac{1}{0.2 \times 10^{-3}} - \frac{1}{0.4 \times 10^{-3}}\right) \times \frac{1}{0.8} = 42.0175\text{m}^3$$

8.7 从钢包底部的透气砖向钢包内的GCr15（$w_{[C]} = 0.9\%$、$w_{[Cr]} = 1.5\%$）钢液吹入氩气脱氢，钢液中氢的初始质量分数 $w_{[H],0} = 0.5 \times 10^{-3}\%$，氩气用量 $V_{Ar} = 1.75\text{m}^3 \cdot t^{-1}$，试求处理后钢液中氢的质量分数 $w_{[H]}$。已知氩气利用率 $f = 0.9$，温度为1600℃。

解：

$$0.5H_2 \Longleftarrow [H] \qquad \lg K_H^{\ominus} = -\frac{1909}{T} - 1.591 \tag{i}$$

在考虑氩气利用率时，每吨钢液实际需要氩气量的方程式为

$$V_{Ar} = \frac{\Sigma V_{Ar}}{m_{st}} = 112(p/p^{\ominus})(K_H^{\ominus})^2\left(\frac{1}{w_{[H]\%}} - \frac{1}{w_{[H]\%,0}}\right)\cdot\frac{1}{f} \tag{ii}$$

式中 V_{Ar}——氩气用量，$m^3 \cdot t^{-1}$；

p——体系总压，Pa；

$p^{\ominus}$——标准压力，10^5Pa；

f——氩气利用率，1；

m_{st}——钢液质量，t；

$K_H^\ominus$——氢在铁液中溶解反应（i）的标准平衡常数，1。

将 $T=1873$ K 代入标准平衡常数的温度关系式（i）中，计算标准平衡常数为

$$\lg K_H^\ominus = -\frac{1909}{1873} - 1.591 = -2.61022 \qquad K_H^\ominus = 0.00245$$

将 $V_{Ar}=1.75\mathrm{m^3 \cdot t^{-1}}$、$p=10^5\mathrm{Pa}$、$p^\ominus=10^5\mathrm{Pa}$、$K_H^\ominus=0.00245$、$w_{[H]\%,0}=0.5\times10^{-3}$、$f=0.9$ 代入式（ii）中，得方程式为

$$1.75 = 112 \times \frac{10^5}{10^5} \times 0.00245^2 \times \left(\frac{1}{w_{[H]\%}} - \frac{1}{0.5\times10^{-3}}\right) \times \frac{1}{0.9} \qquad \text{(iii)}$$

解方程式（iii），得脱氢处理后钢液中氢的质量百分数和质量分数分别为

$$w_{[H]\%} = 2.3\times10^{-4} \qquad w_{[H]} = \frac{w_{[H]\%}}{100} = 2.3\times10^{-4}\%$$

8.8 锰在其沸点 2060℃（$T_b=2333$K）的标准蒸发焓 $\Delta_{vap}H_m^\ominus=220.5\mathrm{kJ\cdot mol^{-1}}$，假定此值不随温度变化，试求在 1700℃时锰的蒸气压。已知锰溶解于液态铁中形成理想溶液，锰和铁的摩尔质量分别为 $M_{Mn}=54.94\mathrm{g\cdot mol^{-1}}$，$M_{Fe}=55.85\mathrm{g\cdot mol^{-1}}$。试问锰的质量分数 $w_{[Mn]}=1\%$ 的铁液，在温度为 1700℃、真空度 $p=13.3$Pa 的条件下，其中的锰能否蒸发？

解：锰气化反应的标准吉布斯自由能与温度的关系式为

$$Mn_{(l)} = Mn_{(g)}$$

$$\Delta_{vap}G_m^\ominus = \Delta_{vap}H_m^\ominus - \frac{\Delta_{vap}H_m^\ominus}{T_b}T = \left(220500 - \frac{220500}{2333}T\right)\mathrm{J\cdot mol^{-1}} \qquad \text{(i)}$$

因为气化前液态锰 $Mn_{(l)}$ 的活度 $a_{Mn,R}=1$，所以

$$\Delta_{vap}G_m^\ominus = -RT\ln K^\ominus = -RT\ln\frac{p_{Mn}^*/p^\ominus}{a_{Mn,R}} = -19.147T\lg\frac{p_{Mn}^*}{p^\ominus}$$

$$-19.147T\lg\frac{p_{Mn}^*}{p^\ominus} = \Delta_{vap}G_m^\ominus = 220500 - \frac{220500}{2333}T \qquad \text{(ii)}$$

将 $T=1973$K 代入式（ii）中，得纯锰在 1700℃的饱和蒸气压为

$$\lg\frac{p_{Mn}^*}{p^\ominus} = -0.9007 \qquad p_{Mn}^* = 0.12569p^\ominus = 12569\mathrm{Pa}$$

取 100g 该含锰铁液，计算质量分数 $w_{[Mn]}=1\%$ 的铁液中锰的摩尔分数为

$$x_{[Mn]} = \frac{1/M_{Mn}}{1/M_{Mn}+99/M_{Fe}} = \frac{1/54.94}{1/54.94+99/55.85} = 1.0164\times10^{-2}$$

计算铁液中锰的蒸气压为

$$p_{Mn} = p_{Mn}^* x_{[Mn]} = 12569\times1.0164\times10^{-2} = 127.75\mathrm{Pa}$$

因为铁液中锰的蒸气压 p_{Mn} 大于体系的真空度 p，所以铁液中的锰能蒸发。

8.9 利用成分为 $w_{(CaO)}=50\%$、$w_{(SiO_2)}=15\%$、$w_{(Al_2O_3)}=35\%$ 的合成渣，在 1600℃对变压器钢（$w_{[C]}=0.03\%$、$w_{[Si]}=3\%$、$w_{[S]}=0.015\%$、$w_{[Al]}=0.011\%$、$w_{[O]}=0.0034\%$）作炉外脱硫处理。假设脱硫处理后钢液中硫的质量分数 $w_{[S]}=0.0036\%$，其他成分不变。试求：(1) 处理 1t 钢液的合成渣用量；(2) 在混冲高度 $h=1.2\text{m}$、渣-钢间的界面能 $\sigma_{ms}=1.0\text{J}\cdot\text{m}^{-2}$、钢液密度 $\rho_{st}=7000\text{kg}\cdot\text{m}^{-3}$、熔渣密度 $\rho_{sl}=3200\text{kg}\cdot\text{m}^{-3}$、钢液中硫的传质系数 $\beta_{[S]}=3\times10^{-5}\text{m}\cdot\text{s}^{-1}$ 的条件下，将钢液中硫的质量分数从 $w_{[S],0}=0.015\%$ 脱除到 $w_{[S]}=0.0036\%$ 所需的时间。

解： (1) 根据钢液（1000kg）中脱除的硫的质量 = 进入合成渣（质量为 m_{sl}）中的硫的质量，可列质量平衡方程式为

$$1000(w_{[S],0}-w_{[S]})=m_{sl}(w_{(S)}-w_{(S),0}) \qquad (\text{i})$$

式中 m_{sl}——处理 1t 钢液的合成渣用量（质量），kg；

$w_{[S],0}$，$w_{[S]}$——分别为钢液的初始硫的质量分数和终点（平衡）硫的质量分数，1；

$w_{(S),0}$，$w_{(S)}$——分别为合成渣的初始硫的质量分数和终点（平衡）硫的质量分数，1。

由式（i）得处理 1t 钢液的合成渣用量方程式为

$$m_{sl}=\frac{1000(w_{[S],0}-w_{[S]})}{w_{(S)}-w_{(S),0}} \qquad (\text{ii})$$

将 $w_{[S],0}=w_{[S]\%,0}/100$、$w_{[S]}=w_{[S]\%}/100$、$w_{(S),0}=w_{(S)\%,0}/100$、$w_{(S)}=w_{(S)\%}/100$ 代入式（ii）中，得

$$m_{sl}=\frac{1000(w_{[S]\%,0}-w_{[S]\%})}{w_{(S)\%}-w_{(S)\%,0}} \qquad (\text{iii})$$

将 $w_{(S)\%}=C_S\left(\frac{p_{S_2}}{p_{O_2}}\right)^{1/2}$ 和 $w_{(S)\%,0}=0$ 代入式（iii）中，得

$$m_{sl}=\frac{1000(w_{[S]\%,0}-w_{[S]\%})}{C_S p_{S_2}^{1/2}/p_{O_2}^{1/2}} \qquad (\text{iv})$$

式中 C_S——熔渣的硫容量，1；

p_{S_2}、p_{O_2}——分别为平衡气相中 S_2 和 O_2 的分压，Pa。

熔渣的硫容量 C_S 与熔渣碱度 R 的关系式为

$$\lg C_S=-5.57+1.39R \qquad (\text{v})$$

式中，R 为考虑了 MgO 对 CaO 的碱当量和 Al_2O_3 对 SiO_2 的酸当量的四元碱度，其计算式为

$$R=\frac{x_{(CaO)}+\frac{1}{2}x_{(MgO)}}{x_{(SiO_2)}+\frac{1}{3}x_{(Al_2O_3)}} \qquad (\text{vi})$$

取 100g 合成渣，分别计算其中各组元的物质的量 $n_{(B)}$、各组元的物质的量之和 $\Sigma n_{(B)}$ 及各组元的摩尔分数 $x_{(B)}$ 为

$$n_{(CaO)}=\frac{100w_{(CaO)}}{M_{CaO}}=\frac{100\times50\%}{56}=0.893\text{mol}$$

$$n_{(SiO_2)} = \frac{100w_{(SiO_2)}}{M_{SiO_2}} = \frac{100 \times 15\%}{60} = 0.250\text{mol}$$

$$n_{(Al_2O_3)} = \frac{100w_{(Al_2O_3)}}{M_{Al_2O_3}} = \frac{100 \times 35\%}{102} = 0.343\text{mol}$$

$$\sum n_{(B)} = n_{(CaO)} + n_{(SiO_2)} + n_{(Al_2O_3)}$$

$$= 0.893 + 0.250 + 0.343 = 1.486\text{mol}$$

$$x_{(CaO)} = \frac{n_{(CaO)}}{\sum n_{(B)}} = \frac{0.893}{1.486} = 0.601$$

$$x_{(SiO_2)} = \frac{n_{(SiO_2)}}{\sum n_{(B)}} = \frac{0.250}{1.486} = 0.168$$

$$x_{(Al_2O_3)} = \frac{n_{(Al_2O_3)}}{\sum n_{(B)}} = \frac{0.343}{1.486} = 0.231$$

将 $x_{(CaO)}=0.601$、$x_{(SiO_2)}=0.168$、$x_{(Al_2O_3)}=0.231$ 和 $x_{(MgO)}=0$ 代入式（ⅵ）中，计算碱度为

$$R = \frac{0.601 + \frac{1}{2} \times 0}{0.168 + \frac{1}{3} \times 0.231} = \frac{0.601}{0.245} = 2.453$$

将 $R=2.453$ 代入式（ⅴ）中，计算合成渣的硫容量为

$$\lg C_S = -5.57 + 1.39 \times 2.453 = -2.16033 \qquad C_S = 0.0069$$

钢液中硫的溶解反应及其标准平衡常数与温度的关系式为

$$0.5S_2 = [S] \qquad \lg K_S^{\ominus} = \frac{7054}{T} - 1.224 \tag{ⅶ}$$

将 $T=1873\text{K}$ 代入式（ⅶ）中，计算标准平衡常数为

$$\lg K_S^{\ominus} = \frac{7054}{1873} - 1.224 = 2.54215 \qquad K_S^{\ominus} = 348.46$$

根据硫的溶解反应方程式（ⅶ），可得其标准平衡常数方程式为

$$K_S^{\ominus} = \frac{a_{[S],\%}}{(p_{S_2}/p^{\ominus})^{1/2}} = \frac{f_{S,\%}w_{[S]\%}}{(p_{S_2}/p^{\ominus})^{1/2}} \tag{ⅷ}$$

由式（ⅷ）得

$$(p_{S_2}/p^{\ominus})^{1/2} = \frac{f_{S,\%}w_{[S]\%}}{K_S^{\ominus}} \tag{ⅸ}$$

计算脱硫反应达平衡时钢液中硫的活度系数为

$$\lg f_{S,\%} = e_S^S w_{[S]\%} + e_S^C w_{[C]\%} + e_S^{Al} w_{[Al]\%} + e_S^{Si} w_{[Si]\%} + e_S^O w_{[O]\%}$$

$$= -0.028 \times 0.0036 + 0.11 \times 0.03 + 0.035 \times 0.011 +$$

$$0.063 \times 3 - 0.27 \times 0.0034$$

$$= 0.1917$$

$$f_{S,\%} = 1.5549$$

将 $w_{[S]\%}=0.0036$、$K_S^{\ominus}=348.46$ 和 $f_{S,\%}=1.5549$ 代入式（ix）中，得

$$(p_{S_2}/p^{\ominus})^{1/2} = \frac{1.5549 \times 0.0036}{348.46} = 1.6063 \times 10^{-5}$$

$$p_{S_2} = (1.6063 \times 10^{-5})^2 p^{\ominus} = (1.6063 \times 10^{-5})^2 \times 10^5 = 2.5802 \times 10^{-5}\text{Pa}$$

钢液中的 Al 与气相中的 O_2 的平衡反应及其标准吉布斯自由能与温度的关系式为

$$2[\text{Al}] + \frac{3}{2}O_2 = \!=\!= Al_2O_{3(s)} \qquad \Delta_r G_m^{\ominus} = (-1556587 + 379.06T)\text{J} \cdot \text{mol}^{-1} \tag{x}$$

根据式（x）计算 $T=1873$K 时的标准平衡常数为

$$\lg K_{Al}^{\ominus} = \frac{1556587}{19.147 \times 1873} - \frac{379.06}{19.147} = 23.607 \qquad K_{Al}^{\ominus} = 4.04576 \times 10^{23}$$

根据反应方程式（x），可写出其标准平衡常数方程式为

$$K_{Al}^{\ominus} = \frac{a_{Al_2O_3,R}}{a_{[Al],\%}^2 (p_{O_2}/p^{\ominus})^{3/2}} = \frac{1}{f_{Al,\%}^2 w_{[Al]\%}^2 (p_{O_2}/p^{\ominus})^{3/2}} \tag{xi}$$

由式(xi)得

$$(p_{O_2}/p^{\ominus})^{3/2} = \frac{1}{f_{Al,\%}^2 w_{[Al]\%}^2 K_{Al}^{\ominus}}$$

$$p_{O_2}/p^{\ominus} = \left(\frac{1}{f_{Al,\%}^2 w_{[Al]\%}^2 K_{Al}^{\ominus}}\right)^{2/3} \tag{xii}$$

计算钢液中铝氧化反应（x）达平衡时钢液中铝的活度系数为

$$\begin{aligned}\lg f_{Al,\%} &= e_{Al}^{Al} w_{[Al]\%} + e_{Al}^{S} w_{[S]\%} + e_{Al}^{C} w_{[C]\%} + e_{Al}^{Si} w_{[Si]\%} + e_{Al}^{O} w_{[O]\%} \\ &= 0.045 \times 0.011 + 0.03 \times 0.0036 + 0.091 \times 0.03 + 0.0056 \times 3 - 6.60 \times 0.0034 \\ &= -0.002307\end{aligned}$$

$$f_{Al,\%} = 0.9947$$

将 $w_{[Al]\%}=0.011$、$f_{Al,\%}=0.9947$、$K_{Al}^{\ominus}=4.04576 \times 10^{23}$ 和 $p^{\ominus}=10^5$Pa 代入式（xii）中，计算得气相平衡氧分压为

$$p_{O_2}/10^5 = \left(\frac{1}{0.9947^2 \times 0.011^2 \times 4.04576 \times 10^{23}}\right)^{2/3} = 7.5258 \times 10^{-14}$$

$$p_{O_2} = 7.5258 \times 10^{-14} \times 10^5 = 7.5258 \times 10^{-9}\text{Pa}$$

将 $w_{[S]\%,0}=0.015$、$w_{[S]\%}=0.0036$、$C_S=0.0069$、$p_{S_2}=2.5802 \times 10^{-5}$Pa、$p_{O_2}=7.5258 \times 10^{-9}$Pa 代入式（iv）中，计算得处理 1t 钢液所需合成渣质量为

$$m_{sl} = \frac{1000 \times (0.015 - 0.0036)\sqrt{7.5258 \times 10^{-9}}}{0.0069\sqrt{2.5802 \times 10^{-5}}} = 28.217\text{kg}$$

（2）钢液中硫通过钢液侧边界层向合成渣液滴传质是脱硫过程的限制环节，故脱硫速率的微分方程式为

$$v_S = -\frac{dw_{[S]}}{dt} = \beta_{[S]}\frac{A}{V_{st}}(w_{[S]} - w_{[S]*}) \tag{xiii}$$

式中 A——所有渣滴与钢液接触的总面积（界面积），m^2；

V_{st}——钢液的总体积，m^3；

$\beta_{[S]}$——钢液中硫的传质系数，$m \cdot s^{-1}$；

$w_{[S]*}$——渣滴与钢液接触面（界面）处钢液侧硫的质量分数，1。

对于 1 个半径为 r 的球形渣滴，其单位体积所具有的与钢液的接触面积（界面积）为

$$\frac{A_i}{V_i} = \frac{4\pi r^2}{\frac{4}{3}\pi r^3} = \frac{3}{r} \tag{xiv}$$

式中 A_i——1 个渣滴具有的与钢液的接触面积（界面积），m^2；

V_i——1 个渣滴具有的体积，m^3；

r——渣滴的半径，m。

所有渣滴与钢液接触的总面积（界面积）为

$$A = A_i N = \frac{3V_i N}{r} = \frac{3V_{sl}}{r} = \frac{3m_{sl}}{r\rho_{sl}} \tag{xv}$$

式中 N——渣滴总数，1；

m_{sl}——所有渣滴的总质量，即熔渣的总质量，kg；

V_{sl}——所有渣滴的总体积，即熔渣的总体积，m^3；

ρ_{sl}——渣滴的密度，即熔渣的密度，$kg \cdot m^{-3}$。

钢液下落的冲击能转化为分散后的渣滴的表面能，其平衡关系式为

$$\rho_{st} g h = c\frac{2\sigma_{ms}}{r} \tag{xvi}$$

式中 ρ_{st}——钢液的密度，$kg \cdot m^{-3}$；

g——重力加速度，$9.8 m \cdot s^{-2}$；

h——钢流下落高度，m；

c——比例常数，4.9；

σ_{ms}——钢液与渣滴间的界面能，$J \cdot m^{-2}$。

由式（xvi）导出渣滴半径的计算式为

$$r = c\frac{2\sigma_{ms}}{\rho_{st} g h} \tag{xvii}$$

将式（xvii）代入式（xv）中，得所有渣滴与钢液接触的总面积（界面积）方程式为

$$A = \frac{3m_{sl}\rho_{st} g h}{2c\sigma_{ms}\rho_{sl}} \tag{xviii}$$

钢液体积的计算式为

$$V_{st} = \frac{m_{st}}{\rho_{st}} \tag{xix}$$

将式（xviii）和式（xix）代入式（xiii）中，得脱硫速率的微分方程式为

$$v_S = -\frac{dw_{[S]}}{dt} = \beta_{[S]}\frac{3m_{sl}\rho_{st}^2 gh}{2c\sigma_{ms}\rho_{sl}m_{st}}(w_{[S]} - w_{[S]*}) \quad (xx)$$

将 $\beta_{[S]} = 3 \times 10^{-5}\,m \cdot s^{-1}$、$c = 4.9$、$\sigma_{ms} = 1.0J \cdot m^{-2}$、$\rho_{sl} = 3200kg \cdot m^{-3}$、$m_{st} = 1000kg$、$m_{sl} = 28.217kg$、$\rho_{st} = 7000kg \cdot m^{-3}$、$g = 9.8m \cdot s^{-2}$、$h = 1.2m$ 和 $w_{[S]*} = 0$ 代入式（xx）中，得脱硫速率的微分方程式为

$$-\frac{dw_{[S]}}{dt} = 3 \times 10^{-5} \times \frac{3 \times 28.217 \times 7000^2 \times 9.8 \times 1.2}{2 \times 4.9 \times 1.0 \times 3200 \times 1000}(w_{[S]} - 0) = 0.0467w_{[S]} \quad (xxi)$$

对微分方程式（xxi）分离变量并作定积分，得

$$-\int_{w_{[S],0}}^{w_{[S]}} \frac{dw_{[S]}}{w_{[S]}} = 0.0467\int_0^t dt$$

$$\ln\frac{w_{[S],0}}{w_{[S]}} = 0.0467t \quad (xxii)$$

将 $w_{[S],0} = 0.015\%$ 和 $w_{[S]} = 0.0036\%$ 代入式（xxii）中，计算得用 28.217kg 合成渣处理 1t 钢液，使其中硫的质量分数由 0.015% 下降到 0.0036% 所需时间为

$$t = \frac{\ln 0.015\% - \ln 0.0036\%}{0.0467} = 30.56s$$

8.10 在 1600℃，向成分为 $w_{[C]} = 0.1\%$、$w_{[Si]} = 0.3\%$、$w_{[Mn]} = 0.4\%$、$w_{[S]} = 0.01\%$ 的钢液喷吹 $CaC_{2(s)}$ 作脱硫处理。试求钢液的平衡硫含量（质量分数）及 $CaC_{2(s)}$ 的理论最低消耗量（$kg \cdot t^{-1}$）。已知相关化学反应及其标准吉布斯自由能与温度的关系式为

$$CaC_{2(s)} = Ca_{(g)} + 2[C] \qquad \Delta_r G_{m(1)}^{\ominus} = (285820 - 187.61T)J \cdot mol^{-1} \quad (i)$$

$$CaC_{2(s)} + [S] = CaS_{(s)} + 2[C] \qquad \Delta_r G_{m(2)}^{\ominus} = (-307610 + 22.18T)J \cdot mol^{-1} \quad (ii)$$

解： 计算化学反应（i）在 1873K 的标准平衡常数为

$$\lg K_1^{\ominus} = -\frac{285820}{19.147 \times 1873} + \frac{187.61}{19.147} = 1.82848 \qquad K_1^{\ominus} = 67.372$$

$$\lg K_1^{\ominus} = \lg\frac{a_{[C],\%}^2 p_{Ca}}{a_{CaC_2,R}p^{\ominus}} = \lg\frac{f_{C,\%}^2 w_{[C]\%}^2 p_{Ca}}{a_{CaC_2,R}p^{\ominus}} = 1.82848 \quad (iii)$$

将 $a_{CaC_2,R} = 1$、$p_{Ca} = p^{\ominus} = 10^5Pa$ 代入式（iii）中，得

$$2\lg f_{C,\%} + 2\lg w_{[C]\%} = 1.82848 \quad (iv)$$

脱硫反应平衡时，钢液中碳的活度系数的计算式为

$$\begin{aligned}\lg f_{C,\%} &= e_C^C w_{[C]\%} + e_C^{Si} w_{[Si]\%} + e_C^{Mn} w_{[Mn]\%} + e_C^S w_{[S]\%} \\ &= 0.14w_{[C]\%} + 0.08w_{[Si]\%} - 0.012w_{[Mn]\%} + 0.046w_{[S]\%}\end{aligned} \quad (v)$$

向钢液喷吹 $CaC_{2(s)}$ 作脱硫处理时，除碳和硫的质量分数改变外，硅和锰的质量分数基本不变，即脱硫反应平衡时的 $w_{[C]\%} \gg 0.1$，$w_{[S]\%} \ll 0.01$，并且 $w_{[S]\%} \approx 0$，而脱硫反应平衡时的 $w_{[Si]\%} = 0.3$，$w_{[Mn]\%} = 0.4$。将 $w_{[Si]\%} = 0.3$、$w_{[Mn]\%} = 0.4$、$w_{[S]\%} = 0$ 代入式（v）中，

得

$$\lg f_{C,\%} = 0.14w_{[C]\%} + 0.08 \times 0.3 - 0.012 \times 0.4 = 0.14w_{[C]\%} + 0.0192 \qquad (\text{vi})$$

将式（vi）代入式（iv）中并整理，得

$$\lg w_{[C]\%} + 0.14w_{[C]\%} - 0.89504 = 0$$

将上式等号两边同乘以 2.303，变其中的常用对数为自然对数为

$$\ln w_{[C]\%} + 0.32242w_{[C]\%} - 2.06128 = 0 \qquad (\text{vii})$$

设 $x = w_{[C]\%}$，并将式（vii）改写成等价形式为

$$\ln x = 2.06128 - 0.32242x \qquad (\text{viii})$$

用迭代法解非线性方程式（vii），根据式（viii）建立迭代程序为

$$x_{n+1} = \exp(2.06128 - 0.32242x_n) \qquad (\text{ix})$$

设 $g(x) = \ln x, \phi(x) = 2.06128 - 0.32242x$，并为迭代程序（ix）选初始值 $x_0 = 3$，则

$$g'(x) = \frac{1}{x} \qquad \phi'(x) = -0.32242$$

$$g'(x_0) = \frac{1}{x_0} = \frac{1}{3} \qquad \phi'(x_0) = -0.32242$$

因为

$$|\alpha| = \left|\frac{\phi'(x_0)}{g'(x_0)}\right| = \left|\frac{-0.32242}{1/3}\right| = 0.96726 \qquad |\alpha| < 1$$

所以可以选初始值 $x_0 = 3$，并且迭代程序（ix）一定收敛。

将初始值 $x_0 = 3$ 代入式（ix）中，开始迭代计算，得数列为

$$x_1 = \exp(2.06128 - 0.32242x_0) = 2.986254719$$

$$x_2 = \exp(2.06128 - 0.32242x_1) = 2.999518433$$

$$x_3 = \exp(2.06128 - 0.32242x_2) = 2.986718422$$

$$x_4 = \exp(2.06128 - 0.32242x_3) = 2.999070018$$

$$\vdots \qquad \vdots \qquad \vdots$$

$$x_{238} = \exp(2.06128 - 0.32242x_{237}) = 2.993002257$$

$$x_{239} = \exp(2.06128 - 0.32242x_{238}) = 2.992999950$$

$$x_{240} = \exp(2.06128 - 0.32242x_{239}) = 2.993002176$$

$$x_{241} = \exp(2.06128 - 0.32242x_{240}) = 2.993000029$$

为得到保留小数点后 3 位数的近似解，迭代计算 241 次，直到小数点后第 3 位数开始守常为止。由迭代计算所得数列可见，自 x_{241} 这一项起，小数点后第 3 位数开始守常，停止迭代计算，取 2.993 为原方程式的近似解，即

$$x = w_{[C]\%} = 2.993 \qquad w_{[C]} = 2.993\%$$

将 $w_{[C]\%}=2.993$ 代入式（vi）中，计算脱硫反应平衡时钢液中碳的活度系数为

$$\lg f_{C,\%} = 0.14 \times 2.993 + 0.0192 = 0.43822 \qquad f_{C,\%} = 2.743$$

计算化学反应（ii）在 1873K 的标准平衡常数为

$$\lg K_2^{\ominus} = \frac{307610}{19.147 \times 1873} - \frac{22.18}{19.147} = 7.419 \qquad K_2^{\ominus} = 26242185$$

$$\lg K_2^{\ominus} = \lg \frac{f_{C,\%}^2 w_{[C]\%}^2}{f_{S,\%} w_{[S]\%}} = 2\lg(f_{C,\%} w_{[C]\%}) - \lg f_{S,\%} - \lg w_{[S]\%} = 7.419 \qquad (x)$$

脱硫反应平衡时钢液中硫的活度系数方程式为

$$\begin{aligned}\lg f_{S,\%} &= e_S^S w_{[S]\%} + e_S^C w_{[C]\%} + e_S^{Si} w_{[Si]\%} + e_S^{Mn} w_{[Mn]\%} \\ &= -0.028 w_{[S]\%} + 0.11 \times 2.993 + 0.063 \times 0.3 - 0.026 \times 0.4 \\ &= 0.33773 - 0.028 w_{[S]\%}\end{aligned}$$

将 $f_{C,\%}=2.743$、$w_{[C]\%}=2.993$ 和 $\lg f_{S,\%}=0.33773-0.028w_{[S]\%}$ 代入式（x）中，得

$$2\lg(2.743 \times 2.993) - 0.33773 + 0.028 w_{[S]\%} - \lg w_{[S]\%} = 7.419$$

$$\lg w_{[S]\%} - 0.028 w_{[S]\%} + 5.928 = 0 \qquad (xi)$$

设 $x=w_{[S]\%}$，并将式（xi）中的常用对数转换为自然对数，得

$$\ln x - 0.0645x + 13.6522 = 0 \qquad (xii)$$

将式（xii）改写成等价形式为

$$\ln x = 0.0645x - 13.6522 \qquad (xiii)$$

用迭代法解非线性方程式（xii），为此建立迭代程序为

$$x_{n+1} = \exp(0.0645x_n - 13.6522) \qquad (xiv)$$

设 $g(x) = \ln x, \phi(x) = 0.0645x - 13.6522$，并为迭代程序（xiv）选初始值 $x_0=0.01$，则

$$g'(x) = \frac{1}{x} \qquad \phi'(x) = 0.0645$$

$$g'(x_0) = \frac{1}{x_0} = \frac{1}{0.01} = 100 \qquad \phi'(x_0) = 0.0645$$

因为

$$|\alpha| = \left|\frac{\phi'(x_0)}{g'(x_0)}\right| = \left|\frac{0.0645}{100}\right| = 0.000645 \qquad |\alpha| < 1$$

所以，可以选初始值 $x_0=0.01$，并且迭代程序（xiv）一定收敛。

将初始值 $x_0=0.01$ 代入式（xiv）中，开始迭代计算，得数列为

$$x_1 = \exp(0.0645x_0 - 13.6522) = 1.178161954 \times 10^{-6}$$

$$x_2 = \exp(0.0645x_1 - 13.6522) = 1.177402374 \times 10^{-6}$$

$$x_3 = \exp(0.0645x_2 - 13.6522) = 1.177402374 \times 10^{-6}$$

由迭代计算所得数列可见，自 x_3 这一项起，保留小数点后第 15 位数的数值开始守常，

停止迭代计算，取 $x = 1.18 \times 10^{-6}$ 为非线性方程式（xii）的近似解，所以非线性方程式（xi）的近似解亦为

$$w_{[S]\%} = 1.18 \times 10^{-6} \qquad w_{[S]} = 1.18 \times 10^{-6}\%$$

计算 1t 钢液脱除的硫的质量为

$$\Delta m_{[S]} = 1000(w_{[S],0} - w_{[S]}) = 1000 \times (0.01\% - 1.18 \times 10^{-6}\%) = 0.0999882\text{kg}$$

设处理 1t 钢液所需 $CaC_{2(s)}$ 的理论最低消耗质量为 m_{CaC_2}，则

$$CaC_{2(s)} + [S] = CaS_{(s)} + 2[C]$$

$$M_{CaC_2} \qquad M_S$$

$$m_{CaC_2} \qquad \Delta m_{[S]}$$

$$m_{CaC_2} = \frac{M_{CaC_2}\Delta m_{[S]}}{M_S} = \frac{64 \times 10^{-3} \times 0.0999882}{32 \times 10^{-3}} = 0.1999764\text{kg}$$

所以，在 1600℃ 喷吹 $CaC_{2(s)}$ 将钢液中的硫由 $w_{[S],0} = 0.01\%$ 降至 $w_{[S]} = 1.18 \times 10^{-6}\%$ 时，$CaC_{2(s)}$ 的理论最低用量为 $0.1999764\text{kg} \cdot \text{t}^{-1}$。

8.11 向温度为 1600℃，$w_{[S],0} = 0.05\%$ 的钢液中喷入铈，进行硫化物夹杂的变形处理，试求钢液中硫的质量分数下降到 $w_{[S]} = 0.019\%$ 时所需喷入铈的理论最低用量（$\text{kg} \cdot \text{t}^{-1}$）。假定喷铈脱硫生成硫化物 $Ce_2S_{3(s)}$。已知钢液中组元活度的相互作用系数 $e_{Ce}^{Ce} = 0.014$、$e_{Ce}^{S} = -10.34$、$e_S^S = -0.028$、$e_S^{Ce} = -9.1$，铈脱硫反应及其标准吉布斯自由能与温度的关系式为

$$2[Ce] + 3[S] = Ce_2S_{3(s)} \qquad \Delta_r G_m^\ominus = (-1073900 + 326T)\text{J} \cdot \text{mol}^{-1}$$

解：根据已知脱硫反应的标准吉布斯自由能与温度的关系式计算该反应在 1600℃ 的标准平衡常数为

$$\lg K^\ominus = \frac{1073900}{19.147 \times 1873} - \frac{326}{19.147} = 12.9189 \qquad K^\ominus = 8.2965971 \times 10^{12}$$

根据已知脱硫反应方程式，得其标准平衡常数方程式为

$$\lg K^\ominus = \lg \frac{1}{f_{Ce,\%}^2 w_{[Ce]\%}^2 f_{S,\%}^3 w_{[S]\%}^3} = 12.9189 \tag{i}$$

写出与式（i）等价的方程式为

$$2\lg f_{Ce,\%} + 3\lg f_{S,\%} + 2\lg w_{[Ce]\%} + 3\lg w_{[S]\%} + 12.9189 = 0 \tag{ii}$$

脱硫反应平衡时，钢液中铈和硫的活度系数分别为

$$\lg f_{Ce,\%} = e_{Ce}^{Ce} w_{[Ce]\%} + e_{Ce}^{S} w_{[S]\%} = 0.014 w_{[Ce]\%} - 10.34 w_{[S]\%} \tag{iii}$$

$$\lg f_{S,\%} = e_S^S w_{[S]\%} + e_S^{Ce} w_{[Ce]\%} = -0.028 w_{[S]\%} - 9.1 w_{[Ce]\%} \tag{iv}$$

将式（iii）和式（iv）代入式（ii）中并整理，得

$$2\lg w_{[Ce]\%} + 3\lg w_{[S]\%} - 27.272 w_{[Ce]\%} - 20.764 w_{[S]\%} + 12.9189 = 0 \tag{v}$$

将脱硫反应平衡时钢液中硫的质量百分数 $w_{[S]\%} = 0.019$ 代入式（v）中，得

$$2\lg w_{[Ce]\%} + 3\lg 0.019 - 27.272 w_{[Ce]\%} - 20.764 \times 0.019 + 12.9189 = 0$$

$$2\lg w_{[Ce]\%} - 27.272 w_{[Ce]\%} + 7.360645 = 0 \qquad (\text{vi})$$

将式（vi）等号两端乘以2.303/2，变其中的常用对数为自然对数，得等价方程式为

$$\ln w_{[Ce]\%} - 31.404 w_{[Ce]\%} + 8.4758 = 0 \qquad (\text{vii})$$

设 $x = w_{[Ce]\%}$，则式（vii）变为

$$\ln x - 31.404x + 8.4758 = 0 \qquad (\text{viii})$$

用迭代法解非线性方程式（viii)，为此建立迭代程序为

$$x_{n+1} = 0.031843\ln x_n + 0.2699 \qquad (\text{ix})$$

设 $g(x) = x$，$\phi(x) = 0.031843\ln x + 0.2699$，并为迭代程序（ix）选初始值 $x_0 = 0.3$，则

$$g'(x) = 1 \qquad \phi'(x) = \frac{0.031843}{x}$$

$$g'(x_0) = 1 \qquad \phi'(x_0) = \frac{0.031843}{x_0} = \frac{0.031843}{0.3} = 0.106$$

因为

$$|\alpha| = \left|\frac{\phi'(x_0)}{g'(x_0)}\right| = \left|\frac{0.106}{1}\right| = 0.106 \qquad |\alpha| < 1$$

所以，可以选初始值 $x_0 = 0.3$，并且迭代程序（ix）一定收敛。

将初始值 $x_0 = 0.3$ 代入式（ix）中，开始迭代计算，得数列为

$$x_1 = 0.031843\ln x_0 + 0.2699 = 0.231562$$

$$x_2 = 0.031843\ln x_1 + 0.2699 = 0.223317$$

$$x_3 = 0.031843\ln x_2 + 0.2699 = 0.222162$$

$$x_4 = 0.031843\ln x_3 + 0.2699 = 0.221997$$

$$x_5 = 0.031843\ln x_4 + 0.2699 = 0.221973$$

$$x_6 = 0.031843\ln x_5 + 0.2699 = 0.221970$$

$$x_7 = 0.031843\ln x_6 + 0.2699 = 0.221970$$

由迭代计算所得数列可见，自 x_7 这一项起，保留小数点后第6位数的数值开始守常，停止迭代计算，取 $x = 0.222$ 为非线性方程式（viii）的近似解，所以非线性方程式（vii）的近似解为

$$w_{[Ce]\%} = 0.222 \qquad w_{[Ce]} = 0.222\%$$

设：脱硫反应达平衡时，1t钢液中残存（平衡）铈的质量为 $m_{[Ce]}$；处理1t钢液，脱硫并生成 $Ce_2S_{3(s)}$ 所消耗的铈的质量为 $\Delta m_{[Ce]}$；处理1t钢液，所需喷入的铈的质量为 m_{Ce}。列出铈脱硫反应达平衡时铈的质量平衡关系式为

$$m_{Ce} = m_{[Ce]} + \Delta m_{[Ce]} \qquad (\text{x})$$

计算脱硫反应达平衡时，1t钢液中残存（平衡）铈的质量为

$$m_{[Ce]} = 1000w_{[Ce]} = 1000 \times 0.222\% = 2.22\text{kg}$$

计算脱硫反应达平衡时，从1t钢液中脱除硫的质量（$\Delta m_{[S]}$）为

$$\Delta m_{[S]} = 1000 \times (0.05\% - 0.019\%) = 1000 \times 0.031\% = 0.31\text{kg}$$

计算处理1t钢液，脱硫并生成$Ce_2S_{3(s)}$所消耗的铈的质量为

$$2[Ce] + 3[S] = Ce_2S_{3(s)}$$

$$2M_{Ce} \qquad 3M_S$$

$$\Delta m_{[Ce]} \qquad \Delta m_{[S]}$$

$$\Delta m_{[Ce]} = \frac{2M_{Ce}\Delta m_{[S]}}{3M_S} = \frac{2 \times 140 \times 10^{-3} \times 0.31}{3 \times 32 \times 10^{-3}} = 0.9042\text{kg}$$

将$m_{[Ce]}=2.22\text{kg}$和$\Delta m_{[Ce]}=0.9042\text{kg}$代入式（x）中，得处理1t钢液所需喷入的铈的质量为

$$m_{Ce} = 2.22 + 0.9042 = 3.1242\text{kg}$$

所以，在1600℃向硫的质量分数$w_{[S],0}=0.05\%$的钢液中喷入铈，将硫的质量分数降至$w_{[S]}=0.019\%$时所需喷入铈的理论最低用量为$3.1242\text{kg} \cdot \text{t}^{-1}$。

8.12 钢液脱硫为渣-钢两相间的反应。由于化学反应速率相对较快，所以相界面两侧的传质往往成为过程的限制环节。试根据以下已知条件计算脱硫率。已知条件：（1）钢液冲入还原性熔渣，破碎成平均直径$d=0.001\text{m}$的液滴；（2）硫在渣-钢两相间的分配常数$L_S=w_{(S),eq}/w_{[S],eq}=50$；（3）化学反应速率很快，硫在钢液侧传质是脱硫反应过程的限制环节；（4）钢液中硫的扩散系数$D_{[S]}=1.15\times10^{-8}\text{m}^2\cdot\text{s}^{-1}$；（5）假设渣量很大，渣中硫的质量分数$w_{(S)}$可视为常数，且$w_{(S)}=0.1\%$；（6）钢液滴穿过渣层的平均时间$t=10\text{s}$；（7）渣洗前钢液中硫的质量分数$w_{[S],0}=0.052\%$。

解：硫在钢液侧传质是脱硫反应过程的限制环节时，脱硫速率的微分方程式为

$$-\frac{\mathrm{d}w_{[S]}}{\mathrm{d}t} = \beta_{[S]}\frac{A}{V_{st}}(w_{[S]} - w_{[S]*}) \qquad \text{(i)}$$

式中 $\beta_{[S]}$——钢液中硫的传质系数，$\text{m}\cdot\text{s}^{-1}$；

A——球状钢液滴与熔渣间的界面积，m^2；

V_{st}——球状钢液滴的体积，m^3；

$w_{[S]*}$——钢-渣两相界面处钢液一侧硫的质量分数，1。

设球状钢液滴的半径为r，则其比表面积为

$$\frac{A}{V_{st}} = \frac{4\pi r^2}{4\pi r^3/3} = \frac{3}{r} = \frac{3}{d/2} = \frac{6}{d} \qquad \text{(ii)}$$

因为球状钢液滴的半径极小，所以可认为其中的钢液不流动，硫的传质系数$\beta_{[S]}$可按菲克第二定律的积分解导出为

$$\beta_{[S]} = \frac{D_{[S]}}{r} = \frac{2D_{[S]}}{d} \qquad \text{(iii)}$$

因为脱硫过程中的化学反应速率很快，所以界面处硫的质量分数等于平衡时硫的质量分数，即

$$w_{[S]*} = w_{[S],eq} \tag{iv}$$

因为渣中硫的质量分数 $w_{(S)}$ 可视为常数，所以

$$w_{(S),eq} = w_{(S)} = 0.1\%$$

将 $w_{(S),eq}=0.1\%$ 和 $L_S=50$ 代入硫在渣-钢两相间的分配常数式 $L_S=w_{(S),eq}/w_{[S],eq}$ 中，得

$$50 = 0.1\%/w_{[S],eq} \qquad w_{[S],eq} = 0.1\%/50 = 0.002\%$$

将式（ⅱ）、式（ⅲ）和式（ⅳ）代入式（ⅰ）中，得

$$-\frac{dw_{[S]}}{dt} = \frac{2D_{[S]}}{d} \times \frac{6}{d}(w_{[S]} - w_{[S],eq}) \tag{v}$$

将 $d=0.001$m、$D_{[S]}=1.15\times10^{-8}m^2\cdot s^{-1}$ 和 $w_{[S],eq}=0.002\%$ 代入式（ⅴ）中，得脱硫速率的微分方程式为

$$-\frac{dw_{[S]}}{dt} = \frac{2\times1.15\times10^{-8}}{0.001} \times \frac{6}{0.001}(w_{[S]} - 0.002\%)$$

$$-\frac{dw_{[S]}}{dt} = 0.138(w_{[S]} - 0.002\%) \tag{vi}$$

对式（ⅵ）分离变量并作定积分，得

$$-\int_{w_{[S],0}}^{w_{[S]}} \frac{dw_{[S]}}{(w_{[S]} - 0.002\%)} = 0.138\int_0^t dt$$

$$\ln\frac{w_{[S],0} - 0.002\%}{w_{[S]} - 0.002\%} = 0.138t \tag{vii}$$

将 $w_{[S],0}=0.052\%$ 和 $t=10$s 代入式（ⅶ）中，得

$$\ln\frac{0.052\% - 0.002\%}{w_{[S]} - 0.002\%} = 0.138\times10 = 1.38$$

求上式的反对数，得

$$\frac{0.052\% - 0.002\%}{w_{[S]} - 0.002\%} = \exp1.38 = 3.9749 \tag{viii}$$

解方程式（ⅷ），得渣-钢两相间的脱硫反应时间为 10s 时钢液中硫的质量分数为

$$w_{[S]} = 0.0146\%$$

设脱硫率为 ξ_S，则计算得脱硫率为

$$\xi_S = \frac{w_{[S],0} - w_{[S]}}{w_{[S],0}} = \frac{0.052\% - 0.0146\%}{0.052\%} = 72\%$$

8.13 钢液炉外精炼，所用精炼渣为 CaO-Al_2O_3 二元系熔渣，其中 $x_{(CaO)}=0.63$，$x_{(Al_2O_3)}=0.35$，其余为 CaS。此精炼渣中二组元的活度系数与渣组成（摩尔分数）的关系式分别为

$$\lg\gamma_{CaO} = 2.30x^2_{(Al_2O_3)} - 12.52x^3_{(Al_2O_3)} - 0.02 \tag{i}$$

$$\lg\gamma_{Al_2O_3} = -16.48x_{(CaO)}^2 + 12.52x_{(CaO)}^3 + 2.58 \qquad (ii)$$

在向钢液喷吹 $CaO_{(s)} + Al_{(s)}$ 粉剂后，发生下列脱氧、脱硫反应，并已知其在1600℃时的标准吉布斯自由能为

$$\frac{2}{3}[Al] + [O] = \frac{1}{3}(Al_2O_3) \qquad \Delta_r G_{m(3)}^{\ominus} = -159607J \cdot mol^{-1} \qquad (iii)$$

$$(CaO) + \frac{2}{3}[Al] + [S] = (CaS) + \frac{1}{3}(Al_2O_3) \qquad \Delta_r G_{m(4)}^{\ominus} = -107780J \cdot mol^{-1} \qquad (iv)$$

$$(CaO) + [S] = (CaS) + [O] \qquad \Delta_r G_{m(5)}^{\ominus} = 51827J \cdot mol^{-1} \qquad (v)$$

试计算当钢液中残余铝的质量分数 $w_{[Al]}=0.06\%$ 时，与熔渣平衡的钢液中硫和氧的质量分数。设熔渣中 CaS 饱和（$a_{(CaS),R}=1$），钢液中的 Al、S、O 均服从亨利定律，温度为1600℃。

解： 在可能发生的3个脱氧、脱硫反应（iii）、（iv）和（v）中，物种数 $S=6$，元素数 $n=4$，则独立反应数 R 为

$$R = S - n = 6 - 4 = 2$$

所以，可以从已知的3个脱氧、脱硫反应中任选两个作为独立反应进行计算。在此，决定选脱氧反应（iii）和脱硫反应（v）作为独立反应。

计算铝脱氧反应（iii）在1600℃时的标准平衡常数为

$$\lg K_3^{\ominus} = \frac{-\Delta_r G_{m(3)}^{\ominus}}{19.147 \times 1873} = \frac{159607}{19.147 \times 1873} = 4.45055 \qquad K_3^{\ominus} = 28220$$

根据铝脱氧反应方程式（iii）写出的标准平衡常数方程式为

$$K_3^{\ominus} = \frac{a_{(Al_2O_3),R}^{1/3}}{a_{[Al],\%}^{2/3} a_{[O],\%}} = \frac{\gamma_{Al_2O_3}^{1/3} x_{(Al_2O_3)}^{1/3}}{f_{Al,\%}^{2/3} w_{[Al]\%}^{2/3} f_{O,\%} w_{[O]\%}} \qquad (vi)$$

计算氧化钙脱硫反应（v）在1600℃时的标准平衡常数为

$$\lg K_5^{\ominus} = \frac{-\Delta_r G_{m(5)}^{\ominus}}{19.147 \times 1873} = \frac{51827}{19.147 \times 1873} = 1.445165 \qquad K_5^{\ominus} = 27.872$$

根据氧化钙脱硫反应方程式（v）写出的标准平衡常数方程式为

$$K_5^{\ominus} = \frac{a_{(CaS),R} a_{[O],\%}}{a_{(CaO),R} a_{[S],\%}} = \frac{a_{(CaS),R} f_{O,\%} w_{[O]\%}}{\gamma_{CaO} x_{(CaO)} f_{S,\%} w_{[S]\%}} \qquad (vii)$$

将 $x_{(Al_2O_3)}=0.35$ 代入式（i）中，计算渣中 CaO 的活度系数为

$$\lg\gamma_{CaO} = 2.30 \times 0.35^2 - 12.52 \times 0.35^3 - 0.02 = -0.275045 \qquad \gamma_{CaO} = 0.531$$

将 $x_{(CaO)}=0.63$ 代入式（ii）中，计算渣中 Al_2O_3 的活度系数为

$$\lg\gamma_{Al_2O_3} = -16.48 \times 0.63^2 + 12.52 \times 0.63^3 + 2.58 = -0.830324 \qquad \gamma_{Al_2O_3} = 0.148$$

因为已知钢液中的 Al、S、O 均服从亨利定律，所以

$$f_{Al,\%} = 1 \qquad f_{S,\%} = 1 \qquad f_{O,\%} = 1$$

将 $\gamma_{Al_2O_3}=0.148$、$x_{(Al_2O_3)}=0.35$、$f_{Al,\%}=1$、$w_{[Al]\%}=0.06$、$f_{O,\%}=1$、$K_3^{\ominus}=28220$ 代入式（vi）中，得方程式为

$$28220=\frac{\sqrt[3]{0.148}\times\sqrt[3]{0.35}}{\sqrt[3]{0.06^2}\times w_{[O]\%}} \tag{viii}$$

解方程式（viii），得与熔渣平衡的钢液中氧的质量百分数和质量分数分别为

$$w_{[O]\%}=\frac{\sqrt[3]{0.148}\times\sqrt[3]{0.35}}{28220\times\sqrt[3]{0.06^2}}=8.62\times10^{-5} \qquad w_{[O]}=8.62\times10^{-5}\%$$

将 $a_{(CaS),R}=1$、$f_{O,\%}=1$、$w_{[O]\%}=8.62\times10^{-5}$、$\gamma_{CaO}=0.531$、$x_{(CaO)}=0.63$、$f_{S,\%}=1$、$K_5^{\ominus}=27.872$ 代入式（vii）中，得方程式为

$$27.872=\frac{8.62\times10^{-5}}{0.531\times0.63w_{[S]\%}} \tag{ix}$$

解方程式（ix），得与熔渣平衡的钢液中硫的质量百分数和质量分数分别为

$$w_{[S]\%}=\frac{8.62\times10^{-5}}{27.872\times0.531\times0.63}=9.245\times10^{-6} \qquad w_{[S]\%}=9.245\times10^{-6}\%$$

附　录

附录1　符号表

1. 物理量的符号、名称及单位

符　号	名　称	单　位
A	面积	m^2
A	阿累尼乌斯公式中的指数前系数(频率因子)	$(m^3 \cdot mol^{-1})^{n-1} \cdot s^{-1}$
a_B	溶液中组元B的活度	1
$a_{[B]}$	金属溶液中组元B的活度	1
$a_{(B)}$	炉渣溶液中组元B的活度	1
B	某物质或溶液中的某组元	
C_B	物质B容量	1
C_p	恒压热容	$J \cdot K^{-1}$
$C_{p,m}$	恒压摩尔热容	$J \cdot (mol \cdot K)^{-1}$
$C_{p,m,B}$	物质B的恒压摩尔热容	$J \cdot (mol \cdot K)^{-1}$
$\Delta C_{p,m}$	恒压摩尔热容差	$J \cdot (mol \cdot K)^{-1}$
$\Delta C_{p,m,B}$	物质B的恒压摩尔热容差	$J \cdot (mol \cdot K)^{-1}$
c	独立组元数	1
c_B	溶液中组元B的浓度(物质的量浓度)	$mol \cdot m^{-3}$
$c_{[B]}$	金属溶液中组元B的浓度(物质的量浓度)	$mol \cdot m^{-3}$
$c_{(B)}$	炉渣溶液中组元B的浓度(物质的量浓度)	$mol \cdot m^{-3}$
c_p	恒压比热容(恒压比热)	$J \cdot (kg \cdot K)^{-1}$
$c_{p,B}$	物质B的恒压比热容(恒压比热)	$J \cdot (kg \cdot K)^{-1}$
a	恒压摩尔热容的温度系数	$J \cdot (mol \cdot K)^{-1}$
b	恒压摩尔热容的温度系数	$J \cdot (mol \cdot K^2)^{-1}$
c	恒压摩尔热容的温度系数	$J \cdot mol^{-1} \cdot K$
d	恒压摩尔热容的温度系数	$J \cdot (mol \cdot K^3)^{-1}$
D	扩散系数	$m^2 \cdot s^{-1}$
D_e	有效扩散系数	$m^2 \cdot s^{-1}$

续附表

符　号	名　　称	单　位
D_B	体系中物质 B 的扩散系数	$m^2 \cdot s^{-1}$
D_{AB}	气体 A 在气体 B 或气体 B 在气体 A 中的互扩散系数	$m^2 \cdot s^{-1}$
$D_{[B]}$	金属溶液中组元 B 的扩散系数	$m^2 \cdot s^{-1}$
$D_{(B)}$	炉渣溶液中组元 B 的扩散系数	$m^2 \cdot s^{-1}$
D_0	频率因子(指数前系数)	$m^2 \cdot s^{-1}$
d	直径	m
d_0	初始直径	m
E	电动势	V
$E^{\ominus}$	标准电动势	V
E_a	化学反应活化能(阿累尼乌斯活化能)	$J \cdot mol^{-1}$
E_D	扩散活化能	$J \cdot mol^{-1}$
E_η	黏流活化能	$J \cdot mol^{-1}$
E_κ	电导活化能	$J \cdot mol^{-1}$
e	自然对数的底(2.718282)	1
e	电子	
e_r^*	相对偏差(相对误差)	1
erf(x)	误差函数	1
e_B^K	以质量 1% 溶液为标准态时,组元 K 对组元 B 活度的相互作用系数	1
F	法拉第常数(96500C · mol^{-1})	$C \cdot mol^{-1}$
F_B	组元 B 的毛细活度系数	1
f	自由度数	1
f	气体的利用率	1
$f_{B,H}$	以假想纯物质为标准态的组元 B 的活度系数	1
$f_{B,\%}$	以假想质量 1% 溶液为标准态的组元 B 的活度系数	1
$f_{B,\%}^K$	以假想质量 1% 溶液为标准态时,组元 K 对组元 B 活度系数的影响系数	1
G	吉布斯自由能	J
G_B	溶液中组元 B 的偏摩尔吉布斯自由能	$J \cdot mol^{-1}$
$G_{m,B}^*$	纯物质 B 的摩尔吉布斯自由能	$J \cdot mol^{-1}$
$G_{m,B}^{\ominus}$	物质 B 的标准摩尔吉布斯自由能	$J \cdot mol^{-1}$
G_m	溶液的摩尔吉布斯自由能　$G_m = \Sigma x_B G_B$	$J \cdot mol^{-1}$
G_B^E	溶液中组元 B 的超额(过剩)偏摩尔吉布斯自由能	$J \cdot mol^{-1}$

续附表

符号	名称	单位
G_m^E	溶液的超额(过剩)摩尔吉布斯自由能 $G_m^E = \Sigma x_B G_B^E$	$J \cdot mol^{-1}$
$\Delta_{sol} G_{m,B}$	物质B的偏摩尔溶解吉布斯自由能(也称物质B的溶解吉布斯自由能或物质B的相对偏摩尔吉布斯自由能) $\Delta_{sol} G_{m,B} = G_B - G_{m,B}^*$	$J \cdot mol^{-1}$
$\Delta_{sol} G_m$	溶液的摩尔溶解吉布斯自由能(也称溶解吉布斯自由能) $\Delta_{sol} G_m = G_m - \Sigma x_B G_{m,B}^*$	$J \cdot mol^{-1}$
$\Delta_{sol} G_{m,B}^{\ominus}$	物质B的标准溶解吉布斯自由能	$J \cdot mol^{-1}$
$\Delta_f G_{m,B}^{\ominus}$	物质B的标准生成吉布斯自由能	$J \cdot mol^{-1}$
$\Delta_{fus} G_{m,B}^{\ominus}$	物质B的标准熔化吉布斯自由能	$J \cdot mol^{-1}$
$\Delta_r G_m$	化学反应吉布斯自由能	$J \cdot mol^{-1}$
$\Delta_r G_m^{\ominus}$	化学反应标准吉布斯自由能	$J \cdot mol^{-1}$
g	重力加速度($9.8 m \cdot s^{-2}$)	$m \cdot s^{-2}$
H	焓	J
H_B	溶液中组元B的偏摩尔焓	$J \cdot mol^{-1}$
$H_{m,B}^*$	纯物质B的摩尔焓	$J \cdot mol^{-1}$
$H_{m,B}^{\ominus}$	物质B的标准摩尔焓	$J \cdot mol^{-1}$
H_m	溶液的摩尔焓 $H_m = \Sigma x_B H_B$	$J \cdot mol^{-1}$
H_B^E	溶液中组元B的超额(过剩)偏摩尔焓	$J \cdot mol^{-1}$
H_m^E	溶液的超额(过剩)摩尔焓 $H_m^E = \Sigma x_B H_B^E$	$J \cdot mol^{-1}$
$\Delta_{sol} H_{m,B}$	物质B的偏摩尔溶解焓(物质B的溶解焓或物质B的相对偏摩尔焓) $\Delta_{sol} H_{m,B} = H_B - H_{m,B}^*$	$J \cdot mol^{-1}$
$\Delta_{sol} H_m$	溶液的摩尔溶解焓(溶解焓) $\Delta_{sol} H_m = H_m - \Sigma x_B H_{m,B}^*$	$J \cdot mol^{-1}$
$\Delta_{sol} H_{m,B}^{\ominus}$	物质B的标准溶解焓	$J \cdot mol^{-1}$
$\Delta_f H_{m,B}^{\ominus}$	物质B的标准生成焓	$J \cdot mol^{-1}$
$\Delta_{fus} H_{m,B}^{\ominus}$	物质B的标准熔化焓	$J \cdot mol^{-1}$
$\Delta_r H_m$	化学反应焓	$J \cdot mol^{-1}$
$\Delta_r H_m^{\ominus}$	化学反应标准焓	$J \cdot mol^{-1}$
h	高度或深度	m
J	扩散通量(传质通量)	$mol \cdot m^{-2} \cdot s^{-1}$
J_B	物质B的扩散通量(传质通量)	$mol \cdot m^{-2} \cdot s^{-1}$
$J_{[B]}$	金属溶液中组元B的扩散通量(传质通量)	$mol \cdot m^{-2} \cdot s^{-1}$
$J_{(B)}$	炉渣溶液中组元B的扩散通量(传质通量)	$mol \cdot m^{-2} \cdot s^{-1}$
K	平衡常数	1
$K^{\ominus}$	标准平衡常数	1

续附表

符　号	名　称	单　位
$K_{H(x)}$	以假想纯物质为标准态时的标准蒸气压(亨利定律常数)	Pa
$K_{H(\%)}$	以假想质量1%溶液为标准态时的标准蒸气压(亨利定律常数)	Pa
k	化学反应速率常数(基于量浓度)	$(m^3 \cdot mol^{-1})^{n-1} \cdot s^{-1}$
$\bar{k}$	总反应速率常数(基于量浓度)	$(m^3 \cdot mol^{-1})^{n-1} \cdot s^{-1}$
k_+	正反应速率常数(基于量浓度)	$(m^3 \cdot mol^{-1})^{n-1} \cdot s^{-1}$
k_-	逆反应速率常数(基于量浓度)	$(m^3 \cdot mol^{-1})^{n-1} \cdot s^{-1}$
k	玻耳兹曼常数($1.38 \times 10^{-23} J \cdot K^{-1}$)	$J \cdot K^{-1}$
k_0	阿累尼乌斯公式中的频率因子(指数前系数)	$(m^3 \cdot mol^{-1})^{n-1} \cdot s^{-1}$
L_B	物质B在某两相间的分配常数(分配比)	1
L,l	长度	m
M_B	物质B的摩尔质量	$kg \cdot mol^{-1}$
m	质量	kg
N	液滴及其他颗粒数	1
N_A	阿伏加德罗常数($6.022 \times 10^{23} mol^{-1}$)	mol^{-1}
n	化学反应级数	1
n	物质的量	mol
n	元素数	1
n_B	物质B的量	mol
o_B^K	以假想质量1%溶液为标准态时,同一活度下的组元K对组元B活度的相互作用系数	1
p	压力	Pa
p_B	混合气相中气体B的分压力,溶液中组元B的蒸气压	Pa
p_B^*	纯物质B的饱和蒸气压	Pa
$p^\ominus$	标准压力($10^5 Pa$)	Pa
Q	参与反应的物质的初始活度比或初始浓度比或初始压力比	1
Q,q	热	J
q	热效应	$J \cdot mol^{-1}$
R	理想气体常数$[8.314 J \cdot (mol \cdot K)^{-1}]$	$J \cdot (mol \cdot K)^{-1}$
R	反应进度(转化率,分解率,还原率,氧化率,脱氧率)	1
R_B	反应物B的反应进度(转化率,分解率,还原率,氧化率,脱氧率)	1
R	独立反应数	1
R'	浓度限制条件数	1
Re	雷诺数	1

续附表

符 号	名 称	单 位
r	半径	m
r_0	初始半径	m
S	物种数	1
Sh	舍伍德数	1
Sc	施密特数	1
S	熵	$J \cdot K^{-1}$
S_B	溶液中组元 B 的偏摩尔熵	$J \cdot (mol \cdot K)^{-1}$
$S_{m,B}^*$	纯物质 B 的摩尔熵	$J \cdot (mol \cdot K)^{-1}$
$S_{m,B}^{\ominus}$	物质 B 的标准摩尔熵	$J \cdot (mol \cdot K)^{-1}$
S_m	溶液的摩尔熵 $S_m = \Sigma x_B S_B$	$J \cdot (mol \cdot K)^{-1}$
S_B^E	溶液中组元 B 的超额(过剩)偏摩尔熵	$J \cdot (mol \cdot K)^{-1}$
S_m^E	溶液的超额(过剩)摩尔熵 $S_m^E = \Sigma x_B S_B^E$	$J \cdot (mol \cdot K)^{-1}$
$\Delta_{sol} S_{m,B}$	物质 B 的偏摩尔溶解熵(物质 B 的溶解熵或物质 B 的相对偏摩尔熵) $\Delta_{sol} S_{m,B} = S_B - S_{m,B}^*$	$J \cdot (mol \cdot K)^{-1}$
$\Delta_{sol} S_m$	溶液的摩尔溶解熵(也称溶解熵) $\Delta_{sol} S_m = S_m - \Sigma x_B S_{m,B}^*$	$J \cdot (mol \cdot K)^{-1}$
$\Delta_{sol} S_{m,B}^{\ominus}$	物质 B 的标准溶解熵	$J \cdot (mol \cdot K)^{-1}$
$\Delta_f S_{m,B}^{\ominus}$	物质 B 的标准生成熵	$J \cdot (mol \cdot K)^{-1}$
$\Delta_{fus} S_{m,B}^{\ominus}$	物质 B 的标准熔化熵	$J \cdot (mol \cdot K)^{-1}$
$\Delta_r S_m$	化学反应熵	$J \cdot (mol \cdot K)^{-1}$
$\Delta_r S_m^{\ominus}$	化学反应标准熵	$J \cdot (mol \cdot K)^{-1}$
s	表面更新率	s^{-1}
T	热力学温度(开尔文温度)	K
T_b	沸点	K
T_{fus}	熔点或熔化温度	K
T_{trs}	相变点	K
t	时间	s
$t_{1/2}$	半衰期	s
t_e	微元体(体积元)与相界面接触时间(微元体寿命)	s
t	摄氏温度	℃
u	流体的线速度	$m \cdot s^{-1}$
V	体积	m^3
V_B	溶液中组元 B 的偏摩尔体积	$m^3 \cdot mol^{-1}$
$V_B^{\ominus}$	标准状态下气体 B 的体积	m^3

续附表

符　号	名　　称	单　位
$V_{m,B}^*$	纯物质 B 的摩尔体积	$m^3 \cdot mol^{-1}$
V_m	溶液的摩尔体积　　$V_m = \Sigma x_B V_B$	$m^3 \cdot mol^{-1}$
v	反应速率(基于量浓度)	$mol \cdot (m^3 \cdot s)^{-1}$
w_B	溶液中组元 B 的质量分数	1
$w_{B\%}$	溶液中组元 B 的质量百分数　　$w_{B\%} = 100w_B$	1
$w_{[B]}$	金属溶液中组元 B 的质量分数	1
$w_{[B]\%}$	金属溶液中组元 B 的质量百分数　　$w_{[B]\%} = 100w_{[B]}$	1
$w_{(B)}$	炉渣溶液中组元 B 的质量分数	1
$w_{(B)\%}$	炉渣溶液中组元 B 的质量百分数　　$w_{(B)\%} = 100w_{(B)}$	1
x_B	组元 B 的摩尔分数	1
$x_{B,1\%}$	与质量分数 $w_{[B]} = 1\%$ 对应的组元 B 的摩尔分数	1
$x_{[B]}$	金属溶液中组元 B 的摩尔分数	1
$x_{[B]1\%}$	金属溶液中与质量分数 $w_{[B]} = 1\%$ 对应的组元 B 的摩尔分数	1
$x_{(B)}$	炉渣溶液中组元 B 的摩尔分数	1
z	反应得失电子数或离子价数	1
α	过饱和度	1
α	α 函数	1
β	传质系数	$m \cdot s^{-1}$
$\beta_{[B]}$	金属溶液中物质 B 的传质系数	$m \cdot s^{-1}$
$\beta_{(B)}$	炉渣溶液中物质 B 的传质系数	$m \cdot s^{-1}$
Γ_B	组元 B 的表面吸附量(组元 B 的表面过剩浓度)	$mol \cdot m^{-2}$
γ_B	组元 B 以纯物质为标准态时的活度系数(拉乌尔活度系数)	1
γ_B^0	稀溶液中组元 B 以纯物质为标准态时的活度系数(拉乌尔活度系数)	1
δ	扩散边界层厚度	m
$\delta_{[B]}$	相界面金属溶液侧物质 B 的扩散边界层厚度	m
$\delta_{(B)}$	相界面炉渣溶液侧物质 B 的扩散边界层厚度	m
ε	孔隙率(气孔率)	1
ε_{ij}	原子对 ij 位置交换能	$J \cdot mol^{-1}$
ε_B^K	以纯物质为标准态时,组元 K 对组元 B 活度的相互作用系数	1
η	黏度	$Pa \cdot s$
η_0	频率因子(指数前系数)	$Pa \cdot s$
κ	电导率	$S \cdot m^{-1}$

续附表

符　号	名　称	单　位
Λ	光学碱度	1
Λ_B	氧化物B的光学碱度	1
μ	化学势	$J \cdot mol^{-1}$
$\mu^\ominus$	标准化学势	$J \cdot mol^{-1}$
μ_B	组元B的化学势	$J \cdot mol^{-1}$
$\mu_B^\ominus$	组元B的标准化学势	$J \cdot mol^{-1}$
μ_B^*	纯物质B的化学势	$J \cdot mol^{-1}$
ν	运动黏度	$m^2 \cdot s^{-1}$
ν_B	化学反应体系中物质B的化学计量数	1
ξ	还原率	1
ξ	迷宫系数	1
π_O	氧势	$J \cdot mol^{-1}$
ρ	密度(质量密度)	$kg \cdot m^{-3}$
ρ_B	物质B的量密度	$mol \cdot m^{-3}$
σ	表面张力	$N \cdot m^{-1}$
ϕ	相数	1
φ_B	混合气相中气体B的体积分数	1
χ_B	元素B的原子能量的标量	$J \cdot mol^{-1}$
ψ_B	原子B的活度系数	1

2. 角标及其意义

角　标	意　义	角　标	意　义	角　标	意　义
*	纯物质,界面,临界	m	摩尔	sat	饱和
$\ominus$	标准或标准态①	f	生成	scr	废钢
0	初始,稀溶液	r	反应	st	钢,钢液
R	纯物质标准态	s	固态	sl	炉渣
H	假想纯物质标准态	l	液态	fr	炉衬
%	假想质量1%溶液标准态	g	气态	gas	煤气,炉气,混合气体
p	恒压	tr	相变	gr	石墨
V	恒容	fus	熔化	m	金属
e	有效	vap	蒸发	σ	表面
eq	平衡	b	沸腾	max	最大
E	超额(过剩)	sol	溶解	min	最小
id	理想	mix	混合		

①在某物理量所具有的平衡性质比较明显的情况下,不标注此标准态角标。

附录2　附表

附表1　某些化合物的标准生成吉布斯自由能 $\Delta_f G^{\ominus}_{m,B} = A + BT$

反　　应	$-A$/J·mol^{-1}	B/J·(mol·K)$^{-1}$	T/K
$2Al_{(s)} + 1.5O_2 = Al_2O_{3(s)}$	1675100	313.20	298～933(m)
$2Al_{(l)} + 1.5O_2 = Al_2O_{3(s)}$	1682927	323.24	933～2315(m)
$4Al_{(l)} + 3C_{(gr)} = Al_4C_{3(s)}$	265000	95.06	933～2473(m)
$Al_{(l)} + 0.5P_2 = AlP_{(s)}$	249500	104.25	933～1973
$3Al_2O_{3(s)} + 2SiO_{2(s)} = 3Al_2O_3 \cdot 2SiO_{2(s)}$	8600	−17.41	298～2023(m)
$2B_{(s)} + 1.5O_2 = B_2O_{3(l)}$	1228800	210.04	723～2316(b)
$4B_{(s)} + C_{(gr)} = B_4C_{(s)}$	41500	5.56	298～2303
$B_{(s)} + 0.5N_2 = BN_{(s)}$	250600	87.61	298～2303
$Ba_{(s)} + 0.5O_2 = BaO_{(s)}$	568200	97.07	280～1002(m)
$Ba_{(l)} + 0.5S_2 = BaS_{(s)}$	543900	123.43	1002～1895
$BaO_{(s)} + CO_2 = BaCO_{3(s)}$	250750	147.07	1073～1333
$2BaO_{(s)} + SiO_{2(s)} = 2BaO \cdot SiO_{2(s)}$	259800	−5.86	298～2033(m)
$BaO_{(s)} + SiO_{2(s)} = BaO \cdot SiO_{2(s)}$	149000	−6.28	298～1878(m)
$C_{(gr)} + 0.5O_2 = CO$	114400	−85.77	773～2273
$C_{(gr)} + O_2 = CO_2$	395350	−0.54	773～2273
$2C_{(gr)} + 2H_2 = C_2H_{4(g)}$	40390	80.46	298～2473
$C_{(gr)} + 2H_2 = CH_{4(g)}$	91044	110.67	773～2273
$C_{(gr)} + 0.5S_2 = CS_{(g)}$	163300	−87.86	298～2273
$C_{(gr)} + S_2 = CS_{2(g)}$	11400	−6.48	298～2273
$C_{(gr)} + 0.5O_2 + 0.5S_2 = COS_{(g)}$	202800	−9.96	773～2273
$Ca_{(l)} + 0.5O_2 = CaO_{(s)}$	640150	108.57	1112～1757(b)
$Ca_{(l)} + 0.5S_2 = CaS_{(s)}$	548100	103.85	1112～1757(b)
$3Ca_{(s)} + N_2 = Ca_3N_{2(s)}$	435100	198.70	298～1112(m)
$Ca_{(l)} + 2C_{(gr)} = CaC_{2(s)}$	60250	−26.28	1112～1757(b)
$Ca_{(s)} + Si_{(s)} = CaSi_{(s)}$	150600	15.50	298～1112(m)
$3Ca_{(s)} + P_2 = Ca_3P_{2(s)}$	648500	216.30	298～1112(m)
$3Ca_{(l)} + P_2 = Ca_3P_{2(s)}$	653400	144.01	1273～1573
$Ca_{(l)} + Cl_2 = CaCl_{2(l)}$	798600	145.98	1112～1757(b)
$Ca_{(l)} + F_2 = CaF_{2(s)}$	1219600	162.30	1112～1757(b)
$CaO_{(s)} + CO_2 = CaCO_{3(s)}$	170577	144.19	973～1473
$3CaO_{(s)} + Al_2O_{3(s)} = 3CaO \cdot Al_2O_{3(s)}$	12600	−24.69	773～1808
$CaO_{(s)} + Al_2O_{3(s)} = CaO \cdot Al_2O_{3(s)}$	18000	−18.83	773～1903

续附表 1

反　应	$-A$/J·mol^{-1}	B/J·(mol·K)$^{-1}$	T/K
$CaO_{(s)} + 2Al_2O_{3(s)} = CaO \cdot 2Al_2O_{3(s)}$	16700	−25.52	773 ~ 2023
$CaO_{(s)} + 6Al_2O_{3(s)} = CaO \cdot 6Al_2O_{3(s)}$	16380	−37.58	1373 ~ 1873
$12CaO_{(s)} + 7Al_2O_{3(s)} = 12CaO \cdot 7Al_2O_{3(s)}$	73053	−207.53	298 ~ 1773
$2CaO_{(s)} + Fe_2O_{3(s)} = 2CaO \cdot Fe_2O_{3(s)}$	53100	−2.51	973 ~ 1723(m)
$CaO_{(s)} + Fe_2O_{3(s)} = CaO \cdot Fe_2O_{3(s)}$	29700	−4.81	973 ~ 1489(m)
$3CaO_{(s)} + P_2 + 2.5O_2 = 3CaO \cdot P_2O_{5(s)}$	2313800	556.50	298 ~ 2003(m)
$2CaO_{(s)} + P_2 + 2.5O_2 = 2CaO \cdot P_2O_{5(s)}$	2189100	585.80	298 ~ 1626(m)
$3CaO_{(s)} + SiO_{2(s)} = 3CaO \cdot SiO_{2(s)}$	118800	−6.70	298 ~ 1773
$2CaO_{(s)} + SiO_{2(s)} = 2CaO \cdot SiO_{2(s)}$	118800	−11.30	298 ~ 2403(m)
$3CaO_{(s)} + 2SiO_{2(s)} = 3CaO \cdot 2SiO_{2(s)}$	236800	9.60	298 ~ 1773
$CaO_{(s)} + SiO_{2(s)} = CaO \cdot SiO_{2(s)}$	92500	2.50	298 ~ 1813(m)
$3CaO_{(s)} + 2TiO_{2(s)} = 3CaO \cdot 2TiO_{2(s)}$	207100	−11.51	298 ~ 1673
$4CaO_{(s)} + 3TiO_{2(s)} = 4CaO \cdot 3TiO_{2(s)}$	292900	−17.57	298 ~ 1673
$CaO_{(s)} + TiO_{2(s)} = CaO \cdot TiO_{2(s)}$	79900	−3.53	298 ~ 1673
$3CaO_{(s)} + V_2O_{5(s)} = 3CaO \cdot V_2O_{5(s)}$	332200	0.00	298 ~ 943
$2CaO_{(s)} + Al_2O_{3(s)} + SiO_{2(s)} = 2CaO \cdot Al_2O_3 \cdot SiO_{2(s)}$	170000	8.80	298 ~ 1773
$CaO_{(s)} + Al_2O_{3(s)} + SiO_{2(s)} = CaO \cdot Al_2O_3 \cdot SiO_{2(s)}$	105855	14.23	298 ~ 1673
$CaO_{(s)} + Al_2O_{3(s)} + 2SiO_{2(s)} = CaO \cdot Al_2O_3 \cdot 2SiO_{2(s)}$	139000	17.20	298 ~ 1826
$Ce_{(s)} + H_2 = CeH_{2(s)}$	208400	153.68	298 ~ 1071(m)
$2Ce_{(l)} + 3C_{(gr)} = Ce_2C_{3(s)}$	188300	−14.64	1071 ~ 1473
$Ce_{(l)} + 2C_{(gr)} = CeC_{2(s)}$	85200	26.99	1071 ~ 2523(m)
$Ce_{(l)} + 0.5N_2 = CeN_{(s)}$	488300	177.11	2273 ~ 2848
$2Ce_{(s)} + 1.5O_2 = Ce_2O_{3(s)}$	1788000	286.60	298 ~ 1071(m)
$Ce_{(s)} + O_2 = CeO_{2(s)}$	1083700	211.84	298 ~ 1071(m)
$Ce_{(l)} + 0.5S_2 = CeS_{(s)}$	534900	90.96	1071 ~ 2723(m)
$2Ce_{(l)} + O_2 + 0.5S_2 = Ce_2O_2S_{(s)}$	1769800	332.60	1071 ~ 1773
$Co_{(s)} + 0.5O_2 = CoO_{(s)}$	245600	78.66	298 ~ 1768(m)
$3Co_{(s)} + 2O_2 = Co_3O_{4(s)}$	957300	456.93	298 ~ 973
$Cr_{(s)} + 1.5O_2 = CrO_{3(s)}$	580500	259.20	298 ~ 460(m)
$Cr_{(s)} + 1.5O_2 = CrO_{3(l)}$	546600	185.20	460 ~ 1000
$Cr_{(s)} + O_2 = CrO_{2(s)}$	587900	170.30	298 ~ 1660
$2Cr_{(s)} + 1.5O_2 = Cr_2O_{3(s)}$	1110140	247.32	1173 ~ 1923
$3Cr_{(s)} + 2O_2 = Cr_3O_{4(s)}$	1355200	264.64	1923 ~ 1963(m)
$Cr_{(s)} + 0.5O_2 = CrO_{(l)}$	334220	63.81	1938 ~ 2023

续附表 1

反　应	$-A$/J·mol^{-1}	B/J·(mol·K)$^{-1}$	T/K
$Cr_{(s)} + 0.5S_2 = CrS_{(s)}$	202500	56.07	1373 ~ 1573
$4Cr_{(s)} + C_{(gr)} = Cr_4C_{(s)}$	96200	−11.70	298 ~ 1793(m)
$23Cr_{(s)} + 6C_{(gr)} = Cr_{23}C_{6(s)}$	309600	−77.40	298 ~ 1773
$7Cr_{(s)} + 3C_{(gr)} = Cr_7C_{3(s)}$	153600	−37.20	298 ~ 2130
$3Cr_{(s)} + 2C_{(gr)} = Cr_3C_{2(s)}$	791000	17.70	298 ~ 2130
$2Cr_{(s)} + 0.5N_2 = Cr_2N_{(s)}$	99200	46.99	1273 ~ 1673
$Cr_{(s)} + 0.5N_2 = CrN_{(s)}$	113400	73.20	298 ~ 773
$2Cu_{(s)} + 0.5O_2 = Cu_2O_{(s)}$	169100	73.33	298 ~ 1356(m)
$Cu_{(s)} + 0.5O_2 = CuO_{(s)}$	152260	85.35	298 ~ 1356(m)
$Fe_{(s)} + 0.5O_2 = FeO_{(s)}$	264000	64.59	298 ~ 1650
$Fe_{(l)} + 0.5O_2 = FeO_{(l)}$	256060	53.68	1644 ~ 2273
$3Fe_{(s)} + 2O_2 = Fe_3O_{4(s)}$	1103120	307.38	298 ~ 1870(m)
$2Fe_{(s)} + 1.5O_2 = Fe_2O_{3(s)}$	815023	251.12	298 ~ 1735
$4Fe_{(\gamma)} + 0.5N_2 = Fe_4N_{(s)}$	33500	69.79	673 ~ 953
$3Fe_{(\alpha)} + C_{(gr)} = Fe_3C_{(s)}$	−29040	−28.03	298 ~ 1000
$3Fe_{(\gamma)} + C_{(gr)} = Fe_3C_{(s)}$	−11234	−11.00	1000 ~ 1410
$Fe_{(\gamma)} + 0.5S_2 = FeS_{(s)}$	154900	56.86	1179 ~ 1261
$Fe_{(l)} + 0.5S_2 = FeS_{(s)}$	164000	61.09	1261 ~ 1468(m)
$Fe_{(l)} + 0.5O_2 + Cr_2O_{3(s)} = FeO \cdot Cr_2O_{3(s)}$	330500	80.33	1809 ~ 1973
$2FeO_{(s)} + SiO_{2(s)} = 2FeO \cdot SiO_{2(s)}$	36200	21.09	928 ~ 1493(m)
$2FeO_{(s)} + TiO_{2(s)} = 2FeO \cdot TiO_{2(s)}$	33900	5.86	298 ~ 1573
$Fe_{(s)} + 0.5O_2 + V_2O_{3(s)} = FeO \cdot V_2O_{3(s)}$	288700	62.34	1023 ~ 1809
$H_2 + 0.5O_2 = H_2O_{(g)}$	247500	55.88	298 ~ 2273
$H_2 + 0.5S_2 = H_2S_{(g)}$	91630	50.58	298 ~ 2273
$2K_{(s)} + 0.5O_2 = K_2O_{(s)}$	487700	252.35	336 ~ 763(m)
$K_2O_{(s)} + SiO_{2(s)} = K_2O \cdot SiO_{2(s)}$	279900	−0.46	298 ~ 1249
$2La_{(s)} + 1.5O_2 = La_2O_{3(s)}$	1786600	278.28	298 ~ 1193
$La_{(l)} + 0.5S_2 = LaS_{(s)}$	527200	104.18	1193 ~ 1773
$2La_{(s)} + 1.5S_2 = La_2S_{3(s)}$	1418400	285.77	1193 ~ 1773
$Mg_{(s)} + 0.5O_2 = MgO_{(s)}$	601230	107.59	298 ~ 922(m)
$Mg_{(l)} + 0.5O_2 = MgO_{(s)}$	609570	116.52	922 ~ 1363(b)
$Mg_{(g)} + 0.5O_2 = MgO_{(s)}$	732702	205.99	1363 ~ 2000
$Mg_{(s)} + 0.5S_2 = MgS_{(s)}$	409600	94.39	298 ~ 922(m)
$Mg_{(l)} + 0.5S_2 = MgS_{(s)}$	408880	97.98	922 ~ 1363(b)

反　应	$-A$/J·mol^{-1}	B/J·(mol·K)$^{-1}$	T/K
$Mg_{(g)} + 0.5S_2 = MgS_{(s)}$	539740	193.05	1363 ~ 1973
$MgO_{(s)} + CO_2 = MgCO_{3(s)}$	116300	173.43	298 ~ 675(d)
$MgO_{(s)} + Fe_2O_{3(s)} = MgO \cdot Fe_2O_{3(s)}$	19250	−2.01	700 ~ 1400
$2MgO_{(s)} + SiO_{2(s)} = 2MgO \cdot SiO_{2(s)}$	67200	4.31	298 ~ 2171(m)
$Mn_{(s)} + 0.5O_2 = MnO_{(s)}$	385360	73.75	298 ~ 1400
$Mn_{(l)} + 0.5O_2 = MnO_{(s)}$	407354	88.37	1517 ~ 2335
$3Mn_{(s)} + 2O_2 = Mn_3O_{4(s)}$	1381640	334.67	298 ~ 1550
$2Mn_{(s)} + 1.5O_2 = Mn_2O_{3(s)}$	956400	251.71	298 ~ 1550
$Mn_{(s)} + O_2 = MnO_{2(s)}$	519700	180.83	298 ~ 1000
$Mn_{(s)} + 0.5S_2 = MnS_{(s)}$	296500	76.74	973 ~ 1473
$7Mn_{(s)} + 3C_{(gr)} = Mn_7C_{3(s)}$	127600	21.09	298 ~ 1473
$3Mn_{(s)} + C_{(gr)} = Mn_3C_{(s)}$	13930	−1.09	298 ~ 1310
$2MnO_{(s)} + SiO_{2(s)} = 2MnO \cdot SiO_{2(s)}$	53600	24.73	298 ~ 1618
$Mo_{(s)} + O_2 = MoO_{2(s)}$	578200	166.50	298 ~ 2273
$0.5N_2 + 1.5H_2 = NH_{3(g)}$	53720	116.52	298 ~ 2273
$0.5N_2 + O_2 = NO_{2(g)}$	−32300	63.35	298 ~ 2273
$2Na_{(l)} + 0.5O_2 = Na_2O_{(s)}$	421600	141.34	371 ~ 1405(m)
$2Na_{(g)} + 0.5O_2 = Na_2O_{(l)}$	518800	234.70	1405 ~ 2223(m)
$2Na_{(l)} + 0.5S_2 = Na_2S_{(s)}$	439300	143.93	371 ~ 1071(m)
$Na_{(g)} + 0.5F_2 = NaF_{(l)}$	624300	148.24	1269 ~ 2063(b)
$Na_{(l)} + C_{(gr)} + 0.5N_2 = NaCN_{(s)}$	90540	31.14	371 ~ 835(m)
$Na_2O_{(l)} + CO_2 = Na_2CO_{3(s)}$	316350	130.83	1405 ~ 2273
$Na_2O_{(s)} + 2SiO_{2(s)} = Na_2O \cdot 2SiO_{2(s)}$	233500	−3.85	298 ~ 1147(m)
$Nb_{(s)} + 0.5O_2 = NbO_{(s)}$	414200	86.60	298 ~ 2210(m)
$2Nb_{(s)} + 2.5O_2 = Nb_2O_{5(s)}$	1888200	419.70	298 ~ 1785(m)
$2Nb_{(s)} + C_{(gr)} = Nb_2C_{(s)}$	193700	11.70	298 ~ 1773
$2Nb_{(s)} + 0.5N_2 = Nb_2N_{(s)}$	251040	83.30	298 ~ 2673(m)
$0.5P_2 + 0.5O_2 = PO_{(g)}$	77800	−11.50	298 ~ 1973
$0.5P_2 + O_2 = PO_{2(g)}$	385800	60.25	298 ~ 1973
$2P_2 + 5O_2 = P_4O_{10(g)}$	3156000	1010.90	631 ~ 1973
$0.5P_2 + 1.5H_2 = PH_{3(g)}$	71500	108.20	298 ~ 1973
$Pb_{(l)} + 0.5O_2 = PbO_{(s)}$	219140	101.15	601 ~ 1158(m)
$0.5S_2 + 0.5O_2 = SO_{(g)}$	57780	−4.98	718 ~ 2273
$0.5S_2 + O_2 = SO_{2(g)}$	361660	72.68	718 ~ 2273
$0.5S_2 + 1.5O_2 = SO_{3(g)}$	457900	163.34	718 ~ 2273
$Si_{(s)} + 0.5O_2 = SiO_{(g)}$	104200	−82.51	298 ~ 1685(m)

续附表 1

反　应	$-A$/J·mol^{-1}	B/J·(mol·K)$^{-1}$	T/K
$Si_{(s)}+O_2═SiO_{2(s,quartz)}$	907100	175.73	298~1685(m)
$Si_{(s)}+O_2═SiO_{2(s,\beta,crist)}$	904760	173.38	298~1685(m)
$Si_{(l)}+O_2═SiO_{2(s,\beta,crist)}$	946350	197.64	1685~1996(m)
$Si_{(l)}+O_2═SiO_{2(l)}$	921740	185.91	1996~3514(b)
$Si_{(s)}+0.5S_2═SiS_{(g)}$	956	-81.01	973~1685(m)
$Si_{(s)}+S_2═SiS_{2(s)}$	326350	138.95	298~1363(m)
$Si_{(s)}+2F_2═SiF_{4(g)}$	1615400	144.43	298~1685(m)
$Si_{(s)}+C_{(gr)}═SiC_{(s,\beta)}$	73050	7.66	298~1685(m)
$Sr_{(l)}+0.5O_2═SrO_{(s)}$	597100	102.38	1041~1650
$Sr_{(l)}+0.5S_2═SrS_{(s)}$	518800	96.20	1041~1650
$SrO_{(s)}+CO_2═SrCO_{3(s)}$	214600	141.58	973~1516(d)
$Ti_{(s)}+0.5O_2═TiO_{(s,\beta)}$	514600	74.10	298~1943(m)
$Ti_{(s)}+O_2═TiO_{2(s,rutile)}$	941000	177.57	298~1943(m)
$2Ti_{(s)}+1.5O_2═Ti_2O_{3(s)}$	1502100	258.10	298~1943(m)
$3Ti_{(s)}+2.5O_2═Ti_3O_{5(s)}$	2435100	420.50	298~1943(m)
$Ti_{(s)}+C_{(gr)}═TiC_{(s)}$	184800	12.55	298~1943(m)
$Ti_{(s)}+0.5N_2═TiN_{(s)}$	336300	93.26	298~1943(m)
$V_{(s)}+0.5O_2═VO_{(s)}$	424700	80.04	298~2073
$2V_{(s)}+1.5O_2═V_2O_{3(s)}$	1202900	237.53	298~2243
$V_{(s)}+O_2═VO_{2(s)}$	706300	155.31	298~1633(m)
$2V_{(s)}+2.5O_2═V_2O_{5(l)}$	1447400	321.58	943~2273
$2V_{(s)}+C_{(gr)}═V_2C_{(s)}$	146400	3.35	298~1973
$V_{(s)}+C_{(gr)}═VC_{(s)}$	102100	9.58	298~2273
$V_{(s)}+0.5N_2═VN_{(s)}$	214640	82.43	298~2619(d)
$W_{(s)}+1.5O_2═WO_{3(s)}$	833500	245.43	298~1745(m)
$W_{(s)}+O_2═WO_{2(s)}$	581200	171.84	298~2273(d)
$2W_{(s)}+C_{(gr)}═W_2C_{(s)}$	30540	-2.34	1575~1673
$Zr_{(s)}+O_2═ZrO_{2(s)}$	1092000	183.70	298~2123
$Zr_{(s)}+0.5S_2═ZrS_{(g)}$	-237200	-78.20	298~2123
$Zr_{(s)}+C_{(gr)}═ZrC_{(s)}$	196650	9.20	298~2123
$Zr_{(s)}+0.5N_2═ZrN_{(s)}$	363600	92.00	298~2123
$ZrO_{2(s)}+SiO_{2(s)}═ZrO_2\cdot SiO_{2(s)}$	26800	12.600	298~1980(m)

本表中标注符号说明：

α、β、γ—晶型；s、l、g—分别为固、液、气相状态；m—熔点；b—沸点；d—分解温度；quartz—石英；crist—方石英；rutile—金红石；gr—石墨。

附表 2　某些元素在铁液中的 γ_B^0 及标准溶解吉布斯自由能 $\Delta_{sol}G_{m,B,\%}^{\ominus}=A+BT$

元　素	γ_B^0（1600℃）	$A/J\cdot mol^{-1}$	$B/J\cdot(mol\cdot K)^{-1}$
$Ag_{(l)}$ = [Ag]	200.0	82420	-43.76
$Al_{(l)}$ = [Al]	0.029	-63180	-27.91
$B_{(s)}$ = [B]	0.022	-65270	-21.55
$C_{(gr)}$ = [C]	0.57	22590	-42.26
$Ca_{(g)}$ = [Ca]	2240.0	-39500	49.40
$Ce_{(l)}$ = [Ce]	0.032	-54400	46.00
$Co_{(l)}$ = [Co]	1.07	1000	-38.74
$Cr_{(l)}$ = [Cr]	1.0	0	-37.70
$Cr_{(s)}$ = [Cr]	1.14	19250	-46.86
$Cu_{(l)}$ = [Cu]	8.6	33470	-39.37
$0.5H_2$ = [H]	—	36480	30.46
$Mg_{(g)}$ = [Mg]	91.0	117400	-31.40
$Mn_{(l)}$ = [Mn]	1.3/1.0	4080	-38.16
$Mo_{(l)}$ = [Mo]	1.0	0	-42.80
$Mo_{(s)}$ = [Mo]	1.86	27610	-52.38
$0.5N_2$ = [N]	—	3600	23.89
$Nb_{(l)}$ = [Nb]	1.0	0	-42.70
$Nb_{(s)}$ = [Nb]	1.4	23000	-52.30
$Ni_{(l)}$ = [Ni]	0.66	-23000	-31.05
$0.5O_2$ = [O]	—	-117150	-2.89
$0.5P_2$ = [P]	—	-122200	-19.25
$Pb_{(l)}$ = [Pb]	1400	212500	-106.30
$0.5S_2$ = [S]	—	-135060	23.43
$Si_{(l)}$ = [Si]	0.0013	-131500	-17.61
$Ti_{(l)}$ = [Ti]	0.074	-40580	-37.03
$Ti_{(s)}$ = [Ti]	0.077	-25100	-44.98
$V_{(l)}$ = [V]	0.08	-42260	-35.98
$V_{(s)}$ = [V]	0.1	-20710	-45.60
$W_{(l)}$ = [W]	1.0	0	-48.10
$W_{(s)}$ = [W]	1.2	31380	-63.60
$Zr_{(l)}$ = [Zr]	0.014	-80750	-34.77
$Zr_{(s)}$ = [Zr]	0.016	-64430	-42.38

本表符号说明：

$\Delta_{sol}G_{m,B,\%}^{\ominus}$—以假想质量 1% 溶液为标准态的标准溶解吉布斯自由能；s、l、g—分别为固、液、气相状态。

附表 3　铁液中组元活度的相互作用系数 e_B^K（1600℃）

B \ K	Al	B	C	Cr	Co	Cu	Mn	Mo	Ni	N	Nb	O	H	P	S	Si	Ti	V	W	Zr
Al	0.045		0.091			0.006				−0.053		−6.60	0.24		0.03	0.0056				
B		0.038	0.22				−0.0009			0.074		−1.80	0.49		0.048	0.078				
C	0.043	0.24	0.14	−0.024	0.0076	0.016	−0.012	−0.0083	0.012	0.11	−0.06	−0.34	0.67	0.051	0.046	0.08		−0.077	−0.0056	
Cr			−0.12	−0.0003		0.016		0.0018	0.0002	−0.19		−0.14	−0.33	−0.053	−0.02	−0.0043	0.059			
Co			0.021	−0.022	0.0022		0.0041			0.032		0.018	−0.14	0.0037	0.0011					
Cu			0.066	0.018		−0.023				0.026		−0.065	−0.24	0.044	−0.021	0.027				
Mn		0.022	−0.07		−0.0036					−0.091	0.0035	−0.083	−0.31	−0.0035	−0.048					
Mo			−0.097	−0.0003			0.0046			−0.10		−0.0007	−0.20		−0.0005					
Ni			0.042	−0.0003			−0.008		0.0009	0.028		0.01	−0.25	−0.0035	−0.0037	0.0057				
N	−0.028	0.094	0.13	−0.047	0.011	0.009	−0.021	−0.011	0.01	0	−0.06	0.05		0.045	0.007	0.047	−0.53	−0.093	−0.0015	−0.63
Nb			−0.49	−0.011			0.0028			−0.42		−0.83	−0.61		−0.047					
O	−3.90	−2.6	−0.45	−0.04	0.008	−0.013	−0.021	0.0035	0.006	0.057	−0.14	−0.20	−3.10	0.07	−0.133	−0.131	−0.60	−0.30	−0.0085	0.44
H	0.013	0.058	0.06	−0.0022	0.0018	0.0005	−0.0014	0.0022	0		−0.0023	−0.19		0.011	0.008	0.027	−0.019	−0.0074	0.0048	
P	0.037		0.13	−0.03	0.004	0.024	0		0.0002	0.094		0.13	0.21	0.062	0.028	0.12	−0.04			
S	0.035	0.13	0.11	−0.011	0.0026	−0.0084	−0.026	0.0027	0	0.01	−0.013	−0.27	0.12	0.029	−0.028	0.063	−0.072	−0.016	0.011	−0.052
Si	0.058	0.20	0.18	−0.0003		0.014	0.002		0.005	0.090		−0.23	0.64	0.11	0.056	0.11		0.025		
Ti			−0.165	0.055			0.0043			−1.80		−1.80	−1.10	−0.0064	−0.11	0.05	0.013			
V			−0.34							−0.35		−0.97	−0.59	−0.041	−0.028	0.042		0.015		
W			−0.15							−0.072		−0.052	0.088		0.035					
Zr	0.001									−4.10		2.53			−0.16					0.022

附表 4　常用物理化学常数

常数 符号	名称	SI 单位	cm-g-s 单位
N_A	阿伏加德罗常数	$6.022\times10^{23}mol^{-1}$	$6.022\times10^{23}mol^{-1}$
k	玻耳兹曼常数	$1.38\times10^{-23}J\cdot K^{-1}$	$3.3\times10^{-24}cal\cdot ℃^{-1}$
F	法拉第常数	$96487C\cdot mol^{-1}$① $96487J\cdot(V\cdot mol)^{-1}$	$96487C\cdot mol^{-1}$① $23061cal\cdot(V\cdot mol)^{-1}$
R	理想气体常数	$8.314J\cdot(mol\cdot K)^{-1}$	$1.987cal\cdot(mol\cdot ℃)^{-1}$ $82.07cm^3\cdot atm\cdot(mol\cdot ℃)^{-1}$
$V_m^{\ominus}$	标准状态下理想气体的摩尔体积	$22.4\times10^{-3}m^3\cdot mol^{-1}$ (273K,100kPa)	$22400cm^3\cdot mol^{-1}$ (0℃,1atm)
$R\ln10$		$19.147J\cdot(mol\cdot K)^{-1}$	$4.575cal\cdot(mol\cdot ℃)^{-1}$

①本书使用其近似值 $96500C\cdot mol^{-1}$。

附表 5　常用物理量的单位及两种单位的转换关系

物理量 符号	名称	SI 单位	cm-g-s 单位	转换式
l	长度	m	cm,Å	$1cm=10^{-2}m$, $1Å=10^{-10}m$
A	面积	m^2	cm^2	$1cm^2=10^{-4}m^2$
V	体积	m^3	cm^3, L	$1cm^3=10^{-6}m^3$, $1L=10^{-3}m^3=1dm^3=10^3cm^3$
t	时间	s	s, min	1min = 60s
m	质量	kg	g	$1g=10^{-3}kg$
c	浓度	$mol\cdot m^{-3}$	$mol\cdot L^{-1}$	$1mol\cdot L^{-1}=10^3mol\cdot m^{-3}$
E	能(能量)	J	cal, erg	1cal = 4.184J, $1erg=10^{-7}J$
Q,q	热(热量)	J	cal, erg	1cal = 4.184J, $1erg=10^{-7}J$
W	功	J	cal, erg	1cal = 4.184J, $1erg=10^{-7}J$
ρ	密度	$kg\cdot m^{-3}$	$g\cdot cm^{-3}$	$1g\cdot cm^{-3}=10^3kg\cdot m^{-3}$
F	力	N	dyn	$1dyn=10^{-5}N$
p	压力	Pa	atm, bar, Torr	1atm = 100kPa, 1bar = 100kPa, 1Torr = 133.322Pa
σ	表面张力	$N\cdot m^{-1}$ $J\cdot m^{-2}$	$dyn\cdot cm^{-1}$ $erg\cdot cm^{-2}$	$1dyn\cdot cm^{-1}=10^{-3}N\cdot m^{-1}$ $1erg\cdot cm^{-2}=10^{-3}J\cdot m^{-2}$
η	动力黏度	$Pa\cdot s$	P	$1P=0.1Pa\cdot s$
ν	运动黏度	$m^2\cdot s^{-1}$	St	$1St=10^{-4}m^2\cdot s^{-1}$
D	扩散系数	$m^2\cdot s^{-1}$	$cm^2\cdot s^{-1}$	$1cm^2\cdot s^{-1}=10^{-4}m^2\cdot s^{-1}$
E	电动势	V	V	
κ	电导率	$S\cdot m^{-1}$	$\Omega^{-1}\cdot cm^{-1}$	$1\Omega^{-1}\cdot cm^{-1}=10^2S\cdot m^{-1}$

附录3 附图

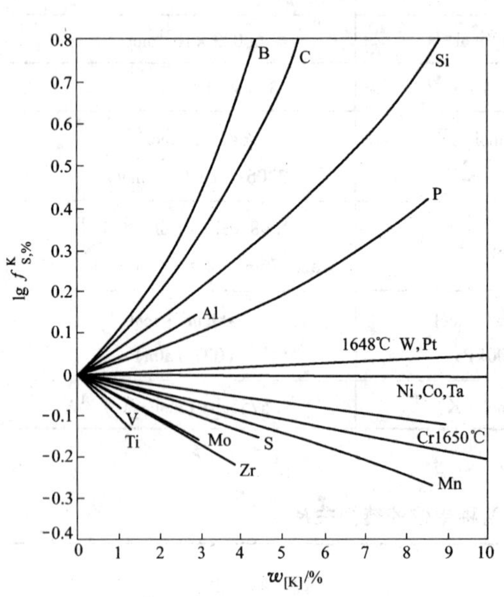

附图 1 铁液中硫的 $\lg f^{K}_{S,\%}$-$w_{[K]}$ 关系曲线

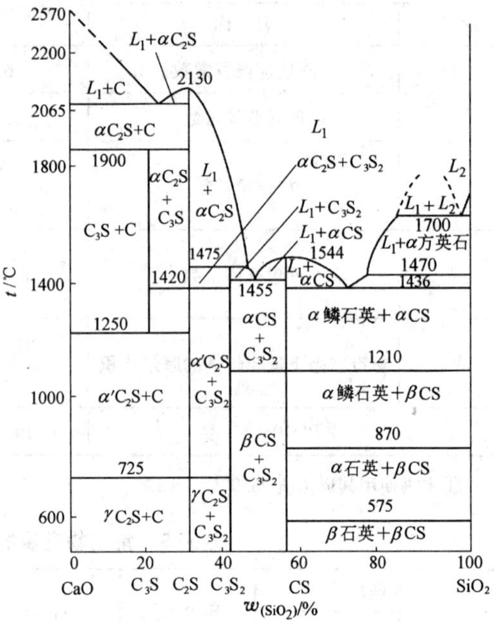

附图 2 CaO-SiO_2 渣系相图

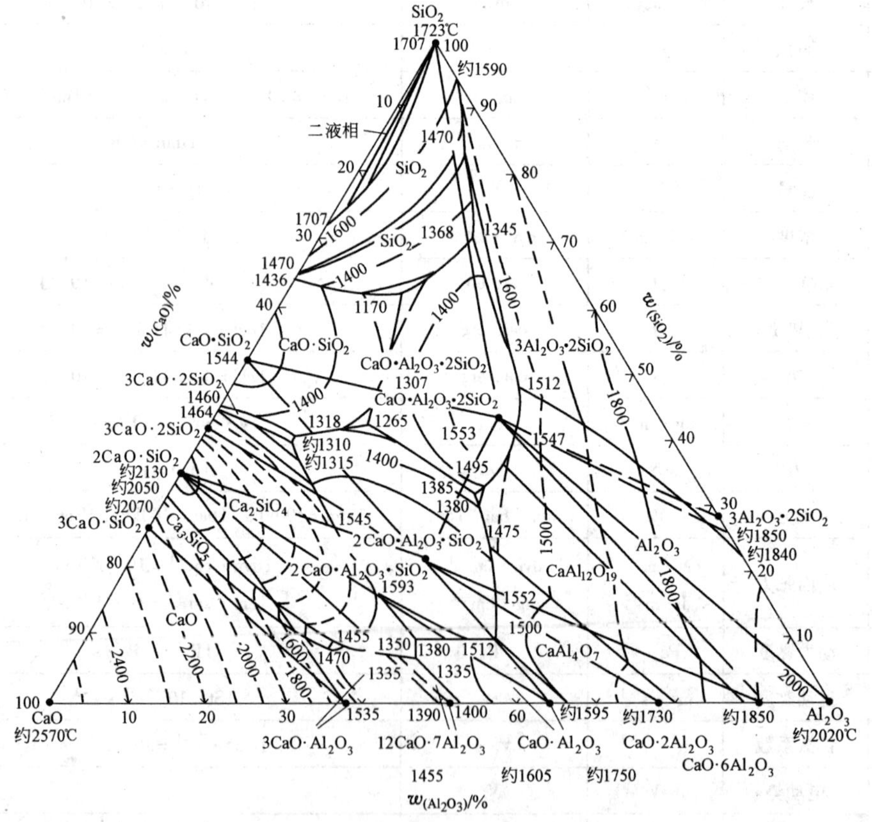

附图 3 CaO-SiO_2-Al_2O_3 渣系相图

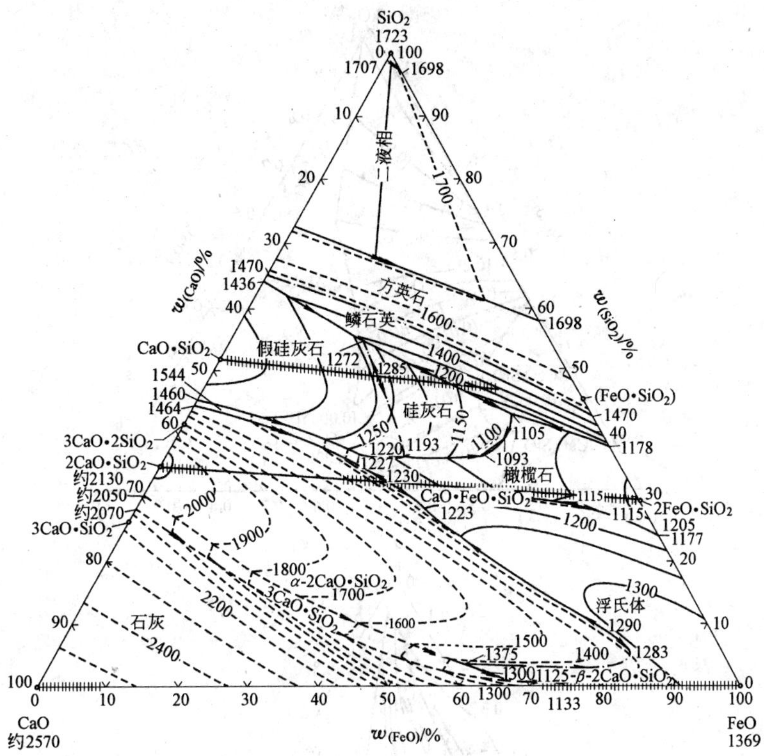

附图 4　CaO-SiO$_2$-FeO 渣系相图

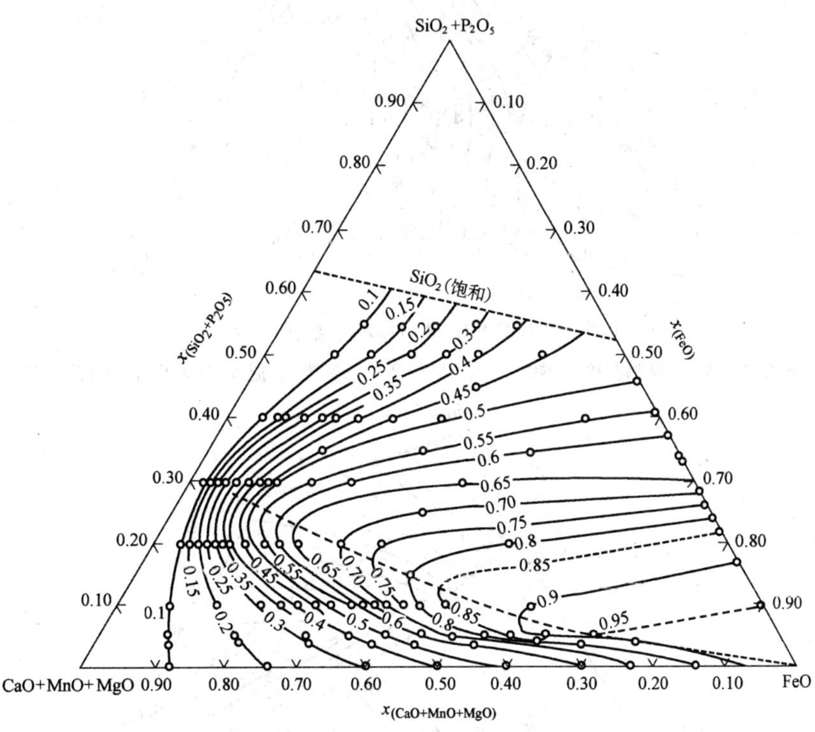

附图 5　CaO-SiO$_2$-FeO 渣系 FeO 的活度

温度：1600℃；标准态：与铁液平衡的纯氧化亚铁

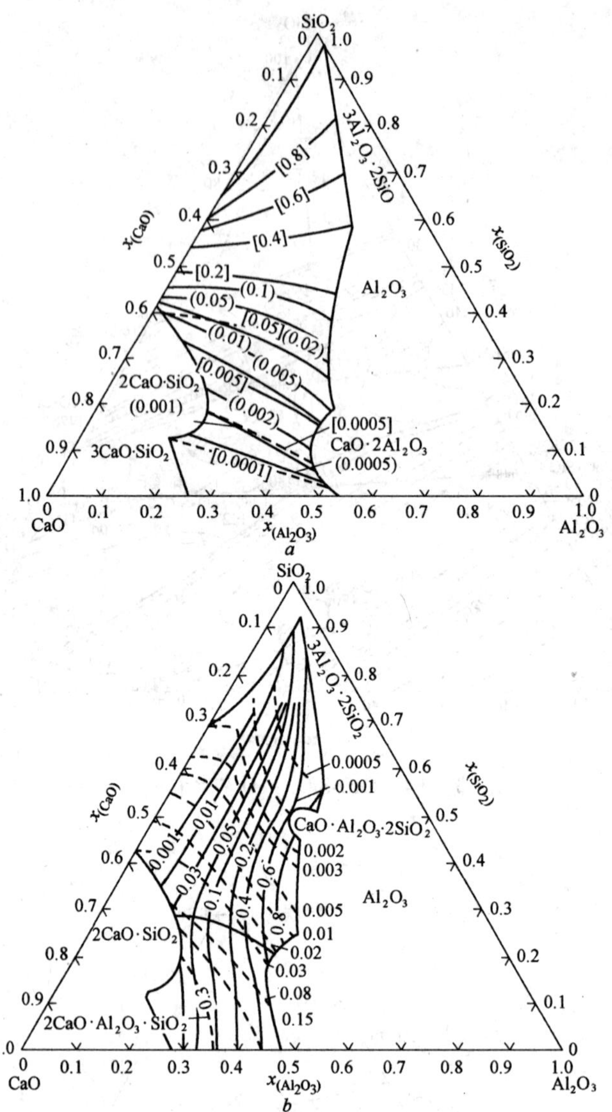

附图 6　CaO-SiO$_2$-Al$_2$O$_3$ 渣系组元的活度图

a—SiO$_2$ 的活度；*b*—CaO 的活度（虚线），Al$_2$O$_3$ 的活度（实线）；温度：1600℃；标准态：固态纯物质

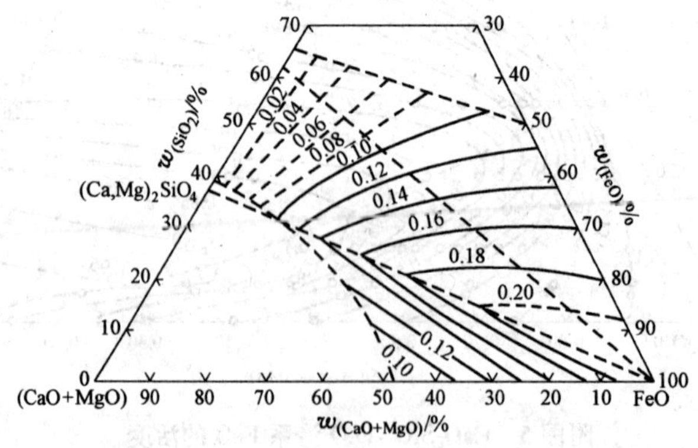

附图 7　在 1600℃，与 CaO-SiO$_2$-FeO 渣系平衡的铁液中氧的浓度

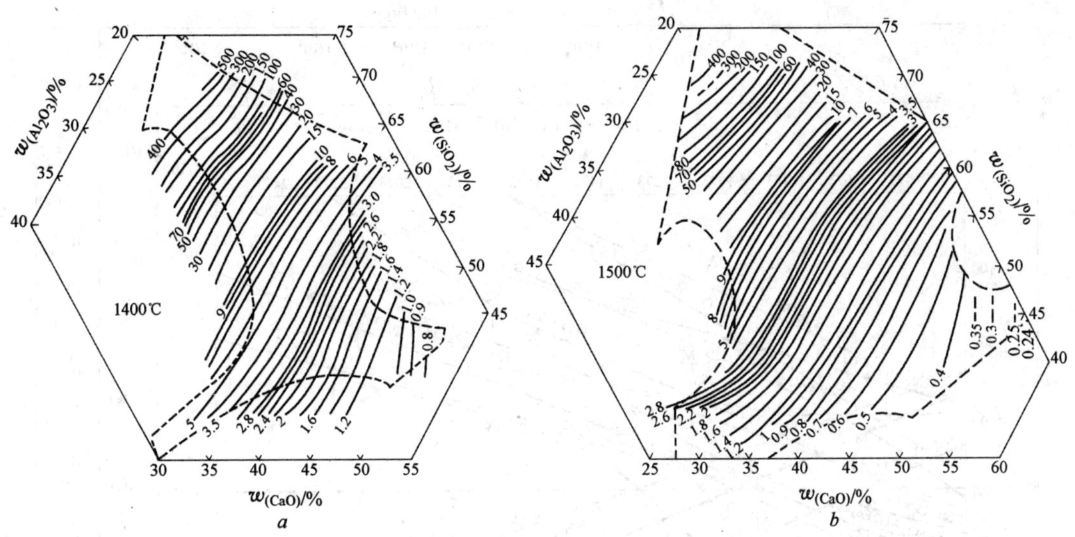

附图 8　$CaO-SiO_2-Al_2O_3$ 渣系的黏度

单位：Pa · s

a—1400℃；*b*—1500℃

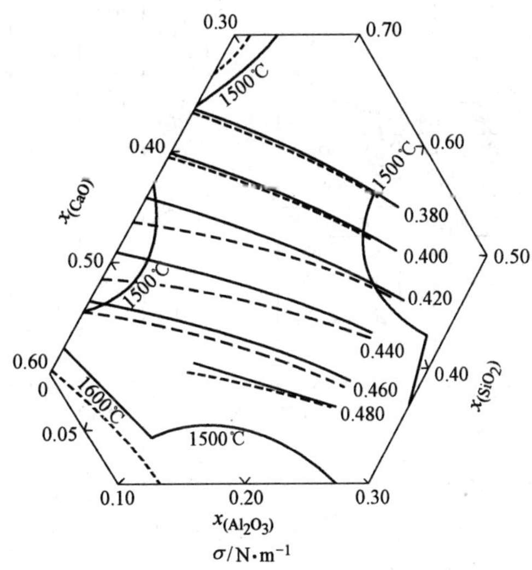

附图 9　$CaO-SiO_2-Al_2O_3$ 渣系的表面张力

实线：1550℃；虚线：1600℃

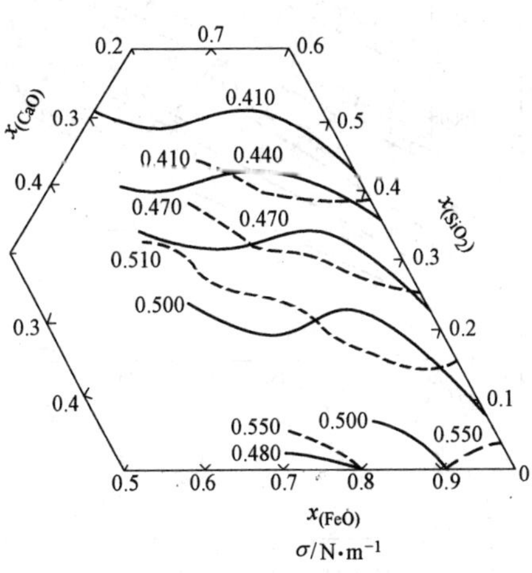

附图 10　$CaO-SiO_2-FeO$ 渣系的表面张力

实线：Kowai；虚线：Kazakevitch

p_{H_2}/p_{H_2O}
1/10^8 1/10^7 1/10^6 1/10^5 1/10^4 1/10^3
p_{CO}/p_{CO_2}
1/10^8 1/10^7 1/10^6 1/10^5 1/10^4 1/10^3 1/10^2
温度/K
473 673 873 1073 1273 1473 1673 1873 2073 2273 2473 2673
$p_{O_2}/p^\ominus$
$\pi_O=RT\ln(p_{O_2}/p^\ominus)$/kJ·mol^-1
O
H
C
-100 -200 -300 -400 -500 -600 -700 -800 -900 -1000 -1100 -1200
绝对 0K
0 200 400 600 800 1000 1200 1400 1600 1800 2000 2200 2400
温度/°C
2Cu+O2=2CuO
4Fe3O4+O2=6Fe2O3
4Cu+O2=2Cu2O
2Pb+O2=2PbO
2Ni+O2=2NiO
2Co+O2=2CoO
2CO+O2=2CO2
2H2+O2=2H2O
1/2S2+O2=SO2
6FeO+O2=2Fe3O4
2Fe+O2=2FeO
4Al+O2=2Al2O
C+O2=CO2
Sn+O2=SnO2
3/2Fe+O2=1/2Fe3O4
2Si+O2=2SiO
2/5P2+O2=2/5P2O5
4K+O2=2K2O
2Zn+O2=2ZnO
4/3Cr+O2=2/3Cr2O3
4Na+O2=2Na2O
2C+O2=2CO
2Mn+O2=2MnO
Ti+O2=TiO2
4/3V+O2=2/3V2O3
4/3B+O2=2/3B2O3
Si+O2=SiO2
Ce+O2=CeO2
4/3Al+O2=2/3Al2O3
U+O2=UO2
4Li+O2=2Li2O
2Mg+O2=2MgO
2Ca+O2=2CaO
准确度符号
A ±4.2kJ
B ±13kJ
C ± 42kJ
D ±>42kJ
状态变化 元素 氧化物
熔点 M M
沸点 B B
升华点 S S
相变点 T T
$\varphi_{CO}/\varphi_{CO_2}$
10^14/1 10^13/1 10^12/1
$\varphi_{H_2}/\varphi_{H_2O}$
10^13/1 10^12/1 10^11/1
10^-200 10^-150 10^-100 10^-90 10^-80 10^-70 10^-60 10^-50 10^-42 10^-38 10^-34 10^-30 10^-28 10^-26 10^-24

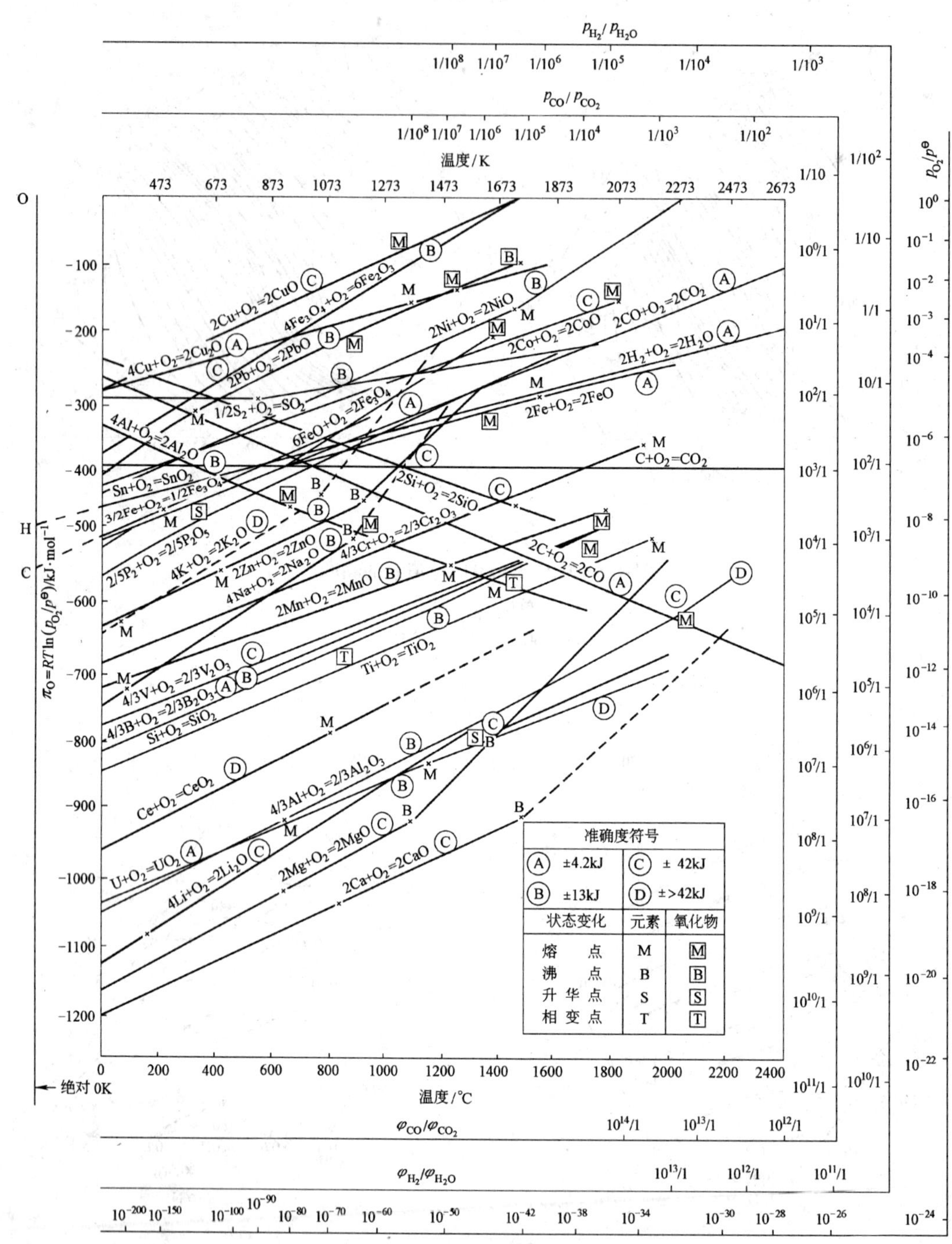

附图 11 氧化物的氧势

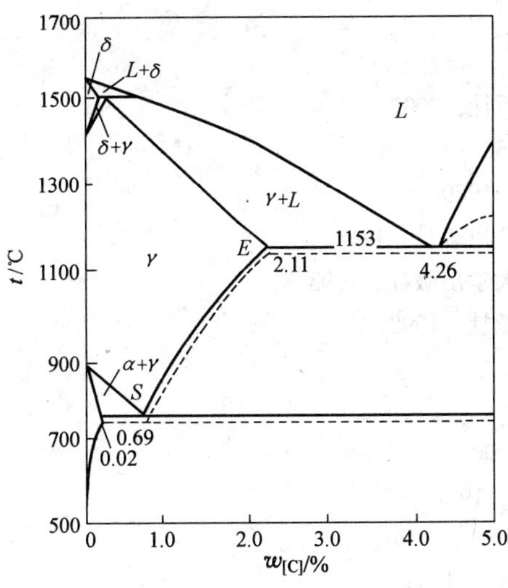

附图 12　Fe-C 系相图

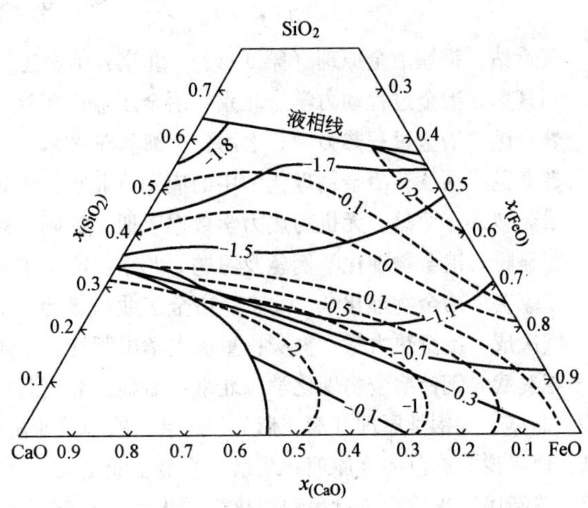

附图 13　CaO-SiO_2-FeO 渣系组元的活度系数

温度：1600℃；标准态：分别为纯 $CaO_{(s)}$ 及纯 $SiO_{2(s)}$

实线：$\lg\gamma_{CaO}$；虚线：$\lg\gamma_{SiO_2}$

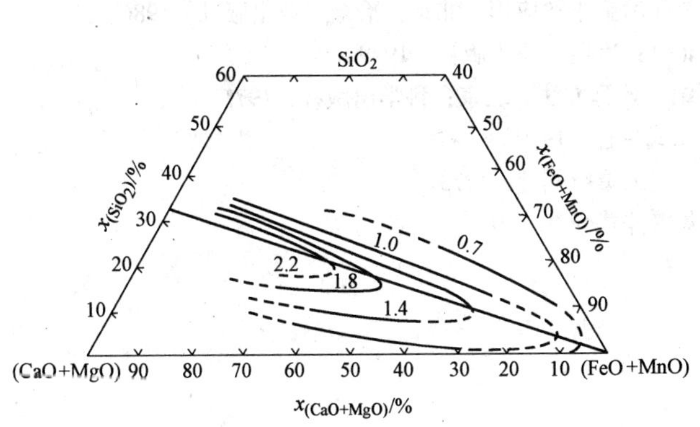

附图 14　(CaO + MgO)-(FeO + MnO)-SiO_2 渣系的 γ_{MnO} 曲线

温度：1530 ~ 1710℃；标准态：纯 $MnO_{(s)}$

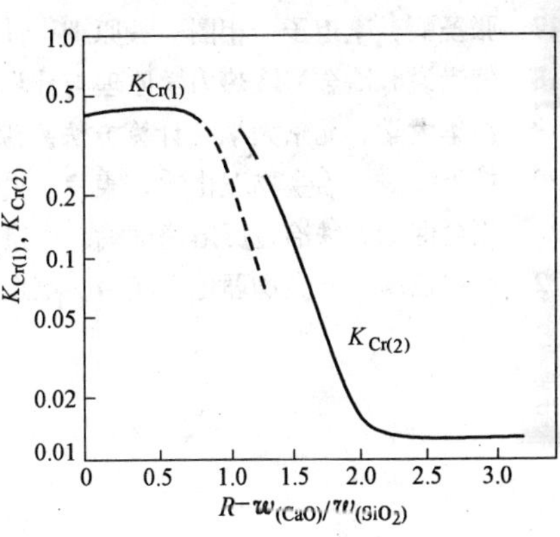

附图 15　1600℃的铬氧化反应的平衡常数与碱度的关系

参 考 文 献

1 黄希祜．钢铁冶金原理（第3版）．北京：冶金工业出版社，2002
2 韩其勇．冶金过程动力学．北京：冶金工业出版社，1983
3 魏寿昆．冶金过程热力学．上海：上海科学技术出版社，1980
4 魏寿昆．活度在冶金物理化学中的应用．北京：中国工业出版社，1964
5 梁英教，车荫昌．无机物热力学数据手册．沈阳：东北大学出版社，1993
6 张显鹏．冶金物理化学例题及习题．北京：冶金工业出版社，1990
7 张家芸．冶金物理化学．北京：冶金工业出版社，2004
8 魏庆成．冶金热力学．重庆：重庆大学出版社，1996
9 陈襄武．钢铁冶金物理化学．北京：冶金工业出版社，1990
10 曲英．炼钢学原理（第二版）．北京：冶金工业出版社，1994
11 傅崇说．有色冶金原理．北京：冶金工业出版社，1984
12 陈新民．火法冶金过程物理化学．北京：冶金工业出版社，1984
13 格里古良 B A. 炼钢过程的物理化学计算．曲英等译．北京：冶金工业出版社，1993
14 梁英教．物理化学（第2版）．北京：冶金工业出版社，1989
15 罗斯托夫采夫 C T. 冶金过程理论（中译本）．北京：冶金工业出版社，1959
16 陈国发，李运刚．相图原理与冶金相图．北京：冶金工业出版社，2002
17 张圣弼，李道子．相图——原理、计算及在冶金中的应用．北京：冶金工业出版社，1986
18 傅崇说．冶金溶液热力学原理与计算．北京：冶金工业出版社，1979
19 清华大学、北京大学《计算方法》编写组．计算方法．北京：科学出版社，1975
20 松下幸雄．冶金物理化学．東京：丸善株式会社，1970
21 川合保治．鉄冶金反応速度論．東京：日刊工業新聞社，1973
22 大谷正康．冶金物理化学演習．東京：丸善株式会社，1975

冶金工业出版社部分图书推荐

书　名	定价(元)
中国冶金百科全书·钢铁冶金	187.00
钢铁冶金原理（第3版）	40.00
物理化学（第3版）	35.00
冶金物理化学研究方法（第3版）	48.00
冶金与材料物理化学	45.00
钢铁冶金概论	24.00
钢铁冶金的环保与节能	39.00
现代冶金学（钢铁冶金卷）	36.00
钢铁冶金学（炼钢部分）	35.00
钢铁冶金概论	28.00
冶金机械安装	56.00
粉末冶金学	20.00
冶金传输原理	46.00
冶金传输原理基础	49.00
冶金熔体和溶液的计算热力学	128.00
冶金与材料物理化学研究	50.00
硫化铜矿的生物冶金	56.00
转炉炼钢功能性辅助材料	40.00
有色金属矿石及其选冶产品分析	22.00
稀有金属冶金与材料工程丛书——钨钼冶金	79.00
有色金属提取冶金手册·铜镍	65.00
钢冶金学	45.00
粉末冶金设备实用手册	38.00
电炉炼钢500问（第2版）	20.00
钛冶金	33.00
冶金炉料手册	69.00
冶金炉热工基础（第2版）	29.50
粉末冶金原理（第2版）	44.50
湿法冶金原理	160.00
转炉炼钢问答	29.00
有色冶金原理（第2版）	35.00
湿法冶金手册	298.00
稀有金属冶金学	34.80